J. Effront.

LES CATALYSEURS BIOCHIMIQUES

dans la

Vie et dans l'Industrie

PARIS

H. DUNOD & E. PINAT, Éditeurs

IMPORTÉ DE BELGIQUE

Les

Catalyseurs Biochimiques

dans la

Vie et dans l'Industrie.

[Cachet de bibliothèque]

LES
Catalyseurs Biochimiques

dans la
Vie et dans l'Industrie

PAR

Jean EFFRONT
Professeur à l'Université Nouvelle
et Directeur de l'Institut des Fermentations de Bruxelles

FERMENTS PROTÉOLYTIQUES

PARIS

H. Dunod et E. Pinat, Éditeurs

47 et 49, Quai des Grands-Augustins

1914

—

IMPORTÉ DE BELGIQUE

*Tous droits de reproduction, de traduction et d'adaptation
réservés pour tous pays, y compris la Russie.*

*Tout exemplaire non revêtu de notre griffe sera réputé
contrefait et sera poursuivi.*

Table des Matières.

PREMIÈRE PARTIE :

CATALYSEURS COAGULANTS.

Chapitre Ier : **THROMBINE.**

Chapitre II : **MYOSIN-FERMENT.**

Chapitre III : **PRÉSURE.**

VI

DEUXIÈME PARTIE :

PEPSINE.

Sous-Chapitre : ACTIONS RÉVERSIBLES DES DIASTASES.

TROISIÈME PARTIE :

TRYPSINES.

Chapitre Ier : TRYPSINE PANCRÉATIQUE.

Sous-Chapitre : **FONCTIONNEMENT DES GLANDES DIGESTIVES.**

Chapitre II : **TRYPSINES D'ORIGINES DIVERSES.**

VIII

X

Abréviations bibliographiques.

Amer. Journ. Physiol.	The American Journal of Physiology.
Ann. Inst. Past. . . .	Annales de l'Institut Pasteur.
Apothek. Zeit. . . .	Apotheker-Zeitung.
Arch. f. Anat. u. Phys.	Archiv für Anatomie und Physiologie (WALDEYER u. RUBNER). Physiologische Abteilung.
Atti della Accad. . .	Atti della Reale Accademia dei Lincei. Rendiconti (Roma).
Ber. d. Deuts. Ch. Ges.	Berichte der Deutschen Chemischen Gesellschaft.
Bioch. Centb.	Biochemisches Zentralblatt.
Bioch. Zeits. . . .	Biochemische Zeitschrift.
Bull. Acad. Belg. . .	Bulletin de l'Académie royale de Belgique.
Bull. Soc. Chim. . . .	Bulletin de la Société Chimique de France.
Chem. Zeit.	Chemiker-Zeitung.
C. R.	Comptes Rendus de l'Académie des Sciences (Paris).
Deuts. med. Woch. . .	Deutsche medizinische Wochenschrift.
Dingler's	Dingler's polytechnisches Journal.
Hofm. Beitr.	Hofmeister's Beiträge zur chemischen Physiologie und Pathologie.
Landw. Vers. Stat. . .	Die landwirtschaftlichen Versuchs-Stationen.
Maly's Berichte . . .	Maly's Jahresberichte für Tierchemie.
Mon. Scient.	Moniteur Scientifique Quesneville.
Pflüg. Arch.	Archiv für die gesamte Physiologie des Menschen und die Tiere (PFLÜGER).
Proc. Roy. Soc. . . .	Proceedings of the Royal Society (London).
Soc. Biol.	Comptes Rendus de la Société de Biologie.
Virch. Arch.	Virchow's Archiv für Pathologie.
Zeits. f. Hyg. u. Infekt.	Zeitschrift für Hygiene und Infektionskrankheiten.
Zeits. f. physiol. Chem.	Hoppe-Seyler's Zeitschrift für physiologische Chemie.

Les autres indications sont suffisamment explicites.

Introduction.

Les transformations successives de la matière vivante, constamment en évolution durant la plus grande partie du cycle accompli dans la nature par les éléments qui la composent, offrent à l'investigation des chercheurs un champ illimité. Malheureusement, les réactions qui se passent dans l'organisme présentent une complexité considérable, résultant en majeure partie de la très grande diversité des espèces chimiques qu'on rencontre dans la cellule vivante. L'analyse des tissus organiques nous révèle, en effet, la présence, non seulement de quatre éléments constants : le carbone, l'hydrogène, l'oxygène et l'azote, unis en de multiples combinaisons, mais encore d'un certain nombre d'autres corps simples qui, pour n'exister souvent qu'à l'état de traces, n'en jouent pas moins un rôle important dans le fonctionnement de la cellule.

Jadis, devant la difficulté d'expliquer les phénomènes biologiques, on admettait que les êtres vivants possèdent une *énergie vitale* spéciale, et l'on attribuait uniquement à celle-ci la cause initiale de toutes les transformations observées dans l'organisme. L'effort des biologistes modernes est de dégager le plus possible la science de cette conception métaphysique pour la ramener à une notion plus positive, en montrant que la plupart des manifestations vitales sont régies par des lois d'ordre purement physique et chimique. La tâche est vaste et malaisée, et le moment n'est certes pas venu d'écrire un livre de physiologie uniquement basé sur des réactions physico-chimiques. Mais la science progresse et le mystère qui enveloppe encore les manifestations vitales s'éclaircit à mesure ; de jour en jour on découvre le mécanisme de transformations qui jusque-là semblaient n'obéir qu'à des forces inconnues ; bref, le nombre des phénomènes qui ne peuvent s'expliquer que par l'activité vitale diminue sans cesse.

En particulier, si l'on envisage seulement les transformations relatives aux trois éléments principaux de l'organisme, à savoir : l'assimilation par la plante du carbone, de l'hydrogène et de l'oxygène, et leur condensation en hydrates de carbone, glucose, amidon, cellulose et autres, la genèse des matières grasses, etc.; puis la décomposition de ces produits de synthèse végétale en matériaux plus simples, et, finalement, leur retour aux formes minérales, l'eau et l'acide carbonique, on constate que nos connaissances représentent, malgré quelques points encore obscurs, un certain nombre de résultats définitivement acquis. Mais si l'on passe aux matières quaternaires, on est bien obligé de reconnaître que les notions certaines qu'on possède à leur endroit sont beaucoup moins étendues. Sans doute, dans ces dernières années, des travaux importants ont été faits : on connaît désormais, sinon exactement, du moins d'une façon très suffisante, la constitution de la matière albuminoïde, siège et support de la vie ; on sait que, par sa décomposition sous l'influence des agents de la digestion, elle donne naissance à toute une série de corps, dont on a réussi à établir la nature et qu'on peut même doser assez approximativement ; enfin, on a montré que ces nombreux dérivés de la dégradation protéique, substances qu'on peut d'ailleurs obtenir par une voie purement chimique, sont susceptibles, réunis tous ensemble, d'être absorbés à leur tour par l'organisme et, par suite, capables de subvenir à l'alimentation azotée d'un animal.

Ce sont là des résultats sérieux et fort encourageants ; mais il reste encore beaucoup à faire. Pour un certain nombre de questions, on en est toujours réduit à émettre des hypothèses. En quoi la matière albuminoïde vivante diffère-t-elle de la matière albuminoïde morte ? Suivant quel processus la substance azotée s'élabore-t-elle dans la plante ou dans l'organisme animal ? En particulier, comment l'azote, puisé dans le grand réservoir atmosphérique par les bactéries symbiotiques de HELLRIEGEL et WILLFARTH, ou assimilé sous forme de nitrates, d'ammoniaque ou d'humus, se transforme-t-il dans la plante en substance protéique, et comment l'albumine absorbée par l'animal se métamorphose-t-elle en chair musculaire ? Enfin, par quel mécanisme l'albuminoïde s'adapte-t-il à la cellule qui l'abrite ? On cherche encore la clef de l'énigme, ou, plutôt, on se voit contraint d'abandonner la solution de ces troublants problèmes aux influences occultes de l'activité vitale.

Ainsi, selon la logique des choses, c'est surtout dans la voie analytique que les progrès ont été marqués. Le chimisme qui préside à la digestion des différentes matières alimentaires, ainsi qu'à la solubilisation et à l'utilisation des réserves contenues dans la graine en germination ; le mécanisme suivant lequel s'opère la coagulation de divers liquides d'origine animale ou végétale ; la façon dont s'effectue la transformation d'un certain nombre de substances de l'organisme, nous sont maintenant connus dans leurs grandes lignes. Nous savons que toutes ces réactions sont produites sous l'influence d'agents merveilleux, qui, par une admirable relation de cause à effet, sont précisément sécrétés par les cellules vivantes intéressées à ces transformations. Ces réactifs biochimiques ont pu être isolés et étudiés à part. On constate que tous, malgré leur spécificité, ont un certain nombre de caractères communs, résultant de leur sensibilité à la chaleur, ainsi qu'aux réactions de milieu. Mais leur propriété fondamentale est de produire, sous un poids très minime, une très grande quantité de travail, sans que toutefois leur propre matière disparaisse, par exemple en se combinant d'une façon définitive avec l'un des produits de la transformation.

Cette disproportion entre la cause et l'effet, ainsi que cette inaltérabilité, qu'on retrouve chez toutes ces substances actives, justifient leur réunion en un groupe très bien caractérisé ; à cette classe de corps, on a donné les noms divers de : ferments solubles, diastases, ou encore enzymes. Une étude plus approfondie montre que toutes ces substances présentent la plus grande analogie avec celles qu'en chimie minérale on a l'habitude d'appeler catalysantes. Il nous semble donc que le terme de *catalyseurs biochimiques* soit celui qui convienne le mieux pour désigner ces substances spéciales, qui, dans la vie cellulaire, jouent un rôle si prédominant.

Leur diversité est très grande. Les uns sont des produits en quelque sorte normaux de l'organisme. Procédant par voie de dédoublement ou d'oxydation, ils régissent les manifestations essentielles de la vie, à savoir les fonctions de nutrition et de respiration. Mais il y a plus : en ce qui concerne les catalyseurs de décomposition, on a pu observer dans quelques cas des réactions inverses — c'est-à-dire des réactions de synthèse — suffisamment nettes pour qu'il soit permis de généraliser la réversibilité de ces actions catalysantes et envisager la formation de principes immédiats et la reconstitution des tissus vivants comme également le résultat de phénomènes de catalyse. A côté de ces catalyseurs, il en est d'autres qui représentent plutôt des produits de défense de l'organisme, et dont la proportion dans celui-ci augmente sous l'influence de causes diverses : maladies, introduction de substances étrangères, etc. : ce sont les anticorps et les substances immunisantes.

Les uns et les autres, autant que la chimie permet encore de le dire, ont des compositions voisines de celles des matières albuminoïdes. Mais ils sont toujours accompagnés de matières minérales, et la présence de celles-ci a été reconnue dans certains cas d'une utilité, voire même d'une nécessité telle — comme, par exemple, le manganèse dans les procès d'oxydation ou le calcium dans la coagulation du sang —, qu'on arrive à se demander si leur rôle, dans les manifestations vitales en général, n'est pas encore plus grand qu'on l'a supposé jusqu'ici. La présence constante du fer dans l'hémoglobine, du magnésium dans la chlorophylle, de l'iode dans les thyroïdes, est peut-être l'indice d'actions catalysantes inconnues, qui expliqueraient alors l'importance physiologique de ces substances, l'une au point de vue de la respiration, l'autre au point de vue de l'assimilation carbonique, la troisième enfin au point de vue du fonctionnement normal de l'organisme.

On le voit, un ouvrage complet sur les catalyseurs biochimiques devrait être un véritable traité de chimie biologique et de physiologie. L'auteur a limité sa tâche à un cadre moins vaste : il ne s'occupera exclusivement que des catalyseurs des matières azotées. Les chimistes trouveront dans ce livre des données sur tous les enzymes protéolytiques : l'action de la présure sur le lait, l'action de la pepsine et des différentes trypsines, érepsines et amidases, d'origine végétale ou animale, sur la matière albuminoïde, et l'étude des produits qui en résultent, ont été soigneusement décrites. La plupart des faits cités ont été vérifiés à nouveau par nous, et beaucoup de données numériques résultent d'expériences spécialement conduites à notre laboratoire. Nous avons également contrôlé les méthodes d'analyse que nous indiquons en vue de mesurer l'activité de ces divers enzymes. L'étude de la coagulation du sang a fait l'objet d'un chapitre particulièrement important : il bénéficie des acquisitions récentes de la science, de très nombreux travaux ayant été publiés, dans ces dernières années, sur la question. Enfin, nous avons décrit les différentes antidiastases connues, antiprésure, antipepsine, etc., et nous avons montré que la formation de toutes ces substances résulte d'un même principe, celui de défense vitale, principe sur lequel reposent d'ailleurs tous les phénomènes d'immunisation.

Les chimistes, en dehors de ces renseignements d'ordre général, trouveront aussi l'exposé de certaines applications des réactions diastasiques à l'industrie. On sait que celle-ci commence déjà à percevoir la place importante que prendront, dans un avenir prochain, les catalyseurs biochimiques. Nous avons donc passé rapidement en revue les diverses branches de l'industrie où interviennent les ferments protéolytiques. La panification et la conservation des farines, la fabrication des levures pressées et celle des matières nutritives pour les levures et autres infiniment petits, la brasserie, la fromagerie, la tannerie, l'industrie de récupération des sous-produits de distillerie, etc., nous ont fourni l'occasion de montrer le rôle plus ou moins important que jouent les diastases des matières azotées.

A un autre point de vue, nous pensons que notre ouvrage pourra être consulté avec intérêt par les médecins qui voudront approfondir le phénomène de la digestion, ainsi que le mécanisme des sécrétions gastrique et pancréatique. Ils verront, en particulier, comment on peut appliquer les méthodes actuelles d'analyse des produits de protéolyse pour suivre la marche d'une digestion et faire d'une façon efficace l'exploration de l'estomac. Ils trouveront, d'autre part, divers renseignements sur les applications pharmaceutiques de la pepsine et de la trypsine, ainsi que sur les produits commerciaux qui en dérivent. Enfin, le chapitre sur la valeur nutritive des dérivés d'hydrolyse profonde des matières azotées, contient quelques données numériques dignes d'être prises en considération.

Préliminaires.

PARAGRAPHE PREMIER.

Action de la lumière
sur les matières albuminoïdes.

Une solution de peptone stérilisée subit des transformations très profondes quand on l'expose, à la température ordinaire, à l'action de la lumière. Les produits biurétiques disparaissent graduellement ; il se forme d'abord des acides aminés, qui se décomposent ensuite en ammoniaque et en acides volatils, et ces corps, à leur tour, s'oxydent lentement, pour former, finalement, des nitrates et de l'anhydride carbonique. Ce phénomène se résume donc en une minéralisation de la substance azotée la plus complexe, celle de la matière albuminoïde ; on est en présence d'une désagrégation analogue à celle qui se fait dans la nature quand on abandonne à elle-même une protéine quelconque : sous l'action des nombreux microorganismes de la putréfaction, la substance se solubilise, se décompose, se transforme en corps de plus en plus simples, dont les formes ultimes sont le CO^2, l'H^2O, le NH^3 et l'N.

Quelle est la cause initiale de ce phénomène ? Si l'on remarque que la solution de peptone se conserve intacte quand on la protège de l'action de la lumière, on est tout de suite conduit à rapporter les transformations constatées à l'influence photochimique des rayons solaires et à classer ces réactions dans le même groupe que celles étudiées par D. BERTHELOT, et qui sont directement provoquées par l'action des rayons ultra-violets.

Cependant, en étudiant de plus près le mécanisme de la dégradation de la peptone, on constate que le travail produit, tout en étant dû à l'action de la lumière, n'en est pas un effet immédiat, et qu'il intervient encore un autre facteur très important. En effet, la solution d'albuminoïde exposée au soleil donne une réaction positive avec l'amidon ioduré additionné de sulfate ferreux, ce qui révèle la présence d'eau oxygénée. L'intensité de la réaction est d'ailleurs soumise à de grandes variations : à certains moments, elle est très forte ; à d'autres, elle disparaît, pour réapparaître ensuite. Il y a donc dans le liquide formation et destruction successives de peroxyde d'hydrogène : la présence de ce corps peu stable, capable d'agir à la fois comme oxydant et réducteur, laisse supposer que c'est lui qui intervient directement dans l'hydrolyse des albuminoïdes, la lumière ne servant qu'à assurer sa formation.

En fait, l'expérience confirme pleinement cette manière de voir, les solutions de peptone additionnées de H^2O^2 se comportant dans l'obscurité de la même façon que les solutions sans H^2O^2 exposées à la lumière. L'hydrolyse s'amorce, dans le premier cas, encore plus facilement que dans le second, et les produits en résultant sont identiques dans les deux essais. Ces données nous amènent ainsi à cette conclusion, que l'autolyse de la peptone en présence de lumière est provoquée par l'eau oxygénée formée sous l'influence photochimique, synthèse qu'on sait pouvoir se produire dans ces conditions.

Mais poussons plus loin, et demandons-nous par quelle voie le peroxyde d'hydrogène agit sur les substances albuminoïdes. Nous verrons que tout le travail produit dans la solution de peptone au cours de sa dégradation, jusqu'au stade le plus éloigné, réside dans une hydratation. La molécule albuminoïdique, par fixation d'eau, se dédouble en produits moins complexes, qui eux-mêmes, par hydrolyse, se fragmentent de plus en plus, pour donner finalement des acides aminés simples, puis des acides volatils et de l'ammoniaque.

La première idée qui se présente alors à l'esprit est que H^2O^2, en se décomposant, fournit une molécule d'eau à l'état naissant, douée par conséquent d'une activité spéciale, et que c'est cette eau engendrée qui produit l'hydrolyse. Cette hypothèse exige, comme nous le verrons dans un chapitre suivant, pour la transformation complète de 100 gr. albumine jusqu'au terme ammoniaque, l'intervention de 38 gr. d'eau, c'est-à-dire de 71 gr. H^2O^2. On constate bien, il est vrai, dans le liquide soumis à l'autolyse, un dégagement d'oxygène, preuve d'une décomposition de H^2O^2 : c'est même pour cette raison qu'au cours du travail de désagrégation, quand on opère à l'abri de la lumière, il est nécessaire d'ajouter H^2O^2 par fraction, et non tout d'un coup. Mais la quantité d'eau fixée pendant l'hydrolyse est toujours considérablement supérieure à la quantité de perhydrol employée dans la réaction. Dans les essais conduits avec soin, on observe souvent un rapport de 8 à 1, c'est-à-dire qu'il se fixe huit fois plus d'eau que celle que H^2O^2 a pu fournir.

Ces faits ne justifient donc aucunement l'hypothèse précédente. Celle-ci est d'autant moins probable, qu'avec une dose donnée d'H^2O^2, quantité minime qui se conserve dans le liquide pendant un certain temps, on peut provoquer une hydrolyse très marquée, et qu'il n'y a aucune relation directe entre cette quantité d'H^2O^2 employée et le travail produit. On constate ainsi une grande disproportion entre la cause et l'effet, effet qui n'est d'ailleurs pas instantané, mais augmente avec la durée de l'action. En définitive, l'eau oxygénée agit non pas par la molécule d'eau qu'elle peut apporter, mais par sa seule présence.

§ 2.

Catalyseurs minéraux.

Les réactions que provoque l'eau oxygénée dans une solution d'albuminoïde rentrent dans la catégorie des actions de présence, sur lesquelles BERZÉLIUS a le premier attiré l'attention. On connaît à l'heure actuelle un grand nombre de transformations dues à la force catalytique. Elles sont produites sous l'action de diverses substances, qui, du reste, n'appartiennent pas à une classe chimique déterminée : ce sont, suivant les cas, l'eau et les acides, le carbone, les métaux, les oxydes et les sels qui remplissent cette fonction. Voici quelques-unes des actions chimiques que les catalyseurs peuvent provoquer. On observe :

1) Des réactions d'hydratation, comme la transformation du saccharose en glucose et lévulose, ou celle de l'amidon en glucose, toutes deux sous l'influence des acides étendus.

2) Des réactions d'oxydation, comme, par exemple, la combinaison de $SO^2 + O$ en présence de mousse de platine, ou encore la transformation de NH^3 en NO^3H, à l'aide du même agent.

3) Des combinaisons directes, comme celle de $N + H^3$ en présence d'un catalyseur métallique.

4) Des condensations. Ex. : $3\,C^2H^2 = C^6H^6$, en présence de nickel au-dessus de 180°.

5) Des décompositions. Ex. : $C^2H^2 = C^2 + H^2$, en présence de nickel à haute température.

6) Des réactions réversibles. Ex. : $2\,CO \rightleftarrows CO^2 + C$ (avec un oxyde métallique), ou encore $CH^3\,COH + H^2 \rightleftarrows CH^3\,CH^2OH$ (avec le nickel).

Dans beaucoup de réactions, c'est l'eau qui joue le rôle de catalyseur : c'est ainsi que $H + Cl$, $H^2 + O$, $NO + O$, $NH^3 + HCl$, etc., ne se combinent pas dans les conditions où d'ordinaire ils le font, si ces corps sont rigoureusement exempts d'humidité.

D'après Moissan, l'anhydride carbonique sec et l'hydrure de potassium pur se combinent vers 54° pour donner $H\,CO^2K$. Mais une trace d'humidité abaisse considérablement la température nécessaire à la réaction, puisqu'alors celle-ci peut encore se faire à — 85°. Pour cela, il suffit d'une quantité d'eau excessivement faible, celle qui correspond à la tension de la vapeur de la glace à cette basse température.

Mais, indépendamment de l'eau, nous avons vu qu'il y avait beaucoup d'autres catalyseurs. Leur rôle consiste soit à accélérer la vitesse de certaines réactions, soit même à déterminer la combinaison entre des corps qui n'auraient pas réagi dans les conditions ordinaires ; suivant l'expression de Simon, dans ce dernier cas, les catalyseurs agiraient comme un mécanisme qui déclanche un ressort tendu. Sous leur action, on passe d'un état métastable à un état stable.

Ordinairement, un catalyseur ne provoque pas une seule réaction : il n'est pas spécifique d'une réaction unique. C'est ainsi que le platine divisé catalyse aussi bien des réactions hydrogénantes que des réactions oxydantes, que HCl hydrolyse aussi bien qu'il polymérise ; quant au Ni, les expériences de SABATIER et SENDERENS ont montré qu'il était capable de provoquer un très grand nombre de réactions. Inversement, une réaction déterminée peut être catalysée par plusieurs agents différents : les acides minéraux peuvent se substituer les uns aux autres dans l'hydrolyse du saccharose ; de même, le Ni peut être remplacé par d'autres métaux dans quelques synthèses organiques. Bien que le catalyseur ne soit pas spécifique, il a cependant une influence directrice sur la marche de la réaction : c'est ainsi que l'acétylène C^2H^2, chauffé avec du nickel au-dessus de 180°, donne du benzène C^6H^6, tandis qu'il se transforme en cuprène C^7H^6, si on le maintient en présence de cuivre à 180-250°. De même, on constate que l'alcool peut, suivant qu'on emploiera un catalyseur hydrogénant ou hydratant, se transformer en aldéhyde $C^2H^4O + H^2$ ou en éthylène $C^2H^4 + H^2O$.

Mais par quelle voie intervient le catalyseur? Tout d'abord, ce n'est pas une source d'énergie, puisqu'il se retrouve à la fin de la réaction dans le même état qu'au début. Il ne modifie pas l'énergie mise en jeu dans une transformation, puisque toutes les réactions faites avec des catalyseurs peuvent également se faire sans eux, dans des conditions expérimentales autres, il est vrai, mais sans que les quantités de chaleur dégagées soient différentes. Si la réaction est limitée, le catalyseur modifie la vitesse, mais ne change pas le sens de la réaction, ni même l'état de l'équilibre. A cet égard, on voit bien que le catalyseur ne joue pas le rôle qu'aurait dans la transformation une élévation de température.

A l'heure actuelle, pour expliquer les actions catalytiques, deux genres de théories sont en présence. Les uns font intervenir les propriétés physiques du catalyseur. Celui-ci agit non pas par sa masse, mais par sa surface, qui, en contact avec les corps à transformer, est le siège de phénomènes divers, soit de dissolution ou d'occlusion, soit d'ordre électrique.

Les autres admettent l'existence de réactions intermédiaires entre le catalyseur et les produits sur lesquels il exerce une action. Cette manière de voir s'appuie d'ailleurs sur l'expérience, et dans un grand nombre de cas on a pu isoler le corps intermédiaire, qui, tour à tour, se forme et se décompose en effectuant, au total, la réaction considérée. C'est par de telles actions, entre autres, qu'on explique la décomposition de H^2O^1 par les oxydes métalliques, ou le dégagement d'oxygène par le chlorure de chaux en présence d'une trace de sel de cobalt ; en chimie organique, le rôle favorisant du chlorure d'aluminium dans la méthode de FRIEDEL et CRAFT pour l'obtention des chlorures aromatiques, ou encore l'action du SO^4H^2 dans la préparation de l'éther, à partir de l'alcool ordinaire, sont encore des exemples caractéristiques de ce genre de réaction.

MATIGNON généralise même ces résultats et pense que, chaque fois qu'un corps facilite une réaction par sa présence, on peut en conclure qu'il doit exister un corps intermédiaire. Pour lui, l'action des catalyseurs s'explique par une analogie tirée de la mécanique. Constatant tout d'abord que nombre de réactions ne se produisent pas dans les conditions ordinaires, contrairement aux prévisions thermodynamiques, il admet que ce désaccord résulte de frottements internes. Les catalyseurs auraient précisément pour effet de substituer à une réaction donnée, qui, seule, ne se fait pas, par suite d'un frottement trop grand, deux autres réactions, qui ne sont plus dans la zone de frottement, quoique dans le voisinage de la température ordinaire, et qui ont pour résultante l'action donnée.

Prenons la combinaison $H^2 + O$: celle-ci, tout en étant théoriquement possible, ne se produit pas à la température ordinaire. Laissons, au contraire, agir l'H sur la mousse de platine à la température ordinaire : il se forme un hydrure, qui, porté ensuite dans l'oxygène, se transforme en H^2O avec mise en liberté du platine. Comme celui-ci se retrouve à ce moment dans le même état qu'au début, on peut, avec la même quantité de matière, produire à l'infini la combinaison. On a donc remplacé une réaction à frottement par deux autres, ne présentant pas de frottement dans les mêmes conditions.

Cette seconde explication des actions catalytiques, basée sur l'existence de réactions intermédiaires, soulève cependant quelques objections. L'une d'elles résulte du fait qu'elle suppose le catalyseur identique au début et à la fin de la réaction. Or, ce n'est pas le cas général. On constate presque toujours que le catalyseur se modifie : neuf, il n'est pas immédiatement apte à produire la réaction ; puis, après une certaine durée de service, il s'use, vieillit, et cesse enfin de fonctionner. Ce ralentissement et cet arrêt dans l'activité du catalyseur, dus à un changement de son état physique, se comprennent évidemment mieux dans la première hypothèse que dans la seconde.

Une autre objection est tirée du mécanisme même de la réaction. Ainsi que le fait remarquer OSTWALD, il ne suffit pas de montrer qu'il se fait des réactions intermédiaires, il faut encore établir que celles-ci ont une vitesse plus grande que celle de l'action directe. Cet excès doit d'ailleurs être suffisant pour compenser la disproportion qui existe entre la masse du catalyseur et celle des produits qu'il contribue à former. Tant qu'on n'aura pas prouvé qu'il en est ainsi, on pourra parler de réactions accessoires, on ne sera pas en droit d'employer l'expression de réactions intermédiaires. En définitive, à l'heure actuelle, il est difficile de généraliser l'une ou l'autre de ces deux explications : il est évident que, dans certains cas, il se fait indiscutablement des réactions intermédiaires ; mais dans beaucoup d'autres, on se trouve dans le domaine de la pure hypothèse. Il est probable que, pour ces dernières réactions, ce sont les actions physiques qui prédominent.

§ 3.

Catalyseurs biochimiques.

Les transformations que la lumière fait subir aux matières albuminoïdes, transformations dont nous avons étudié précédemment le mécanisme, présentent un intérêt tout particulier, au point de vue du chimisme de la cellule vivante. En effet, les matières azotées de réserve, ainsi que la substance protoplasmique elle-même, se consomment dans l'organisme en subissant toute une série de transformations, dues à des hydrolyses successives, qui les conduisent aux mêmes produits finaux que ceux qui résultent de l'action de la lumière sur l'albumine. L'analogie entre les deux phénomènes est d'autant plus frappante, qu'elle ne porte pas seulement sur l'identité du travail produit, mais aussi sur les forces mises en jeu pour l'accomplir. Dans le cas de la minéralisation des matières albuminoïdes en présence du soleil, nous voyons apparaître, sous l'action photochimique, un catalyseur qui provoque la réaction et la dirige dans un sens déterminé. Dans les cellules vivantes, ce sont encore des facteurs de même nature qui interviennent. Sous l'influence des conditions physiques et chimiques du milieu, il se produit, pendant la vie, des catalyseurs biochimiques qui règlent la plupart des réactions cellulaires. Ces corps actifs sont connus sous le nom de diastases. On peut les envisager comme des produits intermédiaires entre la matière vivante et la matière minérale. Ce sont des substances organiques à l'état colloïdal; on ne connaît ni leur composition ni leur structure chimique, mais le mécanisme de leur action, leurs caractères généraux et leurs propriétés individuelles sont suffisamment établis pour ne laisser aucun doute sur leur existence.

A l'heure actuelle on possède des données certaines sur un nombre considérable de catalyseurs biochimiques fournissant un travail bien caractérisé. Ces agents agissent, les uns comme oxydants, d'autres comme réducteurs, la plupart comme hydratants. Les catalyseurs biochimiques étant essentiellement spécifiques, ils s'adressent à des corps d'une structure chimique et d'une configuration bien déterminées.

Voici quelles sont les propriétés essentielles et caractéristiques des enzymes :

1) Les enzymes, tout en provoquant une réaction, ne se trouvent point dans les produits résultant de cette réaction : la conséquence de ce fait, c'est qu'avec une quantité minime de diastase on peut réaliser un travail illimité.

2) Les enzymes sont solubles dans l'eau et la glycérine, et sont rendus inactifs quand on porte leurs solutions à une température voisine de 100°.

3) Ces corps se laissent précipiter de leurs solutions, soit par l'alcool, soit par des sels, tels que le sulfate d'ammoniaque ou le sulfate de zinc.

4) Ils se fixent facilement sur la fibrine, la soie, l'élastine, et sont entraînés par différents précipités.

5) Ils sont très sensibles aux conditions physiques et chimiques du milieu.

Beaucoup de ces propriétés rappellent celles des ferments figurés. Les enzymes s'en distinguent cependant, d'abord en ce qu'ils peuvent filtrer, quoique incomplètement, à travers une bougie poreuse, et ensuite parce qu'ils présentent une certaine résistance vis-à-vis des antiseptiques.

6) Il a été parfaitement démontré que quelques diastases sont capables d'exercer une action réversible, et il y a tout lieu de penser que toutes sont capables d'agir ainsi lorsque les conditions le leur permettent.

Ces propriétés très curieuses ont été retrouvées chez les catalyseurs minéraux, surtout chez les métaux, à l'état colloïdal, étudiés par BREDIG. Cet auteur prépare le platine colloïdal de la façon suivante : on fait jaillir l'étincelle électrique, produite par un courant de 8 à 12 ampères sous 30 à 40 volts, dans de l'eau pure, entre deux fils de platine. Sous cette action, le métal se désagrège et le liquide prend une coloration jaune, puis brune : il filtre bien; au microscope, on ne distingue point de particules insolubles; le platine semble donc s'être dissous.

Cependant il n'en est pas ainsi, car le liquide ne présente aucune des propriétés physiques des solutions (abaissement du point de congélation, existence d'une pression osmotique, etc.). La matière est simplement dans un état d'extrême division, les particules formées ayant une grosseur évaluée seulement à quelques cent millièmes de millimètre ($0^{mm}000.01$). On a préparé de même des pseudo-solutions d'or, d'argent, de cadmium, d'iridium, etc.

On constate que le platine, ainsi amené à l'état colloïdal, à raison de 1 gr. pour 300.000 litres d'eau, possède les propriétés d'une véritable diastase, celles d'une oxydase. Il décompose H^2O^2, rougit l'aloïne, bleuit le gaïac. Il présente une température optima. Son action est activée par une trace d'alcali, puis diminuée. Certains poisons, comme l'acide cyanhydrique, la ralentissent. Ces propriétés sont identiques à celles des diastases : les uns et les autres se comportent comme des catalyseurs.

Au cours de la vie cellulaire, les différents catalyseurs biochimiques apparus se laissent influencer l'un par l'autre, soit par action directe, soit en raison des produits formés. Le travail chimique produit dans la cellule est le résultat d'une action très complexe des catalyseurs, qui régularisent leur fonctionnement dans un sens favorable à la vie. Après la mort, les catalyseurs, restant intacts, continuent à agir et sont susceptibles de produire chacun le même effet que dans la cellule vivante; mais l'ensemble du travail n'est plus tout à fait le même, soit au point de vue quantitatif, soit même au point de vue qualitatif. L'équilibre entre les catalyseurs se trouve rompu : de nouvelles réactions entrent en jeu, et l'on observe un travail prédominant seulement dans une certaine direction. C'est ainsi qu'en abandonnant à lui-même un organe mort, en présence d'antiseptique, on détermine une autolyse aboutissant à la dissolution et à la désagrégation complète de cet organe. Au contraire, dans un organisme vivant, les catalyseurs à fonction synthétique, et aussi les anticorps, contrebalancent l'action destructrice des catalyseurs de décomposition, et ce qu'on observe, est un équilibre dynamique résultant du jeu complexe de tous les enzymes.

§ 4.

Mécanisme d'action des diastases.

Demandons-nous maintenant de quelle façon agissent les diastases. Il est d'autant moins aisé de répondre à cette question, que la nature même de ces corps nous échappe. Déjà, avec les catalyseurs minéraux, dont la composition nous est connue, nous n'avons pu fournir une théorie générale de leur mode d'action. Ici, la réponse est encore plus difficile à donner.

Tout d'abord, en ce qui concerne la nature même des catalyseurs biochimiques, les avis sont partagés. Les uns envisagent volontiers les diastases, non comme des corps matériels, mais comme une forme particulière de l'énergie, qui se fixerait sur certaines substances, notamment les albuminoïdes. Cette conception des enzymes-forces est plutôt en faveur chez les physiologistes, et semble être, jusqu'ici, plus une vue de l'esprit qu'une expression réelle des faits observés. Les autres, au contraire, en plus grand nombre, et formés surtout de chimistes, se rallient à une conception plus positive. Pour eux, les diastases seraient des matières, sinon identiques, du moins voisines des albuminoïdes.

Quelle que soit d'ailleurs la nature même de ces corps, il est certain qu'il existe un rapport étroit entre les diastases et les albuminoïdes, rapport qui fait que les premières participent dans une large mesure des propriétés des secondes. En particulier, leur sensibilité à la chaleur, qui les détruit en les coagulant, leur changement d'état physique sous l'influence des acides, des bases ou des sels, qui les précipitent ou les redissolvent, et d'autres encore, sont bien là des propriétés qui résultent d'un caractère commun aux diastases et aux protéines, à savoir leur état colloïdal.

On sait que, depuis quelques années, l'étude des colloïdes tient une grande place dans les préoccupations de la chimie physique. Toute une école a abordé la question de diastases de ce point de vue spécial. Bien que d'assez nombreux travaux aient été publiés déjà, l'ensemble, pour intéressant qu'il soit, n'a pas encore abouti à des conclusions bien nettes. Nous rappellerons cependant quelques-uns des faits acquis.

D'une façon générale, les particules colloïdales jouissent de propriétés spéciales, différant, jusqu'à un certain point, de celles des molécules chimiques étudiées sous les autres états. Ces propriétés résultent de deux caractères propres aux colloïdes :

En premier lieu on constate que les particules colloïdales, en suspension dans un liquide, portent une charge électrique ; ce fait peut être mis en évidence par l'orientation que prennent ces particules quand on fait passer un courant dans leur pseudo-solution. Suivant que la substance colloïdale est chargée positivement ou négativement, elle se dirigera vers la cathode (cataphorèse) ou vers l'anode (anaphorèse). On peut d'ailleurs apprécier d'une autre façon le signe de la charge : un colloïde électropositif est précipité par un colloïde instable électronégatif, comme une solution de sulfure d'arsenic colloïdal, à 3 %o, tandis qu'un colloïde électronégatif est précipité par un colloïde électropositif, comme une solution d'hydrate de fer colloïdal, à 2 %o. Ces charges expliquent la sensibilité des colloïdes vis-à-vis des électrolytes, qu'on sait se dissocier en ions lorsqu'ils sont à l'état dissous. Les acides agiront surtout sur les colloïdes électropositifs; les bases, sur les colloïdes électronégatifs. Les sels agiront soit par leur ion acide, soit par leur ion basique. De plus, l'action précipitante variera avec la valence des ions agissants.

Le second caractère tient à l'extrême petitesse des particules colloïdales. On sait qu'à la surface de tous les corps se trouve une couche de molécules qui, par raison de dissymétrie, sont soumises à des forces différentes de celles qui agissent sur les molécules situées à l'intérieur. Or, ici, la couche superficielle prend une importance très grande par rapport à l'ensemble de l'édifice moléculaire. On constate en effet que l'épaisseur de la première est du même ordre de grandeur que le diamètre du second : soit de 20 à 50 millionièmes de millimètre. Mais il y a plus : autour de la particule colloïdale se trouve une couche d'adsorption, formée par du liquide adhérent, qui constitue une sorte d'enveloppe isolant la substance colloïde du reste du milieu ambiant. La composition de la couche d'adsorption n'est pas toujours la même que celle de la masse du liquide : il peut y avoir, en cette région, concentration des parties dissoutes, ou, au contraire, raréfaction, si bien que la matière considérée, protégée par cette double enveloppe — couche superficielle et couche d'adsorption — ne réagira plus comme elle l'aurait fait si elle avait conservé son état normal.

En résumé, les propriétés spéciales à l'état colloïdal résultent :

1) de l'électrisation des particules, ce qui, dans une certaine mesure, peut contrarier les lois chimiques des combinaisons.

2) de l'extrême division de ces particules, ce qui donne une grande importance aux phénomènes de contact.

Voici quelques conséquences de ce qui précède :

La pepsine, comme, d'ailleurs, d'après Iscovesco, le suc gastrique dialysé, ne renfermant que des colloïdes électropositifs, se comportera ainsi dans l'expérience suivante : au fond d'un tube en U on verse de l'ovalbumine, qu'on coagule sur place ; puis, par-dessus, dans chaque branche, on met une solution de pepsine chlorhydrique. On fait passer un courant électrique de 0.3 à 0.6 voltcentim. et de 0.0001 à 0.0005 ampère, et l'on constate que, déjà au bout d'une heure, l'ovalbumine est attaquée du côté (+) ; cette attaque augmente et atteint le maximum au bout de huit à neuf heures, tandis qu'il n'y a rien du côté (—). Le courant *pousse* donc la pepsine, du côté positif, dans l'albumine, qui est en partie solubilisée et peptonisée, tandis que, de l'autre côté, la pepsine s'éloigne de l'albumine pour monter vers l'électrode négative.

Par contre, le suc pancréatique de sécrétine de chien, préalablement dialysé, ne renferme que des colloïdes électronégatifs. Vient-on à mélanger du suc gastrique pur de chien avec du suc pancréatique pur ou dialysé, on constate la formation d'un précipité, qui, d'ailleurs, ne se serait pas produit si l'on avait remplacé le suc gastrique pur par du suc dialysé. C'est qu'en effet le colloïde positif du suc gastrique a formé avec le colloïde négatif du suc pancréatique un complexe soluble dans un milieu neutre, mais qui est insoluble dans un milieu très légèrement acidifié par HCl. Dès lors on sera conduit à admettre que l'action paralysante du suc gastrique sur le suc pancréatique n'est pas due, comme on le dit généralement, à l'acidité du suc gastrique, mais bien, d'après ce qui précède, à la fixation des diastases pancréatiques négatives par les diastases positives du suc gastrique.

Les partisans de la théorie physique ont cherché à expliquer un certain nombre des phénomènes biologiques que nous étudierons dans cet ouvrage. Voici leur manière de voir en ce qui concerne les antiferments. D'après eux, l'action neutralisante qu'exerce le sérum de sang de chien, par exemple, sur le suc gastrique, ne serait pas due à une antipepsine contenue dans ce sérum, mais tout simplement à une précipitation du colloïde positif de la pepsine par un colloïde négatif apporté par le sang, précipitation qui rendrait le ferment gastrique inactif, en le fixant dans un complexe insoluble.

Il n'est point jusqu'aux phénomènes de coagulation du sang ou du lait qui ne trouvent une interprétation du point de vue de la chimie des colloïdes. D'après Iscovesco, le sang renferme deux sérumalbumines : l'une (+), l'autre (—), et deux globulines : l'une (+), l'autre (—). Or, tandis que le plasma contient des globulines (+) et (—), le sérum ne contient que des globulines (+). La coagulation résulterait donc de la précipitation d'un complexe colloïdal, formé par l'union de globulines (+) et (—), complexe qui ne serait autre que la fibrine. Cette coagulation serait due simplement à des agents physiques ou chimiques, qui modifieraient ainsi les conditions électriques du milieu.

On voit par ces quelques exemples que ces considérations sont assez suggestives. Sans doute, les données sur lesquelles elles s'appuyent sont encore trop incomplètes pour que les explications qu'elles fournissent soient tout à fait satisfaisantes. Mais elles n'en représentent pas moins une orientation nouvelle, donnée aux recherches de biochimie, et, à ce titre, elles méritaient d'être signalées ici.

Guidés par ces considérations générales, essayons, pour finir, de nous faire une idée de la nature et du mode d'action des substances spéciales que sont les diastases.

Une diastase est toujours constituée par une matière protéique renfermant une plus ou moins grande quantité de matière minérale. En solution dans l'eau, elle se comporte comme un colloïde albuminoïde associé à un colloïde minéral. Ce dernier serait en quelque sorte la partie agissante du ferment : c'est, selon l'expression de BERTRAND, le *coferment*. Il aurait pour support le colloïde albuminoïde. La spécificité de l'action, qui comporte évidemment une configuration appropriée du catalyseur correspondant, résulterait de la nature même du coferment. Celui-ci agirait selon le mode des réactions intermédiaires. Quant au colloïde albuminoïde, qui sert à protéger le coferment actif, il ne manquerait pas d'influencer, dans un sens ou dans un autre, les propriétés de l'ensemble, cela en vertu de son état spécial de colloïde. Mais il ne participerait pas à l'action chimique proprement dite : on comprendrait mal, en effet, comment une molécule aussi grosse que l'albumine, douée, par suite, d'une certaine inertie, pût jouer un pareil rôle de facteur de transformation. Les catalyseurs biochimiques diffèrent donc des catalyseurs purement minéraux par une complexité plus grande : il faut peut-être voir dans ce fait la raison d'une adaptation plus parfaite au travail qu'ils doivent produire et par conséquent l'explication d'une spécificité plus profonde. En effet, tandis qu'à l'aide de l'eau oxygénée on amène toutes les substances azotées dérivées des albuminoïdes, à l'état d'ammoniaque et d'acides volatils, les catalyseurs de la matière vivante ne peuvent pas faire tout ce travail à l'aide d'un seul agent : pour produire cette transformation intégrale, il faut le concours de toute une série de catalyseurs, dont chacun fait un travail strictement déterminé.

Dans le présent ouvrage, nous allons étudier en détail

cette hydrolyse progressive de la matière albuminoïde, provoquée par des enzymes différents et aboutissant à la minéralisation complète de la molécule. Mais, avant, il convient de dire comment on peut classer les différents enzymes qui fourniront les stades successifs de ce travail.

§ 5.

Classification des enzymes protéolytiques d'après leur travail chimique.

Il résulte de l'important travail de SCHUTZENBERGER sur les matières albuminoïdes, ainsi que des nouvelles recherches qui ont été faites sur le même sujet, et qui sont venus confirmer, à peu de chose près, la conception du maître français sur la constitution de ces substances, que l'albumine, dont le poids moléculaire est voisin de 5700, a une composition qui répond sensiblement à la formule : $C^{250} H^{409} N^{67} O^{84} = 5691$. Cette très grosse molécule, en C^{250}, résulterait de la condensation, avec une molécule de tyrosine $C^{9} H^{11} NO^{3}$, de 3 complexes identiques $C^{60} H^{100} N^{16} O^{20}$ et d'une base $C^{61} H^{98} N^{18} O^{21}$.

Différentes considérations, basées sur le mode de dédoublement progressif des matières albuminoïdes, ainsi que sur les produits finaux de l'hydrolyse, amenèrent SCHUTZENBERGER à donner au groupement C^{60} la structure suivante :

```
                                                        CO²H
                                                         |
            /CO - (CH²)5 - NH - CH² - CH² - NH - CH - CH³
  CO - N
  |         \CO - (CH²)4 - NH - CH² - N   - CH² - CH² - CO
  |                                  |___________________|
  |         /CO - CH³
  CO - N
            \CO - CH² - CH² - CH - CH² - NH - CH² - NH - CH - CH² - CO²H
                             |                           |
            /CO - CH² - CH² - CH - NH - CH² - NH —— CH - CH² - CO²H
          /N
  CO       \H
  |
  | \      /CO - (CH²)3 - NH - CH² - CH² - N - CH² - CH³ - CO
  |  N                                     |______________|
       \CO - (CH²)4 - NH - CH² - NH - CH - CH³
                                      |
                                     CO²H
```

Le groupement en C^{61} est indiqué comme dérivant de celui en C^{60} : il n'en diffère que par l'addition de $C + N^2 + O$ et la suppression de H^2 ; mais sa structure générale est la même. Les quatre complexes, trois en C^{60} et un en C^{61}, ainsi que la tyrosine, qui forment la matière albuminoïde, se trouvent reliés entre eux à la suite de déshydratations multiples. Les radicaux eux-mêmes, comme l'indique le schéma précédent, résultent de l'union, par perte d'eau, d'un certain nombre d'acides aminés, ne renfermant chacun que quelques atomes de carbone seulement.

Ainsi d'après SCHUTZENBERGER, les corps auxquels s'appliquent les propriétés fondamentales des matières albuminoïdes, résulteraient de l'union de plusieurs complexes, qui proviendraient de la soudure de groupements simples ayant tous une structure analogue, celle des acides aminés. Différentes critiques de détail peuvent être adressées à cette conception : tout d'abord, le fait d'envisager l'albumine comme une uréide et une oxamide à radicaux complexes, unies dans une même molécule, n'est pas tout à fait conforme aux données de l'expérience. Il est vrai que la présence de l'arginine, d'une façon à peu près constante, dans les produits de la protéolyse, montre bien que le groupement urée se retrouve dans la molécule albuminoïdique, mais il n'y joue peut-être pas un rôle aussi important que celui que SCHUTZENBERGER lui a attribué. De plus, la tyrosine, qui représente en quelque sorte la clef de voûte de tout l'édifice, n'est pas le seul dérivé benzénique qu'on obtient au cours de la décomposition : il y a également d'autres noyaux aromatiques, comme le tryptophane, qui apparaissent au cours de l'hydrolyse et qui cependant ne figurent pas dans la formule précédente.

Des travaux de KOSSEL, et surtout de ceux de E. FISCHER sur les polypeptides, il résulte qu'il est plus exact d'envisager la matière albuminoïde comme une chaîne très longue formée d'un grand nombre de maillons divers, les multiples amino-acides qu'on connaît, réunis les uns aux autres par perte d'eau. Tandis que d'après SCHUTZENBERGER, la soudure se faisait par des groupes - CH^2 - NH -, qui, après rupture, devenaient - CH^2OH et - NH^2, d'après Fischer, elle se ferait suivant - CO - NH -, qui, par hydrolyse, donnerait - CO^2H et - NH^2.

Mais toutes ces critiques sont surtout du domaine de la chimie pure. Elles ne changent en rien la conception que nous devons nous faire de la molécule albuminoïdique : un agrégat très volumineux de fragments d'inégale résistance, lesquels sont constitués par un nombre plus ou moins grand d'acides aminés divers. Cette structure intime, qui nous a été relevée par Schutzenberger, sans pouvoir encore être précisée dans tout son développement, correspond cependant bien, à l'heure actuelle, à nos connaissances sur cette matière. Guidée par elle, voici comment on peut envisager le mécanisme de l'hydrolyse.

Sous l'influence des agents hydrolysants, minéraux ou biologiques, la molécule albuminoïde se brise : la chaîne, par suite de la fixation des éléments de l'eau en un ou plusieurs endroits, se coupe, mais les tronçons qui se forment sont encore très gros. Si l'on veut, en se reportant à la formule de Schutzenberger, on produira la mise en liberté de un ou de plusieurs des quatre complexes principaux en C^{60} ou C^{61}, sans que toutefois la tyrosine cesse de rester attachée à l'un d'eux.

Puis l'hydrolyse se poursuivant, ces gros fragments subiront, à leur tour, le dédoublement : les éléments de l'eau se fixant aux points de résistance moindre, libéreront quelques-uns des acides aminés, ceux qu'on rencontre aussitôt que l'attaque devient un peu profonde, à savoir, la tyrosine et la leucine. En même temps, les complexes se fractionneront de plus en plus, au fur et à mesure que les hydratations successives s'accompliront. Lorsque le travail sera suffisamment avancé, on n'aura plus dans le liquide que des groupements atomiques très simples, répondant pour la presque totalité à la constitution des aminoacides : du glycocolle en C^2, d'autres en C^3, C^4, C^5, de la leucine en C^6, de la tyrosine en C^9, du tryptophane en C^{11}; en outre, des bases hexoniques, etc. Enfin, par une action encore plus profonde, les groupements NH^2 seront à leur tour séparés des molécules apparues, et il se formera d'une part l'ammoniaque et de l'autre des acides gras.

Demandons-nous maintenant quelles sont les conséquences directes de cette manière de voir?

1) Tout d'abord on observera une diminution progressive du poids moléculaire moyen de la liqueur soumise à l'hydrolyse. Nous avons dit que les matières albuminoïdes apparaissent comme des corps à poids moléculaire très élevé ; SCHUTZENBERGER a attribué à l'albumine la valeur de 5691 ; SABONIJEFF, en appliquant la méthode cryoscopique à différentes solutions d'albuminoïdes, trouva 15000. Quoi qu'il en soit, les hydrolyses successives de cette molécule doivent fournir des corps à poids moléculaire de plus en plus réduits : les premiers dérivés, encore très complexes, auront des propriétés voisines de celles de la matière primitive, attendu que leur structure restera sensiblement la même : ce sont les albumoses, puis les peptones, c'est-à-dire des polypeptides naturels. Leur poids moléculaire sera d'environ 2400 pour les premiers et voisin de 400 pour les seconds. Puis le poids moléculaire moyen continuera à s'abaisser progressivement, pour prendre finalement une valeur comprise entre 75, correspondant au glycocolle, et 240, qui représente la cystine, acide aminé qui apparaît dans la décomposition profonde des albuminoïdes.

2) Dans la molécule albumine, il n'y a pas de groupement NH^2 libre. Chaque fois que l'eau se fixe sur elle en une liaison - NH - CO -, un groupe NH^2 apparaît, ainsi qu'un groupe CO^2H. Or, la méthode de SOERENSEN, au formol, permet de doser les groupes CO^2H, et par suite les groupes NH^2 formés. On constatera donc qu'au fur et à mesure que l'hydrolyse se poursuit, l'azote formol augmente. Cet azote formol correspond ainsi à la forme amine. Il sert de mesure à la quantité d'acides aminés présents dans un liquide d'hydrolyse. Mais il importe, dès maintenant, de bien préciser. Dès le début de l'action, l'azote formol prend une valeur qui n'est pas nulle. Est-ce à dire qu'il se soit formé déjà des acides aminés proprement dits, d'une simplicité plus grande, au moins égale à celle de la leucine en C^6 ? Nullement. Ces corps n'apparaissent pas dans la

première phase du travail de dégradation, pas plus du reste
que la tyrosine ou d'autres noyaux benzénique, indolique, etc.
Mais les premiers complexes qui seuls à ce moment sont libérés,
les albumoses, par exemple, renferment déjà, du fait même
de la rupture de la maille - NH - CO -, une fonction NH^2 qui
titrera au formol. De là, une erreur possible d'interprétation.
Au reste, ces polypeptides naturels, albumoses et peptones, ne
sont pas autre chose que des acides aminés complexes.

3) La molécule albuminoïde contient déjà des groupements
amides, de la forme - CO - NH^2. Ceux-ci, par ébullition avec
MgO, se décomposent et laissent dégager NH^3. Or, à mesure
que la dégradation protéolytique se poursuit, soit que le
nombre des groupes CO - NH^2 augmente, soit que les peptides
engendrés présentent une plus grande sensibilité à l'action de
l'alcali, on constate que la proportion d'ammoniaque que
l'ébullition avec MgO est capable de libérer, va en croissant.
Cette quantité n'est pas, à vrai dire, très grande dans la
majeure partie du travail diastasique. Par contre, dans la
dernière phase de l'hydrolyse, qui porte sur les acides aminés,
tout l'ammoniaque pourra être libéré par MgO, attendu qu'il
se fait à ce moment des sels ammoniacaux facilement décomposables par cette base.

En somme, toutes ces variations constatées dans les propriétés des produits formés résultent d'une cause unique,
l'hydratation progressive de la molécule protéique : or, celle-ci
est précisément susceptible d'une appréciation, sinon rigoureuse, du moins suffisamment expressive pour en faire une
base de classification. En effet, d'après ce que nous venons
de dire sur la méthode au formol, ce qu'on dose, ce n'est pas
l'azote aminé, mais les groupes CO^2H apparus : or, leur nombre
est juste égal à celui des molécules d'eau fixées, chaque CO^2H
titré correspondant exactement à la fixation de 1 mol. H^2O.
Les résultats expérimentaux fournis par la méthode de
SOERENSEN nous permettent donc d'avoir une idée très nette
de l'intensité de l'hydrolyse des matières albuminoïdes.

Si nous prenons la molécule d'albumine, dont le poids est,

d'après Schutzenberger, de 5691, et qui contient 67 atomes d'azote, nous voyons que pour une hydrolyse totale, devant amener tout l'azote à l'état de - NH^2 (en admettant que cela soit théoriquement possible et qu'il n'y ait pas d'acides diaminés), il faudrait 67 molécules d'eau, soit un poids égal à 21.1 gr. pour 100 gr. d'albumine. D'ailleurs, si l'on devait hydrater tous les acides monoaminés pour les décomposer en NH^3 et en acides gras, il faudrait encore une fois 21 gr. d'eau, soit en tout 42 gr. pour 100 d'albumine.

Or, l'expérience montre que, en raison de la formation des acides diaminés ou d'autres produits azotés non titrables correctement par le formol, on ne peut arriver pratiquement à doser de cette façon plus de 90 °/₀ de l'azote total. C'est donc qu'en réalité on ne fixe que 90 °/₀ de l'eau qu'on supposait à tort pouvoir faire réagir, soit $21.1 \times \frac{90}{100} = 18.99$, ou, en chiffres ronds, 19 gr. eau pour 100 gr. d'albumine, quantité qui représente $67 \times \frac{90}{100} = 60$ molécules d'eau. Et pour une dégradation complète, on atteint 38 gr. eau, ou 120 molécules.

Dès lors, si dans les produits de l'hydrolyse on titre au formol 32 °/₀ de l'azote total, c'est qu'on a fixé, pour 1 molécule albumine : $60 \times \frac{32}{90} = 21.3$ molécules d'eau, soit $19 \times \frac{32}{90} = 6.7$ gr. pour 100 gr. albumine.

En ce qui concerne les catalyseurs biochimiques, on constate que ceux-ci peuvent être différenciés d'après la profondeur de la protéolyse produite, c'est-à-dire d'après la quantité d'eau fixée. Chacun d'eux est capable de produire un maximum de travail, dont le degré de dégradation est en quelque sorte caractéristique de cet agent d'hydratation, ou plutôt de la famille à laquelle il appartient. En se basant sur cette remarque, on peut donc grouper les différents enzymes connus des matières azotées en cinq classes, répondant aux quantités d'eau maxima fixées suivantes :

CLASSIFICATION DES ENZYMES PROTÉOLYTIQUES
D'APRÈS LES QUANTITÉS D'EAU QU'ILS SONT CAPABLES DE FIXER
SUR LA MATIÈRE ALBUMINOÏDE.

FAMILLE D'ENZYMES	Nombre de molécules eau fixées par une mol. albumine	Grammes d'eau fixés par 100 gr. albumine
Diastases coagulantes (thrombine et présure)	0	0
Pepsine	21	6.7
Trypsines	40	12.6
Erepsines	60	19
Amidases	120	38

Ces chiffres n'ont évidemment rien d'absolu ; ils sont
cependant suffisamment caractéristiques pour établir une
différence très nette entre les diverses classes d'enzymes protéolytiques. Toutefois il faut remarquer que les diastases qui
donnent une hydratation très profonde n'agissent plus sur la
matière albuminoïde, mais sur des produits de sa décomposition, décomposition qui peut même, comme dans le cas des
amidases, être très avancée. Malgré cela, pour ces sortes
d'enzymes, nous avons rapporté les quantités d'eau fixées non
par les corps sur lesquels les diastases agissent réellement,
mais par l'albumine initiale.

Si l'on examine maintenant les variations de chacune des
trois propriétés dont nous avons parlé précédemment, propriétés qui sont en corrélation directe avec la quantité d'eau
fixée, on trouve que l'ordre suivant lequel se rangent les
diastases est à peu près le même que celui qui se trouve
réalisé en adoptant la base de classification que nous propo-
sons. C'est ainsi que la chute de poids moléculaire et la pro-
gression de l'azote des acides aminés se font dans le même
sens que l'hydratation ; quant à la variation de l'azote libérable
par la magnésie, elle n'est plus aussi régulière. Voici en effet
ce que l'on observe :

VARIATIONS DES PROPRIÉTÉS
DES PRODUITS DE LA PROTÉOLYSE DE L'ALBUMINE.

Famille d'enzymes	Poids moléculaire des produits azotés extrêmes formés	Azote formol (Acides aminés formés) Sur 100 N total	Azote libérable par MgO (2) Sur 100 N total
Diastases coagulantes (thrombine et présure)	Pas de chang^t appréciable dans le poids mol. (1)	0	0
Pepsine	2400 400	32	5.4
Trypsines.	2400 75	60	4.6
Erepsines	240 75	90	10
Amidases	17	0	80-100

Cette base de classification donne toute satisfaction en ce qui concerne les trois premières familles de diastases. Quant aux deux dernières, les chiffres cités sont plus difficiles à interpréter. Nous avons profité de ce flottement pour faire rentrer dans ces classes un certain nombre de diastases qui ne s'y rattachent que d'une façon indirecte, comme les nucléo-protéases, l'arginase, la créatinase, l'uréase, etc.

Voici, dès lors, l'ordre que nous avons adopté pour cet exposé : Dans la première partie, nous étudierons les diastases coagulantes, la thrombine, le myosin-ferment et la présure ; dans la deuxième partie, la pepsine ; dans la troisième, les différentes trypsines, d'origine animale ou végétale, la papaïne, la broméline, la caséase, etc.; dans la quatrième, les érepsines, l'érepsine intestinale, les nucléo-protéases, l'arginase, etc.; dans la cinquième, les amidases et l'uréase ; enfin dans une sixième et dernière partie, nous décrirons les principales applications de ces différents catalyseurs à l'industrie.

---

(1) En tous cas, si, parmi les produits formés, il en est dont le poids moléculaire est plus faible, ceux-ci ne se trouvent pas en quantités appréciables.

(2) Les quantités d'azote libérables par le MgO diffèrent avec la matière albuminoïde employée. Les chiffres rapportés ici sont relatifs à l'albumine d'œuf. Avec la caséine, ils seraient supérieurs, mais les proportions relatives resteraient les mêmes.

BIBLIOGRAPHIE

G. BREDIG. *Ueber anorganische Fermente*, Leipzig, 1899.

NEUBERG. *Bioch. Zeits.*, (36), 1911, p. 39.

EFFRONT. *Compt. Rend.*, 1912, (1), p. 1111 et 1296 ; *Bull. Soc. Chim., France,* 1912, p. 744. *Les Enzymes*, Paris, 1899.

DUCLAUX. *Microbiologie*, Paris, 1900.

REYNOLDS GREEN. *Die Enzyme*, Berlin, 1901.

C. OPPENHEIMER. *Die Fermente*, Leipzig, 1900.

ISCOVESCO. *Soc. Biolog.*, 1906, (1), p. 783.

MATIGNON. Leçons sur la catalyse faites au Collège de France.

SIMON. Conférence sur la catalyse, *Bull. Soc. Chim.*, (29-1), 1903.

V. HENRI. *Leçons de chimie physique*, Paris, 1909.

PREMIÈRE PARTIE.

Catalyseurs coagulants.

CHAPITRE PREMIER.

THROMBINE.

§ 1.

Préparation de la thrombine et du fibrinogène.

Le sang des mammifères, à sa sortie des vaisseaux, reste, suivant les conditions, de 5 à 10 minutes liquide, puis, assez brusquement, se transforme en une gelée qui, après un certain temps, se contracte, pour donner un caillot rouge baignant dans un liquide clair, transparent, appelé *sérum*. Le caillot est constitué par de la fibrine, qui englobe dans son réseau filamenteux les globules sanguins, hématies et leucocytes.

La vitesse de coagulation varie beaucoup avec l'espèce de l'animal. Le sang de cheval, en particulier, qui se coagule assez lentement, se prête, à cause de cela, mieux que tout autre à l'observation du phénomène. Quand on abandonne ce sang à une température de 5 ou 10°, on voit bientôt se déposer au fond du vase les globules rouges, qui sont nettement plus denses que le liquide environnant. Puis sur cette couche vient se superposer une seconde, constituée par des cellules gris jaunâtre, qui sont les leucocytes. Le liquide sanguin, séparé des éléments figurés, est ce qu'on appelle le *plasma*. Le plasma, fortement coloré en jaune, reste encore quelque temps liquide, puis il s'épaissit, se prend, enfin se rétracte en formant un caillot d'où exsude le sérum.

La coagulation du sang, que nous venons de décrire, due à l'apparition de fibrine concrète, résulte de l'action d'un enzyme spécial sur certains albuminoïdes du sang. La diastase qui intervient dans ce travail a été décrite par différents auteurs sous des noms très variés : surtout dans la littérature allemande, on l'appelle *fibrin-ferment;* DUCLAUX a adopté le terme de *plasmase;* mais on la désigne aussi par les noms de *fibrinase*, de *thrombine*, ou même de *thrombase*. Nous adopterons le terme de *thrombine*, parce que, en raison des différentes théories émises sur la coagulation, il prête moins que tout autre à la confusion.

La thrombine a été découverte par BUCHANAN en 1835. Cet enzyme, ou plutôt une des parties constituantes de cet enzyme, se trouve en abondance dans les globules blancs du sang; mais on la rencontre aussi dans les globules rouges, quoiqu'en proportions beaucoup moindres, ainsi que dans de nombreux tissus. Elle existe dans la lymphe, qui a sensiblement la même composition que le sang, et se retrouve dans le pus, qui est une sorte de sérum où baignent des globules blancs ayant subi la dégénérescence graisseuse. MUCH a constaté la présence de la thrombine dans le *staphylococcus aureus,* et HIGUCHI a isolé ce ferment, à l'aide d'eau physiologique, dans la pulpe de placenta.

Pour obtenir la thrombine, on peut se servir soit d'une macération de leucocytes, soit d'extraits de muscles ou de ganglions lymphatiques. SCHMIDT a le premier isolé le ferment, du sang défibriné, par la précipitation à l'alcool. A une partie de sérum il ajoute vingt parties d'alcool. Il se forme un précipité de matières albuminoïdes qui entraîne la thrombine. On laisse le contact avec l'alcool se prolonger deux ou trois mois, ce qui rend le coagulum à peu près entièrement insoluble dans l'eau. On filtre alors et l'on dessèche le précipité dans le vide sulfurique. En le reprenant par l'eau tiède, on dissout la diastase sans toucher beaucoup aux albuminoïdes. La solution ainsi

obtenue se montre très active et si l'on ajoute un peu de ce
liquide à un plasma, on obtient une coagulation infiniment
plus rapide que dans les conditions ordinaires.

HAMMARSTEN prépare la thrombine par une autre méthode.
Du sang frais de cheval est tout d'abord centrifugé pour en
séparer les globules sanguins. Puis il est additionné de 0.3 p. c.
d'oxalate de potasse : le précipité d'oxalate de chaux est enlevé
par centrifugation, puis filtration. Le liquide filtré est alors
étendu avec deux ou trois volumes d'eau, filtré à nouveau pour
éliminer les dernières traces de matières insolubles, et ensuite
acidifié au moyen d'acide acétique. Un précipité se forme, qui
contient la thrombine. On le recueille et on le purifie par dissolution dans l'eau légèrement alcaline et reprécipitation par
l'acide acétique. Pour arriver à un produit suffisamment pur, il
est nécessaire de répéter ce traitement un certain nombre de
fois. Finalement le produit est redissous dans une solution
diluée de chlorure de sodium : le ferment qu'on obtient ainsi
est exempt de calcium.

On peut aussi extraire la thrombine de la fibrine qui se
précipite pendant la coagulation. Le sang, fraîchement
recueilli, est tout d'abord dilué pour empêcher une coagulation
brusque. On le laisse quelque temps en repos, puis on le
fouette avec un petit balai pour en déterminer la défibrination.
La fibrine fraîche est alors traitée par une solution de NaCl
à 0.5 %, de titre suffisant pour dissoudre la diastase, mais trop
faible pour attaquer la fibrine. On obtient ainsi une solution
très active de fibrin-ferment.

Enfin, PEKELHARING indique la méthode suivante pour préparer une solution active de thrombine. Il prend 300 gr. de
pulpe de rate de veau, qu'il traite par 600 gr. d'eau chloroformée et centrifuge le tout le lendemain. Le liquide recueilli,
après filtration, est légèrement acidifié avec de l'acide acétique.
On sépare à la centrifugeuse le précipité formé, on le dissout
dans de l'eau faiblement alcaline et l'on précipite à nouveau par
de l'acide acétique. Ce traitement est répété à plusieurs
reprises : on obtient finalement une solution alcaline qui, neu-

tralisée, et après addition de $CaCl^2$, détermine très rapidement l'apparition de fibrine concrète dans le liquide d'hydrocèle, qu'on sait être non spontanément coagulable. Cette solution active provoque aussi la coagulation du sang que, par des moyens artificiels, on a réussi à conserver liquide.

Les procédés de préparation de la thrombine que nous venons d'énumérer, sont cependant loin d'être parfaits. Le produit qu'on obtient se montre actif seulement dans certaines conditions expérimentales. La coagulation du sang, comme on le verra plus loin, est un phénomène très complexe dans lequel différents facteurs interviennent. La substance active, obtenue par l'un ou l'autre des précédents procédés, ne peut pas être considérée comme une thrombine complète, mais plutôt comme un des constituants de celle-ci. La thrombine véritable se retrouve seulement après le battage du sang extrait des vaisseaux, et c'est le sérum obtenu qui en définitive doit servir pour étudier les phénomènes de coagulation, attendu que l'isolement de la thrombine d'un tel sérum présente certaines difficultés dues à la nature même de cette diastase.

Pour obtenir un sérum actif, on peut procéder de la manière suivante : du sang de lapin retiré des veines est dilué au 1/3 avec une solution de NaCl à 20 % ; le mélange obtenu contenant 5 % NaCl est centrifugé : on recueille ainsi un plasma qui est incoagulable, en raison de sa forte teneur en sel marin. Cependant, si l'on dilue celui-ci avec 4 volumes d'eau, il se prend rapidement en masse : il suffit d'en éliminer la fibrine, pour avoir un sérum clair ayant toutes les propriétés d'une solution de thrombine. Pour mettre en évidence l'action du sérum ainsi préparé, on se sert d'un plasma dilué et oxalaté à raison de 2 ‰ : ce plasma, à cause de la présence de l'oxalate, ne se coagule pas spontanément, même après dilution ; il se comporte jusqu'à un certain point comme une solution de fibrinogène, et se prend en masse quand on lui ajoute de la thrombine active ou du sérum. Ainsi, par un artifice assez habile, on arrive à séparer du sang les deux facteurs qui interviennent dans la coagulation : d'un côté, on a le sérum contenant la diastase toute formée, de l'autre, on a le plasma dépourvu de thrombine active et contenant cependant le fibrinogène.

L'action de la thrombine peut néanmoins être étudiée en dehors du sang, en se servant du principe albuminoïde contenu dans le plasma, le *fibrinogène*, corps sur lequel la diastase agit et qu'on considère comme la substance mère de la fibrine.

Le fibrinogène se rencontre non seulement dans le sang et la lymphe, qui est du sang blanc, mais encore dans les transsudats séreux, normaux ou pathologiques, tels que les transsudats péritonéal et péricardique, le liquide d'hydrocèle, le liquide d'œdème, etc. : ces transsudats ne sont pas spontanément coagulables, mais ils contiennent cependant du fibrinogène et se coagulent, si on les additionne de fibrin-ferment.

Pour isoler le fibrinogène, on possède différentes méthodes. La première en date est due à DENIS (1857). Celui-ci, en additionnant du plasma salé, d'une quantité massive de NaCl, en précipitait les matières albuminoïdes. Le coagulum, traité ensuite par de l'eau faiblement salée, abandonnait au liquide une partie de son fibrinogène. D'autre part, SCHMIDT a réussi à isoler le premier ce corps en partant du liquide d'hydrocèle. Pour préparer le fibrinogène, on reçoit quatre volumes de sang de cheval, sortant de la veine, dans un volume d'une solution saturée de SO^4Mg : le sang, par suite de cette addition saline, reste incoagulable. On se débarrasse des globules par centrifugation et filtration, puis on mélange le plasma obtenu avec un volume d'une solution saturée de NaCl. Dans ces conditions, le fibrinogène se précipite. On le recueille sur un filtre, on l'essore entre des doubles de papier et on le purifie par dissolution dans une solution de NaCl à 8 %, puis précipitation au moyen de NaCl saturé. Après plusieurs traitements successifs, le produit qu'on obtient, desséché sur du papier, se dissout facilement dans l'eau distillée, grâce à sa teneur de 2 ‰ NaCl qu'il contient encore. On peut alors débarrasser le fibrinogène de ce sel, par dialyse, en présence d'eau très faiblement alcaline.

Le fibrinogène peut encore être préparé à l'aide de plasma

oxalaté. Le sang sortant des vaisseaux est mélangé avec son volume d'une solution d'oxalate à 6 °/₀₀, on centrifuge et on laisse reposer pendant vingt-quatre heures à 0°. On décante le liquide clair et on l'additionne d'une solution saturée de NaCl, contenant 1 °/₀₀ d'oxalate, jusqu'à ce que la teneur en sel soit de 15 °/₀. Le fibrinogène se sépare alors en coagulum; on le recueille et on le purifie comme précédemment, par dissolutions et reprécipitations successives à l'aide de NaCl. REYÉ, pour séparer le fibrinogène, traite douze parties de plasma fluoré, additionné de trente parties d'eau, par seize parties d'une solution de sulfate d'ammoniaque saturé. Dans ces conditions, le fibrinogène se précipite : on le recueille et on le purifie selon le mode habituel.

Le fibrinogène précipité se présente sous la forme d'une masse poisseuse, adhérente au verre. Insoluble dans l'eau distillée bouillie, il se dissout légèrement dans l'eau non bouillie et sa solubilité augmente avec la richesse de celle-ci en oxygène. Il se dissout aussi dans une solution faible de NaCl, mais se précipite, si l'on vient à étendre d'eau la liqueur, par suite de la trop grande dilution du chlorure.

Une solution de fibrinogène dans une solution étendue de NaCl se trouble entre 52 et 53°. Le fibrinogène se coagule à 56°. D'après BORDET et GENGOU, du plasma salé, fraîchement dilué à 1 °/₀, chauffé pendant dix minutes vers 53°, se coagule encore sous l'influence de la thrombine; il ne se coagule plus si la température s'est élevée, pendant le même temps, à 54° environ; le liquide est devenu opalescent par suite de l'altération du fibrinogène. Une solution de fibrinogène, additionnée de thrombine, se comporte de la même manière que le sang au sortir des vaisseaux. Le liquide change bientôt de consistance et il se produit un coagulum plus ou moins résistant, suivant la concentration en fibrinogène.

Quant à la thrombine, elle possède les caractères d'un enzyme : elle est précipitée de ses solutions par l'alcool et est entraînée par des précipités déterminés dans le liquide; elle est très sensible à l'action de la température et aux conditions de milieu. De plus, dans son action sur le fibrinogène, on peut observer, en se plaçant dans des conditions favorables, un rapport constant entre la vitesse de la réaction au début et la quantité d'enzyme employée. On constate en outre une disproportion entre la cause et l'effet, une très faible dose de ferment pouvant coaguler une très grande quantité de sang; toutefois celle-ci n'est pas illimitée : en effet, la thrombine en agissant ne s'use pas, mais est absorbée par la fibrine, qui la retient et l'empêche de suivre les lois générales de l'action des diastases.

La thrombine est détruite, d'après HAYEM et SCHMIDT, par un chauffage de trois quarts d'heure à 58°5 ; d'après BORDET, la température de 56° est suffisante pour faire perdre à un sérum son pouvoir coagulant. Le froid ralentit considérablement l'activité de cette diastase : tandis que du plasma salé fraîchement dilué et oxalaté à 1 °/₀₀, additionné de son volume de sérum oxalaté à 1 °/₀₀, se coagule à 30° en cinq minutes, il ne se coagule plus qu'en vingt minutes si l'on maintient le mélange à 0°. L'optimum d'action a lieu entre 38 et 40°. En diluant un plasma, on en retarde la coagulation. Certains sels, le NaCl, entre autres, contrarient aussi l'action coagulante du fibrin-ferment sur le fibrinogène, et cela d'autant plus, que la concentration saline est plus forte.

INFLUENCE DE LA CONCENTRATION SALINE SUR LA TRANSFORMATION DU FIBRINOGÈNE.

2 cc. plasma à 2 °/₀ NaCl + 2 cc. sérum à 2 °/₀ NaCl : Coagul. s'effectue au bout d'une heure.
 » à 3 °/₀ » + » à 3 °/₀ » : » » le lendemain.
 » à 4 °/₀ » + » à 4 °/₀ » : » » le surlendemain.

Par contre, l'oxalate de soude à la dose de 1 °/₀₀ ne paralyse pas l'action du fibrin-ferment.

La thrombine, comme d'ailleurs beaucoup d'autres diastases, possède la propriété d'être absorbée par certains précipités. L'un d'eux notamment, le fluorure de calcium, est doué à un très haut degré de la faculté de fixer sur lui à la fois la substance active et le fibrinogène du plasma. Nous aurons l'occasion de revenir sur son action à propos du plasma fluoré. D'autres précipités jouissent également d'un pouvoir anticoagulant : citons le sulfate et le carbonate de baryte, l'oxalate de calcium. Ils sont cependant moins actifs que le CaF^2, surtout au point de vue de l'absorption du fibrinogène. Mais ils peuvent retenir la totalité du fibrin-ferment. C'est ainsi que 4 cc. de sérum provenant d'une coagulation normale de plasma dilué, additionnés de 2 cc. d'une émulsion laiteuse de SO⁴Ba, perdent, après agitation, centrifugation et décantation du liquide clair, tout pouvoir coagulant vis-à-vis d'un plasma oxalaté.

§ 2.

Travail chimique.

Arrivons au travail chimique de la coagulation. Par quelle réaction spéciale se traduit l'action du fibrin-ferment sur le fibrinogène ? A l'heure actuelle, deux explications sont encore admises. Bien que la seconde réunisse le plus grand nombre de partisans, on tend à revenir à la première, tout au moins après l'avoir sensiblement modifiée.

Les uns ont considéré la coagulation seulement comme un changement d'état physique du fibrinogène. D'après DUCLAUX, qui a soutenu cette manière de voir, la fibrine n'est que le passage à l'état visible d'une des matières albuminoïdes du sang, de celle qui est la plus voisine de l'état de suspension et la plus éloignée de l'état de solution. Les autres, au contraire, estiment que la coagulation résulte d'une réelle décomposition du fibrinogène. Des travaux anciens de HAMMARSTEN et de ceux, plus récents, d'ARTHUS, il ressort, en effet, que le fibrinogène se scinde sous l'influence de la plasmase en deux substances : l'une, une globuline, qui reste en solution dans le sérum ; l'autre, la fibrine, qui se précipite. D'après HAMMARSTEN, la globuline ne préexistait pas dans le plasma et diffère du fibrinogène, en ce sens que celui-ci se coagule à 56°, tandis que la globuline ne se coagule qu'à 64°. Ce fait se trouve d'ailleurs appuyé par ARTHUS, qui a démontré que le poids de fibrine formé est toujours inférieur à celui du fibrinogène contenu dans ce plasma.

A la vérité, la question est loin d'être résolue. Comme le fait remarquer Duclaux, les quantités de matières azotées qui entrent en jeu sont très faibles. Le poids de fibrine recueillie et pesée sèche, provenant de 1 litre de plasma, est de 2 à 4 gr. Or, le poids de fibrinogène obtenu par coagulation à 56° n'est guère plus fort. Il est vrai que le chauffage ne donne pas tout le fibrinogène contenu dans le plasma. Aussi, du fait que le poids de fibrine recueillie est légèrement inférieur à celui du fibrinogène obtenu par coagulation, en conclut-on qu'à fortiori, il est nettement plus petit que le poids réel du fibrinogène contenu dans le plasma. Mais ce raisonnement n'est pas une preuve matérielle. D'autre part, ainsi que l'ont montré Bordet et Gengou, en étudiant comparativement l'action d'une émulsion de SO⁴Ba sur du sérum exsudé d'un caillot, ou sur du sérum obtenu par défibrination d'un sang en voie de coagulation, expérience qui leur a fait voir que, dans le premier cas, le mélange reste indéfiniment trouble, tandis que, dans le second, le précipité se dépose rapidement, par suite d'un véritable collage effectué sous l'influence de la fibrine restée en dissolution dans le sang, ces auteurs établirent ainsi qu'on ne récolte pas nécessairement, en défibrinant avec une baguette un plasma qui se coagule, la quantité totale de fibrine réellement engendrée, celle-ci ne se déposant entièrement qu'au bout de plusieurs jours. Enfin, le fait que la température de coagulation du sérum par la chaleur est légèrement supérieure à celle du plasma, n'est pas non plus un argument irréfutable en faveur de la formation d'une nouvelle globuline, les phénomènes de coagulation étant trop facilement influencés par les conditions de milieu.

En résumé, rien ne prouve qu'il y ait réellement une dislocation de la matière albuminoïde en deux autres. Nous retrouverons un cas analogue dans la coagulation du lait, et les arguments que nous produirons alors peuvent également s'appliquer ici. Il y a tout lieu d'admettre qu'on se trouve en présence d'une modification purement physique, ou tout au moins d'une transformation chimique n'affectant que très faiblement la molécule et non suivie de dédoublement.

En dehors de ces deux façons de comprendre le processus de la coagulation, il nous faut encore parler d'une autre origine probable de la fibrine. On sait qu'il existe dans le sang, en outre des globules rouges et blancs, un troisième élément figuré, désigné sous les noms divers de granulations libres, de plaquettes de Hayem ou de globulin. Ces éléments sont beaucoup plus fragiles hors des vaisseaux que les autres cellules du sang, et l'idée est venue que peut-être la fibrine résulterait de leur décomposition. Duclaux a réfuté cette manière de voir en établissant qu'il n'y a aucun rapport entre la destruction des plaquettes et la formation de la fibrine.

Cependant Bürker a repris cette conception. D'après lui, la coagulation du sang est intimement liée à la décomposition des plaquettes. Toutes les conditions qui influencent la thrombine et, par suite, la coagulation, telle que la température, le contact, les produits chimiques, agissent également sur la transformation des plaquettes. Le métaphosphate de soude, le SO^4Mg, l'oxalate d'ammoniaque, qui empêchent la coagulation, conservent aussi les éléments sanguins. Cette décomposition des plaquettes se ferait sous l'action d'une trypsine contenue dans le sang. Une fois ces particules détruites, la coagulation apparaîtrait. La quantité de fibrine formée est alors en dépendance directe avec la quantité de plaquettes transformées. Le rôle de ces plaquettes ne consisterait donc pas à sécréter une diastase coagulante spéciale, mais dans la formation probable de la fibrine aux dépens de leur substance même. On sait que le nombre des plaquettes dans le sang est très grand : environ 400,000 par millimètre cube. Bürker, par un calcul approximatif, a établi que le poids de fibrine formée est du même ordre que le poids de plaquettes décomposées.

Il est peut-être téméraire de prétendre ainsi que la fibrine provient uniquement de la transformation des plaquettes. Il semble cependant résulter d'un certain nombre d'observations, que nous présenterons plus loin, que ces éléments figurés jouent réellement un rôle dans la coagulation; mais c'est dans l'élaboration de la substance active, et non dans celle de la fibrine qui se précipite; aussi leur place n'est-elle pas ici.

§ 3.

Théorie de la coagulation du sang.

La coagulation du sang a été le sujet de travaux très nombreux. Cependant les données que nous possédons à l'heure actuelle sont encore loin d'être complètes. On peut même dire que de toutes les diastases protéolytiques, c'est la thrombine qui est la plus mal connue. Pendant longtemps on envisagea cet enzyme comme une substance unique, bien déterminée; puis, au fur et à mesure qu'on étudia de plus près le phénomène de la coagulation du sang, on s'aperçut que le problème se compliquait de plus en plus, et la simplicité de constitution du fibrin-ferment devint alors de moins en moins certaine.

Par les travaux de HAMMARSTEN et de ARTHUS, il a été établi que dans la transformation du fibrinogène en fibrine concrète, la chaux intervient comme un élément tout à fait indispensable. Cette découverte changea complètement l'orientation des recherches et conduisit à différentes interprétations. D'après A. SCHMIDT, la coagulation du sang est provoquée par les sécrétions provenant des leucocytes et des plaquettes : cette substance sécrétée n'est pas un enzyme tout formé, c'est une *prothrombine*, qui, sous l'influence de certaines substances *zymoplastiques*, contenues aussi dans les cellules, se transforme en *thrombine* ou diastase active.

Pour PEKELHARING, au contraire, les leucocytes contiennent déjà de la plasmase toute formée, qui, en présence de la chaux, agit sur le fibrinogène. D'après ce savant, les nucléoprotéides, qu'on retire des extraits de tissus, sont doués des mêmes propriétés que la plasmase, qui provient des leucocytes. Tous les deux, en présence de chaux, coagulent le fibrinogène.

La prise en caillot est donc le résultat combiné de l'action de la plasmase et de celle de la chaux; ce phénomène se compliquerait d'ailleurs, d'après PEKELHARING, du fait que les leucocytes, ainsi, du reste, que les extraits d'organe, contiennent à côté des enzymes coagulants, des substances anticoagulantes c'est-à-dire des anticorps. Remarquons en passant que les conclusions de cet auteur sont basées sur des expériences faites avec des solutions de fibrinogène pur et des solutions d'enzyme isolé d'après sa méthode, qu'on a décrite précédemment.

D'après MORAVITZ, la thrombine ne se trouve pas toute formée dans le sang. Le plasma contient bien un proenzyme, que cet auteur appelle *thrombogène* ou *agent-sérum*, mais il faut, pour qu'il se transforme en thrombine, le concours des sels de chaux et d'une substance, qui existe dans toutes les cellules et les extraits de tissus, et qui normalement est apportée par la sécrétion leucocytaire, substance à laquelle MORAVITZ a donné le nom de *thrombokinase*. Ainsi, d'après cette dernière conception, trois facteurs interviennent dans la formation de la thrombine : le proferment, le sel de calcium et la thrombokinase. Parmi ces trois éléments qui entrent dans la composition de la thrombine, deux portent des noms variables suivant les auteurs qui les ont étudiés. Citons-les pour mémoire : le thrombogène est appelé aussi *prothrombine*, *plasmazyme* ou *sérozyme*. La thrombokinase est désignée également par substance *zymoplastique* ou *cytozyme*.

Suivant l'une ou l'autre théorie, les phénomènes observés seront interprétés de différentes manières. Voici par exemple un sang, qui ne se coagule pas spontanément, mais qui se prend en caillot quand on lui ajoute un peu d'extrait d'organe : c'est le cas du sang d'oiseau, ainsi que nous le verrons plus loin. Les partisans de l'existence de la thrombokinase expliquent ce fait en disant que le sang examiné contient bien du sérozyme et des sels de calcium, mais qu'il manque de thrombokinase. La coagulation se produit immédiatement par l'addition d'extrait d'organe, car on introduit ainsi le troisième élément indispensable. A cela, les adversaires de cette manière de voir répondent : Point n'est besoin d'admettre l'intervention d'un troisième facteur ; le sang ne s'est point pris en masse parce qu'il ne contenait pas suffisamment de thrombine (compris dans le sens d'une substance unique). En ajoutant un extrait de tissu, on apporte le ferment manquant, et la coagulation se produit immédiatement.

Les partisans de la théorie unitaire de la plasmase trouvent un appui pour leur conception dans ce fait qu'une solution de fibrinogène pur, qui ne se coagule point spontanément, se prend, au contraire, en caillot quand on lui ajoute un extrait de tissu contenant suffisamment de chaux. A cette expérience, en apparence très décisive, on doit cependant objecter que le fibrinogène qui a servi ne peut pas être envisagé comme une substance pure : obtenu par précipitation, il renferme un des éléments producteurs de la thrombine, à savoir le sérozyme. Sa solution ne se coagule pas, parce qu'elle ne contient qu'un des deux éléments constituants de la thrombine; si on lui ajoute de l'extrait de tissu, on apporte l'élément manquant, et la coagulation se produit aussitôt.

Les expériences de E. Zak fournissent un argument sérieux à la théorie de la dualité des éléments producteurs de la diastase coagulante.On sait que le plasma oxalaté reste incoagulable par suite du manque de chaux, tandis qu'il se prend en masse aussitôt qu'on lui apporte l'élément indispensable. E. Zak traite le plasma oxalaté par l'éther de pétrole : il dissout ainsi un corps lipoïde et constate que le plasma, après addition de chaux, coagule plus lentement, ou même ne se coagule plus du tout, suivant le degré d'épuisement du liquide. Par contre. ce même plasma traité, reprend toutes les propriétés primitives quand on lui rend la substance enlevée, ou même quand on la remplace par des extraits éthérés d'organes ou des lécithines de cerveau. La solution extraite ainsi par l'éther de pétrole est en réalité la thrombokinase de Moravitz.

Nolf ramène le processus de la coagulation à une rupture d'équilibre entre les substances colloïdales contenues dans le sang. D'après cet auteur, il se trouve dans le plasma sanguin trois colloïdes principaux, qui président à la formation de la fibrine : ce sont le fibrinogène, le thrombogène et la thombozyme. Ces trois éléments se maintiennent dans la solution en équilibre instable. L'excitation mécanique, le contact avec des corps étrangers, ainsi qu'une action chimique, comme l'introduction dans le liquide de substances extractives de tissus, peuvent détruire cet équilibre. A ce moment, les trois éléments énumérés plus haut se combinent pour donner deux sortes de corps. L'un est solide, c'est la fibrine; l'autre reste dans le liquide, c'est la thrombine. L'originalité de cette théorie réside donc dans ce fait que l'enzyme habituel de la coagulation est un produit de la réaction, et non pas la cause déterminante de la transformation. D'ailleurs, d'après cette conception, la thrombine qui s'est formée à la suite de la coagulation, et qui reste dans le liquide après que la précipitation de la fibrine s'est effectuée, possède les propriétés d'un mélange de thrombogène et de thrombozyme : c'est donc une substance thromboplastique, qui, avec le fibrinogène d'une autre solution, pourra de nouveau réagir pour former de la fibrine concrète et de l'enzyme dissous. Mais ici, ce terme d'enzyme n'est pas approprié, puisque la thrombine ne se comporte plus comme un catalyseur. D'après Nolf, le thrombogène, qu'il appelle aussi *hépatothrombine*, a son origine dans le foie. Quant à la thrombozyme ou *leucothrombine*, elle provient des leucocytes, ainsi que de nombreux tissus.

Cette théorie, pour intéressante qu'elle soit, ne nous explique pas encore dans tous ses détails le phénomène de la coagulation. Elle a cependant le mérite de faire intervenir des notions nouvelles basées sur l'état colloïdal des substances en jeu, état qui indiscutablement joue un très grand rôle dans toute la transformation et qui a été négligé dans les autres théories. Dans les chapitres qui vont suivre, nous aurons l'occasion de revenir sur la genèse de la thrombine et de voir les diverses conditions qui favorisent ou entravent la coagulation.

§ 4.

Plasmas sanguins non spontanément coagulables.

Dans le chapitre précédent nous avons appris à connaître les éléments principaux qui entrent en jeu dans le phénomène de la coagulation du sang : nous avons étudié la thrombine et le fibrinogène et établi le rapport qui existe entre l'un et l'autre. Revenons maintenant sur la question et, faisant abstraction des théories que nous venons d'exposer, essayons de pénétrer, par voie d'analyse, le mécanisme même de la coagulation. Demandons-nous tout d'abord pourquoi le sang, liquide dans les vaisseaux, se coagule à sa sortie. Quelle est donc la cause intime de cette prise en masse ? Pour trouver plus facilement la réponse, nous allons décrire en premier lieu les procédés employés pour conserver le sang liquide. Les précautions spéciales, qu'on doit prendre pour obtenir ce résultat, nous fourniront l'occasion d'étudier l'influence de tel ou tel facteur sur la transformation et nous amèneront ainsi, par opposition, à la connaissance des conditions indispensables à la manifestation du phénomène.

Il existe différents moyens pour obtenir un plasma non spontanément coagulable, tout au moins capable de rester liquide pendant un temps plus ou moins long.

1) On peut, sur un animal, sectionner un fragment de vaisseau après en avoir ligaturé les deux extrémités : si l'on pratique cette opération sur la veine jugulaire d'un cheval, comme ses globules sanguins sont sensiblement plus denses que le plasma dans lequel ils baignent, ceux-ci, si l'on maintient la veine verticale, se déposeront à l'extrémité inférieure, et l'on pourra, après étranglement du vaisseau au-dessus des couches profondes, conserver ainsi une certaine quantité de plasma limpide et incoagulé.

2) On peut encore obtenir le plasma de cheval en maintenant à une basse température, voisine de 0°, du sang fraîche-

ment recueilli : le dépôt des globules s'opère et au bout d'un certain temps on a un liquide clair, qu'on peut décanter et conserver. On augmente d'ailleurs beaucoup sa stabilité en opérant rapidement et en filtrant à 0° le plasma obtenu.

3) DELEZENNE a montré que le sang de tous les vertébrés à globules rouges nuclés (oiseaux, reptiles, batraciens, poissons) ne se coagule que très lentement lorsqu'il est pur, c'est-à-dire non mélangé à du suc de tissus lésés. Cette condition se trouve remplie en introduisant dans une artère d'oie, par exemple, un canule, qu'on tient de façon à éviter de racler les parois du vaisseau. Avec certaines précautions, et en centrifugeant le sang ainsi prélevé, on obtient un plasma qui peut rester liquide pendant plus d'un mois. Toutefois, ce plasma d'oie, additionné d'une quantité, même très minime, de suc de tissus broyés, se coagule aussitôt.

4) Pour préparer un plasma de lapin susceptible d'être conservé plusieurs heures sans se coaguler, on peut mettre à profit l'influence retardatrice qu'exerce la paraffine sur l'apparition du fibrin-ferment. En prélevant le sang au moyen de tubes paraffinés et en le centrifugeant dans des récipients également paraffinés, on obtient un plasma qui, conservé dans des vases enduits de cette substance, se conserve liquide pendant quatre ou cinq heures, parfois même pendant vingt-quatre ou trente heures. Il finit cependant par se coaguler, ce qui prouve qu'il contenait déjà une certaine quantité de fibrin-ferment apparue au cours de la manipulation.

5) Le sang additionné d'une certaine quantité de sels neutres, de NaCl, de SO^4Na^2, de SO^4Mg, etc., cesse d'être spontanément coagulable. Si, par exemple, on reçoit du sang dans un volume égal d'une solution de NaCl à 10 %₀, on peut centrifuger le mélange, et le plasma qu'on obtient, salé à 5 %₀, peut se conserver ainsi indéfiniment sans se coaguler.

6) ARTHUS et PAGÈS, en 1888, ont montré qu'on pouvait également empêcher la coagulation du sang en y ajoutant environ 1 %₀ d'oxalate neutre alcalin. Nous verrons que ce sel agit en précipitant la chaux du plasma, élément dont la pré-

sence est indispensable pour l'élaboration de la thrombine.

Dans le même but, on peut employer aussi du fluorure de sodium à la dose de 1.5 à 3 °/₀₀, des savons d'alcalis, du métaphosphate de soude à la dose de 2 °/₀₀, enfin du citrate de sodium ou de potassium à raison de 2 à 3 °/₀₀. Ces sangs, ainsi traités, peuvent être centrifugés et fournir des plasmas non spontanément coagulables. Ils présentent l'avantage, sur ceux obtenus à l'aide de sels neutres, de ne contenir que des quantités très faibles de substances étrangères.

7) Si l'on injecte dans la veine jugulaire d'un chien, de la peptone de WITTE, à raison de 0.3 gr. par kg. d'animal, dissoute dans dix fois son poids d'eau salée à 7 °/₀₀, on constate que cinq à dix minutes après l'introduction du liquide, le sang qu'on recueille n'est plus spontanément coagulable. On peut alors le centrifuger et obtenir ainsi un plasma peptoné.

Disons, en passant, que ces différents plasmas, non spontanément coagulables, sont cependant riches en fibrinogène, et qu'ils peuvent servir de réactifs, notamment le plasma d'oie et le plasma oxalaté, pour mettre en évidence dans un liquide la présence de fibrin-ferment. ARTHUS a même fait voir que le plasma fluoré peut être utilisé comme réactif quantitatif de cet enzyme.

§ 5.

Origine du ferment coagulant.

Ainsi que nous venons de le voir dans le chapitre précédent, il existe de nombreux moyens pour rendre le sang non spontanément coagulable. Ceux-ci sont de nature très diverse: il y en a de purement physiques; d'autres, chimiques; et enfin, les derniers, comme celui à la peptone, qui sont d'ordre physiologique. Tous agissent en empêchant le ferment de se former, soit en paralysant, soit en éliminant l'un ou l'autre de ses constituants.

Parmi les procédés purement physiques, se placent : le

nº 2, qui fait appel au froid; le nº 1, basé sur l'isolement de la jugulaire, et le nº 4, où l'on utilise la paraffine. L'efficacité du froid s'explique aisément, les manifestations biologiques exigeant toujours une certaine température pour se produire. Quant aux deux autres procédés, si on les examine attentivement, on voit qu'ils découlent l'un et l'autre du même principe, à savoir que le contact joue un rôle très important dans le phénomène de la coagulation.

Le sang reste liquide dans l'organisme parce qu'il ne contient pas de diastase coagulante. Si, en effet, celle-ci existait dans le sang, elle passerait, comme l'amylase sanguine, dans les transsudats, et on l'y retrouverait, ce qui n'est pas. Elle apparaît, au contraire, si on reçoit le sang dans un vase, et surtout si on le bat avec des verges, puisqu'on en provoque très rapidement sa prise en masse. On a ainsi l'impression que la thrombine n'est pas également répartie dans le sang, qu'elle se trouve enfermée dans de petits vases fragiles, lesquels, sous le moindre heurt, se brisent et déversent au dehors leur contenu. Cette image correspond, jusqu'à un certain point, à la réalité. Un des produits constituants de la thrombine, la thrombokinase, se trouve bien emprisonné dans les leucocytes; à l'état normal, dans le torrent circulatoire, les globules blancs, par une sorte d'adaptation à la nature des parois des vaisseaux dans lesquels ils circulent, ne cèdent pas leur enzyme. Son apparition à l'extérieur correspond à une certaine excitation, à un affaiblissement, ou même à la mort des cellules. Sous l'influence de causes diverses, et notamment sous l'influence d'un contact autre que celui de la paroi des vaisseaux, contact qui modifie la tension superficielle des globules sanguins, il y a excrétion abondante de la substance active, non parce que les cellules se sont disloquées, rompues, mais simplement parce qu'une certaine excitation mécanique en est résultée.

On peut aisément montrer que la thrombine a pour origine les globules sanguins. Recueillons du sang de cheval dans une longue éprouvette et abandonnons-le à une température de 5 à 10°. Comme nous l'avons dit déjà, les cellules vont se déposer. Au bout d'un certain temps, la coagulation se déclarera : on observe alors qu'elle commence à partir des couches profondes en contact avec les globules. Il est même possible de démontrer que ce sont surtout les leucocytes qui sont générateurs de thrombine. Du dépôt formé au fond de l'éprouvette précédente, prélevons deux échantillons : l'un, constitué par des globules rouges; l'autre, par des globules blancs. Mettons ces produits, émulsionnés dans l'eau, en présence d'un liquide riche en fibrinogène, du liquide d'hydrocèle, par exemple, qu'on sait être non spontanément coagulable. Tandis que le mélange contenant les globules blancs, ou même simplement une macération de ceux-ci filtrée, coagule très rapidement, l'autre ne se prend qu'avec une extrême lenteur.

La sécrétion de la substance active par les leucocytes n'est pas instantanée : elle ne se fait que lentement, et est même empêchée par le froid. Elle paraît être sensible, ainsi que nous l'avons vu, à l'influence de la paroi du vase dans lequel le sang est conservé : du sang, en contact avec de la paraffine ou de la vaseline, se prenant en masse infiniment plus lentement que s'il touche du verre ou de la porcelaine. Il est très probable que les phénomènes d'adhésion moléculaire interviennent pour accélérer la sécrétion diastasique. Mais il convient de remarquer que cette explication du rôle de la paroi sur la coagulation du sang n'est pas exclusive. BORDET et GENGOU, en des expériences que nous retrouverons plus loin, ont, en effet, montré que le plasma, dépourvu de toute cellule, est également beaucoup plus long à se coaguler dans un vase paraffiné que dans un vase en verre. C'est qu'il intervient dans ce phénomène encore d'autres facteurs, que nous étudierons plus tard.

Des données que nous venons d'exposer, il résulte que la substance active coagulante provient des leucocytes. Il faut cependant remarquer que cette substance constituante de la thrombine se trouve aussi dans les plaquettes. D'après LESOURD et PAGNIER, les plaquettes se montrent encore beaucoup plus riches en thrombokinase que les leucocytes; leur rôle dans la coagulation du sang est tout à fait prédominant. Une macération de plaquettes dans l'eau coagule le liquide d'hydrocèle et fournit un caillot rétractile ; le sang, débarrassé par centrifugation fractionnée des plaquettes, coagule beaucoup plus lentement que le sang normal. Il a été aussi démontré que la teneur du sérum en fibrin-ferment dépend de la richesse du plasma en plaquettes. Par coagulation d'un plasma riche en plaquettes, on obtient un sérum riche en fibrin-ferment, et l'absence de plaquettes dans un plasma conduit, au contraire, à un sérum pauvre en substance active. C'est ainsi que l'incoagulabilité, ou plutôt la coagulation très lente d'un plasma d'oiseau ou de poisson, qu'on expliquait ordinairement par l'hypothèse que leurs leucocytes laissent difficilement diffuser leur substance active, doit être rapportée au manque de plaquettes dans ce liquide. D'après BORDET, qui a étudié de plus près la nature des substances actives des plaquettes, la thrombokinase, issue de ces dernières, ne diffère point de celle retirée des leucocytes. Seule la quantité sécrétée est différente. De plus, l'extrait de tissus, les solutions de peptone provenant de viande préalablement neutralisées, contiennent aussi la même substance.

C'est à cette dernière circonstance qu'on doit le fait que du sang d'oiseau recueilli sans précaution se coagule beaucoup plus rapidement. En effet, on a dans ce cas deux actions superposées : l'une, due à la thrombokinase des leucocytes, très faible; l'autre, qui résulte de la thrombokinase sécrétée par les tissus lésés et qui est très forte. WOOLDRIDGE a signalé, en effet, que l'addition, au sang, de divers extraits d'organe, en accélérait la coagulation. DELEZENNE, à propos du sang des oiseaux, SPANGARO, pour ce qui concerne le sang des mammifères, ont montré que le contact avec la plaie, ou mieux, le mélange avec le suc de tissus, par exemple du tissu musculaire broyé, favorisent d'une manière très accusée la prise du sang, par suite de l'apport de thrombokinase.

On possède maintenant sur la substance activante de ces extraits de tissus, ainsi que sur celle des plaquettes, des données

assez précises : cette matière, qui est la thrombokinase, diffuse
des plaquettes dans le plasma assez lentement. De même, les
plaquettes délayées dans l'eau ne lui abandonnent que difficilement sa substance active. La diffusion augmente cependant
avec la concentration saline, et un plasma salin fournit, après
qu'on l'a centrifugé, un sérum très riche en thrombokinase.
La thrombokinase des plaquettes peut être chauffée à 100° sans
perdre son activité. On arrive cependant à l'atténuer considérablement en la portant à 120°. L'extrait de muscle se comporte
à peu près de la même manière. La thrombokinase du muscle ou
de plaquettes se dissout dans l'alcool, l'essence de pétrole, le
chloroforme, ainsi que dans l'acétone en présence de l'eau.
Le toluol dissout cette substance quand on l'a préalablement
traitée par l'alcool absolu.

Pour isoler la thrombokinase du muscle, BORDET et
DELANGE procèdent de la façon suivante : les muscles sont
desséchés dans le vide en présence de potasse. On les traite
ensuite par le toluol pour enlever la matière grasse. Le produit
ainsi dégraissé est traité par l'alcool absolu et l'on évapore le
résultat de l'épuisement. Le résidu qu'on obtient coagule rapidement le plasma d'oiseau et hâte aussi considérablement la
coagulation du sang fraîchement extrait. La thrombokinase
contient de la lécithine : il y a tout lieu d'admettre que son
activité est due à cette substance, et, en réalité, tout réactif qui
précipite ou décompose la lécithine, ajouté au plasma, empêche
la coagulation. La quinine, la cocaïne, qui précipitent la
lécithine, se montrent anticoagulants, tandis que la morphine
et l'atropine, qui n'agissent pas sur la lécithine, n'influencent
pas la coagulation. Les essais faits avec les lécithines commerciales ont aussi démontré que réellement elles possèdent à un
haut degré le pouvoir d'activer la coagulation.

De tous les faits que nous venons de mentionner sur la
nature de la thrombokinase, il résulte qu'on se trouve en présence d'un lipoïde phosphoré, ou phosphatide, très répandu
dans tous les extraits d'organe, abondant dans les plaquettes et
présent aussi dans les leucocytes. Cette substance est dépourvue

de toutes propriétés d'enzyme : elle est cependant indispensable dans le processus de la coagulation du sang.

Quel rôle joue donc cette thrombokinase dans la coagulation ? Le plasma contient une substance active qui se détruit à 56° : cette substance, qui est le sérozyme, possède les propriétés d'un enzyme, mais elle est dépourvue de la propriété de coaguler : c'est de l'union de ce principe avec la thrombokinase que résulte la thrombine active. Le sérozyme contenu dans le plasma est précipité par le sulfate de baryte, ainsi que par d'autres agents. Un plasma dépourvu de sérozyme est incapable de coaguler, même après addition de thrombokinase. La combinaison, sérozyme et thrombokinase, exige, pour agir, la présence des sels de chaux. Dans les conditions favorables, et en présence de ces trois éléments, la thrombine se constitue très rapidement, mais cette réaction n'est pas encore instantanée. Le sérozyme est toujours abondant dans le plasma : la coagulation, plus ou moins rapide, dépendra de la présence de la chaux, ainsi que de la thrombokinase. Dans le sérum, on trouve, à côté de la thrombine toute formée, soit un excès de sérozyme, soit un excès de thrombokinase. Le sérum obtenu à l'aide de sang complet ne contient point ou trop peu de sérozyme : le contact prolongé avec les plaquettes a amené un excès de thrombokinase, qui immobilise tout le sérozyme du sang. Au contraire, le sérum obtenu d'un plasma dépourvu de plaquettes se montrera toujours riche en sérozyme, attendu que ce dernier n'a pas rencontré toute la thrombokinase dont il a besoin. Il a été, en effet, expérimentalement démontré, par Bordet et Delange, que le sérozyme, une fois combiné avec la thrombokinase, ne réagit plus avec cette dernière.

Nous avons mentionné aussi, plus haut, qu'on peut encore empêcher la coagulation par différents moyens chimiques. L'addition d'oxalate alcalin en faibles quantités, ou celle de sels neutres (NaCl, SO⁴Mg, etc.) en doses massives, conduisent à ce résultat. Par ces moyens, le sang devient incoagulable parce que les éléments constituants de la thrombine ne peuvent se combiner. Dans le cas des sels, c'est la forte concentration saline du liquide qui intervient : le plasma salin coagule après qu'on l'a dilué. Quant à l'action de l'oxalate, elle résulte du fait que ce sel immobilise le calcium, qui est aussi un élément indispensable à la prise du sang. C'est précisément le mécanisme d'action de cette substance que nous allons étudier de plus près dans le chapitre suivant.

§ 6.

Action des sels de calcium.

HAMMARSTEN, ainsi que GREEN, ont les premiers constaté que dans la coagulation du sang, les sels de chaux interviennent comme un facteur très important. GREEN a démontré que le plasma de sang de cheval dialysé en présence d'une solution physiologique, de telle sorte qu'il perde la totalité de sa chaux, tout en conservant 0.6 % de NaCl, peut se conserver longtemps sans se prendre en caillot, tandis que la coagulation se produit rapidement si l'on ajoute au liquide une très faible quantité de sulfate de calcium. ARTHUS et PAGÈS préparèrent plus tard un plasma également incoagulable en ajoutant au sang fraîchement recueilli de l'oxalate de potasse. Ce sel précipite la chaux, dont le sang est toujours suffisamment pourvu, et le liquide obtenu par centrifugation ne se coagule pas : il contient cependant les éléments essentiels de la thrombine, car il suffit de l'additionner d'un peu de $CaCl^2$, en quantité légèrement supérieure à celle nécessaire pour précipiter l'oxalate restant, pour en déterminer sa prise en masse. PEKELHARING et HAMMARSTEN ont observé le même phénomène avec les macérations de certains organes. Ces extraits sont inactifs sur le fibrinogène, mais ils agissent sur lui aussitôt qu'on les additionne de $CaCl^2$.

Ces données sur l'intervention de la chaux et sur la nécessité absolue de sa présence ont été à un moment donné fortement discutées : il est en effet souvent très difficile de se débarrasser entièrement de cet élément, et la diastase coagulante manifeste à cet égard une sensibilité beaucoup plus grande que nos réactifs chimiques. Pour empêcher la formation de thrombine il faut amener la chaux très rapidement à l'état insoluble. Dans toutes les conditions expérimentales où l'oxalate de chaux n'apparaît point tout de suite dans le plasma oxalaté, ou dans celles où le précipité ne se forme qu'incomplètement, la coagulation se déclare, alors que, d'après la quantité d'oxalate alcalin ajouté, on pourrait conclure que le liquide est dépourvu de chaux en solution.

C'est ainsi qu'en présence de $MgCl^2$, du sang oxalaté se coagule par l'addition d'une trace de sels de chaux, insuffisante à précipiter l'excès d'oxalate; on sait, en effet, qu'en présence de chlorure de magnésium, des traces de sels de calcium ne précipitent point l'oxalate. De même, l'addition d'un certain volume d'une solution d'oxalate de soude à un plasma salé, qu'on dilue ensuite, empêche sa coagulation, tandis que l'addition d'une même quantité d'oxalate au même plasma salé, préalablement dilué, ne l'empêchera pas, parce que, dans le premier cas, l'oxalate de calcium s'est formé, alors que, dans le second, ce sel, en liqueur plus étendue, n'a pas précipité.

Après avoir établi que le pouvoir anticoagulant des oxalates est dû uniquement à ce que ces sels insolubilisent le calcium, on fut très surpris de constater que le fluorure de sodium, à ce point de vue, ne se comporte pas — ou du moins ne paraît pas se comporter — de la même façon que les oxalates.

C'est Arthus et Pagès qui établirent que l'addition au sang qui sort des vaisseaux de 3 ‰ de NaF empêche la coagulation, mais que l'addition ultérieure de $CaCl^2$, même en forte proportion, ne provoque plus la coagulation. Cependant le fibrinogène n'a pas été altéré, car si l'on ajoute au plasma fluoré du fibrin-ferment provenant d'un sérum normal, la prise en masse se produit. Pour expliquer cette différence entre le plasma oxalaté et le plasma fluoré, ces auteurs admirent que, tandis que le premier contenait du fibrin-ferment, le second en était dépourvu, et il en était privé parce que, en ajoutant au sang du fluorure, qui est un poison cellulaire, on tue les leucocytes et on empêche la sécrétion de la diastase.

Bordet et Gengou ont repris cette étude et ont montré que cette hypothèse de l'absence de ferment dans le plasma fluoré n'était pas nécessaire pour expliquer son incoagulabilité. Tout d'abord ils ont établi que le plasma salé de lapin, privé de cellules, mais contenant par contre tous les éléments de la thrombine, se comporte, sous l'action de NaF, exactement comme le sang complet, et que, par conséquent, la vraie cause du pouvoir anticoagulant du fluorure ne réside pas dans la toxicité qu'il manifeste à l'égard des éléments cellulaires. Le fluorure, comme l'oxalate, est un agent décalcifiant : c'est précisément parce qu'il précipite la chaux qu'il rend le plasma incoagulable. Mais d'où vient que, par addition ultérieure de $CaCl^2$, la coagulation n'a plus lieu, comme avec le plasma oxalaté ? Cette différence d'action tient à ce que le fluorure de calcium, en se précipitant, entraîne avec lui non seulement une quantité plus ou moins grande de fibrinogène, mais en outre le sérozyme, et celui-ci avec plus d'énergie encore qu'il ne fixe le fibrinogène.

Préparons tout d'abord un plasma dilué oxalaté, et par suite incoagulable en mélangeant : 7 cc. plasma salé à 5 % + 28 cc. eau distillée + 5 cc. solution oxalate de soude à 1 %. Dans un tube (A) mettons 10 cc. de ce plasma dilué + 2 cc. d'une émulsion trouble de CaF^2 dans l'eau ; dans un tube (B) plaçons encore 10 cc. de ce même plasma + 2 cc. du liquide surnageant provenant de la centrifugation et de la décantation d'une émulsion de CaF^2. On laisse le contact se prolonger quelques heures, puis on centrifuge les deux mélanges et l'on décante les liquides clairs. On constate alors que le premier liquide (A), qui a été en contact avec le fluorure de calcium, additionné de $CaCl^2$ ou de thrombine, ne se coagule pas ; porté à 60-65°, il ne se trouble pas davantage : le fibrinogène ainsi que la substance active ont été fixés par le précipité. Au contraire, le second liquide (B), qui n'a pas été en contact avec le fluorure de calcium, se coagule par addition de CaCl² ou de sérum et, porté à 60-65°, se trouble fortement.

Cette expérience nous explique alors les deux faits suivants : un plasma, légèrement fluoré, suffisamment cependant pour le rendre incoagulable, peut se prendre en masse si l'on vient à le diluer : c'est qu'en effet le précipité de CaF², qui s'était d'abord formé, et qui n'est rigoureusement insoluble que dans une solution de NaF faible, s'est redissous en partie et a permis ainsi au ferment d'agir. Mais, au contraire, si l'on additionne de CaCl² un plasma fluoré, on ne pourra jamais en provoquer la coagulation, car on produit ainsi une forte quantité de florure de calcium, qui élimine la totalité du sérozyme qui aurait encore pu rester à la suite de la première précipitation : au lieu de favoriser la coagulation, le chlorure de calcium tend donc à l'enrayer davantage.

Ainsi donc, le pouvoir anticoagulant du fluorure est de même nature que celui de l'oxalate : tous deux agissent en précipitant la chaux. Cependant il y a lieu de remarquer que non seulement il est nécessaire que cet élément se trouve dans le plasma à l'état soluble, mais encore, ainsi que Sabbatani l'a montré, il faut que les sels calciques solubles soient suffisamment dissociés en ions pour jouer le rôle qui leur appartient dans la coagulation. C'est parce qu'elles diminuent le degré de dissociation des sels de chaux contenus normalement dans le sang, que les fortes concentrations salines (NaCl, SO⁴Na², SO⁴Mg) empêchent la coagulation. C'est probablement pour une raison analogue que les citrates alcalins, à la dose de 2 à 3 °/oo, se montrent également efficaces. Ces sels, en effet, ne précipitent pas les sels de calcium et ne peuvent pas être, à proprement parler, considérés comme décalcifiants. Ils doivent agir en engageant la chaux dans une combinaison soluble ne subissant pas la dissociation électrolytique.

§ 7.

Prothrombine. — Conditions de transformation du proferment en ferment actif.

Nous venons de voir que dans la coagulation du sang, la chaux joue un rôle indispensable. Recherchons maintenant de quelle façon cet élément intervient. Trois hypothèses ont été successivement présentées : la première admettait une action superposée des deux agents coagulants : le ferment et la chaux. La transformation du fibrinogène en fibrine serait produite par chacun des deux facteurs et la coagulation apparaîtrait comme le résultat complexe de leur action combinée. La seconde hypothèse faisait jouer à la chaux un double rôle : tout d'abord cet élément permettait l'action du fibrin-ferment sur le fibrinogène, et ensuite, il entrait dans la constitution de la fibrine formée. Ces deux premières explications de l'intervention de la chaux ont été abandonnées, car elles s'accordent mal avec les données expérimentales, qui sont, au contraire, très favorables à la troisième conception, qui envisage la chaux comme génératrice de la thrombine.

Tout d'abord il est un fait certain, c'est que l'action de la chaux dans la coagulation n'est pas instantanée. Le contact doit être prolongé pendant un certain temps, et si l'on élimine cet élément trop tôt, on ne constatera aucun effet produit.

Il ressort même de l'expérience suivante que cette action s'exerce brusquement, mais après un certain temps perdu. Pour le montrer, BORDET et GENGOU se servent d'un plasma salé à 5 %, qu'ils ramènent, au moment de l'employer, par l'addition de 4 vol. d'eau distillée, à une teneur en NaCl de 1 %. Dans un tel plasma, dilué et salé, la coagulation est très ralentie et le phénomène peut être aisément suivi. On répartit donc dans plusieurs tubes 9/10 de cc. de ce plasma fraîchement dilué. L'un des tubes est conservé sans aucune addition ultérieure ; les autres reçoivent, au bout de temps variables (2, 10, 20, 30, 35 m.), 1/10 de cc. d'une solution d'oxalate de soude à 1 %. On

élimine ainsi la chaux après avoir prolongé son action plus
ou moins longtemps, et l'on observe les tubes où se produit la
coagulation. Voici les résultats :

ACTION DE LA CHAUX DANS LA COAGULATION.

	Liquides							Apparition de la coagulation
1° Plasma salé dilué (témoin)								Au bout de 40 m.
2°	»	»	»	additionné d'oxalate après	2 m.			Aucune coagulation.
3°	»	»	»	»	»	»	10 m.	» »
4°	»	»	»	»	»	»	20 m.	» »
5°	»	»	»	»	»	»	30 m.	» »
6°	»	»	»	»	»	»	35 m.	Un peu après 40 m.

Dans l'expérience témoin (n° 1), où la chaux n'a pas été
éliminée, la coagulation se produit au bout de 40 minutes. Dans
l'essai n° 5, la chaux est éliminée après 30 m., et l'on n'observe
aucune prise en masse. Donc, même après 30 m., l'action de la
chaux a été nulle ou insuffisante, la thrombine n'est pas
formée et, à ce moment, la précipitation de cet élément rend
encore le plasma incoagulable. Par contre, après 35 m., la
chaux a produit son effet, et 5 m. suffisent alors pour amener
la prise en caillot du liquide. Comme dans ce dernier essai, la
coagulation n'a pas été sensiblement plus longue que dans
l'essai témoin, où la chaux n'a pas été éliminée, il faut
admettre que cet élément a exercé son action entre la 30ᵐᵉ et
la 35ᵐᵉ minute et que, durant ce court laps de temps, il a produit la totalité de son effet.

D'autre part, ainsi que PEKELHARING l'a montré, du plasma
oxalaté, additionné de sérum provenant d'une coagulation
normale, par suite riche en fibrin-ferment, se coagule, même
si le sérum est additionné d'oxalate avant qu'on l'ajoute au
plasma. C'est donc que la chaux, qui est nécessaire à un moment
donné, ne l'est plus à d'autres. On a cru pouvoir expliquer
cette anomalie en admettant que l'enzyme entrant en jeu n'est
pas à proprement parler une diastase coagulante, mais un
proferment : une *prothrombine*. Celle-ci, pour devenir active
et se transformer en thrombine, aurait besoin du concours de

la chaux. Une fois la métamorphose produite, la chaux ne serait plus d'aucune utilité. On conçoit alors qu'un fibrinogène, exempt de chaux, puisse cependant se coaguler sous l'influence d'une thrombine également privée de cet élément, si, à l'insu de l'expérimentateur, la diastase a pu au préalable se constituer grâce à l'intervention de traces de sels de calcium. Nous verrons plus tard que le rôle de la chaux dans l'activation du suc pancréatique présente une certaine analogie avec ce qu'on observe ici, tant au point de vue de l'opportunité de cet élément que dans l'allure même du phénomène.

En résumé, la chaux nécessaire à l'apparition du fibrin-ferment n'intervient plus ensuite dans la coagulation proprement dite. Telle n'est pas cependant l'opinion de STASSANO et DAUMAS, qui ont montré que dans la coagulation du sang et de la lymphe, la chaux joue un double rôle et agit successivement à deux moments différents du phénomène.

En premier lieu, la chaux est indispensable à la formation du fibrin-ferment et elle porte son action sur les deux générateurs albuminoïdes de celui-ci : le thrombogène (ou prothrombine) et la thrombokinase, dont nous avons déjà parlé. Voici quelques détails qui précisent un peu cette intervention. Les auteurs préparent tout d'abord du plasma salé à 5 °/₀ qu'ils privent de la totalité de ses sels de chaux par une dialyse de 20 jours environ sur une solution de NaCl à 5 °/₀, fréquemment renouvelée. Le plasma ainsi obtenu, étendu d'eau, n'est plus spontanément coagulable. Il faut, pour qu'il y ait prise en caillot, qu'un sel de calcium intervienne, mais, et là réside le point caractéristique, cette intervention doit se faire dans des conditions et des proportions déterminées.

L'addition de très faibles quantités de $CaCl^2$ à du plasma salé dialysé à fond, comme il est dit plus haut, et dilué ensuite à 3 vol., de façon à ramener son titre à 1.25 °/₀ NaCl (titre insuffisant pour empêcher la coagulation d'un plasma ordinaire), n'est suivie d'aucune manifestation extérieure : ce plasma garde sa limpidité et toute sa fluidité. Mais il suffit d'y ajouter, quelques heures après, une dose beaucoup plus considérable de $CaCl^2$, et même de $SrCl^2$ ou de $BaCl^2$, pour le faire coaguler avec une avance considérable sur les échantillons témoins de ce même plasma, témoins qui étaient établis en additionnant le plasma de la même quantité totale de Ca que précédemment, aussitôt que le plasma salé venait d'être dilué.

La dose la plus favorable de $CaCl^2$ pour ce travail intérieur correspond à environ 0,000.021 gr. par cc. de plasma. Au delà de 0,000.013 gr., l'addition de $CaCl^2$ est inactive. Au-dessus de cette quantité optima, la coagulation ne se produit qu'avec un retard considérable. C'est grâce à ce travail intérieur, produit par une très petite dose de chaux, que le fibrin-ferment apparaît, mais son action ne peut être mise en évidence que si l'on ajoute au plasma une dose de chaux beaucoup plus grande : la coagulation a lieu alors très rapidement. Ce même travail peut se révéler, au dehors, autrement, en faisant agir sur de la sérosité péritonéale du cheval (incoagulable spontanément) comparativement deux échantillons d'un même plasma salé, dialysé à fond et dilué : dont l'un a reçu la trace optima de $CaCl^2$ quelques heures avant, et dont l'autre la reçoit seulement au moment de l'essai témoin. Dans ces conditions, il arrive que le premier échantillon fait coaguler la sérosité en beaucoup moins de temps que le deuxième, différence qui atteint et dépasse parfois 2 ou 3 heures. A cette même concentration moléculaire optima, agissent aussi le $SrCl^2$ et le $BaCl^2$, mais bien plus lentement, surtout le second. Le rôle de la chaux n'est donc pas absolument exclusif, mais il se manifeste beaucoup plus énergiquement.

Le calcium, d'après STASSANO et DAUMAS, agit aussi dans l'action du fibrin-ferment sur le fibrinogène. Mais cette fois, au lieu d'agir à des doses infinitésimales, il intervient seulement dans des proportions assez fortes. Voici comment ces auteurs le montrent : Le sérum, fraîchement exprimé d'un caillot de sang, renferme de la thrombine toute formée. D'autre part, la sérosité péritonéale du cheval, parfaitement incoagulable, peut être considérée comme une solution de fibrinogène. Si l'on ajoute quelques gouttes du premier au second liquide, celui-ci coagulera au bout d'un certain temps : de quelques minutes à quelques heures, selon les proportions et la qualité du sérum ajouté. Or ce moment arrive beaucoup plus tôt si l'on additionne le mélange de $CaCl^2$ ou de quelques autres chlorures. La dose optima pour chacun d'eux correspond à 0,133 cc. d'une solution n/10 pour 1 cc. de plasma salé dilué, ce qui fait pour la chaux 0,001.48 gr. $CaCl^2$ pour 1 cc. de plasma. Les autres chlorures agissent également à cette concentration moléculaire et sont, par ordre d'activité, le $SrCl^2$, le $BaCl^2$, le KCl et, enfin, le $MgCl^2$. Il est encore possible de mettre en évidence l'action activante de la chaux de la façon suivante : on prend du plasma salé non dialysé ; celui-ci coagulerait spontanément, après dilution, en deux heures, par exemple ; au contraire, il se prendra en caillot, en quelques minutes à peine, par l'addition de $CaCl^2$ à la dose convenable.

Toutefois ce qu'il faut faire remarquer, c'est que, s'il est vrai que la chaux intervient dans les deux phases de la coagulation du sang, elle ne paraît être réellement indispensable que dans la première partie, celle qui correspond à la transformation du proferment en thrombine active. Son rôle activant dans la métamorphose du fibrinogène, en présence de diastase déjà formée, pourrait même peut-être résider tout simplement dans ce fait, que nous retrouverons plus tard, que le $CaCl^2$ est capable de détruire les substances antagonistes qui apparaissent dans un sérum, même après une heure seulement de conservation. et qui en affaiblissent par suite très rapidement le pouvoir coagulant. La chaux, en les décomposant, réactiverait ainsi le sérum employé; mais son effet ne serait qu'indirect. Quoi qu'il en soit, il ressort de tout cet exposé que l'action de la chaux, connue dans ses grandes lignes, présente encore bien des points obscurs, et que cette importante question appelle encore de nouvelles recherches.

Voyons maintenant quelques-unes des autres conditions dans lesquelles s'opère la combinaison du sérozyme avec la thrombokinase. Tout d'abord il ressortirait des expériences de BORDET et GENGOU que dans le plasma oxalaté, le sérozyme n'existe point à l'état fonctionnel, mais qu'il n'acquiert la propriété de réagir sur le cytozyme ou thrombokinase qu'après une sorte d'activation. De plus, on sait que ce qui est long dans une prise en caillot, c'est la genèse de la thrombine ; la transformation du fibrinogène en fibrine est, au contraire, très rapide. Si à du plasma salé qu'on vient de diluer, et qui exigerait environ 40 m. pour se coaguler spontanément, on ajoute un peu d'un sérum riche en fibrin-ferment, on constate que la coagulation s'effectue en quelques minutes.

Cette formation de thrombine est d'ailleurs très influencée par toutes autres conditions physiques et chimiques; ainsi, sous l'action du froid à 0° la plasmase apparaît beaucoup moins vite qu'à 30°, par exemple. Pour le montrer, il suffit de préparer avec du plasma salé à 3 %, qu'on dilue de façon à ramener son titre à 1 % NaCl, deux échantillons qu'on maintient, l'un à 30°, l'autre à 0°. Au bout de 17 minutes, le premier se prend en masse. Le second, après 37 minutes de séjour dans la glace, est encore liquide : on l'additionne alors de 1 °/₀₀ d'oxalate et l'on constate que, même remis dans l'étuve à 30°, il reste incoagulable : la thrombine ne s'était donc pas encore formée. De fait, un troisième échantillon, pareil aux deux autres, conservé entièrement à 0°, se coagulerait en 1 heure et 15 minutes.

Sur l'influence des conditions de milieu sur la production de la thrombine, on sait en réalité très peu de choses. Nous avons déjà vu que la présence de quantités assez fortes de sels neutres empêchait la coagulation du sang. En particulier, le NaCl à la dose de 5 % (HEWSON), et même de 2 % (BORDET), se montre efficace, non parce qu'il s'oppose à la sécrétion d'un proenzyme, comme on l'a cru, mais parce qu'il arrête la transformation de ce proferment en diastase active. Il suffit en effet de diluer le plasma salé, séparé des cellules, pour le voir se prendre en masse. A la dose de 0.8 à 1.25 %, le NaCl ne fait plus que retarder la réaction. Nous avons dit déjà comment les fortes concentrations salines agissent : c'est en empêchant la dissociation des sels de chaux solubles contenus, naturellement, dans le sang, qu'elles entravent l'apparition de la plasmase.

Actions de contact.

Le sang présente une particularité très curieuse en ce qui concerne la nature des parois du récipient dans lequel on le conserve. Nous avons déjà signalé ce fait que du sang recueilli dans un vase dont les parois ont été préalablement huilées, vaselinées ou enduites de paraffine, se coagule beaucoup plus lentement que si on le reçoit dans un vase en verre. A propos de l'origine du ferment coagulant, nous avons dit qu'il était probable que cette différence d'effet tenait à ce que le verre, par son contact, produit sur les cellules sanguines une excitation mécanique spéciale, que ne déterminent pas les surfaces grasses ou paraffinées, et que de cette action moléculaire différente résulterait une sécrétion de thrombokinase beaucoup plus grande dans un cas que dans l'autre.

Mais il y a plus : on a en effet constaté que le plasma, comme le sang, est sensible à l'influence de la paroi. Tandis que du plasma de lapin, complètement privé de globules, se coagule en quelques minutes dans le verre, il peut être conservé jusqu'à 24 à 30 heures, avant de se prendre en masse, si on ne lui a point fait subir d'autre contact que celui de la paraffine. Encore liquide après 20 heures, par exemple, il se coagule instantanément si on le touche avec du verre. Le contact avec un corps mouillable, tel que le verre, agit donc, non pas seulement sur les cellules, mais aussi sur les substances qui président à la coagulation, c'est-à-dire sur le fibrinogène, la thrombine ou ses éléments constituants. On se trouve en présence d'un fait d'ordre non pas biologique, cette fois, mais physico-chimique, rentrant vraisemblablement dans la catégorie des phénomènes d'adhésion moléculaire.

En étudiant de plus près le rôle du verre dans la coagulation, on constate que ce corps agit en accélérant la production de la thrombine; autrement dit, l'absence de coagulation dans des tubes paraffinés est due à ce que le ferment ne se forme pas, et non à ce que ce principe, après être apparu, a été paralysée par une raison quelconque. Si l'on observe la coagulation d'un plasma salé dilué (qu'on sait se coaguler plus lentement que le plasma pur), ce plasma étant placé dans un vase de verre qu'on n'agite pas, on constate que la coagulation apparaît au bout d'une demi-heure environ en commençant par la paroi, de telle sorte qu'il se forme une véritable gaine de fibrine concrète autour du plasma resté liquide encore au centre du vase. On remarque même que la coagulation se déclare, en tout premier lieu, à l'endroit précis où le contact immédiat du verre doit influencer le plus activement le liquide, c'est-à-dire au niveau du ménisque concave limitant, contre la paroi, la surface du plasma.

Si dans un plasma liquide, conservé par exemple dans un verre de montre paraffiné, on provoque, en certains endroits, une modification de la tension superficielle, soit en touchant le liquide avec des pointes de verre, soit en y projetant quelques poussières ou de fines gouttelettes d'eau, on constate que, autour de ces points où le contact a eu lieu, la coagulation se déclare rapidement. Au reste, la tension superficielle peut, lorsqu'on multiplie les surfaces où elle s'exerce, agir à la manière d'un contact. C'est ainsi qu'en agitant pendant quelques instants du plasma salé dilué, de façon à y provoquer la formation de bulles donnant à la surface du liquide une mousse persistante, on accélère très nettement la coagulation : celle-ci débute par les bulles, la mousse devient en quelque sorte solide, et bientôt la prise en masse se propage au liquide sous-jacent.

Si l'on prend maintenant du plasma salé dilué, conservé dans un vase de verre, et qu'au moment où le liquide commence à se coaguler, soit après 30 m. environ, on l'agite avec une baguette de verre, on provoque une prise en masse presque instantanée : la production du fibrin-ferment, dans ces conditions, s'effectue d'une manière explosive. Le phénomène est alors assez complexe. La rapidité de la réaction résulte de plusieurs causes concourantes : 1) On répartit dans la masse la petite quantité de plasmase déjà formée le long des parois, diastase qui restait en quelque sorte immobilisée par la fibrine apparue ; 2) on multiplie les contacts avec le verre et l'on provoque ainsi l'apparition d'une nouvelle quantité de fibrin-ferment; 3) enfin, dans le cas où il reste encore dans le plasma des plaquettes, leur répartition dans la masse du liquide favorise la prise en caillot par leur simple contact.

Il est facile de montrer que cette influence de la nature des parois ne s'exerce pas sur le fibrinogène, mais uniquement sur la combinaison des éléments constituants de la plasmase active. On sait, en effet, que le fibrinogène est légèrement plus sensible à la chaleur que le sérozyme. Si l'on chauffe 10 m. à 54° du plasma salé fraîchement dilué à 1 % NaCl, on constate que le liquide devient légèrement opalescent et qu'il ne se coagule plus, par suite de l'altération du fibrinogène. On obtient ainsi du plasma incoagulable, mais dans lequel, le séro-zyme n'étant pas détruit, la marche de la production du fibrin-ferment suit à peu près son cours habituel.

Si ce liquide est conservé dans un vase de verre, au bout de 45 m. environ, il acquiert la propriété de coaguler le plasma oxalaté ; au contraire, s'il est maintenu dans un récipient paraffiné, la production spontanée de la plasmase est empêchée.

En résumé, le rôle de la paraffine dans la coagulation du plasma est purement passif : cette substance n'étant pas mouillée par le liquide sanguin, ne détermine pas la formation de thrombine ; mais elle ne s'oppose pas à ce que celle-ci se réalise si on la provoque par une autre cause, ou encore elle ne gêne pas la décomposition du fibrinogène si le fibrin-ferment est déjà tout formé. C'est ainsi que la coagulation d'un plasma salé dilué par l'addition de sérum frais, riche en plasmase, se fait aussi vite dans un vase paraffiné que dans le verre.

Dans toutes ces expériences, il importe que la paraffine soit rigoureusement non mouillable par le plasma et que celui-ci roule sur la paroi enduite de cette substance, à la façon du mercure sur le verre. Il y a de bons et de mauvais échantillons de paraffine : BORDET recommande l'emploi d'un mélange de 1 p. paraffine et de 2 ou 3 p. vaseline liquide.

Il est presque superflu d'ajouter que le verre ne joue aucun rôle spécifique et que toute autre substance mouillable, telle que de la porcelaine ou du platine, peut le remplacer.

§ 8.

Phénomènes d'anticoagulation

1) Sérums antagonistes de Bordet. — Les phénomènes
d'anticoagulation peuvent être observés dans plusieurs circonstances. L'une d'elles repose sur l'existence de sérums antagonistes. Bordet et Gengou ont, en effet, montré qu'un animal a
d'une espèce A, un cobaye, par exemple, injecté à plusieurs
reprises de plasma ou de sérum d'un animal b d'une espèce
différente B, soit un lapin, fournit un sérum qui neutralise
in vitro le fibrin-ferment du sérum de l'animal b, et le rend
par suite incapable de provoquer la prise en caillot d'un
plasma non spontanément coagulable, celui d'oie, par exemple,
préparé comme il a été dit précédemment.

Afin de mettre en évidence la substance antagoniste contenue dans le sérum de cobaye traité, chauffons tout d'abord
ce sérum à 58°5, température qui détruira le fibrin-ferment
qu'il contient normalement. Ajoutons-y ensuite du sérum de
lapin neuf et non traité : on constate que le mélange est sans
action sur le plasma d'oie. Au contraire, faisons l'essai témoin
suivant : à du sérum de cobaye neuf, chauffé à 58°5, ajoutons
du sérum de lapin neuf non chauffé : nous voyons cette fois
que le mélange coagule très rapidement le plasma d'oie. C'est
que, dans le premier cas, le fibrin-ferment du lapin a été
rendu inactif par le sérum de cobaye préparé, tandis que dans
l'essai témoin, le fibrin-ferment de lapin, non neutralisé, a pu
librement agir. Le sérum de cobaye traité contient donc un
anticorps du fibrin-ferment de lapin, anticorps qui résiste à la
température de 58°5. Pour enlever totalement à 1 partie de
sérum frais de lapin sa propriété coagulante, il faut cependant
une quantité assez forte, 6 parties environ, de sérum de cobaye
traité.

Bordet et Gengou ont reconnu que l'action neutralisante
est nettement spécifique, sans l'être néanmoins d'une façon
absolue. Ce fait est d'autant plus remarquable que le fibrin-

ferment n'est pas lui-même spécifique, du sérum de lapin pouvant coaguler indifféremment du plasma de cobaye, d'oie, de mouton, de chien, etc. Cette contradiction apparente s'explique cependant en admettant que le fibrinogène des divers plasmas, de lapin, d'oie, etc., n'est pas capable de révéler la différence qui existe réellement entre les fibrin-ferments d'origines variées, tandis que l'organisme, moyen d'analyse plus sensible, peut, par voie de réaction vitale, mettre en évidence la spécificité des fibrin-ferments en élaborant des substances antagonistes susceptibles de s'adapter uniquement à chacun d'eux.

A côté de ces actions nettement antifermentaires, il se produit également des phénomènes ressortissant aux propriétés des précipitines. C'est ainsi que les sérums d'animaux A, préparés surtout avec du plasma d'espèce B (et non avec du sérum), précipitent le plasma de l'espèce B. D'après CAMUS, l'action anticoagulante de ces sérums sur les plasmas résulterait de ce que, en précipitant le fibrinogène, ils lui enlèveraient son aptitude à la coagulation. Bien que cette interprétation repose sur un fait exact, il est probable que les sérums empêchent la coagulation bien plus parce qu'ils annihilent le fibrin-ferment que parce qu'ils modifient le fibrinogène.

2) **Action anticoagulante de l'extrait de tête de sangsue, de la peptone, etc. : Thrombase.** — DUCLAUX a donné le nom de *thrombase* à une diastase décoagulante, capable de redissoudre le coagulum, ou thrombus, formé dans les vaisseaux. En réalité, cette diastase n'a pas été étudiée dans un tel mode de travail, mais simplement en raison du fait que son action s'oppose à celle de la thrombine. C'est donc plutôt un anticorps, une antithrombine. Du reste, cette thrombase de DUCLAUX, qui comprend un certain nombre de substances susceptibles d'empêcher la coagulation, ne correspond pas à un enzyme bien défini. D'autre part, étant donné que différents auteurs, à tort, ont employé déjà ce nom de thrombase pour désigner la thrombine, diastase coagulante, il convient d'abandonner définitivement ce terme, qui, ainsi que nous venons de le dire, ne répond même pas à la conception

de Duclaux, sur laquelle repose toute sa nomenclature des diastases. Nous adopterons donc, pour l'ensemble de ces anticorps, le nom d'*antithrombine* ou *substances anticoagulantes*.

On connaît un certain nombre de substances, d'origine organique, capables de s'opposer *in vitro* à la coagulation du sang. La plus connue est l'extrait de tête de sangsue. Haycraft a constaté le premier que la sécrétion buccale des sangsues contenait une substance anticoagulante, qu'il a d'ailleurs isolée. Les têtes de sangsues sont macérées dans l'alcool, en vue de les déshydrater. Ensuite on les réduit en poudre, on fait macérer le produit dans l'eau et on filtre. La liqueur obtenue possède la propriété d'empêcher le plasma de se coaguler. Cette antithrombine peut supporter l'ébullition prolongée sans se détruire. Cependant, chauffée à 140°, elle perd sa propriété. La substance active retirée des sangsues n'est pas spécifique : elle s'applique à toute espèce de plasma; elle agit *in vitro;* mais, injectée dans la circulation, elle rend également le sang incoagulable.

On a signalé une propriété analogue dans le suc de foie d'écrevisse, dans le produit de la digestion papaïnique du foie, dans les extraits de certains organes. Lilienfeld a constaté la présence de substances anticoagulantes dans le sang d'oiseau, dans les globules rouges et les leucocytes, dans les ganglions lymphatiques, etc. Enfin, l'histone, de Kossel, possède également ce pouvoir d'arrêter, *in vitro*, la prise en caillot du sang.

A côté de ces substances, il en est d'autres qui agissent surtout après injection dans un organisme, en rendant le sang de celui-ci incoagulable. Le type de ces corps est le produit désigné commercialement sous le nom de peptone, qu'on sait être un mélange de différents produits de l'hydrolyse pepsique. Si l'on pratique dans un chien une injection intraveineuse de peptone de Witte, à raison de 0.2 à 0.3 gr. de peptone par kg. d'animal, on constate que le sang qu'on recueille peut rester pendant une journée sans se coaguler. Ce fait, découvert par Albertoni en 1878, a été étudié plus en détail par Fano, Contejean, etc. Il est à remarquer qu'à la même dose, mais *in vitro,* la peptone ne donne aucun effet. On peut cependant obtenir avec ce produit une action retardatrice, mais il faut en employer de très fortes quantités. Le sérum antidiphtérique de Roux, certains extraits d'organe, comme le suc de muscle frais, un alcaloïde, l'atropine, ainsi que DOYON l'a montré, agissent d'une façon analogue à la peptone. Mais additionnée au sang *in vitro*, l'atropine est sans effet.

Ce résultat est dû à la production dans l'organisme d'une substance anticoagulante, car l'addition de ce sang ou de son plasma à du sang normal empêche la coagulation de ce dernier. DELEZENNE a reconnu que la substance anticoagulante qui se forme ainsi sous l'influence de la peptone supporte la température de 100°. GLEY et PACHON ont démontré que le siège de la formation de ces anticorps est le foie. L'injection de peptone pratiquée après destruction ou extirpation du foie reste sans effet, et, d'autre part, ainsi que DELEZENNE l'a constaté, la circulation artificielle, à travers le foie, d'un sérum additionné de peptone ou d'extrait d'organe, fournit, à la sortie du foie, un liquide à propriétés anticoagulantes énergiques.

POUVOIR ANTICOAGULANT D'UN SÉRUM ADDITIONNÉ D'EXTRAIT D'ORGANE, APRÈS LE PASSAGE A TRAVERS LE FOIE.

Mélange circulant	Temps de coagulation d'une solution de fibrinogène	
	Mélange n'ayant pas passé par le foie	Mélange ayant passé par le foie
10 sérum + 1 extrait. .	3 minutes	2 jours
13 » + 1 » . .	3 1/2 »	40 heures
20 » + 1 » . .	4 »	12 »
40 » + 1 » . .	4 »	3 1/2 »

Ainsi donc, tandis qu'un mélange de 10 sérum + 1 extrait provoque la coagulation d'un liquide d'hydrocèle, par exemple, en 3 m., si on le fait circuler à travers le foie, il ne déterminera plus la prise de cette même solution de fibrinogène qu'en

2 jours : la production de substance antiplasmasique est manifeste, et elle est d'autant plus grande, que la proportion d'extrait par rapport au sérum est plus forte.

3) **Substances anticoagulantes dans le sérum.** — Lorsqu'on conserve quelque temps du sérum, on constate que son pouvoir coagulant s'affaiblit très rapidement. PEKELHARING a suivi la diminution de la quantité de plasmase active dans un sérum, en mesurant le temps nécessaire à la coagulation d'un certain volume d'une solution de fibrinogène, auquel on a ajouté une même quantité de sérum, pris à différents moments de sa conservation.

PERTE DU POUVOIR COAGULANT D'UN SÉRUM AVEC LE TEMPS.

	Durée de la coagulation de la solution de fibrinogène.
Sérum frais	3 min.
Sérum vieux de 1 jour	10 »
» » de 6 jours.	16 »

Ainsi donc, du sérum de 6 jours a une activité coagulante environ cinq fois plus faible que s'il est frais.

BORDET et GENGOU ont confirmé ce fait et ont même constaté une altération beaucoup plus grande. Ces auteurs se servent de sérum obtenu par dilution et coagulation spontanée de plasma salé et prennent, comme réactif de la puissance coagulante, du plasma oxalaté. A différents tubes contenant du plasma dilué à 1 % NaCl et additionné de 0.1 % d'oxalate, on ajoute, au bout de temps plus ou moins longs, une même quantité de sérum provenant d'une coagulation faite au début de l'expérience ; d'ailleurs, 7 minutes avant le mélange, on met 1 %₀ d'oxalate successivement dans les différents prélèvements de sérum. On constate alors que les coagulations sont d'autant plus lentes à se faire que les échantillons de sérum employé sont plus vieux.

AFFAIBLISSEMENT DU POUVOIR COAGULANT D'UN SÉRUM
AVEC LE TEMPS.

Plasma + sérum proven. d'une coagul. datant de	1/4 h.	Coagul.	en moins de 3 m.
» » » » » »	1/2 h.	»	en 30 m.
» » » » » »	3/4 h.	»	50 m.
» » » » » »	2 h. 1/2	»	1 h. 1/2.
» » » » » »	7 h.	»	3 h. 1/2.

Le pouvoir coagulant du sérum s'atténue donc très rapidement : cette dégradation est parfois tellement brusque, que la conservation pendant 10 m. d'un sérum fraîchement préparé peut suffire à décupler le laps de temps qu'il exige pour coaguler un volume égal de plasma exalaté.

La disparition du fibrin-ferment se fait encore plus rapidement à 37° qu'à la température ordinaire.

INFLUENCE DE LA TEMPÉRATURE SUR L'ALTÉRATION DU SÉRUM.

Durée de la coagulation.

Sérum de 5 jours conservé à la température ordinaire . . 30 minutes.
   »   5   »   maintenu 6 heures à 38° . . . . 15 heures.

Tandis que du sérum conservé 5 jours à la température ordinaire détermine la coagulation d'une solution de fibrinogène en 30 m., si ce même sérum a été ensuite maintenu 6 h. à 38°, il ne réalise plus la prise en caillot qu'en 15 h. On voit donc comment une faible élévation de température peut énormément nuire à la conservation d'un sérum.

On vient de remarquer que l'altération du sérum constatée par BORDET est beaucoup plus profonde et plus rapide que celle observée par PEKELHARING. Mais ces deux expérimentateurs se sont placés dans des conditions différentes : le premier emploie du plasma oxalaté comme source de fibrinogène, tandis que le second se sert de fibrinogène pur. La diminution d'activité du sérum vieux, indiquée par BORDET, peut s'expliquer par la grande sensibilité qu'acquiert le sérum, en vieillissant, à l'égard des précipités provoqués dans son sein. Le sérum neuf résiste relativement bien à l'action de l'oxalate de calcium, tandis que dans un sérum vieux, le précipité qu'on y forme entraîne et immobilise une partie plus ou moins grande de la substance active. Les résultats obtenus sont donc la conséquence de deux causes qui se superposent : 1) une altération véritable ; 2) une disparition de la diastase par insolubilisation.

Du reste, l'altération due au vieillissement ne peut pas être attribuée à une usure ou à une destruction de la substance active : en réalité, dans un sérum affaibli par le temps, la diastase est en quelque sorte masquée par un corps antagoniste. On peut la régénérer, soit en additionnant le sérum de sel de calcium, soit en traitant celui-ci successivement par l'alcali et l'acide. L'addition de $CaCl^2$ n'est pas très efficace. Elle relève bien la force coagulante, mais elle ne la ramène pas à sa valeur primitive. Au contraire, on obtient de très bons résultats avec le second procédé.

Voici comment on opère pour réactiver un sérum vieux : A 100 cc de sérum on ajoute 40 cc de soude N/4, on laisse agir quelque temps, puis on additionne avec précaution le mélange, de 40 cc HCl N/4. Dans ce traitement, il faut se rappeler que le fibrinogène, en milieu alcalin, se détruit à la longue, et que, d'autre part, le sérum ne peut pas rester plus de 30 à 40 m. en présence d'un excès d'alcali sans s'altérer.

RÉGÉNÉRATION D'UN SÉRUM VIEUX PAR TRAITEMENT
A NaOH ET HCl.

	Durée de la coagulation.
Fibrinogène + sérum de 6 jours.	31 m.
Fibrinogène + le même sérum traité	4 m.

Le sérum régénéré perd de nouveau, avec le temps, la propriété de coaguler le fibrinogène ; cette altération se fait même, d'après PEKELHARING, plus profondément dans ce cas qu'avec un sérum non traité.

ALTÉRATION ET RÉGÉNÉRATION COMPARÉES D'UN SÉRUM NORMAL
ET D'UN SÉRUM TRAITÉ.

ÉTAT DES SÉRUMS	Temps de coagulation d'une solution de fibrinogène additionnée de :	
	Sérum normal	Sérum traité
Au début.	45 m.	4 m.
Après 1 jour.	40 »	8 »
Après 2 jours	40 »	15 »
Après 2 jours et traitement à NaOH et HCl.	3 »	11 »

Dans cette expérience, on prend d'une part un sérum vieux, que nous appelons sérum normal : son pouvoir coagu-

lant est stationnaire puisqu'après 1 ou 2 jours de conservation
de plus, la coagulation d'une solution de fibrinogène à laquelle
il est ajouté, se fait encore en 40 ou 45 minutes. D'autre part,
le sérum traité est constitué par le sérum normal précédent
régénéré : la durée de coagulation, qui était, avant l'action de la
soude et de l'acide, de 45 m., a été ramenée à 4 m. Puis lentement le pouvoir coagulant baisse et les prises en caillot se font
successivement en 4, 8, et 15 minutes.

Au bout de deux jours, on réactive ces deux sérums ; on
constate alors que le premier, qui reçoit le traitement pour la
première fois, se montre très sensible et revient de 45 à 3,
tandis que le deuxième ne remonte qu'à 11. La substance
active, dans ce second cas, semble donc réellement altérée.

Il est d'ailleurs à remarquer que le sérum, qui a été affaibli
par l'action d'une chauffe prolongée à 38°, ne se laisse plus
activer par le traitement à l'alcali et l'acide.

ACTION DU TRAITEMENT SUR UN SÉRUM CONSERVÉ A 38°.

	Temps de coagulation du fibrinogène
A. — Sérum de 6 jours conservé à la température ordinaire.	10 minutes.
B. — » » et maintenu ensuite 4 heures à 38° .	12 heures.
C. — » B, qui a subi en plus le traitement	Pas de coagulation après 12 heures.

Comment expliquer ces faits ? SCHMIDT, MORAWITZ et
PEKELHARING ont étudié de très près les conditions de revivification du fibrin-ferment. Pour les deux premiers auteurs, les
résultats mentionnés plus haut se conçoivent aisément si l'on
admet que le sérum contient une certaine quantité de proferment, à côté de la plasmase toute formée. C'est celle-ci qui
se détruirait rapidement ; dans un sérum vieux de quelques
jours il ne reste plus que très peu de fibrin-ferment, mais on
trouve encore du proferment en bon état, qu'on peut activer
soit par la chaux, soit par un traitement à la soude et l'acide
chlorhydrique. Après plusieurs traitements il ne reste plus de
proferment, et la régénération du sérum n'est plus possible.

MORAWITZ, en se basant sur le fait que la chaux ne produit
qu'un résultat assez faible, tandis qu'avec le traitement par

l'alcali et l'acide, la réactivation est beaucoup plus complète, conclut qu'il y a dans le sérum deux proferments : il nomme celui qui est transformé par le $CaCl^2$: *proferment* (α) et désigne par *proferment* (β), ou *métathrombine*, celui qui s'active par l'alcali.

PEKELHARING est d'un avis tout opposé. Pour expliquer la revivification, il admet tout d'abord dans le sérum la présence, puis la formation, au cours de la conservation, de substances antagonistes. Le traitement à la soude aurait précisément pour effet de détruire ces corps nuisibles qui masquent la présence du fibrin-ferment. Cette manière de voir s'accorde assez bien avec le fait que du sérum vieux, par conséquent altéré, agit toujours comme paralysant de la plasmase active.

ACTION DU SÉRUM PORTÉ A 38° SUR LE FIBRIN-FERMENT.

Quantité de fibrin-ferment	Quantité de fibrinogène	Temps de coagulation
I. — 3 cc + 2 cc NaCl N/8	5 cc	30 m.
II. — 3 cc + 2 cc sérum chauffé à 38° . .	5 cc	Pas de coagul.
III. — 3 cc + 2 cc sérum chauffé à 38° puis traité par NaOH et HCl	5 cc	30 m.

Ainsi, l'addition, à 3 cc d'une solution de plasmase active, de 2 cc d'un sérum chauffé à 38° empêche toute coagulation. Mais si le même sérum porté à 38°, a été traité par la soude et l'acide chlorhydrique, il n'exerce plus aucune action nuisible. Ce fait est d'autant plus intéressant que le sérum rendu inactif par chauffage à 38°, ne s'active plus par le traitement à l'alcali, ainsi qu'on l'a vu plus haut. L'efficacité du traitement réside dans ce cas, exclusivement dans l'action destructive qu'il exerce à l'égard des anticorps contenus dans le sérum, et nullement dans la transformation du proferment en ferment : c'est pourquoi on retrouve dans l'essai III le même temps de coagulation que dans I.

L'action anticoagulante du sérum chauffé peut encore être observée si, au lieu de le faire agir sur une solution de plas-

mase, comme nous venons de le voir, on emploie du sérum
frais : l'activité de ce dernier se trouvera considérablement
affaiblie par les anticorps contenus dans le sérum vieux maintenu quelques heures à 38°.

ACTION DU SÉRUM PORTÉ A 38° SUR UN SÉRUM FRAIS.

	Temps de coagulation du fibrinogène.
Sérum frais	25 minutes.
» de 9 jours	62 »
» 9 » chauffé à 38°	11 heures.
» frais + sérum de 9 jours chauffé à 38°	45 minutes.

L'addition à du sérum frais de sérum vieux altéré a donc
retardé la coagulation de 25 à 45 minutes.

La présence de substances antagonistes dans le plasma
même et leur formation assez rapide sont considérées par certains physiologistes comme un point capital dans les phénomènes de la coagulation. D'après ceux-ci, dans le sang
circulant il y a déjà un peu de plasmase toute formée : parmi
les nombreux leucocytes, quelques-uns sont altérés, d'autres
morts, et ceux-ci laissent exuder leur diastase, que la chaux du
plasma active aussitôt. Comment se fait-il donc que, dans ces
conditions, le sang ne se caille pas dans les vaisseaux ? C'est
parce qu'il contient normalement des substances anticoagulantes. Celles-ci, dans l'organisme, ont une action prépondérante. En dehors, leur action est dépassée par celle des agents
coagulants. Les leucocytes, et d'une façon générale toutes les
cellules, contiennent à la fois ces deux sortes de substances,
les unes qui provoquent, les autres qui empêchent la prise en
masse du sang. Les substances favorisantes paraissent plus
spécialement localisées dans certains organes, les viscères
abdominaux, par exemple, et les substances empêchantes, dans
d'autres, comme le poumon. C'est ainsi que PAWLOW a montré
que le sang d'un chien perd au bout de peu de temps sa
coagulabilité, si on en limite la circulation au cœur, aux gros
vaisseaux et aux poumons, ou encore, si on exclut seulement
de la circulation les viscères abdominaux.

Chez l'homme, la coagulation du sang se fait normalement
en 1 m. 44 sec. Elle peut cependant, dans certains cas pathologiques, être encore activée ou être beaucoup retardée. La
diète, certaines infections microbiennes, l'inflammation de la
paroi de la veine d'où le sang est extrait, rendent le sang
beaucoup plus rapidement coagulable. Par contre, l'infanti-
lisme avec insuffisance de sécrétion du corps thyroïde, le
diabète, la tuberculose au troisième degré, confèrent au sang
une incoagulabilité relative. Ces caractères opposés du sang
résulteraient, d'après ces mêmes physiologistes, de la présence,
dans le plasma, de proportions très différentes de plasmase et
de substances anticoagulantes.

Le fait que nous venons d'établir, qu'il existe dans le
sérum vieux des substances antagonistes de la thrombine,
paraît être en contradiction absolue avec les expériences de
BORDET et GENGOU, qui reconnurent, au contraire, au sérum
vieux le pouvoir d'accélérer considérablement, dans un plasma
non privé de chaux auquel on l'ajoute, la transformation du
proferment que ce plasma contient, en plasmase active, propriété qu'ils nomment, à cause de cela, excito-productrice.

Voici une de leurs expériences qui montre cette action
activante d'un sérum, vieux de 5 heures environ, vis-à-vis d'un
plasma salé dilué à 1 % ; dans les essais (1) et (2) on emploie
du plasma salé et dilué ; dans l'essai (3), on se sert du même
plasma, mais oxalaté, en vue d'immobiliser les constituants de
la thrombine présents dans ce plasma.

ACTION EXCITO-PRODUCTRICE D'UN SÉRUM VIEUX.
(BORDET ET GENGOU.)

1) Plasma salé dilué à 1 % . . . . Se coagule en   40 m.

2) 10 cc plasma salé dilué à 1 % + 1 cc sérum vieux 5 h.   »   3 ou 4 m.

3) 10 cc   »   »   » oxalaté 1 %₀ + 10 cc sérum
     vieux de 5 h. et oxalaté. . . . .   »   2 ou 3 h.

Les deux premiers essais semblent montrer nettement que
l'addition à un plasma de 1/10 de son volume de sérum vieux
accélère énormément la prise en masse ; et cependant cette

coagulation rapide ne paraît pas due au fibrin-ferment restant dans le sérum vieux, puisque l'essai (3) se coagule très lentement ; ce dernier essai établit, en outre, que la chaux est nécessaire à la manifestation de la propriété excito-productrice.

BORDET et GENGOU expliquent cette action du sérum vieux par la présence, dans celui-ci, de sérozyme libre, qui, avec la thrombokinase contenue dans le plasma, donne la thrombine active. La contradiction entre les résultats de ces auteurs et ceux de PEKELHARING est en réalité plus apparente que réelle.

En premier lieu, il convient de remarquer que l'expérience précédente prête à une critique identique à celle que nous avons faite plus haut à ces mêmes auteurs. Le sérum vieux, dans (2), a incontestablement activé la coagulation du plasma ; mais rien ne prouve que ce sérum ne contient pas encore une certaine quantité de diastase active, attendu que l'essai (3), qui est destiné à établir ce fait, est un bien mauvais témoin. Les conditions expérimentales dans lesquelles il est institué sont différentes; notamment, on a provoqué dans ce sérum un précipité d'oxalate de chaux, et l'on sait que cette précipitation détermine l'entraînement d'une fraction de la diastase coagulante, fraction d'autant plus grande que le sérum est plus vieux. C'est donc à tort qu'on tire la conclusion que le sérum vieux ne renferme plus de thrombine : il est au contraire très probable qu'il en contient encore, et que c'est à la suite de cet apport que la coagulation de (2) est rendue plus rapide.

Mais l'opposition des résultats trouvés par les deux auteurs visés reste entière. Comment l'expliquer? Sans doute, on constate bien que les conditions dans lesquelles ceux-ci ont opéré ne sont pas les mêmes : PEKELHARING travaille avec une solution de fibrinogène et BORDET étudie le phénomène avec un plasma dilué ; tous deux emploient un sérum vieux, mais l'un attend de 1 à 5 jours pour l'utiliser, tandis que l'autre s'en sert après quelques heures.

Dès lors, pour expliquer cette contradiction, on serait conduit à admettre que le sérum vieux possède bien les deux propriétés observées, de sens contraire, et que, suivant les conditions expérimentales, on fait prédominer l'un ou l'autre. Cependant une objection se présente : on a déjà signalé ce fait qu'une solution de fibrinogène se coagule par une simple addition d'extrait de tissu, et l'on a dit plus haut que cette coagulation ne pouvait se comprendre, dans la théorie dualistique de la formation de la thrombine, qu'en admettant que le fibrinogène employé n'est pas pur, mais contient du sérozyme, entraîné au moment de la préparation.

Si donc, comme l'admet BORDET, c'est réellement le sérozyme qui est excito-producteur du sérum vieux, si c'est à lui qu'on doit une accélération de la coagulation, on devrait s'attendre à voir ce sérum vieux rester inactif quand on le fait réagir sur une solution de fibrinogène, puisqu'il apporte seulement un des éléments constituants de la thrombine, qui existe déjà dans le fibrinogène, et non pas le second, la thrombokinase, qui serait nécessaire ici. En fait, c'est le contraire qu'on observe : il y a une action nettement positive.

C'est donc qu'il y a autre chose. Il faut bien convenir que l'étude du phénomène de la coagulation présente une très grande complexité et qu'il est souvent fort difficile de tirer une conclusion d'essais faits, même dans de bonnes conditions. Le sérum n'est pas une substance de composition constante : suivant sa provenance, il peut contenir, en dehors de la thrombine toute formée, soit du sérozyme, soit de la thrombokinase. De plus, un sérum affaibli, comme un sérum frais, peut contenir des anticorps en quantités très variables. Les sérums peuvent aussi différer dans leur teneur en chaux. Si donc on ajoute à un sérum frais, contenant un excès de chaux, un sérum affaibli pauvre en cet élément, on augmentera le pouvoir coagulant du mélange, parce que la chaux du sérum frais activera le sérum affaibli, et l'effet produit sera la résultante de l'action du sérum frais, à laquelle se juxtapose l'action du sérum vieux réactivé.

C'est vraisemblablement à un effet de ce genre qu'il faut attribuer la contradiction qui existe entre les résultats de BORDET et ceux de PEKELHARING. Dans les expériences du premier auteur, ce n'est pas le sérum vieux qui accélérerait la transformation du fibrin-ferment contenu dans le plasma frais, mais bien la chaux de ce plasma, qui revivifie le sérum vieux et lui permet à nouveau d'agir : objectivement, l'effet produit serait ainsi exactement le même.

Remarquons qu'on peut encore arriver au même résultat en ajoutant au sérum frais, contenant très peu de calcium, du sérum chauffé, dont la plasmase a été détruite, mais qui est riche en cet élément. Tout en introduisant des anticorps, on exalte la plasmase du sérum frais par un apport d'un excitant, qui est le calcium, et si la surproduction de diastase coagulante qui en résulte dépasse les pertes dues aux substances antagonistes, le pouvoir coagulant du mélange sera, dans ce cas encore, augmenté. Les choses se passeront, au contraire, tout autrement, si l'on ajoute à un sérum frais contenant un très faible ou aucun excès de calcium, un sérum vieux, également pauvre en cet élément. L'anticorps de ce second sérum entrera en jeu, il n'y aura plus d'actions qui se contrebalancent, et l'on observera un affaiblissement dans le pouvoir coagulant du mélange.

Du reste, il est évident que la chaux n'est pas le seul facteur qui intervient dans ce genre de phénomène : la plasmase, comme tous les autres enzymes, est très sensible aux conditions physiques et chimiques du milieu ; et si l'on doit s'attendre à aboutir à des résultats constants en mélangeant du sérum avec de l'eau distillée, il est très à craindre qu'on obtienne des effets irréguliers, et même contradictoires si l'on prend, au lieu d'eau distillée, un autre sérum, surtout si celui-ci est vieux, car la composition chimique des liquides ne manquera pas d'intervenir pour modifier, dans un sens ou dans l'autre, les propriétés du mélange.

§ 9.

Vue d'ensemble

sur les phénomènes de la coagulation du sang.

Des données nombreuses, et souvent contradictoires, que nous venons de rapporter, il résulte une série de faits positifs qui sont à retenir. Dans la coagulation du sang interviennent les facteurs suivants :

1) Une substance albuminoïde, le *fibrinogène*, aux dépens de laquelle se forme la fibrine insoluble ;

2) Une substance, possédant les propriétés d'un enzyme, se détruisant à 56°, soluble dans l'eau, insoluble dans l'alcool ; entraînable de ses solutions par le sulfate de baryte ou d'autres précipités, et contenue dans le plasma : c'est le *sérozyme* ;

3) Une substance, de nature lipoïdale, riche en phosphore, soluble dans l'alcool, l'éther de pétrole et le chloroforme ; substance thermostabile, contenue en abondance dans les plaquettes, les leucocytes et les extraits de tissus : c'est la *thrombokinase* ;

4) Les sels de calcium, toujours présents dans le sang ;

5) Une excitation mécanique, due au contact.

Sous l'influence combinée des quatre derniers facteurs, la diastase coagulante ou *thrombine* prend naissance et le fibrinogène du plasma se coagule en se transformant en fibrine.

Dans le sang en circulation, les conditions indispensables à la production de cette thrombine ne se trouvent pas remplies : la thrombokinase, retenue à l'intérieur des plaquettes et des globules sanguins, n'est pas en présence directe des autres éléments ; l'effet du contact manque, par suite de la nature visqueuse et glissante des parois des vaisseaux ; enfin, l'existence dans le sang de corps anticoagulants s'oppose à l'action des traces de thrombine qui pourraient néanmoins se former.

En dehors de l'organisme, le sang se trouve déjà dans des conditions plus favorables à sa coagulation ; la thrombokinase diffuse dans le plasma, le contact avec la paroi du vase où le sang est reçu amorce la réaction, qui, ensuite, suit très rapidement son cours.

La substance spécifique de la coagulation est le sérozyme ; la thrombokinase n'a qu'une influence tout à fait secondaire : elle peut même être remplacée par des substances de nature analogue, comme les lécithines, les peptones, etc.

La chaux joue un rôle prédominant, mais n'intervient pas

au moment décisif, celui de la coagulation. Elle prépare seulement, à l'aide des matériaux apportés par le sang, la substance active, la thrombine ; une fois ce travail préliminaire terminé, on peut éliminer la chaux sans nuire à la coagulation.

Le rôle du contact est aussi indispensable : il n'influence pas seulement la diffusion de la substance active contenue dans les plaquettes et les leucocytes, mais il favorise aussi la coagulation d'un plasma dépourvu de ces mêmes éléments figurés ; il préside donc, au même titre que la chaux, et concurremment avec elle, à la formation de la thrombine à l'aide de ses produits constituants.

Tous ces faits sont bien établis ; l'importance de chacune de ces conditions peut être expérimentalement démontrée et leur exactitude ne fait aucun doute : ce sont là des résultats très positifs. Mais si maintenant l'on se demande comment, et dans quel ordre, ces différents facteurs interviennent dans la coagulation, par quel rouage s'exercent l'action de la chaux et celle du contact, sous quel état — diastase préformée ou proenzyme — se trouve le sérozyme dans le plasma, on en est réduit, pour répondre à ces diverses questions, à émettre des hypothèses. Sans doute, la théorie suivant laquelle le sérozyme et la thrombokinase se combinent, grâce à l'intervention de la chaux et du contact, pour former la thrombine active, s'adapte assez bien à toute une série de faits expérimentaux ; mais il ne faut pas oublier qu'on se trouve ici dans le domaine de la pure spéculation et que la concordance de tous ces faits pourrait peut-être être expliquée par un mécanisme différent. Quoi qu'il en soit, il faut reconnaître que dans ces dernières années, grâce aux travaux de MORAVITZ, PEKEL-HARING, BORDET, etc., on a fait de grands progrès dans cette partie de l'étude des phénomènes biologiques : s'il est vrai qu'il reste encore un certain nombre de points obscurs ou inconnus, on est arrivé cependant à avoir de l'ensemble du phénomène, une notion très satisfaisante.

§ 10.

Analyse du sang.
Détermination quantitative de la thrombine et du fibrinogène.

1) **Dosage de la thrombine** : Le principe de la méthode de Wohlgemuth consiste à rechercher quelle est la quantité minima de sérum qu'il faut employer pour produire la coagulation d'un volume donné de plasma. Le plasma qui sert à l'analyse est préparé à l'aide de sang de lapin ou de chien, suivant la méthode de A. Schmidt. On reçoit 3 volumes de sang dans 1 volume d'une solution de SO^4Mg, obtenue en dissolvant 1 p. de ce sel dans 3 p. d'eau. On agite fortement le mélange qui a été refroidi et l'on sépare par centrifugation les globules sanguins du plasma. Celui-ci, dans ces conditions, peut se conserver très longtemps dans la glacière sans qu'il se produise, à la longue, de changement dans sa teneur en fibrinogène. Pour avoir le sérum du sang à analyser, on défibrine ce dernier par un battage à l'aide d'agitateur en verre. Le liquide clair décanté servira au dosage de la plasmase.

DOSAGE DE LA PLASMASE.

Quantité de sérum	Quantité de plasmase	État de la coagulation après 24 h. à 0°
1° . . . . . . 1 cc	2 cc	Coagulation complète.
2° 0.5	—	»
3° 0.25	—	»
4° 0.125	—	»
5° 0.062	—	Pas complète.
6° 0.032	—	Partielle.
7° 0 016	—	Commencement.
8° 0.008	—	Commencement.
9° 0.004	—	Rien.

Le dosage s'effectue de la façon suivante : dans une série de tubes à essais on verse des quantités différentes de sérum, on amène tous les tubes au même volume par l'addition convenable d'une solution de NaCl à 1 % exempte de chaux, puis on ajoute dans chacun d'eux 2 cc de plasma. Les tubes ainsi préparés sont placés dans la glace et examinés après 24 heures. Pour juger de l'état de la coagulation, on place les tubes, sans les agiter, dans la position horizontale. Ceux qui ont reçu le maximum de sérum sont complètement coagulés; dans d'autres, la coagulation est avancée, sans être complète. Enfin, certains ne présentent seulement qu'une trace de coagulation.

Le n° 8, contenant 0.008 cc de sérum, se trouve à la limite de l'action. C'est cette dose extrême qui est prise comme unité diastasique. La force coagulante du sérum, ou sa teneur en plasmase, se trouvera évaluée par le nombre d'unités correspondant à 1 cc de sérum : dans l'exemple cité, on voit que 0.008 cc sérum représente 1 unité ; donc 1 cc sérum contiendra 125 unités diastasiques. La valeur ff. en fibrin-ferment du sérum est donc de 125.

2) **Dosage du fibrinogène** : Le sang à analyser est traité, comme précédemment, par le tiers de son volume d'une solution de SO^4Mg, renfermant 1 de sel pour 3 d'eau. Après centrifugation, le plasma obtenu est réparti en quantités croissantes dans une série de tubes à essai et l'on égalise tous les volumes par l'addition convenable d'une solution de NaCl à 1 %. On ajoute alors dans chacun d'eux 1 cc de sérum dilué de 1 à 10, on agite et on laisse 24 heures dans la glace.

DOSAGE DU FIBRINOGÈNE.

Volume du plasma	Sérum dilué au 1/10	Etat de la coagulation après 24 h., à 0°
1° . . . . 1 cc	1 cc	Rien
2° 0.5	—	Rien
3° 0.25	—	Partielle
4° 0.125	—	Coagulat.
5° 0.062	—	Coagulat.
6° 0.032	—	Partielle
7° 0.016	—	Traces
8° 0.008	—	—
9° 0.004	—	—

Dans les trois premiers essais, la formation de fibrine n'a pas lieu ou est retardée. Dans les tubes suivants, la coagulation se fait : elle est complète dans (4) et (5), puis elle n'est plus que partielle si l'on diminue la dose de fibrinogène.

Si l'on compare ces résultats à ceux du précédent tableau, on voit qu'ils sont tout différents ; c'est que les conditions expérimentales ne sont plus les mêmes, tant par suite de la teneur respective en fibrinogène et en sérum qu'à cause de la proportion autre des sels. Dans l'exemple cité, c'est le n° 7 qui représente la quantité minima de plasma capable de se coaguler en présence d'un excès de fibrin-ferment. L'unité de fibrinogène contenu dans le sang à analyser sera donc de 0.016. Par suite, 1 cc de plasma contiendra 62.5 unités.

La valeur fg en fibrinogène du plasma sera donc de 62.5.

BIBLIOGRAPHIE SUR LA THROMBINE.

BUCHANAN. On the coagulation of the blood and other fibrinoferous liquids, *London Medical Gazette*, 1845.
DENIS. Mémoire sur le sang, 1859.
ALBERTONI. *Med. Centralbl.*, 1878, p. 641 ; 1879.
RAUCHENBACH. Ueber die Wechselwirkung der Protoplasma u. Blutplasma, Diss., Dorpat, 1883.
G. FANO. *Arch. Italiennes de Biolog.*, (2), 1882, p. 146.
J. GREEN. *Journ. of Physiol.*, 1887, p. 354.
LOWIT. Ueber Blutgerinnung, *Prag. Med. Wochen*, 1889.
MORAWITZ u. REHN. Zur Kenntniss der Entstehung des Fibrinogens, *Arch. f. exper. Pathol. u. Pharmak.*, (58), p. 141, 1907.
ARTHUS. Recherches sur la coagulation du sang, *Thèse*, Paris, 1890.
ARTHUS et PAGES. Coagulation du sang, *Arch. de Physiol. et Path.*, (5), 739, 1890.
WOLDRIGDE. Die Gerinnung des Blutes, Leipzig, 1891.
PEKELHARING. Untersuchung über Fibrinferment, *Verhand. d. K. Akad. d. Wiss.*, Amsterdam, 1892.
ARTHUS. Fibrinogène et Fibrine, *Soc. Biol.*, 1894, p. 306.
LILIENFELD. Ueber Blutgerinnung. *Zeits. f. physiol. Chem.*, 1895, (26), p. 89.
O. HAMMARSTEN. Ueber die Bedeutung des lösl. Kalksalzes für Gerinnung, *Zeits. f. physiol. Chem.*, 1896, (22), p. 335.

RETTGER. Die Coagul. d. Blutes. *Amer. Journ. Physiol.*, (24), p. 406, 1909.

A. SCHMIDT. *Pflüg., Arch.*, (6), 1872, p. 445.

DASTRE et FLORESCO. Contr. à l'étude du ferment coagul. du sang, *C. R.*, 1897, 94.

DELEZENNE. *Archiv. de Physiol.*, 1896, p. 666; 1897, pp. 338, 568; 1898, pp. 508, 568.

ROGE. *Diss.*, Strassburg, 1898.

BORDET et GENGOU. Sur la coagul. du sang, *Ann. Inst. Pasteur*, 1901, p. 129; 1903, p. 822; 1904, pp. 26, 98; 1913, p. 345.

BÜRKER. Blutplättchen u. Blutgerinnung, *Pflüg. Arch.*, 1904, (102), p. 36.

FULD et SPIRO. *Beit. z. Physiol. u. Pathol.*, 1904, (5), p. 180.

CAMUS. Recherches s. fibrinolyse, *C. R.*, 1901, (1), p. 215.

P. NOLF. *B. Acad. Roy. de Belg.*, 1906, p. 71.

H. MUCH. Vorstufe des Fibrinferments im Staphylococcus aureus, *Bioch. Zeits*, 1908, (14), p. 143.

DOYON. Sur l'origine du fibrinogène, *C. R.*, 1910, (1), p. 348.

PEKELHARING. Bem. über Fibrinferment, *Bioch. Zeits*, 1908, (11), p. 7.

HIGUCHI. Fibrinenzym d. Placenta, *Bioch. Zeits*, 1909, (22), p. 339.

STASSANO et DAUMAS. Actions des sels de chaux, *C. R.*, 1910, (1), p. 937.

WOHLGEMUTH. Best. d. Fibrinferments im Fibrinogen. *Bioch. Zeits*, 1910, (25), p. 81.

EMIL ZAK. Studien über Blutgerinnungslehre, *Arch. f. Experiment. Patholog. u. Pharmak.*, (70), p. 27, 1912.

LE SOURD et PAGNIER. Recherches sur le rôle des plaquettes, *Jour. de Physiol. et de Pathol. Génér.*, 1909, (XI), 1.

CHAPITRE II.

MYOSIN-FERMENT.

Le muscle, mou et élastique pendant la vie, change de consistance après la mort et devient rigide et dur. Cette transformation est due à la coagulation de certaines substances albuminoïdes, coagulation qui serait provoquée par un enzyme spécial, le *myosin-ferment*. Kühne a été l'un des premiers qui étudièrent ce ferment. Il a établi que le muscle vivant, très refroidi et soumis à une forte pression, fournit un liquide épais, jaunâtre, le *plasma musculaire*, qui, si la température remonte, se prend en gelée, se contracte, forme un caillot d'où exsude un *sérum*, et se comporte ainsi comme le plasma sanguin. Toutefois, ce n'est là qu'une apparence : la coagulation qu'on observe avec le plasma musculaire diffère radicalement de celle du plasma sanguin. Il n'y a pas ici formation de fibrine ; la substance qui se coagule est soluble dans l'eau salée et est beaucoup moins résistante que la fibrine.

Pour obtenir le plasma musculaire, Kühne procède de la façon suivante : on injecte par l'aorte d'une grenouille une solution de NaCl à 7 °/₀₀, afin d'enlever la totalité du sang de tous les vaisseaux. On refroidit alors l'animal à — 10°, on découpe les muscles avec un instrument glacé, on triture le produit dans un mortier, et la bouillie, encore gelée à 0°, est soumise à une très forte pression. Le liquide qui s'écoule, à consistance sirupeuse, a une réaction faiblement alcaline, mais qui devient rapidement acide. Il se prend en gelée aussitôt que la température s'élève. Halliburton a employé le procédé de Kühne pour étudier le plasma musculaire de lapin, ainsi que celui d'autres animaux. D'après ce savant, on peut séparer du plasma musculaire l'agent actif provoquant la coagulation et la substance albuminoïde qui subit l'action. La diastase sera donc le *myosinferment*, et la substance sur laquelle le ferment agit sera le *myosinogène*.

Pour obtenir l'enzyme, on traite d'abord par l'alcool absolu la bouillie musculaire coagulée, puis le produit pulvérisé est traité par l'eau. L'extrait aqueux obtenu coagule le plasma musculaire en un temps beaucoup plus court que si cette addition n'est pas faite. Le myosin-ferment qu'on obtient par précipitation de ce extrait aqueux présente les caractères d'une deutéro-protéose. Ce produit n'agit pas sur le plasma sanguin, mais bien sur le plasma musculaire, ainsi que sur le myosinogène. Le myosin-ferment se montre beaucoup plus résistant à la chaleur que le fibrin-ferment, et l'on peut maintenir la solution du premier à 90° pendant 1/4 h. sans le détruire. Cependant cette solution chauffée à 100° devient inactive.

Le plasma musculaire contient, d'après HALLIBURTON, 4 matières albuminoïdes :

1) Le *myosinogène*, qui est une globuline coagulable à 56°. Il est précipité de ses solutions par du NaCl à 36 %, ainsi que par le sulfate d'ammoniaque à 100 %.

2) Le *paramyosinogène*, qui se précipite de ses solutions par l'addition de $SO^4(NH^4)^2$ à 50 % ou de NaCl à 28 %. La température de coagulation de ce corps diffère un peu suivant sa provenance : la substance retirée de la grenouille se coagule à 47°, tandis que le paramyosinogène des oiseaux le fait à 51°.

3) Une *myoglobuline*, coagulable à 63° et précipitable de ses solutions par le NaCl ou le sulfate d'ammoniaque à saturation.

4) Une *myoalbumine*, coagulable à 73° et non précipitable par NaCl à saturation.

Dans le coagulum qui se produit par suite de la transformation du plasma musculaire, on retrouve les deux premiers albuminoïdes : ce coagulum, dissous dans le sulfate de magnésium à 5 %, se coagule par la chaleur d'abord à 47°, puis à 56°. On peut en outre en séparer, par la méthode de précipitations fractionnées, le myosinogène du paramyosinogène. Seul le premier est coagulable par le myosin-ferment. Le paramyosinogène est au contraire entraîné mécaniquement dans cette précipitation. On peut donc conclure que dans l'action du myosinferment sur le myosinogène, il n'y a pas dédoublement ni formation de nouveau corps, mais simplement passage d'un état à un autre. Du reste, le myosinogène coagulé par le ferment peut être redissous dans l'eau salée et précipité de nouveau par le ferment.

Cependant, d'après FURTH, les deux premiers albuminoïdes qu'il appelle : *myogène* (ou myosinogène d'HALLIBURTON) et *myosine* (ou paramyosinogène du même auteur) subissent l'action de la diastase. La myosine engendre, au moment de la coagulation, un caillot de *myosine-fibrine*, et le myogène, un caillot de *myogène-fibrine* ; mais dans ce second cas, il y a en plus un dédoublement, puisqu'à côté de ce précipité apparaît dans la solution une globuline, la myogène-fibrine soluble, dont la température de coagulation est de 30 à 40°.

On aurait donc, d'après ce dernier auteur, le schéma suivant pour la coagulation du plasma :

Myogène (myosinogène)   Myosine (paramyosinogène)

Myogène-fibrine   Myogène-fibrine soluble   Myosine-fibrine

Enfin, d'après CAVAZZANI, l'oxalate de potassium empêcherait l'action du myosin-ferment de s'exercer.

BIBLIOGRAPHIE.

DANILEWSKY. Abhängigkeit der Contractionsart der Muskeln von den Mengenverhältn. einig. ihr. Bestandteile, *Zeits. f. physiol. Chem.*, 1881, (5), p. 158.

W. D. HALLIBURTON. *Journ. of Physiol.*, 1887, p. 132.

GRUBERT. Kugler, *Thèse*, Dorpat, 1888.

CAVAZZANI. *Maly's Jahresbuch*, 1892, (22), p. 333.

V. FÜRTH. Ueber die Eiweisskörper d. Muskelplasma, *Arch. f. experim. Pathol. u. Pharmak.*, 1895, (36), p. 231.

CHRISTINE TEBB. *Journ. of Physiol.*, 1904, (30), p. 25.

K. BÜRKER. Blutplättchenzarfall, Blutgerinnung u. Muskelgerinnung, *Centralbl. f. Physiologie*, 1907, (21), p. 651.

CHAPITRE III.

PRÉSURE.

§ 1.

Présence dans la nature. Préparation. Propriétés.

La présure est le principe actif qui détermine la transformation de la caséine. Introduite dans le lait, cette diastase en provoque la coagulation ; le lait devient gélatineux, compact. Il se forme un caillot de caséum qui entraîne avec lui les globules gras du lait et les phosphates. Abandonné à lui-même, ce caillot se rétracte en expulsant un liquide transparent, qui est le sérum.

La présure est sécrétée par les glandes gastriques des mammifères et est très abondante dans leur estomac. Elle s'y trouve en fortes quantités surtout pendant la période de lactation ; puis la teneur en présure diminue graduellement à mesure que l'animal grandit. La présure se rencontre aussi normalement dans le suc gastrique, ainsi que dans le suc pancréatique des animaux de tout âge. Sa présence est constante dans l'intestin grêle, dans les liquides d'autolyse d'un certain nombre d'organes : le foie, le poumon, le rein, etc., dans le sang de cheval, dans l'urine, etc. On l'a signalée aussi dans les sécrétions digestives des oiseaux, des reptiles, des poissons, des mollusques, des actinies, etc.

La propriété de coaguler le lait appartient également à beaucoup de sucs végétaux. L'agent qui produit cette action est un ferment analogue, sinon identique, à la présure animale. On constate la présence de cet enzyme dans les feuilles, fruits et graines de différentes plantes. Les propriétés coagulantes du *Galium Verum* et du *Pingiucila vulgaris* sont utilisées par les laitiers de certains pays pour la fabrication du fromage. Le suc du figuier, les fleurs d'artichaut, l'ivraie se montrent aussi très riches en présure. Les semences du *Withania coagulans* sont extrêmement riches en présure et peuvent même servir comme matière première pour la préparation de cette diastase. Rappelons enfin que la présure a été signalée chez beaucoup de microorganismes, de moisissures et de bactéries. On peut donc dire que cette diastase est une de celles qui sont les plus répandues dans la nature.

Préparation. — Pour préparer la présure, on se sert généralement de caillettes de veau desséchées. Une macération dans l'eau à 30-35° C amène la substance active en solution. Voici comment on procède : on débarrasse les caillettes des grumeaux qu'elles renferment, on les lave énergiquement à l'eau et on les laisse se gonfler quelque temps; puis on les dessèche pendant une dizaine de jours. Les caillettes desséchées sont alors coupées en petits morceaux, et on les fait macérer dans l'eau additionnée de 4 °/₀ d'acide borique. La macération se fait à 30° C et dure de 4 à 5 jours. Par litre d'eau, on prend environ 100 grammes de caillettes desséchées. Au lieu d'acide borique on peut aussi employer du chlorure de sodium à la dose de 3 à 6 grammes par litre. Le sel favorise l'extraction, et la macération dans ces conditions peut être faite à 15-20° C. La dessiccation préalable des caillettes a pour but de coaguler certaines substances et d'éviter la viscosité du liquide. Dans le même but, on sépare les caillettes des parties voisines du pylore. Le produit obtenu par cette méthode est très actif, mais il contient beaucoup de matières étrangères ; en dehors de la présure, il s'y trouve encore d'autres enzymes protéolytiques.

Pour purifier la solution commerciale, on peut recourir à la méthode de précipitation fractionnée par l'alcool. On ajoute à la solution de présure la quantité d'alcool nécessaire pour qu'il se produise d'abord un léger précipité. On sépare ce premier dépôt et l'on ajoute une nouvelle quantité d'alcool pour provoquer un précipité plus volumineux. On recueille rapidement ce précipité, puis on le dessèche dans le vide sur l'acide sulfurique. Le produit obtenu est une poudre blanche très active, mais il n'est pas exempt d'autres enzymes.

En vue d'obtenir un produit plus pur, exempt d'enzymes
étrangers, HAMMARSTEN préconise la méthode suivante :
Comme source de présure, on se sert de préférence des
muqueuses d'estomac desséchées à la température de 35-40° C.
Conformément au procédé employé par EBSTEIN et GRUTZNER,
on divise l'estomac suivant la ligne de petite courbure et on
l'étend, la muqueuse en dessous. On tond alors la tunique
musculaire avec un rasoir, on étale la poche sur du papier
à filtre, la muqueuse en dehors, et l'on dessèche à 35-40°. Après
dessiccation, on enlève le papier. La substance cornée ainsi
obtenue est coupée en petits morceaux, qui se conservent en
flacon fermé pendant très longtemps sans perdre leur activité.
Pour obtenir une solution de présure, on fait macérer quelques fragments de cette matière avec de l'eau ou de la glycérine. On prend généralement pour un gramme de muqueuse
desséchée 50 à 100 centimètres cubes d'eau. Le produit obtenu
est très actif : un extrait provenant de un gramme de muqueuse
ainsi conservée peut coaguler, en 30 minutes, dans des conditions de température favorables, de 5 à 10 litres de lait.

VAN HASSELT conseille de dessécher à l'air, au préalable,
la caillette de veau, cette dessiccation augmentant, d'après lui,
le rendement de 50 %. La caillette desséchée est ensuite mise
à macérer dans l'eau contenant 0.1 % d'HCl, pendant 4 jours,
puis on filtre. La liqueur claire est précipitée par le sulfate de
magnésie, on dissout dans de l'eau le coagulum obtenu et on
dialyse le tout contre de l'eau acidulée avec HCl. On obtient
ainsi un produit très actif, mais très sensible aux alcalis; aussi,
pour aboutir au maximum d'effet, est-il nécessaire d'acidifier
très légèrement le lait.

GERBER, pour préparer les présures végétales, indique la
méthode générale suivante : Les plantes sont grossièrement
séchées à 40°, puis broyées et séchées à fond. On peut ainsi les
conserver longtemps sans diminuer leur pouvoir coagulant.
Pour avoir la diastase, on soumet la poudre, préalablement
macérée 24 heures, à une lixiviation avec une solution de NaCl
à 5 %, additionnée de quelques gouttes d'essence de moutarde;

l'opération se fait à la température de 0-5°. Le liquide clair obtenu est saturé de sulfate d'ammoniaque. Le coagulum formé est recueilli, redissous dans du NaCl, puis reprécipité par du sulfate d'ammoniaque. On filtre à nouveau et le produit recueilli, mis en suspension dans l'eau, est dialysé à fond, en eau courante, dans des sacs de collodion. Le précipité se redissout d'abord, puis se reforme. Finalement on le recueille, on le lave à l'eau distillée et on le sèche à 40°, ou mieux, dans le vide sec. On obtient ainsi une poudre grise ou gris verdâtre.

Propriétés générales. — Des recherches de JAVILLIER, et surtout de celles de GERBER, il résulte que la présure est très répandue dans le règne végétal. A l'heure actuelle, on a signalé cette diastase dans le papayer, le pastel, le mûrier de Chine (Broussonetia papyrifera), le figuier, le fusain, l'amadouvier, la vasconelle, la chardonnelle, l'euphorbe, les compo-sées, les solanées (tomate en arbre, belladone), les crucifères, les rubiacées, les renonculacées, les basidiomycètes, les algues brunes, etc. Toutes ces présures présentent entre elles quelques différences. Elles ne sont pas davantage identiques à celles retirées des ruminants. On observe avec chacune une façon de se comporter vis-à-vis des agents extérieurs qui lui est propre. C'est ainsi que les présures végétales résistent mieux à l'action de la chaleur, et par suite agissent à plus haute température, que celles des animaux ; certaines coagulent mieux le lait cru que le lait bouilli, d'autres font l'inverse ; certaines sont calciphiles ou oxyphiles; d'autres, non, etc. Toutefois, il semble que ces caractères distinctifs, assez flous, du reste, tiennent plutôt à des influences secondaires qu'à une spécificité véritable, et ils ne paraissent pas de nature à faire rejeter la notion généralement admise de l'unité de la présure. Nous reviendrons d'ailleurs plus loin sur ces particularités.

Nous avons dit que la présure, dans l'estomac des ruminants, est en forte proportion, surtout au moment de la lactation, puis que après, elle diminue. GERBER a constaté également une variation dans la teneur en présure d'un membre végétal, aux diverses phases de son évolution. La diastase coagulante croît en été, pour décroître en hiver, puis remonter l'été suivant, etc. ; mais les différents maximas et minimas sont de moins en moins prononcés et tendent vers une valeur moyenne qui reste alors constante pendant toute l'année. DIANA BRUSCHI a constaté des variations analogues en ce qui concerne la résistance de la diastase à la chaleur. D'après cet auteur, l'optimum d'action décroît dans les mêmes plantes avec l'âge de celles-ci, la variation pouvant atteindre une vingtaine de degrés. Tandis que la présure d'une jeune plante a pour température la plus favorable 55°, par exemple, celle d'une plante mûre agira surtout bien à 35°.

En ce qui concerne la résistance variable des différentes présures à la chaleur, il faut voir là un phénomène d'adaptation des organismes qui les sécrètent aux influences climatériques. GERBER et DAUMÉZON, ayant étudié les présures des ascidies, famille du groupe des tuniciers, intermédiaire entre les vertébrés et les invertébrés, ont constaté que les ascidies qui sont soumises à des variations de température, ont une présure beaucoup plus résistante que celles qui vivent à une température constante. Ce fait est à rapprocher des différences de même ordre, signalées par GERBER, entre la présure des végétaux et celle des crustacés décapodes habitant la zone découverte à marée basse, d'une part, et les présures des mammifères dont la température est constante, d'autre part. L'étude des présures retirées des Basidiomycètes a fourni également au même auteur des constatations analogues. Certaines présures sont tuées vers 50°, et se comportent comme celles d'origine animale : elles proviennent de champignons ayant leur mycelium parasite à l'intérieur de racines, troncs d'arbres, etc., et ne se développent qu'entre des limites de température assez étroites, dans le cours de l'automne. D'autres résistent 10 min. à 85°, et se rapprochent des présures végétales : elles proviennent de champignons ayant une existence beaucoup plus rustique.

Les caractères d'une présure dépendent cependant d'autres conditions, d'ailleurs inconnues, que celles qui pourraient résulter de son mode d'habitat. C'est ainsi que Gerber, en étudiant comparativement les diastases présurantes d'un champignon parasite, le *Plerotus ostreatus*, et du végétal sur lequel il vit, le *Broussonetia papyrifera*, a constaté qu'elles sont très différentes. La présure du champignon est très calciphile, très oxyphile, éminemment sensible aux alcalis et peu résistante à la chaleur ; celle du mûrier de Chine, au contraire, est moyennement calciphile, moyennement oxyphile, peu sensible aux alcalis et très résistante à la chaleur.

Par contre, chez les amanites, on constate une certaine relation entre l'activité présurante de ces champignons et leur degré de toxicité. L'*A. phalloïdes*, extraordinairement toxique, coagule le lait bouilli acidulé dix à onze fois plus vite que l'*a. mappa* ou *citrina* et cinquante fois plus vite que l'*a. muscaria*. Quant aux amanites comestibles *(a. rubescens, a. vaginata)*, elles sont encore moins présurantes que l'*a muscaria*. D'après Gerber, la coagulation par l'*a. phalloïdes*, excessivement rapide, peut même être utilisée pour reconnaître, dans les cas douteux, ce champignon parmi les autres amanites : en effet, 1 cc de ce suc coagule en quelques minutes 5 cc de lait cru ou bouilli, non sensibilisé par HCl, tant à 55° qu'à 40°, ce que ne pourrait faire aucune autre amanite.

§ 2.

Influence de la température.

L'action de la présure sur le lait est caractérisée par des manifestations extérieures très frappantes. Avec 1 gr. de produit actif on arrive en 30 ou 40 minutes, dans des conditions favorables, à coaguler 50 litres et plus de lait. La vitesse avec laquelle la coagulation se produit dans un volume déterminé fournit une mesure relative de la puissance de la substance active, et la plupart des études faites sur la présure, au point de vue de son mode d'action, ont pour base la coagulation produite dans le lait, quoique le phénomène, ainsi qu'on le verra plus loin, soit beaucoup moins simple qu'on pourrait le croire au premier d'abord.

Parmi les divers agents physiques et chimiques qui peuvent influencer la caséification, se place en premier lieu la température. Celle-ci, non seulement modifiera la vitesse de la réaction, mais encore pourra agir sur la diastase ou sur le lait pris isolément. Envisageons d'abord son action globale. Quand on expose du lait emprésuré à des températures différentes, on constate que le temps qui s'écoule jusqu'au moment de la coagulation diffère notablement suivant la température à laquelle le lait est porté pendant l'expérience. Si l'on opère avec de la présure de veau, on peut considérer la température de 40-41° comme optima. C'est à ce moment que l'action de la présure est la plus prononcée; avec les mêmes quantités de présure et de lait on arrive à la coagulation dans le minimum de temps. L'influence de la température sur la coagulation peut être aussi vérifiée en déterminant à différentes températures le maximum de lait qu'une unité de présure est capable de coaguler dans le même laps de temps. On arrive enfin au même résultat en établissant à différentes températures la quantité minima de présure qu'on doit employer pour provoquer la coagulation d'un même volume de lait. Dans tous les cas, la température optima sera la même.

DURÉE DE LA COAGULATION A DIFFÉRENTES TEMPÉRATURES.

Température.	Durée de coagulation.	Température.	Durée de coagulation.
15	—	39	6'26
20	32'17	40	6'15
25	14'00	41	6'06
30	8'47	42	6'12
31	8'15	43	6'24
32	7'79	44	6'44
33	7'47	45	6'74
34	7'19	46	7'16
35	6'95	47	7'72
36	6'74	48	8'44
37	6'55	49	10'00
38	6'39	50	12'00

La marche de la coagulation suivant la température se trouve exprimée dans le tableau précédent, dû à FLEISCHMANN; cette expérience est faite avec un lait, additionné de 1/1000 de présure de veau neutre, et exposé à des températures croissantes, au moyen de bains-marie convenablement réglés.

Ainsi l'influence de la température se voit d'après le temps nécessaire pour obtenir la coagulation. A la température de 15° C, la présure employée n'a pas d'action. Entre 20 et 40°, l'activité augmente graduellement; au-delà de 42°, la vitesse de réaction diminue; à 50°, l'activité n'est pas supérieure à celle que manifeste la présure à 30°. A 66°, on constate le même résultat négatif qu'à 15°. Cependant il existe une différence notable entre ces deux températures : la présure, maintenue dans le lait pendant 10 minutes à 66°, a perdu définitivement la propriété de coaguler le caséinogène; tandis que dans le lait à 15°, la présure ne subit aucune altération, et, réchauffée ensuite à 40°, elle peut en provoquer la caséification. D'ailleurs, on peut démontrer expérimentalement que pendant la durée du contact à 15°, il se produit un travail diastasique préliminaire, n'aboutissant pas à la coagulation, mais facilitant cette dernière dans la suite. Le lait traité à 15° par la présure coagule en présence de doses d'acide qui ne détermineraient point la coagulation du lait normal. En plus, ce lait, porté ensuite à 40°, coagule à cette dernière température plus rapidement que le lait non exposé au préalable à l'action de la présure à 15°.

Les données du tableau de FLEISCHMANN nous fournissent une image assez nette de l'action comparative des différentes températures. Il est à remarquer que ces essais ont été faits avec une présure neutre et en présence de fortes doses de présure, et cela de manière que le temps qui s'écoule pour arriver à la coagulation, aux températures de 40-50°, ne dépasse point 15 minutes. Ces précautions sont absolument indispensables dans ces sortes d'essais. Avec une présure à réaction acide, ou avec des quantités faibles d'enzyme, on aboutirait à des résultats différents. Les raisons de ces différences tiennent à ce que l'action de la température se trouve considérablement influencée par la réaction du milieu, et aussi à ce que la température, tout en favorisant l'action de la présure, exerce à la longue une action très funeste, au point de vue de la conservation de la substance active. Entre 35 et 45°, on observe une action destructive de la diastase de plus en plus forte, et cela d'une façon telle, que déjà, quand la coagulation se produit à la température de 45°, il y a une fraction notable de la substance active qui est détruite. A ce moment, la partie réellement en activité est moindre que dans l'expérience conduite à 40°. La température optima observée a donc une signification fort relative, puisqu'on mesure, non pas des quantités constantes de substance *en activité*, mais des quantités très différentes.

Pour mettre en évidence l'action complexe de la température, nous étudierons son influence d'abord sur la présure elle-même, puis sur le lait non emprésuré.

Influence de la température sur la présure. — La présure en solution se conserve à 0° C. pendant très longtemps sans perdre de son activité. A la température de 20-30°, on constate déjà une diminution sensible du pouvoir diastasique, qui s'accentue beaucoup plus encore entre 35 et 40°. Voici une expérience qui se rapporte à cette observation : Dans une série de tubes à réaction, on introduit 10 centimètres cubes de solution d'une présure fraîchement extraite de caillettes de veau. On met les tubes dans des bains-marie réglés à différentes températures, où on les maintient pendant un certain temps, puis on refroidit le tout à 15°. On prélève alors de chaque tube la même quantité de liquide qu'on porte dans 10 centimètres cubes de lait maintenu à 38°. L'action de la température sur la présure est évaluée par le temps qui s'écoule jusqu'à la coagulation. Les chiffres suivants ont été obtenus par EFFRONT, en exposant la présure pendant 4 heures à différentes températures : on voit notamment que la conservation dans ces conditions, à 40°, d'une présure lui fait perdre les deux tiers de son activité diastasique.

INFLUENCE D'UNE CHAUFFE PRÉALABLE SUR LA PRÉSURE.

Présure maintenue 4 heures à la température de :	Durée de la coagulation
15°	20′
20°	21′
30°	32′
35°	41′ 5″
40°	62′
50°	90′
55°	Pas de coagulation après 6 heures

Dans un autre essai, on a prolongé la durée de l'expérience pendant 12 heures. Or l'examen des échantillons prélevés à différents moments a démontré qu'aux températures allant de 35 à 50°, la destruction du pouvoir coagulant se fait progressivement avec la durée de l'action de la température. Entre 15 et 30°, la perte en présure est seulement sensible dans les 6 premières heures, et dans la seconde période de 6 heures on n'a plus constaté de variation.

Influence de la dilution. — CAMUS et CLÉRY ont reconnu que l'action de la chaleur sur la présure s'accentue considérablement avec son degré de dilution dans l'eau. Une présure concentrée peut être maintenue à 40° au moins 10 minutes, sans perdre sensiblement de son activité. La même présure, diluée au préalable avec de l'eau, devient immédiatement beaucoup plus sensible à l'action de la température. L'influence de la dilution s'exerce déjà quand on ajoute de très faibles proportions d'eau et s'accroît graduellement avec la quantité d'eau ajoutée. CAMUS et CLÉRY chauffent un volume déterminé de présure à 40° C pendant 2 minutes. Puis ils ajoutent cette présure dans du lait maintenu à 40° et déterminent la vitesse de la coagulation. Parallèlement, ils ajoutent à la même quantité de présure des quantités variables d'eau, l'exposent aussi à 40° pendant 2 minutes, puis mesurent le temps de la coagulation :

INFLUENCE D'UNE CHAUFFE PRÉALABLE SUR DES SOLUTIONS
DE PRÉSURE PLUS OU MOINS DILUÉES.

Degré de dilution de la présure.	Temps de la coagulation.
0	3'30''
40 °/₀ d'eau	4'15''
60 » »	10'
80 » »	12'
100 » »	19'

D'après ce tableau, nous voyons qu'il a suffi de diluer la
solution de présure de son volume d'eau pour la rendre
beaucoup plus sensible à l'action de la température. Après
2 minutes à 40°, cette présure diluée est déjà devenue six
fois moins active. L'influence de la dilution s'observe aussi
à la température de 30°, mais d'une façon beaucoup moins
appréciable qu'à 40°.

Les données que nous empruntons à CAMUS et CLÉRY ont
été probablement obtenues avec de la présure à réaction
alcaline, ou bien la présure employée était riche en ferments
protéolytiques étrangers qui peuvent dans certaines conditions
l'influencer sensiblement. Avec la présure du commerce, ainsi
qu'avec la présure obtenue de caillettes de veau desséchées,
on ne perçoit point de sensibilité aussi prononcée à l'égard de
la dilution.

La sensibilité de la présure à la température dépend avant
tout de la réaction du milieu, et elle diffère aussi suivant qu'on
dilue la présure avec de l'eau ou avec de la glycérine. LORCHER
amène un volume de présure à 4 volumes, soit avec de l'eau,
soit avec HCl à 0.1 °/₀, soit avec de la glycérine. Il abandonne
les trois dilutions pendant 10 minutes à différentes températures, et détermine ensuite, avec les mêmes volumes de chaque
présure diluée, le temps de la coagulation d'un volume déterminé de lait maintenu à 40° :

INFLUENCE D'UNE CHAUFFE PRÉALABLE SUR DES SOLUTIONS DE
PRÉSURE DILUÉES AVEC DES LIQUIDES DIFFÉRENTS.

Genre de dilution	Témoin	Essai à 45°	Essai à 50°	Essai à 55°
Eau	Coagule en 13'	15' 5''	16'	2 h. 30'
HCl	Coagule en 11' 5''	14'	18'	54'.
Glycérine . . .	Coagule en 14'	18'	18'	18'

On voit que la dilution de la présure avec l'eau est la cause
pour laquelle cet enzyme ne supporte point une température
supérieure à 40°. Après 10 minutes à 45°, on constate déjà un
affaiblissement sensible. La conservation du ferment se fait
beaucoup mieux dans un milieu acide. Si on emploie, d'autre
part, de la glycérine au lieu d'eau, on voit qu'il n'y a plus
d'altération de la substance active, même à 55°. On est donc en
droit de conclure que l'eau exerce une action nuisible sur la
présure. Cette conclusion est d'autant plus justifiée qu'une
solution aqueuse de présure maintenue pendant 15 minutes
à 66° devient inactive, tandis que la présure préalablement
déshydratée peut supporter la température de 130°.

Les résultats obtenus avec l'eau acidulée ne peuvent
s'expliquer que par les conditions de l'expérience, et surtout
par la provenance de la présure employée. Habituellement
on observe un résultat contraire. En effet, le suc gastrique, qui
est toujours acide, maintenu à 40°, perd très rapidement son
pouvoir coagulant, tandis que son pouvoir protéolytique est
conservé; s'il est préalablement neutralisé, il supporte beaucoup mieux l'action de cette température. La différence provient de ce que, dans ce dernier cas, c'est la pepsine qui détruit
la présure, tandis que dans l'expérience de LORCHER, la pepsine
n'intervenait point.

De toutes les données que nous venons de mentionner, on
peut donc conclure que les phénomènes qu'on observe dans
l'étude de l'influence de la température sont de nature excessivement délicate. Les résultats contradictoires obtenus s'expliquent par l'influence de différents facteurs, lesquels sont

souvent très difficiles à saisir. La présure contient toujours des
ferments protéolytiques et des substances étrangères qui
influencent l'action de la température. Ajoutons enfin que la
réaction du milieu et la dilution jouent un rôle qui n'est pas
négligeable dans la question de résistance vis-à-vis de la
température.

**Influence de la température sur le lait destiné à la
caséification.** — En étudiant la marche de la coagulation du
lait emprésuré, nous avons vu qu'en dépassant la température
de 41°, la durée nécessaire à la coagulation augmente avec
chaque degré, et qu'à 50° il faut un temps double de celui
qui suffit à la température optima. Nous avons dit que le
ralentissement dans la marche de la coagulation, aux températures allant de 40 à 50°, doit être attribué à la destruction
partielle de la substance active; mais on peut aussi se demander
si la température n'agit pas directement sur la caséine du
lait en la rendant plus difficilement coagulable. A cet effet,
on a porté des échantillons du même lait à différentes températures. On règle ensuite leur température à 40°, puis on y
ajoute la même quantité de présure. Voici les résultats obtenus
par EFFRONT avec le lait maintenu une heure à différentes
températures :

INFLUENCE D'UNE CHAUFFE PRÉALABLE DU LAIT
SUR SA COAGULATION.

Température du lait	Temps de la coagulation	Température du lait	Temps de la coagulation
30°	21'	70°	28'
40°	21'	80°	31'
50°	24'	90°	41'
60°	26'	100°	48'

On voit que le lait chauffé entre 80 et 100° coagule beaucoup
plus difficilement que le lait normal. Le lait bouilli demande
un temps double de celui du lait frais. Toutefois, aux températures intermédiaires entre 30 et 50°, l'influence est très faible.

Le retard apporté à la coagulation du lait, par l'ébullition tient vraisemblablement ici à la précipitation des sels de chaux, dont on connaît le rôle fortement accélérateur. Cependant l'ébullition coagule aussi les albumines du lait qui, elles, sont retardatrices. Il y a là deux effets contraires; et suivant que la variété de présure considérée est plus sensible à l'une ou à l'autre influence, on constatera qu'elle coagule plus facilement le lait cru que le lait bouilli, comme c'est le cas présent avec la présure de veau, ou, inversement, plus facilement le lait bouilli, ainsi que cela se produit par exemple avec la présure du figuier.

§ 3.

Influence de la réaction de milieu.

Action des acides. — La coagulation du lait par la présure se fait beaucoup plus rapidement dans un lait acide que dans un lait normal. La sensibilité de la présure pour l'acide est telle, que des doses infinitésimales, indécelables par l'analyse directe, produisent des effets très manifestes. Dans l'action des acides sur la présure, on retrouve les mêmes complications que dans l'action de la température. L'acide agit sur la coagulation par des voies différentes : avant tout, il favorise l'action de la présure elle-même, en agissant comme excitant; mais, en dehors de cela, la coagulation se trouve encore activée par suite de l'action de l'acide sur le lait. Le caséinogène, en présence de doses croissantes d'acide, devient de plus en plus apte à se coaguler. La vitesse de sa coagulation par la présure en présence d'acide résulte donc d'effets qui s'ajoutent et s'influencent réciproquement (1). L'effet de l'acidité sur la caséification ressort du tableau suivant, emprunté aux expériences d'EFFRONT :

---

(1) Il faut tenir compte, en outre, que l'action de l'acide se manifeste sur la solubilisation des sels de chaux, qui, nous l'avons vu, influencent aussi la coagulation.

INFLUENCE DE L'ACIDITÉ SUR LA CASÉIFICATION.

Nos	Milligrammes de HCl par litre de lait.	Durée de la coagulation.	Valeur de la présure.
1	0	45'	R = 100
2	1	44'06''	102
3	5	40'06''	111
4	10	37'30''	120
5	20	31'	245
6	40	24'05''	181
7	100	10'30''	402
8	200	4'36''	960
9	225	3'24''	1.300

La valeur R exprime la marche comparative de la coagulation. Elle est représentée par le chiffre 100 dans le lait normal (essai n° 1). Dans ce lait additionné d'un milligramme d'acide (essai n° 2), la coagulation se produit plus rapidement, la valeur R est de 102, et cette valeur exprime le rapport entre la coagulation du lait normal et celle du lait acidulé. Dans les essais 2, 4, 5 et 6, on constate un rapport direct entre la dose d'acide ajoutée et la vitesse de la coagulation. Pour chaque milligramme d'acide additionné au lait, la valeur de R augmente de 2 % environ. Quand la dose d'acide dépasse 50 milligrammes, l'augmentation de R devient de plus en plus considérable et cesse d'être proportionnelle à la dose d'acide. On se trouve ici en présence de deux actions qui d'abord se superposent et se séparent ensuite : la caséine, sous l'influence de l'acide, devient de plus en plus apte à se coaguler et la présure augmente d'activité. Mais quand on dépasse certaines limites, la présure se trouve défavorablement influencée.

La dose d'acide que la présure peut supporter, à la température ordinaire, sans s'altérer, est relativement très considérable. La présure liquide supporte une acidité de 4 grammes par litre de HCl sans qu'on constate de diminution dans le pouvoir diastasique. On peut laisser la présure en présence de ces doses d'acide pendant 10 à 15 jours ; après neutralisation on retrouve la même activité qu'avant l'acidification.

Action des alcalis. — La présure est au contraire beaucoup plus sensible à l'action des alcalis qu'à celle des acides. Une solution de présure diluée et alcalinisée avec la soude à raison de 1/500ᵉ de molécule pour mille, perd environ 50 °/₀ de son activité après 20 minutes. Un contact de 48 heures en présence de cette même dose fait disparaître toute activité (naturellement l'analyse de l'enzyme a été faite après neutralisation). La sensibilité envers les alcalis dépend jusqu'à un certain point de la concentration de la solution de présure; les solutions concentrées se montrent un peu moins sensibles que les solutions diluées.

Pour étudier l'influence des alcalis sur la coagulation du lait, LORCHER procède comme il suit : Il alcalinise le lait à différents degrés et détermine la coagulation avec la même présure dans le lait normal et le lait alcalinisé. La rubrique : alcalinité °/₀, signifie la quantité d'alcali employée pour 100 centimètres cubes de lait. L'influence sur la coagulation de chacun des alcalis est traduite par la diminution du chiffre du pouvoir coagulant; elle indique, d'une façon inverse, de combien la durée de la coagulation a été retardée. Ainsi, nous voyons que 4 milligrammes de soude °/₀ de lait font descendre le pouvoir coagulant, représenté par le chiffre 100 dans le lait normal, au chiffre de 70,8; une dose de 6 milligrammes de potasse °/₀ de lait fait baisser ce chiffre de 50 °/₀ environ, indiquant par là qu'il a fallu pour la coagulation dans ces conditions un temps environ double de celui qu'il fallait pour coaguler le lait normal avec la même présure :

INFLUENCE DE LA SOUDE ET DE LA POTASSE CAUSTIQUES.

NaOH (p. m = 40)   KOH (p. m = 56).

Lait témoin, sans alcali : R = 100.

Alcalinité en mol. mgr. par litre de lait	NaOH		KOH	
	Alcalin. %	Pouvoir coagulant	Alcalin. %	Pouvoir coagulant
1	0.004 g. %	R = 70.8	0.006 g. %	R = 54.8
2	0.008	= 60.7	0.012	= 44.7
10	0.04	Coagul. floconneux incompl. après plusieurs heures.	0.056	Coagul. floconneux incompl. après plusieurs heures.

Les carbonates alcalins agissent également sur la présure, quoique d'une façon moins énergique :

INFLUENCE DES CARBONATES.

$(CO_3Na_2 = 106)$ $(CO_3K_2 = 138)$.

Lait témoin, sans addition : R = 100.

Alcali en mol. mgr. par litre de lait	CO_3Na_2		CO_3K_2	
	Alcalin. %	Pouvoir coagulant	Alcalin. %	Pouvoir coagulant
1	0.011 g. %	R = 82.3	0.014 g. %	R = 100
2	0.020	= 70	0.028	= 73.1
4	0.042	= 53.8	0.045	= 43.7
10	0.106	Pas de coagul. sensble après plus. heures.	0.138	Pas de coagul. sensble après plus. heures.

On voit dans l'essai (1) qu'avec 11 milligrammes de Na_2CO_3 % de lait, le pouvoir coagulant a faibli de 18 %, tandis qu'avec 14 milligrammes de CO_3K_2 la coagulation s'est faite dans le même laps de temps que dans le lait normal; le pouvoir coagulant n'a donc pas baissé, c'est ce qu'exprime le chiffre 100. Par contre, une dose dix fois plus forte empêche presque complètement toute coagulation.

Le bicarbonate de soude retarde également l'action de la présure :

INFLUENCE DU BICARBONATE DE SOUDE.

$NaHCO^3$ (84).

Alcalin. en mol. mgr. par litre de lait	Sel % lait	Influence sur la coagulation
1	0.008 grammes.	R = 94.7
2	0.017 »	= 90
10	0.08 »	= 47.3
20	0.17 »	= 22.27
100	0.84 »	Pas de coagulation après 10 heures.
500	4.2 »	Pas de coagulation; décomposé.

Si on compare les différents résultats obtenus avec les alcalis, on constate :

1° Que les alcalis caustiques sont des paralysants plus énergiques que les alcalis carbonatés ; la soude caustique influence plus défavorablement la coagulation que la potasse ;

2° Le bicarbonate agit moins fortement que les carbonates neutres.

Il résulte de ces essais une indication pratique très importante : quand il s'agit de neutraliser la présure, on prendra de préférence le bicarbonate qui a beaucoup moins d'action sur l'enzyme que les autres alcalis.

Il importe de bien remarquer que tous ces résultats, aussi bien pour l'acide que pour l'alcali, se rapportent à de la présure ordinaire, celle extraite de la caillette de veau. Avec des présures d'autres origines, on peut avoir des résultats tout différents. Il y a des présures beaucoup plus oxyphiles que d'autres; certaines ont une résistance à l'alcali bien supérieure à celle que nous venons de constater. GERBER, en particulier, cite la présure des fusains (*Evonymus europœus* et *E. japonicus*), qui est éminemment basiphile : l'optimum d'alcalinité, à toute température, étant de 40 mol.mgr. par litre de lait, ce qui représente une dose énorme de soude de 1.6 gr. par litre de lait.

Influence des sels. — LORCHER a fait une étude systématique de l'influence des sels sur la marche de la coagulation par la présure. Il ajoute au lait des quantités différentes de sels déshydratés, représentant des fractions de leurs poids moléculaires, et compare les résultats à ceux d'une coagulation normale, sans addition saline. Dans le tableau qui suit, on trouvera le résumé de ces essais. Chaque concentration est exprimée d'abord en mol.mgr. par litre (une concentration de 1 équivaut donc à une solution de 1/1000 normale) et en quantité de sel ajoutée par 100 cc. de lait. Le pouvoir coagulant, calculé comme précédemment, nous montre l'action retardatrice ou accélératrice des sels à différentes doses. Le temps que prend le lait pour coaguler, sans addition de sels, est exprimé dans chaque essai par le chiffre 100. Le chiffre 50, par exemple, indique que la coagulation nécessite un temps double en présence de sel, de celui du lait sans sel. Dans tous les essais, le lait est d'abord additionné du sel à étudier ; puis on ajoute la présure et on expose le tout à 38° : on note alors la durée de la prise en caillot.

(Voir le tableau des deux pages suivantes.)

Les données obtenues par LORCHER concordent en général avec celles obtenues par DUCLAUX. L'influence des sels sur la coagulation du lait emprésuré se manifeste très différemment, suivant la nature de ceux-ci. Certains sels accélèrent la coagulation ; d'autres la retardent considérablement. Dans la catégorie des sels accélérateurs se rangent le Ba (AzO^3)^2, les chlorures de baryum, de calcium, de strontium, de cadmium et d'aluminium. A la catégorie des sels retardateurs appartiennent surtout les sulfates, les iodures, les bromures, les chlorures et les fluorures de potassium et de sodium, ainsi que toute une série d'autres sels encore. On remarque aussi une différence d'action suivant la concentration des solutions salines. Avec la plupart des sels retardateurs, l'action se

Influence des Différents Sels sur la Coagulation.

mol.mgr. par litre.	Teneur % Sels de Na	Teneur % Sels de K.	Pouvoir coagulant Sels de Na.	Pouvoir coagulant Sels de K.
		I. — Sulfates : $SO^4Na^2 = 142$; $SO^4K^2 = 174$.		
1	0.014 g.	0.017 g.	R = 78.1	R = 82.6
10	0.142	0.174	70.0	70.0
20	0.284	0.348	66.6	66.6
100	1.420	1.740	43.8	38.8
500	7.100	8.700	15.2	< 10
		II. — Azotates : $NO^3Na = 85$; $NO^3K = 101$.		
10	0.085 g.	0.101 g.	R = 90.0	R = 94.3
20	0.170	0.202	85.5	85.5
100	0.850	1.01	52.6	54.7
500	4.250	5.05	7.7 env.	8.3 env.
		III. — Phosphates : $PO^4HNa^2 = 142$; $PO^4HK^2 = 174$.		
1	0.014 g.	0.017 g.	R = 85.4	R = 114
5	0.070	0.085	75.3	164
10	0.142	0.174	33.3	200
100	1.42	1.74	Pas de coag.	256
		IV. — Iodures : $NaI = 150$; $KI = 166$.		
10	0.150 g.	0.166 g.	R = 78	R = 82.6
20	0.300	0.332	70.0	70.0
40	0.600	0.664	63.7	61.0
100	1.5	1.66	41.2	45.1
500	7.5	8.30	Pas de coag.	3.1
		V. — Bromures : $NaBr = 103$; $KBr = 119$.		
10	0.103 g.	0.119 g.	R = 97.0	R = 85.6
20	0.206	0.238	89.4	66.6
40	0.412	0.476	80.5	58.9
100	1.03	1.19	58.9	18.3
500	5.15	5.95	16.7 env.	8.3 env.
		VI. — Chlorures : $NaCl = 58.5$; $KCl = 74.5$		
10	0.058 g.	0.074 g.	R = 80.6	R = 94.4
20	0.116	0.149	80.6	94.4
100	0.58	0.745	70.0	71.0
500	2.92	3.72	37.9	29.9
1000	5.8	7.4	23.9	20.9
		VII. — Fluorure et Oxalate : $NaF = 42$; $C^2O^4K^2 = 166$.		
1	0.004 g.	0.017 g.	R = 50	R = 41.6
2	0.008	0.033	Pas observé	12.0
10	0.042	0.166	37	1.9
100	0.420	1.66	Pas de coag. dans les 20 heures	

Autres Sels que ceux de Na et de K.

Concentration en mol.mgr. par litre	Pouvoir coagulant.

I. — Chlorure de lithium : $LiCl = 42.5$.

Concentration	Pouvoir coagulant
1	$R = 106.5$
5	106.5
10	103.0
20	103.0
100	89.3
1000	20 env.

II. — Oxydes alcalino-terreux : $Ca(OH)^2 = 74$; $Ba(OH)^2 = 171$.

Concentration	Ca	Ba
1	Ca : 84.6	Ba : 80
2	66.6	66.6
10	20.9	33.3

III. — Nitrate de baryte : $(NO^3)^2Ba = 261$.

Concentration	Pouvoir coagulant
2	100
10	133
20	163
100	178
300	106.6

IV. — Chlorures : $CaCl^2 = 111$; $SrCl^2 = 159$; $BaCl^2 = 208$.

Concentration	Ca	Sr	Ba
1	Ca : 133	Sr : 114	Ba : 122
2	145	133	133
10	295	227	250
20	526	266	400
100	345	179	526
500	28.5	66	69.5

V. Chlorure de magnésium : $MgCl^2 = 95$ et Chl. de zinc : $ZnCl^2 = 136$.

Concentration	Mg	Zn
1	Mg : 65.9	Zn : 128
2	70.5	137
10	100	149
20	270	175
100	476	37.4

VI. — Chlorure de cadmium : $CdCl^2 = 183$ et d'aluminium : $AlCl^3 = 139.9$.

Concentration	Cd	Al
0.1	Cd : 103.2	Al : 106.4
0.5	106.4	115
1	115	133
5	161	200
10	200	227

VII. — Sulfate de magnésie : $SO^4Mg = 120$ et azotate de baryte $(NO^3)^2Ba = 261$.

Concentration	Mg	Ba
1	Mg : 106.6	Ba : 100
2	115	106.6
10	163	133
100	115	175
500	13.3	Pas observé

renforce avec l'augmentation de la dose saline. Dans quelques cas isolés, on observe, au contraire, une action accélératrice avec de faibles doses, et un retard avec des doses plus fortes : c'est ce qui se produit notamment avec $CaCl^2$.

En dehors des sels mentionnés, il faut encore citer le borax, qui, à la dose de 0.1 gr. par litre, retarde déjà considérablement la coagulation. Avec 1 gramme par litre, on constate que le lait se coagule quatre fois moins vite que du lait normal ; avec 2 grammes par litre, la coagulation se fait seize fois moins vite que sans addition de ce sel.

Pour expliquer les effets produits par les sels, il faut prendre en considération :

1° L'influence nuisible des alcalis et l'action favorable des acides. Les sels tels que $AlCl^3$, $CdCl^2$, se dissocient très facilement et provoquent l'accélération de la coagulation par l'acide qu'ils mettent en liberté ;

2° L'influence que les sels exercent directement sur la présure ;

3° L'action que les sels peuvent avoir sur les phosphates et la caséine du lait.

Cependant, en général, on manque de données sur le mode d'action des sels. A propos du travail chimique de la présure, nous aurons l'occasion de revenir sur l'action exercée, au cours de la caséification, par l'oxalate de potasse et le citrate de soude, ainsi que par le NaCl seul ou en présence de l'un ou de l'autre de ces sels : nous verrons alors que dans ce cas particulier, on s'explique assez bien le mécanisme suivant lequel ces substances agissent.

Influence de substances diverses. — Les albumoses et peptones ajoutés au lait retardent considérablement l'action de la présure. C'est ainsi que 0.5 % de peptone retarde déjà la coagulation, et qu'en présence de 5 %, la présure ne produit presque plus d'action dans le lait. Cette action paralysante s'explique en partie par la circonstance que les peptones peuvent entrer en combinaison avec les phosphates acides du lait et rendre l'action de la présure plus difficile par le changement de réaction du milieu.

La présure est très sensible à l'action des antiseptiques. Les solutions de présure, saturées de chloroforme ou de thymol, se détruisent très rapidement. Toutefois le lait chloroformé fournit un travail normal avec la présure non traitée par le chloroforme ; la coagulation n'est nullement ralentie. Avec le formol on n'observe plus cette différence. Ce dernier corps peut être considéré comme le paralysant par excellence de la présure. Il agit indistinctement si on le met dans la solution de présure ou si on l'ajoute d'abord au lait. Le lait additionné de formol à raison d'un gramme par litre voit retarder considérablement sa coagulation par la présure. Avec 3 grammes par litre, la présure ne travaille presque plus. L'acide borique, à la dose d'un gramme par litre de lait, rend la coagulation 20 fois plus difficile que dans le lait normal. Il est à remarquer que, comme paralysant, ce corps agit beaucoup plus énergiquement que le borax. La saccharine employée à très faible dose accélère l'action de la présure et la paralyse à dose plus élevée. L'iode à faible dose est sans action sur la présure. MORGENROTH utilise cette propriété de l'iode pour stériliser des solutions de présure. Il obtient des résultats appréciables, au point de vue de la conservation de l'enzyme, en ajoutant à 10 centimètres cubes de solution de présure 1 centimètre cube d'iode N/10 pendant une heure à la température ordinaire. Puis il détruit l'iode libre par l'hyposulfite de soude. La présure ne s'affaiblit presque point et le liquide ainsi obtenu est pratiquement stérile.

Travaux de Gerber. — Au cours d'une longue étude sur les différentes présures végétales, GERBER a fait un certain nombre d'observations intéressantes. Nous avons déjà eu l'occasion d'en citer quelques-unes. En voici d'autres, relatives à l'influence de la réaction du milieu sur l'action diastasique. Tout d'abord il importe de bien remarquer que le lait étant un mélange très complexe de composition variable, surtout en matières salines, dont on connaît le rôle accélérant ou retardateur, la rapidité de sa coagulation pourra être modifiée par sa qualité même. C'est ce que DUCLAUX avait constaté autrefois ; c'est aussi ce qui ressort d'une observation de VAN DAME : cet auteur, ayant remarqué que certains laits offrent une anomalie, au point de vue de la coagulation, montra que celle-ci résultait d'une teneur insuffisante du lait en chaux colloïdale : en effet, si l'on fait absorber à des vaches donnant un lait non coagulable, 50 gr. de biphosphate de chaux par jour, on ne tarde pas à voir leur lait devenir normal et parfaitement coagulable. Mais il y a plus : la durée et le mode de conservation d'un même lait peuvent influencer aussi les conditions de la prise en caillot. Si l'on fait agir à 28° une même dose de solution de présure sur du lait cru recueilli du pis de la vache d'une façon aseptique, et maintenu à 7° jusqu'au moment de l'emprésurement, et cela à des intervalles de temps croissants, on trouve de grandes différences dans le temps nécessaire à la caséification.

INFLUENCE DE L'AGE DU LAIT SUR SA COAGULABILITÉ.

Millièmes de cc de solution de présure.	Heures écoulées depuis la traite.					
	1	8	24	72	96	120
80	2'	26'	28'55"	23'15"	4'	0'20"
20	4'15"	17'30"	22'05"	16'40"	4'15"	1'

Ainsi, au bout de 24 heures, le lait se coagule moins facilement qu'une heure après la traite. Par contre, si l'on conserve le même lait à la température ordinaire, on trouve qu'au bout d'une dizaine d'heures il ne présente pas de notables modifications, quant à sa résistance aux présures. La différence dans ces résultats tient à ce que, dans la conservation à la température ordinaire, les microbes lactiques ont pu se développer et que l'action activante de l'acide formé est venu contrebalancer la résistance croissante du lait pur avec son âge. La preuve en est que si l'on empêche les ferments lactiques de se développer, soit par l'emploi de formol, de bichromate ou de chlorure mercurique, ajoutés au lait à la température ambiante, soit tout simplement en maintenant le lait à une température de 58°, on voit que celui-ci se comporte comme du lait conservé à la glacière. Cette observation montre bien toutes les précautions qu'on doit prendre quand on veut instituer des expériences dont les résultats puissent être comparables.

Arrivons maintenant à l'influence des sels sur la caséification. En ce qui concerne l'action des phosphates alcalins, les deux auteurs qui s'étaient occupés de la question n'étaient pas d'accord. Duclaux pensait que le PO^4HNa^2 est accélérateur, puis retardateur, tandis que Lorcher le décrivait comme retardateur; quant au PO^4HK^2, Duclaux le trouvait retardateur, puis accélérateur, tandis que Lorcher le tenait pour accélérateur. Ces résultats contradictoires étaient obtenus avec de la présure de caillette de veau. Gerber, en reprenant cette étude, avec du lab-ferment, a constaté que les deux phosphates se comportent de la même façon et sont retardateurs, tandis qu'avec les présures végétales, ils sont tous deux accélérateurs, puis retardateurs. Cette différence tiendrait à ce que, le lab-ferment étant plus strictement calciphile que les autres, les sels neutres de K ou de Na modifient le milieu et le rendent moins favorable à l'action des présures animales qu'à celle des présures végétales. On sait, en effet, l'importance du calcium dans la caséification par les présures animales; si donc on s'arrange de façon à ce que la chaux, au lieu d'être précipitée, reste en solution, on devra constater une identité d'allure entre les deux sortes de distases. C'est bien ce que l'expérience montre : si l'on emploie, au lieu de sels neutres, du phosphate acide de potassium ou de sodium, on observe alors que de petites doses de ces sels agissent comme accélérateurs de la présure animale (comme l'aurait fait le phosphate neutre sur la présure végétale), et que de plus fortes doses deviennent retardatrices.

Même phénomène avec les sulfates de soude ou de potasse. Ayant comparé, à l'égard du lait cru, l'action de ces deux sels neutres sur les présures de veau et de porc, d'une part, sur celle de mûrier de Chine de l'autre, Gerber constate qu'ils.

agissent comme retardateurs dans le premier cas et accélérateurs puis comme retardateurs dans le deuxième. L'auteur pense
que ces deux actions différentes, comme avec les phosphates
neutres alcalins, tiennent à la précipitation de la chaux par les
sels, cette base étant beaucoup plus nécessaire à la coagulation
du lait dans le cas des présures animales que dans celui des
présures végétales. Pour le prouver, il prend du lait pauvre
en chaux, par exemple du lait bouilli, de façon que l'addition
de SO^4Na^2 ou de SO^4K^2 ne précipite pas la chaux et constate que,
dans ces conditions, les deux présures se comportent de la
même façon : elles sont d'abord accélérées, puis retardées, par
les sulfates. On aboutit au même résultat si l'on fait agir ces
deux sortes de présures, en présence de SO^4NaH et de SO^4KH,
sur du lait cru : on retrouve l'activation d'abord, l'inhibition
ensuite.

Mais si l'on fait agir des sulfates acides, comme d'ailleurs
les phosphates acides, sur le lait bouilli, on a, dans tous les cas,
jusqu'à des doses assez fortes de sels acides ajoutées, un effet
accélérateur. La lactalbumine et la lactoglobuline étant les
seules substances qui différencient les laits cru et bouilli, on
est porté à leur attribuer le retard constaté dans la coagulation
du lait cru en présence de doses élevées de phosphate ou de
sulfate acides. Effectivement, en faisant agir sur différents
laits diverses présures, on constate que la coagulation se fait
en des temps variables, mais que la durée est d'autant plus
grande que le lait contient plus d'albumine et de globuline. La
teneur en caséine ne joue aucun rôle, ou du moins n'a qu'un
effet très faiblement retardateur. Voici quelques résultats :

ACTION RETARDATRICE DES ALBUMINOIDES DU LAIT
SUR LA CASÉIFICATION DE CE LIQUIDE PAR LES PRÉSURES.

5 cc. de lait :	Laits A	B	C	
Diastase :	2 gouttes	20 gouttes	25 gouttes	Pour coaguler
		de parachymosine.		en 14 m. à 26°.

ANALYSE DE CES LAITS.

	A	B	C
Cendres $^0/_{00}$	7.05	6.80	7.85
CaO	1.56	1.44	1.65
Caséine	26.40	22.10	36.00
Albumine et globuline	4.90	6.30	7.80

Si l'on fait bouillir ces laits, seule la caséine reste en solution. Or, les temps de coagulation deviennent les mêmes, quoique la teneur en caséine soit très différente.

COAGULATION DE CES LAITS BOUILLIS PAR UNE MÊME DOSE
DE PRÉSURE DE FIGUIER A $T = 55°$.

	A	B	C
Temps	14 m. 5 s.	13 m. 50 s.	16 m. 50 s.

Ainsi, l'albumine et la globuline du lait sont des substances très nettement antagonistes de la présure. Comme, d'autre part, leur pouvoir inhibiteur disparaît à l'ébullition, il se pourrait très bien que les antiprésures rencontrées par certains auteurs dans le lait cru ne soient tout simplement que les albuminoïdes coagulables du lait. Cette hypothèse est d'autant plus permise que l'un de ces anticorps, celui qui correspond à la présure du figuier, se détruit progressivement de 65 à 80°, écart de température qui est précisément celui entre lequel se coagulent la lactoglobuline et le lactalbumine. Nous retrouverons dans un instant des faits analogues avec la présure du papayer. D'ailleurs le même auteur a constaté que la sérumalbumine, l'ovalbumine, la sérumglobuline, l'ovoglobuline, la myosine, sont à peu près toutes retardatrices, aussi bien des présures animales que végétales, agissant sur le lait cru ou bouilli. Ces résultats mettent en garde contre certaines antiprésures qu'on a signalées peut-être un peu hâtivement dans les sérums, les blancs d'œuf, des extraits de muscles, etc.

GERBER a constaté que le borax, que DUCLAUX cite comme substance paralysante, se montre, au contraire, accélérateur vis-à-vis des présures coagulant plus facilement le lait bouilli que le lait cru (broussonetia, figuier, etc.). Quant à l'acide borique, que DUCLAUX donne comme un paralysant plus actif que le borax, l'auteur cité trouve qu'il est, au contraire, accélérateur pour toutes les présures animales. En ce qui concerne les présures coagulant plus facilement le lait bouilli que le lait cru, l'accélération n'a lieu que pour le lait bouilli, et encore très faiblement; les laits crus sont, au contraire, retardés. GERBER explique sa discordance avec Duclaux par ce fait que l'acide borique employé par ce second savant n'était probablement pas pur. Il suffit, en effet, d'additionner l'acide borique pur, d'une trace de blanc d'œuf, corps qu'on ajoute souvent à l'acide pour obtenir de belles paillettes, pour avoir non plus une accélération, mais un retard.

Lorcher, comme Duclaux, a trouvé que le chlorure de sodium était un retardateur; Gerber a constaté que NaCl est accélérateur à faible dose, retardateur à dose moyenne et, enfin, accélérateur à de fortes doses. Gerber a étudié en outre l'action des sels alcalins de quelques acides organiques, ainsi que celle de la plupart des sels métalliques, ceux de Zn, Cu, Hg, Ag, Au, Pt, etc., sur la coagulation du lait en présence de présures d'origines variées, et a publié un très grand nombre de tableaux, d'où il ressort que le phénomène est très irrégulier et souvent très complexe.

En ce qui concerne l'action de l'eau oxygénée sur les différentes présures, on observe aussi des résultats très variables avec le type de diastase considérée. Certaines présures, comme celle du figuier ou du papayer, sont très sensibles à cet antiseptique; d'autres, comme la présure de veau ou la parachymosine, ne sont influencées que par des doses relativement élevées; enfin les présures du Broussonetia ou du suc pancréatique se montrent très résistantes, même à des doses massives d'H^2O^2 (500 cc. (?) de perhydrol par litre de suc présurant).

En définitive, à part quelques substances qui sont nettement accélératrices, comme les acides, ou nettement retardatrices, comme les alcalis ou certains sels, on peut dire que les effets produits sont très variables, sinon dans leur sens, tout au moins dans leur intensité, et qu'ils dépendent beaucoup de l'origine de la présure considérée.

En dehors de l'action de la température et des substances chimiques, la présure, ainsi qu'il ressort des travaux d'Aguhlon, est encore considérablement influencée, d'une façon défavorable, par les rayons ultra-violets, et cela en présence d'oxygène ou dans le vide. Par contre, elle est insensible à la partie lumineuse du spectre.

§ 4.

Proprésure.

Dans les muqueuses d'estomac, la présure se rencontre sous deux états différents : celui de ferment actif ou présure proprement dite, et celui de proferment ou *proprésure*. Sous l'influence de doses très faibles d'acide à la température optima, la proprésure est rapidement transformée en présure active. La présence de proprésure dans l'extrait glycériné des muqueuses desséchées est facile à montrer. Un pareil extrait glycériné est additionné d'un volume de HCl à 0.1 % et abandonné à la température optima pendant 1 heure. Pour contrôle, on mélange 1 volume d'extrait glycériné avec 1 volume d'eau, qu'on abandonne aussi pendant 1 heure à la température optima. On détermine ensuite dans les deux solutions le pouvoir coagulant à l'égard du lait. L'extrait glycériné acidulé se montre considérablement plus actif que l'extrait dilué avec l'eau. L'activité acquise sous l'influence de l'acide est expliquée par la transformation de proprésure en présure.

Voici une expérience de LORCHER se rapportant à cette transformation : Dans une série de tubes on verse 10 centimètres cubes de lait et des quantités différentes de HCl à 0.1 %. A chaque échantillon de lait ainsi acidifié on ajoute un demi-centimètre cube d'extrait glycériné de muqueuses et l'on détermine à 40° la durée de la coagulation. Cette série d'essais (série *A*) nous fournit des données sur l'influence des doses d'acide employées sur la marche de la coagulation. Dans une deuxième série (*B*), on change les conditions de l'expérience, tout en employant les mêmes proportions de présure, de lait et d'acide. Au lieu d'ajouter l'acide directement au lait, on l'ajoute à la solution glycérinée de muqueuses et l'on abandonne le tout 2 heures à la température optima. Ensuite on ajoute l'extrait glycériné au lait comme dans la série *A*. Dans les 2 séries, la présure agit par conséquent en présence des mêmes doses d'acide :

TRANSFORMATION DE LA PROPRÉSURE EN PRÉSURE
SOUS L'INFLUENCE DE HCl.

EXTRAIT DE PRÉSURE	HCl à 0.1 % (eentim. cubes)	HCl pour 1 litre de lait (milligram.)	Durée de la coagulation	
			Série A	Série B
1) 0.5 centimètre cube . . .	0.00	0	23′	23′
2) 0.5 » » . . .	0.05	5	19 ½	2
3) 0.5 » » . . .	0.08 .	8	18 ½	2
4) 0.5 » » . . .	0.1	10	17	2
5) 0.5 » » . . .	0.5	50	15 ½	1

Dans la série *B*, en présence d'une dose d'acide de 0.05, le lait était coagulé en 2 minutes, tandis que sans addition d'acide il fallait 23 minutes. Dans la série *A*, la même dose d'acide produit une action relativement très faible : on descend seulement de 23 à 19 ½. La différence radicale dans les résultats obtenus, suivant qu'on ajoute l'acide directement au lait ou d'abord à la présure, démontre que la vitesse de coagulation constatée dans la série *B* ne peut point être expliquée par le changement de réaction du milieu. On doit donc admettre qu'il s'est formé dans ces conditions une quantité plus considérable de substance active dans l'extrait glycériné.

L'existence de proprésure est fortement contestée par DUCLAUX. Ce savant n'admet point qu'il existe dans les muqueuses, et encore moins dans l'extrait de muqueuses, une substance particulière inactive, capable de devenir active par le seul changement chimique du milieu, par exemple par addition d'acide. Les expériences de LORCHER s'expliquent, d'après DUCLAUX, par la présence, dans l'extrait glycériné, de granulations ou de débris cellulaires qui retiennent la présure et empêchent sa dissolution dans le lait. L'apparition de présure à la suite du contact de l'acide serait due à la circonstance que la présure sous l'influence de l'acide se détache des granulations, où elle restait à l'état insoluble, et passe ainsi à l'état soluble. Cette manière de voir se trouve cependant en contradiction avec le fait que l'extrait de muqueuses filtré, parfaitement limpide, se comporte de la même façon que l'extrait non filtré. Dans les deux cas, l'acide étendu augmente considérablement la teneur en substance active.

D'après Hédin, on peut interpréter les faits précédents d'une autre manière. La proprésure serait une combinaison de présure avec une substance antagoniste de la première, cette combinaison pouvant toutefois contenir une très faible proportion de lab actif. Vient-on à traiter la proprésure par HCl étendu : on met en liberté la présure et on détruit la substance antagoniste; de là, son activité acquise. Au contraire, la solution de proprésure, traitée par de l'ammoniaque très dilué à 37°, perd toute sa présure déjà libre, tandis que l'anticorps reste inaltéré, si bien qu'en ajoutant cette liqueur traitée à de la présure active, on rend celle-ci inactive. Si l'on traite alors ce corps antagoniste avec HCl très étendu, on le détruit, et la solution, même après neutralisation, ne peut plus agir sur la présure. Quelle que soit l'originalité d'une telle explication, il semble néanmoins que l'existence d'une proprésure, substance mère de la présure, soit très probable, étant donné qu'on retrouve des faits analogues avec les autres enzymes.

Dès lors, dans cette conception, on pourrait expliquer le passage d'un état à l'autre comme la conséquence d'une hydratation qui se trouve facilitée par la présence d'acide. Les expériences de Lorcher ont été faites sur l'extrait de muqueuse desséchée. La proprésure se retrouve aussi dans la muqueuse fraîche, quoique en proportion beaucoup moindre que dans la muqueuse desséchée. L'extrait de muqueuse fraîche se montre deux fois plus actif que l'extrait de la même quantité de muqueuse desséchée préalablement; il contient, par conséquent, deux fois plus de présure. Mais le traitement par l'acide étendu de cet extrait prouve qu'il contient peu de proprésure. L'extrait de muqueuse desséchée, au contraire, est riche en proprésure et relativement pauvre en présure.

De l'augmentation de la teneur en proprésure des muqueuses par la dessiccation on peut conclure qu'il s'est produit une déshydratation qui transforme la présure en proferment. Les expériences d'EFFRONT ont confirmé la rétrogradation de la présure en proprésure. C'est à un phénomène du même ordre que doit être attribuée la diminution d'activité qu'on observe dans la présure fraîche pendant les deux premiers mois de sa conservation.

La transformation de proprésure en présure par le contact d'acide se fait assez rapidement. En employant pour un volume de présure un volume d'acide à 0.1 %, on arrive à la transformation complète après 30 minutes. Voici un essai montrant la marche de la transformation de proprésure en présure. Une partie de solution de présure est mélangée avec 1 partie de HCl à 0.1 %. De ce mélange on prélève 0.1 cc. à différents moments et on l'introduit dans 10 centimètres cubes de lait maintenu à 40° :

RAPIDITÉ DE LA TRANSFORMATION DE LA PROPRÉSURE SOUS L'ACTION DE HCl.

Durée du contact avec HCl à 0.1 %	Durée de la coagulation (minutes)	Durée du contact avec HCl à 0.1 %	Durée de la coagulation (minutes)
1 minutes	43	10 minutes	6.5
2 »	24	20 »	5.5
3 »	19	60 »	5.5
5 »	11		

La proprésure résiste mieux à l'action des alcalis que la présure ; elle supporte également mieux la température. Dans un mélange de proprésure et de présure maintenu à 70° C., la présure se trouve éliminée quasi-complètement, tandis que la proprésure est beaucoup moins atteinte.

§ 5.

Loi d'action de la présure.

Dans le chapitre relatif à la pepsine, nous rappellerons la loi générale de l'action des diastases. Nous dirons alors que celles-ci obéissent à une loi logarithmique exprimée par la relation :

$$t = \frac{S}{m} \, L \, \frac{S}{S - s}$$

relation dans laquelle t représente la durée de l'action, S la quantité totale de matière à transformer, s la quantité déjà transformée à l'instant t, et m un facteur proportionnel à la quantité de diastase employée.

Il résulte de cette équation que si l'on compare deux actions diastasiques, portant sur une même quantité de matière S, mais provoquées par des doses différentes de diastases, m et m', cela à des moments t et t', tels que la fraction de substance non transformée soit égale dans les deux cas ($s = s'$), on aura :

$$t = \frac{S}{m} \, L \, \frac{S}{S - s} \quad \text{et} \quad t' = \frac{S}{m'} L \, \frac{S}{S - s}$$

$$\text{d'où :} \frac{t}{t'} = \frac{m'}{m}$$

Autrement dit, les temps nécessaires pour transformer la même quantité de substance, dans des solutions d'égale concentration, sont en raison inverse des quantités de diastases présentes. Bien entendu, d'après l'équation, la transformation complète de la substance serait d'une durée infinie ; mais en fait, on sait que la réaction a toujours une fin : c'est que, en effet, elle tend vers sa limite en s'en rapprochant de plus en plus, les écarts entre la valeur actuelle et la valeur finale étant très rapidement négligeables. Dès lors, on pourra considérer comme terminées les réactions dans lesquelles il ne restera plus que des quantités indosables de substances à transformer. C'est en particulier ce qu'on fait quand on étudie la coagulation du lait par la présure. Mais il importe alors de bien définir ce qu'on entend par fin de la réaction. Pratiquement, on considère la caséification comme achevée quand, l'expérience ayant été faite dans des tubes à essai ou des vases allongés, le coagulum formé est suffisamment pris pour qu'on puisse retourner le récipient sans que son contenu s'échappe. On peut aussi prendre comme critérium l'aspect de l'entaille que fait une lame de couteau ou le doigt qu'on enfonce dans la gelée du lait coagulé : les bords doivent être franchement coupés et le liquide qui se réunit dans la plaie doit être transparent.

Dans ces conditions, on pourra dire, *si l'on opère à température constante, que les durées de coagulation sont en raison inverse des quantités de présure employées.*

On aura : $mt = m'\,t' = m''\,t'' = \dots$

Ce résultat constitue ce qu'on appelle la *loi de Segelcke et Storch*. En voici une vérification empruntée aux travaux de LORCHER. Dans une série de tubes à essai contenant 10 cc. de lait maintenu à 37°, on ajoute des quantités croissantes de présure de caillette de veau et l'on observe les temps au bout desquels les caséifications sont complètes. On trouve :

VÉRIFICATION DE LA LOI DE SEGELCKE ET STORCH.

Dose de présure : m.	Temps de la coagulation : t.	Produit : mt.
0.02 cc.	245　min.	490
0.04	126.5	485
0.06	78	468
0.08	63	504
0.10	43	430
0.2	24.5	490
0.3	16	480
0.4	12.5	500
0.5	10	500
0.8	7.5	600
1.0	6	600

En somme, pour des doses moyennes de présure, la vérification est satisfaisante. Pour de faibles quantités de diastase, les résultats sont en général trop faibles; pour de fortes quantités, ils sont trop forts. Ces irrégularités peuvent s'expliquer en partie par ce fait que, dans le cas des grandes dilutions, la diastase s'altère plus facilement et qu'elle est plus lente à produire la réaction, sans doute par suite du frottement interne; et que, d'autre part, lorsqu'on emploie de grandes quantités de présure, non seulement on ne peut pas réduire la rapidité de la transformation à l'instantanéité, mais, en outre, on introduit avec elle des substances étrangères qui viennent troubler les résultats.

Si l'on cherche à vérifier cette loi, dans les conditions précédentes, avec de la présure de pepsines commerciales, on trouve qu'il n'y a plus de proportionnalité inverse : c'est là d'ailleurs une des raisons pour lesquelles on a considéré la présure retirée des sucs gastriques de porc ou de l'homme comme différents du lab ferment retiré de la caillette de veau et qu'on lui a donné le nom de *parachymosine*. On a ainsi prétendu que la parachymosine ne peut produire que des coagulations très rapides. Si une dose A produit une coagulation en 7 minutes, la dose $\frac{A}{2}$ ne coagulera plus du tout. GERBER a montré que cette anomalie disparaît si l'on opère dans des conditions différentes de température et de réaction de milieu. En particulier, en faisant agir des doses croissantes d'une solution de pepsine en paillettes, sur 5 cc de lait de vache cru, à la température de 25°, il trouve :

ACTION DE LA PARACHYMOSINE SUR LE LAIT A 25°.

Gouttes de parachymosine	Vitesse de coagulation	Produits
1	29 m. 40 s.	29.6
2	14 45	29.5
3	10 20	31
4	7 35	30.3
5	»	»
6	5 30	33
7	4 30	31.5
8	3 40	29.3
9	3 10	28.5
10	2 55	29.2

La loi de Segelkce et Storch est donc vérifiée, quoique les coagulations soient loin d'être toutes rapides, puisque une goutte de diastase ne coagule le lait qu'en 29 m. 40 sec.

En réalité, la différence entre ces résultats et ceux constatés antérieurement par les auteurs tient uniquement à l'influence de la température, celle-ci ayant une importance capitale sur la courbe d'action des présures. En effet, si l'on fait agir des doses croissantes d'une solution à 1 °/₀ de pepsine en paillettes sur 5 cc. de lait de vache cru, à des températures comprises entre 25° et 45°, on voit que la loi de proportionnalité inverse n'est plus respectée au-delà de 30°.

ACTION DE LA PARACHYMOSINE SUR LE LAIT
A DIFFÉRENTES TEMPÉRATURES.

Dose de présure employée	Temps nécessaire à la coagulation du lait						
	25o	30o	33o	36o	39o	42o	45o
0.005 cc.	30' 20"	29'	Rien (1)	Rien	Rien	Rien	Rien
0.010	14' 45"	11' 30"	7'	Rien	Rien	Rien	Rien
0.020	7' 30"	5'	2' 30"	3' 15"	5' 30"	Rien	Rien
0.030	4' 40"	2' 50"	1' 40"	1' 30"	1' 40"	Rien	Rien
0.050	3'	1' 50"	1' 10"	0' 55"	0' 40"	2' 05"	Rien
0.100	1' 40"	1'	0' 40"	0' 30"	0' 25"	0' 35"	0' 45"

Ainsi, à partir de 39°, on ne constate que des coagulations rapides, et pour des doses relativement élevées de présure. Il faut donc opérer avec la parachymosine à des températures comprises entre 25° et 30° pour observer la loi de Segelcke-Storch. Dans ces conditions, on constate qu'elle se comporte comme les autres présures animales. C'est là un phénomène général, qu'on retrouve même chez les présures végétales. Gerber a montré qu'un des caractères les plus nets des présures des mammifères consiste à n'obéir à la loi de Segelcke-Storch qu'à des températures relativement basses, inférieures à 30° pour la présure de porc, au-dessous de 40° pour celle de

---

(1) Pas de coagulation au bout de 360 minutes.]

veau. Dès qu'on dépasse ces températures, les temps mis par le lait pour se coaguler deviennent, pour peu que la dose de présure soit un peu faible, rapidement beaucoup plus longs que ne l'exige la loi. De là, l'impossibilité d'observer les coagulations qui ne se font pas en un temps très court, et la nécessité d'employer beaucoup de diastase. Briot avait pensé que cette anomalie tenait à l'existence d'anticorps dans le lait. Gerber a réfuté cette manière de voir, notamment en faisant remarquer que le lait bouilli se comporte de la même façon que le lait cru à l'égard de toutes les présures, animales ou végétales.

La cause de cette perturbation doit donc être la même pour tous les sucs présurants et se trouver dans les deux sortes de lait ; en fait, elle réside dans la faiblesse du taux de minéralisation du lait lui-même. Les présures des mammifères exigent, en effet, comme nous l'avons déjà dit, pour déterminer la prise en masse des solutions de caséine, que celles-ci soient fortement minéralisées. Il suffit, par exemple, d'ajouter au lait une certaine quantité de $NaCl$, 15 à 18 %, pour constater qu'alors la coagulation suit la loi, même aux températures élevées. On peut obtenir des résultats analogues avec les sels alcalino-terreux et les acides. Mais le taux de minéralisation du lait nécessaire pour observer la loi est plus faible avec les métaux alcalino-terreux qu'avec les métaux alcalins. Les acides, capables de dissoudre les sels de calcium qui se trouvent en suspension dans le lait bouilli sous forme de phosphate tribasique, peuvent également servir à rendre la coagulation des laits bouillis régulière sous l'influence des présures animales.

En ce qui concerne les diastases végétales agissant à températures élevées, Gerber montre que 3 cas sont possibles :

1) Les unes (types Broussonetia) se comportent comme les présures animales, tout en étant beaucoup plus résistantes aux températures élevées, en présence de lait cru : elles suivent la loi. En présence de lait bouilli, elles la suivent également, mais avec du $CaCl^2$.

2) Les secondes (type Figuier) n'obéissent pour ainsi dire pas à la loi dans le cas du lait cru, et assez peu dans le cas du

ait bouilli. L'action du NaCl ou de CaCl² est presque nulle.

3) Les troisièmes (type PAPAYER) sont aussi résistantes que les premières aux températures élevées, et aussi peu obéissantes à la loi que les deuxièmes.

Il résulte donc de ces faits qu'à l'heure actuelle il existe encore des présures pour lesquelles on n'a pas réussi à régulariser le fonctionnement aux températures élevées. Cette impuissance ne doit pas surprendre. De même qu'il nous a suffi, il y a quelques instants, d'abaisser un peu la température ou d'ajouter une trace d'acide ou de sels de calcium pour rendre régulière l'action des présures qui s'écartaient de la loi commune, de même on peut prévoir que dans certains cas, une très petite quantité des impuretés qui fatalement accompagnent la diastase examinée, suffira pour pertuber son mode d'agir et donner à sa marche une allure toute différente.

Cette manière de voir trouve un appui dans les expériences de PAWLOW, desquelles il résulte qu'on peut observer avec la même présure une marche de coagulation très différente, suivant la dilution ou la réaction du milieu dans lequel on la place. Si l'on prend du suc gastrique neutralisé par du bicarbonate, on constate que la marche de la coagulation suit la loi de proportionnalité inverse; voici en effet les nombres auxquels on aboutit :

SUC GASTRIQUE NEUTRALISÉ PAR CO^3NaH.

Doses de suc gastrique	Temps de la coagulation	Produit mt.
0.8 cc.	2.50 min.	2
0.4	5	2
0.2	10.33	2.06

On arrive à tout autre chose quand on étudie le même suc gastrique fortement dilué et neutralisé par du carbonate de baryum :

SUC GASTRIQUE NEUTRALISÉ PAR CO_3Ba, DILUÉ 10 FOIS.

Dose de suc gastrique.	Durée de la coagulation.	Carrés des temps.	Produit mt^2
1 cc.	10.50 min.	110	110
3	6	36	108
6	4.25	18	108

On voit qu'ici, les quantités de ferment, au lieu d'être
inversement proportionnelles, sont en raison inverse des
carrés des temps de coagulation. Si l'on étudie maintenant le
même suc, sans le neutraliser ni le diluer, voici la marche
qu'on observe :

SUC ACIDE.

Doses de suc gastrique acide.	Durée de la coagulation.	Racines carrées des temps.	Produit $m\sqrt{t}$
0.1 cc.	11 min.	3.3	0.33
0.2	3	1.7	0.34
0.3	1.25	1.1	0.33

Nous voyons cette fois que les quantités de ferment sont
inversement proportionnelles aux racines carrées des temps
de coagulation. Cette loi se maintient aussi pour le suc gastrique neutralisé au préalable avec $BaCO_3$, sans dilution :

SUC GASTRIQUE NEUTRALISÉ PAR CO_3Ba, MAIS NON DILUÉ.

Doses de suc gastrique.	Durée de la coagulation.	Racines carrées des temps.	Produit $m\sqrt{t}$
0.1 cc.	95 min.	9.75	0.97
0.2	23	4.8	0.96
0.3	10	3.2	0.96
0.5	3,5	1.9	0.95

Ainsi, avec le même suc gastrique on peut obtenir trois
marches de coagulation différentes, suivant les conditions

physiques et chimiques du milieu. Ces faits nous montrent bien la complexité du phénomène, l'influence de la température et celle de la réaction du milieu se faisant sentir à la fois sur la présure et sur la coagulation.

§ 6.

Sur l'identité des différentes présures.

Les présures de source différente ne sont pas également influencées par les conditions physiques et chimiques du milieu. Suivant leur origine, leur température optima varie, elles résistent plus ou moins à la chaleur, sont plus ou moins sensibles aux alcalis, sont activées plus ou moins par les acides ou les sels de calcium; enfin, elles observent plus ou moins rigoureusement la loi de SEGELCKE et STORCH. D'une façon générale, on peut dire que les présures végétales agissent sur une échelle de température plus étendue que les présures animales, et que leur optima de température se trouve plus élevée. Nous avons vu précédemment que la présure ordinaire retirée de la caillette de veau agissait surtout bien vers 40°, qu'à 15° elle n'agissait plus, et qu'à 70° elle était détruite.

Voici un enzyme retiré par MESNIL des filaments mésentériques des actinies et désigné par lui sous le nom d'*actino-présure*. Sa température optima diffère peu de celle de la présure ordinaire; mais alors que le lab-ferment n'agit point à 15°, on constate déjà chez l'actino-présure une action sensible, même à 6°.

COAGULATION PRODUITE PAR L'ACTION-PRÉSURE A DIFFÉRENTES TEMPÉRATURES.

Température.	Durée de la coagulation.
38° C.	10 min.
35	12
20	45
15	105
8	3 h. 30
6	4 heures

Gerber, en étudiant la présure des algues brunes, a constaté que ce suc présurant peut encore agir sur le lait à la température de 0° ; mais le plus curieux est la façon toute spéciale dont il se comporte. La substance active des algues brunes, qu'on peut d'ailleurs extraire, coagule instantanément le lait (plus facilement celui qui est bouilli que celui qui est cru), et la quantité de caséine précipitée est proportionnelle à la dose de substance active employée. Cette action se manifeste aussi bien à basses températures (0°) qu'aux températures moyennes, jusqu'à 60°. L'activité diminue graduellement aux températures élevées, mais elle ne disparaît pas complètement à 100°. La manière d'agir de cet enzyme vis-à-vis du lait est bien différente de celle des présures ordinaires. Il serait difficile en particulier de retrouver ici le caractère catalytique des diastases, et l'on serait tenté de la faire rentrer dans la classe des précipitines, n'étaient sa résistance à 100° et l'absence d'un optimum de température bien net. Il paraît plus probable que ces deux caractères typiques : instantanéité du phénomène coagulant et résistance à 100°, sont la conséquence de la nature mucilagineuse des matières qui l'accompagnent ou la constituent, et l'on tire dès maintenant cette conséquence, que nous développerons plus loin, que les substances étrangères qui souillent toujours les diastases peuvent être parfois des causes de perturbation très profondes dans les manifestations mêmes de ces diastases.

Nous venons de voir que la présure des algues brunes agit même à 0°. Gerber a montré que cette manifestation d'activité à une température aussi basse ne constitue pas un caractère distinctif très sérieux, puisque toutes les présures sont capables de coaguler le lait à 0° si l'on prend la précaution de sensibiliser celui-ci en augmentant la quantité des sels alcalino-terreux qui s'y trouvent déjà. Mais tandis que les sels de Ca sont extrêmement actifs, les acides et les autres sels alcalins n'ont que des actions activantes très faibles ou nulles.

Il y a lieu cependant de signaler que la présure de papayer est capable aussi de déterminer à 0° la prise en masse d'un lait non calcifié. Cette présure se caractérise en outre par une forte résistance aux températures élevées ; elle possède un optimum d'action vers 80°, et n'est pas complètement détruite par un séjour de quelques minutes à la température de 100°. Gerber a constaté, en effet, qu'une solution de papayotine, chauffée seule 10 minutes au bain-marie bouillant, est encore capable, mise ensuite à 40° dans du lait, non pas de le coaguler, mais de le transformer d'une façon telle, que celui-ci, bouilli après, se coagule. La présure de papaotine agissant sur le lait bouilli, suit bien la loi de Segelcke-Storch. Mais avec le lait cru, on constate que les coagulations longues qu'on peut encore obtenir à 40°, comparées aux coagulations courtes obtenues à la même température avec des doses plus fortes de ferment, sont plus longues que ne le veut la loi de proportionnalité inverse. Elles s'écartent en outre d'autant plus de cette loi, que l'on s'éloigne de 40°. Vers 50°, on n'a plus que des coagulations courtes : encore elles suivent très mal la loi. Avec le lait bouilli, rien de semblable : les coagulations longues s'observent aussi bien au-dessus de 40° qu'au-dessous. Il y a donc dans le lait cru destruction de l'agent présurant, d'autant plus rapidement que la température est plus élevée.

Gerber pense que ce sont les albuminoïdes du lait (lactalbumine et lactoglobuline) qui sont la cause de l'absence de coagulations longues et, par suite, celles de la destruction du ferment présurant. La preuve en est donnée directement par ce fait qu'on peut chauffer préalablement le lait cru jusqu'à 67° sans modifier sa façon spéciale de se caséifier, tandis qu'après une chauffe d'une 1/2 heure à 72° (coagulation partielle de la lactoglobuline), il désobéit déjà à la loi, et qu'après une 1/2 heure à 78° (coagulation complète des deux albumines), il devient capable de donner des coagulations presque aussi longues que le lait bouilli et présentant les mêmes caractères. Nous retrouverons plus tard, à propos de la digestion des albumines naturelles par la papaotine, des faits analogues. Ce parallélisme étroit entre les propriétés présurantes et les propriétés protéolytiques du suc papayer conduit Gerber à penser que peut-être on se trouve en présence d'un seul et même ferment, manière de voir conforme à une certaine théorie, que nous développerons d'ailleurs dans un autre chapitre.

Mais revenons à l'action de la chaleur sur les présures : cette résistance que nous venons de constater, pour exceptionnelle qu'elle soit, n'est pas caractéristique de la présure du papayer, puisqu'on en a retrouvé une non moins grande chez le suc présurant de la belladone *(Atropa belladona)*. Cette dernière présure, végétale aussi, est, en effet, la plus résistante de toutes celles connues. Son optimum de température est voisin de 90°, et l'on obtient encore une assez belle coagulation avec le lait bouillant, si l'on prend suffisamment de présure pour que la coagulation soit rapide. Cependant, si la présure est chauffée non plus avec le lait, mais seule, elle est bien moins résistante. 30 minutes à 100° lui font perdre toute activité et 30 minutes à 78° réduisent de moitié son pouvoir coagulant.

MINUTES NÉCESSAIRES A LA COAGULATION DE 5 CC!
DU LAIT CRU OU BOUILLI.

Température de la coagulation	Doses de suc de belladone				
	0.48 cc.		0.16 cc.		0.053 ec.
	Lait cru	Lait bouilli	Lait cru	Lait bouilli	Lait bouilli
20°	280 m.	240 m.	—	—	—
45°	37	24	108 m.	45 m.	—
55°	25	11	70	22	—
65°	18	6	40	13	—
75°	—	4.30	—	10.30	27 m.
85°	—	3.15	—	8	21
90°	—	2.30	—	7	—
95°	—	2	—	10.30	—
100°	—	1.30	—	25	—

Ce tableau nous montre que la présure de belladone coagule plus rapidement le lait bouilli que le lait cru : elle se comporte en cela comme les présures des crucifères et du figuier. Les albuminoïdes du lait, coagulables par la chaleur, ont aussi une action retardatrice très nette sur sa coagulation par le suc de belladone ; mais les albuminoïdes du blanc d'œuf ou de sérum de cheval n'en ont aucune. Pour finir les particularités sur cette présure, disons qu'elle est fortement basiphile en présence des sels neutres de métaux alcalins, faiblement oxyphile et calciphile, enfin, presque indifférente aux sels neutres des métaux alcalins.

Diana Bruschi a confirmé quelques-uns des résultats trouvés par Gerber, concernant les présures végétales. Cet auteur a constaté, entre autres, que la diastase coagulante du *Ricinus communis* rappelle beaucoup le lab animal : son optimum est vers 47°, sa température limite étant vers 67°. Cet enzyme agit exclusivement en milieu acide. Par contre, la présure du *Ficus carica* agit en réaction neutre ou faiblement acide. Son maximum d'action a lieu à 90°, et sa température de destruction est située entre 95° et 100°.

On voit que les caractères des présures varient dans une assez large mesure avec leur origine. Dans un autre ordre d'idées, les présures oxyphiles, en général, sont également très calciphiles, mais il y en a aussi, comme la présure du papayer, qui sont oxyphiles et très peu calciphiles. Ordinairement les présures sont très sensibles aux alcalis ; cependant nous venons de signaler la présure de belladone comme basiphile, et précédemment on a cité celle de fusain comme étant capable de résister à une dose de 1.6 g. de soude par litre.

La marche irrégulière de la coagulation a été aussi un argument invoqué en faveur de l'existence de plusieurs présures. On vient de voir ce qu'il fallait en penser. Mais avant que ces divers travaux fussent publiés, le fait de la non-observance de la loi de Segelck pouvait être pris en considération. C'est ainsi que Ivar Bank, ayant rencontré dans le suc gastrique de l'homme et du cochon une présure différant de la présure ordinaire par un certain nombre de caractères, entre autres celui cité plus haut, lui donne le nom de *parachymosine*, par opposition à celui de *chymosine*, qu'il réserve au lab-ferment retiré de la caillette de veau.

1° La présure de veau se détruit par l'action de la pepsine.

tandis que la parachymosine y résiste en milieu faiblement acide; après neutralisation par le carbonate de soude, la solution agit sur le lait normal;

2° La présure de veau se détruit à 70° C., la parachymosine à 75° seulement;

3° La parachymosine est plus sensible à l'action des alcalis : à la dose d'un centigramme °/₀, elle est détruite après 24 heures;

4• La parachymosine et la présure montrent des différences sensibles à l'action de KCl et de $CaCl^2$. Le KCl paralyse plus la coagulation et le $CaCl^2$ la favorise davantage chez la parachymosine que chez la présure ordinaire, des doses très faibles de $CaCl^2$ rendant la parachymosine beaucoup plus active;

5° Le barbotage de CO^2, qui active déjà la coagulation du lait par la présure ordinaire, sensibilise davantage le lait vis-à-vis de la parachymosine. Exemple :

Lait frais non barboté : 5 cc.
Solution de pepsine au 1/5 : 2 gouttes. } Coagulation incomplète en 22 minutes.
Lait frais barboté : 5 cc.
Pepsine diluée au 1/100 : 2 gouttes. } Coagulation en 5 m. ¼.

Cet effet sensibilisateur du CO^2 se produit aussi bien sur le lait bouilli que sur le lait cru;

6° Enfin, la parachymosine ne suit pas la loi de SEGELCK : elle ne peut produire que des coagulations très rapides. D'ailleurs, à ce point de vue, la présure du suc gastrique de chien se comporte un peu comme la parachymosine.

ACTION IRRÉGULIÈRE DUE A LA PARACHYMOSINE ET A LA PRÉSURE DE CHIEN.

PARACHYMOSINE			SUC GASTRIQUE DE CHIEN		
Lait (cent. cubes)	Ferment (cent. cubes)	Temps de coagulation	Lait (cent. cubes)	Suc gastrique (cent. cubes)	Temps de coagulation
10	1	2' 30"	10	0.2	10' 5"
10	1/2	7' 30"	10	0.1	34' 10"
10	1/4	40'	10	0.05	159'
10	1/8	Pas de coagulation			

A ces différences existant déjà entre la parachymosine et la chymosine ordinaire, BRIOT en ajoute une autre, tirée de l'existence d'une antiprésure de la parachymosine, différente de celle de la présure de veau. Tandis que l'action anticoagulante de l'antiparachymosine est ralentie par le barbotage de CO_2, celle de l'antiprésure n'est pas influencée. De plus, l'action de la chaleur est différente : tandis que l'antiprésure est thermolabile, déjà sensible à une température de 60°, l'antiparachymosine est beaucoup plus thermostabile : on peut la laisser 20 m. au bain-marie bouillant sans lui faire perdre sensiblement son pouvoir empêchant.

Enfin la considération des anticorps a permis à HEDIN de distinguer, parmi les présures animales, quatre individualités : 1) la présure de veau, 2) celle d'homme, 3) celle de cobaye, 4) celle de brochet. Cet auteur donne pour raison ce fait que les infusions de ces quatre présures, traitées par de l'ammoniaque faible, puis neutralisées, fournissent quatre liquides contenant les quatre anticorps qui sont spécifiques seulement des diastases de la même provenance.

En présence de toutes ces constatations : sensibilité différente aux conditions physiques et chimiques du milieu, suivant la provenance de la substance active ou de son anticorps, anomalies observées dans la marche de l'action, suivant la quantité d'enzyme employée, etc., on conclut généralement à la non-identité des enzymes de sources diverses. Sans nier les faits rapportés en faveur de cette manière de voir, nous pensons que ceux-ci demandent encore à être confirmés, et, jusqu'à preuve du contraire, nous tenons cette conception pour abusive. En effet, dans l'étude de l'action des enzymes on ne peut point séparer l'action des substances actives de celle du milieu où ils se trouvent. On ne connaît point de méthode permettant d'isoler les enzymes à l'état pur; la substance est toujours accompagnée d'autres substances qui influencent son activité, soit favorablement, soit défavorablement. Pour nous, ce sont les substances étrangères, dont la présence est constante, qui, suivant l'origine de l'enzyme et les conditions où on le place, influencent les effets produits d'une façon ou d'une autre. Nous en avons donné la preuve en maintes circonstances. *(Voir aussi chap. Pepsine.)*

§ 7.

Travail chimique de la présure.

Jusqu'ici nous avons étudié l'action de la présure sur le lait, dans les diverses conditions de température et de réactions de milieu, sans nous préoccuper du travail même qui en résultait. Demandons-nous maintenant à la suite de quel processus le caséinogène, qui était tout d'abord en dissolution dans le lait, se transforme en caillot insoluble. Quand on étudie le phénomène d'un peu près, on constate que la coagulation n'a point été directement provoquée par la présure. Ce qu'on observe, ce n'est qu'un reflet de l'action directe. La prise en masse du lait est une conséquence de l'action diastasique, mais non son premier effet.

Remarquons tout d'abord que la matière azotée qui se coagule sous l'influence de la présure diffère, par sa composition et ses propriétés, à la fois du caséinogène, qui est dissous dans le lait, et de la caséine, qui se précipite quand celui-ci est acidifié : la première laisse toujours par calcination un résidu de cendres, tandis que le second et la troisième sont exempts de matières minérales; en outre, le pouvoir rotatoire et la solubilité dans les alcalis ne sont pas les mêmes pour l'une et l'autre substances. C'est d'ailleurs pour cela que l'on donne souvent au phénomène de coagulation diastasique le nom spécial de caséification.

De plus, il résulte des travaux de HAMMARSTEN, puis de ceux de ARTHUS et PAGÈS, que la chaux joue un rôle important dans le phénomène de la caséification. C'est ce que montre nettement l'expérience classique suivante : On prend deux échantillons d'un même lait, de 100 cc. chacun. A l'un d'eux, on ajoute une quantité d'oxalate ou de fluorure de sodium suffisante pour précipiter toute la chaux contenue dans le lait.

Puis les deux liquides sont additionnés chacun d'une même dose de présure, laquelle est strictement nécessaire pour provoquer en 20 minutes la coagulation du lait non traité. On constate alors que le lait décalcifié ne se coagule point au bout de ce temps, ni même après une durée d'action beaucoup plus grande. La coagulation ne se produit pas davantage si l'on augmente la dose de présure. Cependant la présure ajoutée au lait décalcifié n'est pas restée inactive : le caséinogène a subi une transformation. Celle-ci se révélera aussitôt, si l'on additionne le lait d'une faible quantité de $CaCl^2$: le lait se prendra instantanément en masse et un caillot élastique et tremblotant se formera, tout à fait identique à celui produit par la présure et qui est caractéristique de la caséification. De là, une double conclusion : la présure, en l'absence des sels de chaux, ne coagule pas le caséinogène, mais elle le prépare à se coaguler sous l'action de ces sels.

Pour expliquer ces faits, purement expérimentaux, deux théories sont en présence : l'une, basée sur une action chimique de la présure ; l'autre, sur une action physique.

Théorie du dédoublement. — Cette théorie, due à ARTHUS, se résume en ceci : la présure dédouble le caséinogène en deux substances albuminoïdes : l'une, qu'il appelle *substance caséogène* ou *paracaséine ;* l'autre, *lactosérum-protéose.* Seule la première entre dans le coagulum ; la seconde reste en solution. La chaux interviendrait précisément en se combinant avec la paracaséine formée, pour donner le *caséum* insoluble qui se précipiterait. La théorie du dédoublement du caséinogène par la présure s'appuie sur deux observations d'ARTHUS : 1) D'après lui, le poids du coagulum serait toujours inférieur à celui du caséinogène du lait. 2) Dans le sérum, on trouverait une substance albuminoïde, qui est absente dans le lait n'ayant pas subi l'action de la présure. Cette matière nouvelle, qui n'est pas coagulée à l'ébullition et qui ne se précipite pas par les acides, serait une protéose.

Les arguments apportés en faveur de cette manière de voir sont cependant loin d'être décisifs. En effet, si réellement dans cette réaction il y avait production d'une matière albuminoïde soluble aux dépens du caséinogène, on devrait constater dans le sérum, après l'action de la présure, une augmentation très sensible, et surtout constante, de la matière albuminoïde, chose qui ne se vérifie point par l'analyse. On sait que le lait naturel se laisse filtrer sur les bougies en porcelaine; on obtient ainsi un liquide exempt de caséine. Par conséquent, en filtrant le même lait, avant et après caséification, on devrait constater une augmentation de matière albuminoïde dans le liquide filtré. Or, la différence de composition des deux filtrats n'est pas constante, et, en tout cas, les chiffres obtenus ne permettent pas de conclure à une augmentation. On a donc prétendu que cette lactoprotéose ne se formait pas au cours de la caséification. Si l'on en constate après, c'est qu'il y en avait déjà avant, l'existence de ce produit dans le lait normal pouvant être masquée par la quantité massive de caséinogène.

Mais, même en admettant la formation de cette substance au cours de la coagulation, on peut interpréter ce fait d'une manière toute différente. La lactoprotéose décelée dans le lait caséifié peut provenir de la présence constante de pepsine contenue dans la présure. De nombreux travaux ont bien été entrepris en vue de séparer d'une façon indiscutable l'action de ces deux diastases toujours associées. Mais jusqu'ici les conclusions qu'on en a tirées n'ont jamais été à l'abri de toute critique et la question de la protéose reste toujours pendante. Comment pourrait-il en être autrement, puisque même le fait de savoir si la présure a une individualité propre, distincte de la pepsine ou de la trypsine, est discuté par beaucoup de physiologistes, et non des moindres.

Au reste, la lactoprotéose pourrait aussi résulter de l'action d'autres ferments protéolytiques, et surtout de celle des sécrétions bactériennes. D'après COUVREUR, la protéose, qui se forme également dans la coagulation du lait par autoacidification, phénomène qu'on sait être différent de la caséification, résulterait de l'hydrolyse d'autres albuminoïdes que le caséinogène. On constate, en effet, sa présence dans un lait non encore coagulé, mais pas très frais, tandis que du lait frais très rapidement coagulé avec de la présure, en présence d'antiseptique comme du chlorure mercurique, ou en milieu aseptique, ne donne pas de lactoprotéose. L'apparition de cette substance serait donc un effet secondaire, dû à l'intervention des microbes. Il est vrai qu'ARTHUS met en doute cette opinion, parce que, dit-il, les solutions de caséum purifiées soumises à l'action de la présure calcique donnent, comme le lait, un caséum précipité et un sérum contenant une substance protéosique de nouvelle formation. On remarquera que cette réponse n'est pas elle-même à l'abri du reproche que peut-être la présure employée contenait une trace de pepsine.

On le voit, le débat, faute d'argument décisif, n'est pas encore clos. Et cependant le poids de substance mise en jeu n'est pas négligeable. Sans doute les deux fractions de la molécule de caséinogène qui se trouvent séparées par la présure sont d'importance très inégale. On admet que la partie insolubilisée correspond à environ 95 % de la matière albuminoïde primitive, tandis que 5 % seulement passent à l'état de lactoprotéose. Mais, comme le lait de vache renferme environ 40 gr. de matière azotée par litre, le sérum, après caséification, contiendra tout de même, par litre, 2 gr. de substance en solution de plus, qui viendront s'ajouter aux 5 gr. qui préexistaient déjà sous forme de lactalbumine et de lactoglobuline. Une pareille augmentation de concentration ne peut pas passer inaperçue. Une objection plus grave encore, qu'on peut faire à cette théorie du dédoublement, résulte de la grosseur même des molécules engendrées. La lactoprotéose qui apparaît, et qui est un albumose, et non pas une peptone, a vraisemblablement un poids moléculaire supérieur, au moins égal à 2500. L'hypothèse la plus favorable à la conception présente étant d'admettre que la molécule de caséinogène se dédouble en une molécule de paracaséine et une molécule de protéose, on voit que la molécule de caséinogène, qui est de 20 fois plus grosse que celle de la protéose, posséderait un poids qui serait au moins de 50000, chiffre bien supérieur à la valeur généralement admise pour les matières albuminoïdes. Si, au contraire, on accepte pour le caséinogène, un poids moléculaire de 10000, on en conclut que la libération d'une seule molécule de protéose, au poids de 2500, entraînerait le passage de 25 % de l'azote à l'état soluble, résultat qui n'est pas non plus conforme à l'expérience. Ainsi, rien que du point de vue théorique, il paraît bien peu probable que l'action de la présure sur le caséinogène se traduise tout d'abord par un dédoublement.

Mais il y a plus : le caséum insolubilisé contient toujours de la chaux. HAMMARSTEN pensait que cette chaux résultait de la simple précipitation du phosphate de chaux du lait, entraîné avec la paracaséine, peu soluble. ARTHUS admet, au contraire, que le caséogène se combine avec les sels de chaux du lait pour donner une combinaison calcique insoluble. Cette hypothèse de la formation d'un composé calcique dans le coagulum, quoique très répandue, n'est pas non plus basée sur des expériences dont les conclusions soient irréprochables. Tout d'abord, l'argument que la chaux est indispensable à la coagulation est très discutable. En effet, ce qu'on a établi, c'est que l'oxalate ou le fluorure de sodium empêche la formation du coagulum; mais comme, d'autre part, on sait que ces sels sont antagonistes de la présure, on est en droit de se demander si l'absence de la caséification n'est pas due précisément à l'action inhibitrice d'un excès de ces corps. En outre, on peut faire remarquer que si réellement la paracaséine se combinait avec la chaux, la teneur en calcium du coagulum devrait être constante. Or, c'est le contraire qu'on observe : les analyses du caséum révèlent des quantités de Ca très variables, résultats qui plaident plutôt en faveur d'un mélange que d'une combinaison définie. Enfin nous avons dit que du lait décalcifié, qui avait été traité ensuite par de la présure, se coagulait instantanément par l'addition de $CaCl^2$. Si l'on suppose qu'il se forme à ce moment une combinaison calcique de la caséine, il faudrait admettre que le caséogène, ou mieux, son sel alcalin, décompose le $CaCl^2$ pour s'emparer du calcium : cela n'est pas impossible, mais il paraît plus probable que la réaction se passe entre le chlorure de calcium et les phosphates alcalins qui maintiennent en solution la caséine ; il se produirait alors du phosphate de chaux qui entraînerait en se précipitant le caséogène. Du reste, l'hypothèse d'une telle combinaison calcique de la caséine se trouve déjà affaiblie du fait que la présence du sel de chaux n'est pas absolument indispensable pour provoquer la coagulation du lait oxalaté et emprésuré : le chlorure de sodium peut produire le même effet, quoique d'une façon un peu moins prononcée.

En résumé, de toutes les données que nous venons de citer, il est un seul fait qui mérite d'être retenu : c'est que le caséinogène a subi une transformation sous l'influence de la présure. Mais la nature de cette transformation reste encore inexpliquée.

Action physique de la présure : Hypothèse de Duclaux. — A l'hypothèse de l'action chimique de la présure — dédoublement du caséinogène, puis précipitation du caséogène formé sous forme de combinaison calcique insoluble, — DUCLAUX oppose une autre conception. Tout d'abord, il constate que les sels neutres alcalino-terreux coagulent le lait d'une façon analogue à la présure. Dans l'action des sels, comme dans celle de la présure, il faut un temps déterminé pour provoquer la coagulation. La durée du contact nécessaire à la coagulation diminue avec la proportion de sel. La réaction devient de plus en plus active, à mesure que la température s'élève. Dans le cas des sels, la température optima est 100°, dans celui de la présure elle est de 40°, car la chaleur détruirait dans ce cas la substance active :

(Voir tableau comparatif, page 139.)

Pour produire la coagulation du lait en quelques minutes, il suffit d'ajouter à 100°, 0.5 % de chlorure de calcium cristallisé. Pour obtenir le même effet à 40°, une dose de 4 % est nécessaire ; et à 15°, il faut employer 12 %.

La coagulation obtenue par le sel se trouve provoquée exclusivement par le changement salin du milieu. On ne peut pas dire qu'il y ait une réaction chimique proprement dite.

DOSES COAGULANTES DE QUELQUES SELS ET TEMPÉRATURES

CORRESPONDANTES.

Substances ajoutées	Quantité	Température de la coagulation
CaCl^2 cristallisé	12 °/₀	15°
—	4	40°
—	0.5	100°
SrCl^2	8 °/₀	15°
—	4	50°
—	0.5	100°
BaCl^2	8 °/₀	15°
—	4	50°
—	0.5	100°
(NO^3)^{2}Ba	20 °/₀	80°
—	0.5	100°

Pareil phénomène s'observe d'ailleurs dans beaucoup d'autres coagulations. La substance primitivement en dissolution change d'état sous l'influence des sels ajoutés ; ses propriétés physiques se modifient, entre autres sa solubilité ; elle se précipite alors, mais la coagulation n'a apporté aucun changement dans sa composition chimique. La coagulation du lait, soit par les sels, soit par la présure, s'expliquerait par sa nature même, c'est-à-dire par l'état physique dans lequel s'y trouvent le caséinogène et les phosphates. Le caséinogène est pour la majeure partie dissous, mais une fraction se maintient aussi dans le lait à l'état de suspension. Le phosphate de chaux n'est également que partiellement dissous, une certaine quantité se trouvant sous la forme colloïdale.

La stabilité de ces deux substances se trouve en dépendance directe et elles s'influencent réciproquement : en changeant la stabilité des phosphates, on modifie celle de la caséine, et la précipitation de la caséine entraîne celle des phosphates. On peut montrer expérimentalement que la stabilité des phosphates et de la caséine se laisse influencer par toute une série de moyens. Chaque fois qu'on détermine un changement physique, soit de la caséine, soit des phosphates, on aboutit à des conditions nouvelles de coagulation. Avec le lait bouilli, on observe déjà une autre marche qu'avec le lait naturel. La différence devient encore plus frappante quand on se rapproche des conditions dans lesquelles le phosphate colloïdal passe à l'état soluble ou à l'état cristallin. Le changement de stabilité des substances en suspension dans le lait peut être aussi provoqué par les changements de densité ou de composition chimique du lait. Par l'addition au lait de sels alcalino-terreux, on en provoque la coagulation, parce qu'on a rompu l'équilibre qui existait entre la caséine et les diverses substances salines contenues dans le lait.

Il résulte de là que l'action de la présure peut s'expliquer par la modification qu'elle apporte à la structure intime du caséinogène. Ce changement, tout de nature physique, affaiblit considérablement sa stabilité dans la solution. La caséine, modifiée par la présure, se maintient encore dans le lait, mais sa sensibilité envers les agents chimiques et physiques se trouve fortement augmentée. Dans le lait normal, la caséine sensibilisée par la présure précipite en entraînant avec elle le phosphate de chaux. Dans le lait oxalaté, la caséine modifiée reste en suspension, mais la coagulation se produit par l'addition de doses de $CaCl^2$ ou de $NaCl$, qui étaient sans action sur le lait normal ou sur le lait oxalaté non emprésuré.

En résumé, la coagulation du lait par la présure est provoquée par une modification physique de la caséine, et le coagulum est composé d'une caséine modifiée, mélangée de phosphate de chaux. Cette manière de voir de DUCLAUX trouve un argument tout à fait topique dans les travaux de BRIOT. Cet auteur a étudié l'influence réciproque des phosphates et de la caséine dans le phénomène de coagulation. Les expériences qu'il cite sur le chlorure et le citrate de sodium jettent une lumière toute particulière sur les différentes façons d'après lesquelles la marche de coagulation peut être influencée. Dans le tableau suivant, on peut se rendre compte de l'influence exercée par le chlorure et le citrate de sodium, ainsi que par l'oxalate de potasse, sur la rapidité de la coagulation :

INFLUENCE DE L'OXALATE, DU CITRATE
ET DU CHLORURE DE SODIUM SUR LA CASÉIFICATION.

NATURE DU MÉLANGE	Phénomène observé à 40°	Observations
1) Lait naturel.	Coagule en 8′	
2) A. Lait + 1.25 % NaCl	Coagule en 10′	
B. Lait + 2.5 % »	» 15′	
3) A. Lait + 0.13 % citrate de Na . . .	Coagule en 29′	Coagulat. incompl.
B. Lait + 0.4 % » Na . . .	Ne coagule pas	Coagule à 100°
4) A. Lait + { 0.13 % citrate Na . . . ; 1.25 % NaCl . . . . . }	Coagule en 13′	
B. Lait + { 0.4 % citrate Na . . . ; 1.25 % NaCl . . . . . }	Coagule en 32′	
5) A. Lait + 0.1 % oxalate de potassium	Coagule en 23′	
B. Lait + 0.15 % » »	Ne coagule pas	Coagule à l'ébullition ou par l'addition de très peu de $CaCl^2$
6) Lait + { 0.15 % oxalate. . . . . . ; 1.25 % NaCl . . . . . . }	Coagule en 40′	

Ce tableau nous montre l'influence retardatrice exercée par le chlorure de sodium sur la coagulation. Le lait normal coagule en 8 minutes par la présure (expérience 1) ; le même lait emprésuré par la même dose de présure ne coagule déjà plus qu'après 15 minutes, si l'on y a ajouté seulement 2.5 % de sel marin. Le citrate de soude et l'oxalate de potasse (expériences 3 et 5) agissent d'une façon analogue. C'est ainsi que 0.15 % d'oxalate ou 0.4 % de citrate suffisent pour empêcher la coagulation, même après un temps prolongé, et même si l'on augmente la dose de présure.

Les trois sels cités provoquent un effet semblable, ils sont tous trois retardateurs. Cependant les données du tableau nous montrent qu'il y a une différence essentielle dans le mécanisme intime de l'action de ces sels. L'oxalate donne de l'oxalate de chaux, empruntant sa chaux au phosphate colloïdal. Par suite de l'absence de ce dernier corps dans le lait oxalaté, la coagulation de la caséine déjà transformée se trouve empêchée. L'action du citrate de soude s'explique par la propriété que possède ce sel de dissoudre le phosphate de chaux. VAUDIN a démontré que le lait normal contient déjà de 1,2 gr. à 1,5 gr., par litre, d'acide citrique. Le phosphate se maintient partiellement en solution dans le lait, grâce à l'action combinée du citrate alcalin et du lactose. En augmentant la teneur du lait en citrate, on augmente la stabilité de la solution de phosphate, et de cette façon on empêche la coagulation de se produire. En résumé, l'oxalate, comme le citrate, influencent la coagulation en modifiant la stabilité des phosphates du lait, mais la présure n'est point du tout influencée. Le lait oxalaté ou citraté (3B, 5B) coagule à 100°, preuve que la présure a agi sur la caséine, malgré l'addition de sels.

D'autre part (expériences 4 et 6), le lait emprésuré, additionné d'oxalate ou de citrate à des doses suffisantes pour empêcher la coagulation, se coagule par addition supplémentaire de faibles doses de chlorure de sodium. Cependant on a vu l'influence retardatrice du chlorure de sodium (expérience 2). C'est que l'action retardatrice du sel (NaCl) a un tout autre mécanisme que celles du citrate et de l'oxalate. Ici l'on se trouve en présence d'une réaction directe du chlorure de sodium sur la présure ; le sel (NaCl) affaiblit la présure, retardant ainsi la coagulation. Mais dans le cas des expériences 4 et 6, l'action est plus complexe. Cette fois, entre en jeu la propriété que possède le chlorure de sodium de favoriser, au contraire, la coagulation de la caséine modifiée. Le sel agit donc dans deux sens différents : il retarde la coagulation de la caséine en affaiblissant la présure, mais en même temps il favorise la coagulation en agissant sur la caséine modifiée.

Pour conclure, nous dirons que la présure agit sur le

caséinogène du lait en en modifiant la structure chimique :
cette transformation, dont la nature nous échappe, ne paraît
pas affecter profondément la molécule; encore moins la
dédouble-t-elle en deux fragments albuminoïdes. Le caséinogène, que cette modification a rendu plus sensible à l'action
des substances qui normalement l'accompagnent dans le lait,
se coagule spontanément. En s'insolubilisant, il entraîne avec
lui le phosphate de chaux; mais le caséum formé semble plus
être un mélange de matière organique et de sel de calcium
qu'une véritable combinaison.

§ 8.

Antiprésure.

On a constaté depuis longtemps que le sérum normal du
cheval paralyse l'action de la présure. Cette action a été attribuée tout d'abord à la réaction alcaline du sérum, et c'est dans
ces derniers temps que le mécanisme de cette action a été
étudié de plus près. BRIOT et MORGENROTH ont, simultanément
et indépendamment l'un de l'autre, établi l'existence dans le
sérum d'un anticorps qui pouvait annuler l'action de la présure.
Cette diastase a reçu le nom d'*antiprésure*. Pour l'isoler, on
sature le sérum normal de cheval avec du sulfate d'ammonium
en poudre. On obtient un précipité qu'on lave avec une solution
saturée de SO^4Am^2, puis on le dissout dans un volume d'eau
distillée correspondant à la quantité de sérum employé. On
élimine le SO^4Am^2 par dialyse; on obtient ainsi une solution
d'antiprésure de même activité que le sérum employé, le
SO^4Am^2 et la dialyse étant sans effet sur cette substance.

L'antiprésure supporte une température de 58° C. A 60°, il
y a une altération, qui augmente d'ailleurs avec la durée du
chauffage. A 62°, la destruction s'effectue plus rapidement qu'à
60°; après 3 heures d'action à cette température, l'antiprésure
devient inactive. L'alcool précipite l'antiprésure de ses solutions. Mais le précipité obtenu s'altère très vite et ce mode de
préparation de l'antiprésure ne fournit point de bons résultats.

La non-coagulation du lait emprésuré, en présence d'anti-présure, doit être attribuée à la formation d'une combinaison entre la présure et l'antiprésure, combinaison qui n'agit point sur la caséine. Cette manière de voir est confirmée par le fait qu'il existe une proportionnalité constante entre la quantité de présure et celle de sérum nécessaire pour sa neutralisation. Cette proportionnalité est mise en évidence par l'essai suivant : on verse dans une série de tubes à réaction la même quantité de présure de force connue, et des quantités différentes de sérum. On laisse reposer quelque temps à la température ordinaire, puis on ajoute à chaque tube 10 centimètres cubes de lait et l'on détermine d'après la méthode de MORGENROTH le point de coagulation. On répète le même essai avec des quantités différentes de présure :

NEUTRALISATION DE LA PRÉSURE PAR L'ANTIPRÉSURE.

Nos	Solution de présure à 1 o/o (cent. cubes)	Sérum de cheval (cent. cubes)	Résultats (1)	Nos	Solution de présure à 1 o/o (cent. cubes)	Sérum de cheval (cent. cubes)	Résultats (1)
1	0,5	0,8	0	6	0,05	0,07	0
2	0,5	0,75	0	7	0,05	0,065	0
3	0,5	0,7	0	8	0,05	0,06	0
4	0,5	0,65	0	9	0,05	0,055	+
5	0,5	0,6	+				

Pour neutraliser un demi-centimètre cube de solution de présure à 1 %, on a employé 0,6 cc. de sérum ; pour neutraliser 0,05 de présure, on emploie sensiblement dix fois moins de sérum. L'existence de la proportionnalité constante entre l'unité de présure et la quantité de sérum se retrouve également quand on mélange des quantités différentes de présure avec une quantité déterminée de sérum. En ajoutant à la présure la quantité suffisante d'antiprésure pour la rendre inactive, on obtient un mélange neutre sans action sur la présure ni sur le lait. L'addition de présure fraîche provoque

---

(1) Le signe O signifie qu'il n'y a pas eu de coagulation ; le signe + indique qu'il y a eu coagulation.

dans ce cas, dans le lait ainsi traité, le même phénomène que dans le lait normal.

L'effet produit par l'antiprésure sur la présure n'est pas instantané ; comme dans toutes les actions d'enzymes, le facteur temps est très important. Le lait additionné de sérum coagule aussitôt qu'on ajoute la présure, parce que l'action de la présure sur la caséine est plus rapide que celle de l'antiprésure sur la présure.

Pour mesurer la force antiprésurante du sérum, il est nécessaire de mettre la présure pendant quelque temps en contact avec le sérum. Cette réaction a lieu à la température ordinaire et est complètement terminée après une heure. Pour évaluer le pouvoir antiprésurant du sérum, BRIOT prend comme point de départ la quantité de présure au 1/10000, dont 1 centimètre cube de sérum peut annihiler l'effet. La teneur du sérum en antiprésure diffère suivant l'espèce animale. De plus, on constate des différences sensibles dans le sérum du même animal suivant l'âge :

TENEUR EN ANTIPRÉSURE DE DIFFÉRENTS SÉRUMS.

Espèce animale	Quantité de présure neutralisée par un cc. de sérum	Espèce animale	Quantité de présure neutralisée par un cc. de sérum
Porc	de 1/13 à 1/20 cent. cube	Mouton. .	1/700 cent. cube
Cheval . . .	» 1/19 » 1/25 » »	Bœuf et vache	de 1/700 à 1/500 cent. cube
Veau	» 1/300 » 1/500 » »	Lapin adulte .	1/1200 cent. cube
Jeune lapin de 14 jours . .	1/300 cent. cube	Chèvre . . .	1/2000 » »
Poule . . .	1/500 » »		

La quantité d'antiprésure contenue normalement dans le sang peut être augmentée considérablement par des injections de présure faites à l'animal considéré. Ces injections peuvent se faire soit sous la peau, soit dans les veines, soit encore dans la cavité péritonéale. Elles sont répétées à des intervalles de 10 jours environ. Après 10 injections, on arrive à la formation du maximum d'antidiastase. BRIOT a traité le lapin par des

injections sous-cutanées de présure de HANSEN liquide, présure
préalablement débarrassée des sels par dialyse, puis filtrée sur
bougie CHAMBERLAND.

Il a constaté que la richesse en antiprésure du sérum
augmentait avec chaque injection. Tandis qu'au début, 1 cc. de
sérum était capable de neutraliser 1 cc. de présure diluée de 1
à 1200, après 8 injections, 1 cc. de sérum pouvait neutraliser
1 cc. de présure diluée de 1 à 50 seulement.

Si, à son tour, on injecte de l'antiprésure à plusieurs
reprises à un animal, on provoquera dans le sang de celui-ci
l'apparition d'un nouvel anticorps qui annulera l'antiprésure
inoculée : c'est donc une anti-antiprésure qui se sera formée.
D'une façon générale, l'organisme réagit toujours contre toute
introduction étrangère, par l'élaboration de corps capables de
neutraliser ceux qu'on veut lui imposer.

§9.

Analyse de la présure.

La présure se trouve dans le commerce sous forme de solution ou à l'état de poudre. Pour déterminer la force de la présure
liquide, on fait une dilution au 1/100. Le produit solide doit être
soigneusement dissous dans l'eau à 1 %; la solution doit être
claire. On introduit dans des tubes à réaction 10 centimètres
cubes de lait, qu'on amène à 38° dans un bain-marie maintenu
à cette température. Aussitôt que le contenu des tubes est
à 38°, on y ajoute un demi-centimètre de solution de présure
à 1 % et on note le nombre de minutes qui s'écoulent jusqu'à
la coagulation :

Temps de la coagulation	Force de la présure	Temps de la coagulation	Force de la présure
20 minutes.	4.000	7 minutes.	11.000
15 »	6.000	6 »	13.000
10 »	8.000	5 »	16.000
8 »	10.000		

La force de la présure est exprimée par le nombre de centimètres cubes de lait qu'un gramme de présure peut coaguler
en 40 minutes et à la température de 38° C. Un demi-centimètre
cube de solution de présure employée correspond à 5 milligrammes de produit analysé. Introduit dans 10 centimètres
cubes de lait, on aboutit à une proportion entre la présure et le
lait de 1/2000. Si l'on obtient, dans ces conditions, la coagulation en 20 minutes, on peut calculer la quantité de lait qu'un
gramme de présure pourra coaguler en 40 minutes en prenant
comme base la relation suivante :

X : 2.000 = 40 : 20, d'où la force de la présure : X = 4.000.

Méthode de l'unité. — La méthode précédente s'applique
spécialement à l'analyse des produits commerciaux de présure.
On obtient des résultats plus exacts si l'on utilise la méthode
dite de l'unité de présure. EFFRONT emploie comme unité de
présure la quantité de diastase qui provoque la coagulation de
10 centimètres cubes de lait à 38° en 40 minutes.

Pour rechercher la valeur d'une présure, exprimée en unités
ci-dessus, on procède comme il suit : On remplit une série de
tubes avec 10 centimètres cubes de lait, puis on les porte à 38°.
On ajoute dans chaque tube 1 centimètre cube de liquide actif,
amené, au préalable, à différentes dilutions avec de l'eau. On
observe dans quel tube la coagulation se produit exactement
en 40 minutes.

VALEUR COMPARATIVE DE QUELQUES PRODUITS CONTENANT
DE LA PRÉSURE.

Provenance	Nature de la dilution	Unités	Provenance	Nature de la dilution	Unités
Présure sèche de caillettes de veau	1-1500	1500	Suc gastrique neutralisé par bicarbonate	1-20	20
Présure liquide du commerce . . .	1-900	900	Suc gastrique non neutralisé . . .	1-38	38

Méthode de Morgenroth. — La méthode dite de l'unité
fournit bien les valeurs comparatives des différentes présures,

mais elle ne peut pas servir quand il s'agit d'apprécier des doses très faibles de substance active. Dans ce cas, même en opérant sur des volumes de lait très réduits, la durée de la coagulation peut se prolonger pendant des journées entières, et un résultat positif peut être attribué alors à une infection, comme un résultat négatif peut être imputé à la destruction de l'enzyme à la température de 38-40°.

MORGENROTH, en vue d'éviter ces difficultés, procède de la façon suivante : il agite énergiquement le lait avec 1 °/₀ de chloroforme, puis il refroidit à une température voisine de 0° C. Il ajoute ensuite pour 10 centimètres cubes de lait de 0,1 à 1 centimètre cube de liquide à analyser et abandonne le tout pendant 12 heures à 0° environ. Il porte alors les échantillons dans un bain-marie à 38°. L'action de la présure à froid diminue considérablement le temps de l'action à 38°. On évite ainsi l'influence funeste de la température optima prolongée. Même en présence de traces de présure, la coagulation se produit dans les 3 premières heures. La vérification de la méthode MORGENROTH a démontré que pour le dosage de très faibles quantités de présure, elle est quatre fois plus sensible que les méthodes ordinaires.

W. SAWLAJOW préconise pour l'analyse de la présure un appareil spécial qui permet de constater avec précision le moment de la coagulation du lait. Le lait empresuré s'écoule à température constante par des tubes capillaires. Au moment de la coagulation, l'écoulement des gouttelettes est arrêté.

Méthode de Blum et Fuld. — La détermination exacte du pouvoir présurant présente souvent de réelles difficultés, car la provenance du lait joue dans ces analyses une importance très grande. On a vu entre autres que le lait cuit se laisse coaguler plus difficilement par la présure ordinaire que le lait frais. Le degré de coagulabilité dépend non seulement de la fraîcheur du lait, mais aussi de sa composition. C'est ainsi qu'avec deux échantillons de lait normaux, non falsifiés, mais de provenance distincte, on peut avoir des résultats tout différents.

BLUM et FULD, pour éviter ces causes d'erreur et afin de pouvoir établir un étalon pour la mesure, emploient comme matière première de la poudre de lait d'EKENBERGER. On pèse une quantité déterminée de cette poudre, on la délaye dans 9 fois son poids d'eau distillée et, tout en agitant, on porte le mélange une minute à 80°. On refroidit alors le liquide à 15° et on laisse déposer. La solution décantée peut être conservée dans la glace pendant 1 ou 2 jours, mais il est préférable de l'employer tout de suite pour l'analyse. Au moment de s'en servir, on ajoute à ce lait artificiel 4 °/₀₀ de $CaCl^2$: à cet effet, on prend 98 cc. de la solution et on l'additionne de 2 cc. d'une solution de $CaCl^2$ à 20 °/₀. Cela fait, il est bon de laisser encore déposer le liquide 1 à 2 heures à 15° et de décanter ensuite. Le produit ainsi préparé se comporte vis-à-vis de la présure comme du lait frais. Pour l'analyse, on verse, dans une série de tubes à réaction, 4,5 cc. de lait artificiel et l'on ajoute 0,5 cc. du liquide diastasique à analyser, qu'on a préalablement dilué à différents degrés. On abandonne le tout 2 h. à 15° et ensuite 5 minutes à 37°, puis on observe les tubes : la richesse du suc en présure est évaluée d'après la dilution extrême, qui est encore capable de produire la coagulation dans les conditions indiquées.

Avant d'effectuer la détermination définitive, il est bon de faire un essai préliminaire de la façon suivante : on verse dans 3 tubes 4,5 cc. de lait artificiel et dans chacun 0,5 cc. de la présure à analyser, diluée au préalable de 1 à 10, de 1 à 100 et de 1 à 1000. On fait l'essai sans abandonner avant les tubes à 15°, mais en les maintenant directement 5 minutes à 37° ; le résultat de la coagulation donne une première idée sur la force de la présure examinée. Dans l'essai définitif, qui comporte une action préliminaire de 2 h. à 15°, on adopte une dilution 4 fois plus grande que pour cette première détermination. Si, par exemple, la coagulation, lors de l'essai rapide, s'est produite même dans le tube correspondant à une dilution de 1 à 1000, on prendra pour liquides coagulants, dans l'essai final, des solutions étendues comprises entre 1/1000 et 1/4000.

Si l'on trouve que la dilution extrême capable d'amener la prise en masse du lait est de 1/3000, on dira que la force en présure du suc examiné est de 3000 unités. En effet, convenant que l'unité de présure est la dose qui coagule 4,5 cc. de lait artificiel employé dans les conditions précédentes, on en déduit que 1/3000 de la présure considérée contient précisément 1 unité de présure, et que par conséquent 1 de la présure à analyser équivaut à 3000 unités.

La méthode de Blum et Fuld est surtout recommandée pour la détermination du pouvoir coagulant du suc gastrique. Un suc gastrique normal demande, pour ces analyses, une dilution comprise entre 3000 et 7000. Il y a des sucs très riches qui exigent des dilutions supérieures à 7000, mais on rencontre aussi des sucs très pauvres en présure dont la teneur est inférieure à 100.

BIBLIOGRAPHIE SUR LA PRÉSURE.

Arthus et Pages. *Arch. de Physiol.*, 1890, (2), pp. 331, 540.

Arthus. *Soc. Biol.*, 1903, p. 795.

Abderhalden et Friedel. Absorption du lab. *Zeits. f. physiol. Chem.*, (71), p. 449, 1911.

Allemann et Muller. Chemismus der Labwirkung in d. Käsefabrication, *Milchw. Centralbl.*, (7), p. 385, 1911.

O. Allemann. Die Bedeutung der Wasserstoffionen für die Milchgerinnung, *Bioch. Zeits.*, (45), p. 346, 1912.

Agulhon. Action de la lumière sur les diastases, *Ann. Inst. Pasteur*, 1912, p. 47.

Bokorny. *Chem. Zeitung*, (25), p. 3, 1901.

Brauler, R. Einfluss von Labmengen u. Temperatur auf die mikroskopische Structur des Caseïngerinsel, *Pflüg. Arch.*, (133), p. 519, 1910.

Bang. Ueber Parachymosin, ein neues Labferment, *Pflüg. Arch.*, (79), 1900. p. 425.

Bang. Chemischer Vorgang. *Skandinav. Arch. f. Physiol.*, (25), p. 105, 1911.

Briot. 1) Études sur la présure et l'antiprésure, *Thèse*, Paris, 1900. 2) C. R., (144), p. 1164, 1907.

Baginsky. *Zeits. f. physiol. Chem.*, (7), pp. 209 et 221, 1882.

Blum et Boehme. Ueber das Verhalten des Lab, *Beit. z. chem. Physiol. u. Path.*, pp. 9 et 74, 1906.

Blum et Fuld. Ueber eine Methode der Labbestimmung und über das

Verhalten des Magenlabs unter normalen und pathologischen Zustanden, *Berl. klin. Woch.*, 1905, n° 44.

BELGOWSKI, I. Experimentelle Untersuchungen an Kälbern, *Pflüg. Arch.*, (148), p. 320, 1912.

B. BIENENFELD. Frauenmilch, *Bioch. Zeits.*, (7), p. 262, 1907.

A. BURR U. BERBERICH. Käufliche Labpräparate, *Chem. Zeits.*, 1908, (32), p. 313.

CAMUS ET GLEY. *Arch. de Physiol.*, 1897, p. 764.

CONN. *Cent. f. Bacteriol.*, 1892, (12), p. 223.

COURANT. Kuh u. Frauenmilch, *Thèse*, Breslau, 1891.

COUVREUR. *Soc. Biol.*, 1906, (2), p. 512 ; 1910, (2), p. 579 ; 1911, (1), p. 23.

DELEZENNE. *Soc. Biol.*, 1907, (2), p. 187.

DIANA BRUSCHI. *Atti. Accad. Roma*, 1907, (16), II, p. 360.

DESCHAMPS. *Dingl. Polyt. Journ.*, 1840, n° 78, p. 445.

DUCLAUX. 1) Traité de Microbiologie, II. 2) Sur le phosphate du lait, *Ann. Inst. Pasteur*, 1893, 16.

ENGEL. Vergleichende Untersuchungen über das Verhalten von Frauenmilch zu Säure und Lab, *Bioch. Zeits.*, (13), p. 89, 1908.

EDMUNDS. *Journ. of Physiol.*, p. 466, (19).

EFFRONT. Sur la présure, *Monit. Scient.*, 1909. p. 305.

FRIEDBURG. *Pharmaceut. Journal*, 1889, p. 527.

FULD ET WOHLGEMUTH. Natur der Labfermentwirkung, *Bioch. Zeits.*, (5), p. 118, 1907.

C. FUNCK U. NIEMANN. Ueber die Filtration von Lab und Pepsin, *Zeits. f. physiol. Chem.*, (68), p. 263, 1910.

FULD U. HIRAYAMA. Ausscheidung von Lab u. Pepsin durch den Urin, *Zeits. f. experiment. Pathologie u. Therapie*, 1912, (10), p. 248.

LOUIS GAUCHER. Sur la digestion de la caséine. *C. R.*, 1911, (2), p. 891.

GROGNOT. Industrie du lab, *Revue génér. de Chimie pure et appl.*, mai 1907, p. 177.

GERBER, C Voir *C. R. Acad. Sc. et Soc. Biol.*, de 1907 à 1913.

N. GEORGIADES. *J. pharm. Chem.*, (9), p. 519, 1899.

GEWIN. *Zeits. f. physiol. Chem.*, 1908, (54), p. 32.

S. HEDIN. 1) Ueber Hemmung d. Labwirkung, *Zeits. f. physiol. Chem.*, 1909, (60), p. 365. 2) Ueber das Labzymogen des Kalbsmagens, *Zeits. f. physiol. Chem.*, 1911, (72), p. 187. 3) Ueber spezifische Hemmung der Labwirkung, in verschiedenen Labenzymen, *Zeits. f. physiol. Chem.*, 1911, (74), p. 242 1912, (77), p. 229.

HALLIBURTON AND BRODIË. *Journ. of Physiol.*, 1896-97.

HAMMARSTEN. 1) *Malys Berichte*, 1872, 1874. 2) Zur Kenntniss des Kaseins und der Wirkung des Labs, *Dissert.*, Upsala, 1877. 3) *Zeits. f. physiol. Chem.*, (22), p. 103, 1897.

HERZOG. Beziehung zwischen Pepsin u. Lab, *Zeits. f. physiol. Chem.*, (60), p. 306, 1909.

H. HÖFT. Labprüfung, *Milchw. Centralbl.*, 1908, (4), p. 489 ; 1910, (6), p. 49.

HAWK. *Amer. Journ. of Physiol.*, (10), p. 37, 1903.

VAN HERWERDEN. Magenverdauung d. Fische, *Zeits. f. physiol. Chem.*, (56), p. 453, 1908.

HÖFTE. Labgerinnsel u. Säuremilchgerinnsel, *Milchw. Centralbl.*, 1908, p. 293 ; 1910, p. 533.

VAN HERWERDEN. *Zeits. f. physiol. Chem.*, (52), p. 184, 1907.]

Javillier. 1) Contribution à l'étude de la présure chez les végétaux, *Thèse pharmacie*, Paris, 1903. 2) Sur la recherche et la présence de la présure chez les végétaux, *C. R.*, 1902, (1), p. 1373.

M. Jacoby. Fermente und Antifermente, *Bioch. Zeits.*, 1907, (4), pp. 21, 471, 481.

Kreidl u. Neumann. Labgerinnung im Säuglingsmagen, *Centralbl. f. Physiol.*, 1908, p. 133.

Korschun. Lab u. Antilab, *Zeits. f. physiol. Chem.*, (36), p. 141, 1902.

R. Kobert. Enzyme wirbelloser Tiere, *Pflüg. Arch.*, (99), p. 116, 1903.

A. Kreidl u. E. Lenk. Verhalten steriler u. gekochter Milch zu Lab, *Bioch. Zeits.*, (36), p. 357, 1911.

Korschun. Labmolekül. *Zeits. f. physiol. Chem.*, (37), p. 366, 1903.

Kuraeff. *Beit. z. chem. Physiol. u. Path.*, (2), p. 411, 1902.

Loeb. Bakterielles Lab. *Centralbl. f. Bact. u. Parasitenk.*, (32), p. 471, 1908;

Lawrow. *Zeits. f. physiol. Chem.*, (51), p. 1, 1907.

E. Laqueur. Theorie d. Labwirkung, *Beit. z. chem. Physiol. u. Path.*, (7), p. 273, 1905 ; *Biochem. Cent.*, (4), 333, 1905.

Langley. *Journ. of Physiol.*, 1881, p. 246.

Lea. *Journ. of Physiol.*, 1885, p. 136.

Michaelis et Rona. Beziehung zw. Lecithin u. Mastix, *Osterreich. Pharm. Gesellsch.*, Wien, 1907.

Morgenroth. Antikörper des Labenzyms, *Centralbl. f. Bact. u. Parasitenk.*, (26), p. 349, 1899 ; (27), p. 721, 1900.

Meunier. *J. Pharm. Chem.*, 1900, p. 460.

Pekelharing. Ueber Pepsin, *Zeits. f. physiol. Chem.*, (35), p. 8, 1902.

F. Prylewski. *Milchw. Centralbl.*, pp. 3 et 81, 1907.

Popper. Ueber den Einfluss der Labgerinnung auf die Verdaulichkeit der Milch, *Pflüg. Arch.*, (92), p. 605.

Petry. *Hofm. Beitr..*, 1906, p. 339, (8).

Peters. Ueber Labferment, *Thèse*, Rostock, 1894.

Pawlow et Paratschuk. *Zeits. f. physiol. Chem.*, 1904, (42), p. 415.

Pfleiderer. Pepsin u. Labwirkung, *Pflüg. Arch.*, 1897, (66), p. 605.

R. Rapp. Hefelab, *Centralbl. f. Bact. u. Parasitenk.*, (9), p. 625, 1903.

Reichel et Spiro. *Beit. z. chem. Physiol. u. Pathol.*, 1906, (7), p. 485 ; 1906, (8), p. 15.

Roberts. On Pancreatic Extracts, *Proc. Roy. Soc.*, 1879, p. 160 ; 1881, p. 145.

Rošetti. Cynarase, das Koagul. Enzym d. Cynara Cardunculus, *Chem. Cent.*, 1899, (1), p. 131.

Schern K. Hemmung d. Labwirkung, *Bioch. Zeits.*, 1909, (20), p. 231.

Signe und Sigval Schmidt-Nielsen. *Zeits. f. physiol. Chem.*, (60), p. 426, 1909 ; (68), p. 317, 1910.

Sigval Schmidt-Nielsen. 1) Radiumstrahlen, *Beit. z. chem. Physiol. u. Path.*, 1904, (5), p. 398. 2) Paracasein, *Beit. z. chem. Physiol. u. Path.*, 1907, (9), p. 322. 3) Zerstörung durch Licht, *Beit. z. chem. Physiol. u. Path.*, 1909, (58), p. 233.

A. Scala. Constitution chimique du lab, *Stas. Sperim. agrar. Roma*, 1904, (36), p. 941 ; 1907, (40), p. 129.

Slowzow. Labgerinnung d. Milch, *Beit. z. chem. Physiol. u. Path.*, 1906, (9), p. 149.

P. Sommerfeld. Formalinmilch, *Zeits. f. Hyg.*, 1905, (50), p. 153.

Chana Smeliansky. *Arch. f. Hyg.*, (59), p. 187, 1906.

Spiro, *Hofm. Beitr.*, 1906, (8), p. 365.

Sawjalow. *Zeits. f. physiol. Chem.*, 1905, p. 307, (46).

Siegfeld. Die Einwirkung mässiger Wärme auf Labferment, *Milchw. Centralbl.*, 1907, (3), p. 426.

Sellier. 1) Sur le pouvoir antiprésurant du sérum sanguin des animaux inférieurs, *C. R.*, 1906, (I), p. 409. 2) *Soc. Biol.*, 1906, (2), p. 449.

Teichert-Kurt. Ueber Bereitung von Labkugeln, *Milchw. Centralbl.*, 1911, (7), p. 74.

Van Dam. Handelslab, *Landw. Vers.-Station, Hoorn, Holland*, 1912. Labgerinnung, *Zeits. f. physiol. Chem.*, 1908, (58), p. 330; 1909, (58), p. 295; 1909, (61), p. 147.

Van Hasselt. *Zeits. f. physiol. Chem.*, 1910, (70), p. 182.

Vaudin. Sur l'acide et le phosph. de chaux en dissolution dans le lait, *Ann. Inst. Pasteur*, 1894, p. 502, (8).

G. Werncken. Theorie der Milchgerinnung, *Zeits. f. Biol.*, (52), p. 47, 1908.

F. Weiss, *Zeits. f. physiol. Chem.*, 1900, (31), p. 78.

A. Winogradow. *Pflüg. Arch.*, 1901, (87), p. 170.

Wohlgemuth u. Roeder. Lab und Pepsin, *Bioch. Zeits.*, 1906, (2), p. 421.

Wohlgemuth. Ueber das Labferment, *Bioch. Zeits.*, 1906, p. 350.

DEUXIÈME PARTIE.

Pepsine.

§ 1.

Historique. — Présence. — Préparation. Composition chimique.

La pepsine est la substance active du suc gastrique. Elle possède la propriété de dissoudre et de peptoniser les matières albuminoïdes. La découverte de cet enzyme se rattache intimement aux recherches faites sur la digestion, dont le mécanisme a depuis longtemps préoccupé le monde savant. Tout à fait au début, la digestion était considérée comme le résultat d'une action purement physique : on l'expliquait par la trituration des aliments sous l'influence des pressions, exercées par les parois de l'estomac. RÉAUMUR (1683-1757) a le premier démontré l'intervention du suc stomacal dans le phénomène de la digestion. Ses expériences consistent à faire avaler à des faucons des tubes métalliques percés de trous et remplis d'aliments : il constate qu'au bout d'un certain temps, ces substances, quoique à l'abri de toute trituration, sont parfaitement digérées. Vers la même époque, SPALLANZANI établit que le suc gastrique, en dehors de l'estomac, conserve encore la propriété de dissoudre la viande. Pour se procurer du suc gastrique, il faisait avaler à un aigle apprivoisé une éponge attachée à l'extrémité d'une ficelle : en retirant l'éponge et en l'exprimant, il obtenait le suc cherché.

Cependant, les données très nettes de RÉAUMUR et de

Spallanzani ne furent pas acceptées par le monde savant de l'époque. Des expériences, qui se contredisaient, embrouillèrent considérablement la question, si bien que les physiologistes restèrent longtemps en désaccord au sujet du mécanisme de la digestion. Les uns l'attribuaient à l'effet de la force vitale et nerveuse; les autres admettaient bien l'intervention du suc gastrique, mais celui-ci n'était alors considéré que comme un liquide salivaire ayant subi seulement une acidification. L'étude de la digestion, abandonnée pendant quelque temps, fut reprise activement entre 1820 et 1840. Tiedmann, Gmelen, Leuret, Lassaigne, répétant les expériences de Réaumur et de Spallanzani, démontrent à nouveau que la digestion est due au suc gastrique; ils établissent de plus que ce liquide n'est pas à confondre avec le liquide salivaire, qu'il est, au contraire, sécrété par les glandes peptogènes qui fournissent précisément un suc acide possédant la propriété de digérer la matière albuminoïde. En 1834, Beaumont retire le suc gastrique de l'estomac d'un malade portant une fistule. Vers la même époque, Eberlé prépare un suc gastrique artificiel en laissant macérer des morceaux de membrane stomacale dans de l'eau très légèrement chlorhydrique. En 1839, Wasmann isole d'une pareille macération la substance active; celle-ci avait du reste été prévue déjà par Schwann, qui avait donné le nom de *pepsine* au principe du suc gastrique.

Présence. — La pepsine est un enzyme d'origine exclusivement animale. Les produits analogues qu'on trouve dans les végétaux en diffèrent sensiblement par leurs propriétés. Cet enzyme se trouve associé à d'autres diastases protéolytiques dans les glandes digestives des invertébrés, et surtout chez les vertébrés. Son siège principal est l'estomac; mais on la rencontre aussi dans le sang, les muscles, l'urine, etc. Dans l'estomac, la pepsine est sécrétée par des glandes à tubes ramifiés. Celles-ci sont réparties dans la muqueuse stomacale et elles se laissent facilement épuiser par macération. Pour la préparation de la pepsine, on emploie de préférence la muqueuse d'estomac de porc. On peut prendre aussi de la caillette de veau ou de mouton.

Préparation. — *Méthode de Van Hasselt.* — Pour obtenir une solution de pepsine artificielle exempte des autres enzymes, on procède comme il suit : les muqueuses d'estomac de porc, bien hachées, sont macérées à la température ordinaire, pendant 10 à 15 jours, dans une solution à 5 % de NaCl. Le liquide filtré est saturé de NaCl. Le précipité, riche en diastase coagulante, est enlevé. Le filtrat, dialysé pour le débarrasser de la majeure partie du NaCl qu'il contient, est ensuite saturé de sulfate d'ammoniaque. Le précipité obtenu, redissous dans l'eau, est dialysé sur une solution de 0,2 % d'HCl, ce qui élimine les sels ammoniacaux. La solution ainsi obtenue ne coagule plus le lait et se montre riche en pepsine. VAN HASSELT recommande d'employer les muqueuses préalablement desséchées. On dissout ainsi beaucoup moins de matières étrangères et l'on obtient un liquide d'activité plus grande.

Méthode de Petit. — Pour préparer un produit doué d'un grand pouvoir digestif, on procède de la manière suivante. Les estomacs de porc sont soigneusement lavés et l'on en sépare les muqueuses par raclage. Les morceaux, réduits en pâte, sont mis à macérer dans une solution alcoolique à 5 %, à raison d'une partie de muqueuse pour quatre parties de liquide. On agite fréquemment pendant la macération, qui dure 4 heures. Puis on filtre et l'on évapore à basse température.

Méthode de Kühne. — Les muqueuses de porc, préalablement hachées, sont mises à macérer avec de l'eau contenant 2 à 3 gr. d'HCl par litre. Il se produit une véritable digestion; lorsque la majeure partie des albumoses a disparu, le liquide filtré est additionné de sulfate d'ammoniaque jusqu'au moment où le trouble n'augmente plus. Le précipité recueilli, renfermant la pepsine et des albumoses, est pressé, puis dissous dans de l'eau légèrement acidulée. On laisse digérer pendant quelque temps, de telle sorte que la petite quantité d'albumose contenue dans le liquide se transforme en peptone non précipitable par le sulfate d'ammoniaque. On sature à nouveau par le sulfate d'ammoniaque, et le précipité recueilli est soumis au même traitement que précédemment, jusqu'à ce qu'il ne renferme plus trace d'albumose. A ce moment, le précipité, formé uniquement de pepsine, est dissous dans l'eau ; le produit est purifié par dialyse, puis précipité par de l'alcool.

Pour extraire la pepsine des muqueuses stomacales, on recommande encore l'emploi de glycérine, ou mieux, de glycérine additionnée d'HCl. La glycérine a la propriété de dissoudre la pepsine sans dissoudre de grandes quantités de matières albuminoïdes. Pour précipiter la pepsine des macérations de muqueuse, on utilise aussi la propriété que possèdent les enzymes d'être précipités par des corps inertes ou d'être entraînés par des précipités provoqués au sein même de leurs solutions. C'est ainsi qu'en ajoutant successivement à une macération de muqueuse stomacale du phosphate de soude, puis du chlorure de calcium, on obtient un précipité de phosphate de chaux qui, dissous dans HCl étendu, puis dialysé, donne une solution renfermant la majeure partie de la pepsine contenue dans le liquide initial. De même, on peut extraire la pepsine d'un suc stomacal par entraînement, au moyen de la cholestérine.

Pour préparer la pepsine industrielle, on procède de la manière suivante : A 100 kg. de muqueuse de porc bien hachée et nettoyée on ajoute environ 125 litres d'eau, 1 litre 5 d'HCl concentré et 150 gr. de chloroforme. On conserve le tout à froid en remuant très souvent. Après 24 heures, on filtre, le liquide est réduit par évaporation à 40°, au 1/4 de son volume; on filtre à nouveau et l'on concentre dans le vide sur de grandes surfaces, à une température aussi basse que possible. 100 kg. de muqueuse donnent 8 à 10 kg. de pepsine commerciale.

La méthode de Van Hasselt, grâce à l'emploi de muqueuses desséchées, présente le grand avantage de fournir un enzyme bien moins riche en substances étrangères et aussi presque dépourvu de présure. Cette méthode cependant ne se prête pas bien à la préparation d'une pepsine en poudre ; en effet, la diastase ainsi obtenue supporte très mal l'évaporation, si bien qu'on aboutit à des produits très peu actifs quand on cherche à les concentrer. La méthode de PETIT fournit un produit très actif. Toutefois, malgré la faible durée de la macération et la présence de l'alcool, la pepsine obtenue contient encore beaucoup de cendres, ainsi que des substances organiques étrangères. Quant à la méthode de KÜHNE, elle ne conduit pas à une pepsine très active.

Composition chimique. — La pepsine se présente sous forme d'une poudre blanche, soluble dans l'eau acidulée, ainsi que dans l'alcool à 5 %. La pepsine n'est pas dialysable : quand on cherche à dialyser une solution de pepsine à 0,2 % d'HCl, en présence d'eau ordinaire, on constate que la diastase se précipite sous forme de petits granules visqueux, transparents, quand l'acidité est descendue à 0,02 %. Les préparations de pepsine bien purifiées ne fournissent pas les réactions colorées des matières albuminoïdes. Leurs solutions sont précipitées par une addition de sulfate d'ammoniaque, de sulfate de zinc, etc., et même cette insolubilisation est déjà très avancée pour une quantité de sel ajouté égale à la moitié de celle nécessaire pour la saturation. L'alcool concentré précipite également la pepsine. Cet enzyme, soumis à l'hydrolyse par les acides, fournit de la tyrosine, de la leucine, de l'alanine, ainsi que beaucoup d'autres acides aminés, et se comporte par conséquent comme une matière albuminoïde.

Le produit qu'on retire du suc gastrique, ainsi que celui obtenu par macération de muqueuse stomacale, contient du phosphore et jusqu'à 1,5 % de cendres. Sa teneur en azote est de 14 à 15 %. Il renferme aussi du soufre et du chlore. Par purification, on arrive à réduire considérablement la teneur en cendres, on élimine tout le phosphore et l'on obtient une richesse en azote plus constante. Mais il manque un critérium pour s'assurer de la pureté définitive d'une pepsine donnée, comme d'ailleurs d'une diastase quelconque. En effet, la pepsine proprement dite peut être considérée comme un mélange d'une substance réellement active et de matières inertes. Une purification bien conduite devrait éliminer graduellement les substances étrangères sans altérer le corps actif. Le produit final qui sous le poids minimum produirait l'effet maximum pourrait être considéré comme la vraie pepsine. Celle-ci soumise à l'analyse fournirait les données définitives à la constitution de cette substance.

Malheureusement, cette méthode, qui rappelle celle suivie par les savants qui ont isolé le radium, ne peut être ici rigoureusement appliquée. Les précipitations qu'on réalise au moyen des sels ou de l'alcool débarrassent bien la diastase d'une partie des substances inertes, mais en même temps elles affaiblissent considérablement la substance active. Dans le produit final on ne retrouve pas une activité beaucoup plus grande, correspondant à la quantité d'impuretés enlevées. Autrement dit, les pepsines les plus pures ne sont pas toujours celles qui sont les plus actives. C'est ainsi qu'une pepsine brute, obtenue par la méthode de PETIT, peut dissoudre pour 1 de diastase 100.000 de fibrine. En purifiant ce produit par les meilleures méthodes existantes, on enlève jusqu'à 80 °/₀ de substance et le produit qu'on obtient ne possède qu'une activité de 10 à 20 °/₀ seulement plus grande que celle du produit initial. Tandis que cette pepsine purifiée aurait dû dissoudre 500.000, elle dissout à peine 110.000 à 120.000 de fibrine.

Si l'on compare les compositions centésimales d'une pepsine avant et après purification, on ne constate point de différences sensibles, exception faite pour les sels, évidemment. Ce résultat peut être interprété de deux façons. Ou bien les impuretés et la substance active ont des compositions analogues, et alors la diastase appartient au groupe des matières albuminoïdes, ou bien la quantité réelle de substance active est tellement petite qu'elle n'influe pas sur la composition de la matière inerte. Cette dernière hypothèse n'est nullement invraisemblable. On sait que les diastases ont le pouvoir d'adhérer à une foule de substances. Dans les muqueuses et dans le suc gastrique il se trouve des albuminoïdes sur lesquels la pepsine serait fixée, et toutes les séparations qu'on effectuerait n'aboutiraient pas à les désunir. Les sels les précipiteraient en différentes proportions, mais toujours ensemble.

On doit à Nencki et Siber, à Samanoski et à Pekelharing, toute une série d'analyses de pepsine. Celles-ci ont toujours été faites sur des produits purifiés possédant un assez fort pouvoir diastasique. Les méthodes de purification employées furent très différentes et les pepsines obtenues se distinguaient au point de vue de leur activité. Néanmoins, il est très curieux de constater que les résultats donnés par ces auteurs sont très voisins et tout à fait comparables à ceux fournis par l'analyse du blanc d'œuf :

	PEKELHARING	NENCKI et SIBER	SAMANOSKI	Blanc d'œuf
C	51,99	51,26	50,37	54,3
H	7,07	6,74	6,88	7,1
N	14,44	14,93	14,55	15,8
S	1,63	1,5	1,35	1,8
Cl	0,49	0,48	0,89	—
Cendres . .	0,1	—	—	—

Pekelharing considère sa pepsine comme un enzyme pur dépourvu de substance inerte. Il prétend que cette diastase est une matière albuminoïde, ou mieux qu'elle se trouve intimement fixée sur la matière albuminoïde ; il justifie sa manière de voir par les considérations suivantes :

1) La pepsine devient inactive si on la chauffe à 100° ; or, en même temps la substance albuminoïde se coagule, et cette transformation entraîne la destruction de la diastase.

2) Quand on sature à moitié une solution de pepsine avec du sulfate d'ammoniaque, la matière albuminoïde se trouve précipitée en même temps que la substance active qui lui est adhérente.

3) Les solutions de pepsine acidifiées se coagulent par la chaleur, et la quantité de coagulum qu'on obtient est proportionnelle à l'activité du liquide; plus la solution est active, plus le coagulum est grand.

La démonstration de PEKELHARING ne résoud pas complètement le problème : il est en effet difficile d'admettre, pour les raisons données plus haut, que sa pepsine purifiée est une substance pure.

Ce qu'il faut cependant retenir, c'est que le phosphore n'entre pas dans la composition de la pepsine ; qu'au contraire, tous les échantillons examinés contiennent du chlore ; qu'enfin, les cendres peuvent être réduites à 0,1 %, et que toujours dans ces cendres on constate la présence du fer. Jusqu'ici on n'a pas pu obtenir la pepsine exempte de matières minérales. Il est vrai que la présence de 0,1 % de cendres représente une teneur très faible ; mais si l'on prend en considération ce fait que la préparation analysée par PEKELHARING était loin d'être une pepsine pure, on est conduit à admettre pour la diastase véritable, exempte de matières étrangères, une proportion de cendres beaucoup plus grande.

Au reste, il n'est nullement démontré qu'on doive considérer ces substances minérales comme une impureté. Les données fournies par BERTRAND et LISBONNE justifient l'hypothèse qui envisage la matière minérale comme une partie essentielle de la substance active. BERTRAND a démontré la présence constante de manganèse dans la laccase. Cet élément est pour cette diastase un principe constituant ; en tout cas, il fonctionne comme activant et comme convoyeur d'oxygène. D'après ce savant, on doit envisager les oxydases comme de véritables combinaisons de manganèse avec des substances à fonction acide, de nature protéique. L'étude de l'amylase conduit à des résultats analogues. LISBONNE a constaté que les amylases salivaire, pancréatique et végétale, débarrassées complètement de substances minérales, n'agissent pas sur l'amidon exempt de sels. La diastase déminéralisée peut être rendue à nouveau active, si on l'additionne de chlorure de sodium ou de chlorure de calcium. Ces expériences, qui se rapportent à deux classes différentes de diastases, nous montrent que la substance minérale doit être envisagée comme co-ferment. Il est très probable que lorsqu'on étudiera de plus

11

près la constitution de la pepsine, on y décélera l'importance des substances minérales, et notamment du fer, dont on remarque toujours la présence dans cette diastase.

§ 2.

Pouvoirs dissolvant et peptonisant
de la pepsine.

Démonstration du pouvoir dissolvant : *Méthode Effront*. — Pour mettre en évidence le pouvoir dissolvant de la pepsine, on peut se servir d'un lait d'albumine coagulée contenant 4 % d'albumine (1). On verse dans une série de 6 fioles 20 cc. de ce liquide, qui a été préalablement passé au tamis très fin, et l'on ajoute dans chacune 1,5 cc. de HCl (N). Dans les 5 premières fioles on verse de 5 à 1 cc. d'une solution de pepsine à 1 %₀ ; la sixième ne reçoit rien et servira de témoin. Puis on amène tous les liquides au volume de 40 cc., en complétant avec de l'eau distillée, et on place le tout dans un bain-marie à 50°. Le vase témoin restera blanc pendant toute la durée de l'expérience. Le vase, qui a reçu 5 cc. de solution de pepsine, deviendra très rapidement limpide par suite de la dissolution de l'albumine. Quant aux autres liquides, ils s'éclairciront progressivement, la dissolution complète de l'albumine dans les 5 premiers vases se faisant dans l'espace de 20 à 30 minutes.

Méthode de Grützner. — Cette méthode est basée sur la propriété que possède la fibrine d'absorber la matière colorante : la fibrine colorée en se dissolvant colore le liquide, et d'après l'intensité de sa coloration on juge de la marche de la dissolution de la fibrine. Pour réaliser cette expérience, on fait gonfler la fibrine dans une solution ammoniacale de carmin ; on lave ensuite à l'eau et l'on met à macérer le

---

(1) Pour le mode de préparation de ce lait, voir le chapitre relatif à l'analyse de la pepsine (méthode Effront).

produit dans HCl à 0,2 % : on obtient ainsi une masse gélatineuse, translucide et colorée, qu'on dessèche sur du papier. Pour les essais, on emploie de 0,25 à 0,5 gr. de fibrine colorée et 50 cc. de HCl à 0,2 % et l'on ajoute la pepsine. Le liquide, qui est incolore au début, prend une teinte de plus en plus prononcée.

Pour une démonstration devant un auditoire, on peut procéder ainsi : on remplit un entonnoir de fibrine colorée, puis on asperge la masse gélatineuse avec une solution de pepsine ; la liquéfaction commence aussitôt et le liquide qui s'écoule de l'entonnoir est coloré. Au lieu de fibrine, on emploie aussi quelquefois de la viande : on choisit de la viande maigre, hachée, et l'on opère en présence de 10 parties HCl à 0,2 %. La dissolution est alors assez rapide, mais elle n'est pas complète et le liquide reste trouble.

Démonstration du pouvoir peptonisant : *Méthode à l'édestine.* — Le pouvoir peptonisant de la pepsine s'exerce beaucoup moins rapidement que le pouvoir dissolvant. Sous l'action de la pepsine, il se produit une hydratation progressive, qui détermine la formation d'acides-albumines, d'albumoses, corps qui se précipitent par saturation de la liqueur avec du sulfate de zinc ou du sulfate d'ammoniaque, puis de dérivés qui sont des polypeptides complexes. Les transformations chimiques que subit la matière albuminoïde sous l'influence de la pepsine feront d'ailleurs l'objet d'un prochain chapitre.

Pour la démonstration du pouvoir peptonisant, on peut se servir de la méthode de FULD à l'édestine. On emploie une solution à 0,5 % d'édestine, faite dans HCl à N/30, et l'on répartit cette solution filtrée, à raison de 10 cc. dans chacun, dans une série de tubes à essai. On ajoute dans le tube témoin 10 cc. HCl N/30, tandis que dans les autres tubes on met 0,5 cc., 1 cc., 2,5 cc., 5 cc. solution de pepsine à 0,5 % dans HCl N/30, et on complète les volumes à 20 cc. avec HCl N/30. Après 10 ou 15 m. à la température ordinaire, on ajoute dans tous les tubes 5 cc. de NaCl à 10 %. Dans le tube témoin, l'édestine se précipite : le liquide devient complètement opaque ; au contraire, dans le tube qui a reçu le maximum de pepsine, on n'observe aucun trouble; les tubes intermédiaires donnent des louches d'autant plus marqués qu'ils ont reçu moins de pepsine.

Remarques. — I. — Les deux pouvoirs, dissolvant et peptonisant, de la pepsine, se retrouvent toujours dans toutes les préparations actives ; ces deux propriétés se manifestent même ordinairement avec une égale intensité, un produit qui liquéfie rapidement ayant aussi la faculté de peptoniser en peu de temps. Cependant, cette règle n'est pas générale. Nous verrons, en effet, que les conditions qui favorisent l'une des propriétés ne sont pas toujours celles qui favorisent l'autre, et que, de plus, dans les pepsines sécrétées par des bactéries ou des moisissures, on trouve des cas où les deux propriétés ne s'exercent nullement de pair.

II. — Les essais faits avec l'édestine montrent que l'action peptonisante est rapide, même à la température ordinaire. Cependant ce qu'on observe ainsi ne correspond qu'à la toute première phase de la transformation : pour arriver au terme de la peptonisation, il reste encore un très long chemin à parcourir, représentant un travail chimique considérable. Malheureusement, on ne possède point de réactifs indiquant la fin de la réaction de la peptonisation. Au moment où l'action digestive est totalement arrêtée, on trouve encore dans le liquide des débris moléculaires formés au début de la digestion.

Emploi du réactif au tanin. — Ces transformations profondes, que subissent les albuminoïdes, sous l'influence de la peptolyse, peuvent être suivies à l'aide d'une solution de tanin additionnée d'acide tartrique, solution qui précipite la substance albuminoïde naturelle, ainsi que les albumoses (1). Au début de la peptonisation, presque la totalité de la substance

---

(1) On prépare cette solution en dissolvant 100 gr. de tanin dans 1 litre d'eau, en ajoutant 100 cc. de soude normale, puis 80 cc. d'acide tartrique à 10 °/o, et en amenant le tout à 2 litres. On emploie pour chaque dosage 150 cc. de cette solution. Le précipité est lavé sur un filtre avec la solution fraîche de tanin, puis traité pour la détermination de l'azote par la méthode de Kjehldahl.

azotée est précipitée par ce réactif, puis, au fur et à mesure que la digestion avance, le précipité devient de moins en moins abondant. Voici des chiffres relatifs à une peptonisation d'albumine acidifiée, en présence d'une faible dose de pepsine, à la température de 40°.

VARIATION DE L'AZOTE TANIN AU COURS DE LA DIGESTION.

Durée de la digestion.	Azote précipité o/o de l'azote total.
Au début.	91 o/o
1 jour.	60
2 jours	47
5 »	30
10 »	25
20 »	21
60 »	11

On voit qu'après 24 heures, 60 % de l'azote total sont encore précipitables par le tanin, tandis qu'au bout de 60 jours, il n'y en a plus que 11 %. Cependant cet azote précipitable restant est encore susceptible en grande partie d'être digéré et d'être transformé en azote non précipitable, sans que toutefois on arrive jamais à débarrasser le liquide de toutes les substances précipitables par le tanin ou le sulfate de zinc.

§ 3.

Action de la température.

Influence de la température sur les pouvoirs dissolvant et peptonisant. — Les deux pouvoirs de la pepsine, le pouvoir dissolvant et le pouvoir digestif, se trouvent considérablement influencés par la température, mais à des degrés très différents. Quand on maintient une solution de pepsine pendant quelque temps à une température de 68°, on constate que le liquide perd presque totalement son pouvoir peptonisant, tandis que son action sur l'albumine coagulée ou sur la fibrine est encore très prononcée. EFFRONT, en déterminant la durée de la solubilisation de l'albumine à des températures différentes, est arrivé aux résultats suivants :

INFLUENCE DE LA TEMPÉRATURE
SUR LA DURÉE DE LA SOLUBILISATION DE L'ALBUMINE.

Températures	Minutes
45	35
50	17
55	15
58	10
60	6
65	5
75	3 heures

Les essais ont été faits avec de l'albumine coagulée finement divisée et tamisée. Avec ce produit suffisamment homogène, la température optima était de 65°; à 50°, la pepsine agissait trois fois moins vite.

La température de l'optimum est très voisine de la température de destruction. A la température de 65°, la pepsine agit très rapidement au début; mais bientôt l'action se ralentit, par suite de la destruction de la matière active. L'influence d'une chauffe prolongée se trouve résumée dans le tableau suivant :

INFLUENCE D'UNE CHAUFFE PRÉALABLE
SUR LE POUVOIR DISSOLVANT DE LA PEPSINE.

Numéros	Température	Pouvoir dissolvant	
		Après 1 h.	Après 6 h.
1	40°	100	100
2	50	100	100
3	60	100	80
4	65	91	75
5	70	27	0

La solution de pepsine est maintenue à des températures variant de 40 à 70° pendant 1 et 6 heures. Après ces laps de temps, on prélève 1 cc. de diastase, on ajoute une certaine quantité de lait d'albumine et l'on abandonne à 50°. On voit que pour (1) et (2), où la pepsine a été préalablement chauffée à 40 ou 50°, le pouvoir liquéfiant s'est conservé même après 6 heures de chauffe. Au contraire, un séjour de 6 heures dans un bain à 60° abaisse le pouvoir liquéfiant à 80.

Dans ces essais, la pepsine a montré une assez bonne résistance à l'action de la température : c'est qu'en effet les liquides avaient été préalablement neutralisés d'une façon parfaite. Si on laisse, au contraire, une faible acidité, la diastase se conserve beaucoup moins bien, même à des températures sensiblement moins élevées.

ACTION D'UNE CHAUFFE PRÉALABLE

SUR UNE PEPSINE TRÈS LÉGÈREMENT ACIDE.

Températures	Temps en minutes	Pouvoir liquéfiant
30°	15	100
50	15	83
50	30	78
50	60	71

Avec des doses un peu grandes d'acide, la pepsine se montre encore beaucoup plus sensible à l'action de la température, cette sensibilité croissant considérablement avec l'acidité. Voici, d'autre part, comment varie la température optima quand on emploie des quantités diverses d'HCl :

Avec 1.5 gr. HCl °/₀₀, la température optima est de 65°
— 3 » — 55°
— 4 » — 50°

La température optima se trouve aussi influencée, jusqu'à un certain point, par la concentration des liquides et leur teneur en sels. Pour l'albumine, celle-ci dépend encore de son état de coagulation. C'est ainsi qu'avec une albumine coagulée à 85°, on observe un optimum supérieur de 6° à celui fourni avec une albumine coagulée à 70°.

Tous ces faits, qui montrent la grande sensibilité de la pepsine à l'égard des agents physiques ou chimiques, expliquent pourquoi les données fournies par les auteurs sur la température optima varient autant. La raison en est qu'on se plaçait chaque fois dans des conditions différentes. D'après PAWLOW et JACOBI, la pepsine serait déjà très sensible à l'action d'une température de 44°. Ces savants constatèrent de plus la destruction presque complète de la pepsine après une chauffe de 10 minutes à 51°. L'optimum du pouvoir peptonisant de la pepsine se trouve compris entre 40 et 45°. Dans une digestion de peu de durée, c'est la température de 45° qui se trouve la mieux appropriée ; au contraire, une peptonisation profonde exigeant un temps prolongé, s'obtient de préférence à 40°.

D'après AGRO et SAGO, la pepsine se montre déjà active à une température voisine de 0°, vis-à-vis de la ricine. A la température de 8°, l'action est très prononcée. D'autre part, on sait que l'édestine est transformée à la température ordinaire. Quant à l'albumine et à la fibrine, elles ne sont à peu près aucunement attaquées par la pepsine aux basses températures. Ces faits montrent donc que l'action de la diastase protéolytique depend encore de la nature des corps sur lesquels elle agit.

La grande sensibilité que présente la pepsine vis-à-vis de la chaleur provient surtout de l'eau qui l'accompagne. La pepsine en poudre peut supporter pendant 20 minutes l'action de 108° sans perdre sa propriété digestive. Les solutions de pepsine additionnées de peptone, de sucre ou d'autres matières, supportent mieux la chaleur que des solutions de pepsine pure. La faculté que possède la pepsine en poudre de supporter de hautes températures sans se détruire, est mise à profit pour conduire des expériences dans des conditions stériles : on stérilise séparément le liquide à peptoniser, ainsi que la pepsine conservée dans un petit tube ; puis, avec les précautions voulues, on mélange les deux produits.

Action de la température sur l'état physique de la pepsine. — L'influence que peut exercer la chaleur sur les solutions de pepsine ne se laisse pas toujours contrôler par l'analyse directe, et cependant elle est réelle. C'est ainsi qu'une solution de pepsine, affaiblie légèrement à la suite d'une chauffe rapide, offre une résistance bien moindre aux conditions physiques et chimiques du milieu. La température optima, la dose d'acidité la plus favorable, etc., se trouvent modifiées. On remarque aussi une sensibilité plus grande au chloroforme, aux fluorures et aux autres antiseptiques. D'une façon générale,

on peut dire que la chaleur change considérablement lés
rapports existant entre la pepsine et les antiseptiques. Les
modifications subies par la pepsine se manifestent aussi par ce
fait que les solutions supportent beaucoup moins bien l'agitation après la chauffe qu'avant. Une pepsine portée préalablement
à 45° et agitée ensuite très fortement perd la presque totalité de
son pouvoir diastasique.

Enfin, voici des faits d'un autre ordre qui sont, eux aussi,
très concluants : quand on ajoute du sérum de cheval à une
solution de pepsine, on rend celle-ci inactive par une sorte de
neutralisation. Cette action est régulière : si, par exemple, une
partie de sérum neutralise une certaine quantité de pepsine,
ou mieux, un certain nombre d'unités de pepsine, on trouve
qu'une dose double de sérum neutralise un nombre double
d'unités de pepsine. Or, cette constance entre la substance
active de la pepsine et le pouvoir antipeptique du sérum ne se
retrouve plus quand on emploie une pepsine maintenue préalablement à 50°. Avec une partie de sérum on arrive à saturer
plus de pepsine chauffée que non chauffée. La quantité de
pepsine qu'on neutralise avec la même partie de sérum augmente avec la durée du séjour de la diastase à 50°, et cela
en proportion considérablement plus élevée que la destruction
que peut révéler l'analyse. L'antipepsine se montre donc, à ce
point de vue, un réactif beaucoup plus sensible que l'albumine,
pour déceler une diminution d'activité due à une chauffe
modérée. Nous retrouverons des faits absolument analogues
dans l'étude de l'antitrypsine.

Régénération d'enzymes. — On admet généralement
qu'au voisinage de 100°, les enzymes se détruisent définitivement. La température destructive des enzymes d'origine végétale se trouve ordinairement vers 80°, tandis que pour les
enzymes d'origine animale, elle est située vers 70°. Ces données,
qui ont été considérées comme définitives, ne s'appliquent pas
cependant à certaines oxydases qui supportent une température de 100°. En 1907, G. BERTRAND et W. MUTERMILCH
ont observé que la solution de tyrosinase, chauffée à 95°,

devient inactive, et que cette inactivité n'est que passagère. Dans la solution conservée, après le traitement à 95°, on observe une sorte de révivification de la diastase, et bientôt la solution reprend son pouvoir d'oxyder la tyrosine. Mais il y a plus : en 1908, KULSOHNS a démontré que l'oxydase du raifort se détruit à 100°, mais qu'elle se reforme ensuite quand on abandonne le liquide à la température ordinaire. Cette régénération s'observe aussi avec les solutions de l'enzyme porté à 115°. En 1910, GRAMENTZKI a observé un phénomène identique avec la toka-diastase, la maltine de MERCK, la pancréatine et l'invertine. La toka-diastase contient un enzyme saccharifiant de l'amidon qui se détruit à 80°. La solution chauffée à 95°, puis maintenue à la température ordinaire, devient de nouveau active :

RÉGÉNÉRATION DE LA TOKA-DIASTASE.

	Pouvoir diastasique.
Liquide non chauffé	12
Liquide chauffé à 95° et analysé après quelques minutes .	0.6
— — — 25 minutes . . .	4.2
— — — 1 heure 15 minutes	5.5
— — — 6 heures	8.2
— — — 30 minutes . . .	8
— — — 5 jours.	12.0

La régénération se produit encore dans un liquide porté à 115° pendant 15 minutes :

Liquide chauffé à 115° et analysé immédiatement . .	0
— — — après 3 jours. . .	0
— — — — 5 — . . .	0.5
— — — — 29 — . . .	2.3

Des données fournies par GRAMENTZKI, il résulte que la régénération dépend de la température à laquelle le liquide a été porté au début : le liquide chauffé à 95° se régénère facilement; au contraire, celui chauffé à 115° demande plus de temps à reprendre une certaine activité, et le produit final obtenu correspond à un pouvoir diastasique plus faible. La régénération dépend aussi de la température à laquelle on abandonne le liquide après la chauffe. A la température de 50°, il ne se produit aucune régénération. A 45°, elle est très imparfaite ; à 40°, elle est très rapide, mais jamais complète. Au contraire, à la température ordinaire, elle est lente, mais complète. La régénération se fait dans les liquides fortement dilués plus facilement que dans les liquides contenant beaucoup de diastase. L'invertine, l'amylase, la pancréatine se régénèrent plus difficilement que la diastase de Toka, mais les résultats obtenus avec ces produits sont tout aussi probants.

La donnée nouvelle apportée par le savant russe ouvre un horizon tout à fait imprévu pour l'étude des diastases. Sans pouvoir confirmer les données apportées par GRAMENTZKI, EFFRONT cite une observation qui se rattache à cette question. Nous avons vu qu'en exposant à l'action de la lumière une solution stérile de dérivés albuminoïdes, on obtient à la longue une peptonisation très profonde, ainsi que la formation, dans le liquide, de faibles quantités d'eau oxygénée. Ces essais ont porté sur les produits d'une hydrolyse modérée, obtenue d'une part avec les acides, d'autre part avec de la pepsine. Or, avec ces derniers produits, on a toujours constaté une action plus rapide qu'avec les produits provenant d'une digestion par l'acide. Il serait à rechercher si l'on ne se trouve pas ici en présence d'une superposition d'effets dus à l'action de la lumière, à laquelle s'ajouterait l'action d'une pepsine régénérée.

§ 4.

Actions de la lumière et de l'agitation.
Absorption de la pepsine.

Action de la lumière. — La pepsine en solution, exposée à la lumière, subit une altération profonde. La substance active se trouve détruite et l'on constate même un changement dans la nature de la substance albuminoïde. Avant l'exposition au soleil, les solutions de pepsine précipitent par le sulfate de zinc ; une insolation prolongée empêche la formation de ce précipité. Le travail produit n'est pas une autodigestion proprement dite. L'action est plus profonde, car dans les produits formés on trouve de l'ammoniaque et des acides gras, corps qui dépassent la limite de l'action même de la pepsine.

Voici la méthode suivie et les résultats trouvés par EFFRONT dans ses essais sur l'action de la lumière : 5 gr. de pepsine en poudre, contenus dans un tube, sont stérilisés à 110° pendant 20 minutes. Le tube est renversé dans 500 cc. d'eau stérilisée. On abandonne le mélange, bouché avec un tampon d'ouate, à l'action de la lumière. D'autre part, comme essai témoin, on emploie une solution de 5 gr. de pepsine dans 500 cc. d'eau, solution stérilisée pendant 20 minutes à 110°. Après trois mois d'insolation, on soumet les liquides à l'analyse.

ACTION DE LA LUMIÈRE SUR DES SOLUTIONS DE PEPSINE STÉRILISÉE.

	Liquide avec pepsine stérilisée à sec	Liquide avec pepsine stérilisée en solution
Azote ammoniacal	110 milligr.	92 milligr.
Acides volatils	430 »	370 »
Précipité par le SO⁴Zn	0 »	0 »
Substance active.	0 »	0 »

Dans les deux liquides on constate une dégradation moléculaire de la matière albuminoïde très prononcée. Cependant, dans l'essai avec la pepsine stérilisée à sec, le travail semble être un peu plus avancé.

La destruction de la pepsine par la lumière a été étudiée par TAPPEINER, IODELBAUER, SCHMIDT-NIELSEN, etc. DREYER et HANSSEN ont cherché à établir la loi de l'action de la lumière, et ils ont trouvé que l'affaiblissement progresse régulièrement sous l'influence d'un éclairage continu. Si a exprime la quantité de corps à l'origine, x la quantité qui a changé pendant un temps t, et k une constante, la destruction de la diastase est représentée d'une manière très satisfaisante par la formule de la réaction monomoléculaire : $\frac{dx}{dt} = k\,(a - x)$. De plus, cet affaiblissement est dû, avant tout, aux rayons ultra-violets retenus par le verre.

Action de l'agitation. — Les enzymes protéolytiques subissent d'importantes modifications sous l'influence de l'agitation. Ce phénomène a été observé par ABDERHALDEN et GUGGENHEIM sur la trypsine, le suc pancréatique et l'extrait de levure, par SCHMIDT-NIELSEN sur la présure, par HORLOW sur la ptyaline, par SHAKLLE et MELTZER sur la pepsine. Les résultats dépendent d'ailleurs des conditions expérimentales dans lesquelles s'effectue cette agitation : sa durée et sa vitesse, la teneur du liquide en enzyme, la température, etc., jouent un rôle important dans ce phénomène. Une solution active, introduite dans un tube à réactif et agitée pendant 2 minutes, peut perdre jusqu'à 75 % de son activité. Après 5 minutes, la disparition est presque totale : il reste seulement 3 à 4 % de substance active. L'action de la vitesse du mouvement est manifeste : un liquide agité à raison de 300 chocs à la minute devient inactif quatre fois plus vite que si l'agitation ne se fait qu'à raison de 100 chocs. Voici l'influence de la température : l'inactivation par agitation se produit déjà d'une façon sensible à 0°; elle croît avec la température et à 30°, elle est quatre fois plus forte qu'à 0°.

L'inactivation par agitation est surtout rapide dans un milieu neutre ou alcalin. L'addition de 0.5 cc. % HCl N/10 ralentit immédiatement le phénomène. D'ailleurs, les acides ne se comportent pas tous de la même manière. Le maximum d'effet est obtenu avec HCl. Les acides lactique, oxalique, tartrique, aux mêmes doses, agissent beaucoup moins activement. L'acide acétique est sans action; les acides phosphorique et citrique produisent un effet moindre que l'acide lactique. Enfin les solutions fortement diluées des enzymes se détruisent plus rapidement que les solutions plus riches.

On a cherché à expliquer cette disparition de l'activité des ferments par l'agitation par des changements provoqués sous l'action mécanique dans leur structure moléculaire. On voyait dans ces faits une analogie avec ceux observés déjà chez des cellules vivantes. En réalité, ce phénomène est dû à la tension superficielle. Sous l'influence de l'agitation, la substance en solution se répartit différemment dans le liquide, et, de plus, elle adhère aux parois du vase. Quand on prélève un échantillon d'une solution de pepsine soumise à l'agitation, on constate qu'à un moment donné le liquide est dépourvu d'activité. Cependant cette disparition n'est pas définitive : abandonné au repos, le liquide redevient peu à peu actif, et au bout d'une heure il possède à nouveau un pouvoir digestif très fort, quoique inférieur à celui du début.

La reprise de l'activité correspond à la disparition complète de la mousse : à partir de ce moment, le liquide ne s'active plus par le repos. C'est donc dans la mousse que la pepsine se trouve concentrée : si l'on recueille cette partie du liquide et qu'on l'abandonne quelque temps jusqu'à ce qu'elle se soit résolue en eau, on trouve dans le liquide formé une teneur en substance active bien supérieure à celle du liquide d'où elle provient. La régénération de la substance active, par suite de la disparition de la mousse, ne correspond seulement qu'à 50 ou 70 % de la quantité d'enzyme initiale. Une part assez considérable ne se régénère donc point. Une certaine quantité se retrouve, il est vrai, sous forme de précipité, formé par l'agitation au sein même du liquide; mais elle ne constitue jamais la totalité du déficit. D'ailleurs, la plupart des solutions d'enzymes restent complètement transparentes, malgré l'agitation.

Il est possible de démontrer qu'une partie de la substance active devient adhérente aux parois du vase. Un tube contenant une solution de pepsine, dont on a déterminé le pouvoir digestif, est agité jusqu'à disparition de toute activité diastasique. On jette alors le liquide, on lave le tube à différentes reprises avec de l'eau, puis on le remplit une dernière fois avec de l'eau distillée, qu'on analyse de temps en temps. L'échantillon prélevé dans le premier quart d'heure ne contient pas d'enzyme. Mais après 2 ou 3 heures, on retrouve dans le liquide une quantité d'enzyme allant jusqu'à 20 % de la totalité de la substance active qui se trouvait d'abord dans le tube.

On peut donc conclure que ces faits, observés à la suite de l'agitation, sont de même nature que ceux que nous allons signaler maintenant à propos de l'absorption : ils résultent les uns et les autres du jeu des forces moléculaires. La substance dissoute se sépare du liquide : une partie pénètre dans la mousse, une autre adhère aux parois. La première se régénère rapidement et rentre dans le liquide après un certain repos. L'autre, invisible à l'œil nu, se redissout très lentement et beaucoup mieux dans l'eau ordinaire que dans la solution d'où elle est sortie. On est ainsi en présence d'un de ces phénomènes d'insolubilisation momentanée de diastases qui, en d'autres circonstances, comme dans la circulation sanguine, peuvent avoir de grandes conséquences.

Disons enfin, pour terminer, qu'on a pensé à utiliser ce phénomène très curieux pour la préparation des diastases pures. Malheureusement les expériences de ce genre ne sont pas très faciles; les agents qui activent la formation de la mousse, comme par exemple la saponine, au lieu de favoriser le phénomène, l'empêchent, au contraire, en éloignant l'albumine et les enzymes de la surface des liquides.

Absorption de la pepsine. — Quand on introduit de la fibrine humide dans une solution de pepsine, on constate qu'une notable partie de la substance active se trouve fixée par la matière albuminoïde et qu'en soumettant ensuite celle-ci à des lavages répétés, on n'enlève que difficilement la pepsine adhérente. Les différentes substances albuminoïdes ne se comportent pas toutes, à ce point de vue, de la même manière : comme matière absorbante par excellence, ABDERHALDEN cite l'élastine, qui fixe avec une grande facilité les enzymes protéolytiques; c'est d'ailleurs en vertu de cette propriété qu'on utilise cette substance pour l'exploration des organes, afin de savoir comment les diastases y sont réparties.

Ce pouvoir absorbant, vis-à-vis des enzymes, des matières albuminoïdes, et notamment du tissu conjonctif, joue un rôle très important dans le phénomène de la digestion. Les substances azotées non encore digérées absorbent la pepsine qui se trouve ainsi, dans une certaine mesure, soustraite à l'action funeste du milieu, si celui-ci devient alcalin. La diastase peut donc exercer son action plus longtemps dans le tube digestif, et gagner l'intestin, où règne déjà une certaine alcalinité. En cet endroit, la protéolyse se poursuit plus profonde, car elle est alors le résultat des actions combinées de la pepsine, de la trypsine et de l'érepsine. D'ailleurs cette désagrégation moléculaire est d'autant plus facile que les produits de décomposition qui, *in vitro*, arrêtent la réaction, sont ici éliminés par une rapide absorption.

On a considéré pendant longtemps cette fixation de la substance active sur la matière protéique comme une preuve de l'existence d'une combinaison passagère de la diastase avec le corps sur lequel elle agit. Des travaux récents ont réduit à néant cette manière de voir. En réalité, la pepsine se fixe sur un grand nombre de substances qui ne sont nullement modifiées par elle. MICHAELIS et EHRENREICHE ont étudié de plus près ce phénomène d'absorption. Ils introduisent dans une solution de pepsine à 0.5 % différents corps inertes et analysent ensuite les liquides filtrés. Dans ces essais, ils emploient pour 20 cc. de solution de pepsine, 8 à 10 grammes de substance absorbante. Ils constatèrent que la solution devient inactive ou perd sensiblement de son activité, en présence de charbon, de kaolin, d'alumine ou de talc. Le charbon de sang se montre environ deux fois plus absorbant que le charbon d'os. La réaction de milieu influence aussi très manifestement l'absorption : c'est ainsi que l'alumine retient beaucoup mieux la pepsine en milieu acide qu'en milieu neutre.

Le phénomène d'absorption dépend, d'après FREUDLICH, de la tension superficielle du liquide. MICHAELIS voit, au contraire, dans l'absorption une conséquence de la nature chimique et électrochimique des enzymes. Ce dernier auteur constate que la trypsine est absorbée par le kaolin, tandis que la pepsine ne l'est point. Ces deux enzymes sont, par contre, retenus par l'alumine. La pepsine, d'après MICHAELIS, aurait un caractère acide, tandis que la trypsine serait amphotère, c'est à-dire douée des deux fonctions acide et basique. Cet auteur appuie d'ailleurs cette manière de voir sur toute une série d'essais faits avec différents enzymes. La différence d'absorption qu'on observe suivant la nature du milieu et le fait que les diverses diastases se comportent différemment vis-à-vis des absorbants, nous expliquent pourquoi la méthode indiquée par BRÜCKE, qui consiste à précipiter une diastase de sa solution par la formation d'un précipité de phosphate de calcium, ne peut pas s'appliquer à la préparation de toutes les diastases. En ce qui concerne la pepsine, son entraînement par un précipité de phosphate de chaux, fait dans le milieu même, avec une réaction légèrement acide, se réalise assez bien, mais pour chaque diastase il faut chercher les conditions convenables, et parfois même changer la nature du précipitant.

A ces faits, relatifs à l'absorption, se rattachent ceux observés quand on se propose de filtrer une solution de pepsine à travers une bougie CHAMBERLAND. HOLDERER a reconnu en effet que la réaction de milieu joue un très grand rôle dans la filtration de cette diastase.

§ 5.

Influence des conditions chimiques.

Action des acides. — La pepsine ne fournit point de travail dans un milieu alcalin. L'optimum de l'action diastasique s'obtient dans un milieu franchement acide. Le suc gastrique de chien a une acidité en HCl de 3.8 à 5.6, soit en moyenne 5.4 gr. par litre. Le suc gastrique de l'homme en possède une variant de 1 à 3 °/oo. Au cours de la digestion dans l'estomac, l'acidité provenant du suc gastrique se trouve considérablement diluée, et la dissolution et la peptonisation des substances albuminoïdes se font en présence d'une quantité d'acide relativement faible. *In vitro*, le suc gastrique fournit le meilleur travail quand il renferme 2 gr. HCl °/oo. Dans les essais faits avec des solutions de pepsine, on constate, au contraire des différences très grandes pour l'acidité optima, suivant les matières albuminoïdes employées. Des expériences de PETIT, il résulte que l'albumine se digère le mieux en présence de 1.5 gr. °/₀₀ HCl, tandis que la fibrine demande une quantité double d'acide. Les doses d'acide exigées dépendraient aussi, d'après KONOVALOFF, de la pureté de la pepsine employée, les pepsines peu actives demandant généralement une quantité d'acide plus grande que les pepsines de bonne qualité.

L'acide chlorhydrique peut être remplacé, jusqu'à un certain point, par d'autres acides minéraux ou organiques :

Acide			
Acide	chlorhydrique.	1.5	gr. par litre.
»	sulfurique	5 à 10	» »
»	bromhydrique	5 à 10	» »
»	phosphorique.	5 à 10	» »
»	formique	10	» »
»	lactique.	20	» »
»	tartrique	10 à 40	» »
»	citrique.	20 à 40	» »
»	malique.		

L'acide phosphorique vitreux, les acides acétique, butyrique, valérique, succinique n'ont pas d'effet à la dose de 40 gr. par litre.

Les actions parallèles de l'acide chlorhydrique et de l'acide sulfurique ont été déterminées aussi par EFFRONT sur la fibrine et sur l'albumine. Voici les résultats :

PEPTONISATION DE FIBRINE EN PRÉSENCE D'ACIDE CHLORHYDRIQUE ET D'ACIDE SULFURIQUE.

	Doses		Fibrine dissoute	
Acide chlorhydrique.	1	°/₀₀	2	gr.
	1.5	»	2.65	»
	2	»	2.57	»
Acide sulfurique	3	°/₀₀	1.25	gr.
	5	»	1.3	»
	7	»	1.2	»

La dose optima pour HCl serait donc de 1.5 °/₀₀, tandis que pour SO⁴H² elle est de 5 °/₀₀. Pour cette détermination, on s'est servi de 20 gr. de fibrine humide, contenant 3 gr. de substance sèche. La digestion a été faite en présence de 60 cc. d'acide dilué et avec 5 milligr. de pepsine; elle a duré 3 heures à la température de 50°.

Pour l'expérience avec l'albumine, on s'est servi de 5 gr. de blanc d'œuf, coagulé puis réduit en très menus fragments, de 30 cc. d'acide et de 5 milligr. de pepsine ; l'opération a duré 2 heures à 50°.

PEPTONISATION D'ALBUMINE EN PRÉSENCE D'ACIDE CHLORHYDRIQUE ET D'ACIDE SULFURIQUE.

	Doses	Albumine dissoute
Acide chlorhydrique	1.5 °/₀₀	2.7 gr.
» »	3 »	4.75 »
Acide sulfurique	5 »	3 »
» »	10 »	2.3 »

L'acide sulfurique fournit avec la fibrine et l'albumine un travail bien moins parfait que l'acide chlorhydrique, qui est l'agent qui accompagne partout la pepsine et qui, par suite, ne peut être que difficilement remplacé. L'optimum obtenu pour l'albumine coagulée correspond à 3 gr. HCl par litre.

Ces chiffres n'ont rien d'absolu. Ils peuvent varier suivant le degré de coagulation de l'albumine et aussi suivant la provenance de la pepsine. Mais ce qu'il faut remarquer, c'est qu'on obtient encore des chiffres tout autres si, tout en employant la même albumine coagulée et la même pepsine, l'état de division de l'albumine est différent. De l'albumine coagulée mise en suspension dans de l'eau et passée à travers un tamis très fin, a fourni les chiffres suivants :

HCl	Albumine dissoute
0.75 gr. par litre	4 gr.
1.5 » »	20 »
3 » »	13 »
6 » »	11 »

D'autre part, les expériences de ROGER et GARNIER montrent

que la dose optima d'acide dépend de la quantité de pepsine
employée :

VARIATION DE L'OPTIMUM D'ACIDITÉ AVEC LA QUANTITÉ DE PEPSINE EMPLOYÉE.

Quantité de pepsine. Pour 1000.	Dose optima de HCl. Pour 1000.
0.25 à 8	2.5
16	2.5 à 5
32 à 64	5
128	10

Il est à remarquer qu'un excès de pepsine, aussi bien
d'ailleurs qu'un excès d'acide, peut gêner la digestion. Cependant, en présence de quantités très faibles ou très grandes
d'acide, ce sont toujours les fortes doses de pepsine qui donnent
les meilleurs résultats. C'est ainsi qu'une proportion de 6 $^o/_o$ de
pepsine convient aussi bien pour 0.16 $^o/_{oo}$ d'HCl que pour 5 $^o/_{oo}$.

Action des alcalis. — Quand on alcalinise une solution
de suc gastrique avec du carbonate de potassium, de telle sorte
qu'il y ait 0.45 gr. de carbonate pour 100 cc. de liquide, on
modifie sensiblement la substance active. Si, à ce moment, on
ajoute du HCl, de façon à ramener ce suc à une acidité normale,
on constate que celui-ci est presque totalement dépouillé de
son pouvoir digestif. Cependant cette perte n'est pas définitive.
Pour faire réapparaître le pouvoir protéolytique, il suffit, au
lieu d'acidifier rapidement le suc primitivement alcalin, de le
ramener d'abord à l'état neutre, de le laisser ainsi quelque
temps, puis, seulement alors, de l'acidifier.

TICHOMIROF, qui a étudié ce phénomène, est d'avis que par
la neutralisation, on enlève l'acide libre contenu dans le suc
gastrique, tandis qu'en alcalinisant, on détruit la combinaison
formée par l'acide et l'enzyme, combinaison qui représentait
précisément le principe actif. Pour ramener l'enzyme de son
état latent à l'état actif, il faut maintenir le liquide à l'état
neutre un certain temps, afin que la combinaison diastasique
puisse se former à nouveau. Voici une expérience à ce sujet :

du suc gastrique, préalablement neutralisé, est alcalinisé à raison de 0.45 gr. CO^3K^2 par 100 cc. On neutralise ensuite soigneusement et on abandonne le liquide pendant quelque temps, puis on acidifie et l'on détermine le pouvoir digestif.

INFLUENCE D'UNE ALCALINISATION MOMENTANÉE SUR LE POUVOIR
DIGESTIF D'UNE PEPSINE.

Temps écoulé à l'état neutre, avant l'acidification	Pouvoir digestif
30 sec.	0
30 min.	$\frac{1}{159}$
1 heure	$\frac{1}{40}$
3 heures	$\frac{1}{25}$
4 heures	$\frac{1}{12}$
Témoin	1

Le témoin, qui n'a pas été alcalinisé, avait un pouvoir digestif pris pour unité. L'essai, qui a été alcalinisé, puis, après 30 secondes, acidifié, n'agissait plus. Au contraire, si on laisse le liquide 4 heures à l'état neutre, avant l'addition d'acide, on constate que le pouvoir digestif est déjà sensiblement revenu, puisqu'il représente le 1/12 de celui du témoin. La perte de l'activité d'une pepsine traitée dans ces conditions peut être réduite à une très faible proportion : c'est ce qui se produit quand on traite un suc gastrique, préalablement alcalin, par une quantité d'acide correspondant aux 4/5 de son alcalinité, qu'on l'abandonne ainsi 4 à 6 heures, puis qu'on l'acidifie.

Mécanisme de l'action de HCl. — Les travaux de W. GURBER, d'ERB, d'ARRHÉNIUS, ont montré que les matières albuminoïdes peuvent entrer en réaction avec l'acide chlorhydrique et former des combinaisons analogues au chlorhydrate d'ammoniaque. L'existence de celles-ci se laisse vérifier par l'abaissement constant du point de congélation des

dissolutions des produits d'hydrolyse des matières albuminoïdes additionnées de HCl. C'est par cette méthode qu'on a pu
établir qu'il s'agit de véritables combinaisons moléculaires :

1 molécule albuminoïde absorbe 4 mol. HCl
1   »   albumose   »   3 » »
1   »   peptone   »   2 » »

Or, il a été reconnu que la matière azotée, à l'état de
combinaison chlorhydrique, présente une bien moins grande
stabilité que sous la forme habituelle, et c'est précisément
dans cette aptitude à se désagréger offerte par la molécule
acide, que la pepsine trouve vis-à-vis d'elle une plus grande
facilité d'attaque. En outre, la plupart des auteurs admettent
que l'action de la pepsine est favorisée par les ions H libres.

Schütz a démontré cependant que l'acidité libre n'est
nullement indispensable pour l'action de la pepsine, et que la
peptonisation se produit déjà en milieu neutre. Il appuie sa
manière de voir sur l'expérience suivante : Il détermine d'abord
pour une solution d'albumine, la capacité acide, en ajoutant, à
10 cc. de la solution, de l'acide décime jusqu'à faible réaction
acide au papier Congo. Puis il met à digérer différentes fractions de ce même liquide, en ajoutant des quantités croissantes
d'acide, les premières doses étant insuffisantes pour saturer le
liquide.

DIGESTION D'ALBUMINE EN PRÉSENCE DE QUANTITÉS DIFFÉRENTES
D'HCl.

Capacité acide de la solution d'albumine : 10 cc. = 13 cc. $N/10$.

Solution d'albumine	Pepsine chlorhydrique	$N/10$ HCl	HCl total	Volume	Albumine digérée
10 cc.	1 cc.	4 cc.	5 cc. $N/10$	100 cc.	2.8 milligr.
10 »	1 »	9 »	10 » »	100 »	21 »
10 »	1 »	19 »	20 » »	100 »	91 »

On voit que l'optimum de l'action digestive s'obtient quand
la dose d'acide dépasse la capacité de saturation : soit 20 cc.

au lieu de 13. Mais la peptonisation est déjà très prononcée pour des quantités inférieures à la neutralisation. La marche de la peptonisation en présence des petites quantités d'acide ressort encore plus clairement des chiffres suivants :

DIGESTION D'ALBUMINE

EN PRÉSENCE DE QUANTITÉS DIFFÉRENTES D'HCl.

Capacité de neutralisation : 10 cc. = 14 cc. N/10.

Solution d'albumine	Pepsine HCl	N/10 HCl	HCl total	Volume	Albumine digérée
10 cc.	1 cc.	9 cc.	10 cc.	50 cc.	18 millig.
10	1	9	10	25	25
10	1	9	10	100	21
10	4	6	10	50	25
10	4	6	10	100	24

On voit que l'action de l'acide s'exerce en rapport de l'albumine présente et que la dilution ne joue point de rôle important. Il est aussi à remarquer que dans un milieu pauvre en acide, on n'accélère pas notablement la réaction en augmentant la proportion de pepsine. Les résultats de Schütz nous expliquent aussi pourquoi la dose optima d'acide varie avec les différents albuminoïdes : c'est parce que la capacité de saturation n'est pas la même pour tous ces corps.

Ils nous font enfin comprendre ce fait que le maximum d'activité coïncide avec une quantité d'acide dépassant la neutralisation. En effet, la pepsine agit exclusivement sur une combinaison chlorhydrique ; il faut donc qu'un liquide à peptoniser reçoive une quantité d'acide supérieure à la dose de saturation, l'excès étant destiné à empêcher les produits, qui se forment au cours de la digestion, corps de nature basique, de décomposer la combinaison de l'albuminoïde avec l'acide chlorhydrique. L'acide libre jouerait ainsi un rôle protecteur sans intervenir directement dans le mécanisme de la digestion.

La formation, au cours de la peptonisation, de produits basiques est précisément la cause qui ralentit la marche de la transformation. Le milieu, qui avait au début une petite quantité d'acide suffisante pour sa marche normale, la perd progressivement; et, d'un autre côté, on ne peut pas commencer la digestion avec une quantité exagérée d'acide, car la pepsine ne pourrait travailler dans ces conditions. En se basant sur ces observations, on a proposé avec raison de conduire la peptonisation d'une façon telle que l'acide soit ajouté progressivement au cours de la transformation. Ce mode de faire est surtout rationnel pour les digestions profondes et de longue durée.

Action des sels, des antiseptiques, des alcaloïdes et d'autres substances organiques. — Dans l'action des sels minéraux sur la peptonisation, il faut envisager différents facteurs. Certains sels précipitent l'albumine à des doses massives; mais avant même que la dose employée soit suffisante pour déterminer une précipitation, ceux-ci exercent déjà une action sur l'albuminoïde en modifiant sa sensibilité vis-à-vis de l'enzyme protéolytique. L'influence des sels sur la digestion s'exerce dans ce cas par voie indirecte. Ce n'est pas la pepsine qui a été ralentie, mais bien la substance protéique qui est devenue moins attaquable. C'est ainsi qu'en présence de certaines quantités de NaCl, la pepsine digère difficilement l'albumine. Mais une solution de pepsine additionnée de sel marin se montre très active après la dialyse.

Les sels minéraux peuvent aussi exercer une action directe sur la pepsine, soit en changeant la réaction de milieu, soit en déplaçant l'acide chlorhydrique, soit en modifiant la substance active. On possède un assez grand nombre de documents sur l'action des sels minéraux. Mais ces données sont loin d'être complètes et le mécanisme de l'action n'est éclairci que dans très peu de cas. A. PETIT est l'un des premiers qui ait étudié cette question. Dans ses essais, il emploie de la fibrine en présence de 3 $^o/_{oo}$ HCl, et une quantité de pepsine très supérieure à ce qu'il aurait suffi pour dissoudre la fibrine employée. L'action des différents sels sur une telle digestion pepsique est rapportée dans le tableau suivant :

ACTION DES SELS SUR LE POUVOIR DIGESTIF DE LA PEPSINE.

SELS EMPLOYÉS	Doses inactives. Millièmes	Doses qui retardent. Millièmes	Doses qui arrêtent. Millièmes
Chlorure de sodium.	10 à 80	—	160
Bromure de potassium.	10 à 80	—	—
Iodure de potassium	10 à 80	—	—
Prussiate jaune de potasse	10 à 40	—	—
Sulfate de magnésie.	10 à 160	—	—
Chlorhydrate d'ammoniaque. . . .	10 à 40	—	—
Sulfate de cuivre	10 à 40	—	—
» de zinc	10 à 40	—	—
Acétate de soude.	—	4	8 à 40
Phosphate de soude.	4	10	20
Tartrate de potasse et de soude. . .	10	20	40
Salicylate de soude	—	4	8
Emétique	2	4	8
Bichlorure de mercure.	2 à 4	8 à 12	16 à 20
Protochlorure de fer	2 à 40	—	—
Sulfate de fer	2 à 20	—	—
Lactate de fer	2	—	—
Tartrate de fer et de potasse. . . .	2	4	10 à 20

LANGLEY et EDKINS, SCHUTZ, PAWLOW, ainsi que beaucoup d'autres savants, ont repris cette étude. Il résulte de tous leurs travaux que les sels neutres paralysent la pepsine, tandis que les sels alcalins déterminent une action beaucoup plus profonde, pouvant même, à certaines doses, la détruire.

L'action des sels et leur influence, en ce qui concerne le déplacement de l'acide chlorhydrique du milieu, a été étudiée aussi par EFFRONT. Il constate que la digestion pepsique est influencée considérablement par la teneur en sels de l'eau ordinaire, et qu'en particulier des doses minimes de sulfate de chaux produisent des retards très sensibles dans la dissolution de l'albumine coagulée :

INFLUENCE DU SO^4Ca SUR LA DISSOLUTION PEPSIQUE DE L'ALBUMINE.

Sulfate de calcium o/o de liquide (milligr.).	Minutes.
0	31
10	50
20	59
40	102
50	133
60	175
80	210

Cette action retardatrice du sulfate de chaux se retrouve également chez d'autres sulfates :

	Quantité de sulfate o/o de liquide (milligr.).	Minutes.
Témoin	0	22
Sulfate de potasse	20	52
» de magnésium	20	60
» d'ammonium	20	83

En présence de 20 milligr. de sulfate d'ammonium, la solubilisation de l'albumine s'effectue presque quatre fois plus lentement que dans l'expérience pratiquée sans sulfate.

L'effet retardateur des sulfates a été également constaté dans des essais avec de la fibrine. 15 gr. de fibrine humide contenant 5 gr. de substance sèche sont mis en contact avec de la pepsine dissoute dans 60 cc. HCl à 1.5 °/₀₀, liquide auquel on a ajouté des quantités croissantes de sulfate de soude. Après une digestion de deux heures à 50°, on dilue avec de l'eau, on recueille la fibrine non dissoute sur un filtre et on la pèse après dessiccation à 100° :

Quantité de sulfate. Milligr.	Fibrine non dissoute. Grammes.
0.	0.25
50.	1.15
200.	1.60

Dans tous ces essais on constate un rapport constant entre la quantité de sulfate employé et l'effet produit. Cette action s'explique par la réaction qui se passe entre l'acide chlorhydrique préexistant dans le liquide et le sulfate ajouté. C'est pour cette raison que l'action du sulfate est d'autant plus prononcée que le milieu est moins riche en acide, la totalité de l'acide chlorhydrique se trouvant alors transformée.

Le tableau suivant donne la marche de solubilisation de trois émulsions contenant des proportions identiques d'albumine, de pepsine et de sulfate, mais acidulées à différents degrés :

HCl par litre	Sans sulfate	Avec 40 milligr. sulfate
1.5 gr.	29 min.	120 min.
2.5 »	36 »	92 »
3.0 »	60 »	90 »

Tandis que pour une acidité de 3 °/₀₀ le retard est dans le rapport de 1 à 1.5, pour une acidité de 1.5 °/₀₀ le retard se manifeste dans la proportion de 1 à 4.

L'action des antiseptiques a été étudiée par A. PETIT :

	Doses inactives, millièmes	Doses qui retardent, millièmes
Acide sulfureux	2 à 5	8 à 10
» borique.	10 à 20	—
» arsénieux	5 à 20	—
» phénique	—	20 à 100
» salicylique	0.5	1 à 2
» gallotannique	—	0.5 à 4
» benzoïque	2	4 à 20
Choral	—	10 à 100
Aldéhyde benzoïque	1	2
Sulfure de carbone	—	infr⁰ à 2

On voit en particulier que l'acide borique à des doses antiseptiques n'empêche pas l'action de la pepsine.

PEKELHARING, SAWOMARA, BLISS et NOVY ont expérimenté l'action du formol. On sait que l'aldéhyde formique entre en combinaison avec la matière albuminoïde et change complètement sa nature : cet antiseptique ne peut donc être employé comme moyen de conservation des liquides soumis à l'action de la pepsine. Mais l'aldéhyde formique, à des doses encore très actives comme antiseptique, peut du moins servir à préserver la pepsine de toute infection : la pepsine additionnée de formol ne s'altère point. On a voulu tirer de ces faits un argument en faveur de l'idée que la pepsine n'est pas une matière albuminoïde. Mais SAWOMARA a démontré qu'à hautes doses (10 %, par exemple), le formol agit et détruit la pepsine.

Comme antiseptique courant, destiné à protéger les liquides, pendant la durée de la digestion, contre toute ingérence microbienne, on emploie avec succès le thymol, le xylol, le toluol, le chloroforme, etc. VAN DE VELDE propose, dans ce même but, une solution de 10 % de chloroforme dans l'acétone, qu'il emploie à raison de 100 grammes par litre de liquide à digérer. D'après EFFRONT, le fluorure d'ammonium ne produit pas de retard dans l'action de la pepsine quand on l'emploie à la dose de 30 milligrammes par litre. Mais en présence de 150 milligrammes, il faut quatre fois plus de pepsine pour produire le même travail. L'emploi du fluorure présente un réel intérêt, car, même à la dose minime de 30 milligrammes, ce sel agit, en milieu acide, comme un puissant antiseptique (1). Le même auteur a trouvé que l'acide salicylique produit déjà un effet retardateur à la dose de 25 milligrammes par litre. En présence de 150 milligrammes, il faut employer le double de pepsine pour arriver au même résultat.

Les essais de digestion de courte durée peuvent être conduits en présence de chloroforme en faible quantité : 5 à 6 gouttes pour 100 cc. de liquide. Quand il s'agit d'expé-

---

(1) ARTHUS et HUBER ont fait paraître en 1892 une Note dans les *Comptes Rendus* (t. 115, p. 839), sur l'action des fluorures sur les micro-organismes et les diastases. Ces auteurs citent le fait qu'en présence de certaines doses de fluorure alcalin la vie cellulaire s'arrête, tandis que les diastases peuvent encore exercer leur action, et ils concluent à l'emploi des fluorures pour séparer, jusqu'à un certain point, l'action vitale du travail chimique provoqué par les enzymes. L'auteur du présent ouvrage croit devoir faire remarquer qu'il a publié en 1890, dans le *Moniteur Scientifique* (pp. 790 et 1013), un travail expérimental sur l'action des fluorures sur les levures, les ferments putrides, butyriques et lactiques, ainsi que sur différentes diastases, et que ce mémoire aboutissait à la même conclusion que celle qu'on vient de lire plus haut.

riences de longue durée, l'emploi des antiseptiques ne donne pas toujours les résultats voulus : ou bien la dose est insuffisante pour empêcher l'altération, ou bien elle est trop forte, et la pepsine se trouve altérée. Le thymol offre toujours une protection insuffisante contre les bactéries, mais il n'influence pas la pepsine. Le toluol détruit, à la longue, la pepsine. Le chloroforme agit comme antiseptique pendant les premiers jours, mais le liquide finit presque toujours par s'infecter. Le réactif de Van De Velde, à la dose indiquée par l'auteur, est plus commode à employer, mais il affaiblit l'enzyme après un certain temps de contact.

Le danger d'infection est toujours très grand quand on réalise une digestion en présence de peu d'acide : 1 à 1.5 °/₀₀. Il est à recommander, pour les essais de longue durée, d'employer une acidité plus grande et d'ajouter le chloroforme en faibles quantités, de temps en temps. On parvient aussi à éviter l'infection, tout en conservant à la diastase son pouvoir protéolytique, en employant l'iodoforme.

Les alcaloïdes, aux doses usitées en thérapeutique, exercent également une action sur la pepsine. La caféine, la théobromine, sont favorables à la pepsine, et cependant le thé et le café peuvent être considérés comme des paralysants. Par contre, les sulfates de quinine, de strychnine, le chlorhydrate de morphine, etc., à des doses de quelques centigrammes par litre, sont sans action sur la digestion pepsique. L'alcool, jusqu'à la dose de 20 °/₀, n'influe point sur la digestion ; mais, à la longue, il exerce une action destructive. D'après Papasotiriou, les ferments putrides détruisent très rapidement la pepsine : les expériences ont porté sur le *B. fluorescens* et le *B. putridum*. Houghton a étudié également l'influence des matières colorantes sur la digestion. Il trouve que ces substances agissent déjà comme retardatrices à des dilutions très grandes : le rocou et le curcuma manifestent une action à la dose de 1/1600, et celle-ci est nettement prononcée à la dose de 1/800. Le safran commence à agir à la dose de 1/1600. La cochenille et le brun de Bismarck ralentissent très énergiquement la protéolyse de l'albumine, même à de très fortes dilutions ; la caséine se montre moins sensible à leur action.

L'action des doses infinitésimales de substances chimiques sur la peptonisation a été très peu étudiée. Cependant il est à prévoir que c'est de ce côté qu'il faudra s'adresser, si l'on veut expliquer l'influence sur la digestion stomacale et intestinale de toute une série de substances alimentaires qui, au premier examen, paraissent inoffensives. L'influence de doses très faibles de différents produits a été établie déjà pour l'amylase. Il a été démontré que cette diastase est sensible à l'action du sulfate de cuivre en proportion égale à 0,000.000.5. La fermentation lactique est influencée par le chlorure de platine à la dose de 0,000.000.001. L'oxychlorure de vanadium agit dans une proportion de 0,000.000.000.1. Enfin, TRILLAT, en étudiant l'action des gaz produits par la fermentation putride, arrive de même à des doses actives extraordinairement faibles.

RICHET explique cette action de doses homéopathiques par la destruction de la matière sous l'influence d'une très grande dilution et sa transformation en électrons. D'après lui, par exemple, le nitrate d'argent en dilution infinie ne peut point se répartir dans tout le liquide : les molécules se trouvent espacées les unes des autres, l'attraction est diminuée et la matière se désagrège en se transformant en force électrique ou électron. Les données analytiques apportées pour cette thèse ne sont pas de nature à la justifier ; cependant il reste un fait établi, c'est que dans l'action des ferments figurés, ainsi que dans l'action des enzymes, il est des substances qui peuvent intervenir à des doses qui échappent totalement à l'analyse chimique, et il très probable que dans la digestion normale, il se passe souvent des phénomènes de même nature.

Cette influence de doses infiniment petites sur le mécanisme de certaines actions se retrouve encore dans d'autres domaines. C'est à elle vraisemblablement qu'il faut attribuer l'action thérapeutique de certaines eaux minérales, ou encore la valeur de ces engrais, dénommés, par BERTRAND, catalytiques. On sait que, par l'addition de quantités très faibles de ces produits, on augmente considérablement l'effet des phosphates et des nitrates introduits, et, par suite, la récolte tout entière.

Influence des conditions de milieu sur le fonctionnement des cellules. — L'assimilation, en général, se fait toujours à l'aide de quantités de diastases infiniment petites, et ces très faibles doses sont influencées par des substances en proportions encore plus minimes. Or, l'étude des conditions physiques et chimiques de milieu nous a montré les nombreux cas où une diastase peut être ralentie, arrêtée ou complètement détruite. La plupart des fonctions étudiées se retrouvent dans la cellule vivante, où l'assimilation se fait en présence non pas d'une diastase, mais de toute une série d'enzymes dont les actions se superposent. Les produits de décomposition d'une diastase servent comme point de départ pour le travail d'un autre enzyme. On se trouve en présence d'une sorte de symbiose très caractérisée. La marche régulière de l'ensemble exige un certain rapport constant entre les enzymes agissants. L'excès ou le manque d'une substance active peut influencer tout le phénomène. Or, la formation et la sécrétion de celles-ci se trouvent jusqu'à un certain point déterminées par les besoins réels de la cellule ; mais à eux seuls, ces derniers ne sauraient régler quantitativement les proportions relatives des différents enzymes. On doit admettre que ce sont les variations incessantes des conditions physiques et chimiques de milieu qui agissent comme les véritables régulateurs des actions diastasiques cellulaires.

L'action d'un enzyme se ralentit ou s'arrête complètement quand s'accumulent dans le milieu les produits de la réaction. A cet arrêt correspond un changement dans la réaction du milieu. Ces conditions nouvelles favorisent l'action d'un autre enzyme, qui, transformant plus profondément les produits élaborés par la diastase précédente, va lui permettre à nouveau de travailler. L'action de celle-ci reprendra jusqu'à ce qu'il s'établisse un équilibre, résultant du fonctionnement de deux ou de plusieurs enzymes. D'ailleurs, dans l'établissement de cet équilibre, il entre aussi en jeu les phénomènes d'osmose, qui représentent encore un moyen de changer considérablement la réaction du milieu.

Dans le cas où l'on se trouve en présence du travail d'une seule diastase, comme cela a lieu pour la ptyaline ou le suc gastrique, l'utilisation rationnelle de ces sécrétions est due aussi en grande partie à leur extrême sensibilité aux conditions de milieu. Pendant le repas, on sécrète de 200 à 250 grammes de salive : celle-ci agit dans la bouche sur les matières amy-lacées, mais l'action est loin d'être complète, vu sa courte durée. Par la mastication, la substance active a pénétré dans l'aliment, qui a neutralisé partiellement l'alcalinité de la salive, rendant ainsi la diastase plus stable, moins sensible à l'action de milieu. Dans l'estomac, la neutralisation se complète; dès lors, le travail diastasique passe par un maximum, grâce à la présence de faibles doses de chlorure de sodium, et la dégradation de l'amidon s'achève de cette manière avant que le milieu de-vienne complètement acide et impropre au travail de la ptyaline.

On observe le même phénomène avec le suc gastrique. La pepsine, sensible à l'alcalinité, se montre beaucoup plus résis-tante quand elle a pénétré dans l'aliment. ABDERHALDEN a pu démontrer la présence de pepsine active sur tout le parcours de l'intestin, notamment dans le duodénum, le jéjunum et l'iléon. Cette diastase étant ainsi protégée, son activité, qui, pendant un certain temps, dans l'intestin, s'est trouvée masquée, remonte à son tour pour produire un dernier effort avant de disparaître.

Il existe enfin une autre particularité, sur laquelle nous reviendrons plus loin, c'est que les diastases, et notamment la présure et la pepsine, traitées dans certaines conditions, peuvent acquérir la propriété des antiferments. Ce fait est très impor-tant, car la résistance des matières vivantes à l'action des enzymes, qui cependant les détruisent à l'état mort, semble due à une réaction de cette nature.

Pour expliquer ce phénomène paradoxal que les sucs gastrique et pancréatique, si actifs sur toutes les substances animales mortes, restent, au contraire, sans action sur les

glandes et les muqueuses qui se trouvent pénétrées par eux,
on met quelquefois en avant l'imperméabilité des membranes
plasmiques protectrices, grâce à la présence de matières vis-
queuses à leur surface. D'autre part, Glaudio FERMI donne
comme raison la résistance biochimique spéciale des cellules
vivantes. D'après lui, les enzymes auraient une affinité bien
plus grande pour les albumines mortes que pour les albumines
contenues dans des tissus vivants. Il est évident, en effet, que
la matière albuminoïde est d'une mobilité extrême. Son état
change avec la plus grande facilité avec la réaction et les conditions physiques ou chimiques du milieu. Il n'y aurait donc
rien d'étonnant qu'un réactif d'une sensibilité aussi parfaite que
l'enzyme pût faire une distinction entre l'albumine vivante et
l'albumine morte. Mais il y a plus : la réaction de la cellule
vivante étant indépendante de la réaction du milieu ambiant,
on peut concevoir que la cellule s'oppose, par une sorte de
défense naturelle, à l'action des enzymes extérieurs : elle
deviendrait d'elle-même impropre à cette attaque, comme elle
le devient sous l'influence de certains réactifs chimiques. Dans
les chapitres qui traiteront des antipepsine et antitrypsine, on
aura l'occasion de revenir sur ces questions, qui présentent, à
différents points de vue, le plus grand intérêt.

§ 6.

Propepsine.

On admet assez généralement que la pepsine n'est pas
sécrétée sous forme active par la muqueuse stomacale, mais
bien à l'état d'un proenzyme ou pepsinogène, qui serait
d'ailleurs rapidement transformé en pepsine par les acides
dilués. PODWYSSOTSKY prépare avec une même muqueuse deux
extraits glycérinés; l'un est acidulé seulement au moment de
s'en servir, l'autre reçoit la même dose d'acide une demi-heure
avant son emploi : on constate que ce dernier a un pouvoir
digestif toujours beaucoup plus grand que le premier. Pareille

13

différence est observée si l'extraction est faite directement avec de la glycérine acidulée, au lieu de glycérine neutre, qu'on acidifie **au** moment de l'essai.

Un autre argument en faveur de l'existence d'une propepsine résulte de l'expérience de LANGLEY. Cet auteur compare la résistance à l'alcali de deux sucs gastriques artificiels, l'un résultant d'une macération d'une muqueuse stomacale d'un animal tué en pleine digestion, l'autre provenant du traitement d'un animal inanitié : tandis que le premier perd très rapidement son pouvoir digestif sous l'influence, à 37°, d'une très faible dose de soude, le second peut être conservé beaucoup plus longtemps dans les mêmes conditions de température et d'alcalinité, sans subir un changement sensible dans son activité. C'est donc que l'estomac d'un animal à jeun depuis quelque temps contient une autre substance que celui qui est dans la période de travail. On est ainsi conduit à admettre que la matière élaborée dans la muqueuse stomacale est un pepsinogène, lequel, après sa sécrétion, devient actif, à la suite d'un changement de milieu, en se transformant en pepsine.

Non seulement, d'après ce qui précède, la propepsine est plus résistante à l'action des alcalis que la pepsine active, mais elle résiste aussi mieux à l'action des acides. Son activation est réalisée par une faible acidité; on admet qu'elle est provoquée également par le contact de l'air ou par d'autres agents.

A vrai dire, il n'existe pas de preuve décisive établissant l'existence de ce proenzyme. Tous les faits que nous venons de rapporter peuvent très bien s'expliquer, ainsi que DUCLAUX le fait remarquer, par des phénomènes d'adhésion moléculaire. Il se pourrait, en effet, que la pepsine dans l'estomac fût tout simplement fixée sur la muqueuse, à la façon d'une matière colorante sur la fibre textile; on comprendrait alors pourquoi, dans cet état, elle est inactive et beaucoup plus résistante aux agents extérieurs qu'à l'état dissous. Puis, sous l'influence des acides dilués ou d'autres circonstances, elle quitterait son support pour se répandre dans le liquide et devenir alors active. Point ne serait besoin, d'après DUCLAUX, d'admettre l'existence d'une substance nouvelle pour expliquer une activation qui résulterait d'un simple changement d'état.

§ 7.

Loi d'action de la pepsine.

Avant d'aborder l'étude particulière de la vitesse d'action de la pepsine sur une matière albuminoïde, il n'est pas inutile de rappeler les différents travaux qui ont été faits en vue d'établir une loi générale de l'action des diastases. Les premiers auteurs qui se sont occupés de cette question paraissent être O'SULLIVAN et TOMPSON. Ceux-ci, en 1890, en étudiant l'action de la sucrase sur une solution de saccharose, trouvèrent que, dans des limites de concentration, assez étroites, il est vrai, la loi qui exprime la quantité de sucre transformée en fonction du temps est la même qu'avec les acides. Or, la loi de l'interversion du sucre par les acides a été établie par WILHELMY en 1860, et peut s'exprimer de la façon suivante :

Si l'on désigne par S la quantité de sucre employé, par s la quantité de sucre hydrolysé après un temps t, avant la fin de la réaction, par P, le poids d'acide, on a la relation élémentaire :

$$ds = \mathrm{KP}\,(\mathrm{S} - s)\,dt$$

où K est une constante, dépendant de la température, de la nature de l'acide, etc. Cette relation exprime que la quantité ds de sucre transformé est proportionnelle au poids de l'acide, à la quantité de sucre restant et au temps. Par intégration, elle conduit à une loi logarithmique reliant s et t, à savoir :

$$\mathrm{K} = \frac{1}{\mathrm{P}t}\,\mathrm{L}\left(\frac{\mathrm{S}}{\mathrm{S} - s}\right)$$

De la relation différentielle, on tire la vitesse d'hydrolyse au temps t :

$$\mathrm{V}_t = \frac{ds}{dt} = \mathrm{KP}\,(\mathrm{S} - s)$$

On voit, en particulier, qu'au début de l'interversion on a $\mathrm{V}_o = \mathrm{KPS}$, qui montre que la vitesse initiale est proportionnelle à la quantité totale de sucre et au poids d'acide. Cette loi, qui est très bien vérifiée par l'action des acides sur le saccharose, ne s'applique pas rigoureusement à l'action de la sucrase, ainsi que O'Sullivan et Tompson le croyaient.

Déjà, vers la même époque, Tammann reconnaissait que les diastases ne suivent pas les lois de l'action des acides et que l'équation qui exprime la loi des actions diastasiques est moins simple. Mais c'est Duclaux, en 1898, qui, reprenant les différents faits connus alors, les a groupés pour en tirer une théorie générale de l'action des diastases. Remarquant tout d'abord que l'énergie hydrolysante de la diastase est, dans une certaine mesure, diminuée par la quantité de matière à transformer, autrement dit, que les produits de la réaction exercent sur la sucrase une action retardatrice d'autant plus grande qu'il y a davantage de sucre dans le liquide, Duclaux admet que tout se passe comme si l'énergie diastasique était inversement proportionnelle à la quantité de sucre S. On a donc, en exprimant que la quantité transformée ds est proportionnelle au poids P de diastase, à la quantité $(S - s)$ de sucre restant, et au temps dt, et inversement proportionnelle à la quantité initiale de sucre S, la relation suivante :

$$ds = K \frac{P}{S} (S - s)\, dt$$

dans laquelle $\frac{P}{S}$ représente la diastase réellement active. On en tire :

$$V_t = \frac{ds}{dt} = K \frac{P}{S} (S - s)$$

équation qui montre que la vitesse diastasique à l'origine : $V_o = K\,P$, est constante, qu'elle ne dépend plus que de la quantité de diastase employée, et nullement du poids du sucre ou de la matière à transformer. Autrement dit, le poids de substance décomposée est, dans le début de l'action, proportionnel à la quantité de diastase présente et au temps.

La relation différentielle, par intégration, conduit à :

$$K = \frac{S}{Pt} L \left(\frac{S}{S - s} \right)$$

qui est encore une loi logarithmique, que O'Sullivan

et Tompson tenaient pour caractéristique de l'action des diastases.

En réalité, cette loi, proposée par Duclaux, n'est qu'approximative. V. Henri l'a modifiée légèrement par l'introduction de coefficients, qui, tout en mettant d'accord la loi avec celle de l'action des masses, permettent de mieux rendre compte des irrégularités signalées par les auteurs. Il trouve que :

$$V_t = \frac{K\,P\,(S - s)}{1 + m\,(S - s) + ns}$$

relation où entrent 2 coefficients m et n, dépendant des conditions expérimentales, notamment de la température.

Cette formule est intéressante, car elle concilie les deux opinions : les diastases agissant en effet, suivant les cas, comme les acides ou comme l'indique Duclaux. Il suffit de modifier convenablement les coefficients. En particulier, si l'on considère la vitesse initiale :

$$V_o = \frac{K\,P\,S}{1 + m\,S}$$

on voit que, pour de fortes concentrations, on a sensiblement :

$$V_o = \frac{K\,P}{m}.$$

c'est la formule de Duclaux ; au contraire, pour de faibles concentrations, on a approximativement : $V_o = K\,P\,S$, c'est la formule de Wilhelmy.

Cette loi, qui n'est pas encore parfaite, rend cependant assez bien compte des faits observés. Elle a été vérifiée par V. Henri, en ce qui concerne l'interversion du saccharose, l'hydrolyse de la salicine par l'émulsine, celle de l'amidon par l'amylase et aussi l'action de la maltase sur le maltose. Nicloux l'a, de son côté, vérifiée à l'aide de la lipaséidine qu'il retire de la graine de ricin. Enfin, V. Henri et Larguier des Bancels ont constaté que l'action de la trypsine sur la gélatine suit également la loi indiquée plus haut.

A la vérité, l'expression d'une pareille loi et sa vérification exigent certaines conditions expérimentales que précisément les matières ternaires, hydrates de carbone ou graisses, remplissent. Il faut tout d'abord que la substance à transformer soit en dissolution, uniformément répartie dans tout le liquide. Il faut de plus que cette matière, sur laquelle la diastase agit, ou les produits de sa transformation soient facilement dosables pour qu'on puisse aisément suivre la marche de la réaction. C'est en raison de ces difficultés présentées par les matières azotées, que l'étude de la loi d'action des diastases protéolytiques a été si longtemps négligée. Sans doute, en ce qui concerne l'influence de la quantité de diastase sur la rapidité de la transformation, Brucke avait bien essayé de l'établir en faisant agir sur de la fibrine des doses différentes de suc gastrique. Mais il est difficile de trouver, dans ce cas, une mesure suffisamment approchée de l'action qui se produit.

Quelles sont donc les méthodes employées pour mesurer l'activité d'une pepsine ou d'une trypsine ? Il en existe plusieurs. Nous en indiquerons d'abord une qui permet assez bien de suivre l'action dissolvante de la pepsine et de voir comment celle-ci varie avec le temps et la quantité de diastase employée. Lorsqu'on fait agir la pepsine en doses croissantes sur une même quantité d'albumine coagulée et qu'on arrête la réaction au moment où, pour la dose maxima, la dissolution est presque complète, sans être cependant achevée, on constate que la digestion, tout en dépendant de la quantité de substance active présente, ne lui est pas proportionnelle. Le poids d'albumine dissoute croît moins rapidement que la dose de ferment employé. Cette marche irrégulière de la dissolution de l'albumine se trouve exprimée dans le tableau suivant :

RELATION ENTRE LA QUANTITÉ DE PEPSINE EMPLOYÉE
ET LE POIDS D'ALBUMINE DISSOUTE.

Quantité de pepsine.	Albumine dissoute.	Albumine dissoute par 1 cc. de pepsine.
1 cc.	2,2 gr.	220 centigr.
2	4,3	215
3	6	200
4	6,4	160
8	7,24	90
16	8,2	50

Pour cette expérience, on a employé dans chaque essai 10 grammes d'albumine d'œuf cuite et râpée, délayée dans 100 cc. HCl à 0,3 %. La température était de 40°, et la transformation a été arrêtée au bout de 4 heures. La détermination de l'albumine dissoute se faisait d'après la teneur en azote du liquide filtré. Avec de faibles doses de pepsine, de 1 à 3 cc., la digestion marche avec une certaine régularité : on dissout de 220 à 200 centigrammes d'albumine par cc. de diastase. Mais si l'on augmente la dose, on s'éloigne de plus en plus de la constante et l'on arrive, avec 16 cc., à ne dissoudre que 50 centigrammes, au lieu de 220.

Cette irrégularité est due à des différentes causes. En première ligne, intervient l'état physique de l'albumine. L'albumine cuite est loin d'être une substance homogène, de sorte que des parcelles s'attaquent mieux les unes que les autres. Ensuite, et surtout, il y a lieu de considérer l'influence des produits dissous. Au début, la solubilisation se fait en présence d'eau pure, mais bientôt le liquide s'enrichit de plus en plus en produits d'hydrolyse, et l'action digestive se poursuit d'autant plus lentement, que la liqueur devient plus riche en ces substances. Quand on emploie de l'albumine très finement divisée et qu'on travaille avec une grande dilution, on écarte dans une certaine mesure cette cause retardatrice et l'on se rapproche d'une marche régulière.

SOLUBILISATION EN LIQUEUR TRÈS ÉTENDUE.

Emulsion d'albumine coagulée à 4 %.	Pepsine.	Passage du liquide à l'état transparent.
20 cc.	1 milligr.	123 min.
20	1,5	89
20	2	61
20	3	40
20	4	30

Dans ces essais, on a employé un lait d'albumine très finement divisé, à la dilution de 4 %, et l'on a mesuré l'activité de la transformation en notant le temps nécessaire pour que la dissolution soit complète. On voit que pour une dose double de pepsine, on va 2 fois plus vite que pour une dose simple, et que pour dissoudre la même quantité d'albumine en 4 fois moins de temps, il faut 4 fois plus de diastase. Ainsi, lorsqu'on se place dans des conditions expérimentales telles que le travail produit soit relativement faible, soit en faisant les mesures dans le début de l'action, soit en opérant avec de petites doses de ferment, on constate que la double loi de proportionnalité — la quantité d'albumine solubilisée est en raison directe de la quantité de pepsine présente et du temps — est vérifiée.

Le pouvoir peptonisant, toujours dans les premières phases de la digestion, se trouve soumis aux mêmes lois que le pouvoir liquéfiant. Mais la démonstration ici devient encore plus difficile. En effet, non seulement on rencontre les mêmes difficultés que précédemment dans l'observation du pouvoir liquéfiant, mais encore il en surgit de nouvelles. Par suite de l'hydrolyse qui se manifeste dès le début, il se produit dans le liquide toute une série de substances intermédiaires, différents acides-albumines, différents albumoses, etc., qui, tout en se transformant progressivement, offrent à l'action de la pepsine une résistance très inégale : d'où une absence complète d'homogénéité. En outre, il faut mentionner le fait que la réaction de milieu change constamment au cours de la peptonisation et qu'on se trouve, par suite, en présence de quantités différentes d'acidité depuis le début jusqu'à la fin, circonstance qui empêche aussi une manifestation simple de l'action diastasique.

Toutes ces difficultés font qu'on ne peut qu'entr'apercevoir la loi, celle de proportionnalité, et encore, dans le début de la transformation seulement, alors que les causes perturbatrices n'influent pas encore. Le tanin, dissous en présence d'acide tartrique, réactif qu'on a déjà employé pour suivre la dégradation de la matière albuminoïde, peut à nouveau servir ici pour étudier la loi de la proportionnalité.

Peptonisation de la fibrine.

Temps.	Albumoses précipités par le tanin.	Produits non précipitables formés par heure.
Après 1 heure.	91	9
2	82,3	8,7
3	73,4	8,9
5	52	9,6

Ce tableau montre qu'après 3 heures, par exemple, la quantité de produits hydrolysés non précipitables par le tanin est de $100 - 73,4 = 26,6$, soit par heure $\frac{26,6}{3} = 8,9$, nombre qui est sensiblement le même pour les autres déterminations; ce qui prouve que la vitesse de peptonisation, durant les 5 heures de l'expérience, est restée à peu près constante.

Loi de Schütz-Borissow. — A côté de cette méthode très simple, détermination du poids de l'albumine simplement dissoute ou digérée jusqu'à l'état de produits non précipitables par le tanin, il en existe d'autres, qui peuvent également servir pour mesurer l'activité d'une diastase protéolytique. Si nous laissons de côté les méthodes physico-chimiques, qui consistent à suivre la variation, soit du pouvoir rotatoire, soit de la viscosité, soit enfin de la conductibilité électrique du liquide de digestion, nous trouvons que la plus employée est celle dite des *tubes de Mett*. Rappelons seulement ici en quoi elle consiste. On emplit une série de tubes de verre de 1 à 2 millim. de diamètre de blanc d'œuf très frais, on coagule le tout et l'on coupe ces tubes en fragments de 10 à 15 millim. de longueur. Pour l'étude, on met 2 de ces fragments dans le liquide à diastase, on laisse séjourner le tout à 37-40° pendant une dizaine d'heures et l'on mesure, au bout de ce temps, la longueur du cylindre gélatinisée ou dissoute aux deux extrémités du tube.

Que vaut cette méthode? L'expérience montre que la diffusion de la diastase dans le tube est assez régulière, du moins jusqu'à une certaine profondeur, égale à 4 ou 5 mm., autrement dit, que l'attaque, dans des conditions données, est sensiblement proportionnelle au temps d'action. Voici, d'après

Vassilief, les longueurs d'albumine dissoutes par une pepsine, à 37°, durant des espaces de temps égaux à 2 heures :

Durée		Longueurs dissoutes	
De 0 à 2 h.		1 mm.	10
2	4	1	14
4	6	1	12
6	8	1	15
8	10	1	09
10	12	1	10

La constance de la vitesse, à l'origine, tout au moins, est donc établie. Mais comment varient les longueurs dissoutes lorsque la quantité de pepsine varie? Ainsi que le fait remarquer Duclaux, à qui nous empruntons le raisonnement suivant, on ne peut plus admettre ici la loi de proportionnalité comme dans le cas des autres procédés où la diastase et la substance qui en subit l'action sont répandues uniformément dans le même volume du liquide. Dans l'expérience qui nous occupe, le cylindre d'albumine est en quelque sorte extérieur à la liqueur active, et n'est attaqué que par sa base. C'est donc la quantité de diastase, non pas par unité de volume, mais par unité de surface, qu'il faut envisager.

Si donc la quantité de diastase devient n fois plus grande par unité de volume, elle augmentera seulement par unité de surface de la quantité $\sqrt[3]{n^2}$, et en appelant l et l' les longueurs dissoutes dans le premier et le second cas, on aura, selon toute probabilité, tout étant maintenant comparable :

$$\frac{l'}{l} = \frac{\sqrt[3]{n^2}}{1} \quad \text{d'où} \quad \frac{l'^3}{l^3} = \frac{n^2}{1}$$

Pour des temps égaux, les cubes des longueurs dissoutes devraient donc augmenter comme les carrés des quantités de diastase. Si les quantités de diastase sont comme 1 et 8, les longueurs d'albumine dissoutes seront comme 1 et $\sqrt[3]{(8)^2}$, soit 1 et 4.

En réalité, l'expérience n'est pas venue absolument confirmer ces vues théoriques. Par des voies différentes, E. Schütz, qui employait la méthode polarimétrique, et Borissow, qui se servait des tubes de Mett, constatèrent que *les vitesses de digestion, ou les longueurs dissoutes dans le même temps, sont proportionnelles aux racines carrées de la quantité de diastase.* Autrement dit, on n'a pas : $\frac{v}{l} = \frac{\sqrt[3]{n^2}}{1}$, comme précédemment, mais $\frac{v}{l} = \frac{\sqrt{n}}{1}$; ce qui fait, dans l'exemple choisi, que les longueurs d'albumine dissoute seront, non pas comme 1 et 4, mais comme 1 et $\sqrt{8}$, soit 1 et 2,8.

D'après Duclaux, la différence serait imputable à ce que la diffusion ne renouvelle pas assez rapidement les surfaces à l'intérieur du tube lorsque la puissance de la diastase augmente, ce qui a pour effet de restreindre la longueur d'albumine qui aurait dû être dissoute.

D'autre part, Julien Schütz a vérifié la loi de Schütz-Borissow et a constaté qu'elle est exacte pour les solutions de ferment de moyenne concentration et en présence d'un excès de la substance protéique. Il est piquant de constater que cette dernière recommandation, faite en vue de permettre à la digestion de suivre la loi de E. Schütz, est précisément la raison pour laquelle la loi théorique de Duclaux ne se vérifie point. En effet, d'après l'expérience de Hedin, que nous retrouverons à propos de la loi d'action de la trypsine, un excès de substance albuminoïde, en absorbant une partie de la diastase, a naturellement pour effet de ralentir l'attaque de l'albumine. Quoi qu'il en soit, il semble bien, si l'on tient compte des irrégularités dues à l'imperfection des méthodes employées, que la loi théorique de Duclaux est vraie, c'est-à-dire que les prémisses dont il est parlé sont encore applicables ici, à savoir que la quantité de substance hydrolysée par le ferment protéolytique est, à l'origine, proportionnelle à la quantité de diastase employée et au temps.

Si l'on opère, non plus dans des tubes de Mett, mais avec des émulsions plus ou moins bien faites, et qu'on se propose de suivre la digestion pendant un certain temps, les choses, comme on l'a vu, se compliquent beaucoup. Il est évident qu'avec de tels mélanges hétérogènes, les résultats trouvés devront varier avec les conditions expérimentales. C'est ainsi que Huppert et E. Schütz ont constaté que la quantité d'albumose produite dans la digestion pepsique est directement proportionnelle à la quantité d'albumine et à la racine carrée du produit du poids de pepsine par le temps et la concentration de l'acide. Cette loi ne serait d'ailleurs pas acceptée par tous. Il est plus que probable que si l'on opérait avec la pepsine en milieu homogène, comme cela a été fait avec la trypsine agissant sur une solution de caséine, on constaterait l'exactitude de la loi logarithmique, qui est celle qui régit toutes les actions diastasiques.

Non-usure de la pepsine durant le travail de digestion. — La pepsine, comme tous les enzymes, agit comme catalyseur. Le travail qu'elle produit ne diminue pas son activité; et, en principe, avec une quantité donnée de pepsine, on devrait transformer une quantité infinie de substance albuminoïde. La non-usure de la pepsine peut être mise en évidence par l'expérience suivante : 5 gr. de blanc d'œuf cuit et réduit en menus fragments sont introduits dans 100 cc. HCl à 0,25 %; on ajoute 0,05 cc. de suc gastrique et l'on abandonne le tout à 40° jusqu'au moment où toute l'albumine est complètement dissoute. La dissolution, dans cet essai, a exigé 21 heures. On fait alors bouillir le liquide pour détruire la pepsine, on ajoute à nouveau 5 gr. d'albumine et 0,05 cc. de suc gastrique et l'on maintient à 40°. La présence des produits d'hydrolyse ralentit la dissolution. Le liquide ne devient clair, cette fois, qu'après 31 heures. On procède ensuite à un deuxième essai, dans les mêmes conditions : 5 gr. d'albumine se trouvent dissous en 21 heures. A ce moment, on ajoute encore 5 gr. d'albumine et on laisse la réaction se poursuivre. Le temps de digestion est alors de 32 heures. Il est évident que dans cette double expérience, il n'y a pas eu usure de la pepsine : en effet la dissolution de la seconde addition d'albumine par la pepsine qui avait déjà servi n'a pas exigé plus de temps que lorsqu'elle s'était réalisée sous l'action d'une pepsine neuve.

Cette expérience nous fournit aussi des données très intéressantes sur le poids de substance active entrant en jeu dans le phénomène de la digestion. Le suc gastrique mis en expérience a été recueilli sur un chien. Il contenait 0,45 % de substances solides et 0,15 % de substances organiques actives. Or, 0,05 cc. de suc ont dissous 10 gr. d'albumine; 1 cc. de la solution diastasique peut donc dissoudre 200 gr. d'albumine; et comme 1 cc. de la solution contient seul 0,0015 gr. de substance active, on en conclut que 1 gr. de substance active est capable de dissoudre en $21 + 32 = 53$ heures 133.000 gr. d'albumine.

§ 8.

Sur l'identité possible de la pepsine et de la présure.

Dans un chapitre précédent, nous avons fait ressortir les difficultés qu'on rencontre lorsqu'on veut se prononcer sur l'identité des présures de diverses origines. Maintenant que nous connaissons mieux la pepsine, il convient d'élargir le débat et de se demander si réellement la présure et la pepsine sont des enzymes différents. La question de savoir si la présure constitue un type défini de diastase, est assez complexe. A l'origine, les propriétés coagulantes de la présure semblant caractéristiques, et, en tout cas, très différentes des propriétés dissolvantes et peptonisantes de la pepsine, on accorda volontiers à cette diastase une individualité propre; et même plus tard, après qu'on eut reconnu qu'un grand nombre de sucs animaux ou végétaux possédaient aussi la propriété de coaguler le lait, mais avec quelques différences dans le mode d'action, on accepta l'idée de la pluralité des présures, distinctes suivant leur provenance. Cependant, les travaux récents parus sur les différents sucs coagulants ou peptonisants ébranlèrent fortement cette dernière notion et mirent même en doute l'individualité de l'enzyme présurant.

Théorie unitaire. — Une école, en effet, s'est formée qui nie l'existence de la présure et ne voit dans les propriétés de cette diastase qu'une des fonctions des enzymes protéolytiques. Les recherches effectuées en vue d'éclaircir le processus de la coagulation du lait ne furent pas tout d'abord étrangères à ce changement dans la manière de voir. On sait que l'opinion la plus généralement admise à ce sujet est que la présure dédouble le caséinogène du lait en deux substances : l'une, la caséine, qui se précipite, avec ou sans l'aide de sels de calcium; l'autre, une sorte d'albumose, qui reste en solution. L'action première de la présure sur le lait serait donc une hydrolyse protéique, et la coagulation n'en serait qu'une conséquence.

Les partisans de la théorie unitaire se prévalent en outre du fait que la présure ne se trouve pas seulement dans le suc digestif des animaux en voie de lactation, répondant ainsi à un besoin réel, mais aussi dans des organes végétaux ou animaux, où sa présence ne paraît nullement nécessaire. Pourquoi, disent-ils, rencontre-t-on de la présure, même parfois en quantités assez grandes, là où il n'y a pas trace de caséine, alors que, généralement, la sécrétion des diastases est toujours en rapport direct avec la quantité de substances qu'elles doivent transformer? Par contre, ils font observer que toujours on trouve la pepsine associée à la présure. C'est donc, concluent-ils, que la présure et la pepsine ne font qu'une seule et même diastase : celle-ci, possédant à la fois les deux propriétés, coagulante et peptonisante, agirait dans un sens ou dans l'autre, suivant les conditions de milieu. On sait, en effet, que l'action coagulante se manifeste déjà dans une solution neutre, tandis que l'action protéolytique ne se produit que dans des solutions acides.

Cet argument de la présence simultanée des deux diastases dans la nature parut pouvoir être renforcé par cette constatation que ces deux diastases sont en outre toujours associées dans la même proportion. BLUM et FULD, en effet, crurent avoir démontré que les sécrétions de la pepsine et de la présure se font toujours parallèlement, non seulement dans le suc gastrique normal, mais aussi dans le suc obtenu dans les cas pathologiques. Le rapport entre les deux propriétés du suc gastrique serait, d'après ces auteurs, tellement constant, qu'on pourrait uniquement analyser le pouvoir coagulant pour en conclure le pouvoir protéolytique. Nous verrons dans un instant ce qu'il convient de penser de cette affirmation.

Discussion. — Mais avant, reprenons, un à un, les différents arguments donnés en faveur de la théorie unitaire. Le premier est basé sur ce fait, que dans certains milieux on rencontre de la présure, alors que sa présence paraît tout à fait inutile. Pourquoi dès lors admettre l'existence d'une diastase qui ne répond à aucun besoin? La réponse à cette objection est puisée dans les travaux de DANILEWSKY. On sait que cet auteur a constaté que les peptones obtenues par la digestion pepsique peuvent se transformer, sous l'influence de la présure, en matières albuminoïdes plus complexes, et que ce travail de condensation se fait précisément dans des conditions qui sont défavorables à l'action de la pepsine. Dès lors, la présure apparaît comme une sorte de pepsine régressive, dont le rôle est précisément de mettre en réserve une partie des principes élaborés par la pepsine. (*Voir chapitre Plastéines.*)

Passons au second argument. Le fait qu'on n'a jamais rencontré, dans aucun organe animal ou végétal, de la présure, sans y trouver, à côté, de la pepsine, n'est pas probant; il est purement fortuit. C'est, du reste, le cas habituel pour les diastases de toujours se trouver dans la nature à l'état de mélange. Au surplus, si ces deux diastases se confondaient en une seule, il faudrait que cette diastase unique eût des propriétés coagulante et protéolytique toujours dans le même rapport. Or, il n'en est pas ainsi. Il existe, au contraire, des variations très sensibles, et cela, suivant la provenance des produits et les conditions dans lesquelles ils ont été obtenus. C'est ainsi que, si l'on compare les enzymes retirés, d'une part, de la muqueuse stomacale du porc, d'autre part, de la caillette de veau, on trouve :

	Pouvoir digestif	Pouvoir coagulant
Porc	1	1
Veau	1	9

Voici comment ce résultat est obtenu : après avoir déterminé les pouvoirs digestif et coagulant de la diastase extraite
du porc, pouvoirs qu'on prend pour unités, on dilue la diastase
extraite du veau, de telle sorte que son pouvoir digestif soit le
même que celui pris pour unité. On constate alors que le pouvoir coagulant de l'enzyme de caillette de veau est 9 fois plus
grand que celui de l'extrait de porc.

Ces données cadrent d'ailleurs avec les indications de
BANG et HAMMERSTEN, qui ont trouvé, le premier, qu'il y a une
différence entre les présures retirées des muqueuses stomacales de l'homme et du porc ; le second, entre les présures
provenant du brochet et du veau. En outre, les substances
actives retirées de la caillette de veau varient aussi suivant
l'âge et le mode de nutrition de l'animal :

	Pouvoir coagulant	Pouvoir digestif
Veau allaité	4	1
Nourri avec de l'herbe	1	2

On voit que le veau allaité a un suc gastrique riche en
présure et pauvre en pepsine, tandis que l'animal nourri avec
de l'herbe fournit un enzyme relativement plus riche en
pepsine et plus pauvre en présure. On trouve encore des
variations plus grandes si l'on compare les enzymes coagulants du commerce :

	Pouvoir coagulant	Pouvoir digestif
Pepsine	1	1
Présure liquide (1 à 15.000)	13	1
Présure en poudre (1 pour 100.000)	27	1

Pour une unité de diastase digestive du lab en poudre, on
trouve 27 fois plus de diastase coagulante que dans la même
unité de pepsine. Il y a plus : on peut, par des précipitations
convenables, augmenter l'une des deux propriétés au détriment de l'autre, autrement dit, ébaucher la séparation de ces
deux enzymes. C'est ainsi que du sulfate d'ammoniaque, ajouté,
jusqu'à saturation, à une solution renfermant les deux enzymes,
les précipite tous deux, tandis qu'en employant le chlorure

de sodium, on ne précipite presque exclusivement que la présure et on laisse la pepsine dans la solution. En répétant à différentes reprises, avec la même préparation, cette précipitation au chlorure de sodium, on peut enrichir progressivement le précipité en présure.

Van Hasselt précipite par NaCl une macération dans l'eau de caillette de veau. Il recueille le précipité, le dissout dans l'eau, précipite à nouveau, etc. La marche de la purification se trouve exprimée dans le tableau suivant :

		Pouvoir coagulant.
1er précipité.	. . . . .	53
2me »	. . . . . .	159
3me »	. . . . . .	900

Pour une unité digestive, il se trouve dans le premier précipité 53 unités coagulantes; dans le 3e, le pouvoir coagulant est monté à 900. En partant d'une macération de muqueuse stomacale de porc, faite en présence de 5 °/₀ de NaCl, on arrive à obtenir une solution de pepsine relativement très pure : il suffit de saturer le liquide par NaCl, ce qui détermine un précipité qui renferme surtout de la présure qu'on élimine ainsi, de dialyser ensuite le liquide filtré pour enlever la majeure partie du NaCl, puis de précipiter la solution par le sulfate d'ammoniaque. Le précipité obtenu est redissous dans l'eau et on dialyse la liqueur contre une solution de HCl à 0,2 °/₀ : la solution ainsi préparée est excessivement riche en pepsine et contient seulement très peu de lab-ferment.

En vue d'arriver à une séparation analogue, Hammarsten propose l'emploi de la caséine pour purifier le lab extrait de la caillette de veau. La caséine précipite la pepsine, tandis que la présure reste en solution. La macération de caillette est faite en présence de 2,45 gr. HCl par litre. La précipitation se fait à l'aide d'une solution de caséate de soude à 4 °/₀. 130 cc. de macération acide sont additionnés, petit à petit et en remuant, de 200 cc. solution de caséate de soude neutre. On ajoute ensuite de la NaOH à N/10 jusqu'au moment où le précipité n'augmente plus. Ce précipité contient la pepsine, tandis que la présure reste en solution.

Ces faits sont certainement très favorables à l'idée de l'existence réelle de la présure à côté de celle de la pepsine, mais ils ne sauraient en constituer une preuve. Un doute subsiste; en effet, il se trouve toujours dans les liquides, en même temps que les diastases, pepsine et présure, de l'antipepsine et de l'antiprésure, ainsi que des corps étrangers, dont l'action défavorable empêche l'une ou l'autre des deux propriétés diastasiques de se manifester avec toute l'intensité voulue, si bien que si l'on produit, par exemple, un accroissement du pouvoir peptonisant par rapport au pouvoir coagulant, on peut l'interpréter aussi bien par l'augmentation du pouvoir antiprésurant ou par la diminution du pouvoir antipeptonisant, que par des influences de milieu.

En somme, la question de l'identité ou de la non-identité de la présure et de la pepsine reste pendante. Voici néanmoins comment les partisans de la théorie unitaire envisagent la solution. Pour eux, la molécule de pepsine contient deux groupements différents correspondant, l'un à l'action protéolytique, l'autre à l'action coagulante. Sans que le produit soit complètement détruit, on peut affaiblir l'un ou l'autre de ces deux groupes par la saturation de certaines chaînes latérales, et mettre ainsi en relief l'autre propriété qui n'a pas été modifiée.

Il est certain que cette question de la dualité de la présure et de la pepsine, très complexe par elle-même, se trouve encore rendue plus obscure par l'existence des anticorps qui se produisent par immunisation et qui, dans certains cas, agissent à la fois sur les deux propriétés. C'est cependant dans cette voie qu'il faut s'engager, si l'on veut arriver à quelque lumière. Jusqu'ici, l'antiprésure a toujours été obtenue par immunisation, à l'aide d'une présure possédant aussi les propriétés de la pepsine. Il s'en suit que l'anticorps ainsi préparé réagissait à la fois sur les deux enzymes. Mais ce qu'il faudrait faire, c'est partir de produits purifiés, dans lesquels les deux fonctions ont été nettement séparées. On examinerait alors les anticorps formés : s'ils sont vraiment spécifiques, agissant uniquement sur une diastase à l'exclusion de l'autre, on pourra conclure de l'existence de ces deux anticorps, antiprésure et antipepsine, à l'existence des deux enzymes correspondants. Si non, c'est la théorie unitaire qui aura gain de cause, puisqu'il serait invraisemblable que les substances qui masquent l'un des groupements dans la diastase inoculée se retrouvassent également, fixées au même endroit, dans l'anticorps formé.

Un pas a été fait dans cette voie, grâce aux travaux de HEDIN. Ce savant prépare différents zymogènes à l'aide de muqueuses d'estomac qu'il fait macérer à froid dans de l'eau en présence de carbonate de calcium. Le liquide obtenu est filtré : une partie est additionnée de 20 cc. HCl à 1 °/₀ par 100 cc. et est abandonnée à la température ordinaire : on obtient ainsi une solution active, pouvant coaguler le lait. D'autre part, on prend un même volume de cet extrait, mais non activé par HCl ; on ajoute 20 cc. NH³ à N/10 par 100 cc., on abandonne quelques heures à 37° et on neutralise ensuite. Ce liquide ne coagule plus le lait, mais il a acquis des propriétés tout à fait nouvelles : il est devenu un paralysant. Il ralentit ou arrête complètement la coagulation du lait, suivant la dose.

Ces antilabs ont été obtenus avec des zymogènes de porc, de cochon d'Inde, de veau et de brochet. Ces anticorps sont spécifiques, c'est-à-dire que l'anticorps provenant d'un animal paralyse très activement la présure préparée à partir de ce même animal, mais n'agit pas du tout sur la présure provenant d'un autre animal. Les paralysants qu'on a obtenus avec le cochon d'Inde et le brochet ne résistent pas à la température de 100° et perdent complètement leur propriété. Les deux autres la perdent partiellement ; mais, chose très curieuse, ils perdent leur spécificité et deviennent paralysants pour les quatre espèces. Le zymogène, traité par HCl, ne fournit plus d'anticorps quand il est traité ensuite par NH³, puis neutralisé. L'anticorps, traité par HCl, et ensuite neutralisé, perd sa propriété anticoagulante : il devient lui-même coagulant jusqu'à un certain degré. De ces expériences, il résulte que la présure est toujours accompagnée d'un anticorps : quand on traite le zymogène par HCl, on détruit l'anticorps et il apparaît une action coagulante ; quand on traite par NH^3, on obtient un effet contraire, on détruit en grande partie la présure et il en résulte une action anticoagulante.

Ces données sont évidemment de nature à justifier l'idée de l'existence de plusieurs présures, mais elles ne nous fixent toujours pas sur la non-identité de la présure et de la pepsine. Cette question ne pourra être résolue que le jour où l'on trouvera dans une plante une seule de ces deux diastases, ou encore, quand on aura préparé par immunisation l'anticorps s'appliquant à une seule diastase, la présure ou la pepsine, sans toucher à l'autre.

§ 9.

Travail chimique de la pepsine.

Sous l'action de la pepsine, en milieu légèrement acide, les matières albuminoïdes, qui sont insolubles dans l'eau, soit à l'état naturel, soit par suite d'une coagulation, se solubilisent plus ou moins rapidement. Si, à ce moment, l'on neutralise la liqueur, on obtient un précipité. Le filtrat, porté à l'ébullition, donne en outre un coagulum. Le précipité qu'on obtient par neutralisation porte le nom d'*acide-albumine* ou de *syntonine* : il résulte de l'action de l'acide, et non point de celle de la pepsine. Quant au coagulum, il est constitué par de la substance albuminoïde non transformée.

Si la digestion est un peu plus avancée, le liquide ne se trouble plus, ni par la neutralisation, ni par le chauffage à 100°. A partir de ce moment, les progrès de l'hydrolyse peuvent être suivis par les précipitations plus ou moins abondantes que provoque dans le liquide l'addition de sels neutres, tels que le $NaCl$, le $SO^4(NH^4)^2$ ou le SO^4Zn. Au fur et à mesure que la peptonisation avance, les précipités obtenus diminuent. Les substances précipitées par les sels portent le nom d'*albumoses* ou de *protéoses ;* les complexes non précipités sont désignés par différents auteurs sous le terme de *peptones.*

Kühne et Chittenden ont distingué deux classes d'albumoses : les *albumoses primaires,* qui précipitent par le NaCl à saturation en milieu neutre, et les *albumoses secondaires* ou *deutéro-albumoses,* qui ne précipitent par le NaCl à saturation qu'en solution acide, et encore incomplètement. D'ailleurs, les albumoses primaires se divisent en *hétéro-albumoses,* insolubles dans l'eau pure froide, mais solubles dans les solutions salines diluées, et, par suite, précipitables par dialyse, et en *proto-albumoses,* solubles dans l'eau pure et les solutions salines diluées.

Les albumoses primaires, qui correspondent à peu près à ce qu'on désigna un moment sous le nom de *propeptones,* jouissent en outre des trois propriétés suivantes :

1) Ils sont précipités, par l'acide azotique étendu, en solutions salines diluées, et ce précipité disparaît à chaud, pour se reformer par refroidissement.

2) Le ferrocyanure de potassium et l'acide acétique précipitent leurs solutions : ce précipité soluble à chaud reparaît par refroidissement.

3) En acidulant à froid par l'acide acétique un mélange, à volumes égaux, d'une solution de propeptone et d'une solution saturée de NaCl, on détermine la production d'un précipité soluble à chaud réapparaissant par refroidissement.

Les transformations que nous venons de décrire peuvent se résumer dans le schéma suivant :

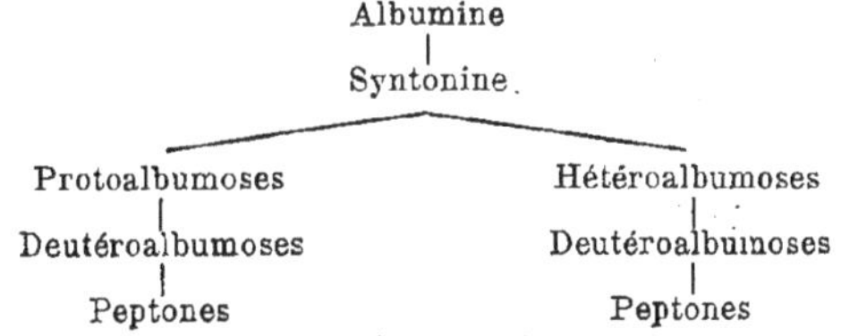

D'après Kuhne et Neumeister, la peptone formée sous l'action de la pepsine se compose de 2 fractions, l'une, très résistante à l'action de la trypsine, qu'il nomme *antipeptone;* l'autre, qui se laisse facilement hydrolyser par ce second enzyme, avec formation d'acides aminés, et qu'il appelle *hémipeptone*. Ces auteurs concluent que l'antipeptone dérive de l'hétéroalbumose, qui correspond lui-même à la partie la plus difficilement attaquable par les diastases digestives, tandis que l'hémipeptone provient du protoalbumose. La molécule albuminoïde se trouve donc scindée dès le début de l'hydrolyse en deux groupe : l'un, hémi; l'autre, anti. Le mélange des deux peptones, anti et hémi, est désigné par KUHNE sous le nom d'*amphopeptone*. Voici comment on peut représenter cette manière de voir :

	Albumine | Syntonine	
Groupe hémi		Groupe anti
Protoalbumoses	(Albumoses primaires)	Hétéroalbumoses
|		|
Deutéroalbumoses	(Albumoses secondaires)	Deutéroalbumoses
|		|
Hémipeptones	(Amphopeptones)	Antipeptones

Les notions apportées par KUHNE et NEUMEISTER ont contribué beaucoup au développement de la chimie des albuminoïdes. Ces auteurs ont appuyé leur théorie d'une série de faits nouveaux d'une valeur réelle, mais qui n'ont pu sauver la conception erronée de l'hémi et de l'antigroupe; celle-ci, en effet, après avoir été adoptée d'une façon à peu près générale, ne peut plus être, à l'heure actuelle, sérieusement soutenue. Les connaissances qu'on possède maintenant sur l'hydrolyse profonde de la matière albuminoïde, sous l'influence des acides, des alcalis ou des enzymes, nous montrent qu'on se trouve en présence d'un agrégat formé d'un très grand nombre d'acides mono et diaminés, et que, sous l'action des catalyseurs énergiques, comme la trypsine et l'érepsine, cette molécule complexe, en s'hydratant, se dédouble successivement et intégralement : il ne reste donc aucun groupe anti, plus résistant à la trypsine que les autres, ainsi que le pensait KUHNE.

La pepsine fournit les premiers termes de la dégradation hydrolytique des albuminoïdes. Ceux-ci conservent encore beaucoup des propriétés des corps dont ils dérivent; ce sont des polypeptides de différentes complexités : ceux dont le poids moléculaire est le plus élevé et se rapproche le plus de celui de la substance primitive, constituent les albumoses; les autres, déjà plus dégradés, représentent les peptones.

Il est possible de séparer les peptones des albumoses en saturant leurs solutions, soit avec du sulfate de zinc, soit avec du sulfate d'ammoniaque. L'albumose est précipité tandis que la peptone reste en solution. La peptone, débarrassée de l'albumose, peut être fractionnée en deux parties : l'une, qui est soluble dans l'acide phosphotungstique; l'autre, qui est précipitée ; cette dernière fraction correspond aux acides diaminés complexes. Parmi les albumoses, on arrive à distinguer différentes espèces de produits, soit à l'aide de précipitations fractionnées, soit par solubilisation dans des liquides convenables, soit encore par l'emploi de toute autre propriété individuelle, ainsi qu'on le verra plus loin.

Pour se rendre compte du travail chimique produit au cours de la digestion pepsique on devrait suivre l'apparition, puis la disparition des différentes fractions d'albumoses et enregistrer l'accumulation du produit final de la réaction, qui est la peptone. Mais cette méthode, en pratique, laisse encore beaucoup à désirer. Les albumoses ne sont pas des corps parfaitement caractérisés; la peptone n'est pas, non plus, un terme stable et définitif. Dans la digestion pepsique, on n'arrive jamais à une hydrolyse correspondant à la disparition complète des albumoses, et la peptone même qu'on obtient, ainsi qu'on l'a dit plus haut, peut être divisée en deux parties plus ou moins nettes, comprenant chacune des complexes assez mal connus, au point de vue chimique.

Quoi qu'il en soit, le mode opératoire adopté est susceptible de donner une image très approchée du chimisme de la réaction. Dans les grandes lignes, on se trouve en présence d'un phénomène analogue à celui de la saccharification de l'amidon. Pour arriver au terme final, le sucre, maltose ou glucose, on passe par toute une série de dextrines qui conservent encore quelques-unes des propriétés de l'amidon initial, tout en se différenciant de celui-ci, et aussi les unes des autres. Les différents albumoses qui apparaissent au cours de l'hydrolyse peuvent être comparés à la formation de ces dextrines. Dans la saccharification de l'amidon, tout le processus chimique consiste en une suite d'hydratations amenant le complexe primitif à un état simple, le sucre. Dans la peptonisation, on assiste à une pareille transformation : la molécule albuminoïdique très complexe, de poids égal à 6000, ou peut-être 15000, est dégradée jusqu'à donner des albumoses de poids moléculaire égal à 2400 et des peptones d'une valeur de 400. Ces corps intermédiaires sont en quelque sorte des dextrines azotées qui seront plus tard attaquées à leur tour pour arriver à des produits relativement simples, de composition définie et stable, mais en nombre assez considérable.

Les divers procédés employés pour différencier les albumoses et les peptones sont tous basés sur la méthode de la précipitation fractionnée. Avant de rechercher comment s'effectue la marche de l'hydrolyse par la pepsine, et afin de pouvoir suivre tous les changements qui se produisent, il est indispensable que nous nous arrêtions d'abord sur les divers réactifs mis en œuvre pour cette étude : nous examinerons en premier lieu l'action des sels.

§ 10.

Étude des différents albumoses
par la méthode de la précipitation fractionnée.

La propriété que possèdent certains sels de précipiter les matières albuminoïdes de leur solution a fourni à HOFMEISTER la base d'une méthode de précipitation fractionnée, en vue de séparer les divers complexes qui se forment au cours de la protéolyse. Cette méthode est de plus en plus employée, bien que ses résultats ne soient pas également appréciés par tous les savants : elle compte même parmi ses adversaires des hommes de science d'une indiscutable compétence. Cependant elle peut, dans certaines conditions, rendre de grands services, et il serait déraisonnable de renoncer à elle, d'autant plus qu'on ne saurait actuellement par quelle autre la remplacer.

Notions générales sur le pouvoir de précipitation des sels. — Beaucoup de sels ont la propriété de précipiter les matières albuminoïdes de leur solution. La nature du précipité diffère radicalement, suivant le sel employé. Dans certains cas, le précipité obtenu est un composé métallo-organique, produit par une réaction des sels sur les substances albuminoïdes. C'est ce qui se présente avec l'acétate de fer, l'acétate neutre ou basique de plomb, le sulfate de cuivre, le chlorure de mercure. Avec d'autres sels, tels que, par exemple, le sulfate d'ammonium, le sulfate de zinc, l'acétate de potasse, le sulfate et le chlorure de sodium, le précipité est d'une tout autre nature. La matière albuminoïde précipitée n'a subi aucun changement; le précipité peut être facilement débarrassé des sels y adhérant, et il se dissout dans l'eau en une solution identique à la solution primitive. Ainsi, suivant le sel, on obtient deux actions différentes : l'une, d'ordre chimique; l'autre, d'ordre physique.

L'action physique des sels a attiré tout spécialement l'attention des chimistes. Le pouvoir de précipitation, exercé par les sels sur les matières albuminoïdes, diffère essentiellement d'après la nature respective de ces corps, et l'on peut ainsi diviser ceux-ci en trois catégories, suivant leur puissance d'action :

a) Le sulfate de zinc, d'ammonium, l'acétate de potassium, sont les agents les plus actifs : ils précipitent toutes les matières albuminoïdes naturelles et l'albumose. Dans la même catégorie peuvent entrer les nitrate et chlorure de calcium, ainsi qu'un mélange de sulfate de magnésium et de sulfate de sodium; seulement, le précipité obtenu avec ces derniers sels change de nature par un séjour prolongé en présence de ces réactifs. Tous ces sels agissent très efficacement à concentration relativement faible; leur pouvoir de précipitation augmente avec la densité du liquide : c'est-à-dire que plus la solution se rapproche du point de saturation, plus elle est active.

b) Le sulfate de magnésium, qui possède aussi un pouvoir de précipitation assez considérable, mais cependant bien moins élevé que les précédents.

c) Enfin, le chlorure de sodium, le nitrate et le sulfate de sodium. Ces sels ne précipitent plus toutes les matières albuminoïdes, et même faut-il une solution très concentrée et souvent une saturation pour obtenir un précipité complet.

Les conditions chimiques et physiques du milieu influencent considérablement le pouvoir, que possèdent les sels, de précipiter les matières albuminoïdes de leur solution. La présence dans la solution albuminoïde de substances étrangères, la température et la réaction du milieu, sont des facteurs qui ont une grande importance dans le pouvoir de précipitation des sels. Dans un liquide légèrement acide, la précipitation est plus rapide et plus complète que dans une solution neutre. Il faut remarquer aussi qu'une partie de l'acide contenu dans le liquide est toujours entraînée avec le précipité, ce qui fait penser que l'acide et les matières précipitées sont probablement combinés.

On a cherché à établir une relation entre le poids moléculaire des sels et leur pouvoir de précipitation, mais ce rapport n'existe pas ; leur solubilité ou leur teneur en eau de cristallisation n'ont pas, non plus, d'influence marquante. Il est également difficile d'établir un rapport entre les autres propriétés physiques des sels et leur pouvoir de précipitation. Le mécanisme de la précipitation reste encore à expliquer. Les sels, qui se montrent actifs dans la solution albuminoïdique, ont le même pouvoir dans la solution d'hydrate de carbone et dans celle de savon. Pour certains auteurs, la séparation des substances de leur solution, par l'action des sels, provient du degré d'affinité de ces substances pour l'eau. Mis en contact avec des substances ayant peu d'affinité pour l'eau, le sel leur enlève une partie de celle-ci indispensable à leur dissolution ; de là, la précipitation de ces matières. HOFMEISTER, qui ne se contente pas de cette explication, incline à admettre que le phénomène de dissociation qui se produit dans le sein du

liquide joue un rôle dans la précipitation des matières albuminoïdes par les sels. POSTERNAK développe l'idée émise par
HOFMEISTER. Voici ce qu'il dit : « La matière albuminoïde ne
peut être précipitée de sa solution qu'à la condition que ses
micelles soient entourées d'une couche de molécules salines
non dissociées qui les défendraient contre l'action dissolvante
des ions. Mais en présence des micelles dissoutes dans le
liquide, la distribution des molécules non dissociées n'est plus
uniforme comme dans un milieu libre d'albuminoïde. Les
micelles, exerçant leur attraction plus ou moins grande sur
les molécules non dissociées, suivant la constitution chimique
de ces dernières, forment des centres où la concentration des
molécules est plus grande que dans l'intervalle entre les
micelles. Plus l'affinité des micelles pour un sel quelconque
est grande, plus facilement sera atteinte autour d'elles la
concentration des molécules nécessaires pour précipiter l'albuminoïde. »

Les notions que l'on possède sur le pouvoir de précipitation
des sels vis-à-vis des matières albuminoïdes ont servi de point
de départ à un grand nombre de recherches scientifiques.
Différents auteurs emploient les sels pour purifier, séparer,
caractériser les différentes matières protéiques, ainsi que les
nombreux produits de leur dédoublement. En particulier, on a
fait un classement des matières protéiques, suivant la facilité
avec laquelle les sels précipitent leurs solutions.

La caséine, le fibrinogène appartiennent à un groupe de
matières protéiques facilement précipitables. La caséine peut
être précipitée complètement par le sulfate de magnésium,
ainsi que par le chlorure de sodium à saturation. Le fibrinogène est précipité de sa solution, si l'on ajoute à celle-ci un
volume égal de chlorure de sodium saturé. Le groupe des
globulines forme la limite des corps facilement précipitables.
Elles précipitent complètement par le sulfate de magnésium à
saturation, ou encore, de leur solution neutre, par le chlorure
de sodium. L'albumine n'est pas précipitée complètement par
le chlorure de sodium, ni par le sulfate de magnésium, mais elle

l'est complètement par le sulfate de zinc et le sulfate d'ammonium. Les produits du dédoublement des matières protéiques se comportent très différemment vis-à-vis des sels : l'hétéro-albumose, par exemple, est complètement précipité de sa solution neutre par le chlorure de sodium ; d'autres, comme le deutéro-albumose C, ne précipitent qu'en présence de sulfate d'ammonium à saturation dans un milieu acide.

En effet, en changeant la réaction du milieu, on obtient aussi des résultats différents, qui fournissent souvent des renseignements utiles sur la nature des matières protéiques. L'albumine ne précipite point de sa solution quand on l'acidifie par l'acide acétique, ou lorsqu'on sature sa solution neutre par le chlorure de sodium. Mais si, après avoir saturé de NaCl la solution d'albumine, on l'acidifie ensuite avec l'acide acétique, on obtient un précipité. On constate le même phénomène en précipitant l'albumose par du chlorure de sodium : quand on ajoute à une solution d'albumose primaire du chlorure de sodium jusqu'à demi-saturation, on n'aboutit pas à une précipitation ; mais le précipité apparaît aussitôt que la réaction du liquide devient acide. Le précipité ainsi obtenu est l'hétéro-albumose.

Rappelons enfin, pour terminer, que les diastases, qui, à différents point de vue, se rapprochent des albuminoïdes, sont précipitées par le sulfate d'ammoniaque.

Différenciation des substances albuminoïdes naturelles par la méthode de la précipitation fractionnée. — Comme nous venons de le voir, les sels se comportent de façon très différente avec les diverses matières albuminoïdes, et leur pouvoir de précipitation peut fournir, en certains cas, de très utiles indications. Un pas en avant a été fait dans cette voie par HOFMEISTER et ses élèves. Ce savant a démontré qu'on peut aboutir à la différenciation des diverses substances albuminoïdes en se servant d'un seul sel, employé à des doses différentes. La méthode de HOFMEISTER est basée sur les observations suivantes : Quand on ajoute avec précaution à une solution d'albumine une solution de sulfate d'ammonium, on constate, qu'en présence d'une certaine dose de ce sel, le liquide, d'abord transparent, se trouble. Si, après un repos, on filtre, le trouble reparaît dans le liquide transparent, sitôt qu'on y ajoute une nouvelle quantité de sel et ainsi de suite, jusqu'à ce que l'albumine soit entièrement précipitée. La précipitation est donc continue et graduelle jusqu'à la complète disparition de l'albumine de la solution. Les deux limites : commencement et fin de la précipitation, correspondent à des teneurs constantes de sel. La limite inférieure correspond à une dose de sel provoquant un trouble persistant ; la limite supérieure, à une dose de sel donnant une précipitation complète.

Les deux limites caractéristiques de précipitation ne s'observent pas seulement avec les solutions d'albumine, mais avec toutes les matières albuminoïdes. Seulement, les concentrations de sel, correspondant aux deux limites de précipitations, diffèrent considérablement, suivant les matières albuminoïdes employées. Il résulte donc qu'on peut aboutir à une différenciation des différentes substances appartenant à la classe des albuminoïdes, par la détermination des deux limites de précipitation. Pour obtenir des résultats constants par la méthode de précipitation fractionnée, il faut se placer dans des conditions toujours les mêmes et strictement déterminées. Voici comment on procède dans ces sortes d'essais :

La solution albuminoïde est amenée à une teneur d'environ 2 % ; la solution de sulfate d'ammonium est préparée par saturation à froid ; elle a un poids spécifique de 1,253-1,255. On prend une série de tubes à réaction, numérotés. Dans chacun, on verse 2 centimètres cubes de solution protéique. On ajoute 6 centimètres cubes d'eau dans le tube n° 1 et l'on mélange ; on verse ensuite dans ce tube 2 centimètres cubes de solution saturée de sulfate d'ammonium, on agite le tube avec précaution pour éviter la formation d'écume et on laisse reposer. Dans le tube n° 2 et les suivants, on ajoute la solution saline, en augmentant chaque fois de 1/10 de centimètre cube, tandis qu'on diminue en conséquence l'eau ajoutée, afin d'arriver dans tous les tubes à un volume de 10 centimètres cubes.

Le premier tube dans lequel apparaîtra une opacité durable nous indiquera la limite inférieure de précipitation. On exprimera cette limite par le nombre de centimètres cubes de la solution de sulfate employée.

Pour déterminer la limite supérieure, on laissera reposer tous les tubes troubles pendant 24 heures, après quoi on filtrera. Le liquide, filtré et complètement limpide, sera additionné de 2/10 centimètres cubes de solution saline. Le tube dans lequel n'apparaîtra plus de trouble au contact de la solution saline indiquera la précipitation complète et marquera par conséquent la limite supérieure. Voici les résultats qu'on obtient avec cette méthode, en opérant sur les solutions de matières albuminoïdes naturelles :

	Limite inférieure.	Limite supérieure.
Fibrinogène	1.9	2.8
Caséine	2.2	3.6
Globuline	2.9	4.6
Albumine	6.4	9

Le fibrinogène et la caséine ont une limite inférieure de précipitation assez rapprochée. Le premier commence à précipiter quand la solution est additionnée de 1,9 cc. de sulfate d'ammonium saturé ; la seconde commence à précipiter avec 2,2 cc. de ce sel. La globuline ne commence à précipiter qu'en présence d'une concentration supérieure de sel. Entre la globuline et l'albumine, l'écart entre les limites inférieures est plus grand encore : de 2,9 à 6,4. La même gradation se retrouve dans la limite supérieure ; le fibrinogène précipite complètement en présence de 2,8 cc., tandis que l'albumine précipite complètement en présence de 9 centimètres cubes. Toutefois la dose qui provoque la précipitation complète est toujours plus caractéristique que celle en présence de laquelle la précipitation commence à se former.

Nous avons vu plus haut que, par un choix judicieux de sels comme matière précipitante, on pouvait faire un certain classement des matières albuminoïdes. Le fibrinogène et la

caséine sont précipités par le chlorure de sodium, tandis que
la précipitation de la globuline ne s'obtient qu'avec le sulfate
de magnésium; enfin, l'albumine ne précipite ni par le chlorure de sodium, ni par le sulfate de magnésium. Avec la
méthode de précipitation fractionnée on arrive à un classement analogue : le fibrinogène possède la limite inférieure
la plus basse, et l'albumine, la plus élevée.

**Différenciation des produits de transformation des
matières albuminoïdes.** — La méthode de précipitation
fractionnée permet, dans beaucoup de cas, de séparer de leur
solution diverses matières albuminoïdes naturelles qui s'y
trouvent mélangées. Ainsi, on peut arriver à séparer de la
même solution le fibrinogène, la globuline et l'albumine.
On peut aussi tirer profit de la connaissance des limites
supérieures pour la purification d'une substance albuminoïde
quelconque. Enfin, HOFMEISTER et ses élèves ont appliqué cette
méthode à la séparation des produits d'hydrolyse des matières
protéiques. Ils sont parvenus à isoler et à caractériser différents
produits de dédoublement, et, à l'heure actuelle, la méthode
se trouve strictement liée, non seulement aux notions que l'on
possède sur la marche de la peptonisation, mais aussi à l'idée
qu'on se fait du groupement moléculaire des différentes
substances albuminoïdes. Si, après avoir fait subir à une
matière albuminoïde naturelle l'action de la pepsine, on traite
la liqueur par une solution de sulfate d'ammoniaque, on
constate que le liquide de digestion se comporte de la même
façon qu'une solution contenant un mélange de différentes
substances. La limite supérieure n'est plus une limite stable,
comme c'était le cas pour une solution ne contenant qu'une
seule substance, mais la liqueur accuse plusieurs limites
supérieures très facilement reconnaissables.

En appliquant la méthode de précipitation fractionnée aux
matières albuminoïdes naturelles ayant subi l'action de la
pepsine, on arrive d'abord, à l'aide de doses relativement
faibles de sulfate, à une limite supérieure. Le liquide, débarrassé de son précipité, ne précipite plus par une nouvelle

addition de 0.2 cc. de sulfate ; mais quand on augmente sensiblement la dose de sel, un nouveau précipité apparaît, et, par une addition graduelle de solution saline, on aboutit à une nouvelle limite supérieure. Celle-ci est suivie d'un point neutre, où il n'y a plus de précipitation, puis vient une nouvelle limite inférieure, où commence un précipité, suivie d'une troisième limite supérieure. Voici, d'après PICK, la marche de la précipitation fractionnée d'une solution de peptone WITTE à 5 °/₀.

EXISTENCE DES LIMITES INFÉRIEURES ET SUPÉRIEURES DE PRÉCIPITATION.

Numéros	Solution de peptone	Eau	Solution de sulfate d'ammon.	Précipitation	Addition au liquide filtré de 0.2 cm³ de sulf. d'ammoniaque	Remarques
1	2 cc.	7 cc.	1 cc.	pas de précipitat.	pas de trouble	
2	2 »	5.6 »	2.4 »	»	léger trouble	
3	2 »	5.4 »	2,6 »	léger trouble	précipité	1e lim. inf.
4	2 »	5 »	3 »	précipité	»	
5	2 »	4 »	4 »	»	»	
6	2 »	3.6 »	4.4 »	»	liquide reste limp.	1e lim. sup.
7	2 »	3 »	5 »	»	»	
8	2 »	2.6 »	5.4 »	»	précipité	2e lim. inf.
9	2 »	1.8 »	6.2 »	»	liquide reste limp.	2e lim. sup.
10	2 »	1.2 »	6.8 »	»	»	
11	2 »	0.8 »	7.2 »	»	précipité	3e lim. inf.
12	1 »	0 »	9.5 »	»	liquide reste limp.	3e lim. sup.

Dans l'essai n° 1, le liquide se compose de : 2 centimètres cubes de peptone, 7 centimètres cubes d'eau et 1 centimètre cube de sulfate d'ammonium saturé. La rubrique « précipitation » nous indique si le mélange reste limpide. La précipitation commence seulement dans le n° 3, et, par conséquent, la première limite inférieure correspond à 2,6 de sulfate. La précipitation provoquée, dans le n° 3, par le sulfate, est loin d'être complète. La rubrique « addition au liquide filtré », de la 6e colonne, nous indique que le liquide qui a été additionné de 2,6 cc. de sulfate, et débarrassé ensuite du précipité par filtration, donne un précipité nouveau si l'on ajoute 0,2 cc. de sulfate. Dans le n° 6, la rubrique « addition au liquide filtré » nous dit que la solution filtrée ne précipite plus à ce point; c'est donc 4,4 qui est la limite supérieure. Le liquide, débarrassé de la première fraction de précipité, par la filtration, commence à se troubler de nouveau en présence de 5,4 de sulfate. Entre la limite supérieure de la première précipitation et la limite inférieure de la suivante se trouve un intervalle, point neutre qui se constate de même entre les n°s 9 et 11.

La méthode de précipitation fractionnée fournit, par conséquent, avec la peptone, trois fractions différentes, présentant chacune deux limites distinctes :

	Limite inférieure.	Limite supérieure.
1re fraction . . .	2.6	4.4
2e fraction . . .	5.4	6.2
3e fraction . . .	7.2	9.5

Après avoir été débarrassé de ces trois fractions, le liquide contient en solution encore des matières albuminoïdes, que l'on peut diviser en deux nouvelles fractions. La première est précipitée quand on acidifie le liquide, saturé, au préalable, de sulfate d'ammonium; la seconde reste en solution. On a donc, en définitive, partagé tous les produits d'hydrolyse pepsique en 5 fractionnements.

Pour opérer cette séparation sur une plus grande échelle, on procède de la manière suivante : on filtre tout d'abord la liqueur pour en séparer les matières non dissoutes. Puis on neutralise pour précipiter la syntonine, on fait bouillir pour coaguler les substances coagulables restantes et l'on amène le filtrat à une teneur d'environ 5 °/₀ de matières albuminoïdes; dans ce liquide, on produit alors la précipitation fractionnée par des doses croissantes de sulfate. Pour séparer la première fraction, on ajoute au liquide de digestion 1 volume de solution saturée de sulfate d'ammonium. On laisse reposer 24 heures; après quoi, on recueille le précipité sur un filtre. Ce précipité est lavé ensuite avec une solution de sulfate saturé à moitié, redissous dans l'eau et précipité de nouveau par les mêmes quantités de sel. Pour aboutir à des produits plus purifiés, on doit précipiter la substance à trois ou quatre reprises, en présence de la même quantité de sel.

Le liquide, débarrassé de la première fraction, est filtré; pour obtenir la deuxième fraction, on y ajoute 1/2 volume de solution saline; le précipité est lavé avec la solution saline saturée aux 2/3, redissous à diverses reprises dans l'eau, et chaque fois précipité en saturant le liquide aux 2/3. La troisième fraction s'obtient quand on sature, avec du sulfate d'ammonium en poudre, le liquide filtré, débarrassé de la deuxième fraction. La quatrième se précipite quand au liquide filtré de la troisième fraction on ajoute 1/10 de volume d'acide sulfurique dilué et saturé par le sulfate d'ammonium. Pour aboutir à un précipité complet, on laisse deux jours au repos le liquide acidulé; on lave le précipité avec une solution saturée et acidifiée, et on le purifie enfin dans des conditions analogues à celles de la purification des fractions précédentes. La cinquième fraction reste en solution dans le liquide débarrassé des quatre fractions précédentes. On désigne la première fraction sous le nom d'*albumose primaire;* les fractions 2, 3, 4, sous les noms de *deutéro-albumoses A, B, C;* la cinquième est considérée comme *peptone.*

Les cinq fractions séparées dans la peptone WITTE se retrouvent également dans les produits d'hydratation de toutes les matières protéiques obtenues, soit par les acides, soit par les enzymes. Voici les limites de précipitation des quatre albumoses, d'après leurs différentes provenances.

(Voir tableau comparatif, page 227.)

(*Voir tableau comparatif, page 227.*)

L'intervalle entre la limite supérieure d'une fraction et la limite inférieure de la fraction suivante est partout très élevé, et ces limites ne peuvent pas être confondues. Par contre, les limites correspondantes diffèrent peu d'une substance à l'autre. Il n'y a que pour la limite inférieure de l'albumose primaire

LIMITES DE PRÉCIPITATION AVEC LE $SO^4 (NH^4)^2$
DES QUATRE ALBUMOSES D'APRÈS LEUR PROVENANCE.

Diverses fractions		Caséine	Fibrine	Oval-bumine	Sérum album.	Sérum globul.	Peptone Witte
I.-Albumose primaire	Lim. inf.	2.6	2.6	3.6	4.2	3.8	2.6
	Lim. sup.	4.4	4.4	4.6	4.6	4.6	4.4
II. - Deutéro albumose A	Lim. inf.	5.2	5.4	5.6	5.4	5.6	5.4
	Lim. sup.	7.2	6.2	6	6.2	7.2	6.2
III.-Deutéro albumose B	Lim. inf.	8.2	7.2	7	7.2	7.8	7.2
	Lim. sup.	9.5	9.5	7.8	8	8.6	9.5
IV.-Deutéro albumose C	Lim. inf.	Saturation en réaction acide.					
	Lim. sup.						

qu'on observe des écarts allant de 2,6 à 4,2. Ce résultat peut s'expliquer, soit par une différence dans la nature de la même fraction provenant de diverses substances, soit plus simplement par l'état de pureté plus ou moins grand des matières albuminoïdes employées.

En réalité, les limites des fractions sont sujettes à certaines fluctuations provenant des conditions du milieu : la concentration et l'acidité sont des facteurs très importants de cette variation. Le rôle exercé par la concentration des matières protéiques sur les limites des fractions est très considérable. C'est ainsi que :

	Limite inférieure.	Limite supérieure.
Dans une solution de 5 % de peptone Witte, les limites de la première fraction sont.	2.6	4.4
Dans une solution de 10 % de peptone Witte, les limites de la première fraction sont.	2.2	4.4
Dans une solution de 15 % de peptone Witte, les limites de la première fraction sont.	2.2	4.8
Dans une solution de 20 % de peptone Witte, les limites de la première fraction sont.	2	4.6

La limite inférieure se trouve abaissée par la concentration. Dans une solution de 5 % la limite inférieure est de 2.6, tandis que déjà dans la solution de 10 % elle descend à 2.2.

Toutes les matières albuminoïdes ne se comportent pas de

la même manière ; c'est ainsi que KAUDER a trouvé que, dans le sérum sanguin, les limites de précipitation de la globuline varient légèrement avec la quantité d'albuminoïde contenue dans le sérum, tandis que les limites de précipitation de l'albumine du sérum sont constantes. La réaction chimique du milieu exerce une action plus sensible encore. Voici les limites des trois fractions de fibrine peptonisée, obtenues avec une réaction neutre, une réaction alcaline et une réaction acide.

	Première fraction			Deuxième fraction			Troisième fraction		
	Neutre	Acide	Alcal.	Neutre	Acide	Alcal.	Neutre	Acide	Alcal.
Limite inférieure	2.6	1.2	2.4	5.4	4.7	5.8	7.2	6.3	7.4
Limite supérieure	4.4	4.3	4.4	6.2	5.9	6.2	9.5	7.7	9.5

La réaction acide abaisse considérablement la limite inférieure des trois fractions. Elle exerce aussi une influence sur la limite supérieure, mais à un degré moindre. La réaction alcaline manifeste, sur ces limites de précipitation, une action moins prononcée que la réaction acide. En dehors de l'action produite par la réaction du milieu et par la concentration, les limites peuvent encore être influencées par la présence de corps étrangers dans la solution. Néanmoins, les limites de fractionnement apparaissent toujours très nettement quand on opère avec des substances relativement pures en solutions neutres et à une concentration comprise entre 2 et 5 %.

Les résultats obtenus par la méthode de précipitation fractionnée, à l'aide du sulfate d'ammonium, ont reçu une confirmation nouvelle par les travaux de ZUNZ et de PINCKTUS. Ces savants ont démontré que les cinq fractions, obtenues à l'aide du sulfate d'ammonium, peuvent s'obtenir également en opérant avec le sulfate ou l'acétate de zinc, ou encore avec le sulfate de sodium. ZUNZ, qui a étudié avec beaucoup de soin l'action du sulfate de zinc, constate une analogie absolue entre les résultats obtenus avec le sulfate de zinc et celui d'ammonium. En travaillant avec le sulfate de zinc, les trois premières fractions s'obtiennent dans la solution neutre; la quatrième, en présence d'une réaction acide et après la saturation. L'influence exercée sur les fractionnements par les conditions de milieu et le degré de concentration a été parallèlement constatée avec les deux sels. Toutefois, étant donné la formation, dans certains cas, de combinaisons de zinc insolubles, il est toujours préférable de choisir les réactions acides. La dose la plus favorable est de 0.75 d'acide sulfurique %. Pour conserver toujours les mêmes conditions de milieu, il est nécessaire d'amener au même degré d'acidité : la solution de matières albuminoïdes, celle des sels de zinc et l'eau qui sert à compléter le liquide pour en faire un volume constant. Les résultats sont alors très satisfaisants.

Les expériences de ZUNZ portent sur les produits de transformation de l'ovalbumine, de la sérum-albumine, de la sérum globuline, ainsi que de la caséine ; les trois premiers de ces produits étaient dans un état de pureté presque parfait. Voici comment on opère : on dissout 2 grammes de substances albuminoïdes dans 100 centimètres cubes de liquide contenant 30 centigrammes d'acide chlorhydrique et 4 centigrammes de pepsine. On laisse digérer à 40°, jusqu'à ce qu'on constate une réaction de peptone. Arrivé à ce point, le liquide est filtré, exactement neutralisé et filtré à nouveau, puis acidifié avec l'acide sulfurique jusqu'à une teneur de 0.75 % du liquide. La solution saline est préparée par saturation à froid ; elle accuse une densité de 1.450. Voici les résultats obtenus :

LIMITES DE PRÉCIPITATIONS AVEC SO⁴ ZN DES 4 ALBUMOSES D'APRÈS LEUR PROVENANCE.

Diverses fractions		Caséine	Ovalbum.	Sérum album.	Sérum globul.	Peptone Witte
Album.	Lim. inf . .	2.8	2.4	2.4	2.6	3
prim.	» sup. .	4.4	4.6	4.8	4.6	4.6
Deutéro	Lim. inf . .	5.4	6.4	5.2	5.8	5.8
alb. *A*	» sup. .	6.6	6.8	6	7.2	6.4
Deutéro	Lim. inf . .	7.4	7.2	7.2	7.4	7.6
alb. *B*	» sup. .	8.4	8.2	8.2	8.4	8.2
Deutéro	Lim. inf . .	9	8.4	8.8	8.8	8.6
alb. *C.*	» sup. .			à saturation		

Si l'on compare les limites des fractions, obtenues d'une part avec le sel d'ammonium et de l'autre avec celui de zinc, on constate des différences assez notables ; mais on obtient dans les deux cas, un même nombre de fractions, avec un intervalle bien tranché entre les limites.

Réactions chimiques des quatre fractions d'albumose. — Les quatre fractions obtenues par la précipitation fractionnée possèdent, nous venons de le voir, des limites constantes dans les mêmes conditions de milieu et avec une même concentration. HOFMEISTER et ses élèves considèrent ces fractions comme étant composées de substances différentes, et ils se sont appliqués à les caractériser par des réactions chimiques. La première fraction : albumose primaire, est composée de proto-albumose et d'hétéro-albumose de KUHNE. Ces deux substances peuvent être séparées par dialyse ou à l'aide de l'alcool. Pour cela, on additionne d'un volume d'alcool à 95 %, une solution d'albumose primaire à 5 % ; on chauffe au réfrigérant pendant 5 à 10 heures. La partie précipitée est l'hétéro-albumose; la substance albuminoïde restant en solution est le proto-albumose. Les deux albumoses de la première fraction diffèrent l'un de l'autre non seulement par leur solubilité dans l'alcool, mais aussi par d'autres caractères propres à l'hétéro-albumose : sa solution se trouble par quelques gouttes d'acide nitrique dilué ; elle fournit un précipité abondant en présence d'une faible dose d'acétate de cuivre, ainsi qu'avec le réactif d'ALMEN (solution alcoolique de tanin additionnée d'acide acétique); le précipité obtenu avec ce dernier réactif ne se dissout plus dans un excès de produit.

Les fractions 2, 3, 4 sont composées de deutéro-albumoses A, B, C. Les deux dernières sont considérées comme formées d'une unique substance. La fraction A, au contraire, est composée de deux substances a et b, qui se distinguent par une teneur différente en soufre. La fraction Aa fournit, par l'ébullition avec l'alcali et l'acétate de plomb, un léger brunissement, tandis que, traitée de la même façon, Ab donne une coloration brun noir. Il y a une différence aussi quand on ajoute aux solutions des deux substances une faible quantité d'acétate de cuivre : Aa fournit un précipité abondant, Ab ne précipite pas.

Les réactions principales des différentes fractions se trouvent réunies dans le tableau suivant :

Réactifs	1re fraction		2me fraction		3me fraction	4me fraction
	Hétéro-albumose	Proto-albumose	Deutéro-albumose Aa	Deutéro-albumose Ab	Deutéro-albumose B	Deutéro-albumose O
1	+ + +	—	—	—	—	—
2	+ +	—	+	—	—	—
3	+ +	+	+	—	—	—
4	+	+	+	+	—	—
5	+	+	+	+	+	—
6	+ + +	+ + +	+ + +	+ + +	+	—
7	+	+	+	+ + +	+ +	—
8	+	+	+ +	+ +	+ +	+ +

Réactifs n° 1 : Solution diluée de sulfate de cuivre. — 2 : Acide nitrique à froid. — 3 : Solution à 1/2 saturée de chlorure de sodium + acide nitrique. — 4 : Un volume de solution saturée de chlorure de sodium acidifié par l'acide acétique. — 5 : Saturation avec le chlorure de sodium et acidifié avec l'acide nitrique. — 6 : Solution neutre, chlorure de sodium à saturation. — 7 : Ebullition du liquide avec acétate de plomb dans un milieu alcalin. — 8 : Réaction MOLISCHE.

Le signe + indique une apparition de trouble ou de précipité. Le nombre de ces signes donne une idée de l'intensité de l'action. Le signe — indique l'absence de trouble ou de précipité.

L'ébullition du liquide avec l'acétate de plomb, dans un milieu alcalin (réactif n° 7), est employée pour indiquer la présence du soufre oxydable. Une + correspond à un faible brunissement du liquide; trois + indiquent un noircissement et un précipité. Le deutéro-albumose Ab contiendra, d'après ces réactions, le maximum de soufre oxydable, tandis que le deutéro-albumose C est exempt complètement de soufre. La réaction de MOLISCHE (coloration obtenue par le naphtol en présence d'acide sulfurique) indique la présence d'un groupement d'hydrates de carbone. La première fraction contient peu de substances riches en hydrates de carbone, les suivantes

seront beaucoup plus riches. La rubrique : Acide nitrique à
froid, indique l'addition d'une ou deux gouttes d'acide nitrique
dilué. L'hétéro-albumose fournit, dans ces conditions, un
précipité; le deutéro-albumose Aa, un léger trouble.

HOFMEISTER et ses élèves attribuent une grande valeur à
ces réactifs distinctifs. D'après eux, les fractions obtenues se
trouvent bien caractérisées par l'ensemble de leurs propriétés
physiques, chimiques et physiologiques. On doit constater
toutefois que les preuves qu'ils apportent à l'appui de leur
manière de voir sont loin d'être très démonstratives. Les
réactions enregistrées dans le tableau, pour chacun des
groupes, ne sont pas très nettes. A l'exception peut-être de
l'hétéro-albumose, toutes les fractions se confondent, et, de
plus, leurs réactions ne sont pas toujours constantes. Les
propriétés diffèrent sensiblement, suivant les matières albuminoïdes employées. C'est ainsi que le deutéro-albumose C ne
fournit point la réaction du soufre lorsqu'il provient de la
fibrine, et est riche, au contraire, en cet élément, quand il
provient du sérum-albumine. Les mêmes fractions donneront
une réaction du furfurol faible ou forte, suivant qu'elles
proviennent du produit de l'hydratation de la fibrine ou de
l'ovalbumine.

Du reste, les partisans de la méthode de précipitation
fractionnée reconnaissent cette irrégularité, mais ils l'expliquent ingénieusement par les natures diverses des matières
premières : la fraction emprunte aux substances dont elle
provient, des particularités caractéristiques. Quoi qu'il en soit,
la différenciation chimique des fractions se trouve basée sur
des colorations ou des précipitations. Ces réactions peuvent, en
certains cas, fournir de précieux renseignements : il serait pourtant imprudent de se baser exclusivement sur ces indications
pour tirer une conclusion sur l'identité de deux corps. Cette
réserve s'impose tout particulièrement dans le cas présent. On
n'a pas encore obtenu les matières albuminoïdes dans un état de
pureté parfaite. En précipitant leurs solutions, on entraîne aussi
les diverses substances qui s'y trouvent mélangées. La précipita-

tion de ces substances peut se produire aussi avec intervalles, suivant la concentration du liquide ; on ne peut donc pas, même si elles se montrent constantes, se servir de certaines propriétés des fractions comme indices de différenciation. De même, les réactions de précipitations et de colorations distinctes peuvent être attribuées aussi bien aux impuretés précipitées par la présence de sels, qu'à la substance albuminoïde elle-même.

Objections faites à la méthode de la précipitation fractionnée. — Nos connaissances sur les propriétés chimiques des quatre albumoses, qu'on obtient par la méthode de précipitation fractionnée, sont encore fort peu étendues à l'heure actuelle. Les réactions des fractions, que nous venons d'étudier, apportent peu de clarté sur leur nature et surtout sur leur différenciation. Doit-on en conclure que les quatre fractions se trouvent formées de la même substance, qu'il n'y a pas de différence chimique entre les différents albumoses, et que, par conséquent, la séparation obtenue est plutôt artificielle que réelle ? Quelques savants sont de cet avis et se prononcent catégoriquement contre tous les résultats obtenus par cette méthode. D'après eux, la méthode est absolument sans valeur ; les fractions qu'on obtient ne sont que des espèces chimiques créées par la manipulation, et, pour confirmer cette manière de voir, ils citent des expériences très intéressantes de Duclaux sur la cristallisation du sulfate de quinine, et montrent ainsi l'analogie existant entre la précipitation fractionnée de ce dernier corps et celle de l'albuminoïde.

La solution saturée de sulfate basique de quinine précipite en présence de sulfates de métaux alcalins ou alcalino-terreux. La précipitation, ou plutôt la cristallisation, marche à une allure très irrégulière. En choisissant une dose de sulfate d'ammonium convenable, on peut arriver à précipiter une partie de la quinine ; la solution débarrassée du précipité (de cristaux) fournira de nouveau un précipité avec une nouvelle dose de sulfate d'ammonium. Voici quelques détails sur ces expériences : Dans un flacon contenant 100 centimètres cubes d'une solution de sulfate de quinine, on ajoute différentes doses de sel d'ammonium en poudre ; on laisse reposer 24 heures et on pèse le précipité obtenu.

0.10 % de sulfate ammon. donne un précipité de 0.59 sulf. quinine							
0.25 %	»	»	»	»	» 0.97	»	»
0.5 %	»	»	»	»	» 1.03	»	»
1 %	»	»	»	»	» 1.17	»	»
2 %	»	»	»	»	» 1.18	»	»
2 %	»	»	»	»	» 1.06	»	»
4 %	»	»	»	»	» 1.16	»	»
8 %	»	»	»	»	» 1.37	»	»
16 %	»	»	»	»	» 1.56	»	»

Les cinq premières lignes : Solution de sel de quinine : 2 grammes par litre. Les quatre dernières lignes : Solution de sel de quinine : 1 gr. 96 par litre.

Entre les doses 0.1 % et 0.25 % de sulfate d'ammonium, on constate une très sensible différence dans la cristallisation du sulfate de quinine ; on n'obtient plus ce même effet en augmentant la dose de sulfate d'ammonium : par la dose de 1 à 2 grammes de sulfate, la quantité de précipité est presque la même, quoiqu'une grande partie de quinine reste encore en solution, qui ne précipitera qu'en présence d'une beaucoup plus forte dose de sulfate d'ammonium. Cet essai nous montre la possibilité d'obtenir dans une solution de quinine un grand nombre de fractions correspondant à différentes doses de sulfate d'ammonium.

On voit aussi que la précipitation de la quinine peut se faire par coups successifs, avec des intervalles dans lesquels l'addition d'une faible dose de sulfate ne produit point de précipité. En réalité, si l'on ajoute 1 % de sel ammoniacal à une solution saturée de quinine, on obtiendra, avec le temps, un liquide qui, débarrassé du précipité, contient encore 0 gr. 8 de sel de quinine. Pour obtenir, dans ce liquide, un nouveau précipité appréciable, c'est-à-dire une deuxième fraction, il faut employer une dose de sulfate d'ammonium deux ou trois fois plus grande que celle du début. Entre la première et la deuxième fraction il y a donc une marge au moins de 1 à 3. En adoptant cette technique, on peut obtenir, à volonté, un grand nombre de fractions bien caractérisées, au point de vue des limites, mais composées toutes d'une substance identique. En présence de ces faits, les adversaires de la méthode conseillent, avec raison, une grande réserve. Ils disent qu'il faut être beaucoup plus prudent qu'on ne l'a été jusqu'ici, pour identifier les précipités produits par l'action des sels.

D'après cette manière de voir, l'action mise en œuvre dans la précipitation étant d'ordre plus physique que chimique, il est illogique de lui demander une différenciation des espèces. Toutes ces actions sont contingentes, irrégulières, ayant des caprices apparents. On ne doit pas distinguer les matières précipitées dans le même liquide par des quantités de sels inégales, ni donner le même nom aux matières précipitées dans deux liquides différents par des quantités égales de sels.

Les expériences avec le sulfate de quinine ne sont pas toutefois de nature à résoudre le problème, et l'on ne peut pas davantage admettre toutes les conclusions qu'on tire de ces résultats. Il existe évidemment une grande analogie entre les deux phénomènes, mais cette analogie n'est pas absolue. En les étudiant de plus près, on peut y relever des différences très marquantes et d'une nature essentielle : recueillons les fractions, obtenues dans les solutions de quinine, par l'addition de 1 % de sulfate d'ammonium. Dissolvons-les dans l'eau et faisons une solution saturée. Ajoutons à cette solution saturée 1 % de sel ammoniacal. Nous obtiendrons un nouveau précipité, qui ne sera pas composé de la totalité de la quinine se trouvant en solution. Pour aboutir à un précipité plus complet, il faut ajouter une quantité de sel beaucoup plus grande. En ménageant la dose de sulfate d'ammonium, nous pouvons, par coups successifs, obtenir toute une série de fractions, comme on les obtient avec du sulfate de quinine non précipité. Les fractions de quinine se comportent donc comme la quinine avant le fractionnement.

Nous constatons tout autre chose avec les matières albuminoïdes. Prenons, par exemple, une solution contenant 1 % de globuline et 1 % d'albumine. La méthode de précipitation fractionnée nous donnera deux fractions : le liquide saturé à moitié avec le sulfate fournira le précipité de globuline ; dans le liquide débarrassé du précipité et additionné de sel jusqu'à complète saturation, on produira le précipité d'albumine. Les deux fractions purifiées fourniront des solutions se comportant tout à fait autrement que le mélange primitif. Dans la solution de globuline, un précipité apparaîtra avant que le liquide soit à moitié saturé ; la solution d'albumine ne précipitera pas, dans ces conditions. On peut obtenir les mêmes résultats avec les matières albuminoïdes peptonisées.

Par la méthode de précipitation fractionnée, les albumoses peuvent être partagés en quatre fractions, et chacune de ces fractions, prise isolément et placée dans des conditions identiques, se précipitera, en présence d'une quantité déterminée de sel, différente pour chaque fraction. Chacune des fractions isolées possède ses deux limites de précipitation, constantes et stables, pour la même concentration et la même réaction du milieu. Ce sont ces particularités qui caractérisent les fractions des matières albuminoïdes, particularités qu'on ne retrouve pas dans les fractions opérées dans une solution de sulfate de quinine.

Formation respective des différents albumoses. — De ce que nous venons de voir, on peut conclure que l'argument principal mis en avant pour combattre la méthode des précipitations fractionnées, parle plutôt en faveur de cette méthode que contre elle. Les matières albuminoïdes, quoi qu'on dise, peuvent, dans certaines conditions, être caractérisées et séparées par des doses différentes d'un même sel.

La question de l'individualité des quatre albumoses paraît moins claire. Les réactions distinctives de ces fractions sont loin d'être nettes et concluantes ; et le fait de la présence de limites constantes et différentes pour chaque fraction, tout en étant un indice favorable, ne peut servir comme base d'appréciation à l'identification chimique des différentes fractions. Le problème à résoudre est fort délicat ; on a très peu de données sur la constituation moléculaire des matières albuminoïdes et les différences qui peuvent exister entre les albumoses sont, par conséquent, très difficiles à saisir. Ces corps, très voisins, diffèrent peut-être par leur seul poids moléculaire, et il n'y a rien d'étonnant, dans ces conditions, qu'on ne parvienne pas à les différencier par les réactifs chimiques.

Dans l'étude des produits de saccharification de l'amidon, on se heurte à des difficultés analogues. Les dextrines que l'on obtient ne diffèrent ni par leur pouvoir rotatoire, ni par leur pouvoir réducteur. Elles se comportent d'une façon identique avec la plupart des réactifs chimiques. La différenciation des dextrines a pu être établie seulement en étudiant la marche graduelle de la saccharification, ainsi que l'action de l'amylase sur les différentes fractions de dextrine isolées.

Dans l'étude de Zunz sur l'emploi du sulfate de zinc pour la séparation des albuminoïdes, on trouve des indications intéressantes, sur la répartition de l'albumose, aux différentes phases de la peptonisation des matières albuminoïdes. Zunz se sert, pour ses recherches, de solutions à 3 grammes par litre de pepsine dans l'acide chlorhydrique. Dans la solution active, il dissout une certaine quantité de substance albuminoïde : de 1 à 1 $^1/_2$ °/₀. Il laisse digérer à 40° et il prélève des échantillons à différents intervalles. Dans ces échantillons, il précipite quatre fractions à l'aide du sulfate de zinc. Il détermine l'azote total du liquide avant la précipitation par le sulfate, puis l'azote contenu dans chaque fraction précipitée. Cette analyse d'azote sert de base à la répartition des différents albumoses et peptones. Voici les chiffres obtenus avec le sérum-albumine cristallisé :

(Voir tableau comparatif, page 238.)

Le premier prélèvement d'échantillon est fait après 2 heures. A ce moment, le liquide ne fournit plus de précipité d'acide albumine par la neutralisation. La rubrique « albumose total » (6ᵉ colonne) nous indique alors que, sur 100 azote contenus dans le liquide, 36.5 se trouvent dans l'albumose. L'albumose total diminue au fur et à mesure que la peptonisation avance ; après 8 heures, on a 23,91 ; après 72 heures, il ne reste que 6.81. On remarque une chute analogue dans la rubrique « albumose

 PEPSINE.

RÉPARTITION DES DIFFÉRENTS ALBUMOSES AU COURS
DE LA PEPTONISATION.

Durée de l'action Heures	Répartition d'azote dans les fractions : Azote o/o					
	Album. prim.	Deutéro alb. A	Deutéro alb. B	Deutéro alb. C	Album. total	Deut. alb. total
2	17.94	4.0	12.92	1.64	36.50	18.56
4	7.02	8.97	8.58	1.38	25.95	18.93
8	1.13	6.05	15.53	1.20	23.91	22.78
24	1.12	3.71	4.47	3.52	12.81	11.70
48	0.7	0.00	1.19	7.00	8.89	8.19
72	0.54	0.00	0.4	5.87	6.81	6.27

primaire ». Après 2 heures, 17,94 ; après 4 heures, 7.02 ; après 48 heures, 0.7. La marche décroissante de l'albumose primaire est très rapide, et la quantité disparue est supérieure, à certain moment, à la quantité d'albumose total transformée. C'est ainsi que dans l'intervalle de 4 à 8 heures, on trouve une diminution de 2.04 pour l'albumose total, alors que l'albumose primaire transformé dans le même intervalle de temps est de 5.89 ; cette allure dans la décroissance de l'albumose primaire, indique que le deutéro-albumose se forme aux dépens de l'albumose primaire; par conséquent, aux différentes phases de la peptonisation, le liquide doit contenir des quantités variées de deutéro-albumose, quantités qui ne seront pas en rapport avec le laps de temps de la digestion. Dans la rubrique « deutéro-albumose total » nous trouvons, en effet, cette marche irrégulière; tandis qu'après 2 heures, on trouve 18.56, après 4 heures, lorsque la peptonisation est déjà beaucoup plus avancée, la quantité de deutéro-albumose n'a pas diminué; après 8 heures, on arrive même à une notable augmentation : 22.78 ; mais ensuite commence la période de décroissance et après 72 heures, on ne trouve plus que 6.27.

Cette marche ascendante et descendante se retrouve dans chacun des trois deutéro-albumoses. De plus, on peut constater que les différents deutéro-albumoses ne se produisent pas exclusivement au détriment de l'albumose primaire ; en effet, entre 4 et 8 heures, le deutéro-albumose B a augmenté de 8.58 à 15.53, il s'en est donc formé 6.95, tandis que, dans ce même temps, l'albumose primaire n'a perdu que 5.89 ; le deutéro-albumose B se trouve donc formé en partie par le deutéro-albumose A. La même observation peut se répéter à propos de la formation du deutéro-albumose C : entre 24 et 48 heures, cette fraction a augmenté de 3.52 à 7, tandis que l'albumose primaire a diminué seulement de 1.12 à 0.7.

Pour avoir une idée plus nette de la répartition des albumoses au cours de la peptonisation, il faut déterminer la proportion de chaque fraction dans la quantité totale d'albumose présent à chaque prise d'échantillon. L'analyse des échantillons prélevés nous montre que les quatre albumoses se retrouvent à chaque phase de la peptonisation dans des proportions différentes. L'albumose primaire est le produit qui se forme le plus abondamment dès le début de l'action de la pepsine ; il disparaît assez rapidement, en laissant un petit résidu, composé principalement d'hétéro-albumose. Sa proportion centésimale augmente à la fin, du fait de la transformation de l'albumose total en peptone. La deutéro-albumose A, tout en arrivant à son maximum plus tard que l'albumose primaire, disparaît plus vite que ce dernier. Le deutéro-albumose C arrive à son maximum quand la peptonisation est plus avancée ; il a les caractères d'un produit plus dégradé.

RÉPARTITION DE L'ALBUMOSE DANS LES DIFFÉRENTES PHASES DE PEPTONISATION. POUR 100 ALBUMOSE :

Durée de l'expérience. Heures.	Albumose primaire	Deutéro-albumose A	Deutéro-albumose B	Deutéro-albumose C
2	49.15	10.958	35.39	4.49
4	27.052	34.566	33.06	5.31
8	4.726	25.303	64.951	5.01
24	8.736	28.939	34.39	27.4
48	7.874	0.0	13.385	78.74
72	7.929	0.0	5.87	86.19

Les différences que l'on constate dans les proportions des divers albumoses, l'augmentation très sensible de l'albumose C, la diminution de l'albumose primaire, la disparition du deutéro-albumose A, sont autant de données qui parlent plutôt en faveur de l'existence de plusieurs variétés d'albumoses, car la même substance arbitrairement partagée ne pourrait pas présenter des propriétés si spéciales.

Au point de vue de la répartition des albumoses, on peut obtenir des résultats plus précis en étudiant la peptonisation sous l'action d'acides faibles. Par l'action de l'acide sur la matière albuminoïde, on obtient, d'après GOLDSCHMIDT, les mêmes albumoses qu'avec les enzymes; mais la transformation par les acides étant beaucoup plus lente, on peut suivre aisément la marche de l'hydratation et mieux saisir le moment correspondant à l'apparition de chacun des albumoses.

APPARITION DES DIFFÉRENTS ALBUMOSES AU COURS
DE L'HYDROLYSE PAR HCl.

Dose d'acide : Durée d'expérience : Température :	HCl 1/4 N. Après 1 h. 40° C.	HCl 1/4 N. Après 18 h. 40° C.	HCl 1/4 N. Après 48 h. 40° C.	HCl 4 N. Après 16 h. 40° C.
Albumose primaire . .	—	+	+	—
Deutéro-albumose A. .	—	—	+	+
Deutéro-albumose B. .	+	+	+	+
Deutéro-albumose C. .	—	—	—	+

Le signe + marque la présence d'albumoses, le signe — l'absence. Ces essais, avec l'ovalbumine, nous montrent que, selon la concentration de l'acide et la durée de l'expérience, on peut aboutir exclusivement au deutéro-albumose B ou à l'albumose primaire et au deutéro-albumose B, ou encore à l'albumose primaire, et les deutéro-albumoses A et B.|

Ces résultats sont très favorables à la méthode de précipitation fractionnée. Ils confirment aussi ceux obtenus précédemment avec la pepsine. L'albumose primaire et le deutéro-albumose B sont les produits qui se forment d'abord ; le deutéro-albumose *A* est un produit secondaire et le deutéro-albumose *C* n'apparaît que comme un produit final de la transformation. Cette fraction se forme difficilement en présence des acides et ne se rencontre en appréciable quantité que dans les dernières phases de la peptonisation.

Marche comparée de la transformation de l'albumose primaire et des deutéro-albumoses. — Autant qu'on peut en juger par les expériences citées dans les paragraphes précédents, l'albumose primaire disparaît graduellement pendant la marche de la peptonisation. Il était donc intéressant d'étudier ce point, étant donné la marche différente des trois autres fractions d'albumose. EFFRONT a fait quelques essais à ce propos avec l'albumine d'œuf. Voici les conditions dans lesquelles il s'est placé pour ces expériences : Les blancs d'œuf sont passés à travers un filtre en soie. Le liquide dilué avec l'eau distillée est ensuite filtré sur un filtre en papier, puis amené à une teneur de 3 °/₀ d'albumine. Par litre de liquide on ajoute 500 centimètres cubes d'acide dilué contenant 3 grammes d'acide chlorhydrique et 1 décigramme de pepsine. On laisse agir pendant une demi-heure à 50°; on refroidit, on neutralise avec la soude, et le liquide, débarrassé de syntonine, est porté à l'ébullition pour coaguler l'albumine non transformée. Le liquide filtré est à nouveau additionné d'acide chlorhydrique jusqu'à une teneur de 3 grammes par litre. On ajoute 1 décigramme de pepsine et on laisse digérer à 40° dans un flacon fermé. A différentes reprises, on prélève des échantillons, dans lesquels on précipite l'albumose primaire. D'après la teneur en azote du précipité obtenu, on établit la quantité d'albumose primaire présent dans le liquide aux différentes phases de la peptonisation.

(*Voir tableau comparatif, page 242.*)

Pour la détermination de l'albumose primaire, dans tous les échantillons on a prélevé 20 centimètres cubes de liquide, on a ajouté 0.4 centimètres cubes d'acide sulfurique dilué et 17 centimètres cubes de solution saturée de sulfate de zinc acidifié. On laisse 24 heures au repos; on filtre ensuite le

16

DISPARITION GRADUELLE DE L'ALBUMOSE.

Durée de l'action.	Albumose primaire pour 100 de liquide milligrammes.
Au début.	481
Après 30 minutes.	421
» 60 minutes.	369
» 1 heure 1/2.	312
» 2 heures.	284
» 2 » 1/2	278
» 4 »	265
» 8 »	151
» 24 »	142
» 48 »	71

précipité et on le lave à cinq reprises avec une solution saturée à moitié de sulfate de zinc.

Au début de la deuxième peptonisation, le liquide, débarrassé de syntonine et d'albumine non transformée, contenait 690 milligrammes d'albumose total. Comme albumose primaire on a trouvé 481 milligrammes. Dans un liquide aussi riche en albumose primaire, on peut suivre facilement sa disparition progressive pendant la peptonisation. Dans les quatre premiers échantillons, pris du début à 1 heure et demie, on constate, jusqu'à un certain point, une proportionnalité entre le temps et le produit transformé. Dans l'échantillon suivant on voit déjà un ralentissement très prononcé, puis la quantité d'albumose va toujours décroissant. Cette disparition graduelle est très caractéristique pour l'albumose primaire. Cette particularité ne se retrouve pas dans les trois deutéro-albumoses; la précipitation fractionnée nous apporte donc une séparation réelle entre les produits transformés, puisque, des quatre fractions obtenues, en voici déjà une au moins absolument distincte des trois autres.

Les natures différentes des albumoses peuvent aussi être reconnues par les actions diverses de la pepsine sur chaque fraction. Les essais qu'Effront a poursuivis dans cette voie ont donné des résultats assez satisfaisants. La solution d'albu-

mine d'œuf à 5 % est soumise à l'action de la pepsine. On
arrête la peptonisation après 12 heures, et le liquide, après
neutralisation, ébullition et filtration, est partagé en 2 parties.
Dans la première partie on précipite séparément l'albumose
primaire, puis ensemble les 3 deutéro-albumoses. Dans la
deuxième partie, on précipite le deutéro-albumose C, après
avoir débarrassé le liquide de tout autre albumose. Les trois
précipités sont lavés, purifiés; on fait avec chacun d'eux une
solution ainsi composée : 1 gramme et demi de substance,
dissoute dans 100 centimètres cubes d'acide chlorhydrique
à 0.3 %. On ajoute 5 centigrammes de pepsine et on laisse dans
un flacon fermé à 40°. A différentes reprises, on prélève des
échantillons, dans lesquels on détermine chaque fois la quantité de peptone formée (substance non précipitable par les sels).

FORMATION DE PEPTONE AVEC LES DIFFÉRENTS ALBUMOSES.

Produits employés	Peptone formée dans 100 cm³ de liquide		
	Après 4 heures	Après 12 heures	Après 24 heures
Albumose primaire.	0.41	0.92	1.1
Deutéro-albumoses.	0.37	0.74	0.89
Deutéro-albumose C	0.2	0.26	0.33

Si l'on compare la quantité de peptone formée par l'albumose primaire avec celle formée par les deutéro-albumoses,
on voit que la peptonisation des deux produits ne marche pas
de pair. L'albumose primaire se peptonise facilement, tandis
que la transformation des deutéro-albumoses est beaucoup plus
lente. Après 12 heures d'action, on obtient 0.92 gr. avec l'albumose primaire, 0.74 gr. avec les deutéro-albumoses. Après
24 heures, on a 1.1 gr. avec l'albumose primaire et 0.89 gr.
avec les deutéro-albumoses. On peut donc en conclure la non-
identité de ces deux fractions ; de plus, on peut conclure aussi
à la non-homogénéité des deutéro-albumoses, puisque la marche
de peptonisation du deutéro-albumose C est tout autre que
celle du mélange des deutéro-albumoses. Le deutéro-albumose C

fournit, après 24 heures, 0.33 gr. de peptone au lieu de 0.89 gr. formés par le mélange des deutéro-albumoses.

En résumé, la méthode de précipitation fractionnée fournit des résultats certains dans les solutions ne contenant qu'une seule espèce de matières albuminoïdes. Dans certains cas seulement, elle peut être appliquée à l'analyse d'un mélange de matières protéiques. En ce qui concerne l'étude des produits de transformation des matières albuminoïdes par les acides ou les enzymes, elle permet de mettre en évidence l'existence d'un certain nombre de dérivés. Les 4 albumoses qu'on obtient par la méthode de précipitation fractionnée doivent être envisagés comme le groupement de corps distincts, et non comme la même substance divisée artificiellement. L'individualité de chaque fraction est attestée par ce fait que, suivant les conditions où l'on se place, on peut aboutir à l'un ou l'autre albumose, et que l'apparition ou la disparition de chacun de ces groupements correspond à des moments différents, dépendant de l'étendue de l'hydrolyse. L'albumose primaire diffère des deutéro-albumoses par la propriété suivante : sous l'action de la pepsine, il se transforme graduellement, c'est-à-dire que la quantité dosée dans les prises d'échantillon pendant les essais diminue ou reste stationnaire, mais n'augmente jamais. Les deutéro-albumoses A et B, qui se forment aux dépens l'un de l'autre, et aussi de l'albumose primaire, accusent, au contraire, pendant la peptonisation, deux ou plusieurs maxima. Quant au deutéro-albumose C, il se comporte d'une façon tout autre que l'albumose primaire et les deutéro-albumoses A et B, vis-à-vis de la substance active, ou encore, de l'acide dilué.

Toutefois, il reste bien entendu que les 4 albumoses ainsi obtenus, tout en manifestant des propriétés distinctives, ne sauraient être envisagés comme des corps chimiques proprement dits, bien homogènes, mais plutôt comme des groupements de corps. C'est ainsi que l'albumose primaire est composé de proto-albumose et d'hétéro-albumose, ce dernier étant caractérisé par le précipité qu'il donne avec l'acide nitrique à froid, ou bien avec l'acétate et le sulfate de cuivre.

Dans le deutéro-albumose A, ZUNZ distingue deux fractions ; enfin le deutéro-albumose C ne peut être considéré davantage comme une substance unique, puisque sous l'action de la pepsine il se comporte comme un mélange de deux parties, l'une sensible et l'autre insensible à l'action de l'enzyme. Quoi qu'il en soit, et malgré ses imperfections, la méthode de précipitation fractionnée, en établissant une distinction, même grossière, entre les différents produits de la protéolyse, permet de suivre la formation de ceux-ci au cours de l'action des enzymes digestifs ; elle est donc à même de rendre de précieux services dans l'étude du travail chimique qui en résulte.

§ 11.

Peptones et corps abiurétiques complexes résultant de l'action de la pepsine.
Azote formol et azote amide.

Des données qui précèdent, il résulte qu'au cours de l'hydrolyse, quatre albumoses apparaissent qui peuvent être envisagés eux-mêmes comme des groupements de plusieurs corps distincts, différant par un certain nombre de propriétés. La fraction qui ne précipite plus par le sulfate de zinc en milieu acide porte le nom de *peptone*. Cette partie importante fournit la réaction du biuret et se trouve formée par des dérivés encore complexes des albuminoïdes. De plus, elle précipite par l'acide phosphotungstique. Toutefois, cette précipitation n'est pas complète. Dans la partie insolubilisée se trouvent les fractions donnant la réaction du biuret : on les considère comme formées par les acides diaminés et des acides monoaminés complexes. Dans la partie restée en solution se trouvent des polypeptides encore très élevés ne donnant pas la réaction du biuret. On sait que l'acide phosphotungstique est employé couramment pour séparer les acides monoaminés de structure simple des dérivés complexes. Comme l'ont déjà montré WETZEL et KUTSCHER, ainsi que Schmied, cette séparation n'est pas complète : les essais, pour avoir quelqu'intérêt, doivent être exécutés dans des conditions strictement déterminées et les résultats obtenus ainsi n'ont en définitive qu'une valeur comparative.

La partie de la peptone précipitable par l'acide phosphotungstique est désignée quelquefois sous le nom de *vraie peptone*, appellation qu'il ne faut pas confondre avec celle de *peptone commerciale*, sous laquelle on vend le produit complexe dérivant de l'hydrolyse pepsique de la fibrine ou autres, et qui est surtout composée par des albumoses. Pour doser la vraie peptone, on ajoute au liquide de digestion, débarrassé au préalable des albumoses (1) qu'il contenait, 1/2 vol. de SO^4H^2 dilué (à raison de 1 volume d'acide pour 3 volumes d'eau) ; puis on introduit, petit à petit et en agitant, une solution à 10 % d'acide phosphotungstique de Merck, jusqu'à ce que le précipité formé n'augmente plus. On laisse 24 heures au repos à 35-40° et on filtre. La différence entre l'azote du liquide avant l'addition d'acide phosphotungstique et après la filtration donne l'azote précipité. En se servant successivement, comme moyen de précipitation fractionnée, du SO^4Zn, puis de l'acide phosphotungstique, Zunz est arrivé à suivre suffisamment bien le travail digestif produit par la pepsine agissant sur la séroalbumine cristallisée.

(Voir tableau comparatif, page 247.)

Ce tableau nous montre que la peptone vraie (rubrique V), correspondant à l'azote précipitable par l'acide phosphotungstique, très faible au début, augmente graduellement au cours de l'hydrolyse : l'azote, sous cette forme, atteint à la fin de la digestion, après 30 jours, 63.09 % de l'azote total. L'azote non précipitable par l'acide phosphotungstique est déjà considérable après 4 heures d'action : soit 23.4 %. Il augmente rapidement pour arriver à un maximum, soit 50.51 %, puis il

---

(1) Le dosage de l'azote albumose se fait en acidifiant la liqueur à analyser avec du SO^4H^2 dilué au 1/4 en volume, à raison de 2 cc. pour 100 cc. de liquide, puis en saturant le tout avec du SO^4Zn, qu'on ajoute sous forme de cristaux en excès. Après 24 heures, le précipité est recueilli, lavé avec une solution saturée de SO^4Zn acidifiée, comme précédemment, puis traité pour la détermination de l'azote par la méthode de Kjehldahl.

DISPARITION PROGRESSIVE DES DIFFÉRENTS ALBUMOSES
AU COURS DE LA DIGESTION PEPSIQUE DE LA SÉRO-ALBUMINE.

| Temps de la digestion | Azote pour 100 contenu dans les | | | | | | | |
| | Albumoses | | | | | Autres produits de la digestion | | |
	I	II	III	IV	Total	V	VI	Total
4 heures	37.10	4.93	29.46	3.28	74.77	1.83	23.40	25.23
8 »	30.12	8.64	25.82	4.86	69.44	2.65	27.91	30.56
22 »	14.94	7.12	16.51	5.80	44.37	5.12	50.51	55.63
2 jours	7.86	5.26	23.49	6.98	43.59	7.89	48.52	56.41
3 »	3.71	3.05	18.95	8.28	33.99	19.06	46.95	66.01
6 »	1.58	1.17	6.84	7.95	17.54	39.08	43.38	82.46
10 »	0.64	0	2.96	6.64	10.24	—	—	89.76
15 »	0	0	0.89	6.28	7.17	57.67	35.16	92.83
21 »	0	0	0	6.17	6.17	55.54	38.29	93.83
30 »	0	0	0	5.89	5.89	63.09	31.02	94.11

I : Fraction   I : proto-albumose et hétéro-albumose.
II :   »   II : deutéro-albumose A.
III :   »   III :   »   » B.
IV :   »   IV :   »   » C.
V : Précipitables par l'acide phosphotungstique (peptones, etc.).
VI : Non précipitables par l'acide phosphotungstique.

redescend, pour prendre à la fin une valeur de 31.02 %. Si
l'on examine maintenant les quatre premières colonnes relatives aux albumoses, on voit que leur disparition se fait d'une
façon toute différente. Tandis que l'albumose primaire diminue
à peu près régulièrement, les deutéro-albumoses présentent
dans leur chute un ou deux maximums ; de plus, les fractions
I et II disparaissent assez rapidement et d'une façon totale ; au
contraire, la fraction III résiste davantage, quoique finissant
par être totalement transformée. Quant à la fraction IV, elle
persiste encore, après 30 jours, pour une quantité représentée
par 5.89 % d'N. La teneur du liquide en ces 4 albumoses est
également, dès le début, très variable : I et III apparaissent en
très grandes quantités, après quelques heures de digestion,

tandis que II, et surtout IV, ne se forment que bien plus tard, sans d'ailleurs atteindre jamais de très fortes proportions.

Essayons maintenant de nous rendre compte de la marche de l'hydrolyse. Aussitôt l'action commencée, apparaissent surtout des albumoses primaires (I), des deutéroalbumoses B (III) et des corps peu définis (VI) non précipitables par l'acide phosphotungstique. Puis ces deux sortes d'albumoses (I) et (III) sont attaquées avec formation de deutéroalbumoses A et C, (II) et (IV), de composés (VI) et d'un peu de peptones (V). Cette dégradation progressive des albumoses explique les maxima observés avec (II), (III) et (IV), et aussi celui, très élevé, de (VI). Après 24 heures environ, en même temps que les albumoses continuent à être attaqués, la fraction (VI) subit, à son tour la transformation. Tout en s'hydrolysant, elle passe de la forme non précipitable à la forme précipitable par l'acide phosphotungstique. Il faut qu'il en soit ainsi, puisque, durant l'espace de temps écoulé entre 22 heures et 30 jours, la peptone (V) a augmenté (en azote) de 5.12 à 63.09, soit de 58.97 unités, tandis que l'albumose total n'a baissé que de $44.37 - 5.89 = 38.48$. Le complément provient de la digestion de la fraction (VI), qui a précisément perdu $50.51 - 31.02 = 19.49$ unités. On se trouve ainsi devant un fait très intéressant : c'est l'apparition immédiate, puis le passage, dans le groupe des peptones, au cours de l'hydrolyse, d'une fraction non précipitable par les sels ni par l'acide phosphotungstique, et ne fournissant pas la réaction du biuret, fraction qu'on aurait pu considérer comme une forme très dégradée et qui n'est en réalité qu'un complexe, d'ailleurs inconnu, de poids moléculaire encore très élevé : ce point méritait d'être signalé.

En résumé, les produits finaux de la digestion pepsique sont donc constitués par des deutéroalbumoses C, des produits non précipitables par l'acide phosphotungstique et des peptones. Les différents résultats que nous venons d'exposer se rapportent à la séroalbumine. ZUNZ a constaté que l'ovalbumine, la caséine ou la globuline, traitées d'une façon analogue, se comportent de même. Toutefois la marche de la digestion de ces différentes matières albuminoïdes ne présente pas tout à fait la même allure : généralement on arrive plus difficilement avec ces corps à un état d'hydrolyse profonde qu'avec la séroalbumine.

PEPTONISATION DE DIFFÉRENTS ALBUMINOÏDES.

	Albumoses	Peptones	Corps non précipitables par PPT.
	—	—	—
Sérumalbumine (digest. de 30 jours) .	5.9	63.1	31
Ovalbumine » 30 » .	12.8	37.57	49.63
Séroglobuline » 60 » .	22.9	29.4	47.74
Caséine » 30 » .	10.48	47.80	41.72

Azote °/. contenu dans

Azote formol dans la digestion pepsique. — Quand on laisse la digestion pepsique se prolonger pendant très longtemps, en ayant soin d'ajouter de temps en temps de nouvelles doses de pepsine, on constate que la solution finit par devenir très riche en azote titrable par le formol. Nous avons vu précédemment (page 23) ce qu'on entend par ces termes ; pour le dosage de l'azote sous cette forme, nous renvoyons le lecteur au chapitre de l'analyse des produits trypsiques.

AZOTE FORMOL PRODUIT DANS LES DIGESTIONS PEPSIQUES
DE LONGUE DURÉE.

Matières albuminoïdes.	Durée de la digestion.	Azote formol o/o N total.
Ovalbumine.	15 jours.	14.4
	107	26.5
Caséine	12	17.7
	108	28.2
Edestine	15	13.3
	100	25.5
Gliadine	11	10.6
	43	12.4
Gélatine	15	9.1
	108	27.6
Peptone Witte. . . .	16	19
	112	30

D'après ces chiffres, on serait tenté de croire que la pepsine est capable de pousser très loin la désagrégation de la molécule albuminoïque. Sans doute, les produits de digestion profonde fournissent la réaction du tryptophane; mais il serait indispensable de montrer dans ces produits d'autres acides aminés, et aussi de les isoler, avant de conclure à leur présence. Du reste, sur 100 d'N formol titré dans les digestions pepsiques avancées, environ la moitié est encore précipitable par l'acide phosphotungstique, l'autre moitié seulement reste en solution. Or, ces filtrats tungstiques, d'après HENRIQUES et GJALDBAEK, traités à fond par HCl, donne un titre d'azote formol beaucoup plus considérable qu'avant. Ils ne sont donc pas formés de grandes quantités d'acides aminés simples, mais de peptides encore très complexes.

En outre, il faut remarquer que les digestions pepsiques très prolongées ne fournissent jamais des résultats très concordants. Or, nous avons vu que les solutions stériles de peptone, à la longue, s'hydratent sous diverses influences, comme celle de la lumière, sans que les diastases proprement dites interviennent. Il peut même se faire dans ces conditions une hydrolyse très avancée. C'est probablement à une cause de cet ordre qu'il faut attribuer la présence d'acides aminés cristallisés que certains auteurs auraient signalés dans les produits résultant d'une action pepsique très prolongée et qu'ils auraient même réussi à isoler.

Formation de l'azote amide au cours de la digestion pepsique. — Au cours de la digestion pepsique des matières albuminoïdes, il se forme des combinaisons azotées dégageant facilement de l'ammoniaque. Au début de l'hydrolyse, on ne recueille, en distillant la liqueur avec MgO, que des quantités très faibles de NH^3. Puis cette quantité augmente très sensiblement, pour atteindre un maximum plus ou moins stable avant même que la peptonisation soit complètement achevée. La quantité d'azote ammoniacal ainsi formée dépend de la nature de l'albuminoïde. La gliadine et l'édestine fournissent le maximum; la gélatine, le minimum.

Pour déterminer l'azote ammoniacal, on doit se servir de la méthode de NENCKI et ZALESKI, qui consiste à distiller la solution à essayer avec de la MgO dans le vide. Mais généralement on détermine l'azote ammoniacal par une simple distillation à la pression ordinaire. Bien entendu, dans ces conditions, les résultats obtenus sont beaucoup plus forts. Il est bon, d'autre part, de faire remarquer que HCl, à raison de 2 à 3 gr. par litre, provoque, à la longue, dans les matières albuminoïdes, la formation d'azote amidé. Mais la quantité d'azote ainsi formée est beaucoup moins grande qu'en présence de pepsine chlorhydrique, et le plus souvent on n'en tient pas compte.

ZUNZ a déterminé par MgO la formation de l'azote amidé au cours des différentes digestions. Il a opéré à la pression ordinaire; les données obtenues n'ont donc qu'une valeur comparative. Elles n'en sont pas moins intéressantes :

AUGMENTATION DE L'AZOTE AMIDE AU COURS

DE LA PEPTONISATION.

Produits employés	Durée de la digestion	N ammoniacal % N total
Ovalbumine cristalline	6 heures	0.79 %
—	6 jours	1.0
—	15 »	2.25
—	30 »	2.3
Sérum albumine cristalline	6 heures	0.7
—	1 jour	1.64
—	15 jours	3.26
—	30 »	3.87
Séroglobuline cristalline	6 heures	0.21
—	15 jours	5.96
—	60 »	5.95
Caséine	6 heures	0.58
—	15 »	5
—	30 »	5.3

HENRIQUES et GJALDBAEK ont fait une série de déterminations d'azote ammoniacal dans les produits de digestion pepsique, en distillant l'ammoniaque dans le vide en présence d'alcali. Leurs résultats montrent que dans les peptonisations très prolongées, la quantité de NH^3 augmente considérablement et que, dans certains cas, elle se rapproche même de la quantité qu'on obtient par hydrolyse complète en chauffant la matière albuminoïde une demi-heure à 150° en présence de HCl (3N). D'ailleurs les quantités de NH^3 obtenues dépendent de la nature de la matière albuminoïde employée.

FORMATION D'AZOTE AMMONIACAL, % D'AZOTE TOTAL,

DANS LA DIGESTION PEPSIQUE.

Nature de la matière albuminoïde	Durée de la digestion pepsique	Azote ammon. et azote formol	N. amm.	N. amm. obtenu par hydrolyse compl. avec HCl
Ovalbumine .	30 jours	20	3.6	9.5
	105 »	31.9	5.4	
Caséine . . .	30 »	24.75	6.1	11.9
	108 »	37.2	9	
Edestine . .	30 »	23.8	7.2	14
	108 »	34.2	8.7	
Gliadine. . .	6 »	20.4	10.9	24.8
	43 »	33.3	20.9	
Gélatine. . .	30 »	15.48	1.3	3.7
	108 »	29.4	1.8	
Peptone Witte	13 »	21	3.1	8.9
	112 »	36.7	6	

Ainsi, la gliadine fournit, par hydrolyse complète avec HCl, 24.8 d'azote ammoniacal pour 100 d'azote total. Sous l'action de la pepsine, on en obtient 20.9, autrement dit, plus de 80 % de l'azote se trouvent déjà libéré par l'enzyme. Dans le cas de l'albumine d'œuf, on en détache environ 56 %.

En résumé, si l'on prend en considération les divers résultats obtenus par l'emploi des sels précipitants, $SO^4(NH^4)^2$ ou SO^4Zn, de l'acide phosphotungstique, et par l'ébullition avec MgO, on voit que la protéolyse pepsique se résume en la formation de 4 groupements albuminoïdiques simplifiés, les albumoses, ainsi que dans l'apparition de deux autres séries de corps, les uns encore très complexes, qui ne sont pas précipitables par l'acide phosphotungstique et les autres, les peptones, qui correspondent au stade le plus avancé, et qui précipitent par ce dernier réactif. Au fur et à mesure que le travail chimique se poursuit, les albumoses, sauf une variété plus résistante, le deutéroalbumose *C*, s'éliminent et les peptones s'accroissent en conséquence. A cette dégradation progressive correspond une augmentation de l'azote amidé.

§ 12.

Antipepsine.

Quand on ajoute à une solution de pepsine du sérum sanguin de cheval ou de chien, on constate une diminution dans l'activité du ferment, diminution qui se trouve en relation directe avec la quantité de sérum ajouté. Le mécanisme de cette action, signalée pour la première fois par SCHNAPPAUF en 1888, a longtemps échappé à l'analyse exacte. Si l'on attribua ce ralentissement à un antiferment, ce fut surtout en se basant sur l'action analogue exercée par le sérum sur la trypsine, circonstances dans lesquelles la nature d'un antiferment avait pu être constatée avec certitude.

Pour appuyer l'idée de l'existence d'une antipepsine, on citait d'ailleurs le fait que le pouvoir antipepsique du sérum d'un animal augmente considérablement par l'injection à celui-ci d'une certaine quantité de pepsine. Le produit élaboré dans ces conditions par l'organisme est une antipepsine, et l'on admettait que celle-ci existe déjà, quoique dans une proportion beaucoup moindre, dans le sérum de l'animal normal. Cette observation tendait donc à montrer que la substance antagoniste de la pepsine est un produit réactionnel, de défense vitale ; les expériences plus récentes de CANTACUZÈNE semblent justifier définitivement cette manière de voir. Cet auteur aurait, en effet, constaté que le sérum d'un lapin qui a reçu par voie intra-veineuse de la pepsine, contient des anticorps spécifiques capables de fixer le complément, preuve que l'antipepsine est bien le résultat d'une sorte d'immunisation. Nous dirons dans un chapitre ultérieur en quoi consiste le phénomène de déviation du complément. Mentionnons seulement ici les données de l'expérience : on emploie comme antigène : pepsine à 2 % ; anticorps : le sérum du lapin préparé; complément : sérum neuf de chèvre; système hémolytique : globules de chien et sérum de chèvre hémolytique pour le chien.

Pour examiner le pouvoir antipepsique du sérum normal de chien, E. Zunz emploie la méthode suivante : il verse dans un tube à réactif 2 cc. d'une solution de pepsine de Grubler à 0.1 gr. %, acidifiée à 0.3 gr. % HCl; il ajoute 0.5 cc. solution à 0.8 % NaCl et 0.5 cc. de sérum. Après mélange, on introduit des tubes de Mett, contenant du sérum sanguin de cheval ou du blanc d'œuf coagulés, et on mesure les longueurs d'albumine digérées après 24 heures de séjour à l'étuve à 38°.

Présence d'antipepsine dans le sérum de chien.

	Longueurs d'albumine digérées en mm.	
	Sérum.	Blanc d'œuf.
2 cc. solution chlorhydropepsique+1 cc. NaCl	20	8
— +0.5 cc. NaCl+0.5 sérum à jeun	11.5	6
— » » » » » chauffé	16	7
— » » » » repas 3 h.	9.5	5.5
— » » » » » chauffé	15	7
— » » » » repas 5 h.	10	5.5
— » » » » » chauffé	15.5	7

L'effet du sérum est manifeste, mais toujours l'action est très lente et très faible. C'est ainsi qu'il faut pour 1 gr. de pepsine Grübler 250 cc. de sérum, et encore, avec cette dose considérable de sérum, on ne ramène le pouvoir dissolvant du liquide vis-à-vis du blanc d'œuf que de 8 à 5.5. Dans le tableau précédent on trouve, en outre, des données sur la variation du pouvoir antipepsique du sérum de chien, suivant que l'animal était à jeun ou avait ingéré de la viande crue de cheval. On y voit enfin l'action de la température sur le sérum, la rubrique « chauffé » signifiant que le sérum, avant d'être ajouté à la pepsine, avait été maintenu de 1/2 à 1 heure à 60-65°; à cette température, on affaiblit l'antipepsine, mais on ne produit pas une coagulation notable des matières albuminoïdes du sérum. On constate ainsi que le sérum chauffé agit moins bien que le sérum naturel. Mais, ici encore, nous trouvons que l'action est loin d'être très nette, et les données se prêtent d'autant moins à la conclusion, que par l'addition à une solution de pepsine, dans les conditions de l'expérience, de 0.5 cc. d'une solution d'albumine d'œuf ou d'albumine de sang, au lieu de sérum, on constate des phénomènes tout à fait du même ordre qu'avec le sérum. La digestion des tubes de METT se trouve défavorablement influencée, et cette action ralentissante diminue quand on porte au préalable la solution d'albumine à 60-65° pendant une demi-heure. Ce résultat est à rapprocher de celui signalé plus haut (page 113), et dû à GERBER, relatif à l'action antiprésurante de divers albuminoïdes naturels. D'autre part, quand nous étudierons la papaïne, nous verrons que l'albumine, suivant qu'elle est à l'état frais ou coagulée, est attaquée avec une facilité très différente par cet enzyme, l'albumine naturelle exerçant sur la papaïne une action nettement inhibitrice qui ne cesse qu'après un chauffage suffisant. Tous ces faits découlent vraisemblablement d'une même cause, et ils nous font pressentir la raison pour laquelle les matières protéiques vivantes offrent vis-à-vis des diastases une résistance que ne possèdent plus les substances mortes, et surtout celles qui ont été détruites par une chauffe déterminée.

V. OGURO, pour doser l'antipepsine du sérum de cheval, de lapin ou d'homme, emploie une autre méthode : il se base sur les données fournies par JACOBY et MORGENROTH. Au lieu de mélanger le sérum directement avec la pepsine dans un milieu acide en présence de fibrine, il laisse agir le mélange de sérum et de pepsine pendant une demi-heure, à la température de 37°, sans addition d'acide. Il se forme une sorte de combinaison comme celles qui prennent naissance entre les toxines et leurs antitoxines. 0.4 cc. d'une solution de pepsine GRUBLER à 0.1 gr. %₀ sont ajoutés à une quantité de sérum allant de 0.1 à 1 cc. Le sérum avait été préalablement dilué de 1 à 10 avec de l'eau physiologique. On amène le tout au volume de 2.4 cc. par addition d'une solution de NaCl à 8.5 $\%_{oo}$ et on laisse les tubes une demi-heure à l'étuve à 37°. On introduit alors dans chacun d'eux quelques fragments de fibrine colorée par du carmin, on ajoute 0.5 cc. HCl N/10 et l'on remet à l'étuve.

POUVOIR ANTIPEPSIQUE DU SÉRUM DE CHEVAL.

Sérum de cheval au 1/10	Solution physiologique	HCl N/10	Après 30 min.	Après 1 heure	Après 2 heures	Après 4 heures
0 cc.	2 cc.	0.5 cc.	nettement rouge	fibrine complètement digérée	fibrine digérée	fibrine digérée
0.1	1.9	»	aucune coloration	légèrement rouge	rouge plus foncé	nettement rouge
0.2	1.8	»	»	aucune coloration	»	»
0.3	1.7	»	»	»	aucune coloration	»
0.4	1.6	»	»	»	»	un peu rouge
0.5	1.5	»	»	»	»	aucune coloration
0.6	1.4	»	»	»	»	»
0.7	1.3	»	»	»	»	»
0.8	1.2	»	»	»	»	»
0.9	1.1	»	»	»	»	»
1	1	»	»	»	»	»

D'après ces données, le sérum de cheval possède un pouvoir antipepsique beaucoup plus considérable que celui trouvé par ZUNZ pour le sérum de chien.

OGURO a expérimenté de la même façon sur les sérums de lapin et d'homme, et il a trouvé que pour affaiblir ou arrêter l'action de 1 gr. de pepsine GRÜBLER, il faut les quantités de sérum suivantes :

	Doses affaiblissantes	Doses qui arrêtent
Sérum de cheval	25 cc.	125 cc.
» lapin	25 »	200 »
» homme	50 »	150 »

Au lieu de fibrine, dans la méthode d'Oguro, on peut
également employer, comme matière à digérer, la ricine, qui
donne même des résultats plus exacts. On se sert alors, dans les
différents essais comparatifs, de 0.4 cc. de pepsine à 0.1 %, de
0 à 1 cc. de sérum au 1/10, de 1.0 à 0 cc. de solution physiologique, de 0.5 cc. HCl N/10 et de 2 cc. de solution de ricine à
1/500. Voici les résultats trouvés avec le sérum de cheval :

Sérum	Après 30 minutes	Après 1 heure	Après 2 heures	Après 4 heures
0 cc.	clair	clair	clair	clair
0.1 »	»	»	»	»
0.2 »	presque clair	»	»	»
0.3 »	trace de trouble	presque clair	»	»
0.4 »	trouble prononcé	trouble	léger trouble	»
0.5 »	» »	»	trouble	un peu trouble
0.6 »	» »	»	»	trouble
0.7 »	» »	»	»	»
0.8 »	» »	»	»	»
0.9 »	» »	»	»	»
1 »	» »	»	»	»

La méthode employée par Oguro est très expéditive et
serait de nature, le cas échéant, à rendre des services dans la
diagnose de certaines maladies ; cependant il semble que dans
beaucoup de cas pathologiques, les quantités d'antipepsine
trouvées dans le sérum soient à peu près les mêmes que normalement. C'est du moins ce qui ressort des recherches de
Rubinstein. L'auteur a déterminé le pouvoir antipepsique de
l'homme sain et trouve des chiffres compris entre 6 et 7, c'est-
à-dire que 0.6 à 0.7 cc. de sérum sain dilué au 1/10 neutralise
l'action de 0.4 cc de pepsine de Grübler au 1/1000, agissant à
37° sur de la carmin-fibrine additionnée d'un peu d'HCl à N/10.

17

Or, cet indice antipepsique, chez un grand nombre de malades, de genre très différent, varie très peu, beaucoup moins, comme nous le verrons plus tard, que le pouvoir antitrypsique.

§ 13.

Dosage de la pepsine.

D'une façon générale, on mesure l'activité d'une diastase par la quantité de substance qu'elle est capable de transformer en un temps donné. Cette détermination est particulièrement simple lorsque la matière sur laquelle porte l'action est unique et que les produits formés sont bien caractérisés et facilement dosables, comme c'est le cas pour la sucrase, par exemple, ou encore lorsque la transformation s'observe par un changement extérieur, ainsi que cela se produit avec la présure agissant sur le lait dans les conditions habituelles.

Mais ici le problème est infiniment plus complexe. Tout d'abord, la pepsine est capable de transformer non pas une ou deux, mais un grand nombre de substances dont les propriétés sont loin d'être identiques : les unes sont solubles, les autres insolubles dans l'eau ; certaines peuvent être employées, soit à l'état naturel, soit après coagulation, etc. De plus, l'action chimique de la pepsine est beaucoup moins nette que celle des autres diastases. Les produits qui prennent naissance sont nombreux et mal connus dans le détail. Si la substance employée pour la détermination est insoluble dans l'eau, la pepsine la solubilisera d'abord, puis la digérera. Mais ces deux sortes de phénomènes ne sont pas commodes à apprécier d'une façon précise. La digestion représente le passage par toute une série de termes plus ou moins bien définis : à quel moment est-on arrivé au stade extrême, et comment, sinon arbitrairement, pourra-t-on considérer la digestion comme terminée? La dissolution est sans doute susceptible d'être mieux appréciée ; encore n'est-ce pas toujours très aisé et se trouve-t-on quelquefois assez embarrassé pour dire si réellement la fin de la solubilisation est atteinte ou bien ne se trouve pas dépassée.

Les transformations chimiques dues à la pepsine sont accompagnées de changements dans les propriétés physiques du mélange soumis à la digestion. Nous venons de parler de la solubilisation de la matière azotée. Mais il y a aussi une variation dans le pouvoir rotatoire du liquide, dans sa viscosité, dans son aptitude plus ou moins grande à fournir une mousse persistante par l'agitation, dans sa conductibilité électrique, etc. Toutes ces modifications de propriétés sont les effets d'une même cause : l'action peptonisante de l'enzyme. Mais ces effets ne sont pas nécessairement équivalents. Si, par l'emploi de l'un d'eux, nous avons constaté que la force diastasique d'un échantillon est dix fois plus grande que celle d'un second échantillon, nous ne sommes nullement certains de retrouver le même rapport en prenant comme moyen de mesure un autre effet : l'activité fermentaire établie d'après le pouvoir solubilisant est souvent très différente de celle basée sur le pouvoir peptonisant.

De ce qui précède, il résulte que le nombre des méthodes destinées à la détermination du pouvoir diastasique d'une pepsine doit être très grand : on peut, en effet, prendre comme matière à transformer, entre autres, l'ovalbumine fraîche ou coagulée, la fibrine humide ou sèche, le sérum-albumine, la caséine, l'édestine, la ricine, la gélatine ; et comme moyen d'appréciation, la solubilisation ou la liquéfaction, la peptonisation (disparition des acides-albumines ou des albumoses), la variation du pouvoir rotatoire, etc. On conçoit que devant une telle variété de procédés, on se trouve embarrassé pour faire un choix. Il en existe cependant, parmi ceux-ci, quelques-uns qui sont très commodes et que nous allons décrire maintenant. Il est vrai de dire qu'aucun n'a réuni jusqu'ici l'unanimité des suffrages. Il serait pourtant désirable de voir les expérimentateurs se mettre d'accord pour employer une méthode unique qui évitât les malentendus et permît une comparaison facile des divers résultats trouvés.

Méthode de Grützner. — De la fibrine, réduite en filaments aussi fins que possible, est trempée quelques instants dans une solution ammoniacale de carmin, puis essorée et rincée à l'eau pure. Le produit, coloré en rouge, se dissout dans une solution de pepsine chlorhydrique d'autant plus rapidement que la liqueur est plus riche en diastase : on détermine donc comparativement, d'après une mesure au colorimètre et au bout d'un temps donné, la quantité de matière colorante solubilisée, dans un liquide à essayer et dans une solution titrée de pepsine. Le rapport des teintes donne le rapport des activités diastasiques.

Méthode d'Effront. — Elle permet d'évaluer d'une façon expéditive et sûre le pouvoir dissolvant d'une pepsine. On prépare tout d'abord une émulsion d'albumine en dissolvant dans deux litres d'eau 80 gr. d'albumine d'œuf desséchée du commerce. On neutralise exactement cette dissolution, on ajoute 20 cc. d'HCl (N) et on maintient le liquide à 80° pendant 10 minutes en agitant énergiquement. Le précipité spongieux d'albumine qui se forme est recueilli sur un filtre, lavé à différentes reprises avec de l'eau distillée, puis pressé fortement. Le produit sortant de la presse retient encore 80 % d'eau ; on en prend 50 gr., qu'on dilue dans 250 cc. d'HCl à 2 gr. %ₒ, de façon à avoir 4 gr. d'albumine sèche pour 100 de liquide. Pour compléter la division de l'albumine, on fait passer le liquide une douzaine de fois à travers un tamis en soie.

L'évaluation du pouvoir dissolvant se fait avec cette émulsion de la manière suivante : Dans un tube à essai de 18 mm. de diamètre on verse 10 cc. du liquide émulsionné, on y ajoute 10 cc. d'eau et on le place au bain-marie à 50°, pour qu'il prenne la température du bain ; après quelques minutes on verse dans le tube 1/2 cc. d'une solution de pepsine à 0.5 %. De temps en temps on agite fortement le liquide et l'on attend qu'il devienne complètement transparent. Pour mieux saisir cet instant critique, on essaie de déchiffrer à travers le tube une lettre de petite dimension tracée à l'encre sur du papier blanc.

Le passage du liquide de l'état opaque à l'état de transparence est très net, et l'on peut avec sécurité enregistrer le nombre de minutes qui s'écoulent depuis le moment où l'on a additionné le tube de pepsine jusqu'à la clarification du liquide.

Avec une pepsine d'excellente qualité le liquide blanc devient transparent en 20 minutes; la force dissolvante est, dans ce cas, exprimée par 100 et l'on peut se servir de cette donnée comme point de comparaison. La force d'une pepsine qui, dans les conditions mentionnées plus haut, rend le liquide transparent en 40 ou 60 minutes, par exemple, pourra être exprimée par le chiffre 50 ou 33.

On peut apporter à cette méthode quelques variantes. Tout d'abord l'albumine sèche du commerce peut être remplacée par du blanc d'œuf: on prend des œufs, qu'on maintient 10 minutes dans l'eau bouillante. Après quoi, le blanc, séparé du jaune, est passé au tamis n° 10 (10 mailles par cm.); puis on fait une émulsion, à raison de 10 gr. de cette substance très divisée pour 100 cc. d'HCl à 0.25 %. On porte à 50°, on y ajoute la pepsine à doser et l'on maintient le tout à cette température. On note le temps, pour que la dissolution soit complète, comme précédemment. On peut aussi, après une certaine durée d'action et longtemps après que les dernières portions d'albumine coagulée ont disparu, essayer le liquide en le neutralisant exactement et voir combien il faut de temps pour ne plus obtenir de précipitation d'acide-albumine. Dans ce cas, la comparaison des activités diastasiques se fait d'après le pouvoir peptonisant. Un autre moyen d'apprécier conventionnellement la fin de la digestion consiste à traiter la prise d'échantillon par un peu d'acide azotique ; par exemple, 10 cc. du liquide de digestion seront additionnés de 15 gouttes NO^3H pur. On considérera que la protéolyse est terminée lorsque cette addition ne produira plus de précipité dû surtout à la présence d'hétéro-albumose.

Une modification assez commode lorsqu'on a une série de déterminations à faire est la suivante : on prépare une certaine quantité d'une solution à 2 % d'albumine sèche du commerce dans HCl à 0.25 % ; on la passe au travers d'un linge fin pour éliminer les parties non dissoutes et on la répartit, à raison de 100 cc., dans différents matras. On porte à 35-40° et l'on ajoute les liquides pepsiques à étudier; à chacun d'eux correspond un témoin, obtenu par l'addition d'un même volume de solution de diastase, mais bouillie. On ajoute dans tous les ballons 1 cc. de chloroforme, on bouche hermétiquement et l'on abandonne 24 heures à l'étuve. Après ce temps, on neutralise les liquides, on ajoute un peu d'acide acétique et l'on coagule en laissant 3/4 d'heure les matras dans l'autoclave à 100°. Après refroidissement on fait un volume 125 cc., par exemple, on filtre et l'on dose l'azote dans le liquide clair.

Méthode des tubes de Mett. — C'est une des plus employées : elle convient particulièrement bien pour les solutions diastasiques très étendues. On aspire dans des tubes de verre de 1 à 2 mm. de diamètre de l'albumine retirée d'œufs très frais et correspondant à la partie la moins bulleuse du liquide, ou encore du sérum sanguin, et l'on coagule le tout à une température de 95°. On découpe alors ces tubes en petits fragments de 10 à 15 mm. de longueur et l'on en plonge deux, pour avoir une moyenne, dans 1 ou 2 cc. des divers liquides diastasiques à examiner. Le tout est placé à l'étuve à 37-38° pendant 10 heures. Après ce temps, on mesure à la loupe les longueurs d'albumine dissoutes aux deux extrémités de chacun des tubes. La somme, exprimée en millimètres et fractions de millimètre, représente la longueur du cylindre d'albumine dissous dans chaque essai. L'expérience a montré que, toutes choses égales d'ailleurs, les quantités de pepsine de divers sucs sont entre elles comme les carrés de millimètres d'albumine qui ont été digérés. Pour que la détermination soit valable, il importe que la longueur de l'albumine dissoute aux deux extrémités du tube ne soit pas trop grande : pratiquement, on est dans de bonnes conditions quand, sur les 15 millimètres de tube, on a seulement dissous au maximum 5 millimètres de chaque côté.

Méthode de Fuld à l'édestine. — L'édestine, retirée du chanvre, peut servir à la détermination rapide du pouvoir peptonisant d'une pepsine. Voici la marche à suivre. On commence par préparer les solutions suivantes :

A) — Prendre 90 cc. HCl n/10 et faire 300 cc. en ajoutant de la solution physiologique ou simplement de l'eau.

B) — Dissoudre 0.2 gr. d'édestine dans 200 cc. solution (*A*): bien délayer dans un petit mortier, et quand la solution est complète, filtrer pour avoir un liquide parfaitement clair.

C) — Dissoudre 0.5 gr. de pepsine-type dans 50 cc. d'eau physiologique. Quand tout est dissous, filtrer. La solution-type à 1 °/₀ est étendue successivement à 0.5 °/₀, en ajoutant un égal volume d'une solution renfermant 60 cc. HCl n/10 pour 100 cc., puis à 0.05 °/₀ avec une solution HCl (*A*).

D) — Dissoudre 10 gr. de sel marin dans l'eau distillée et compléter à 100 cc. Filtrer.

L'expérience sera conduite ainsi : On prépare 10 tubes de 1 cc. de diamètre, renfermant chacun 2 cc. solution (*B*), puis 0.9, 0.8, 0.7, ...0 cc. solution (*A*), et 0.1, 0.2, 0.3, ...1 cc. solution diastasique à 0.5 °/₀ ou à 0.05 °/₀. Après 30 minutes à la température ordinaire, on ajoute dans chaque tube 1 cc. solution (*D*), et l'on note le tube où la précipitation ne se produit plus.

Exemple. — En prenant une solution de pepsine-type à 0.5 °/₀, il n'y a de précipitation dans aucun des tubes. En prenant une solution de pepsine à 0.05 °/₀, on constate :

Solution pepsine : cc. 0.1 0.2 0.3 0.4 0.5 0.6 0.7 0.8 0.9 1
Précipitation :   +   +   +   +   +   +   —   —   —   —

La précipitation cesse d'apparaître avec 0.7 cc. solution de pepsine à 0.05 °/₀.

Calcul. — 100 cc. solution pepsique à 0.05 °/₀ = 0.05 gr. pepsine-type ; par suite 0.7 cc. solution pepsique à 0.05 °/₀ renferme 0,00035 gr. peptone-type. Donc 0.00035 gr. pepsine = 2 cc. solution (*B*) = 2 milligr. édestine, d'où 1 gr. pepsine = $\frac{2}{0.00035}$ = 5714 cc. = 5 gr. 714 édestine. La force de cette pepsine, qu'on prendra pour type de comparaison, est donc de 5714 unités.

Détermination du titre d'une solution quelconque. — S'il faut, par exemple, 0.8 cc. d'une culture microbienne renfermant de la pepsine, pour ne plus donner, dans les mêmes conditions que précédemment, de précipité, on dira : 0.8 cc. culture renferme 0.00035 gr. pepsine-type, dont 1 gr. pepsine est contenu dans 2285 cc. de culture examinée.

Remarques. — 1) On peut, sans erreur sensible, faire les dilutions de la pepsine-type dans l'eau pure, au lieu de HCl. De même, on peut prendre de l'eau pour faire le complément à 1 centimètre cube du volume de diastase employé.

2) On doit prendre comme tube limite celui où il n'y a plus *aucun trouble* par addition de NaCl. Un fort éclairage, celui d'une lampe à incandescence, par exemple, convient mieux que le jour naturel pour saisir la disparition du louche.

3) Il faut une solution d'édestine bien fraîche. De plus, les liqueurs employées doivent être parfaitement limpides.

4) Il est indispensable de toujours précipiter l'édestine non transformée par NaCl en quantité constante, par exemple, pour les conditions expérimentales indiquées, 1 cc. NaCl à 10 %. En effet, des quantités plus ou moins fortes de NaCl feraient varier la limite à laquelle cesse l'apparition du louche.

5) Il arrive parfois que le liquide contenant la pepsine à doser précipite de lui-même la solution d'édestine. C'est, par exemple, le cas de cultures microbiennes faites sur du lait et renfermant peu de pepsine. La précipitation est due alors aux substances salines contenues dans le lait, et leur action coagulante se fait d'autant mieux sentir, qu'on emploie davantage de culture. Dans ce phénomène, il n'intervient aucune influence diastasique, car le précipité se produit aussi bien avec des cultures bouillies qu'avec des cultures non bouillies. Naturellement, le procédé de dosage de la pepsine qu'on vient d'exposer ne réussit plus avec de tels liquides. En effet, le mélange d'édestine et de culture à examiner étant déjà trouble, il devient impossible de voir si une addition de NaCl produit un nouveau précipité.

D'après une communication verbale du Dr Wallerstein (de New-York), on évite souvent cet inconvénient en ajoutant à la solution d'édestine une faible quantité de citrate de soude. D'autre part, on augmente beaucoup la sensibilité, et l'on arrive à des résultats bien meilleurs en modifiant ainsi la méthode de Fuld : on dissout 0.1 gr. d'édestine dans 100 cc. HCl N/10; on prend 2 cc. de cette solution, on ajoute 5 cc. de liquide à analyser et on laisse dans le bain-marie à 50°, pendant 3 heures si l'on recherche la pepsine, et même pendant 24 heures pour une recherche de papaïne. Dans ces conditions, on décèle encore avec sûreté la présence d'une quantité d'enzyme égale à 1 ou 2 cent millièmes, soit 1 gr. de pepsine dans 100 litres d'eau : la réaction est devenue environ 50 fois plus sensible.

Méthode de Jacoby. — Cette méthode est basée sur ce fait, que de la ricine en solution diluée dans NaCl fournit un liquide trouble qui devient transparent par l'addition d'un peu de pepsine, cet enzyme exerçant son action digestive sur les matières albuminoïdes peu solubles qui accompagnent la toxine, sans agir directement sur celle-ci.

Pour le dosage, on dissout 1 gr. de ricine Merck dans 100 cc. d'eau additionnée de 1.5 gr. NaCl ; puis on ajoute au liquide une quantité déterminée de HCl, et, ensuite, la pepsine. La solution devient très rapidement transparente quand on se trouve en présence d'une quantité de pepsine suffisante. Dans les essais suivants on a pris 3 cc. d'émulsion de ricine $+$ 1 cc. HCl à 0.56 % $+$ 1 cc. H^2O, et l'on a ajouté les quantités de pepsine indiquées ci-dessous :

ACTION DE DIFFÉRENTES DOSES DE PEPSINE SUR UNE ÉMULSION DE RICINE.

Pepsine employée :	Eclaircissement après :
1 mgr.	aussitôt.
0.1	15 minutes.
0.05	30 »
0.01	4- 6 heures ⎫ à
0.001	36-48 » ⎬ l'étuve.
0	Encore trouble après long séjour à l'étuve

La méthode est extrêmement sensible et présente le grand avantage d'être très expéditive. Elle est surtout recommandable quand il s'agit d'essais comparatifs.

D'ailleurs, nous aurons l'occasion de revenir sur ces questions d'analyse, dans le chapitre *Pepsine commerciale,* à propos de la détermination du titre officinal d'une pepsine.

§ 14.

Suc gastrique.

Sécrétion du suc gastrique. — Le suc gastrique est devenu, dans ces derniers temps, un produit pharmaceutique. On l'extrait assez facilement de chiens ayant subi l'opération de l'œsophagotomie, d'après une technique créée par PAWLOW et Mme SCHOUMOFF-SIMANOWSKI. Les chiens, opérés de cette manière, sont en outre munis d'une fistule stomacale; ils sont nourris par introduction directe des aliments dans l'estomac. Ils se portent en général très bien; ils augmentent de poids, ont un excellent appétit et digèrent convenablement.

Le suc est obtenu par repas fictif : l'animal, maintenu debout à l'aide d'un appareil spécial, reçoit de la viande, qu'il mastique avec appétit. Cette nourriture, à cause de l'ouverture de l'œsophage, ne pénètre pas dans l'estomac, mais est rejetée au dehors. Néanmoins, on constate que dès le début du repas, et même avant que le chien ait touché à la viande, le suc stomacal commence à couler par la fistule; naturellement, la sécrétion devient plus abondante après quelque temps de mastication. Ces repas fictifs durent de 1 à 1 1/2 heure. Le liquide est recueilli dans un vase et filtré ensuite. On trouve chez KONOVALOFF les données suivantes sur la marche de la sécrétion au cours d'un repas fictif :

(Voir tableau comparatif, page 267.)

Ce tableau donne les volumes de suc recueilli de 5 en 5 minutes. La colonne A représente la moyenne de toute une série d'expériences faites sur un chien dont on prélevait le suc tous les 3 ou 4 jours. La colonne B correspond à la moyenne des prélèvements faits sur un chien tous les 2 jours pendant 16 jours; enfin la colonne C s'applique à un chien faisant quotidiennement un repas fictif pendant 9 jours.

Dans tous ces essais, la densité du suc change peu, de 1.00430 à 1.00524. L'acidité varie très peu : pour une série d'expériences ayant duré 45 jours, l'acidité moyenne a été de

MARCHE DE LA SÉCRÉTION GASTRIQUE AU COURS D'UN REPAS FICTIF.

Temps en minutes	Suc sécrété		
	A	*B*	*C*
De 0 à 5 min.	14 cc.	12.4 cc.	15.1 cc.
5 à 10 »	21	21.9	21.3
10 à 15 »	21.8	25.4	22.6
15 à 20 »	24.6	25	20.6
20 à 25 »	21	23.3	18.4
25 à 30 »	19.5	20.1	16.2
30 à 35 »	18.6	20.3	15.6
35 à 40 »	19.5	17.5	12.2
40 à 45 »	17	17.8	14.4
45 à 50 »	16.3	18.5	11.6
50 à 55 »	17	16.8	10.6
55 à 60 »	17.6	16.3	12.2
Total du suc sécrété par heure.	227.9	234.8	190.8
Teneur en HCl.	0.556	0.560	0.554
Pouvoir digestif (Mett).	6.43	7	8.3

0.563, avec minimum : 0.380 et maximum : 0.576. Le pouvoir digestif a varié davantage : le minimum a été de 6 et le maximum de 9. Un chien d'un poids de 45 kg. peut fournir journellement de 200 à 300 cc. de suc. Ce prélèvement, pendant le repas fictif, n'est nullement préjudiciable à l'animal ; on constate aussi que le suc lui-même ne perd pas de sa qualité, au contraire. On assiste ici à une sorte d'entraînement qui provoque une sécrétion toujours plus forte, attendu que le pouvoir digestif, qui était d'abord, au début, dans la série *A*, de 6.43, est monté, à la fin, dans la série *C*, à 8.3.

Propriétés du suc gastrique. — Le suc gastrique, grâce à sa teneur en HCl, ne se putrifie point ; il se conserve assez longtemps, et même la pepsine qui y est contenue ne s'altère que très lentement. Après des mois de conservation, on a encore des sucs très actifs. Le suc gastrique de chien représente un liquide incolore, faiblement opalescent, d'un goût agréable. Il possède un pouvoir rotatoire faible à gauche; son point de congélation est $\Delta = -\,0°,490$ à $-\,0°,638$. L'analyse du suc gastrique a fourni, d'après ROSEMANN, les résultats suivants :

Matières sèches.	0.4277 pour 100 cc.
Cendres.	0.1325
Substances organiques	0.2944
Azote	0.035 à 0.054
Acide chlorhydrique	0.5569 à 0.5657
Ammoniaque.	0.0077
Matières protéiques	0.247 à 0.375

Le liquide ne contient pas d'acide lactique. Dans les cendres on trouve du chlorure de sodium et du chlorure de potassium, avec prédominance de KCl. Le rapport de la potasse à la soude est en effet, d'après ROSEMANN, de 1 à 0.81. On trouve en outre une faible proportion de Ca, Mg, Fe.

En ce qui concerne la variation chlorhydrique du suc gastrique sous l'influence du régime, DASTRE et FROUIN ont fait voir que l'addition de sel aux aliments rend le sujet hyperchlorhydrique. Par contre, FROUIN et P. GIRARD ont constaté que le suc gastrique pur renferme toujours sensiblement la même quantité de chlore total; si donc la quantité d'acide libre vient à augmenter, celle des chlorures fixes diminue d'autant. Voici les résultats obtenus avec un chien à petit estomac isolé (technique de PAWLOW, dont on parlera plus loin). Cet animal recevait normalement 200 gr. de riz $+$ 700 gr. de viande de cheval cuite à l'eau sans sel $+$ 10 gr. NaCl, par 24 heures. Le premier jour de l'expérience on supprima le sel, le 6e et le 7e on mit dans sa pâtée 5 gr. NaCl; on obtint alors :

(*Voir tableaux comparatifs, page 269.*)

On voit que l'acidité varie de 1.20 à 3.39 °/_{oo}, tandis que le chlore total varie à peine. Les auteurs précités ont également dosé le potassium et le sodium dans les sucs recueillis les 5e et 7e jours : ils ont trouvé que l'ingestion de NaCl n'a pas pour résultat d'augmenter la teneur en Na, au contraire ; c'est que, en effet, en pareil cas, ainsi qu'on le dira plus loin, l'acide

INFLUENCE DU NACL SUR LA SÉCRÉTION GASTRIQUE.

Nourriture		Quantité de suc sécrété en 24 heures	Acidité HCl par litre	Chlore total exprimé en HCl par litre
1er jour : riz + viande, sans sel		350 cc.	2.81 gr.	5.55 gr.
2e	»	275	3.32	5.57
3e	»	115	3.28	5.67
4e	»	113	1.97	5.57
5e	»	96	1.38	5.84
6e	addition de 5 gr. NaCl	185	3.39	5.98
7e	»	190	3.06	5.39
11e	suppression de NaCl	90	1.20	5.90

Nature du suc	Quantité de suc sécrété	K °/₀₀	K sécrété en 24 heures	Na °/₀₀	Na sécrété en 24 heures
Prélevé le 5e jour : sans NaCl	96 cc.	0.150 gr.	0.014	2.21	0.212 gr.
» 7e jour : avec 5 gr. NaCl	190	0.220	0.022	0.960	0.082

chlorhydrique du sel marin reste dans le suc gastrique, tandis que la soude va augmenter l'alcalinité du suc pancréatique. D'ailleurs ces résultats sont sensiblement les mêmes quand l'animal reçoit du chlorure de sodium, du KCl ou du $BaCl^2$. Mais, d'après ces mêmes auteurs, c'est toujours le Na qui est le métal le plus abondant du suc gastrique.

SOMMERFELD a pu répéter sur une jeune fille les essais de KONOVALOFF. Celle-ci, opérée et munie d'une fistule, chaque fois qu'on lui montrait des aliments, réagissait en sécrétant du suc gastrique, et cette sécrétion était d'autant plus abondante, que le plat était plus au goût de la patiente; l'effet de mâcher les aliments, sans qu'ils pénétrassent dans l'estomac, activait la sécrétion pendant tout le repas fictif, qui durait de 1/2 à 3/4 d'heure. D'ailleurs, la sécrétion durait même encore après l'excitation : soit en tout 1 1/2 heure. La quantité de suc sécrété par repas fictif était de 20 à 110 cc. au maximum. L'acidité du

suc gastrique de cette jeune fille était, à la phénolphtaléine,
de 0.29 à 0.499 %, et au papier Congo, de 0.29 à 0.5, d'où une
moyenne de 0.4026. Dans un cas, Sommerfeld a constaté qu'en
l'absence d'appétit réel, la sécrétion était beaucoup moindre : il
ne recueillit alors que 20 cc., au lieu de 110, et le suc marquait
au papier Congo 0.173 d'acidité seulement.

Action de la température. — L'optimum de l'action du
suc gastrique ne se trouve point dans les limites de la température normale du corps. L'action la plus rapide se manifeste
entre 50 et 55°; mais la température optima se trouve, comme
on l'a déjà vu dans l'étude de la pepsine seule, au voisinage de
la température de destruction. Roeder se sert de la méthode
de Fuld, à l'édestine, pour étudier l'action de la température
sur la variation du pouvoir digestif du suc gastrique. Dans la
première colonne on a indiqué le nombre de cc. de suc gastrique dilué de 1 à 10 qui transforment en 30 minutes 2 cc. d'une
solution d'édestine à 1 % et les rendent non précipitables par
une solution de NaCl. Dans la seconde colonne on a indiqué
le pouvoir digestif calculé, c'est-à-dire le nombre de cc.
d'édestine que peut transformer 1 cc. de suc gastrique pur.

VARIATION DU POUVOIR DIGESTIF DU SUC GASTRIQUE
AVEC LA TEMPÉRATURE.

Température	Suc gastrique dilué au 1/10	Pouvoir digestif calculé
30°	0.56 cc.	35.7
34	0.42	47.6
37	0.24	83.5
40	0.18	111.3
45	0.13	154
50	0.1	200
55	0.1	200

Comme on le voit, le pouvoir dissolvant du suc gastrique
augmente avec la température, et à 55° on produit presque
six fois plus de travail qu'à 30°. Mais les résultats constatés
sont dus à la superposition de deux actions opposées : sous

l'influence de la température, l'enzyme s'affaiblit énormément; une partie notable de la substance active se trouve détruite, et c'est seulement ce qui reste qui fournit le travail supplémentaire. Il est possible de mettre en évidence ces deux facteurs : à cet effet, on maintient, à des températures différentes, pendant 30 minutes, le suc gastrique seul, puis on le met en présence d'édestine, sur laquelle on le fait agir à la température uniforme de 35° :

Température de la chauffe préalable	Suc gastrique au 1/10	Pouvoir digestif
37° (témoin)	0.18 cc.	111.
40	0.32	62.5
42	0.42	47.6
43	0.67	29.9
45	1.1	18.2
50	1.34	14,9
55	2	10

Dans l'essai témoin, où le suc a seulement été maintenu une demi-heure à 37°, il faut 0.18 cc. de suc dilué au 1/10 pour digérer 2 cc. de solution d'édestine. Le seul fait d'avoir porté le suc une demi-heure à 40°, abaisse son pouvoir digestif de 111 à 62.5, soit à près de la moitié. Si, enfin, on le maintient 30 minutes à 55°, on le rend onze fois moins actif. On se rend ainsi compte, en comparant ces chiffres à ceux du tableau précédent, que la température optima et celle de destruction se trouvent à peu près confondues. Dans le chapitre sur les glandes sécrétorielles, nous aurons l'occasion de revenir de plus près sur les propriétés du suc gastrique.

BIBLIOGRAPHIE SUR LA PEPSINE.

HISTORIQUE — PRÉPARATION — COMPOSITION CHIMIQUE.

SPALLANZANI. *Expériences sur la digestion*, 1784.
RÉAMUR. Voir *Dictionn. de Physiologie*, Richet, t. IV.
TIEDMANN ET GMELEN. *Recherches expérim. phys. et chim. sur la digestion*, 1827.
EBERLE. *Physiol. der Verdauung*, Würzburg, 1834.
BLONDOLT. *Traité anatom. de la digestion*, p. 371.

Ch. Schmidt. *Verdauungsäfte*, Leipzig, 1852.

Ebstein et Grützner. Ueber Pepsinbildung im Magen, *Pflüg. Arch.*, (8), p. 127.

Th. Schwann. Ueber das Wessen der Verdauungsprocessus, *Müller's Arch. f. An. Phys. u. Wissens. Medic.*, 1836, p. 90.

Wasmann. *Die Digestion*, Berlin, 1879.

Brucke. Beitrage zur Lehre von der Verdauung, *Akad. d. Wiss. Wien*, 1862 ; *Vorlesungen üb. Physiol.*, 1874, (1), p. 294.

von Wittich. Ueber eine neue Methode zur Darstellung künstlicher Verdauungsflüssigkeiten, *Pflüg. Archiv.*, (2), p. 193.

C. A. Pekelharing. Mitteilungen über Pepsin, *Zeits. f. phys. Chem.*, (35), p. 8.

Nencki u. Sieber. Beitrage zur Kenntnis des Magensäftes u. der chem. Zusammensetzung der Enzyme, *Zeits. f. physiol. Chem.*, (32), p. 291, 1901.

Petit. *Recherches sur la Pepsine*, Paris, 1881.

Friedenthal u. Miyamota. Natur des Pepsins und anderer Verdauungsenzyme, *Centralbl. f. Physiol.*, (16), p. 1, 1902.

Hugouneng et Morel. Constitution de la Pepsine, *C. R.*, 1908, (2), p. 212.

Trampedach. Milz und Magenverdauung u. der angebliche Pepsingehalt der Milz. *Pflüg. Arch. d. Physiol.*, (141), p. 591, 1911.

Wilenko. Zur Kenntnis der Pepsinausscheidung im Harn, *Berl. Klin. Woch.*, (22), p. 1060, 1908.

Benfey. Ueber eiweissspaltende Enzyme im Säuglingsharn, *Bioch. Zeits.*, (10), p. 458, 1908.

ACTION DE LA TEMPÉRATURE.

Effront. Sur le dosage de l'albumose, *Bull. Soc. chim. France*, 1899, (21), p. 680.

J. Oguro. *Bioch. Zeits.*, (22), p. 278, 1909.

H. Rœder. Wirkung thermischer Einflüsse, *Bioch. Zeits.*, (24), p. 499. 1910.

A. Mayer. Einige Bedingungen der Pepsinwirkung, *Zeits. f. Biol.*, (17), p. 351, 1881.

Klug. Untersuchungen über Pepsinverdauung, *Pflüg. Arch.*, (60), p. 43, 1895.

Biernacki. Das Verhalten der Verdauungsenzyme bei Temperaturerhöhungen, *Zeits. f. Biol.*, 1891, (28), p. 49.

Kulpsohn, *Diss.*, St-Pétersbourg, 1908.

Finkler. *Pflüg. Arch.*, (14), p. 128.

Gramenitzki. Der Einfluss verschiedener Temperaturen auf die Fermenten u. die Regeneration fermentativer Eigenschaften, *Zeits. f. physiol. Chem.*, (69), p. 286, 1910.

Ohta. Zur Trage der Hitzebeständigkeit von Pepsin u. Trypsin, *Bioch. Zeits.*, (44), p. 472, 1912.

ACTION DES AUTRES CONDITIONS PHYSIQUES.

Signe u. S. Schmidt-Nielsen. Zur Kentniss der Schütteln ü. Aktivität, *Zeits. f. physiol. Chem.*, 1909, p. 427 ; 1910, p. 360.

Schaklee et Meltzer. Die mecanische Beeinfluss von Pepsin, *Centralbl. f. Physiol.*, 1909, (23), p. 3 ; *Americ. Journ. physiol.*, (25), p. 81.

Michaëlis u. Ehrenreich. Die Absorptionanalyse der Fermenten. *Bioch. Zeits.*, (10), p. 283, 1908.

Abderhalden u. Otto Meyer. Ueber Nachweis von activen Pepsin, *Zeits. f. physiol. Chem.*, (74), p. 99, 1911.

GRABER. *Journ. of Ind. and Engin. chem.*, (3), p. 919, 1911.

GEORGES DREYER ET O. HANSSEN. Recherches sur les lois de l'action de la lumière sur les glucosides, les enzymes, les toxines, les anticorps, *C. R.*, 1907, (2), p. 564.

JODLBAUER ET TAPPEINER. Ueber die Wirkung des ultra violetten Lichtes auf Enzyme, *Deutsch. Arch. f. klin. Med.*, (87), p. 373, 1906.

JODLBAUER ET TAPPEINER. Ueber die Wirkung von Licht auf Enzyme, *Deutsch. Arch. f. klin. Med.*, (85), p. 386, 1906.

O. EMMERLING. Einwirkung des Sonnenlichtes auf die Enzyme. *Ber. Deutsch. Chem. Ges.*, 34, (3), p. 3811, 1901.

PEKELHARING U. RINGER. Zur electrischen Ueberführung des Pepsins, *Zeits. f. physiol. Chem.*, (75), p. 282, 1911.

MICHAËLIS U. DAVIDSOHN. Die isolectrische Konstante des Pepsins, *Bioch. Zeits.*, (28), p. 1, 1910.

MICHAËLIS. Ueberführungsversuche mit Fermenten, *Bioch. Zeits.*, (16), p. 486 ; (17), p. 231, 1909.

KUDO. Ueber den Einfluss der Elektrizität auf die Fermente, *Bioch. Zeits.*, (16), p. 233, 1909.

PINCUSSOHN. Beeinflussung von Fermenten durch Kolloïde : Wirkung von anorgan. Kolloïden auf Pepsin, *Bioch. Zeits.*, (8), p. 387, 1908.

ALEXANDRE. *Journ. Americ. Soc.*, (32), p. 680.

JACQUES LŒB. Electrolytische Dissoz. und physiologische Wirksamkeit von Pepsin und Trypsin, *Biol. Zeits.*, (19), p. 535, 1909.

HERZOG U. KASARNOWSKI. Ueber die Diffusion von Kolloïden, *Bioch. Zeits.*, (11), p. 172, 1908.

HOUGHTON. *Journ. Americ. chem. Soc.*, (29), pp. 1351-1357.

MÖLLHAUSEN. Ueber das Eindringen von Albumin in Gelatinegallerten, *Zeits. f. Chem. u. Indust. der Kolloïden*, (2), p. 325.

ISCOVESCO. Studien über Kataphorese von Fermenten u. Kolloïden, *Bioch. Zeits.*, (24), p. 53, 1910.

DEZANI. *Accad. dell. S. di Torino*, (45), p. 14 ; (47), p. 14, 1912.

F. KRÜGER. Ueber Kenntnis der quantitätiven Pepsinwirkung, *Zeit. f. Biol.*, (41), p. 378, 1901.

HANCOCK. *Americ. Journ. Pharm.*, (83), p. 373, 1911.

HOLDERER. Sur la filtration des enzymes, *C. R.*, (150), 1910, p. 790.

INFLUENCE DE LA RÉACTION DE MILIEU.

S. SCHMIDT. Ueber das Wesen des Verdauungsprocesses, *Liebigs Ann.*, (61), p. 311, 1847.

DAVIDSON ET DIETERICH. Zur Theorie der Magenverdauung, *Arch. f. Anat. u. Physiol.*, 1860, p. 690.

L. LIEBERMANN U. BUGARSKY. Ueber das Bindungsvermögen eiweissartiger Körper für Salzsäure, NaOH, NaCl, *Pflüg. Arch.*, (72), p. 51.

KRÜGER. Weitere Beobachtungen über quantitätive Pepsinverdauung, *Zeits. f. Biol.*, (41), p. 467, 1901.

ROGER ET GARNIER. Influence des variations simultanées de la Pepsine et de l'Acide chlorhyd. sur la digestion pepsique, *Soc. Biol.*, 1906, (2), p. 314.

ABDERHALDEN U. WACHSMUTH. Weiterer Beitrag zur Kenntniss der Wirkung des Pepsins und der Salzsäure auf Elastin und einige andere Proteine, *Zeits. f. physiol. Chem.*, (71), p. 339, 1911.

Schütz. Ueber den Einfluss der Pepsin- und Salzsäuremengen auf die Intensität der Verdauung, speziell bei Abwesenheit « freier » Salzsäure, *Bioch. Zeits.*, (22), p. 33, 1908.

Tichomirow. Zur Frage nach der Wirkung der Alkalien auf das Eiweissferment des Magensaftes, *Zeits. f. physiol. Chem.*, (55), p. 107, 1908.

Sörensen. Ueber die Messung und Bedeutung der Wasserstoffionen Konzentration bei enzymatichen Processen, *Bioch. Zeits.*, (21), p. 131, 1909 ; (22), p. 352, 1909.

Podwyssotsky Sur la propepsine, *Pflüg. Arch.*, (39), p. 62, 1886.

Langley. *Journ. of Physiol.*, 1881, pp. 246 et 269.

Langley a. Edkins. *Journ. of Physiol.*, 1886, p. 371.

Abderhalden u. Steinbeck. Wirkung des Pepsins und HCl, *Zeits. f. physiol. Chem.*, (68), p. 293, 1910.

Klug. Ueber Pepsin, *Pflüg. Arch.*, (60), p. 43, 1895.

F. Klug, Jun. Beiträge zur Pepsinverdauung, *Pflüg. Arch.*, (65), p. 330, 1896.

Wróblewski. Zur Kenntniss des Pepsins, *Zeits. f. physiol. Chem.*, (21), p. 1.

Stutzer. Abhängigkeit des Optimums der Verdauung von der Pepsin u. Trypsinmenge, *Landwirts. Versuchenst.*, 1891, (38), p. 257; *Zeits. f. phys. Chem.*, (11), p. 530, 1887.

ACTION DES AUTRES CONDITIONS CHIMIQUES.

Gurber. *Verhand der Wurzburger phys. med. Soc.*, 1895, p. 67.

Houghton. *Journ. Americ. Chem. Soc.*, (29), p. 135, 1907.

Papasotiriou. *Arch. f. Hygien*, (57), p. 269, 1906.

Sawomara. *Bullet. of the College Tokio*, (5), p. 265.

Pekelharing. Ueber Pepsin, *Zeits. f. physiol. Chem.*, (35), p. 29, 1902.

Van de Velde. Antisept. bei Enzymuntersuch., *Bioch. Zeits.*, (3), p. 316, 1907.

Van de Velde u. Poppe. Wirkung von NaCl, *Bioch. Zeits.*, (28), p. 135, 1910.

Grober. Ueber die Wirkung von Antiseptika, *Pflüg. Arch.*, (104), p. 109.

Ch. Richet. Ueber die Wirkung schwacher Dosen auf physiolog. Vorgänge, *Bioch. Zeits.*, (11), p. 273, 1908.

Effront. Act. des fluorures sur les diastases, *Bul. Soc. Chim.*, (4), p. 627, 1890 ; *Moniteur Scientif.*, 1890.

Wolberg. Ueber den Einfluss einiger Salze und Alkaloïde auf die Verdauung, *Pflüg. Arch.*, (22), 1880, p. 291.

P. Grützner, *Pflüg. Arch.*, (12), p. 285.

A. Schmidt, *Pflüg. Arch.*, (13), p. 93.

Mann. *Diss.*, Erlangen, 1897.

Bertels. Einfluss des Chloroforms, *Virch. Arch.*, (130), p. 497, 1892.

Dubs. Einfluss des Chloroforms, *Virch. Arch.*, (134), p. 519.

Starkenstein. Ueber Fermentwirkung u. deren Beeinflussung durch Neutralsalze, *Bioch. Zeits.*, (24), p. 210, 1910.

Schierbek. *Arch. f. Phys.*, (111), p, 357.

Wróblewski. *Zeits. f. physiol. Chem.*, (21), p. 1, 1895. *Ber. der Deuts. Chem. Ges.*, p. 1719, 1895.

Gley et Camus. *Arch. de Physiol.*, p. 764, 1897.

Salkowski. Bindung von HCl durch Amidosäuren, *Virch Arch.*, (127), p. 501.

Bliss et Novy. Die Wirkung von Formaldehyd auf Enzyme, *J. exper. Med.*, (4), p. 47, 1899.

ACTIONS GÉNÉRALES.

Van Dam. Die Verdauung des Caseins durch Pepsin von Kalb, Schwein, und Rind, *Zeits. f. physiol. Chem.*, (79), p. 247, 1912.

Thibault. *Journ. Pharm. et Chim.*, (1), p. 480, 1910.

von Grützner. Ein einfaches Colorimeter nebst Bemerkungen über die Verdauungskraft von « reinen Pepsin », *Pflüg. Arch.*, (144), p. 545, 1912.

Hirayama. Einige Bemerkungen über proteolytische Fermente. *Zeits. f. physiol. Chem.*, (65), p. 290, 1910.

Herzog u. Margolis. Ueber die Einwirkung von Pepsin auf Ovalbumin, *Zeits. f. physiol. Chem.*, (60), p. 298, 1909.

Takeda. Ueber das Harnpepsin als differentialdiagnostisches Kriterium zwischen Carcinoma ventriculi u. Apepsia gastrica. *Deuts. med. Wochens.*, (36), p. 1807, 1910.

Berg. *Amer. Journ. Physiol.*, (23), p. 420.

Abderhalden u. Friedel. Weitere Beiträge zur Kenntniss der Wirkung des Pepsins. *Zeits. f. physiol. Chem.*, (71), p. 449, 1911.

LOIS D'ACTION DES DIASTASES

O'Sullivan et Tompson, *Journ. of the Chem. Soc.*, 1890, (57), p. 834.

Wilhelmy. *Pogg. Ann.*, (81), p. 413.

Duclaux. *Traité de Microbiologie*, (2), p. 136.

V. Henri. Loi d'action des diastases, *Thèse*, Paris, 1903.

Nicloux. Contribution à l'étude de la Saponification, *Thèse*, Paris, 1906.

V. Henri et Larguier des Bancels. Loi d'action de la trypsine sur la gélatine, *C. R.*, 1903, (1), pp. 1088 et 1581.

E. Schütz. *Zeits. f. physiol. Chem.*, (9), p. 577, 1885.

Borissow. *Thèse*, St-Pétersbourg, 1891.

Huppert et Schütz. *Pflüg. Arch.*, (80), p. 470.

von Grutzner. Ueber Fermentgesetz, *Pflüg. Arch.*, (141), p. 63, 1911.

Vassilief. *Arch. de Médecine expér. St-Pétersbourg*, (2), p. 219, 1893.

J. Schütz. *Zeits. f. physiol. Chem.*, (30), p. 1, 1900.

ANTIPEPSINE.

Oguro. Ueber eine Methode zum quantitätiven Nachweis des Antipepsins im Serum, *Bioch. Zeits.*, (22), p. 266, 1909.

Schwarz. Zur Kenntniss der Antipepsine, *Beit. z. chem. Physiol. u. Path.*, (6), p. 530, 1905.

Schnappauf. Beitrag zur Physiologie des Pepsins, *Diss.*, Rostock, 1888.

Briot. Sur le mode d'action du sérum sur la pepsine, *Soc. Biol.*, (54), 1902, p. 140.

Perin. Sur le pouvoir antipepsique du sérum sanguin, *Soc. Biol.*, p. 938, 1902.

Sachs. Ueber Antipepsin, *Fortschritte d. Medizin*, (20), p. 425, 1902.

M. Jacoby. Zur Kenntniss der Fermente und Antifermente, *Bioch. Zeits.*, 1906, pp. 144, 247 ; 1907, pp. 21, 471 ; 1908, pp. 8, 40, 229, 232.

Morgenroth. *Berl. klin. Wochens.*, 1909, (16), p. 758.

J. Cantacuzène et Jonescu-Mihaiesti. *Soc. Biol.*, 1908, (2), p. 273 ; 1909, (1), p. 53.

Rubinstein. *Soc. Biol.*, 1911, (1), p. 116.

Dezani. *Estr. Reale Accad. delle Scienze di Torino*, 1910-11.

Minami. Ueber die Reaction zwischen Fermenten u. Antifermenten, *Bioch. Zeits.*, (39), p. 75, 1912.

Zunz. Pouvoir antipepsique du sérum sanguin, *Ann. Acad. Belgique*, 1905.

IDENTITÉ DE LA PEPSINE ET DE LA PRÉSURE.

Pawlow u. Parastschuk. Ueber proteolytische und milchkoagulierende Wirk1ng, *Zeits. f. physiol. Chem.*, (42). p. 423.

van Hasselt. Notiz zur Pepsin-Chymosin-Frage, *Zeits. f. physiol. Chem.*, (70), p. 171, 1911.

Taylor. Zur Frage der Identität von Pepsin u. Chymosin, *Journ. of Biol. Chem.*, (5), p. 399, 1909.

Sawitsch. Zur Frage über die Identität des Pepsins u. Chymosins, *Zeits. f. physiol. Chem.*, (68), p. 12, 1910.

Hedin. *Zeits. f. physiol. Chem.*, 1911, (74), p. 242.

Blum et Fuld. *Bioch. Zeits.*, (6), p. 473.

Gewin. Pepsin u. Chymosin, *Zeits. f. physiol. Chem.*, (54), p. 32, 1908.

Bang. Pepsin u. Chymosin, *Zeits. f. physiol. Chem.*, (54), p. 359, 1908.

Van Dam. Zur Frage nach der Identität von Pepsin u. Chymosin, *Zeits. f. physiol. Chem.*, (64), p. 316, 1910.

O. Hammarsten. Zur Frage nach der Identität der Pepsin und Chymosinwirkung, *Zeits. f. physiol. Chem.*, (56), p. 18, 1908.

Migay u. Sawitsch. Die Proportionalität der eiweisslösenden und der milchkoagulirenden Wirkung des Magensaftes des Menschen und des Hundes in normalen u. pathologischen Fällen, *Zeits. f. physiol. Chem.*, (63), p. 405, 1909.

Hammarsten. Ueber die Darstellung von pepsinarmen oder pepsinfreien Chymosinlösungen, *Zeits. f. physiol. Chem.*, (74), p. 142, 1911.

Rakoczy. Weitere Beobachtungen über Chymosin und Pepsin des Kalbsmagensaftes, *Zeits. f. physiol. Chem.*, (73), p. 453, 1911.

Porter. Ueber die Frage der Identität von Pepsin u. Lab, *Journ. of Physiol.*, (42), p. 389, 1911.

Grimmer. Ueber den derzeitigen Stand der Identitätsfrage von Pepsin und Chymosin, *Milchw. Centralbl.*, (7), p. 481, 1911.

Hammarsten. Vergleichende Untersuchungen über die Pepsin und Chymosinwirkung bei Hund u. Kalb, *Zeits. f. physiol. Chem.*, (68), p. 119, 1910.

Herzog. Zur Frage zwischen Pepsin u. Labwirkung, *Zeits. f. physiol. Chem.*, (60). p. 306, 1909.

Rakoczy. Ueber die milchkoagulirende und proteolytische Wirkung der Rinder- und Kalbsmageninfusion und der natürlichen Kalbsmagensaftes, *Zeits. f. physiol. Chem.*, (68), p. 421, 1910.

J. Sellier. *Soc. Biol.*, 1908, (2), p. 754.

TRAVAIL CHIMIQUE.

F. Alexander. Zur Kenntniss des Caseins und seiner peptischen Spaltungsprodukte, *Zeits. f. physiol. Chem.*, 1898, (35), p. 411.

Adler. Albumose, *Disertation*, Leipzig, 1907.

Elophe Benech. La question des peptones, *Rev. gén. des Sc. pures et appliq.*, 1899, (10), p. 863.

Birchard. Ein Beitrag zur Kenntniss der Protoalbumose, *Diss.*, Leipzig, 1909.

E. Brücke. Beiträge zur Lehre von der Verdauung, *Sitzungsber. d. k. Akad. d. Wiss. in Wien. Math.-naturw. Cl.*, 14-7-1859 ; (43), p. 601, 1861.

A. Bömer. Zinksulfat ein Fällungsmittel für Albumosen, *Zeits. f. analyt. Chem.*, 1895, (34), p. 562.

K. Baumann u. Bömer. Ueber die Fällung der Albumosen durch Zinksulfat, *Zeits. f. Untersuchung des Nahrungs- und Genussmittel*, 1898, (1), p. 106.

L. Blum. Ueber den Nährwerth der Heteroalbumose des Fibrins und der Protoalbumosen des Caseins, *Zeits. f. physiol. Chem.*, 1900, (30), p. 21.

Bechhold. Kolloïdstudien mit der filtration Methode, *Zeits. f. physiol. Chem.*, (60), p. 257, 1907.

O. Cohnheim. *Chemie der Eiweisskörper*, Brunswick, 1900, p. 172.

J. Effront. Zur quantitätiven Bestimmung von Ammoniak und Amide, *Ber. der Deuts. Chem. Ges.*, (16), p. 4290.

J. Effront. Ueber die Bestimmung der Verdauungsproducte des Pepsins, *Chemiker Zeitung*, 1899, (23), n° 75.

J. Effront. Sur la solubilité des protéoses et des peptones dans l'alcool, *Bull. Soc. Chim. Paris*, (21), p. 676.

J. Effront. Sur le dosage de l'albumose et de la peptone, *Bull. Soc. Chim. Paris*, (21), p. 683, 1899.

J. Effront. Sur la méthode de la précipitat. fractionn., *Monit. Sc.*, 1902, p. 241.

Chittenden a. J. A. Hartwell, Crystalline globulin and globuloses or vitelloses, *Journ. of Physiol.*, 1890, p. 435. — The relative formation of proteoses and peptones in gastric digestion, *Journ. of Physiol.*, 1891, p. 12.

Chittenden a. G. L. Amerman. A comparison of artificial and natural gastric digestion, together with a study of the diffusibility of proteoses and peptones, *Journ. of Physiol.*, 1893, (14), p. 483.

Chittenden a. L. B. Mendel. On the proteolysis of crystallized Globulin, *Journ. of Physiol.*, 1894, (17), p. 48.

Chittenden a. Meara. *Journ. of Physiol.*, 1894, p. 501.

S. Dzierzgowski u. S. Salaskin. Ueber die Ammoniakalspaltung bei der Einwirkung von Trypsin und Pepsin auf Eiweisskörper, *Centralbl. f. Physiol.*, 3-8-1901, (25), p. 249.

A. Danilewski. Etude sur la constitution chimique des substances albuminoïdes, *Arch. des Sc. phys. et nat.*, 1883. (7), pp. 150 et 420.

F. Goldschmidt. Ueber die Einwirkung von Säuren auf Eiweissstoffe, *Diss.*, Strassburg, 1898.

S. Fränkel u. L. Langstein. Ueber die Spaltungsproducte des Eiweisses bei der Verdauung, *Akad. der Wissensch. in Wien, Mathem.-Naturw.*, 1901, (110), p. 238 ; *Monats. f. Chem.*, 1898, (19), p. 819.

Friedmann. Ueber die Bindungsweisse des Stickstoffs in primairen Albumosen, *Zeits. f. physiol. Chem.*, 1900, (29), p. 51.

O. Folin. Ueber die Spaltungsproducte der Eiweisskörper, *Zeits. f. physiol. Chem.*, 1899, (25), p. 152.

Hasebroek. Ueber erste Producte der Magenverdauung, *Zeits. f. physiol. Chem.*, 1887, (11), p. 348.

Henriquez u. Gjaldbaek. Ueber hydrolytische Spaltung von Proteine, *Zeits. f. biol. Chem.*, (75), p. 377, 1911.

W. Hausmann. Ueber die Vertheilung des Stickstoffs im Eiweissmolekül, *Zeits. f. physiol. Chem.*, 1900, (29), p. 139.

G. Hopkins. *Journ. of Physiol.*, 1900, p. 306.

Haslam. Quantitative Bestimmung der Hexonbasen in Hetero-Albumosen und Pepton, *Zeits. f. physiol. Chem.*, 1901, (32), p. 54.

Hart. Ueber quantitative Bestimmung des Spaltungsproducte von Eiweisskörper, *Zeits. f. physiol. Chem.*, 1901, (33), p. 347.

Langstein. Weitere Beiträge zur Kenntniss der aus Eiweisskörpern abspaltbaren Kohlenhydraten, *Hofm. Beit.*, 1905, (6), p. 349.

W. Kühne u. R. H. Chittenden, Ueber die nächsten Spaltungsproducte der Eiweisskörper, *Zeits. f. Biol.*, 1883, (19), p. 159.

Kühne u. Chittenden. Ueber Albumosen, *Zeits. f. Biol.*, 1884, (20), p. 15. — Globulin und Globulosen, *Zeits. f. Biol.*, 1886, (22), p. 409.

Kühne. Erfahrungen über Albumosen und Pepton, *Verhand. d. Naturhistor.-Med. Vereins*, Heidelberg, 1876, p. 236 ; 1885, p. 286 ; 1892, p. 308.

Kossel u. Kutscher, *Zeits. f. physiol. Chem.*, (31), p. 165 ; (38), p. 39.

F. Kutscher. Ueber die Verwendung der Phosphorwolframsäure, *Zeits. f. physiol. Chem.*, 1900, (31), p. 215.

Levene. *Journ. of biol. Chem.*, 1905, p. 45 ; 1910, p. 269.

D. Lawrow. Zur Kenntniss des Chemismus der peptischen und tryptischen Verdauung der Eiweisstoffe, *Zeits. f. physiol. Chem.*, 1899, (26), p. 513.

Mialke. Mémoire sur la digestion, *C. R.*, 1846, (23), p. 260.

C.-G. Lehmann. *Lehrbuch der physiologischen Chemie*, 2e édit., Leipzig, 1853, (1), p. 318 ; (2), p. 45.

G. Meissner. Untersuchungen über die Verdauung der Eiweisskörper, *Zeits. f. rat. Medicin.*, 3 R., (7), p. 1 ; (8), p. 280 ; (10) p. 1 ; 1859-1862.

Osborne a. Harris. *Journ. of Amer. Chem. Soc.*, 1905, p. 837.

Raper. *Hofm. Beitr.*, (9), p. 168, 1907.

Paul Müller. Zur Trennung der Albumosen von den Peptonen, *Zeits. f. physiol. Chem.*, 1898, p. 48.

Al. Rollett, Ueber die als Acidalbumine und Alkalialbuminate bezeichneten Eiweissderivate, *Sitzungsber. der k. Akad. d. Wiss. in Wien*, juillet 1881, p. 332.

M. Nenoki u. J. Zaleski. Ueber die Bestimmung des Ammoniaks in thierischen Flüssigkeiten und Geweben, *Zeits. f. physiol. Chem.*, 1901, p. 193.

W. Sawjalow. *Diss. inaug.*, Dorpat, 1899.

Stooker. *Hofm. Beitr.*, (7), p. 590, 1906.

A. Schmidt-Mülheim. Beiträge zur Kenntniss des Peptons und seiner physiologischen Bedeutung, *Arch. f. Anat. u. physiol.*, Physiol. Abth., 1880, p. 33.

K. Spiro u. W. Pemsel, Ueber Basen- und Säurecapacität des Blutes und der Eiweisskörper, *Zeits. f. physiol. Chem.*, 1898, p. 233.

Robertson a. Biddle. Ueber die Zusammensetzung der Substanzen welche entstehen bei Einwirkung von Pepsin auf die Produkte der vollständigen peptischen Hydrolyse des Caseïns (d'après *Chem. Centralb.*, 1911, (2), p. 218). *Journ. of Biol. Chem.*, (9), p. 295.

R. Neumeister. Zur Kenntniss der Albumosen, *Zeits. f. Biol.*, (24), 1887, p. 381. — Ueber Vitellosen, *Zeits. f. Biol.*, (24), 1887, p. 402. — Bemerkungen zur Chemie der Albumosen und Peptone, *Ibid.*, 1888, p. 267 ; 1890, p. 324.

Hugounenq et Morel, *C. R. Acad.*, 1908, (1), p. 1291.

E. P. Pick. Ein neues Verfahren zur Trennung von Albumosen und Pepton, *Zeits. f. physiol. Chem.*, (28), p. 219, 1899.

M. Pfaundler. Zur Kenntniss der Endprodukte der Pepsinverdauung, *Zeits. f. physiol. Chem.*, 1900, (30), p. 93.

Neumann. Ueber Pepton, *Zeits. f. physiol. Chem.*, 1905, (45), p. 216.

Fr. Hofmeister. Zur Lehre vom Pepton, IV. Die Verbreitung des Peptons in Thierkörper, *Zeits. f. physiol. Chem.*, 1882, (6), p. 51.

Siegfried. Antipepton, *Ber. Deutsch. Chem. Ges.*, 1900, p. 2851.

Rogozinsky. *Hofm. Beitr.*, (11), p. 229, 1908.

Swirlowski. Einwirkung von Säuren, *Zeits. f. physiol. Chem.*, 1906, (48), p. 252.

H. Schrötter. Ueber die Albumosen des Pepton Witte, *Zeits. f. physiol. Chem.*, 1898, (26), p. 338.

E. Salkowski. Ueber die Wirksamkeit erhitzter Fermente, den Begriff des Peptons und die Hemialbumose Kühne's, *Arch. f. pathol. Anat. u. Physiol.*, 1880 ; *Zeits. f. physiol. Chem.*, (32), p. 592.

P. Schützenberger. Recherches sur la constitution chimique des peptones, *C. R.*, (115), 1892, pp. 208 et 764. (V. aussi *Dictionn.* Wurtz : albuminoïdes.)

F. Umber. Die Spaltung des krystallinischen Eier- und Serumalbumins sowie des Serumglobulins durch Pepsinverdauung, *Zeits. f. physiol. Chem.*, 1898, p. 258.

D. Van Slyke. *Journ. of biol. Chem.*, 1911, p. 187.

J. Wenz, Ueber das Verhalten der Eiweissstoffe bei der Darmverdauung, *Zeits. f. Biol.*, 1886, (4), p. 11.

E. Zunz. Contribution à l'étude de la digestion pepsique et gastrique des substances albuminoïdes, *Ann. Soc. Sc. méd. et nat. de Bruxelles*, (11), 1902.

E. Zunz. Nouvelles recherches sur les protéoses, *Bull. Acad. roy. de Belgique*, n° 8, 1911.

E. Zunz. Or colloïdal pour caractériser les albumoses primaires, *Arch. inter. de Physiol.*, 1904, p. 427.

E. Zunz. Recherches stalagmométriques sur les albumines et les peptones, *Bull. Soc. roy. Sc. méd.*, juin 1906, p. 251.

ANALYSE.

Fuld u. Levison. Die Pepsinbestimmung mittels der Edestinprobe, *Bioch. Zeits.*, (6), p. 473, 1907.

M. Jacoby. Zur Kenntniss des Pepsinsnachweiss, *Bioch. Zeits.*, (1), p. 58, 1906.

S. Hata. Über die Bestimmung des Pepsins durch Aufhebung von Trüben Eiereweisse, *Bioch. Zeits.*, (23), p. 180, 1909.

Waldschmidt. Ueber die verschiedenen Methoden, Pepsin u. Trypsin quantitätiv. zu bestimmen, nebst Beschreibung einer einfachen derartigen Methode, *Pflüg. Arch.*, (143), p. 189, 1912.

O. Gross. Die Wirksamkeit des Pepsins u. eine einfache Methode zu ihrer Bestimmung, *Berl. klin. Woch.*, 1908, (13), p. 643.

Cowie u. Dickson. Der Nachweiss von Pepsin durch die Biuretreaction, *Pharmac. Journ.*, [4], (24), pp. 198-199.

S. Küttner. Ueber die Volhard'sche Pepsinbestimmung, *Zeits. f. physiol. Chem.*, (52), p. 63, 1907.

Wolff u. Tomaszewsky. Ueber Pepsin und Pepsinbestimmung mittels der Edestinprobe. *Berl. klin. Woch.*, (22), p. 1051, 1908.

M. Einhorn. Ueber eine Vereinfachung der Jacoby-Solmsschen Ricinmethode der Pepsinbestimmung. *Berl. klin. Woch.*, (34), p. 1567, 1908.

Hercod u. Maben. Bestimmung des Pepsins. Vergleichende Studien zur Wert-bestimmung des Pepsins nach Vorschrift der verschiedenen Arzneibücher. *Schweiz. Wochens. f. Chem. u. Pharm.*, (49), p. 17, 1911.

Grützner. Ueber eine Methode Pepsinmengen colorimetrisch zu bestimmen. *Pflüg. Arch.*, (8), p. 452.

Effront. Sur le pouvoir dissolvant de la pepsine, *Bull. Soc. Chim.*, (21), p. 676.

Effront. Ueber die Bestimmung der Verdauungsproducte des Pepsins, *Chem. Zeitung*, (23), p. 75, 1899.

Mett. Contribution à la physiologie des sécrétions. *Diss.* Saint-Pétersbourg, 1889.

SUC GASTRIQUE.

Otto Cohnheim u. G. Dreyfus. Zur Physiologie u. Pathologie der Magen-verdauung, *Zeits. f. physiol. Chem.*, (58), 82, 1908-1909.

L. Tobler. *Zeits. f. physiol. Chem.*, 1905, (45), p. 185.

Nencki et Sieber. Beitrag z. Kenntniss d. Magensaftes u. chem. Zusammen-setzung d. Enzyme, *Zeits. f. physiol. Chem.*, 1901, (32), p. 291.

Schoumow-Simanowski, *Arch. f. experim. Pathol. u. Pharm.*, (33), p. 336.

Frouin et Girard. *Soc. Biol.*, 1912, (1), p. 340.

Rosemann. *Pflüg. Arch.*, (118), p. 467, 1907.

Werchowsky. *Dissert.* Saint-Pétersbourg, 1890.

Konowaloff. *Dissert.* Saint-Pétersbourg, 1893.

P. Sommerfeld. Beitrag zur chem. Zusammensetzung des mensch. Magen-saftes. *Bioch. Zeits.*, 1908, (9), p. 352.

(Voir aussi la littérature sur le fonctionnement des glandes digestives.)

SOUS-CHAPITRE.

Actions réversibles des diastases.

Travail synthétique de la pepsine. Plastéines.

Actions synthétiques en général. — Lorsqu'on étudie
le mode de travail des catalyseurs minéraux, on constate que
souvent ils donnent naissance à des réactions réversibles : les
produits décomposés peuvent se reconstituer à nouveau, si bien
qu'entre ces deux forces contraires, on arrive à un certain
équilibre, qui empêche la réaction de devenir complète. Le
travail des enzymes a été considéré pendant très longtemps
comme tout différent de celui des catalyseurs inorganiques. On
n'admettait pas pour les diastases la possibilité de régénérer
des substances préalablement décomposées. On considérait
comme un fait définivement acquis que ces agents sont seulement capables de produire un travail analytique.

Des travaux récents ons amené un changement complet
dans cette manière de voir. Il a été démontré que les enzymes
peuvent, suivant les conditions de milieu, produire deux
actions distinctes, de sens inverse, et qu'elles sont capables par
conséquent d'intervenir dans la synthèse des substances organiques. La première observation faite dans cette voie est due
à CROFT HILL (1898) : en faisant agir la maltase extraite de la
levure de bière, sur une solution concentrée de glucose, cet
auteur a constaté un changement sensible dans les pouvoirs
rotatoire et réducteur du liquide, modifications correspondant
à la formation d'un dissaccharide. La découverte de HILL, très
discutée, au point de vue surtout de la nature des nouveaux
produits formés, a été confirmée par les travaux de O. EMMER-
LING (1901) : celui-ci, au cours de ses recherches, a reconnu que

la maltase de la levure est aussi capable de reconstituer l'amygdaline à partir d'un mélange de glucose et d'amygdonitrilglucoside de FISCHER. On a :

$$
\underset{\text{Amygdonitrilglucoside.}}{\overset{C^6H^5 - CH - CN}{\underset{O - C^6H^{11}O^5}{|}}} + \underset{\text{Glucose.}}{C^6H^{12}O^6} = \underset{\text{Amygdaline.}}{\overset{C^6H^5 - CH - CN}{\underset{O - C^{12}H^{21}O^{10}}{|}}} + \underset{\text{Eau.}}{H^2O}
$$

A la même époque, et avant que les travaux d'EMMERLING eussent paru, HANRIOT apporta des données expérimentales sur la réversibilité de l'action lipolytique, qui permirent de placer définitivement les enzymes parmi les agents capables d'exercer une action synthétique résultant d'une condensation moléculaire accompagnée d'une perte d'eau. HANRIOT réalisait ses expériences de la façon suivante, en employant comme source de lipase, le sérum. 1 cc. de sérum, préalablement neutralisé, était introduit dans un mélange de 10 cc. d'eau et de 10 gouttes d'une solution renfermant :

Glycérine : 5 gr. ; acide isobutyrique : 2 gr. ; eau : 125 gr.

Après un certain temps de repos à 37°, il dosait l'acidité (exprimée ici en nombre de gouttes d'une solution de carbonate de soude à 5 $^o/_{oo}$) : 1° dans le sérum S ; 2° dans le mélange acide A sans sérum ; 3° dans le mélange d'acide et de sérum $(A + S)$. La perte d'acidité de ce dernier ne pouvait provenir que de la combinaison de la glycérine et de l'acide. Voici les résultats :

ACTION SYNTHÉTIQUE DE LA SÉROLIPASE.

	1/2 h.	1 h.	1 1/2 h.
S.	2	5	5
A.	47	46	48
$A + S$.	34	30	24
Acidité disparue	15	21	29
Acidité disparue $^o/_o$ primitive	30	44	54

54 $^o/_o$ de l'acide butyrique introduit se sont donc combinés à la glycérine sous l'influence de la lipase, dans des conditions de temps et de température où la combinaison directe serait

à peu près nulle en l'absence de ce ferment. HANRIOT a réussi à isoler le produit formé dans la réaction. Il constata que ce corps, qui prend naissance par l'action de la lipase en solution acide, est détruit par elle en solution neutre. Enfin, l'auteur reconnut que ce renversement de l'action de la lipase est général et s'étend même aux acides minéraux. Vers la même époque, KASTLE et LAWENHARDT ont étudié l'action de la diastase pancréatique sur un mélange d'alcool et d'acide butyrique et ont constaté pareillement une éthérification, c'est-à-dire la formation de butyrate d'éthyle.

POTTEVIN (1903) est parvenu à reconstituer les matières grasses complexes par la combinaison de la glycérine avec des acides gras élevés, en employant comme ferment la lipase contenue dans un extrait glycériné de pancréas de porc. L'auteur, après avoir fait un mélange de cet extrait glycériné et d'acide oléique pur, abandonna le tout à 35°. Il constata une diminution progressive de l'acidité et, au bout de 8 jours, il réussit à isoler du mélange une huile neutre qu'il analysa; elle fut trouvée identique à la monooléine de la glycérine. D'ailleurs, cette graisse synthétique, remise en présence d'extrait glycériné de pancréas et d'un excès d'eau, put être dédoublée en acide oléique et glycérine. DUNLOPE et GILBERT arrivent à des résultats analogues en se servant, comme ferment, de farine de lin déshuilée ou de graine de ricin. FISCHER et ARMSTRONG, en 1902, en faisant agir la diastase des grains de Képhyr sur un mélange de glucose et de galactose, ont obtenu l'isolactose. Enfin, tout récemment, BOURQUELOT et BRIDEL ont utilisé la propriété réversible de l'émulsine pour reconstituer des glucosides artificiels, tels que le méthyl-, l'éthyl-, le propyl-, l'iso-butyl- et l'allylglucoside.

Quant à l'insolubilisation de l'amidon, que FERNBACH et WOLFF ont reconnu pouvoir se faire sous l'action d'une diastase spéciale, l'amylo-coagulase, il ne semble pas, d'après les travaux de MAQUENNE sur la rétrogradation de l'amidon, qu'on ait réelle-ment affaire à un effet de condensation. Ce qu'on observe serait plutôt un simple changement d'état physique, provoqué par une diastase spéciale.

Quoi qu'il en soit, on voit, d'après ce qui précède, que dans la famille des diastases, agissant sur les matières ternaires, on a constaté déjà plusieurs exemples de synthèse manifeste. Il était intéressant de se demander si, avec les ferments protéolytiques, on pouvait retrouver un pareil phénomène.

Réaction de Danilewsky. — En 1894, DANILEWSKY constata que la présure détermine dans une solution de peptone un coagulum dont les propriétés sont différentes de celles du milieu dans lequel il s'est formé. Cette observation, reprise avec soin, devint le sujet d'une thèse soutenue en 1895 à l'Université de Saint-Pétersbourg par OKUNEFF. DANILEWSKY et ses élèves attachèrent dès le début une très grande importance à ces expériences, car le précipité produit par la présure était considéré par eux comme une globuline, et le travail diastasique qui l'avait provoqué, comme une réaction de synthèse. La réaction de DANILEWSKY fut confirmée dans la suite par LAWROW, SAWJALOFF, KURAJEFF, etc., et servit de point de départ à de nombreuses recherches. On s'aperçut bientôt que la propriété de coaguler une solution de peptone n'est pas spéciale à la présure : la pepsine, la trypsine, la papayotine, la tryptase de levure, les diastases protéolytiques des différents microbes provoquent la même insolubilisation. NÜRENBERG constata, en outre, que les extraits d'organes, tels que le foie, le rein, ainsi que l'extrait de muscle, donnent une réaction analogue à celle de la pepsine. Le précipité formé par la papayotine a été désigné sous le nom de *coagulose*, tandis que le produit de la réaction des autres enzymes protéolytiques sur la peptone est appelé *plastéine*.

Pour étudier la réaction de DANILEWSKY, on procède de la façon suivante. Dans des tubes à réactif on verse 10 cc. d'une solution de peptone à 40 %, acidifiée à raison de 0.7 % HCl; on ajoute une quantité de diastase, pepsine ou présure, correspondant à 3 % de la quantité de peptone employée et on plonge les tubes dans un bain à 65°. Suivant la qualité de la peptone employée, le liquide devient gélatineux, se prend en masse ou se trouble, par suite de la formation d'un précipité abondant dans une masse visqueuse. Le liquide dilué dans l'eau laisse sur le filtre un précipité, soluble dans l'eau acidifiée ou alcalinisée. La vitesse de la réaction dépend, avant tout, de l'activité de l'enzyme employé, de la réaction et d'autres conditions de milieu.

Sur la nature des agents qui provoquent l'apparition des plastéines, on a émis différentes hypothèses. On a cru pouvoir conclure que la diastase coagulante ou hydratante, telle que la présure, la pepsine, la trypsine, est toujours accompagnée d'un second enzyme produisant l'action inverse. Or, d'un travail publié par JACOBY, il résulte que l'antitrypsine empêche la formation des plastéines. Le sérum agirait donc sur les deux propriétés de la trypsine : sur sa propriété hydratante, ainsi que sur sa propriété de condensation, d'où l'inutilité d'admettre une deuxième diastase, sorte de rétrotrypsine.

Influence de la température. — On constate que la formation des plastéines a lieu entre 0 et 80°.

Température.	Formation de la plastéine.
5°	5 jours.
40°	26 heures.
60°	35 minutes.
70°	20 »

A basse température, la réaction est très lente et incomplète. A la température de 60°, et surtout de 70°, la réaction se produit très rapidement, mais il y a déjà une destruction importante de la diastase, car la quantité de plastéine formée ne dépasse pas 10 % de celle de peptone employée. La température optima est comprise entre 37 et 40° : elle correspond au maximum de plastéine apparue dans la solution.

Influence de la réaction de milieu. — La présure et la pepsine déterminent la formation de plastéine dans un milieu faiblement acide. Dans les solutions de 20 à 40 % de peptone, on obtient les meilleurs résultats avec une acidité de 0.5 à 0.7 % HCl. Dans les solutions de peptone plus faibles, la quantité d'acide doit être réduite, attendu qu'il faut surtout éviter la présence d'acide libre qui se montre alors très nuisible.

INFLUENCE DE LA RÉACTION DE MILIEU SUR LA FORMATION DES PLASTÉINES.

Nos	Réaction de la peptone		Conditions du milieu	Volume de plastéine précipitée
	Papier tournesol	Papier Congo		
1	rouge	O	O	2.4
2	»	brun	trace HCl	5.6
3	»	brun-bleuâtre	0.1 % HCl	4.6
4	»	bleu	0.2 »	0
5	»	»	0.5 »	0
6	neutre	»	neutral. CO^3Na^2	1.1
7	bleu	»	faible excès CO^3Na^2	0

Ce tableau est le résultat d'expériences faites par LAWROW : la solution de peptone qu'il employait était à 15 %, la température de l'expérience était de 40° et sa durée de 70 heures. A cette concentration, on voit que le maximum de plastéine obtenue correspond à une trace de HCl, soit à une teinte brunâtre du papier de Congo. La trypsine et la pancréatine fournissent déjà de la plastéine dans un liquide neutre. Le maximum de rendement est obtenu avec une alcalinisation très faible.

Influences de la concentration et de la nature de la substance coagulogène. — Tandis que l'action des ferments protéolytiques s'exerce de préférence dans des solutions diluées d'albuminoïdes, pour la préparation des plastéines la concentration des solutions joue un rôle essentiel. La formation de plastéine se manifeste déjà dans une solution de peptone à 2.5 % ; elle augmente considérablement avec la concentration pour arriver à un maximum vers la concentration de 40 %. L'influence de la concentration se trouve résumée dans le tableau suivant :

INFLUENCE DE LA CONCENTRATION SUR LA FORMATION DES PLASTÉINES.

Teneur en azote milligr. pour 100 cc. liquide		Azote précipité pour 100 d'azote du liquide
de la solution de peptone	du liquide filtré séparé de la plastéine	
364	355	2.4 %
729	685	6.0
1457	1153	20.0
2186	1535	29.8
2914	1935	33.6

La durée des essais était de 96 heures. On avait ajouté du thymol pour empêcher l'altération ; la température était de 38-40°. Dans le dernier essai on a transformé plus de 33 % de l'azote de la peptone en plastéine. Cette quantité peut d'ailleurs être dépassée de beaucoup, à la condition de débarraser le liquide du précipité formé et de faire suivre cette opération d'une concentration. On obtient alors, après addition de présure, un nouveau précipité. En répétant cette manipulation trois fois, on transforme en plastéine plus de 50 % de l'azote.

La plastéine a tout d'abord été obtenue avec les produits de l'hydrolyse des matières azotées sous l'influence de la pepsine ou de la trypsine, mais les produits formés par l'action modérée des acides ou des alcalis peuvent également convenir. Quant aux produits de l'hydrolyse profonde par la trypsine ou les acides, ils ne fournissent point, ou très peu de plastéine. D'après KURAJEFF, les différents enzymes protéolytiques ne travaillent pas également bien dans les mêmes milieux. La papayotine fournit, d'après ce savant, un abondant dépôt de plastéineavec l'albumose secondaire et très peu avec l'albumose primaire, tandis que la présure donne, au contraire, beaucoup de plastéine avec le primaire et peu avec le secondaire. Voici, d'après V. HENRIQUES, l'action comparative des enzymes sur les différents produits d'hydrolyse albuminoïde :

Nature de la substance	Avec pepsine chlorhyd.	Avec trypsine
Produits d'hydrolyse pepsique.	Formation typique de plastéine, avec ou sans gélatinisation.	Formation typique de plastéine, sans gélatinisation.
Produits d'hydrolyse trypsique (très avancée).	Aucune formation de plastéine.	Aucune formation.
Produits d'hydrolyse par les acides.	Formation typique de plastéine, sans gélatinisation.	Formation de plastéine sans gélatinisation.
Produits d'hydrolyse par les alcalis.	Formation de plastéine sans gélatinisation.	Aucune formation.

Action combinée de la pepsine et de la présure dans la formation des plastéines. — Nous venons de voir qu'on peut obtenir des plastéines, aussi bien avec la pepsine qu'avec la présure. Mais comme la propriété présurante se retrouve dans toute pepsine et que la présure possède également la propriété peptonisante, il était intéressant de rechercher laquelle des deux fonctions joue le rôle prépondérant dans la réaction de Danilewsky. Dans ce but, Rakoczy étudia comparativement les macérations de caillettes de veau et de bœuf, au point de vue de la formation des plastéines. Il amène les deux extraits actifs successivement aux mêmes pouvoirs coagulant, puis digestif, et détermine dans chaque cas les quantités de plastéines formées.

Action combinée de la présure et de la pepsine.

	Pouvoir coagulant	Pouvoir digestif (Mett)	Plastéine
1) Extrait caillette veau . . .	58 min.	5 millim.	+
2) » » bœuf . . .	55	0.1	—
3) Extrait caillette veau . . .	20	4.5	+
4) » » bœuf . . .	197	4.7	—

Dans (1) et (2) les extraits possèdent le même pouvoir coagulant; cependant c'est seulement dans (1) que la plastéine apparaît. Dans (3) et (4) les conditions sont renversées. Les deux liquides ont un égal pouvoir digestif, mais ils diffèrent énormément quant au pouvoir présurant. Cette fois, c'est encore dans (3) que la coagulation a lieu, la dose de pepsine seule dans (4) étant trop faible pour agir, de même que, précédemment dans (2), la quantité de présure seule était insuffisante. La réaction de DANILEWSKY est donc déterminée, soit par la pepsine seule, soit par la présure seule. En présence des deux enzymes, les actions se superposent. Quand on enlève l'une d'elles du mélange, il faut, pour obtenir un résultat, remplacer la quantité éliminée par une dose équivalente de l'autre.

Composition et nature chimique des plastéines. — Les plastéines fournissent les réactions des matières albuminoïdes. D'après SAWJALOFF, elles auraient une composition constante, indépendante des matières albuminoïdes originaires qui ont servi à leur production :

COMPOSITION DES PLASTÉINES.

Eléments dosés	Origine de la plastéine			
	Ovalbumine	Myosine	Caséine	Peptone de Witte (fibrine)
C %	55.17	54.89	55.74	53.49
H	7.54	7.13	7.19	7.27
N	14.78	14.67	14.68	15.33
S	1.42	1.17	0.74	1.25
O	20.97	21.14	21.65	22.60
P	—	—	0.16	—

Les plastéines provenant des différentes matières albuminoïdes ont des compositions très voisines mais le peu de différence constaté par l'auteur est dû surtout à cette circonstance que les produits ont tous subi préalablement le même degré d'hydrolyse. LAWROW a démontré que dans la réaction de DANILEWSKY on peut aboutir à des produits très différents et que la composition des plastéines dépend de la composition du milieu dans lequel elles se sont produites. D'une solution d'albumine peptonisée à l'aide de pepsine, le savant russe, au moyen de précipitations fractionnées à l'alcool, sépare différentes parties, qui représentent en quelque sorte les phases successives de l'hydrolyse de l'albumine. Avec ces différentes fractions, il obtient des plastéines exemptes de matières minérales, dont la composition est indiquée dans le tableau suivant :

Composition des plastéines obtenues avec :	C	H	N
La fraction 1	54.90	7.00	14.54
» 2	56.46	7.57	12.41
» 3	44.58	8.07	12.31

Tandis que les fractions (1) et (2) précipitent par l'acide phosphotungstique et sont constituées par des albumoses précipitables par le sulfate d'ammoniaque, la fraction (3) ne précipite pas par l'acide phosphotungstique et se compose d'acides aminés complexes. On voit que les plastéines obtenues avec ces trois sortes de produits ont des compositions très différentes. Les plastéines reflètent une partie des propriétés de la substance dont elles dérivent. C'est ainsi qu'en les soumettant à une hydrolyse partielle sous l'influence des acides, on obtient avec les plastéines d'albumoses un produit qui précipite partiellement par l'acide phosphotungstique, ce qui montre qu'il entre dans ces plastéines des albumoses et des peptides, tandis que l'hydrolyse des plastéines (3) ne donne aucune substance précipitable par le réactif tungstique.

Chimisme de la formation des plastéines. — Les données sur le travail chimique qui accompagne la réaction de DANILEWSKY, qu'on trouve dans la littérature, sont assez contradictoires. Certains envisagent la formation des plastéines comme une simple coagulation résultant de changements physiques ou chimiques dans le milieu. Pour eux, cette précipitation n'a rien à voir avec un travail de synthèse proprement dit. Il s'agirait tout simplement de l'insolubilisation d'un corps qui était dans un état physique instable, phénomène analogue à la coagulation des solutions colloïdales. Quant aux partisans d'un travail de synthèse, ils sont divisés sur l'étendue de cette synthèse même. Pour les uns, on se trouve en présence d'une régression très profonde, aboutissant à une globuline ; pour les autres, au contraire, le produit final obtenu n'est pas un albuminoïde propre, mais un dérivé de ceux-ci, attendu que la totalité des produits élaborés au cours de l'hydrolyse ne rentrent pas dans la plastéine formée.

Etant donné le peu d'étendue de nos connaissances sur la nature des albumoses, et même sur la différenciation des divers albuminoïdes naturels, il est fort difficile d'apporter une expérience décisive tranchant la question. Le problème se trouve cependant à peu près résolu, grâce à un faisceau de données rassemblées de différents côtés. C'est d'abord LEVENE et SLYKE qui ont déterminé quantitativement, d'après la méthode inaugurée par E. FISCHER, les acides aminés fournis par l'hydrolyse avec HCl à 20 % d'une plastéine et de la peptone de WITTE qui lui a donné naissance.

HYDROLYSE CHLORHYDRIQUE COMPARÉE DE LA PLASTÉINE ET DE LA FIBRINE.

	Pour 100 de plastéine	Pour 100 de fibrine
Tyrosine	3.03	3.1
Glycocolle	0.50	2.2
Alanine	?	3.1
Valine et leucine	15.59	.13.0
Phénylalanine	1.00	1.2
Glutamique (acide). . . .	10.02	6.8
Acide aspartique	2.15	1.7
Proline.	2.55	2.4
Histidine	0.43	—
Arginine	2.06	—
Lysine	1.42	—
Tryptophane	Présence	Présence
	38.75	33.5

Dans le tableau ci-dessus, comme la peptone de WITTE résulte d'une transformation de la fibrine, on a donné la composition des produits obtenus après l'hydrolyse de cette dernière par l'acide. Ces données analytiques démontrent indiscutablement que la plastéine est une substance très complexe, se rapprochant beaucoup des matières albuminoïdes proprement dites. D'ailleurs, de tous les produits qui se trouvent dans la peptone, seule la fraction précipitable par l'acide phosphotungstique pourra donner naissance à une plastéine de composition analogue à celle donnée plus haut.

Ces premiers résultats, tout en nous donnant une idée de la nature albuminoïque des plastéines, ne nous démontrent pas encore que ces corps résultent réellement d'une synthèse, car ils pourraient très bien n'être pas autre chose que de l'albumose précipité de sa solution. Pour étudier de plus près la constitution de ces plastéines, LEVENE et SLYKE ont eu l'idée de mesurer la viscosité de leurs solutions et de la comparer à celle de diverses matières albuminoïdes. Les substances étaient dissoutes dans une solution normale de soude et l'on mesurait, au bout d'un temps variable S, la durée T de l'écoulement d'un volume donné de solution à travers le viscosimètre d'OTSWALD. On déterminait également la durée T' d'écoulement d'un égal volume d'eau (T' = 126.0 sec.); les nombres donnés dans le tableau suivant, calculés d'après la formule $\frac{100\,T}{T'}$, représentent la viscosité de ces diverses solutions :

CONDENSATION MOLÉCULAIRE DE LA PLASTÉINE

D'APRÈS SA VISCOSITÉ.

S	Plastéine	S	Hétéro-albumose	S	Peptone Witte	S	Fibrine
½ h.	160.7	½ h.	166.7	½ h.	142.6	—	—
2 ½	156.5	1 ³/₄	161.6	2 ½	141.0	4 h.	223.1
8	156.0	8	154.6	—	—	8 ½	179.2

Ces résultats confirment bien le fait que la plastéine est d'une complexité moléculaire plus grande que la peptone de WITTE, mais qu'elle ne dépasse pas celle de l'hétéro-albumose, à plus forte raison celle de la fibrine. SAWJALOFF, pour démontrer la nature synthétique des plastéines, calcule, au moyen des capacités d'acide, les poids moléculaires respectifs des plastéines et des peptones. Il trouve pour les premières un nombre égal à 6000 environ, et pour les secondes, 3000 seulement.

OKUNEFF, qui se range également à l'opinion qu'on a bien affaire ici à une condensation, fait une expérience d'un tout autre genre. Après avoir déterminé le poids de substance sèche contenue d'une part dans une solution de peptone, d'autre part dans une solution de pepsine, il mélange les deux solutions et, après que la plastéine est formée, il évapore le tout. Il constate, dans ces conditions, une diminution sensible dans le résidu sec : il conclut donc que le travail qui s'est produit est inverse de celui de la peptonisation, c'est-à-dire que c'est bien une concentration moléculaire accompagnée d'une déshydratation.

Le processus chimique, suivi par la formation des plastéines, peut encore être mis en évidence à l'aide du tanin. On sait que ce réactif, ajouté à une solution de peptone, précipite complètement les albumoses, tandis que les produits de l'hydratation profonde ne sont pas touchés. Si l'on admet qu'il se produit dans le sein du liquide, au cours de la réaction de DANILEWSKY, un travail de concentration moléculaire, on devrait, dans ce cas, constater une augmentation du poids du précipité obtenu avec le tanin : c'est en effet ce que l'expérience vérifie. 120 gr. de peptone sont dissous dans 300 cc. HCl à 0.7 %. On ajoute 3 gr. de pepsine et l'on abandonne le tout à 37°.

FORMATION DES PLASTÉINES SUIVIE PAR L'AZOTE TANIN.

Durée	Teneur en N du précipité par tanin	Etat du mélange
Au début	79.9	Liquide transparent.
Après 1 heure	80.5	»
» 4 heures	81.3	Epaississement du liquide et formation de coagulum.
» 48 »	82.	Coagulation.

Comme on le voit, les quantités d'azote précipitées augmentent au fur et à mesure que la plastéine se forme. Le

maximum de l'azote précipité par le tanin coïncide avec la
coagulation complète du liquide. Mais on remarque aussi qu'il
se produit déjà un travail de condensation très sensible avant
même que la plastéine soit apparue. La condensation moléculaire et la coagulation sont donc deux phénomènes différents, l'un étant une conséquence directe de l'autre.

Un pas décisif dans la recherche de la nature des plastéines
a été fait par HENRIQUES et GJALDBAEK : ces savants ont
appliqué à la réaction des plastéines la méthode au formol de
SŒRENSEN, méthode qui permet de doser les acides aminés
formés au cours de l'hydrolyse. (Voir *Méthodes d'analyse des
produits trypsiques.*) La teneur en azote formol d'un dérivé albuminoïde nous fournit une idée exacte du degré de l'hydrolyse
auquel il a été amené. Au cours de l'hydrolyse, par suite de la
mise en liberté des groupes aminés, l'azote formol augmente
considérablement; il est donc à prévoir qu'un travail de
synthèse, résultant de la saturation progressive de ces mêmes
groupements, coïncidera au contraire avec une diminution
notable de l'azote formol. L'exemple suivant nous fournit
précisément une donnée intéressante sur le changement qui se
produit dans la nature de l'azote durant la formation des
plastéines, l'azote passant de la forme aminée à un état plus
complexe. A une solution d'albumine d'œuf à 30 %, fortement
peptonisée, on ajoute de la pepsine et l'on abandonne le tout à
35°. On prélève de temps en temps des échantillons, avec
lesquels on détermine, d'une part, dans le liquide trouble,
contenant encore la plastéine formée, l'azote total, l'azote
ammoniacal et l'azote formol, d'autre part, dans le coagulum
recueilli sur un filtre, l'azote d'après la méthode KJEHLDAHL.

Voici les résultats obtenus :

(Voir tableau comparatif, page 295.)

On voit que la plastéine apparaît déjà dans le liquide après
une heure. Après vingt heures, sur 100 d'azote contenus dans le
liquide primitif, 17.9 sont passés dans le précipité. Sur
100 d'azote contenus dans le liquide, 42.3 se laissent titrer par
le formol dès le début. Au fur et à mesure que la plastéine se

RÉPARTITION DE L'AZOTE AU COURS DE LA FORMATION
DES PLASTÉINES.

Durée de l'action	Sur 100 d'azote total			État physique
	Azote formol	Azote amml	Azote dans la plastéine	
Au début . . .	42.3	7.6	0	Solution claire.
Après 1 h. à 37° .	41.7	—	2.6	Précipité apparent.
» 20 heures .	39.7	—	17.9	
» 2 jours . .	40.3	—	18.1	
» 4 » . .	39.7	—	18.7	Précipité abon-
» 11 » . .	38.3	—	23.6	dant, mais aucune
Nouvelle addition de 1 gr. pepsine				gélatinisation.
Aussitôt après. .	38.3	—	—	
Après 14 jours. .	38.3	7.5	24.9	

forme, le titre formol diminue, pour arriver, après onze jours
d'action, à 38.3. La diminution progressive de l'azote aminé
indique déjà bien la nature du travail qui s'est opéré, travail
inverse de celui de l'hydrolyse. Mais la preuve la plus convain-
cante résulte du fait qu'il est possible de ramener le titre de
l'azote formol du milieu où s'est produit la plastéine au titre
primitif, cela en diluant le liquide et en le maintenant quelque
temps à 40°. La pepsine reprend, dans ces conditions, son mode
de travail normal, hydrolyse de nouveau le coagulum formé et
fait augmenter en conséquence la dose d'azote formol.

La formation des plastéines est donc accompagnée indiscutablement d'un travail synthétique ; mais il reste encore à voir
si la plastéine formée est réellement un produit plus complexe;
il pourrait en effet très bien se faire que la concentration moléculaire portât uniquement sur les parties solubles et que le précipité ne participât pas à cette condensation. La méthode de
SŒRENSEN permet encore de répondre à cette question. On
détermine d'abord l'azote formol dans le produit primitif,
résultant de l'hydrolyse, puis on provoque la réaction de
DANILEWSKY et l'on dose ensuite l'azote formol séparément
dans le liquide et dans le précipité.

NATURE SYNTHÉTIQUE DE LA PLASTÉINE.

Substances mises en expérience	Degré d'hydrolyse d'après l'azote formol	N de plastéine % d'azote total	Azote formol % N total	
			Dans le filtrat	Dans la plastéine
Blanc d'œuf hydrolysé avec pepsine SO^4H^2	38.0	24.9	39.5	13.4
Caséine id.	38.5	15.4	38.4	13.2
Viande de bœuf id.	34.4	15.3	34.2	14.8
Peptone Witte id.	37.0	13.6	37.9	13.2
Peptone hydrolysée avec pepsine + HCl	34.6	18.7	34.5	14.0
Edestine id.	32.2	18.3	33.1	10.35
Viande de bœuf id.	34.6	19.7	35.3	13.4

Dans l'albumine d'œuf hydrolysée, le taux de l'azote formol, avant la formation de la plastéine, était de 38.0, ce qui veut dire que 38.0 % de l'azote total entraient en réaction avec le formol. Dans le liquide séparé de la plastéine, on trouve une teneur en azote formol égale à 39.5, teneur sensiblement supérieure à celle du début ; ce fait indique donc bien que la concentration moléculaire n'a pas porté sur les parties solubles, mais que, au contraire, la plastéine a pris naissance dans le liquide primitif, aux dépens de substances qui étaient déjà d'un degré d'azote formol plus bas que la moyenne, autrement dit, des substances les plus condensées. Dans la plastéine formée, sur 100 d'azote total on retrouve 13.4 d'azote formol : le travail synthétique a donc porté exclusivement sur le produit précipité ; et l'étendue de ce travail est considérable, puisque la quantité de plastéine formée est de 25 % environ, et que, dans cette fraction importante, le titre formol a été ramené de 38.0 à 13.4.

Le tableau précédent nous montre encore que la teneur en azote formol des plastéines obtenues avec différentes substances albuminoïdes hydrolysées, est très variable : ce résultat écarte l'idée qu'on est en présence d'un produit bien déterminé, à composition constante. Mais il y a plus : en partant d'une même matière albuminoïde, on peut arriver à des

plastéines de compositions différentes, suivant que le liquide
où prend naissance la plastéine est à un degré d'hydrolyse plus
ou moins avancé.

VALEUR EN AZOTE FORMOL DE DIFFÉRENTES PLASTÉINES.

	Valeur formol du liquide expérimenté.	Valeur formol de la plastéine correspondante.
Albumine d'œuf	2.9	—
» hydrolysée modérément.	21	12.9
» » fortement. .	38.5	13.3
Caséine.	9.5	—
» hydrolysée modérément .	20.8	10.9
» » fortement . .	38.5	13.3
Peptone Witte	13.9	8.8
» hydrolysée modérément .	19	11.3
» » fortement . .	37	13.3
Edestine	2.9	—
» hydrolysée	32	10.3

Les valeurs de l'azote formol des plastéines obtenues
varient de 8.8 à 13.3, les produits fortement hydrolysés fournissant des plastéines ayant le plus grand titre en azote formol.

Il résulte donc de tous ces travaux que les plastéines sont
d'une nature protéique très complexe, qui se rapproche, sur
certains points, de celle des albuminoïdes naturels, mais qui en
diffère cependant au point de vue de l'azote formol. La nature
spéciale des plastéines et leur différenciation des albumines
naturelles ressort aussi des travaux de HERRMANN et CHAIN.
Par inoculation à des lapins de plastéine provenant de peptone
WITTE, par conséquent de fibrine, ces auteurs obtiennent un
antisérum qui se montre actif non seulement sur la plastéine
ayant servi à l'inoculation, mais encore sur les plastéines
provenant d'albumine d'œuf, d'édestine ou de globuline, tandis
qu'il reste inactif sur la peptone WITTE, ainsi que sur d'autres
matières albuminoïdes naturelles. Il y a donc une parenté
entre toutes les plastéines et, au contraire, une différence entre
celles-ci et les albumines naturelles.

Sur le rôle physiologique des plastéines. — Lorsque

DANILEWSKY eut reconnu que la présure était capable de donner dans les solutions de peptone un précipité possédant de nombreuses analogies avec les matières albuminoïdes, on crut pouvoir expliquer par cette réaction le rôle de la présure dans l'organisme. En effet, lorsqu'on étudie les conditions de la sécrétion des enzymes, on constate généralement que les diastases sécrétées répondent à un besoin nutritif. Or, si la présure joue incontestablement un rôle important dans la digestion de la caséine, et si, par conséquent, sa présence dans le suc digestif des animaux en lactation correspond à un besoin réel, on ne saurait, par contre, expliquer la présence de la présure dans les végétaux, chez les poissons, dans le sang et les différents organes. Les recherches de DANILEWSKY semblèrent être de nature à fournir une réponse à cette question jusque-là inexpliquée. D'après ce savant, la présure devenait une diastase réversive capable de produire un travail synthétique, et son rôle, au point de vue physiologique, devait consister dans la formation de réserves albuminoïdes non diffusibles et non solubles, au moyen des produits d'hydrolyse de la matière albuminoïde, produits qui sont solubles et diffusibles. D'ailleurs ces réserves nutritives pourraient rentrer dans la circulation sans intervention nouvelle de diastase, seulement par un léger changement dans la réaction du milieu. Les plastéines seraient ainsi des réserves de substances azotées : elles ne représentent pas la matière albuminoïde synthétique, mais bien des matériaux très assimilables et très propres à cette reconstitution.

La conception de DANILEWSKY sur le rôle de la présure dans l'organisme n'est pas exagérée. On peut même l'élargir. En effet, nous avons vu précédemment que la pepsine, la trypsine, les extraits d'organes, etc., possèdent la même propriété que la présure. En somme, tous les enzymes protéolytiques contribuent ou peuvent contribuer à l'insolubilisation et à la concentration des produits d'hydrolyse. On peut donc dire que dans la transformation de l'albumine alimentaire en albumine vivante, la réaction des plastéines joue un rôle prépondérant. Mais, et c'est là le point faible de toute l'argumentation précédente, cette hypothèse admet que la reconstitution de l'albumine vivante, ou appropriée à l'organisme, s'est faite avec des produits d'hydrolyse peu avancée, c'est-à-dire avec des albumoses et des peptones, corps aux dépens desquels se font les plastéines. Or, ces données ne s'accordent nullement avec nos connaissances actuelles sur la digestion. Des travaux de ABDERHALDEN et d'autres, il résulte que les produits finaux de l'hydrolyse, produits qui ne sont plus susceptibles de fournir des plastéines, sont encore très propres à la reconstitution de l'albumine vivante. De plus, l'hydrolyse dans l'organisme est beaucoup plus profonde que celle produite *in vitro*, par suite de la présence, dans le premier cas, d'érepsine, et même d'amidases, qui démolissent complètement la molécule albuminoïde et l'amènent à des produits d'une composition très simple.

Si donc réellement, dans la reconstitution des albuminoïdes, les enzymes jouent un rôle, ce ne peuvent être les diastases digestives, telles que la pepsine et la trypsine, qui le rempliront, mais bien plutôt l'érepsine et les amidases, qui, vraisemblablement, doivent avoir des propriétés condensantes, comme les précédents, et être, en plus, capables de réagir sur les produits finaux de l'hydrolyse. Mais sur le rôle synthétique de l'érepsine et des amidases on ne possède, à l'heure actuelle, encore aucune donnée.

BIBLIOGRAPHIE

sur les actions réversibles des diastases.

OKUNEW. *Dissert.*, St-Petersbourg, 1897.
LAWROW. *Dissert.*, St-Petersbourg, 1897.
SAWJALOW. Eiweissverdauung, *Pflüg. Arch.*, 1901, (85), p. 171.
LAWROW et SALASKIN. *Zeits. f. physiol. Chem.*, 1902, (36), p. 277 ; 1907, (51), p. 1.
KURAJEW. *Hofm. Beitr.*, 1901, (1), p. 121 ; 1902, (2), p. 411 ; 1903, (4), p. 476.
HERZOG. *Zeits. f. physiol. Chem.*, 1903, (39), p. 305.
NÜRENBERG. *Beitr. z. chem. Physiol. u. Path.*, 1904, (4), p. 543.
TAYLOR. *Journ. of Biol. Chem.*, 1907, (3), p. 95.
LAWROW. *Zeits. f. physiol. Chem.*, 1907, (53), p. 1.

DELEZENNE et MOUTON: Coagul. de sol. conc. peptone par suc pancréatique activé par Ca, *Soc. Biol.*, 1907, (2), p. 277.

GERBER. Actions comparées des présures végétales sur la peptone et la caséine, *Soc. Biol.*, 1909, (1), p. 1122.

SACHAROW. *Bioch. Central.*, 1903, (1), p. 233.

BAYER. *Hofm. Beitr.*, 1903, (4), p. 555.

HERRMANN u. CHAIN, *Zeits. f. physiol. Chem.*, 1912, (77), p. 289; 1912, (81), p. 456.

ROBERTSON. *Journ. of Biol. Chem.*, (3), p. 95 ; (5·, p. 493.

RAKOCZY. *Zeits. f. physiol. Chem.*, 1911, (75), p. 273.

JACOBY. *Bioch. Zeits.*, 1908, (10), p. 231.

LEVENE et VAN SLYKE: *Bioch. Zeits.*, 1908, (13), p. 461.

ROBERSTON u. BIDDLE. *Journ. of Biol. Chem.*, 1911, (9), p. 295.

HENRIQUES et GJALDBAEK. *Zeits. f. physiol. Chem.*, 1911, (71), p. 485.

HUGO KÖMMERER. *Immunitäts Forschung. u. experim. Therap.*, 1911, (11), p. 235.

CROFT HILL. *Journ. Chem. Soc. London*, 1898, (73), p. 634 ; 1903, (83), p. 578.

EMMERLING. Synthetische Wirkung der Hefemaltase, *Ber. d. Deuts. Chem. Ges* , 1901, (34), pp. 600, 2206 et 3810.

POTTEVIN. Sur la réversibilité de l'action lipolytique, *C. R.*, 1903, (136), pp. 767 et 1152. — Actions diastasiques réversibles, *Ann. Inst. Past.*, 1906, (20), p. 901.

HANRIOT. *C. R.*, 1901, (1), p. 146.

BOURQUELOT. Synthèse des glucosides avec l'émulsine, *Rev. Scient* , 1913, p. 1; Confér., *Soc. Chim.*, 1913.

TROISIÈME PARTIE.

Trypsines.

CHAPITRE PREMIER

TRYPSINE PANCRÉATIQUE.

§ 1.

Présence et préparation.

Présence. — La trypsine est l'enzyme protéolytique du suc pancréatique. Elle agit sur les matières albuminoïdes de la même façon que la pepsine, mais son action s'en distingue par les deux caractères fondamentaux suivants : 1) L'hydrolyse trypsique est beaucoup plus profonde, puisqu'elle conduit à la formation d'acides aminés. 2) Le maximum d'effet est obtenu dans un milieu à réaction neutre ou faiblement alcaline.

Les premières données sur les enzymes du suc pancréatique ont été fournies par CL. BERNARD en 1855 et CORVISART en 1858. C'est à ce dernier qu'on doit le nom de *pancréatine*, donné aux substances actives du suc pancréatique. DANILEWSKY, en 1862, a isolé d'une macération de pancréas, trois diastases, l'une amylolytique, l'autre protéolytique, enfin, une dernière, capable d'émulsionner et de saponifier les matières grasses. KÜHNE, en 1867, a le premier attiré l'attention sur la différence qui existe entre le travail chimique de la pepsine et celui produit par l'enzyme pancréatique; il a montré la présence, dans cette seconde action, de tyrosine et de leucine, et aussi de ces corps mal définis, résidus de l'hydrolyse des albuminoïdes, qu'il nomma antipeptones. Il a donc caractérisé ce ferment protéolytique comme ferment nouveau, distinct de la pepsine, et lui a donné le nom de *trypsine.*

La trypsine est très répandue, dans le monde animal aussi bien que végétal. En dehors du pancréas, on trouve de la trypsine ou des substances actives très analogues, dans la rate, les leucocytes, l'urine, etc. Sa présence a été constatée aussi chez les invertébrés, les crustacés, les insectes, etc. Enfin, des enzymes semblables se retrouvent dans la levure de bière, dans les moisissures et chez les microbes. Toutes ces diastases ne sont pas complètement identiques à la trypsine, mais elles s'en rapprochent cependant par un certain nombre de caractères communs qui les font classer dans la même famille.

Préparations : *Méthode de Danilewsky.* — Les pancréas frais, de préférence ceux de porc, sont broyés, avec du sable et de l'eau, dans un mortier. On laisse déposer et l'on filtre sur un tamis le liquide décanté. Ce qui passe est additionné de magnésie, qui détermine un précipité entraînant l'amylase et d'autres impuretés. Après filtration, le liquide, qui contient la trypsine débarrassée de diastase saccharifiante, est acidifié par de l'acide phosphorique, puis neutralisé par de la chaux. Le phosphate de chaux formé, qui entraîne en partie la lipase, est séparé, et la solution qu'on obtient, riche en trypsine, est évaporée dans le vide. La séparation de la trypsine et de l'amylase peut aussi se faire à l'aide de collodion dilué à moitié par un mélange d'alcool et d'éther. Après addition de collodion, on agite le liquide pancréatique ; le précipité formé entraîne avec lui la trypsine, tandis que l'amylase reste en solution.

Méthode de Kühne. — Les pancréas, divisés en petits morceaux, sont d'abord mis à macérer dans de l'alcool, puis traités par de l'éther. Le produit desséché est alors maintenu quatre heures dans de l'eau à 40°, additionnée de 0.1 °/. d'acide salicylique. On jette sur un tamis. Le résidu, débarrassé autant que possible du liquide qui l'imprègne, est délayé dans une solution de CO^3Na^2 à 0.25 °/.. On laisse le magma douze heures à 40°et l'on tamise à nouveau. Le liquide obtenu, mélangé à celui provenant de la filtration précédente, est additionné de CO^3Na^2,

de façon à amener la teneur en ce sel à 0.5 %. On abandonne
alors le liquide, auquel on a ajouté un antiseptique, à l'autodigestion, jusqu'à disparition complète des albumoses, ou tout
au moins jusqu'à ce qu'il n'en reste plus que très peu. La digestion terminée, on met le liquide pendant vingt-quatre heures
dans la glace et l'on filtre. La solution obtenue est saturée de
sulfate d'ammoniaque, qui précipite la trypsine. On voit que la
digestion préalable a eu pour but de peptoniser les substances
protéiques aussi complètement que possible, afin qu'elles ne
précipitent plus en même temps par le sulfate d'ammoniaque.

Kühne a indiqué aussi une autre méthode plus expéditive.
Pour se débarrasser autant que possible des matières albuminoïdes, il cherche à les rendre insolubles. Il fait tout d'abord
macérer les pancréas avec de l'eau au voisinage de 0°. Dans la
solution filtrée, la trypsine est précipitée par de l'alcool concentré. Le précipité obtenu est lavé pendant quelque temps
avec de l'alcool absolu, puis repris avec de l'eau. La masse est
acidifiée avec de l'acide acétique jusqu'à la teneur de 1 %, puis
filtrée. La solution claire est portée à 40° et de nouveau filtrée.
On alcalinise légèrement avec du CO^3Na^2, on filtre encore une
fois et l'on évapore à 40°. Pendant l'évaporation, il se sépare
de la tyrosine qu'on élimine. Le liquide est alors dialysé, puis
concentré définitivement.

Méthode de Wittich. — Les pancréas, préalablement lavés
à l'eau, sont broyés avec de l'alcool absolu. Après des lavages
répétés à l'alcool, on traite le produit sec par de la glycérine
hydratée. La digestion dure deux à trois jours. On filtre et l'on
additionne le liquide d'alcool. Le précipité obtenu est de nouveau déshydraté par de l'alcool, puis mis à digérer dans de la
glycérine; enfin la solution est précipitée par l'alcool.

Voici enfin une méthode, due à Stutzer, qui permet de
préparer une solution de trypsine pour les usages de laboratoire. On prend des pancréas de veau, dégraissés et passés au
hache-viande. La bouillie, additionnée de sable, est broyée dans
un mortier, où on l'abandonne pendant vingt-quatre heures,
afin de permettre la transformation du zymogène en trypsine.

Puis on ajoute, pour une partie de bouillie (sans sable), trois parties d'eau alcalinisée par de l'eau de chaux et une partie de glycérine. Après trois ou quatre jours, on filtre sur flanelle, on presse; le jus écoulé est filtré et additionné de chloroforme. Ce liquide, qui est à réaction neutre, se conserve très bien. L'addition de chaux a pour but de saponifier les graisses restantes, et aussi de détruire la lipase, qui produit le trouble du liquide. Cette addition doit être très modérée, car un excès peut affaiblir considérablement la trypsine.

Pancréatine. — Les produits obtenus par les méthodes précédentes sont plus ou moins bien débarrassés des enzymes autres que le ferment protéolytique, qui l'accompagnent dans le pancréas. Mais en dehors de la trypsine, on emploie aussi en thérapeutique la pancréatine, qui contient tous les ferments de la glande. Pour préparer cette pancréatine, on procède de la manière suivante : des pancréas de veau, isolés vingt-quatre heures après la mort de l'animal, sont débarrassés des graisses et des tissus environnants, puis hachés en petits morceaux et introduits dans de l'alcool à 90°. Après vingt-quatre heures, on décante et on remplace le liquide par de l'alcool absolu, qu'on laisse encore vingt-quatre heures. Puis on enlève le liquide et on met de l'éther. Après quelque temps, le produit bien séché est réduit en poudre, puis tamisé. 1 gr. de cette poudre peut digérer en 24 heures, dans des conditions favorables, de 10 à 15 gr. de caséine de HAMMARSTEN.

Voici, d'autre part, comment, d'après la pharmacopée française, on prépare la pancréatine officinale (Codex 1895) : On prend une partie de pancréas et deux parties d'eau ; les pancréas, débarrassés des parties étrangères qui les accompagnent, sont divisés et délayés dans l'eau, légèrement chloroformée pour empêcher l'altération. Après quelque temps de contact, on sépare le résidu insoluble, on l'exprime et on filtre le liquide obtenu. Celui-ci est reçu dans des vases à large surface et évaporé rapidement dans un courant d'air à une température qui ne doit pas dépasser 45°. On peut regretter le manque de précision du Codex. En fait, les pancréas qu'on emploie sont habituellement ceux de porc. Les organes doivent être recueillis chez les animaux en digestion, car c'est à ce moment qu'ils sont le plus actifs, et utilisés aussitôt que possible. La durée de la macération peut être fixée à six heures ; quant à l'évaporation, elle s'effectuerait, d'après JAVILLIER, dans les meilleures conditions, dans le vide à 0°.

Essai de la pancréatine. — La pancréatine des pharmacies se présente sous la forme d'une poudre ou de paillettes jaunâtres ; elle est incomplètement soluble dans l'eau. Elle possède le triple pouvoir d'hydrolyser les matières amylacées, les matières grasses et les matières albuminoïdes. Voici l'essai de la pancréatine tel qu'il figure au Codex français de 1908 :

1) Pour s'assurer de sa puissance d'action sur les matières protéiques, prenez :

Pancréatine : 0.20 gr.

Eau distillée : 60 gr.
Fibrine desséchée : 2.50 gr. } ou bien { Eau distillée : 52.5 gr.
Fibrine essorée : 10 gr.

Dans un bain-marie ou une étuve chauffée à 50°, placez un flacon contenant la fibrine desséchée et l'eau ; laissez digérer pendant une demi-heure ; ajoutez la pancréatine et faites digérer pendant 6 heures, en ayant soin, au début, d'agiter assez fréquemment le mélange jusqu'à dissolution complète de la fibrine, et ensuite toutes les heures environ. Filtrez. 10 cc. de la liqueur ainsi obtenue ne doivent pas se troubler à la température ordinaire par l'addition de 20 gouttes d'acide azotique officinal (mélange d'env. 1 mol. NO^3H avec 2 mol. H^2O).

2) Pour s'assurer de la puissance d'action de la pancréatine sur les matières amylacées, préparez 100 gr. d'empois renfermant 5 gr. de fécule de pomme de terre. Ajoutez 0.05 gr. de pancréatine pure, chauffez à 55° au bain-marie ou à l'étuve, et maintenez cette température pendant une heure, en agitant de temps en temps. Vous devrez obtenir un liquide fluide, filtrant facilement et réduisant à l'ébullition quatre fois son volume de solution cupro-alcaline titrée.

Ces prescriptions du Codex appellent quelques remarques. Tout d'abord, on voit que la digestion trypsique se fait en milieu neutre ; elle conduit à des corps fortement biurétiques. Pour faire la réaction du biuret, on prend environ 2 cc. de liquide, on y ajoute environ 0.5 cc. de soude concentrée et quelques gouttes d'une solution de sulfate de cuivre à 2 %. On observe une belle coloration violet pourpre.

Le pouvoir amylolytique exigé par le Codex est assez élevé. Celui qui répondrait à l'essai suivant serait moins fort : A 100 cc. d'un empois d'amidon à 6 % on ajoute 0.1 gr. de pancréatine et on laisse pendant 6 heures à 50°. Le liquide filtré, qui ne se colore plus par l'iode, doit, à raison de 2.5 cc., pouvoir réduire 10 cc. de liqueur de FEHLING titrée.

Enfin on constate que dans l'essai du Codex il n'est fait aucune allusion au pouvoir saponifiant de la pancréatine. Pour se renseigner à cet égard, on pourra faire agir la poudre examinée sur de la monobutyrine et déterminer l'acidité formée au bout d'un certain temps, selon les indications de HANRIOT. On pourra aussi employer une émulsion de graisse.

§ 2.

Produits caractéristiques de la digestion trypsique.

La trypsine attaque très rapidement la fibrine et digère assez bien le sérum-albumine, mais elle agit beaucoup moins vite sur l'albumine d'œuf. Les digestions pepsique et trypsique se distinguent par la réaction de milieu et l'étendue de l'hydrolyse produite. Tandis que la pepsine n'agit qu'en réaction acide, la trypsine agit dans tous les milieux, mais surtout dans un milieu alcalin, correspondant à une teneur de 0.5 % de CO^3Na^2. Dans le travail produit par la trypsine, il se détache, presque dès le début, de la molécule albuminoïde de la tyrosine, tandis que, dans la digestion pepsique, le noyau tyrosinique n'est pas libéré, mais reste combiné sous forme de polypeptides. De plus, parmi les produits trypsiques, on voit bientôt apparaître le tryptophane, la leucine et d'autres acides aminés cristallisés. La trypsine, comme la pepsine, dissout l'albumine coagulée et la fibrine. Les premiers corps formés, les albumoses primaires et secondaires sont identiques dans les deux digestions. Aussi est-il fort difficile de distinguer un travail trypsique d'un travail pepsique par les produits d'une hydrolyse modérée. Mais la diagnose, ainsi que nous allons le voir, devient beaucoup plus aisée quand on se trouve en présence d'une protéolyse plus profonde.

La digestion trypsique peut être facilement suivie à l'aide de l'acide azotique. Pour les essais, on peut employer : 20 gr. de fibrine essorée, 0.5 gr. de trypsine et 100 gr. d'eau. On ajoute 5 gouttes de chloroforme et on laisse digérer le tout à 50°. La dissolution de la fibrine se fait graduellement, sans gonflement préalable. On prélève de temps en temps un échantillon qu'on filtre. Dans 10 cc. de liqueur claire on ajoute quelques gouttes d'acide nitrique. Après cinq à huit heures d'action, on arrive généralement au point où l'acide ne produit plus ni précipité ni trouble dans le liquide essayé.

Cristallisation de la tyrosine et caractérisation au moyen de la tyrosinase. — Dans un tel liquide ne donnant plus de précipité par l'acide azotique, on peut identifier le travail trypsique par la tyrosine formée. La constatation de la tyrosine peut se faire de deux façons : 1) en la faisant cristalliser ; 2) en la caractérisant au moyen de la tyrosinase.

Dans les produits de digestion avancée on trouve, au fond des récipients, les cristaux de tyrosine sous forme de fines aiguilles groupées en houppettes soyeuses. Dans les produits moins dégradés, on peut déceler ce corps, en ajoutant à la liqueur filtrée 5 à 10 volumes d'alcool. On filtre, on lave à l'alcool et l'on évapore le liquide clair jusqu'à ce qu'on puisse constater les cristaux. Pour cette recherche, on peut employer très peu de liquide, et toute la cristallisation peut être aisément observée sur une lamelle de microscope.

La caractérisation de la tyrosine peut se faire encore beaucoup plus facilement au moyen de la tyrosinase. BERTRAND, en étudiant le chromogène de la *Russula negricans*, a constaté que la coloration rouge, virant au noir, qui se déclare sur les champignons cassés, provient de l'action d'une diastase oxydante, la tyrosinase, sur la tyrosine. L'oxydation et la coloration du jus de betterave, de la pomme de terre, du dahlia, etc., ont été ramenées à la même cause. La tyrosinase est donc très sensible, et son emploi, par la coloration qui en résulte, a été préconisé avec succès par BOURQUELOT et HARLAY pour la diagnose d'une digestion trypsique.

Pour préparer la solution de tyrosinase on se sert de *Russula délica*. On broie ces champignons avec du sable et de la glycérine. On laisse macérer une heure, puis on filtre. On obtient ainsi une solution glycérinée qui contient la tyrosinase dans un état de bonne conservation. Pour l'essai de la tyrosine, on verse dans un tube à réaction le liquide de digestion, qui ne fournit plus de précipité par l'acide azotique, puis on ajoute 5 à 6 gouttes de la solution glycérinée de tyrosinase. Le liquide prend, en quelques minutes, une coloration rouge, laquelle se fonce et se transforme en un noir opaque après deux ou trois heures. Pour l'essai, il est préférable de neutraliser préalablement le liquide. La coloration commence par les parties supérieures, au contact de l'air, et descend progressivement dans le tube. Dans les produits de digestion pepsique, on n'obtient pas une semblable coloration : le réactif donne une teinte rouge, qui passe ensuite à une nuance verte.

Réaction du tryptophane. — HARLAY recommande aussi, pour caractériser une digestion trypsique, la recherche du tryptophane. Quelques gouttes d'eau de brome saturée déterminent, dans les liquides résultant d'une hydrolyse pancréatique, la formation d'un précipité jaune rougeâtre qui se redissout par agitation avec une teinte rose violacée. 5 cc. du liquide obtenu dans l'essai officinal de la pancréatine par la fibrine sont déjà nettement colorés en rose par 5 gouttes d'eau de brome; 20 à 30 gouttes donnent une couleur rouge violacée intense; au-delà de 35 gouttes, la couleur devient plus sale et le liquide se trouble; au-delà de 60 gouttes, il se forme un précipité brun violacé nageant dans un liquide jaune. Cette

réaction ne se produit nettement que si l'on ajoute peu à peu
l'eau de brome. Si cette addition se fait brusquement, la teinte
violacée passe inaperçue. Cette réaction est bien différentielle,
car avec les digestions pepsiques on n'obtient pas de coloration rouge, que le liquide soit acide ou neutre; tout au plus
peut-on avoir une coloration ou un précipité jaune. Cette
réaction avait déjà été signalée, en 1831, par TIEDEMAN et
GMELIN, dans l'action de l'eau de chlore sur le suc pancréatique
de chien. CL. BERNARD, KÜHNE et d'autres cherchèrent en vain
à quel corps était due la coloration rouge observée. C'est
NEUMEISTER qui montra, en 1889, que le chromogène était un
corps nouveau, qu'il nomma tryptophane et qui se produit
dans tous les processus entraînant la destruction profonde des
albuminoïdes, digestion trypsique, putréfaction, action des
acides ou des alcalis à chaud; il accompagne toujours la tyrosine et, de sa présence on peut conclure à celle de la tyrosine.

§ 3.

<h2 style="text-align:center">Action de la température
et des autres agents physiques.</h2>

La trypsine, à l'état sec, supporte très bien l'action d'une
chaleur modérée. HARLAY, à l'aide de la tyrosinase, a établi que
la trypsine, qui a été portée à 100°, digère encore très aisément
la fibrine avec production rapide de tyrosine. HUFNER a
constaté le même résultat pour la pancréatine. D'après
SCHMIDT, on peut chauffer la trypsine une heure et demie
à 112° sans détruire la substance active. SALKOWSKI trouve
même que la trypsine sèche résiste à la température de 160°
pendant une heure et demie, mais qu'elle est détruite à 170°.

Au contraire, en solution, la trypsine se montre très sensible à l'action de la chaleur. Cette sensibilité, d'après SCHMIDT,
est en relation directe avec la pureté des produits. Plus la
trypsine contient de substances étrangères, moins elle est

affaiblie par l'action thermique. Ce sont des substances colloïdales, telles que les albumoses et les peptones, qui augmentent sa résistance. Une solution de peptone à 5 %, additionnée de trypsine, peut être portée à l'ébullition sans perdre totalement le pouvoir de digérer la fibrine. On constate qu'une résistance analogue est conférée par l'agar-agar et la gélatine. La résistance à la chaleur, dans ces conditions, est cependant de peu de durée et une ébullition de cinq minutes amène la destruction complète de la substance active.

Les solutions diluées de trypsine ou de suc pancréatique ne peuvent pas être maintenues à des températures dépassant 38° sans perdre une partie de leur activité. Rœder a constaté que les solutions maintenues à 40° s'affaiblissent très sensiblement :

ACTION DE LA CHALEUR SUR DES SOLUTIONS TRÈS DILUÉES.

Durée d'une chauffe préalable à 40°.	Quantité d'enzyme nécessaire pour digérer 2 cc. d'une solution de caséine à 38°.
Au début.	0.65 cc.
Après 5 minutes.	0.65
» 10 »	1
» 30 »	Avec 1 cc., pas de digestion.

On voit que les solutions de trypsine maintenues 5 minutes à 40° se comportent comme celles maintenues à la température ordinaire. Mais l'action d'une chauffe à 40° pendant 10 minutes amène déjà une diminution très notable dans l'activité, puisqu'il faut, pour digérer 2 cc. de la solution de caséine employée, 1 cc. de diastase, au lieu de 0.65 nécessaire au début.

Ces résultats sont obtenus avec des solutions d'enzyme très diluées. Les solutions de trypsine à 1 ou 2 % supportent cependant une température de 40° pendant deux heures sans s'altérer. Mais elles sont amoindries par une chauffe à 50°. Voici quelques données relatives à cette action prolongée d'une température de 50° sur une solution à 2 % :

ACTION DE LA CHALEUR SUR DES SOLUTIONS À 2 °/₀.

Température de chauffe préalable.	Durée de la chauffe préalable.	Pouvoir diastasique.
40°	60 minutes.	100
50°	15 »	100
50°	30 »	70
50°	60 »	60
50°	90 »	50

Par conséquent, une pareille solution de trypsine maintenue pendant 1 h. 1/2 à 50° s'affaiblit considérablement, puisqu'elle perd la moitié de son pouvoir. D'après BIERNACKI, les solutions de trypsine alcalinisées à raison de 0.25 °/₀ de soude se montrent encore beaucoup plus sensibles à l'action thermique que les solutions neutres. En présence de cette alcalinité et à la température de 50°, les solutions diastasiques perdent très rapidement tout pouvoir protéolytique.

La température optima pour l'action de la trypsine, dans les essais d'une durée de 1/2 h. à 1 heure, se trouve entre 50 et 55°. Dans les essais de longue durée, elle se trouve au voisinage de 40°. L'influence de la température sur la marche de la digestion dans un temps relativement court se trouve résumée dans le tableau suivant, donnant les résultats d'un essai sur de la caséine, d'après la méthode analytique de FULD :

INFLUENCE DE LA TEMPÉRATURE SUR LA SOLUBILISATION DE LA CASÉINE.

Température	Quantité de diastase en cc.
38°	0.65
40	0.40
48	0.25
52	0.15

On voit qu'à la température de 52°, 2 cc. de caséine sont digérés avec 0.15 cc. d'une solution trypsique, tandis qu'à 38°, il faut 0.65 de la même solution, soit quatre fois plus de liquide actif pour effectuer le même travail.

L'influence de la température se manifeste tout autrement quand il s'agit de peptonisation de longue durée. Une série de ballons contenant 100 cc. d'une solution de caséine à 2 °/₀ sont additionnés d'une même quantité de trypsine et laissés à digérer pendant dix heures à des températures différentes. Au bout de ce temps, on précipite la caséine restante par de l'acide acétique, on filtre et l'on détermine l'azote passé en solution.

INFLUENCE DE LA TEMPÉRATURE SUR LA PEPTONISATION DE LA CASÉINE.

Température.	Azote digéré.
38°	255 milligr.
40	240 —
52	160 —

A la température de 52°, on n'a dissous que 160 milligr. d'azote, au lieu de 255 obtenus à 38°. La température optima, dans ces conditions, se trouve donc plutôt entre 38° et 40°.

Autres agents physiques. — En ce qui concerne les autres agents physiques, on constate que leur action est sensiblement la même sur la trypsine que sur la pepsine. D'après LOEWENTHAL et EDELSTEIN, l'émanation du radium favorise l'autolyse des organes : cette influence sur la trypsine avait d'ailleurs été déjà signalée par BERGELLI et BICKEL qui reconnurent en 1906 que l'émanation active sensiblement la peptonisation. Là trypsine est également absorbée par différentes substances, notamment par l'édestine, comme l'est la pepsine. D'après H. L. HOLZBERG, la safranine se combine avec la trypsine pour donner un précipité rouge insoluble. On peut même se servir de cette propriété pour débarraser un liquide de la trypsine qu'il contient ; pour cela, on lui ajoute environ un volume d'une solution de safranine de GRÜBLER à 0.8 °/₀ ; le précipité, qui se forme, se montre très actif, tandis que le liquide filtré a perdu toute action digestive.

§ 4.

Action de la réaction de milieu.

Influence des acides. — Loeb explique l'influence de la réaction du milieu par la nature chimique de l'enzyme. D'après cet auteur, les conditions favorables à l'action de l'enzyme sont celles qui facilitent son ionisation. Or, les sels formés par l'union d'un acide et d'une base forte sont précisément ceux qui subissent le plus fortement la dissociation électrolytique. La trypsine ayant, d'après ce savant, un caractère acide, se combine avec des bases fortes pour former des sels facilement dissociables et par conséquent beaucoup plus actifs.

La trypsine en général se montre beaucoup plus indépendante de la réaction du milieu que la pepsine. On obtient une digestion trypsique aussi bien dans une solution neutre ou alcaline, que dans une solution faiblement acide, contenant 0.02 °/₀ HCl, par exemple. Cependant on considère généralement que le maximum d'action se réalise en présence de 3 à 4 gr. de CO_3Na_2 par litre. Toutefois, d'après Kudo, la digestion de la caséine par la trypsine se ferait beaucoup mieux dans un milieu neutre. Il trouve qu'une solution de caséine neutralisée, additionnée de trypsine neutre, fournit, après 60 minutes de digestion, le maximum d'azote solubilisé. La présence d'acide ou d'alcali se montre nuisible. Voici, en ce qui concerne la digestion de la caséine, l'action des acides :

ACTION DES ACIDES SUR LA DIGESTION TRYPSIQUE DE LA CASÉINE.

Acides.	Doses qui commencent à retarder.		Doses qui retardent très nettement.	
SO_4H_2	0.016 gr. par litre.		0.045 gr. par litre.	
HCl	0.023	—	0.033	—
Acide acétique	0.052	—	0.07	—
» butyrique	0.05	—	0.08	—
» lactique	0.05	—	0.06	—

L'acide peut exercer son action destructrice très rapidement. C'est ainsi qu'une solution de trypsine additionnée de

0.5 gr. d'acide sulfurique par litre, puis neutralisée immédiatement, a perdu déjà une notable fraction de son pouvoir digestif. Si on laisse l'acide, à cette dose, agir pendant une heure, et qu'on neutralise ensuite, on constate une destruction presque complète de la diastase. L'acide chlorhydrique agit de même, mais à des doses plus fortes. Les acides organiques, tels que l'acide butyrique, à raison de 3 ou 4 gr. par litre, n'exercent pas d'action, même après 3 heures. Ces solutions, après neutralisation, se montrent encore très actives. L'acide lactique agit encore moins que l'acide butyrique.

Influence des alcalis. — La trypsine est cependant beaucoup moins sensible à l'action de l'alcali. Une solution de trypsine supporte très bien pendant une heure une dose de 7 gr. par litre de CO^3Na^2. Neutralisée ensuite, elle possède encore le même pouvoir. Ce n'est qu'à la longue, après 5 ou 6 heures, qu'on constate un affaiblissement; celui-ci s'observe d'ailleurs déjà avec une dose d'alcali plus faible, 1.4 gr. par litre. Si maintenant l'on peptonise en présence d'un alcali, on arrive aux résultats suivants :

ACTION DES ALCALIS SUR LA DIGESTION TRYPSIQUE

DE LA CASÉINE.

Alcalis	Doses d'alcali qui commencent à retarder.	Doses qui entravent nettement.
NaOH	0.143 gr. par litre	0.167 gr. par litre
CO^3Na^2	0.9 —	1.3 —

Il faut d'ailleurs remarquer que la réaction de milieu influence différemment le pouvoir dissolvant et le pouvoir peptonisant de la trypsine. FERNBACH et SCHOEN ont étudié la marche de la dissolution et de l'hydrolyse de l'albumine et de la fibrine suivant la réaction du milieu, celle-ci étant rendue différente par l'emploi, soit de phosphate monopotassique, qu'on sait être neutre au méthylorange, soit de phosphate dipotassique, qui est alcalin vis-à-vis de cet indicateur.

INFLUENCE DE LA RÉACTION SUR LA DIGESTION TRYPSIQUE
DE LA FIBRINE.

Température	Durée de la digestion	Azote dans 100 cc. de liquide filtré en milligrammes	Azote non précipitable par le tanin, pr cent de l'azote dissous
40°	8 heures . . .	Mono. 42.7 Di. 102.2	31.1 27.4
45°	8 » . . .	Mono. 42.0 Di. 108.5	36.66 29.67
50°	8 » . . .	Mono. 47.0 Di. 121.7	43.5 20.7

Ce tableau, relatif à l'hydrolyse de la fibrine, montre donc
que le phosphate dipotassique, c'est-à-dire une réaction alcaline au méthylorange, tout en provoquant une dissolution plus
grande que le phosphate monopotassique, est bien moins favorable à une dégradation profonde; autrement dit, en opérant
dans un milieu neutre à l'indicateur employé, la proportion
centésimale de matière qui passe à l'état d'azote amino-amidé,
non précipitable par le tanin, est beaucoup plus élevée.

ABDERHALDEN et KOELKER ont étudié de plus près l'influence de la réaction du milieu sur le suc pancréatique activé
par le suc intestinal. Tout d'abord, ils ont constaté que 10 cc.
de suc actif, additionnés de 8 cc. HCl N/10, puis, après 5 minutes
de contact, saturés par 8 cc. NaOH N/10, n'ont rien perdu de
leur pouvoir protéolytique. Pour étudier l'influence de la soude,
ils s'adressent, comme corps à décomposer, aux polypeptides,
qu'on sait être hydrolysables par la trypsine. Ces substances,
en solution, sont actives sur la lumière polarisée; par suite de
leur décomposition, elles prennent des pouvoirs rotatoires
variables, ce qui permet de suivre la marche de la réaction.
Voici les résultats de deux expériences faites avec des solutions
de glycyl-l-tyrosine, l'une à la concentration de 3/34 Mol.,
l'autre à 3/32 :

INFLUENCE DE LA SOUDE SUR L'HYDROLYSE TRYPSIQUE DE LA GLYCYL-L-TYROSINE.

1° Solution de glycyl-l-tyrosine à 1.64 %.

Temps	Teneur en soude : 0.156 % 6 cc. sol. peptide à 3/34 M + 0.9 cc. suc pancréatique + 0.1 cc. suc intestinal + 0.3 cc. eau + 0.3 cc. NaOH (N)	Témoin, sans soude + 0.3 cc. eau
7 minutes	+ 0°73	+ 0°64
85 »	+ 0°57	+ 0°54
163 »	+ 0°43	+ 0°40
205 »	+ 0°36	+ 0°37
275 »	+ 0°20	+ 0°33

2° Solution de glycyl-l-tyrosine à 1.44 %.

Temps	Teneur en soude : 0.236 % + 0.37 cc. NaOH (N) + 1.23 H_2O	Teneur en soude : 0.351 % + 0.55 NaOH (N) + 1.05 H_2O	Témoin, sans soude + 1.6 H_2O
	4 cc. sol. peptide à 3/32 M + 0.67 cc. suc pancréatique activé		
6 minutes	+ 0°73	+ 0°80	+ 0°59
15 »	+ 0°75	+ 0°81	+ 0°57
41 »	+ 0°64	+ 0°80	+ 0°48
174 »	+ 0°60	+ 0°76	+ 0°40
260 »	+ 0°54	+ 0°73	+ 0°38
378 »	+ 0°43	+ 0°53	+ 0°23
1.428 »	+ 0°31	+ 0°49	+ 0°09

On voit que l'action de la soude est plutôt favorable dans l'expérience (1) où la teneur en NaOH est de 0.156 %. Mais lorsque celle-ci atteint 0.236 ou 0.351 %, la décomposition du polypeptide est manifestement moins rapide que dans l'essai témoin sans soude. Il est à remarquer que cette proportion de 0.156 % de soude correspond, par rapport à la quantité de glycyl-l-tyrosine employée, à 0.53 molécule de NaOH, alors que, d'après l'équation chimique, pour décomposer le polypeptide et saturer les acides libérés, il faudrait 2 molécules. Cette dernière dose, soit 0.472 % de soude, serait tout à fait funeste à l'action de la trypsine agissant sur le glycyl à 1.44 %.

Influence des sels. — En ce qui concerne l'action des agents chimiques sur la trypsine et la pancréatine, on possède des données très contradictoires, qui résultent des conditions très différentes dans lesquelles se sont placés les expérimentateurs : les uns prennent du suc pancréatique exempt d'entérokinase, par conséquent susceptible d'être activé par des traces de calcium; les autres opèrent sur une trypsine brute, ayant une teneur plus ou moins grande en impuretés ; enfin les essais portent sur des albuminoïdes variables, ce qui conduit à des résultats qui ne sont nullement comparables. H. R. WEISS fait ses expériences avec une pancréatine en poudre préparée par la méthode de KUHNE. Il emploie, comme substance albuminoïde, de la caséine de HAMMERSTEN, qu'il fait digérer en présence de doses différentes de sels, les résultats étant exprimés par rapport au nombre 100, correspondant à l'essai témoin, sans sel.

ACTION DES SELS SUR LA DIGESTION PANCRÉATIQUE DE CASÉINE.

SELS EMPLOYÉS	0.05 %	0.1 %	0.5 %	1 %	10 %
NaCl	111.3	—	99.5	—	87.3
NaI	—	99.6	—	—	96.0
NaBr	—	100.0	—	—	97.8
KCl	100.0	—	—	—	98.5
KI	—	99.6	—	—	97.2
KBr	—	100.7	—	—	94.4
$B^4O^7Na^2, 10\ H^2O$	—	—	—	—	100.7
$SO^4Mg, 7\ H^2O$	—	—	—	97.0	89.9
$SO^4Na^2, 10\ H^2O$	—	98.5	—	97.5	81.7
$C^2O^4Na^2$	—	99.3	—	97.15	—
$PO^4HNa^2, 12\ H^2O$	—	108.2	—	111.7	110

On voit que le chlorure de sodium, à une dose très faible, exalte le pouvoir de la trypsine, mais qu'à une dose plus élevée, il le ralentit. Le phosphate disodique agit, comme nous l'avons vu plus haut, par son alcalinité ; mais son action favorisante se borne à une dissolution, sans peptonisation proprement dite. D'après Kudo, qui a expérimenté sur des solutions de trypsine, les phosphates alcalins, en dehors du changement de réaction de milieu qu'ils déterminent, n'ont pas d'action. Les nitrates et les nitrites ont une faible action retardatrice. Les chlorures, à doses plus fortes que les sels précédents, gênent la digestion, et les sulfates n'agissent comme inhibiteurs qu'à une proportion encore plus élevée. De plus, les sels de potassium ralentissent généralement moins l'hydrolyse que ceux de sodium. Enfin le sucre de canne, le sucre de lait, le glucose sont sans action; par contre, l'amidon agit défavorablement, même à des doses très faibles.

Comme nous l'avons dit précédemment, les quelques résultats qu'on vient de lire paraissent d'autant moins certains, que les solutions diastasiques sur lesquelles ils portent ont été incomplètement débarrassées des impuretés qu'elles contenaient. Si l'on envisage l'action d'un sel de sodium, par exemple, sur l'action de la trypsine, ce n'est pas, à proprement parler, la dose qu'on met en présence de l'enzyme qui intervient, mais plutôt la somme de celle que l'on ajoute avec celle qui préexistait déjà. Or, les impuretés et les substances diverses non actives, qui accompagnent les substances actives du suc pancréatique, exercent une action activante très marquée sur les trois enzymes mêmes de ce suc. C'est ainsi que du suc pancréatique, dialysé au-dessus de l'eau, perd complètement tout pouvoir amylolytique, et que, au contraire, il le retrouve quand on lui ajoute à nouveau des sels, comme NaCl, ou du phosphate de soude. Le suc pancréatique perdrait aussi par dialyse sa propriété de devenir actif par addition de kinase. Si l'on examine un tel suc dialysé, on constate qu'il contient encore un enzyme capable de digérer la caséine ou les albumoses, ainsi que d'autres substances protéiques ayant déjà subi un commencement d'attaque, mais inactive sur l'albumine. Cette diastase qui reste n'est pas de la trypsine, mais de l'érepsine, c'est-à-dire une impureté du suc pancréatique.

On voit que l'étude de l'influence des substances étrangères sur les diastases pancréatiques est très complexe. Elle l'est encore davantage en raison de l'activation plus ou moins facile par l'entérokinase, que présente le suc pancréatique au cours des différents régimes, et aussi du fait même que les produits de la digestion modifient l'activité des enzymes, ainsi que TERROINE l'a montré, en ce qui concerne l'action des acides aminés sur l'amylase pancréatique. Nous reviendrons d'ailleurs plus loin sur cette importante question.

§ 5.

Influence des antiseptiques.

La recherche de la trypsine dans les différents organes, ainsi que dans les végétaux, présente souvent de grandes difficultés, en raison des altérations que subissent les liquides pendant les essais. Les solutions neutres ou alcalines s'infectent très rapidement, et les résultats qu'on obtient dans ces conditions sont fort discutables. Une solubilisation d'albumine ou de fibrine n'est pas toujours la preuve de la présence d'enzyme protéolytique, attendu qu'on peut l'attribuer aussi, avec raison, à l'action de ferments figurés. Même les résultats négatifs, une non-solubilisation d'albuminoïde, peuvent aussi, dans certains cas, être rapportés à des bactéries qu'on sait être capables de détruire les enzymes.

Pour éviter ce gros inconvénient, on a souvent recours aux antiseptiques. Cependant, ce moyen est loin d'être sûr ; contrairement à l'opinion courante, il n'existe pas d'antiseptique agissant sur les ferments figurés et complètement indifférents vis-à-vis des ferments solubles. En réalité, l'action des antiseptiques s'exerce à la fois non seulement sur les bactéries et les diastases, mais encore sur les matières albuminoïdes contenues en solution, si bien que l'effet qu'on obtiendra pour une dose donnée d'antiseptique dépendra du rapport existant entre ces trois éléments. De plus, la dose nécessaire pour paralyser des bactéries dépend avant tout de leur espèce, leur résistance, à ce point de vue, étant très variable. Enfin, pour une même espèce, la dose mortelle peut varier de 1 à 10, suivant le nombre de microbes contenus dans le liquide. Or, dans l'étude des doses bactéricides des différentes substances, on a presque toujours omis de prendre en considération ces points très importants. Du reste, en ce qui concerne l'action des antiseptiques sur les enzymes, il faut aussi tenir compte de ce fait que la sensibilité des diastases augmente avec leur dilution. Alors qu'une solution concentrée supporte assez bien un antiseptique donné, il faut, aussitôt qu'on dilue, diminuer la dose de cet antiseptique, si l'on ne veut pas risquer de détruire la substance active. La démonstration peut se faire de la façon suivante : des solutions de trypsine de teneurs différentes, après légère alcalinisation, sont saturées de toluol, puis aussitôt on leur ajoute de la fibrine et l'on compare la marche de la digestion avec celle de témoins sans toluol. Voici les résultats pour les essais avec le toluol :

INFLUENCE DU TOLUOL SUR LA MARCHE D'UNE DIGESTION TRYPSIQUE.

Concentration en trypsine.	Action du toluol.
12 mgr. %	Pas d'effet.
8 —	Retard sensible.
4 —	Destruction complète.

On voit donc que la solution contenant 12 mgr. % de trypsine supporte très bien le toluol à saturation pendant 24 heures : dans cet essai, on dose la même quantité de fibrine dissoute que dans le témoin sans toluol. Par contre, la solution à 4 mgr. % de trypsine ne résiste point à l'action du toluol. Elle ne digère plus de fibrine, tandis que le témoin, contenant la même dose de trypsine, produit encore une digestion intense. Dans l'expérience précédente, la fibrine, ajoutée en même temps que le toluol, protège, jusqu'à un certain point, l'enzyme de l'action destructrice de l'antiseptique. Une solution de trypsine, saturée de totuol, s'altère beaucoup plus rapidement quand il n'y a pas, ou presque pas de matières albuminoïdes présentes, et cela même déjà pour des concentrations assez fortes en diastase :

ACTION DU TOLUOL SUR DES SOLUTIONS DE TRYPSINE
DE DIVERSES CONCENTRATIONS.

Concentration en trypsine.	Action du toluol.
80 mgr. %	Faible retard.
20 —	Destruction complète.

Dans cette seconde expérience, des solutions de trypsine à 80 et 20 mgr. % sont, après saturation au toluol, gardées pendant 24 heures à la température ordinaire, puis on examine leur pouvoir diastasique sur de la fibrine, parallèlement avec les essais témoins sans toluol. Ainsi qu'on le voit, des solutions contenant 20 mgr. de trypsine sont complètement détruites, tandis que dans l'expérience relatée plus haut, à une concentration de 12 mgr., on n'a pas encore d'action nuisible. Il est curieux de constater que les enzymes, encore à ce point de vue, se comportent comme les ferments figurés. On sait, en effet, que, si dans une culture, on augmente la quantité des matières nutritives, on rend les bactéries beaucoup plus résistantes à l'action des antiseptiques.

La dépendance qui existe entre la dose destructive des antiseptiques et la concentration en enzyme s'observe encore pour d'autres corps que le toluol. Voici les concentrations de trypsine active qui résistent, sont affaiblies ou sont détruites par trois antiseptiques courants :

ACTION DE DIVERS ANTISEPTIQUES SUR LES SOLUTIONS
DE TRYPSINE.

	Pas d'action de l'antiseptique.	Affaiblissement.	Destruction.
Chloroforme à saturat.	200 mgr. %.	80 mgr. %.	20 mgr. %.
Thymol »	200 —	100 —	20 —
NaF à 2 %	80 —	60 —	—

Ainsi, les solutions de trypsine à 200 mgr. % supportent très bien de chloroforme ou le thymol à saturation. Mais à la concentration de 80 ou de 100 mgr. %, le chloroforme ou le thymol commencent déjà à affaiblir la trypsine. Si cet enzyme n'est plus qu'à une concentration de 20 mgr. %, le chloroforme ou le thymol à saturation la détruisent complètement. De tous les antiseptiques, c'est le fluorure de sodium qui se montre le moins nuisible. Seulement, il faut remarquer que, d'après EFFRONT, ce sel n'agit très activement que dans les milieux acides ; son action est moindre dans un milieu neutre, et elle est excessivement faible dans les milieux alcalins.

En résumé, on ne possède pas de moyen sûr et pratique pour maintenir une solution de trypsine à l'abri de toute infection pendant une durée de temps dépassant 6 à 10 heures. Si l'on emploie des doses massives d'antiseptique, on risque fort d'affaiblir ou de détruire l'enzyme ; si l'on se contente de doses faibles, on n'a aucune action préservatrice. Dans cet ordre d'idées, il faut encore prendre en considération l'observation d'EFFRONT, d'après laquelle les spores bacté-riennes atténuées, soit par un antiseptique, soit par la chaleur, se montrent d'autant plus productrices d'enzyme que leur germination est plus difficile. Dans certaines conditions et en présence d'antiseptiques, les spores peuvent produire dans le liquide une sécrétion intense de diastase, sans cependant arriver à la germination. Il résulte de tous ces faits que dans la recherche de la trypsine, il faut renoncer autant que possible aux méthodes qui comportent un séjour prolongé à l'étuve. Seules celles qui sont expéditives, comprenant une durée de 3 à 6 heures au maximum, seront susceptibles de nous fournir des données dignes de confiance.

§ 6.

Loi d'action de la trypsine.

Nous avons rappelé, à propos de la loi d'action de la pepsine, les lois générales de l'action des diastases des hydrates de carbone, et fait remarquer pourquoi, en raison de la non-homogénéité des liquides en digestion, la loi ne pouvait s'appliquer au cas des ferments protéolytiques. Nous avons indiqué néanmoins une loi, celle de SCHÜTZ et BORISSOW, relative à l'action de la pepsine agissant sur de l'albumine contenue dans des tubes de METT. Cette loi s'applique également à la trypsine. La voici : *Les vitesses de digestion, ou les longueurs d'albumine dissoute, sont proportionnelles à la racine carrée des quantités de ferment.* Ou encore : *Les quantités de ferment sont proportionnelles aux carrés des longueurs d'albumine dissoute.* Autrement dit, si les quantités de ferment sont comme 1, 4, 9, 16, les longueurs d'albumine dissoute seront comme 1, 2, 3, 4. Cependant tous les auteurs ne sont pas d'accord sur l'exactitude de cette loi. BAYLISS, puis HEDIN, ont trouvé que, au commencement de la digestion et pour de petites quantités de trypsine, l'effet produit est proportionnel à la quantité de ferment et au temps. C'est donc la loi générale qui est vérifiée dans ces conditions spéciales.

Si l'on examine maintenant l'influence de la quantité de substance à transformer sur la rapidité de la digestion, on voit que la vitesse de digestion rapportée à l'unité de substance à transformer augmente quand diminue la quantité totale de celle-ci, et que, finalement, elle devient constante. HEDIN, en faisant agir de la trypsine sur une solution de caséine, a constaté que la proportionnalité entre le temps et la quantité d'enzyme ne se manifeste plus si la digestion se fait en présence d'albumine d'œuf fraîche.

INFLUENCE DE L'OVALBUMINE FRAÎCHE SUR L'ACTION
DE LA TRYPSINE SUR LA CASÉINE.

Quantité de trypsine en cc.	Durée de l'action en heure	Caséine transformée	
		A. — Sol. de caséine seule	B. — Sol. de caséine additionnée d'albumine
30 cc.	3 heures	27.5 mgr.	21.3 mgr.
15	6	27.6	17.25
10	9	27.5	13.18

Dans la série A, avec 30 cc. de trypsine en 3 heures on arrive à dissoudre la même quantité de caséine qu'avec 10 cc. en 9 h. Il y a donc bien proportionnalité entre l'effet produit d'une part et la quantité d'enzyme et le temps d'autre part. Dans la série B, l'albumine qu'on a ajoutée à la caséine n'a pas subi de transformation, mais elle a déterminé un retard dans la digestion de la caséine, et ce retard est d'autant plus sensible que le liquide en digestion est plus pauvre en trypsine. L'auteur explique ce phénomène par l'absorption de la trypsine par l'albumine, absorption qui est, jusqu'à un certain point, en relation avec la concentration du liquide en substance active.

Dans l'étude de la loi des actions diastasiques, il faudra donc prendre en considération ce fait que la trypsine se laisse absorber par toute une série de substances et que l'enzyme absorbé peut de nouveau devenir actif à la suite d'un phénomène d'autolyse. La quantité d'enzyme actif présente dans un mélange en voie de digestion n'étant pas toujours constante dans toutes les phases du travail, il est évident que dans de telles conditions on ne pourra plus observer la proportionnalité du temps et de la quantité de diastase. C'est ainsi que l'addition de poudre de charbon à une solution de trypsine provoque une diminution très sensible du pouvoir digestif. Le charbon préalablement maintenu dans un liquide colloïdal, tel qu'une solution de saponine, absorbe beaucoup moins de trypsine que du charbon neuf, et celui qui a absorbé de la diastase la rend de nouveau quand on le met dans une solution de saponine. Ces données prouvent que la marche de l'absorption de la trypsine dépend de l'état colloïdal du liquide, état qui peut changer, comme on le sait, au cours de la digestion. Ce sont des phénomènes de cet ordre qui empêchent surtout la vérification des lois de l'action diastasique.

En se plaçant dans des conditions différentes, V. HENRI et LARGUIER DES BANCELS sont néanmoins parvenus à déterminer la loi d'action de la trypsine sur la gélatine. Pour suivre quantitativement la marche de l'hydrolyse, ils étudient la variation de la conductibilité électrique du liquide. Faisant agir à 44° du

suc pancréatique additionné de kinase sur des solutions de
gélatine à 2.5 et 5 %, ils constatent tout d'abord que les con-
ductibilités augmentent assez régulièrement, plus rapidement
dans le liquide à 5 % que dans le liquide à 2.5 %, mais que,
dans les premières minutes, la variation est la même pour
deux concentrations différentes en gélatine.

MARCHE DE LA DIGESTION TRYPSIQUE DE LA GÉLATINE.

Temps		Variations de la conductibilité électrique multipliées par 10^5	
		Gélatine à 2.5 %	Gélatine à 5 %
I	10 minutes	15	17
	24 »	25	34
	39 »	30	44
	600 »	65	122
II	11 »	12	11
	23 »	22	24
	37 »	29	34

Ce premier résultat, que la vitesse de digestion au début
est indépendante de la concentration en substance à transformer, rapproche l'action de la trypsine sur la gélatine de
l'action des ferments des hydrates de carbone. Mais il y a plus :
ayant reconnu que l'activité du ferment (suc pancréatique
+ kinase) ne change pas après une heure de digestion, mais
que, d'autre part, les produits d'une digestion prolongée de
gélatine ralentissent son action, les auteurs ont constaté que
la variation de conductibilité électrique se produit suivant la
loi logarithmique générale : $K = \dfrac{1}{t} L \dfrac{a}{a - x}$.

Dans cette expression, K est une constante, a un nombre
qui correspond à la quantité de gélatine, x la variation de
conductibilité électrique avec le temps t. Cette formule exprime
avec une précision très suffisante la marche de la digestion
trypsique pendant la première heure. Voici, en effet, les valeurs
de la constante K :

Durée	10 cc. gélatine + 0.5 cc. s. p. + 0.5 cc. k. + 1 cc. eau		10 cc. gélatine + 1 cc. s. p. + 1 cc. kin.	
	x	$K \times 10^4$	x	$K \times 10^4$
10 minutes.	22	161	28	222
20 —	37	164	44	216
30 —	45	148	55	227
40 —	53	155	60	213

La loi d'action de la trypsine sur la gélatine est donc la même que celle de la sucrase, de l'amylase, de l'émulsine, etc.

§ 7.

Travail chimique de la trypsine.

Différents produits formés. — Dans le travail de la pepsine, nous avons vu apparaître des albumoses, des peptones, ainsi que des corps abiurétiques complexes non précipitables par l'acide phosphotungstique et susceptibles même de cristalliser. Tous ces produits, à poids moléculaires très élevés, proviennent de l'hydrolyse partielle de la matière albuminoïde : ils présentent encore les caractères, plus ou moins prononcés, de la substance de laquelle ils dérivent. Avec la trypsine, on aboutit à un travail beaucoup plus profond. Sans doute, il se forme encore, au début de l'action, des albumoses primaires, mais ceux-ci disparaissent bientôt en donnant des deutéro-albumoses et des peptones. Très rapidement on voit apparaître aussi des corps caractéristiques du travail trypsique : la tyrosine, le tryptophane et la leucine. Si l'on prolonge suffisamment la digestion, on trouve alors dans le liquide un grand nombre d'acides mono et diaminés. Les produits finaux de la réaction sont donc constitués par des deutéro-albumoses et des peptones, tous deux biurétiques et précipitables par l'acide phosphotungstique, ainsi que par différents acides aminés non précipitables par ce réactif.

Nous verrons dans un prochain paragraphe ce qu'il faut penser de la présence des albumoses et des peptones. Arrêtons-nous, pour le moment, sur les derniers produits, qui forment, du reste, la majeure partie de l'hydrolyse trypsique. Et tout d'abord, il convient de remarquer que ces corps cristallisables, abiurétiques et non précipitables par l'acide phosphotung-stique, n'ont absolument rien de commun avec ceux de la fraction correspondante obtenus dans le travail pepsique : tandis que les premiers sont des acides aminés déjà très simples, les seconds sont des complexes, susceptibles même de se transformer, en se dégradant, en peptones.

Les multiples acides aminés qu'on rencontre dans les produits d'hydrolyse trypsique profonde sont de constitution assez différente. Les uns ne possèdent qu'une fonction acide et une fonction amine; les autres sont diacides et monoamines ou monoacides et diamines. Certains contiennent en outre une fonction alcool ; d'autres sont des produits sulfurés. Enfin, ces corps sont tantôt à chaîne linéaire, tantôt à chaîne fermée. Toutefois, on peut dire que tous répondent à la formule générale : $R - CH(NH^2) - CO^2H$, qui montre qu'il y a au moins un groupement NH^2 fixé au C immédiatement voisin du carboxyle; R pouvant être un radical acyclique, aromatique ou hétérocyclique. Voici quels sont ces corps :

A. — Amino-acides possédant une fonction acide et une fonction amine.

1) *Glycocolle* (ou glycine ou acide amino-acétique)
$$CH^2(NH^2) - CO^2H$$
corps cristallisé retiré pour la première fois des produits de l'hydrolyse de la gélatine, dans lesquels il se trouve en fortes proportions.

2) *Alanine* dr. (ou ac. α amino-propionique dr.)
$$CH^3 - CH(NH^2) - CO^2H$$

3) *Valine* dr. (ou ac. α amino-isovalérique dr.)
$$(CH^3)^2 = CH - CH(NH^2) - CO^2H$$

4) *Leucine g.* (ou acide α amino-isocaproïque g.)

$$(CH^3)^2 = CH - CH^2 - CH\,(NH^2) - CO^2H$$

corps bien cristallisé qu'on rencontre dans les produits d'hydrolyse de la plupart des substances albuminoïdes. Cette substance est souvent mélangée à un isomère dont il est difficile de la séparer, et qui est :

5) *Isoleucine* (ou acide $\beta\beta$ méthyl éthyl α amino-propionique)

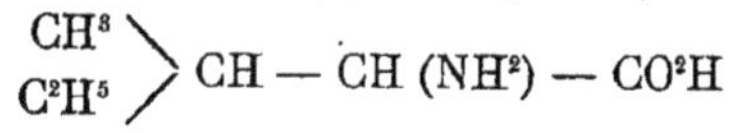

$$\left.\begin{array}{c} CH^3 \\ C^2H^5 \end{array}\right\rangle CH - CH\,(NH^2) - CO^2H$$

6) *Phénylalanine g.* (ou acide β phényl α alanine g.)

$$C^6H^5 - CH^2 - CH\,(NH^2) - CO^2H$$

7) *Tyrosine g.* (ou para-oxyphénylalanine g.)

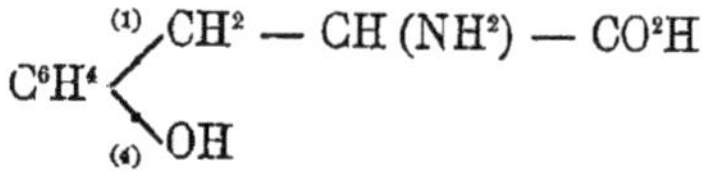

$$C^6H^4 \left\langle\begin{array}{l} ^{(1)}CH^2 - CH\,(NH^2) - CO^2H \\ _{(4)}OH \end{array}\right.$$

corps formé de petites aiguilles soyeuses, très peu solubles dans l'eau, facilement caractérisables ,et qu'on rencontre dans la plupart des protéolyses.

8) *Proline g.* (ou acide pyrrolidine α carbonique g.)

$$\begin{array}{ccccc} CH^2 & - & CH & - & CO^2H \\ | & & & \rangle & NH \\ CH^2 & - & CH^2 & & \end{array}$$

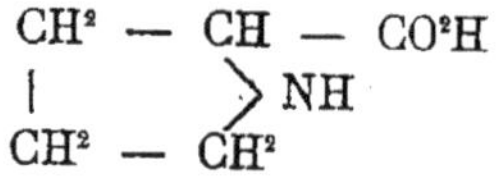

9) *Oxyproline g.* (ou acide oxypyrrolidine α carbonique g.)

$$\begin{array}{ccccc} CH^2 & - & CH & - & CO^2H \\ | & & & \rangle & NH \\ OH - CH & - & CH^2 & & \end{array}$$

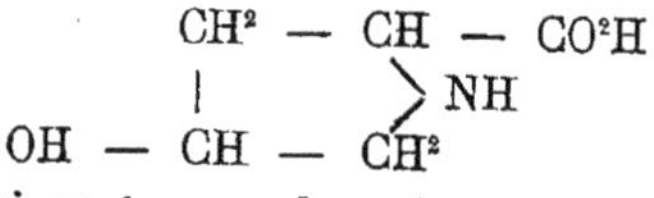

substance qui se trouve dans les produits d'hydrolyse de la gélatine et de l'oxyhémoglobine de cheval.

10) *Tryptophane* (ou indol β alanine)

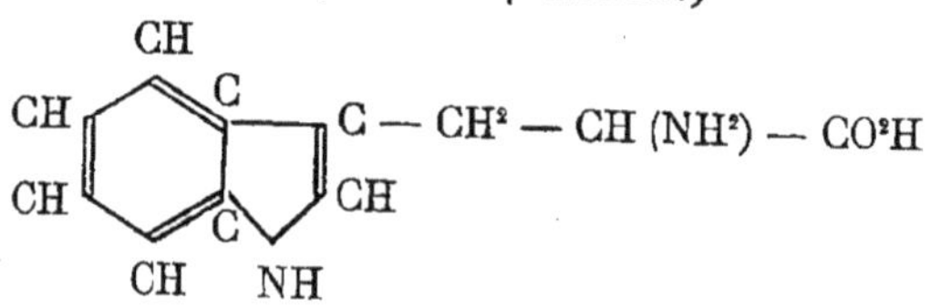

$$C^6H^4 \left\langle\begin{array}{c} C \\ C \end{array}\right\rangle C - CH^2 - CH\,(NH^2) - CO^2H$$

corps apparaissant dès le début des digestions trypsiques et facilement reconnaissable à la propriété qu'il possède de donner avec l'eau de brome une coloration rouge violacée. Intéressant par sa parenté avec l'indol et le scatol, qu'on rencontre dans les produits de putréfaction des albuminoïdes.

11) *Histidine* (ou imidazolalanine)

$$NH \Big\langle \begin{matrix} CH = C - CH_2 - CH\,(NH_2) - CO_2H \\ \quad\quad | \\ CH = N \end{matrix}$$

ce corps est lévogyre à l'état libre, mais ses sels sont dextrogyres.

B. — Amino-acides possédant deux fonctions acides et une fonction amine.

12) *Acide aspartique* g. (ou acide α aminosuccinique g.)
$$CO_2H - CH_2 - CH\,(NH_2) - CO_2H$$

13) *Acide glutamique* dr. (ou acide α aminoglutarique dr.)
$$CO_2H - CH_2 - CH_2 - CH(NH_2) - CO_2H$$

C. — Amino-acides possédant une fonction acide et deux fonctions amines.

Le plus simple, l'acide diamino-acétique $CH(NH_2)_2 - CO_2H$, qui a été signalé dans les produits de l'action de HCl sur la caséine, la gélatine et la conglutine, ne paraît pas se former sous l'influence de la trypsine.

14) *Lysine* dr. (ou acide diamino α ε caproïque dr.)
$$NH_2 - CH_2 - CH_2 - CH_2 - CH_2 - CH(NH_2) - CO_2H.$$

Cette substance, par putréfaction, donne une ptomaïne connue, la cadavérine $NH_2-(CH_2)_5-NH_2$ ou pentaméthylène-diamine, qu'on rencontre dans la putréfaction des diverses matières albuminoïdes.

15) *Arginine* dr. (ou acide α amino δ guanéido-valérique normal dr.)
$$NH = C(NH_2) - NH - CH_2 - CH_2 - CH_2 - CH(NH_2) - CO_2H.$$

Cette substance, dérivée de la guanidine $NH = C(NH^2)^2$, se transforme par hydrolyse en urée : $CO=(NH^2)^2$ et en ornithine : $NH^2 — CH^2 — CH^2 — CH^2 — CH(NH^2) — CO^2H$. cette dernière donnant elle-même, par putréfaction, la putrescine : $NH^2 — (CH^2)^4 — NH^2$. Mais l'ornithine n'a pas été obtenue *in vitro* par dédoublement des matières albuminoïdes.

Ces deux dernières substances, la lysine et l'arginine, jointes à une autre. citée précédemment, l'histidine, constituent les *trois bases hexoniques*, ainsi nommées à cause de leurs six atomes de C ; on les rencontre dans le dédoublement de la plupart des matières albuminoïdes, et elles jouent un rôle important dans leur constitution. Elles sont toutes trois précipitables par l'acide phosphotungstique. Divers sels, en donnant avec elles des combinaisons métalliques, plus ou moins solubles, permettent de les séparer.

D. — **Autres corps.**

16) *Sérine* racém. (ou β oxyalanine)

$$CH^2OH — CH(NH^2) — CO^2H$$

retirée tout d'abord des produits de dédoublement des protéines de la soie.

17) *Cystine* g.

$$S — CH^2 — CH(NH^2) — CO^2H$$
$$|$$
$$S — CH^2 — CH(NH^2) — CO^2H$$

Ce composé sulfuré peut être envisagé comme résultant de la soudure de 2 molécules de cystéine ou thio-alanine :

$$CH^2(SH) — CH(NH^2) — CO^2H$$

Toutefois la cystéine ne se rencontre pas parmi les dérivés des protéines.

18) *Leucinimide* (β δ di-isobutyl α γ diacipipérazine)

$$\frac{CH^3}{CH^3}{\Large)}CH—CH^2—CH{\Large\langle}\frac{NH—CO}{CO—NH}{\Large\rangle}CH—CH^2—CH{\Large\langle}\frac{CH^3}{CH^3}$$

qui est un anhydride double de la leucine.

A ces divers acides aminés, il convient encore d'ajouter deux autres produits qu'on obtient dans le dédoublement trypsique :

19) La *glucosamine*

$$CH^2.OH - CH.OH - CH.OH - CH.OH - CH(NH^2) - CHO$$

20) et l'*ammoniaque* NH^3.

Nous allons voir maintenant comment on peut, sinon séparer et doser chacun de ces produits, tout au moins les réunir en un certain nombre de groupes dont, on déterminera approximativement pour chacun d'eux l'importance relative.

§ 8.

Méthodes d'analyse des produits trypsiques.

Méthode générale. — Pour analyser les produits trypsiques on peut appliquer la même méthode qui a servi à l'étude de la digestion pepsique. Le liquide est tout d'abord traité par le sulfate de zinc acide, et le précipité obtenu donne en bloc les albumoses. Dans la liqueur débarrassée des albumoses, on précipite les peptones par l'acide phosphotungstique; toutefois, on insolubilise en même temps les peptides supérieurs des acides monoaminés, ainsi que les bases hexoniques. Enfin, le filtrat, non précipitable par le réactif tungstique, correspond aux acides monoaminés simples. D'ailleurs, dans une autre partie du liquide, on détermine, par distillation avec la magnésie, l'azote amide.

L'analyse complète des produits de la digestion trypsique comprendrait, outre la séparation et la détermination des albumoses et des peptones restants, la caractérisation des bases hexoniques formées, ainsi que la recherche qualitative et quantitative des divers acides aminés apparus. Malheureusement, en l'état actuel de la science, il n'existe pas de méthode générale permettant, par une marche systématique, d'atteindre ce but. Tout au plus peut-on signaler les méthodes de DRECHSEL, KUTSCHER et KOSSEL pour l'analyse des bases hexoniques, et celle de l'éthérification (1) de FISCHER, pour la séparation et

---

(1) Cette méthode consiste à transformer tous les acides aminés, en solution alcoolique, au moyen de HCl gazeux, en éthers éthyliques, à séparer ceux-ci par distillation fractionnée sous pression réduite, enfin à saponifier chacun d'eux par la soude concentrée pour remettre les acides en liberté.

l'identification des divers acides aminés. Encore ces recherches sont-elles si complexes, qu'on ne saurait les envisager comme de simples analyses : elles comportent, en effet, de très nombreuses opérations, fort délicates et demandant beaucoup de temps et de matière. De plus, les résultats qu'elles fournissent, pour très intéressants qu'ils soient, ne peuvent être considérés comme quantitatifs : nous nous abstiendrons donc de les décrire, nous réservant au contraire d'indiquer avec détail une méthode, très simple et très expéditive, permettant d'évaluer avec une approximation très suffisante la totalité des acides aminés présents dans la liqueur : méthode qui est due à SOERENSEN et qu'on emploie couramment maintenant sous le nom de *titrage au formol*.

Méthode de Soerensen au formol. — Cette méthode, qui peut servir aussi bien pour le dosage des acides aminés que pour déterminer le degré d'hydrolyse d'une matière protéique, repose sur le principe suivant : Si, à une solution d'acide aminé, neutre du fait de la saturation interne du CO^2H acide par le NH^2 basique, on ajoute du formol, également neutre, celui-ci, en réagissant sur le groupe amine, masque en quelque sorte cette fonction basique, et l'on constate que la solution devient immédiatement acide. Soit par exemple du glycocolle, on a :

$$CH^2 \diagdown_{CO^2H}^{NH^2} + CH^2O = H^2O + CH^2 \diagdown_{CO^2H}^{N\,=\,CH^2}$$

La mesure de l'acidité indiquera, par suite, la quantité d'acide aminé contenue dans la solution. Un pareil phénomène se passe avec les produits de la protéolyse. La molécule albuminoïde étant constituée par des radicaux divers unis par les liaisons — CO — NH —, chaque fois qu'on fixe en un de ces points une molécule d'eau, la chaîne s'ouvre et il apparaît un groupement carbonyle acide et un groupement amine basique. Ces deux fonctions se saturant mutuellement, la réaction du milieu n'est pas sensiblement changée. Mais vient-on à ajouter dans la liqueur parfaitement neutre une solution de formol, on constate aussitôt que le liquide devient acide. C'est qu'en effet le groupe — NH^2, en réagissant avec l'aldéhyde formique CH^2O, s'est transformé en $— N = CH^2$, qui est une forme neutre, et le groupe CO^2H a pu se manifester dans toute sa plénitude. On pourra dès lors le doser au moyen d'une solution titrée, de baryte, par exemple. Plus l'hydrolyse sera profonde, plus il y aura de chaînons rompus et plus grand sera le nombre de CO^2H à saturer. Naturellement, à chaque CO^2H dosé correspond au moins un groupe NH^2 formé. Mais comme il y a aussi, parmi les débris albuminoïdiques, des corps à deux ou trois azotes, et qu'on ne sait pas, d'autre part, ni leur quantité, ni à quel moment ils sont libérés, on ne pourra les compter que comme dérivés monoazotés, de sorte qu'on commettrait une erreur par défaut si, après avoir converti le nombre de cc. d'alcali employés pour la saturation en mgr. d'azote titrable au formol, on considérait ce résultat comme représentant la quantité d'azote réellement séparée de la molécule albuminoïde.

Quoi qu'il en soit, voici comment on procède pour l'analyse. On prépare tout d'abord les réactifs suivants :

1) Une solution de phénolphtaléine correspondant à 0.5 % de phénolphtaléine dans de l'alcool à 50 %.

2) Du papier de tournesol très sensible, obtenu ainsi : on pulvérise finement 0 gr. 5 d'azolitmine, qui est la matière colorante du tournesol, et on la dissout dans 22.5 cc. de soude N/10, puis on dilue le tout avec 200 cc. d'eau. Après filtration, on ajoute à la liqueur 50 cc. d'alcool et l'on trempe rapidement dans cette teinture des bandes de papier contenant très peu de cendres. Après séchage, les bandes sont conservées dans des flacons bien secs en verre brun. Ce papier doit avoir un ton neutre et être faiblement teinté, car sa sensibilité est plus grande ainsi. Il doit réagir de la façon suivante avec ces mélanges de divers phosphates de soude :

Eau + 3 parties PO^4HNa^2 + 7 parties PO^4H^2Na : faible réaction acide.
  » + 5   »   » + 5   »   » : réaction neutre.
  » + 7   »   » + 3   »   » : faible réaction alcaline.

Si, en raison de la qualité du papier employé, les bandes qu'on a préparées ne répondent pas aux essais précédents, on les recommencera après avoir corrigé en conséquence la teinture de tournesol par l'addition d'une certaine quantité de soude N/10.

3) Une solution de formol, qui doit être préparée au moment de s'en servir. Pour cela, à 50 cc. de formol commercial on ajoute 1 cc. de la solution de phénolphtaléine précédente et, goutte à goutte, la quantité de soude N/10 nécessaire pour obtenir une légère teinte rose. Cette solution, dans les conditions où on l'emploie, doit subir une correction. Pour déterminer celle-ci, on prend 20 cc. d'eau distillée bouillie. Si le liquide de digestion dans lequel on exécutera le dosage est coloré, on ajoutera à cette eau distillée quelques gouttes d'une solution très diluée de tropéoline ou de brun Bismarck, afin de l'amener à la même teinte et de rendre ainsi les virages comparables. On ajoute alors à cette eau 10 cc. de la solution de formol et l'on titre cette liqueur de contrôle. Pour cela, on l'additionne d'environ 5 cc. de soude N/10, et l'on ramène avec HCl N/10 la coloration produite à celle d'une légère teinte rouge, puis on ajoute de nouveau deux gouttes de soude N/10, ce qui fait prendre à la liqueur type une teinte rouge vif, qui devra être la même pour toutes les analyses.

Si, par exemple, on a employé en tout 5 cc. 15 de soude N/10 et 5 cc. d'HCl N/10, la différence, soit 0.15 cc. de soude, représentera la correction pour 10 cc. de formol, qu'on devra retrancher du résultat donné par le liquide étudié. Au contraire, si l'on avait employé 0 cc. 15 d'HCl de plus que de soude, la correction aurait été additive.

4) Une solution saturée de baryte $Ba(OH)_2$ dans l'alcool méthylique.

Voyons maintenant comment on conduit l'analyse. Pour obtenir des résultats satisfaisants, il importe tout d'abord d'employer une quantité de substance telle qu'on soit conduit à utiliser environ 5 cc. de soude N/10, et, de plus, il est bon de répéter deux ou trois fois chaque détermination. Si la solution renferme de l'ammoniaque, il est préférable de la chasser d'abord, celle-ci n'étant titrée que d'une façon incomplète par

la méthode au formol. On place alors le liquide en expérience
dans un récipient haut et étroit, on y ajoute 1 cc. de solution
de phénolphtaléine, 2 gr. de $BaCl^2$ et un demi-volume de la
solution saturée de baryte dans l'alcool méthylique. On fait
ensuite passer, pendant plusieurs heures, un violent courant
d'air dans le liquide et l'on reçoit l'ammoniaque entraînée dans
un flacon contenant du SO^4H^2 N/10, dont la variation de titre
donnera au surplus la teneur en N ammoniacal. La liqueur,
dépouillée d'ammoniaque, est alors amenée à un volume donné,
puis filtrée ; une partie aliquote va servir maintenant au dosage
des acides aminés. Pour effectuer celui-ci, on neutralise exactement le liquide avec HCl N/10, en s'aidant du papier tournesol
très sensible, puis on ajoute 10 cc. de solution de formol ; on
verse à ce moment la solution de soude N/10 jusqu'au virage
rouge, et l'on en met un excès de 5 cc. ; on titre alors par retour,
avec HCl N/10, jusqu'à obtention de la coloration rouge faible,
et, au moyen de quelques gouttes de soude N/10, on amène la
teinte pareille à celle de la liqueur de contrôle.

La neutralisation exacte au papier de tournesol est
toujours assez fastidieuse. Si l'on dispose d'une quantité
suffisante de liquide, et si celui-ci est peu coloré, on peut,
sur une moitié, faire la neutralisation en présence de quelques
gouttes de teinture de tournesol ajoutées au liquide même, et
verser ensuite dans l'autre moitié, la même quantité d'HCl
N/10 qu'on a employée pour la saturation de la première.

Si la liqueur examinée ne contient pas d'ammoniaque, on
ajoute directement, à un volume connu de celle-ci, 1 cc. de
phénolphtaléine, 2 gr. de $BaCl^2$, de la baryte, jusqu'à l'apparition de la coloration rouge, puis un excès de 5 cc. ; on amène
le tout à 100 cc., on agite vigoureusement, on laisse 1/4 d'heure
au repos, on filtre s'il y a lieu, et sur une partie aliquote on
procède au dosage, comme plus haut.

Dans le calcul de l'azote formol on ne fait, naturellement,
intervenir que la quantité de soude qui a servi à partir du
moment où la solution a été exactement neutralisée au tournesol. Voici les divers nombres qu'on a obtenus en appli-

quant la méthode à une solution de glycocolle à 2 °/₀ : 10 cc.
de cette solution, contenant par conséquent 0 2 gr. de substance, soit 0.0344 gr. N total, sont additionnés de 10 cc. de
phénolphtaléine, de 2 gr. BaCl² et de 8 cc. de Ba(OH)² : on complète à 100 cc., on agite, on abandonne 1/4 d'heure et l'on filtre.
25 cc. du filtrat, soit 2.5 cc. de la liqueur primitive, exigent
pour leur neutralisation, en présence de papier tournesol,
7.5 cc. HCl N/10. A ce moment, on a ajouté successivement :
6.1 cc. de soude N/10 (coloration rouge faible) + 5.5 cc. de
soude N/10 (excès), soit en tout : 11.6 soude. Puis, avec 5.75 cc.
HCl N/10, on est revenu à la teinte rouge faible. Enfin,
0.1 cc. de soude N/10 ont donné la teinte rouge typique de la
liqueur de contrôle. On a donc employé : 11.7 cc. de soude
(le formol avait une correction nulle) — 5.75 HCl, ce qui
fait : 5.95 cc. N/10, soit $5.95 \times 1.4 = 8.33$ mgr. N. Or, les
2.5 cc. de liqueur contiennent effectivement 8.6 mgr. de N : le
dosage d'azote formol représente donc 98.1 °/₀ de l'azote total.

Voici maintenant les résultats trouvés avec le liquide
d'une digestion trypsique de caséine : 100 cc. de liquide
filtré, débarrassé par un peu d'acide acétique de la caséine non
transformée, contiennent 240 mgr. N total; 50 cc. de ce liquide,
traités par BaCl² et Ba (OH)² alcoolique, ont donné une quantité
de NH³ telle, que sa saturation a exigé 2.5 cc. SO⁴H² N/10,
soit $2.5 \times 1.4 = 3.5$ mgr. N, c'est-à-dire 7 mgr. d'azote ammoniacal pour 100 cc. de liquide primitif. Le liquide débarrassé
de NH³ est amené à 100 cc. On en prend 50 cc., qu'on neutralise
exactement au papier de tournesol, puis on verse les 10 cc.
de formol. On ajoute alors : 13.0 cc. soude N/10; puis 5.4 cc. HCl
N/10; puis 0.2 cc. soude N/10.

D'autre part, la correction du formol était de — 0.1 cc.; on
a donc employé : $13.0 - 5.4 + 0.2 - 0.1 = 7.7$ cc. soude N/10;
soit $7.7 \times 1.4 = 10.78$ mgr. N; d'où : $10.78 \times 4 = 43.12$ mgr.
de N formol pour 100 cc. liquide primitif.

Ce liquide de digestion contient donc :

2.9 d'N ammoniacal
17.9 » titrable au formol } pour 100 d'azote total.

La méthode que nous venons d'exposer comporte quelques remarques :

1) Ainsi qu'on l'a déjà fait observer, l'azote titrable au formol, en raison de l'existence de corps di- et triazotés, ne représente qu'un minimum de l'azote contenu dans les peptides libérés.

2) Le dosage, en suivant exactement les prescriptions indiquées, donne de bons résultats, oscillant entre 89 et 99, avec une moyenne de 97.5 %, pour l'estimation de l'azote contenu dans les différents amino-acides : glycocolle, alanine, leucine, acide aspartique, ornithine, lysine, sérine, histidine, etc. Toutefois, SOERENSEN a constaté qu'avec la proline, les résultats sont moins bons : dans une solution décinormale de cette substance, on n'arrive à titrer que 85 % de l'azote qu'elle renferme. Par contre, avec la tyrosine on trouve sensiblement plus d'azote que le calcul ne l'indique.

Une autre cause d'erreur réside dans la présence du groupement arginique dans la molécule albuminoïde. On sait que les sels de guanidine, même après addition de formol, se comportent comme des combinaisons tout à fait neutres et que, d'autre part, l'arginine, bien qu'ayant deux fonctions amines, joue néanmoins, vis-à-vis de ce réactif, le rôle d'une base monoacide seulement. Tant que ce dernier corps n'est lié aux autres parties de la molécule albuminoïdique que par son CO^2H ou le NH^2 voisin, le groupe guanidine $NH^2 — C(NH) — NH —$ restant libre dans la molécule elle-même, la passivité de ce groupe à l'égard du formol ne gêne aucunement le dosage. Mais si le groupe guanidine se trouve lié à un groupe CO^2H de la chaîne protéique, la rupture d'une pareille liaison échappera à la mesure par la titration au formol. Et l'on n'a aucun moyen d'apprécier l'importance de cette cause d'erreur.

3) On a vu qu'il importait de neutraliser tout d'abord le liquide à examiner à l'aide de papier tournesol, puis que le titrage au formol devait être fait en présence de phénolphtaléine. SOERENSEN a basé le choix de ces deux indicateurs sur des raisons théoriques. Toutefois, l'emploi, au début, du tour-

nesol, n'a pas été adopté par tous. En général, les résultats trouvés en partant d'une neutralité au tournesol sont plus grands que ceux obtenus par rapport à une neutralité à la phénolphtaléine ; cependant ils peuvent être plus petits, le sens de cette différence dépendant de la nature des acides aminés présents dans le liquide. En particulier, l'emploi du tournesol lors de la neutralisation occasionne une erreur assez considérable lorsqu'on opère en présence de grandes quantités d'acides faibles, tels que les acides carbonique et phosphorique. On se débarrasse de ces acides précisément en traitant la liqueur par le chlorure de baryum et la baryte caustique.

4) Pour le titrage, on peut se servir de solutions décinormales soit de soude, soit de baryte caustique. Cependant, leur emploi n'est pas tout à fait indifférent. Les solutions dépourvues normalement de carbonate et de phosphate se laissent titrer aussi facilement par une solution de soude que par de la baryte. On doit préférer la soude à la baryte, et, par suite, ne pas faire subir le traitement préalable à $BaCl^2$ + $Ba(OH)^2$ lorsqu'il s'agit de mélanges riches en phénylalanine, ou lorsque les liquides examinés renferment surtout des produits du début de la scission des protéines. Du reste, avec la soude, le dosage de la tyrosine est moins mauvais qu'avec la baryte.

5) Une difficulté qui se présente souvent pour l'application de la méthode de SOERENSEN résulte de la coloration des liquides à analyser. Nous avons déjà indiqué un moyen destiné à rendre comparables les déterminations faites dans la liqueur de contrôle et la liqueur examinée. Mais l'emploi de petites doses de matière colorante ne peut convenir que pour des solutions faiblement colorées. Dans le cas contraire, on procède à une défécation réalisée de la façon suivante : A 25 cc. du liquide foncé on ajoute 4 cc. d'une solution 2 N de $BaCl^2$; on agite fortement, puis on ajoute 20 cc. d'une liqueur N/3 d'azotate d'argent : on agite de nouveau, on complète à 50 cc. et on filtre. Le précipité de $AgCl$ ainsi formé entraîne avec lui la majeure partie de la matière colorante.

§ 9.

Marche de la peptonisation trypsique.
Formation de l'azote amide.

Pour suivre les transformations chimiques produites au cours d'une digestion trypsique, on abandonne, à la température de 37°, une solution alcaline d'ovalbumine à 2 %, avec de la trypsine et en présence de toluol ou de chloroforme. Dans le présent essai on a mélangé 0.5 gr. de carbonate de soude et 0.6 gr. de trypsine de MERCK par litre de liquide. On a prélevé à différentes reprises des échantillons, qu'on a filtrés et qu'on a ensuite soumis à l'analyse, comme il a été dit dans le chapitre précédent.

DÉGRADATION DE L'AZOTE
AU COURS DE LA DIGESTION TRYPSIQUE.

Durée de la digestion	Albumose SO4Zn	Peptones précipitables par PPT	Partie non précipitable par PPT	Azote aminé Formol	Azote précipitable par tanin
3 heures	60.1	17.6	22.3	11.1	52.8
2 jours	16.4	26.9	56.7	21.3	10.1
3 »	16.1	23.5	56.7	26.8	10.7
4 »	19.2	21.7	59.1	27.7	17
5 »	17.5	19.3	63.2	29	15.5
11 »	14.2	20.4	65.4	34.6	12.8
16 »	12.9	21.5	65.6	34.8	10.8
21 »	6.9	24	69.1	41.9	3.2
25 »	6.9	24.1	69.0	41.5	3.0

Les rubriques : albumoses, peptones et partie non précipitable par l'acide phosphotungstique (PPT), réunies, donnent la totalité de l'azote contenu dans le filtrat. La fraction non précipitable par l'acide phosphotungstique représente les amino-acides. On voit que cette quantité augmente graduellement : après trois heures de digestion, sur 100 d'N total du filtrat, 22.3 se trouve à l'état non précipitable par PPT. Après vingt-cinq jours, la fraction correspondante représente déjà 69.0 % de la totalité de l'azote. Cette marche diffère radicalement de celle de la pepsine : elle caractérise le travail de la trypsine. Comme contrôle, on a dosé directement les acides aminés par le formol; on voit que leur proportion augmente aussi graduellement : de 11.1 % au début, on arrive après cinq jours à 29 %, et, à la fin, à 41.5 %. Ces chiffres nous montrent que la partie non précipitable par l'acide phosphotungstique n'est pas exclusivement composée d'acides monoaminés, attendu que sa teneur en azote est toujours notablement supérieure à l'azote titrable au formol. Sans doute, ces dernières données sont trop faibles, mais l'erreur résultant de la différence de pourcentage entre l'azote des acides monoaminés et celui des acides diaminés n'est pas assez grande pour expliquer l'écart que nous constatons. D'ailleurs l'azote formol est pris non pas sur la partie non précipitable par le réactif tungstique, mais sur la totalité du liquide de digestion, après filtration; il comporte donc l'azote des bases hexoniques, lesquelles sont précipitées en même temps que les peptones; or, malgré cette majoration, les chiffres de la 4e colonne sont très inférieurs à ceux de la 3e colonne.

Ce qui ressort très clairement de ce tableau, c'est la marche irrégulière de la formation des peptones. Déjà très abondante dès le début de l'action, la proportion de ces produits augmente jusqu'à un certain maximum, puis redescend, pour remonter après et atteindre un second maximum. Ici, encore, nous assistons à un travail tout autre qu'avec la pepsine : tandis qu'avec cette dernière diastase, la quantité de substances précipitables par le réactif tungstique croît régulièrement pour se fixer, à la fin de l'hydrolyse, à une certaine valeur, avec la trypsine on n'aboutit à un équilibre plus ou moins stable en peptone qu'après plusieurs oscillations.

Pareille régression s'observe dans la disparition des albumoses; après être descendue de 60.1 % à 16.1 %, la teneur en azote de ces corps remonte à 19.2, pour revenir à 14.2 et se fixer à 6.9 %. Cette augmentation transitoire des albumoses ressort également de l'examen des données contenues sous la rubrique tanin. Nous voyons ainsi qu'après trois jours, la teneur en azote du précipité tannique est de 10.7; qu'elle monte le quatrième jour à 17 %, pour redescendre ensuite et tomber, au vingt-cinquième jour, à 3.0 %. La reformation de l'albumose n'apparaît pas toujours au cours des digestions avec une netteté aussi grande que celle qui est constatée sur ce tableau. Cependant, si, à des intervalles de douze heures, on suit la variation de l'azote albumose d'un liquide soumis à la digestion, on constate fréquemment des écarts en plus ou en moins de 3 à 4 %.

L'albumose se reforme aux dépens des peptones et des produits non précipitables par l'acide phosphotungstique. Il est souvent fort difficile de suivre l'augmentation de la proportion d'albumose, car, au cours des digestions trypsiques, l'azote du liquide filtré varie constamment, une partie de celui qui était précédemment solubilisé reprenant la forme insoluble. En général, après trois ou six heures de digestion, en présence d'une dose suffisante de trypsine, l'albumine coagulée est complètement dissoute et le liquide, avant et après filtration, accuse la même teneur en azote. Puis, la peptonisation avançant, on constate que le liquide, de clair qu'il était, se trouble, d'une façon plus ou moins abondante, d'ailleurs, l'intensité du louche variant avec le temps. Si, au cours d'une digestion, on répète, à différents intervalles de temps, le dosage d'azote sur le liquide avant et après filtration, on observe des résultats très variables :

PRÉCIPITATION DE L'AZOTE AU COURS D'UNE DIGESTION TRYPSIQUE.

Durée de la digestion	Teneur en azote du filtrat	N précipité	
		Par litre	o/o N total
Après 3 heures	2.83	0	0
» 2 jours	2.42	0.41	14.5
» 3 »	2.29	0.54	19.1
» 4 »	2.64	0.19	6.7

La substance précipitée au cours de la digestion trypsique est de la plastéine, substance dont on a déjà parlé dans un chapitre précédent. Son apparition ici résulterait d'un travail de synthèse, réaction rendue possible vraisemblablement par les changements qui se produisent dans les conditions de milieu durant la protéolyse. Il est même très probable que l'arrêt final dans l'hydrolyse provoquée par la trypsine, avant que celle-ci ne soit complète, correspond à un équilibre stable qui s'établit entre les deux fonctions opposées de cette diastase, son pouvoir analytique et son pouvoir synthétique. En tout cas, les albumoses et les peptones restant après l'hydrolyse profonde de la trypsine, séparées du liquide de digestion, peuvent, à leur tour, être dégradés par la diastase ; ils ne sont donc point des corps résiduaires, comme le pensait KUHNE, qui les avait décrit sous le nom d'*antipeptones*. L'existence de pareilles substances devient même très problématique, leur confusion avec les premiers produits de décomposition — ou de recombinaison — s'expliquant d'ailleurs par les expériences précédentes.

En résumé, au point de vue purement chimique, le travail trypsique se différencie de celui produit par la pepsine, par les trois points suivants :

1) Il se forme une très grande quantité de produits titrables par le formol, acides aminés simples, tyrosine, tryptophane, etc.;

2) On n'atteint pas la dose limite de peptone par une marche régulière, mais par une série d'oscillations ;

3) On observe une tendance très manifeste à produire un travail de synthèse, même dans des conditions de grande dilution.

Formation de l'azote amide au cours de la digestion trypsique. — La digestion trypsique ne diffère pas seulement de la digestion pepsique par la profondeur de l'hydrolyse, mais encore par l'allure même de celle-ci. Tandis que la pepsine libère de préférence les groupements amidés en rendant ainsi une quantité considérable de NH^3 facilement dégageable par la magnésie, l'action de la trypsine se porte beaucoup moins sur ces chaînons de la molécule albuminoïde, et la quantité finale d'ammoniaque susceptible d'être entraînée par ébullition avec l'alcali est bien moindre.

FORMATION D'AZOTE AMMONIACAL DANS LA DIGESTION TRYPSIQUE.

Nature de la matière albuminoïde	Durée de la digestion	Azote ammoniacal pour 100 N total	N ammoniacal et N formol pour 100 N total
Ovalbumine	14 jours.	1.4	30.1
	73 »	4.6	60.2
Caséine	14 »	2.4	34.8
	73 »	5.1	42.5
Edestine	12 »	2.9	29.7
	73 »	7	45.4
Gliadine	11 »	6.5	30.5
	43 »	12.8	35.5
Gélatine	21 »	0.9	20.9
	70 »	1.4	25
Peptone Witte	12 »	2	34.7
	73 »	3.3	43.1

Ainsi, tandis que la proportion d'azote ammoniacal obtenue avec la gliadine, par exemple, était, après 43 jours de digestion pepsique, comme on l'a vu précédemment (p. 252), de 20.9 %, avec la trypsine on observe seulement un dégagement de 12.8 %, et cependant la quantité totale d'azote (ammoniacal + formol) est supérieure dans le second cas à celle du premier : 35.5 %, au lieu de 33.3 %.

La différence entre les travaux pepsique et trypsique devient encore plus évidente quand on compare les produits de ces deux digestions arrivées au même degré de l'hydrolyse, état évalué d'après la valeur du chiffre formol :

AZOTE AMMONIACAL FORMÉ COMPARATIVEMENT DANS LES DIGESTIONS PEPSIQUE ET TRYPSIQUE.

Matière albuminoïde	Degré de l'hydrolyse N formol	Pepsine	Trypsine
Ovalbumine	24 %	3.6 %	1.4 %
Caséine.	24	6.1	1.4
Edestine	27	7.1	1.8
Gliadine	30	18.5	9.1
Gélatine	15	1.3	0.9

L'ovalbumine, amenée à une teneur en azote formol de 24 %, accuse 3.6 d'azote ammoniacal sur 100 d'azote total, quand le catalyseur employé est la pepsine et seulement 1.4 %, quand on se sert de trypsine. Pareils résultats sont obtenus avec les autres albuminoïdes.

§ 10.

Antitrypsine.

Le sérum sanguin entrave à un haut degré l'activité de la trypsine. Cette action antitrypsique du sérum a été établie, en 1894, par Fermi et Pernossi et a fait, depuis, l'objet de nombreux travaux. En particulier, Glaessner a trouvé que le pouvoir antiprotéolytique du sérum varie chez un même individu au cours de la journée. Zunz a confirmé ce résultat en montrant, comme nous le verrons plus loin, que l'action antifermentaire du sérum de chien vis-à-vis du suc pancréatique kinasé augmente ordinairement quelques heures après l'ingestion de viande crue de cheval.

Mesure du pouvoir antitrypsique d'un sérum. — La détermination du pouvoir antitrypsique du sérum se fait habituellement par la méthode de Marcus, qui consiste à faire, sur des plaques de verre recouvertes de sérum de bœuf coagulé, une série de gouttes de mélanges divers de sérum et de trypsine. Tant que la quantité de sérum est insuffisante, l'albumine est attaquée, et il se forme une petite cupule à l'endroit où le liquide est déposé; au contraire, à partir de la première goutte où le sérum de bœuf reste intact, on peut conclure que l'action neutralisante est réalisée. On emploie aussi la méthode de Fuld, reposant sur l'action de mélanges de sérum et de trypsine sur de la caséine, action suivie d'une précipitation par l'acide acétique : la neutralisation de la trypsine est constatée par la non-solubilisation de la caséine. Enfin, on se sert quelquefois de la méthode à la fibrine colorée de Grützner et Gehrig. P. Achalme et Stévenin préconisent de mesurer, non pas le pouvoir antitrypsique, mais le pouvoir antiprésurant, qu'on sait être en parallélisme étroit avec le premier. On met donc dans des tubes 2 à 3 cc. de lait, qu'on stérilise à 120°; puis on ajoute des mélanges divers de trypsine diluée et de sérum au 1/10 en doses croissantes, et on laisse vingt heures à 50°, en plaçant une goutte d'essence de moutarde dans les bouchons qui ferment les tubes : le dernier tube coagulé indique la limite de la neutralisation; la quantité de sérum ajouté au premier tube de la série restée intacte, mesure donc sa valeur antitrypsique. Cette dernière méthode donne de très bons résultats.

Dans toutes ces déterminations, il est un point très important sur lequel les auteurs n'insistent souvent pas assez, ce qui rend leurs résultats peu comparables : c'est la force de la trypsine qu'ils emploient. Achalme recommande une macération de 5 à 7 % de pancréatine faite dans une solution physiologique pendant 18 à 24 heures à 35°, en présence de quelques gouttes d'essence de moutarde. Le liquide est filtré et réparti dans des pipettes stérilisées et scellées, qu'on conserve dans l'obscurité. Le titrage de cette trypsine se fait alors d'après son action sur du sérum de cobaye adulte. En employant la technique d'Achalme, précédemment décrite, on doit obtenir une trypsine dont 0.01 cc. à 0.015 cc. (ou 0.1 cc. à 0.15 cc. d'une dilution au 1/10) est neutralisé par environ 0.01 cc. (c'est-à-dire 1 cc. de dilution au 1/100) de sérum de cobaye — ou encore par 0.015 cc. de sérum de lapin.

Voici, d'après Guido Finzi, le pouvoir antitrypsique du sérum d'animaux domestiques sains, tués aux abattoirs :

POUVOIR ANTITRYPSIQUE DU SÉRUM D'ANIMAUX DOMESTIQUES.

Espèces.	Nombre de sujets étudiés.	Indice antitrypsique.
Cheval	50	De 2 à 3
Bœuf	50	3 à 4
Mouton	50	4.5 à 5.5
Chèvre	12	4 à 5
Chien	6	3
Chat	3	3
Poule	6	0.5 à 1
Oie	2	1
Pigeon	6	1
Lapin	12	1 à 2
Cobaye	12	5
Singes inférieurs	2	4

Le pouvoir antitrypsique de l'homme est compris entre 4 et 5. Différents auteurs ont constaté que le sérum humain d'individus porteurs de néoplasmes variés avait un pouvoir antiprotéique plus grand que la normale. C'est ainsi que A. GIRAULT et RUBINSTEIN ont reconnu, chez un certain nombre de malades atteints de lésions de l'estomac, telles que le cancer gastrique, que l'indice antitrypsique atteint souvent 8, 10 et 12. Mais ce n'est pas là un caractère spécifique du cancer, car les ulcus donnent aussi un fort pouvoir antifermentaire.

La substance antitrypsine du sérum est moins résistante à la chaleur que l'antipepsine. Du sérum maintenu pendant une demi-heure à 56° perd environ 1/5 de son pouvoir antitrypsique. Maintenu pendant une heure entre 60° et 65°, il s'affaiblit considérablement, et après 2 heures à 68°, le sérum a perdu toute action neutralisante vis-à-vis de la trypsine. La sensibilité de l'antitrypsine vis-à-vis de la température se trouve d'ailleurs sensiblement réduite quand on ajoute au sérum de la fibrine ou de l'albumine.

Pour étudier l'action de doses croissantes de sérum sur un suc pancréatique activé par de l'entérokinase, ZUNZ procède ainsi : A 2 cc. de suc non actif, additionné de 0.5 cc. d'une solution d'entérokinase à 1 %, il ajoute des quantités croissantes de sérum sanguin de chien et mesure l'action résultante par la digestion subie en 24 heures à 38°, par des tubes de Mett contenant du sérum ou du blanc d'œuf coagulés.

(*Voir tableau comparatif, page 347.*)

Ainsi, dans le tube n° 1, sans sérum, il y a eu 8 mm. d'albumine digérée ; avec 0.1 cc. de sérum, l'action antitrypsique se manifeste déjà, et elle augmente graduellement avec la dose de sérum ; en présence de 1 cc. de sérum l'action trypsique se trouve complètement arrêtée. Le sérum obtenu à jeun est moins actif qu'après un repas. De plus, on constate que le pouvoir antiprotéolytique du sérum de chien, vis-à-vis du suc pancréatique activé par l'entérokinase, augmente généralement 1 h. 1/2 après le repas. Il arrive au maximum après 3 heures et recommence à décroître après 5 ou 7 heures.

POUVOIR ANTIPROTÉOLYTIQUE DU SÉRUM DE CHIEN VIS-A-VIS DU SUC PANCRÉATIQUE KINASÉ.

LIQUIDES EMPLOYÉS	Longueurs d'albumine digérées en mm.	
	Sérum	Blanc d'œuf
2 cc. suc pancréat. $+$ 0.5 cc. entérok. $+$ 0.5 cc. NaCl 8 °/oo.	8 m/m	6.5 m/m
» » 1 » .	6.5	5.5
Suc pancr. activé $+$ 0.1 cc. sérum à jeun $+$ 0.4 cc. NaCl.	2.5	1.5
» $+$ 0.2 » $+$ 0.3 » .	2.0	1.0
» $+$ 0.3 » $+$ 0.2 » .	1.5	0.8
» $+$ 0.4 » $+$ 0.1 » .	1.2	0.5
» $+$ 0.5 »	0.8	0.2
» $+$ 0.6 »	0.5	traces
» $+$ 1 »	0	0
» $+$ 0.1 cc. sérum repas $+$ 0.4 cc. NaCl.	2	1
» $+$ 0.2 » $+$ 0.3 » .	1.5	0.8
» $+$ 0.3 » $+$ 0.2 » .	1.2	0.5
» $+$ 0.4 » $+$ 0.1 » .	1	0.4
» $+$ 0.5 »	0.8	0.2
» $+$ 0.6 »	0.5	traces
» $+$ 1 »	0	0

L'antitrypsine se comporte comme un enzyme. Mais il y avait lieu de rechercher, dans son action sur le suc pancréatique, lequel des trois facteurs est directement visé : le trypsinogène, l'entérokinase ou le produit résultant, la trypsine. Suivant les cas, l'action du sérum sanguin s'expliquerait par l'existence d'un antitrypsinogène, d'une antikinase ou d'une antitrypsine. Des recherches de MEYER, il résulte que le sérum sanguin contient seulement une antitrypsine ; par préparation d'un animal au moyen d'injections répétées de trypsine, on arrive à augmenter le pouvoir antitrypsique de son sang ; mais on n'arrive point par le même procédé, en injectant du suc pancréatique non activé ou du suc intestinal, à obtenir de l'antitrypsinogène ou de l'antikinase. Cependant, DASTRE et DELEZENNE sont d'un avis contraire, et, d'après eux, le sérum agirait par une antikinase.

**Action de l'antitrypsine sur des solutions de trypsine
atténuées par le chauffage ou l'agitation.** — L'antitrypsine
peut servir à évaluer l'activité protéolytique d'une solution de
trypsine. Le sérum conserve son pouvoir antifermentaire assez
longtemps pour qu'on puisse en faire une solution-type et,
quand le besoin s'en présente, ramener, au moyen de celle-c
une solution quelconque de trypsine au même titre. L'emploi
de l'antitrypsine dans les dosages offre encore un grand
avantage : c'est qu'il révèle dans les solutions d'enzyme des
modifications qui auraient complètement échappé par d'autres
méthodes. C'est ainsi que le volume de solution de trypsine
correspondant à une quantité de sérum déterminée, dépendra
de la température à laquelle la solution de trypsine a été préalablement portée. Quand on maintient une solution de trypsine
pendant 25 minutes à 50°, elle perd 25 % de son pouvoir protéolytique, c'est-à-dire qu'il faudra un tiers de cette solution de
trypsine chauffée de plus pour produire, dans les mêmes
conditions, le travail fait avec la solution de trypsine primitive.

L'enzyme ainsi atténué devrait aussi se montrer, dans le
même rapport, moins sensible à l'égard du sérum. Or, ce n'est
pas ce qu'on observe. Avant qu'on ait chauffé la trypsine à 50°,
1 p. de sérum neutralise 5 p. de solution de trypsine, par conséquent, en employant la trypsine affaiblie par le chauffage, qui
a perdu le 1/4 de son pouvoir, il faudrait, pour neutraliser 1 p.
de sérum, théoriquement, 6.7 cc. de cette solution. En réalité,
1 p. de sérum exige au moins 10 p. de trypsine chauffée.

Une même divergence est observée avec des solutions de
trypsine affaiblie par agitation. Dans l'étude de la pepsine on
a déjà mentionné qu'une solution d'enzyme perd sensiblement
de son pouvoir protéolytique par l'agitation. La cause de cette
diminution s'explique en partie par ce fait qu'une fraction de
la diastase reste collée sur les parois du vase, qu'une autre
passe dans la mousse et qu'une dernière, enfin, est réellement
détruite. Pareil phénomène a lieu avec des solutions de trypsine :

Altération de la trypsine par l'agitation.

	Pouvoir protéolytique.	Perte.
Témoin	100	0
30 m. d'agitation . . .	75	25
60 m. » . . .	42	58

Ainsi, les solutions perdent considérablement de leur activité à la suite de l'agitation. Mais les essais faits avec l'antitrypsine révèlent que l'altération provoquée par l'agitation est encore beaucoup plus grande que ne l'indique l'analyse directe :

Solution témoin :	1 p. sérum neutralise 10 p. trypsine.
Après 30 m. d'agitation : 1	» 50 »
» 60 m. » 1	» 115 »

Les données analytiques, telles que les précédentes, qui sont basées sur la quantité d'albumine dissoute dans un temps donné, ne reflètent donc pas toujours la richesse réelle d'une trypsine en substance active. Une diastase très affaiblie peut encore fournir un maximum d'effet à une température très voisine de celle de sa destruction. Dans une solution altérée, la quantité de substance active restante ne peut plus être mesurée par son action directe sur la matière albuminoïde, car son activité se trouve en quelque sorte exaltée. Quoique le nombre d'unités de diastase soit très réduit, le travail digestif produit est tel qu'on est amené à conclure à une quantité de diastase beaucoup plus grande que celle qui existe réellement. Au contraire, l'antitrypsine ne paraît pas sensible à tous ces effets secondaires; une unité d'antitrypsine sature toujours, quelles que soient les conditions, une unité de trypsine présente. Il en résulte que les données fournies par l'antitrypsine se rapprocheront toujours beaucoup plus de la réalité que celles obtenues par l'analyse ordinaire.

L'atténuation de l'activité des cellules vivantes ne se laisse pas non plus toujours mesurer par la voie directe, et sur ce point il y a, encore une fois, un parallélisme très grand entre les cellules et les enzymes. Au cours de la fermentation alcoolique d'un moût de grain à la température de 28°, on peut faire monter la température à 37° pendant une heure sans conséquence apparente. Ramenée à 28°, la fermentation se continue en donnant par heure le même dégagement gazeux qu'avant que le liquide ait été porté à 37°. Cependant, en étudiant de plus près, on voit que cette surchauffe de courte durée a néanmoins apporté des changements profonds, qui se maintiennent même pendant un certain temps. C'est ainsi que la levure, qui supportait, avant qu'elle eût été portée à 37°, une dose déterminée d'antiseptique, succombe déjà quand la dose est réduite de moitié. De plus, l'introduction, dans un tel moût en pleine fermentation, d'une culture de ferment lactique, à raison d'une bactérie pour 100 cellules de levure, n'amène point d'acidification dans le moût. Au contraire, la levure qui a subi l'action de 38° pendant une heure ne supporte plus la concurrence du ferment lactique ; et même, si l'on ne met qu'une bactérie pour 500 cellules de levure, on constate encore que le liquide s'acédifie très rapidement. Ainsi, dans l'action des enzymes comme dans celle des cellules vivantes, une atténuation de leur activité ne se laisse point directement mesurer, et ce sont seulement des réactions spéciales, comme celles des antiferments, ou la sensibilité aux antiseptiques, ou encore la résistance vis-à-vis d'autres cellules vivantes, qui peuvent révéler toute la profondeur du changement.

§ 11.

Dosage de la trypsine.

Méthodes citées déjà pour le dosage de la pepsine. — Les considérations générales que nous avons développées à propos du dosage de la pepsine se retrouvent intégralement ici. Même variété dans le choix des substances albuminoïdes à transformer, ainsi que dans le mode d'appréciation de la marche de la réaction. Il convient cependant de noter un avantage de la trypsine sur la pepsine. On sait que la diastase pancréatique pousse la digestion beaucoup plus loin que l'enzyme stomacal et qu'elle fournit, parmi les corps d'hydro-lyse, une certaine quantité d'acides aminés. Or, ceux-ci, grâce à la méthode de Soerensen, sont susceptibles d'une évaluation assez exacte. On a donc, dans la détermination des acides aminés formés, un moyen commode et précis pour mesurer l'activité d'une trypsine. A part cette exception heureuse, presque toutes les méthodes que nous avons exposées pour la pepsine s'appliquent au dosage de la trypsine.

Les méthodes de Grützner à la fibrine colorée, d'Effront au blanc d'œuf, de Mett avec les tubes fins pleins d'albumine coagulée, restent telles quelles : seulement, la digestion, au lieu d'être effectuée en milieu acide, devra se faire en réaction neutre ou, mieux encore, très légèrement alcaline.

Méthode à la caséine. — La caséine a été proposée successivement par Weis, Fuld et quelques autres, comme substance propre au dosage de la trypsine. Voici comment on l'emploie, en vue de la détermination de la richesse diastasique d'une pancréatine. Un gr. de caséine de Hammarsten est dissous dans 10 cc. de soude N/10 additionnés d'un peu d'eau. Il est avantageux de chauffer légèrement. Quand la dissolution est totale, on neutralise exactement au papier de tournesol, ce qui exige environ de 5 à 7 cc. HCl N/10. On porte ensuite à 100 cc. avec une solution de NaCl à 0.8 %. D'autre part, on fait dans l'eau physiologique une solution pancréatique à 1 %; une 2e à 1 %o; une 3e à 1 %oo. Enfin on prépare une solution d'acide acétique dilué en mélangeant 5 cc. d'acide glacial + 45 cc. d'alcool + 50 cc. d'eau. La détermination se fait de la façon suivante : dans une série de tubes on met de 1 à 5 cc. de solution pancréatique à diverses concentrations. On amène à 10 cc. avec la solution salée physiologique et l'on ajoute 2 cc. de la solution de caséine à 1 %. On laisse une heure à 40°, puis on ajoute trois gouttes de solution d'acide acétique et l'on constate le trouble ou son absence. Soit, par exemple, une série de tubes contenant :

    I : 1 cc. solution pancréatine à 1 % soit 0.0100 gr. substance
   II : 1/10 cc.   »   1 %   0.0010   »
  III : 5/10 cc.   »   1 °/₀₀   0.0005   »
   IV : 3 cc.   »   1 °/₀₀₀ 0.0003   »
    V : 2.5 cc.   »   1 °/₀₀₀ 0.00025   »
   VI : 2 cc.   »   1 °/₀₀₀ 0.0002   »

Après action de la diastase et addition de l'acide, on constate que I, II, III, IV ne se troublent pas, tandis que V et VI donnent un précipité de caséine. Donc 0.0003 gr. est la dose minima capable de digérer la caséine présente. On voit ainsi que :

1) 0.0003 gr. de trypsine digère une dose de caséine de 0.02 gr., autrement dit, 1 de trypsine digère 66 de caséine. La *force* de la trypsine est donc de 66.

2) On peut dire aussi que *l'unité* de trypsine pour digérer les 2 cc. de caséine est de 0.0003.

Remarques. I. — Il arrive parfois qu'après avoir mélangé, selon la technique recommandée, la solution diastasique et la caséine, et mis le tube au bain-marie à 40°, on observe, au bout de quelques minutes, l'apparition d'un louche, ou même d'un précipité. Ce phénomène s'observe surtout avec des cultures microbiennes faites sur du lait. Il est dû à une action diastasique. En effet, si l'on opère comparativement avec des solutions protéolytiques bouillies ou non bouillies, on voit que le précipité n'apparaît que dans les tubes où l'on a mis la diastase non chauffée. Il est vraisemblablement dû à la précipitation de la caséine sous l'influence de la présure contenue dans la culture, en même temps que la trypsine. Si l'on maintient plusieurs heures à 40° un pareil tube où la caséine a été précipitée, on constate que le précipité finit, à la longue, par se redissoudre. La méthode de dosage de la trypsine par la caséine ne saurait évidemment s'appliquer à de tels liquides diastasiques. En effet, le liquide résultant du mélange de la diastase et de la caséine étant déjà trouble, il devient impossible de voir si l'addition d'acide acétique produit un nouveau précipité. De plus, la trypsine agissant sur une caséine précipitée, au lieu d'être dissoute, on voit que les conditions expérimentales cessent d'être comparables.

II. — La caséine peut encore être employée d'une autre façon pour le dosage de la trypsine ; ce dispositif convient surtout quand on a une série de dosages à faire : On prépare, comme précédemment, une solution de caséine neutre à 1 %. On la répartit, par fraction de 100 cc., dans une série de fioles, où l'on ajoute ensuite les liquides diastasiques à étudier. Des essais témoins sont disposés en introduisant les mêmes quantités de liquides diastasiques bouillis. On additionne tous les flacons de 2 cc. d'un mélange de chloroforme et de toluol, on laisse 24 ou 48 heures à 40°, puis on précipite la caséine restante par une quantité, déterminée à l'avance et toujours la même, d'acide acétique N/10. On fait un volume, on filtre et l'on dose l'azote total dans le liquide clair.

Emploi de la méthode de Soerensen. — Si l'on veut se rendre compte de la différence d'allure dans l'attaque des matières albuminoïdes par des trypsines d'origine variée, il faut, dans le liquide filtré provenant de la digestion de la caséine ou de l'albumine et débarrassé de l'excès de matière non transformée, faire non seulement un dosage d'azote total, mais encore déterminer la répartition de cet azote entre les différents produits de la dégradation. On fera donc, sur une partie aliquote du liquide, un dosage de l'azote précipitable par le sulfate de zinc ; sur une autre, un dosage de l'azote précipitable par l'acide phosphotungstique ; enfin, sur une troisième fraction, le dosage de l'azote aminé par la méthode de Soerensen. Dans certains cas, il sera même bon de déterminer l'azote ammoniacal, celui qui est mis en liberté par ébullition avec MgO, soit à 100°, soit mieux dans le vide (1). On constatera ainsi que non seulement des trypsines peuvent avoir des activités plus ou moins grandes, mais en outre, qu'elles travaillent le plus souvent de façon très différente.

---

(1) On trouvera les indications nécessaires pour effectuer ces différents dosages, p. 246, pour l'azote zinc et l'azote tungstique ; p. 332, pour l'azote formol, et p. 251, pour l'azote ammoniacal.

Méthode de Jacoby. — Cette méthode est basée sur le même principe que celle déjà décrite à propos de l'analyse de la pepsine. On fait tout d'abord une émulsion de ricine contenant 1 gr. de cette substance pour 100 cc. d'eau et 1.5 c. NaCl. On verse 2 cc. de ce liquide dans une série de tubes à essai, dans lesquels on ajoute ensuite : 0 0.1 0.2 0.3 0.5 0.7 1 cc. sol. de trypsine à 1 %. Puis on amène tous les volumes à 3 cc., et l'on ajoute dans chaque tube 0.5 cc. de soude à 1 %. On laisse à 37° et l'on observe le moment où le liquide devient clair. Avec 0.1 cc. de trypsine à 1 % de bonne qualité, on obtient une clarification complète au bout de 6 heures.

§ 12.

Suc pancréatique.

D'après GLAESSNER, on peut évaluer à 500 ou 800 cc. la quantité de suc sécrété chez l'homme en 24 heures. On a cru pendant longtemps que l'activation de la glande pancréatique était provoquée par le système nerveux, et l'on admettait que les centres nerveux commandant cette sécrétion résidaient dans le pylore. BAYLISS et STARLING ont montré les premiers que dans le mécanisme de la sécrétion intervenait un agent spécial, la sécrétine, qui vient de l'intestin et qui est amené au pancréas par le sang : la preuve de ce dernier fait a été donnée d'une façon définitive par WERTHEIMER, LAUNOY, POPIELSKI, ZUNZ, LALOU, etc.

Le suc pancréatique forme un liquide visqueux, de réaction alcaline. Pour neutraliser 100 cc. à la phénolphtaléine, il faut 10 à 50 cc. d'acide N/10. Le poids spécifique varie de 1.00448 à 1.00455 et peut atteindre 1.0098. Son point de congélation oscille entre — 0°46 et — 0°49. L'analyse du suc pancréatique de l'homme fournit les résultats suivants :

ANALYSE DU SUC PANCRÉATIQUE.

Dans 100 parties	ELLINGER et M. COHN		SCHUMM	GLAESSNER	
	I	II		I	II
Eau	98.8618	98.7386	98.4551	98.7292	98,7516
Matière sèche	1.1382	1.2614	1.5449	1.2708	1.2494
Azote	0.084	0.0765	0.0804	0.0983	0.0842
Albumine coagulable. .	—	0.1374	0.099	0.1744	0.1276
Soluble dans l'alcool . .	—	0.4240	0.5611	0.5080	0.4216
Globuline	0.0496	—	—	0.0655	0.0410
Albumine.	0.0218	—	—	0.1079	0.0866
Poids spécifique . . .	1.008	1.008	1.0098	1.00748	1.00755

L'analyse des cendres a une certaine importance, vu que le suc en renferme de 0.9 à 0.95 %, soit la moitié environ de l'extrait sec. On y trouve des carbonates, des chlorures, des sulfates, très peu de phosphates ; certains auteurs signalent la présence de la chaux; d'autres, son absence. Nous reviendrons plus loin sur ce point d'un intérêt primordial.

Voici d'après SCHMIDT, d'une part, d'après FROUIN et P. GÉRARD, de l'autre, la composition minérale du suc pancréatique de chien et de vache. Les chiffres se rapportent à un litre de suc pancréatique.

COMPOSITION MINÉRALE DU SUC PANCRÉATIQUE.

Suc analysé	Cl	S	P	K	Na	Ca	Mg
SCHMIDT : Suc de chien	1.957	»	0.0182	0.486	4.335	0.027	0.0127
FROUIN et GÉRARD — Chien, après sécrétine	1.734	0.081	0.0064	0.460	3,70	0.013	0.0023
Fistule temporaire	»	»	0.0056	»	»	0.0125	0.0044
Vache : Fistule : a) Permanente. .	4.386	0.0414	0.0081	0.350	3.60	0.0183	0.0008
	»	»	0.0097	»	»	»	»
b) Aseptique. . .	3.280	0.062	0.0028	0.310	3.40	0.0557	trace
	»	»	0.0031	»	»	0.070	0.0002

Nous verrons dans un autre chapitre que le suc pancréatique pur, recueilli par cathétérisme du canal de Wirsung, est toujours privé de pouvoir protéolytique : on le rend actif en l'additionnant soit d'entérokinase, soit d'un sel de calcium. Il était donc intéressant de rechercher si le suc pancréatique contient par lui-même de la chaux.

E. Pozerski, en se servant de la méthode de dosage de Grimmé (Thèse de Fribourg, 1905), a recherché cet élément dans le suc pancréatique de chien, sous l'influence de divers agents sécrétoires. Il a étudié tout d'abord le suc de sécrétine : l'analyse a porté sur 12 échantillons de suc différents, tous rigoureusement inactifs vis-à-vis de l'ovalbumine coagulée. Tous ont donné 0 pour Ca. Il a examiné, d'autre part, le suc de pilocarpine. On sait que cet alcaloïde, comme d'autres substances, d'ailleurs, provoque une sécrétion manifestant par elle-même une action protéolytique parfois très intense. Ce suc, à divers points de vue franchement anormal, renferme toujours du calcium en quantité très appréciable. Pozerski a même reconnu que son activité protéolytique varie sensiblement dans le même sens que sa richesse en calcium. Voici les résultats fournis par différents sucs de pilocarpine :

RELATION ENTRE LA TENEUR EN CHAUX DU SUC DE PILOCARPINE
ET SON POUVOIR PROTÉOLYTIQUE.

Teneur en Ca °/oo.	Temps pour digérer complètement, à la dose de 1 cc., un cube donné d'albumine.
0.119 — 0.103	12 à 24 heures
0.069 — 0.053	40 à 48 »
0.021 — 0.009	4 à 6 jours

Ces derniers sucs, à très faible teneur en Ca, avaient d'ailleurs été obtenus dans des cas où l'injection de pilocarpine avait été mal conduite et où, par conséquent, l'animal avait sécrété du suc de pilocarpine, et aussi du suc de sécrétine.

En définitive, le suc pancréatique pur, réellement inactif, est dépourvu de calcium, et si les analyses de Schmidt et Frouin, rapportées plus haut, en mentionnent, d'ailleurs très peu, c'est que le suc examiné n'était pas rigoureusement inactif. A la vérité, Delezenne, ayant eu recours à la méthode spectrale, a pu mettre en évidence, dans la majorité des cas, des traces infinitésimales de calcium ; mais celles-ci ne peuvent intervenir dans l'activation que dans quelques conditions très spéciales, déterminées d'une façon précise par DELEZENNE.

La substance azotée du suc se coagule entre 45 et 90°. Le suc neutralisé se trouble à 45° et fournit un précipité léger à 55°. Le liquide filtré se trouble de nouveau à 62° et précipite à 70°. Quand on sépare ce précipité, on constate que le filtrat se trouble encore à 75° et précipite abondamment à 90°. La matière azotée est constituée par de la globuline, de l'albumine, des albumoses et des peptones. Le suc, fraîchement recueilli, se montre actif sur l'amidon et les matières grasses, mais il n'agit point, ou très peu, sur les substances albuminoïdes. Par contre, il devient protéolytique quand il est additionné de suc intestinal. Le suc, ainsi activé au point de vue trypsine, augmente également ses pouvoirs amylolytique et lipolytique. La bile exerce aussi une action favorable sur la lipase et l'amylase du suc pancréatique.

Lorsqu'on provoque la sécrétion du suc pancréatique au moyen d'injections répétées de sécrétine, on constate que pendant l'écoulement, qui peut durer jusqu'à 10 ou 12 heures, la richesse diastasique du suc diminue constamment. Toutefois, l'abaissement est beaucoup plus grand pour les pouvoirs lipolytique et amylolytique que pour le pouvoir protéolytique. En même temps, l'alcalinité du suc décroît aussi. Voici, en ce qui concerne cette dernière variation, des chiffres, évalués en fractions de liqueur normale, et dus à L. MOREL et TERROINE :

VARIATION DE L'ALCALINITE DU SUC PANCRÉATIQUE
DE SÉCRÉTINE.

	Concentration en CO_3Na_2
Début de la sécrétion	N/9
Après 2 heures	N/10.4
3 »	N/11.2
4 »	N/11.3
5 »	N/12.2
6 »	N/13.9

Au cours de la digestion, la composition du suc varie tant au point de vue de sa densité, de son alcalinité, que de sa teneur en enzymes. Le maximum de vitesse de la sécrétion, ainsi que le maximum de son alcalinité, sont obtenus 4 heures après le repas. La sécrétion, qui s'affaiblit de plus en plus, se prolonge néanmoins pendant environ 8 heures.

BABKIN et TICHOMIROW ont constaté qu'il existe un rapport étroit entre les teneurs en extraits secs et en azote d'une part, et de l'autre, entre ces deux facteurs et le pouvoir protéolytique. Voici un tableau réunissant différents sucs pancréatiques de chien, classés d'après leur pouvoir protéolytique croissant (déterminé par la méthode de METT) : on voit que la matière sèche et l'azote varient très sensiblement dans le même sens.

RELATION ENTRE LE POUVOIR PROTÉOLYTIQUE DU SUC PANCRÉATIQUE ET SA TENEUR EN MATIÈRE SÈCHE ET EN AZOTE.

Pouvoir protéolytique	Matière sèche %	Azote %
1.9	1.330	0.0658
2.3	1.570	0.1016
2.4	1.470	0.0869
2.75	1.683	0.1079
2.8	1.352	0.1016
2.8	1.452	0.0911
3.1	1.572	0.1135
3.4	1.869	0.1471
3.55	1.885	0.1926
3.6	1.914	0.1695
3.6	2.126	0.1933
3.8	2.036	0.1891
3.9	2.423	0.2410
3.95	2.248	0.2088
4.75	2.612	0.2746
4.8	2.770	0.3047
4.8	2.964	0.3236
5.0	3.104	0.3587
5.2	3.288	0.4189
7.1	5.180	0.6585

§ 13.

Excitation de la sécrétion pancréatique.

C'est Pawlow qui a établi le premier la corrélation qui existe entre les sécrétions gastrique et pancréatique. Pour lui, cette seconde sécrétion était due à un réflexe nerveux, résultant de l'innervation produite par diverses substances du chyme, et notamment son acidité. Cette manière de voir n'est plus acceptée à l'heure actuelle par les physiologistes. Bayliss et Starling ont, en effet, démontré expérimentalement que le système nerveux n'intervient point dans la sécrétion pancréatique, mais que celle-ci est provoquée uniquement par voie humorale, sous l'action d'une substance spéciale, la *sécrétine*, qui se trouve contenue dans l'intestin et qui normalement, au cours de la digestion, se répand dans le sang et vient exciter directement les cellules du pancréas.

Tout d'abord, cette sécrétine a pour origine l'intestin : si l'on fait macérer la muqueuse duodéno-jéjunale dans HCl étendu, de l'acide N/10, par exemple, et qu'après neutralisation on injecte dans les veines le liquide obtenu, on constate une sécrétion pancréatique abondante. Cette mise en liberté de la sécrétine se fait aussi *in vivo* : en injectant de l'acide chlorhydrique étendu ou une solution de savon dans le duodénum d'un animal, on constate que son contenu intestinal, recueilli après un certain temps et injecté à un autre animal, provoque la sécrétion pancréatique. Il n'est même pas nécessaire d'injecter au préalable HCl ou une solution d'oléate de soude : le simple contenu duodéno-jéjunal d'un animal en cours de digestion, après filtration et élimination des albumoses et des peptones, peut, si on l'introduit dans le système circulatoire d'un animal, faire apparaître chez celui-ci une sécrétion pancréatique.

En second lieu, il est facile de montrer que cette sécrétine libérée, soit normalement, soit sous l'action de HCl, passe dans le sang avant de venir agir sur le pancréas. On constate, en effet, si l'on recueille le sang qui s'écoule des veines mésaréiques d'un animal en pleine digestion, et qu'on l'injecte à un autre animal à jeun, que ce sang détermine chez ce second animal une sécrétion pancréatique manifeste. De même, le sang prélevé dans des conditions identiques chez un animal dans l'intestin duquel on a injecté HCl étendu ou une solution de savon, injecté ensuite à un second animal à jeun, provoque chez celui-ci une sécrétion pancréatique. Donc, la sécrétine provient de l'intestin et agit sur le pancréas par l'intermédiaire du sang. Enfin, la démonstration peut être complétée en établissant que la sécrétion artificielle provoquée par des injections de sécrétine est, au point de vue qualitatif et quantitatif, comme au point de vue de l'allure générale, tout à fait comparable à celle qu'on obtient dans la digestion normale.

SÉCRÉTIONS NORMALES ET ARTIFICIELLES DU SUC PANCRÉATIQUE.

I. — *Sécrétions observées pendant la digestion chez des animaux à fistule permanente.*

Aliments.	Durée de la sécrétion.	Quantité de suc sécrété.
Pain et lait	6 h.	130 cc.
Viande	6	206
Pain et lait	6	192

II. — *Sécrétions provoquées chez des animaux à fistule permanente par introduction d'HCl dans l'estomac.*

Quantité d'HCl introduit.	Durée de la sécrétion.	Quantité de suc sécrété.
200 cc. à 5 °/°°	1 h. 50	138 cc.
200 —	2 20	154
200 —	2	173.25

III. — *Sécrétions provoquées chez des animaux à fistule temporaire par introduction d'HCl dans le duodénum.*

Quantité d'HCl introduit.	Durée de la sécrétion.	Quantité de suc sécrété.
210 cc. à 5 °/°°	4 h. 10	59.2 cc.
500 —	4 7	14.7
280 —	3	18.8

IV. — *Sécrétions provoquées chez des animaux à fistule temporaire par des injections répétées de sécrétine.*

Durée de la sécrétion.	Quantité de suc sécrété.
6 heures.	320 cc.
8 —	1300
8 —	400

En ce qui concerne la nature chimique de la substance excito-sécrétorielle, on ne sait que peu de chose. La sécrétine n'est pas un produit diastasique, car elle résiste à l'ébullition ; cependant, maintenue longtemps à 120°, elle se détruit ; les acides minéraux et les alcalis à 100° l'altèrent aussi très rapidement. Cette matière appartient évidemment au groupe albuminoïde, car la trypsine et l'érepsine la digèrent facilement et lui font perdre sa propriété spécifique. Cette action destructive de l'érepsine permet de comprendre pourquoi on n'obtient point de sécrétine quand on fait macérer les muqueuses dans de l'eau pure, et non dans de l'acide étendu : c'est que, dans le premier cas, le ferment protéolytique digère la sécrétine qui s'était déjà diffusée dans le liquide. Les choses se passent bien ainsi, car si l'on additionne une solution de sécrétine déjà préparée d'un extrait aqueux intestinal, on constate que le mélange, en quelques heures, perd considérablement de son pouvoir excito-sécrétoire.

La sécrétine préexiste dans l'intestin : elle ne s'y trouve pas à l'état de prosécrétine, que le traitement à HCl aurait pour effet de transformer en substance active, ainsi qu'on l'a cru quelque temps ; la meilleure preuve en est qu'on peut isoler cette sécrétine sans le concours de l'acide, en traitant la muqueuse duodénale par l'eau salée bouillante, par les solutions de peptone de WITTE à 10 %, par les sels biliaires, par l'urée, par la presse même, etc.

Cette sécrétine agit sur les cellules pancréatiques uniquement par voie humorale. La sécrétion pancréatique normale, différant en cela de toutes les autres sécrétions, ne comporte aucun mécanisme nerveux. Sans doute, POPIELSKI a montré que la macération de muqueuse duodénale, à côté de son pouvoir excito-sécrétoire, possède aussi la faculté de provoquer une action vaso-dilatatrice, d'où résulte un abaissement de la pression artérielle. Mais il a été établi depuis, par de nombreux expérimentateurs, que ces deux actions physiologiques ne sont pas sous la dépendance de la même cause ; on peut, en effet, au moyen de l'alcool absolu bouillant, séparer la sécrétine brute en deux substances, dont l'une provoque la sécrétion du pancréas sans abaissement de la pression sanguine et dont l'autre détermine cet abaissement sans influer sur le pancréas. La distinction est donc très nette (1).

Nous venons d'établir que l'excitation de la sécrétion pancréatique pouvait être réalisée par des injections dans le sang de sécrétine, ou encore en introduisant dans le duodénum certaines substances, comme les acides, les savons, les graisses neutres, l'éther, le chloroforme, le chloral, l'alcool, l'essence de moutarde, le chlorure de baryum, etc. Le plus souvent, le suc pancréatique, obtenu sous l'influence d'excitants, n'est pas directement protéolytique; c'est le cas notamment de celui qui s'écoule après des injections intestinales d'acide ou de macération de muqueuse duodénale dans HCl. Mais il peut arriver aussi que le suc qu'on recueille soit actif sur l'albumine d'œuf; c'est ce qui se produit quand on provoque la sécrétion par des injections de pilocarpine, de choline, ou même de peptone de Witte. Il est très probable que, dans ces cas, le mécanisme d'action est tout différent de celui étudié avec la sécrétine pure, ces corps n'agissant plus comme des excitants normaux, mais comme de véritables poisons de la cellule. Il est à remarquer, en outre, que la muqueuse intestinale n'est pas la seule source de sécrétine; on a constaté, en effet, que les macérations de foie, de cerveau, de rein, de thyroïde, de ganglions mésentériques, de testicules, etc., produisent aussi, dans des conditions déterminées, la sécrétion pancréatique.

Nous venons de voir que l'injection directe d'une solution de peptone, ou encore l'injection d'une macération de muqueuse intestinale faite dans une solution de peptone à 10 %, provoque la sécrétion pancréatique. En fait, l'action n'est pas toujours aussi simple. Frouin a constaté, en effet, que si l'on emploie la peptone, non plus comme on vient de le dire, mais en l'ajoutant aux solutions d'acides minéraux ou organiques que l'on doit injecter, on obtient des résultats très différents. Avec HCl,

____

(1) On trouvera un exposé complet de la question, et toute la littérature s'y rattachant dans l'ouvrage tout récent de Terroine : *La sécrétion pancréatique*.

SO^4H^2, NO^3H, la sécrétion est diminuée ; elle est, au contraire, augmentée avec les acides tartrique, citrique, oxalique. Si l'on met comparativement à macérer de la muqueuse intestinale dans des solutions d'acides minéraux ou d'acides organiques, on constate que l'addition de 5 °/₀ de peptone à chacun d'eux a pour effet, dans le premier cas, de diminuer *in vitro* la formation de sécrétine (de là, le ralentissement dans la sécrétion pancréatique), tandis que, dans le deuxième, elle l'augmente sensiblement. Les résultats obtenus varieraient donc avec le mode d'emploi. Par contre, les hydrates de carbone, le maltose, le saccharose, et surtout le lactose, en solution à 10 à 20 °/₀ dans HCl à 3.6 °/₀₀, augmentent nettement la sécrétion produite par l'acide chlorhydrique.

§ 14.

Zymogène et trypsinogène. — Entérokinase.

L'extrait de pancréas frais possède un pouvoir protéolytique très faible. Avec le temps et sous l'influence de conditions encore mal connues, ce pouvoir augmente, pour atteindre un maximum stable. KÜHNE a donné le nom de *zymogène* au corps inactif, qui se transforme ensuite en trypsine. La transformation du zymogène en trypsine a été attribuée par différents auteurs à l'oxygène de l'air. On a cru aussi pendant longtemps que la réaction acide favorisait cette apparition de la diastase protéolytique. En réalité, celle-ci peut être observée aussi bien en milieu alcalin qu'en milieu acide. Une solution de zymogène additionnée d'alcool fournit un précipité qui se montre très actif. Le pancréas des animaux tués en cours de digestion fournit un extrait susceptible d'être activé très rapidement. Au contraire, le résultat paraît être moins bon avec des pancréas d'animaux restés longtemps à jeun. Les extraits de pancréas de veau ou de chien s'activent en général assez facilement. Le pancréas de chat fournit, par contre, un extrait difficile à activer.

Les extraits de pancréas faits dans la glycérine hydratée ou dans l'eau, l'une ou l'autre bouillie, se montrent inactifs ; l'eau non bouillie, ou légèrement acidifiée par l'acide acétique ou l'acide lactique, donne, au contraire, des extraits facilement actifs. L'activation s'accentue si l'on ajoute à ces liquides de l'extrait de foie ou des acides aminés.

Le suc pancréatique de l'homme et des animaux se comporte tout différemment des extraits de pancréas frais correspondants. Le suc pancréatique ne contient pas, lui non plus, de trypsine toute formée : il renferme un proenzyme qui ne s'active pas dans les mêmes conditions que le zymogène du pancréas. Kühne le considère donc comme différent du proenzyme du pancréas, et lui donne le nom de *trypsinogène*. Le suc pancréatique qu'on recueille à l'aide d'une fistule se montre quelquefois actif, tandis que, dans d'autres cas, il ne l'est pas. Pawlow a attiré l'attention sur cette anomalie, et, en collaboration avec Schepowalnikow, il a établi, en 1899, le fait, très important, que le suc intestinal augmente considérablement l'activité du suc pancréatique. En 1902, Delezenne et Frouin reconnurent que le suc pancréatique à l'état pur, recueilli avec précaution, par cathétérisme du canal de Wirsung, sur des animaux porteurs d'une fistule permanente, est toujours inactif sur de l'albumine coagulée, et que le suc intestinal n'intervient pas seulement comme un agent favorisant, mais comme un véritable générateur de la trypsine. Delezenne a donc établi que la trypsine se trouve dans le suc pancréatique sous forme de proenzyme et que c'est sous l'influence d'une substance active spéciale, contenue dans le suc intestinal, que ce proferment se transforme en trypsine. A cette substance active, découverte par Pawlow, on a donné le nom d'*entérokinase*. Elle paraît se rapprocher des ferments solubles, car un suc intestinal bouilli et filtré perd sa propriété d'activer le suc pancréatique. Par contre, l'activation se fait très rapidement avec un suc neuf à l'étuve à 38°.

Les données de Delezenne et de Pawlow ont été confirmées ensuite par Popielski, Hekma, Zunz, etc. Sur le mécanisme de l'action du suc entérique on a émis différentes hypothèses. Celle qui paraît le mieux fondée admet une action directe du suc intestinal sur la protrypsine, sans que celui-ci touche en rien aux matières albuminoïdes qui doivent être ensuite transformées. Cette activation du suc pancréatique résulterait donc d'une action diastasique spéciale, provoquée par un ferment sur un proferment. Le rôle de l'entérokinase se bornerait seulement à transformer le trypsinogène en trypsine, sans intervenir directement dans l'hydrolyse qui en résultera.

Entérokinase. — D'après ce qui précède, l'entérokinase est la substance active du suc intestinal, qui transforme le trypsinogène du suc pancréatique en trypsine. Elle se trouve en abondance surtout dans la portion duodéno-jéjunale de l'intestin, mais on la rencontre aussi dans les ganglions lymphatiques, dans les leucocytes, etc. D'après Dastre et Stassano, on obtient l'entérokinase par la méthode suivante : on sacrifie des chiens 5 ou 6 heures après un repas abondant de viande de cheval. On lave les intestins grêles et on râcle la muqueuse intestinale avec le dos d'un scalpel. Le produit obtenu par ce râclage est traité par une solution à 1.5 °/$_{oo}$ de CO^3Na^2, on laisse quelque temps en contact, on filtre, et le liquide clair est précipité par de l'acide acétique. Le précipité est desséché à 40°, puis réduit en poudre. Ce produit contient l'entérokinase mélangée avec les nucléo-albumines précipitées par l'acide. 1 gr. d'entérokinase brute peut activer de 300 à 400 cc. de suc pancréatique après un séjour de 24 heures à l'étuve à 38°.

Le suc intestinal normal diffère sensiblement, d'après sa teneur en différents enzymes, d'une macération de muqueuse. Dans le suc intestinal, à côté de la kinase, on trouve de l'amylase et de la maltase. Dans le jus de macération on trouve, en outre de ces trois substances actives, de l'invertine et de la lactase. Ces deux dernières diastases proviennent des cellules de revêtement épithélial ou des débris de cellules mortes.

Zunz, pour étudier la marche de l'activation du suc pancréatique par l'entérokinase, se sert d'une solution à 1 °/$_o$

de poudre d'entérokinase dans une solution à 5 ‰ de CO^3Na^3. Dans une série de tubes à réaction on verse 2 cc. de suc pancréatique non actif; on ajoute des quantités croissantes de solution d'entérokinase, et l'on complète le volume à 3 cc. au moyen d'eau physiologique. Dans les mélanges ainsi préparés, on plonge des tubes de METT contenant du sérum sanguin ou du blanc d'œuf. On ajoute quelques gouttes de toluol et on abandonne le tout 24 heures à 38°. Voici les résultats trouvés :

ACTIVATION DU SUC PANCRÉATIQUE PAR L'ENTÉROKINASE.

Quantité d'entérokinase en gouttes	Longueur d'albumine digérée, en millimètres	
	Sérum sanguin	Blanc d'œuf
0	0	0
1	2	1
2	4	2
3	6	3
4	8	3.5
5	10	4.2
6	12	5.5
7	13	6
8	14	6.5
9	14.5	7
10	15	7
20	15	7

Ainsi qu'il résulte de ce tableau, la quantité d'albumine digérée dépend directement de la quantité d'entérokinase ajoutée au suc pancréatique. Sans entérokinase, pas d'action protéolytique. Avec une goutte, on a digéré 2 millim., et avec une quantité double ou triple, on digère une longueur double ou triple d'albumine. Les solutions d'entérokinase chauffées pendant une demi-heure à 60° perdent une notable partie de leur pouvoir activant. Portées à 75°, elles sont complètement détruites. Le caractère diastasique de l'entérokinase se manifeste encore par ce fait qu'avec une quantité très minime de cette substance on peut activer, en prolongeant suffisamment le temps de l'essai, des quantités considérables de trypsinogène. Il faut encore ajouter ce fait que la vitesse d'activation est, à très peu près, proportionnelle à la quantité de kinase employée.

L'entérokinase ne se trouve pas seulement dans le suc intestinal : c'est une diastase très répandue que Delezenne a signalée dans le venin de serpents, dans les champignons, notamment les amanites, et dans les microbes. Cet auteur a constaté, en effet, que si l'on ensemence du suc pancréatique avec du *bacillus subtilis* ou du *bacillus mesentericus*, le liquide, après que les microbes se sont développés, filtré sur bougie, a acquis un pouvoir protéolytique des plus manifestes. Néanmoins, la culture bactérienne, filtrée avant son mélange avec le suc pancréatique, ne lui confère aucun pouvoir. Enfin, Hougardy a constaté que dans le lait il y a une substance capable aussi d'activer le suc pancréatique, substance assez analogue à l'entérokinase de Pawlow. Elle est détruite par un chauffage d'une demi-heure à 75°, et porte le nom de *lactokinase*.

§ 15.

Activation du suc pancréatique par le calcium.

L'activation du suc pancréatique peut encore se produire en dehors de l'intervention de l'entérokinase. En 1905, Larguier des Bancels démontra que cette activation peut être déterminée par l'action combinée des sels minéraux et des matières colloïdes : à de l'albumine coagulée, imprégnée d'un colloïde, le bleu de quinoléine, il ajoutait du suc pancréatique inactif, additionné d'un sel alcalino-terreux, et il constatait que, dans ces conditions, on avait une solubilisation de l'albuminoïde. En réalité, le rôle du colloïde ne paraît pas indispensable; c'est du moins ce qui ressort des observations de Delezenne, qui, à la même époque, constata que l'activation du suc pancréatique peut se produire uniquement sous l'influence des sels de calcium. Voici comment cet auteur conduit ses expériences : Dans une série de tubes, contenant du suc pancréatique inactif, il ajoute des doses croissantes de chlorure, de nitrate et d'acétate de chaux ; il amène au même volume et introduit de l'albumine coagulée dans les liquides. Tandis que le tube n'ayant pas reçu de calcium se montre intact, la digestion, au contraire, se poursuit très activement dans les autres tubes. On remarque cependant que le maximum d'effet se produit après un certain temps de contact entre le liquide et le sel de calcium et que l'addition d'un grand excès de sel est nettement défavorable à la réaction.

Ce rôle du calcium dans l'activation a été étudié de très près par DELEZENNE et ses résultats furent confirmés depuis par ZUNZ. De leurs expériences il résulte que les sels de calcium fournissent des résultats constants. Sans doute, on obtient, dans certains cas, une faible activation par le baryum, le strontium, le magnésium et le cadmium, ainsi que par certains acides aminés. Mais l'action de ces corps est peu régulière, et dans la plupart des cas incertaine. L'action des sels de calcium, tout en étant spécifique, dépend des ions métalliques contenus dans le liquide. Les doses équimoléculaires de différents sels de calcium ont la même action activante sur un même suc pancréatique, mais les doses activantes de calcium varient sensiblement avec la provenance du suc essayé.

La plupart du temps, le calcium, à raison de 5 %₀, fournit l'action la plus favorable. Il faut remarquer que la plus grande partie de la chaux employée, et cela jusqu'à 80 %, sert à précipiter les carbonates et autres sels contenus dans le suc. La partie effectivement active sur le proferment est extrêmement petite. Comme la précipitation des sels du suc peut aussi se faire par des sels de baryum, de strontium ou de magnésium, on peut arriver à l'optimum de l'action à l'aide d'une quantité très réduite de chaux, le reste du métal nécessaire étant remplacé par des alcalino-terreux divers. Voici d'ailleurs une observation qui témoigne la sensibilité très grande du suc pancréatique à l'égard du calcium. Ayant constaté que du suc pancréatique, complètement inactif sur la gélatine et l'albumine, porté dans un dialyseur de collodion ou de parchemin végétal à l'étuve à 39°, ne tarde pas à acquérir une activité protéolytique très intense, déjà sensible au bout de 2 heures, on rechercha quelle était la cause de ce phénomène. POZERSKI reconnut que cette activation était due à la petite quantité de chaux contenue dans la membrane. Il suffit, en effet, de décalcifier celle-ci par une trempe de 18 heures dans HCl à 1 %, puis de la laver pendant 6 heures dans de l'eau distillée, pour obtenir un dialyseur qui reste tout à fait dépourvu d'action sur un suc pancréatique inactif.

L'activation du suc par les sels de calcium n'est pas une réaction instantanée. Elle se déclare seulement à la longue et demande, en général, un temps égal à 6 ou 8 heures pour produire le maximum d'effet. Les sels de calcium, comme l'entérokinase, transforment le trypsinogène par voie de catalyse et ne prennent aucune part à l'action protéolytique de la trypsine formée. Ce point a été confirmé par les expériences de ZUNZ.

ACTIVATION DU SUC PANCRÉATIQUE PAR LE $CaCl^2$.

Liquides employés	Longueur d'albumine digérée (METT)			
	Après 24 heures à 38°		Après 48 heures à 38°	
	Sérum	Blanc d'œuf	Sérum	Blanc d'œuf
1° Suc pancréatique, sans addition de $CaCl^2$	Millimètres 0	Millimètres 0	Millimètres 0	Millimètres 0
2° Suc pancréatique, additionné de $CaCl^2$ pendant 2 heures	16.5	9.5	+ de 21	13
3° Suc pancréatique, additionné de $CaCl^2$ pendant 2 heures, puis précipité par oxalate et filtré.	0	0	0	0
4° Suc pancréatique, additionné de $CaCl^2$ pendant 2 heures, puis précipité par oxalate, filtré et additionné de $CaCl^2$	3	traces	13	4.5
5° On a laissé le $CaCl^2$ agir pendant 12 heures, sans précipiter ensuite	17.5	10.5	+ de 22	14
6° On a laissé le $CaCl^2$ agir pendant 12 heures, puis on a précipité et filtré	13	5.5	15	8.5
7° On a laissé le $CaCl^2$ agir pendant 12 heures, puis on a précipité et filtré, enfin on a rajouté $CaCl^2$. . .	14.5	6.5	17	9

24

Dans le n° 1, le suc pancréatique n'est pas additionné de sel de calcium et l'action protéolytique sur l'albumine, sérum ou blanc d'œuf, est nulle même après 48 heures. Dans le n° 2, le sel de calcium a été ajouté ; il y a une action manifeste sur le sérum et l'ovalbumine. Dans le n° 3, on a laissé la chaux agir 2 heures seulement, puis on l'a éliminée : le suc se montre inactif. Au contraire, si on laisse le suc en contact avec la chaux pendant 12 heures, comme dans (6), on constate que le filtrat, après précipitation, est doué du pouvoir protéolytique. Il faut donc un certain temps pour que la chaux exerce son action. De plus, la non-intervention des sels de chaux dans l'action ultérieure de la trypsine déjà formée résulte encore de ce même essai n° 6. On constate, en effet, que le liquide, une fois activé, peut être débarrassé de la chaux sans qu'il perde son pouvoir protéolytique. En fait, la digestion est un peu plus faible dans (6) que dans (5), où la chaux est restée : mais cela tient à ce que le précipité d'oxalate de chaux formé a entraîné avec lui un peu de trypsine. La preuve en est que si l'on ajoute à nouveau au liquide filtré un peu de $CaCl^2$, comme dans (7), on n'accroît pas sensiblement son activité. La très légère augmentation observée cependant tient à ce que le suc, même après 12 heures d'action de la chaux, contenait encore un peu de proferment.

Non seulement l'activation du suc pancréatique par les sels de calcium n'est pas instantanée, mais encore elle présente dans sa marche une allure très spéciale : après un certain temps perdu plus ou moins considérable, elle se produit toujours brusquement. Voici comment DELEZENNE a mis en évidence ce fait curieux : soit un suc pancréatique naturel et rigoureusement inactif, auquel on a ajouté une dose suffisante de $CaCl^2$ pour en déterminer sûrement l'activation et qu'on maintient à 40°. Si l'on prélève de temps en temps une fraction de ce mélange, qu'on l'ajoute à une solution de gélatine et que, après 10 minutes à 40°, on refroidisse le liquide à 10°, on constate que la gélification se produit, tant que le $CaCl^2$ n'a pas agi sur le suc pancréatique un certain temps, par exemple

4 h. 35. Si le prélèvement est fait après 4 h. 38, le tube de gélatine ne se prend plus par refroidissement. L'activation s'est donc produite brusquement, en l'espace de quelques minutes. Si l'on précipite la chaux avant que la diastase pancréatique soit activée, soit après 4 h. 15, par exemple, l'activation n'aura plus lieu; si l'on précipite la chaux après que l'activation s'est produite, la trypsine active conserve son pouvoir digestif.

Cette expérience montre une certaine analogie entre ce phénomène d'activation et la formation de la thrombine dans la coagulation du sang. En voici une autre, qui justifie mieux encore ce rapprochement. Delezenne a constaté, en effet, que l'activation brusque du suc pancréatique par les sels de calcium est profondément modifiée quand, au lieu d'exécuter les expériences dans des vases de verre, on prend des vases de verre paraffiné. Le $CaCl^2$ n'agit plus qu'au bout de plusieurs heures. D'ailleurs, une fois que le suc est rendu actif, l'action, sur la gélatine, par exemple, peut aussi bien s'effectuer dans un tube paraffiné que dans un tube non paraffiné. C'est bien la nature physique de la paroi qui est en jeu, car l'expérience réussit aussi bien dans un tube de verre que de platine; l'activation, qui ne se produit pas dans un tube paraffiné, se déclare si l'on gratte en un point la paraffine de façon à mettre le verre à nu. D'ailleurs, un morceau de paraffine déposé dans un tube de verre n'empêche pas l'activation. Enfin, la paraffine peut être remplacée par de la cire, de la résine, de la vaseline, de l'huile, ou tout autre substance rendant la paroi non mouillable par l'eau. On le voit, ces faits sont tout à fait comparables à ceux déjà énumérés à propos de la coagulation du sang. Bien que, à l'heure actuelle, il soit difficile de se prononcer sur la cause de ces anomalies, Delezenne pense que des phénomènes d'électrisation de contact pourraient bien intervenir dans ces influences curieuses de la paroi.

Le calcium étant doué de la même faculté d'activer le suc pancréatique que l'entérokinase, on était en droit de se demander si le suc intestinal n'agit pas tout simplement en raison du calcium qu'il contient. Pozerski a nettement montré qu'il n'en

était rien et que le suc intestinal agit surtout par son entérokinase, son calcium étant sous une forme organique, et probablement inactive. Ayant tout d'abord recueilli le suc sur des
chiens porteurs de fistules de Thiry, il constate que la sécrétion,
telle quélle, c'est-à-dire mélangée de nombreux débris épithé-
liaux et de leucocytes, renferme 0,0592 gr. Ca °/_{oo}. Soumettant
alors ce même suc intestinal, pendant 2 heures, à la centrifugation, il en sépare le liquide clair des parties insolubles. Pozerski
constate que le liquide soigneusement décanté ne contient pas
de chaux ou seulement des traces non dosables. Cependant,
ajouté, à faible dose, à un suc pancréatique inactif, il se montre
toujours très fortement kinasique. D'autre part, le dépôt formé
par les éléments d'où dérive l'entérokinase est, au contraire,
très riche en calcium. En moyenne, ce résidu, y compris le
liquide encore interposé, contient de 0 gr. 106 à 0 gr. 265 °/_{oo}
de Ca. Mais l'auteur ne dit pas si une pareille émulsion se
montrerait capable d'activer le suc pancréatique.

§ 16.

Autres propriétés diastasiques du suc pancréatique.

Nous avons déjà signalé un certain nombre de caractères
du suc pancréatique résultant des trois diastases principales
qui le constituent. Voici quelques autres propriétés :

I. — Lorsqu'on soumet du suc pancréatique pur à l'action
du calcium, on constate que le suc acquiert, en outre du pouvoir protéolytique, la propriété de coaguler très énergiquement
le lait. Cette apparition de la présure, signalée par Delezenne,
se fait exactement dans les mêmes conditions que celles qu'il
avait déterminées précédemment à propos de l'activation de
la trypsine. On retrouve ici la même allure dans le phénomène : après un temps perdu plus ou moins long, la réaction
se déclare brusquement ; elle est influencée par la nature de
la paroi, etc. La coagulation du lait, produite par le suc pan-

créatique activé, ressemble, à s'y méprendre, au moins au début de l'action, à la coagulation par la présure gastrique : le caillot est compact et cohérent. Mais, très rapidement, sous l'influence de la trypsine qui s'est constituée à côté de la présure, le caillot devient plus mou et se digère.

Ces faits sont assez favorables à la conception suivant laquelle la pepsine, ou la trypsine, et la présure ne font peut-être qu'un seul et même ferment; les différences observées dans les propriétés digestives et coagulantes du suc pancréatique activé par des doses variées de $CaCl^2$ pouvant s'expliquer par les mêmes influences de milieu que celles qu'on a développées précédemment, dans le chapitre relatif à l'identité présumée de la pepsine et de la présure (voir page 205).

II. — Mais il y a plus : de même que le lab ou la pepsine ont la propriété de coaguler les solutions concentrées de peptone, le suc pancréatique activé par le calcium acquiert également ce pouvoir coagulant. DELEZENNE et MOUTON ont constaté que du suc pancréatique inactif reste sans action sur la solution de peptone de WITTE. Par contre, les conditions dans lesquelles apparaît et se manifeste ce pouvoir plastéinique, sous l'influence de la chaux, sont encore ici exactement les mêmes que celles qui régissent la trypsine et la présure : même temps perdu, apparition brusque de la propriété, atténuation progressive et sensiblement parallèle des trois actions, destruction par la chaleur à la même température, etc. Enfin les parties de la peptone de WITTE solubles dans l'alcool fort à 75 ou 80° G. L., qui sont les plus aptes à fournir des plastéines sous l'influence des préparations de présure ou de pepsine, sont également celles qui se coagulent le mieux par le suc pancréatique activé.

III. — Le pouvoir amylolytique du suc pancréatique a donné lieu aussi à quelques remarques intéressantes. POZERSKI a constaté que si l'on abandonne quelque temps à 40° du suc pancréatique, celui-ci perd progressivement son pouvoir amylolytique, et cela d'autant plus vite que le suc est lui-même plus riche en trypsine. Autrement dit, si l'on active le suc par un peu de CaCl², cette addition aura pour effet de faire disparaître très rapidement l'amylase qui y était contenue. On laisse pendant 8 heures à l'étuve à 40°, d'une part un suc pancréatique seul, et de l'autre, ce même suc additionné de 0.3 cc. d'une solution 2 N mol. de CaCl² pour 2 cc. de suc. Après ce temps, on fait agir 0.1 cc. de chacun des liquides sur 50 cc. d'amidon à 2 %. Voici les quantités de sucre dosées après 40 minutes :

DISPARITION DE L'AMYLASE
DANS LE SUC PANCRÉATIQUE ACTIVÉ PAR Ca.

		Sucre forme
50 cc. empois + 0.1 cc. suc pancréatique avant la conservation		208 mgr.
— + 0.1 cc. sur pancréatique après 8 heures à 40° seul		183 »
— + 0.1 cc. » après 8 h. à 40° addit. de CaCl²		7 »

Cette disparition progressive de l'amylase dans le suc pancréatique activé par le calcium se retrouve également dans le suc kinasé. Comme, d'autre part, on sait que le suc pancréatique kinasé, agissant sur de l'ovalbumine, conserve ses propriétés amylolytiques, on a été amené à constater que les produits de digestion des albuminoïdes, de l'albumine d'œuf, de l'édestine, du muscle, etc., sous l'influence du suc, activent considérablement la saccharification de l'amidon. TERROINE et WEILL ont montré que cette activation est due à la présence des acides aminés formés au cours de la protéolyse, notamment au glycocolle, à l'alanine, la valine, la leucine, la phénylalanine, la tyrosine, l'acide aspartique, l'arginine, l'histidine, etc. Ces acides agissent à une concentration très faible : 1/50.000 à 1/100.000 de glycocolle donne une accélération très nette ; 1/10.000 donne une vitesse de saccharification 30 à 40 fois plus grande que dans le cas du suc seul. Ces faits, analogues à ceux signalés antérieurement par EFFRONT et relatifs à l'activation de l'amylase du malt par les matières extractives du moût de bière ou produits similaires préalablement bouillis, montrent combien des quantités très faibles de substances élaborées par le jeu d'une diastase peuvent influencer la marche d'un autre enzyme, présent aussi dans le même milieu, et sont, par suite, bien de nature à mettre en évidence la complexité des phénomènes digestifs. Du reste, ROGER et SIMON ont donné un nouvel exemple de cette action favorable que peut exercer une diastase sur un autre enzyme qui est sécrété en un point différent du tube digestif, en montrant que l'amylase du suc pancréatique peut être activée par la salive préalablement détruite par un contact de quelques heures avec le suc gastrique, ou simplement par du suc gastrique artificiel neutralisé. Dans les deux cas, l'effet produit résulte vraisemblablement de l'apparition d'acides aminés formés dans l'action de la trypsine sur la pepsine stomacale.

La disparition du pouvoir amylolytique du suc pancréatique sous l'influence de sels de chaux permet sans doute d'expliquer ce fait, signalé par BIERRY et Victor HENRI, que du suc pancréatique de chien, soumis à la dialyse sur de l'eau distillée, perd son pouvoir saccharifiant et que l'addition de NaCl le lui rend en partie. Voici les résultats fournis par ces auteurs :

INACTIVITÉ AMYLOLYTIQUE DU SUC PANCRÉATIQUE DIALYSÉ.

<pre>
                                                 Sucre formé
                                             après 2 heures à 37°.
Amidon + 2 cc. suc pancréatique normal. . . . .   0.525 gr.
   »   »   »   dialysé. . . . . Aucune trace de sucre
   »   »   »   »   + 5 cc. eau de mer . 0.246 gr. sucre
   »   »   »   »   + 1 gr. NaCl . . . 0.216   »
</pre>

Rien de pareil n'a été constaté avec l'amylase du malt ; celle-ci, bien que dialysée à fond, agit aussi bien sur l'empois qu'en solution non dialysée. Il semble que cette différence très grande dans la façon de se comporter de ces deux diastases vis-à-vis de la dialyse tienne à ce que les traces de calcium, qui pouvaient rester dans le sac de collodion, ont activé la trypsine du suc pancréatique, et l'ont mis en état de digérer l'amylase présente, et que la réactivation du suc dialysé, sous l'influence de NaCl ajouté, soit le résultat du pouvoir activant que possède ce sel vis-à-vis de la petite quantité d'amylase qui aurait échappé à la destruction.

En outre, des propriétés saccharifiantes, Lisbonne a constaté que le suc pancréatique, comme d'ailleurs la salive, possède le pouvoir de coaguler rapidement les solutions d'amidon solubilisé à 130°, propriété que Fernbach et Wolff ont signalée, en 1904, dans les macérations de graines de céréale, et qu'ils ont attribuée à un enzyme spécial, l'amylo-coagulase.

IV. — L'étude du pouvoir lipolytique du suc pancréatique a fourni à Terroine l'occasion de faire quelques observations intéressantes. Tout d'abord, il a constaté que du suc pancréatique de sécrétine, à très faible pouvoir protéolytique, qui, par la conservation, ne perd que très lentement son activité lipasique, la voit, au contraire, décroître très rapidement si l'on ajoute au suc de l'extrait intestinal. Pour établir ce fait, il mesure l'activité lipolytique par le nombre de cc. de soude N/10 nécessaires pour saturer les 10 cc. d'huile employée, après que le suc a exercé son action pendant 4 heures. Voici les résultats trouvés :

DISPARITION DU POUVOIR LIPASIQUE DANS LE SUC PANCRÉATIQUE KINASÉ.

	cc. de soude N/10.
5 cc. suc kinasé + 10 cc. huile, ajoutée aussitôt . . .	29.4 cc.
— laissé 1 heure à 36° + 10 cc. huile	5.1
— 3 heures à 36° + 10 —	2.0

Cette diminution d'activité ne se produit pas avec une aussi grande vitesse dans les conditions physiologiques, alors que le suc actif se trouve en présence d'albuminoïdes à digérer :

INFLUENCE DES PRODUITS DE PROTÉOLYSE SUR LA DISPARITION DU POUVOIR LIPOLYTIQUE.

	cc. de soude N/10
4 cc. suc kinasé + 4 cc. huile ajoutée aussitôt. . . .	20.5 cc.
4 cc. » » après 5 h. à 36° + 4 cc. huile	2.9 »
4 cc. » » + 1 cc. albumine (5 h. à 36°) . . .	réaction alcaline (environ N/15 en soude)
4 cc. » » + 1 cc. » (5 h. à 36°) + 4 cc. huile.	11.7 cc.

Ainsi, malgré la formation de produits basiques au cours de la digestion de l'albumine, l'acidité du liquide, dans le dernier essai, a encore pu atteindre 11.7 cc. de soude N/10 : la destruction de la lipase est donc beaucoup moins intense quand le suc kinasé peut exercer son action vis-à-vis d'une albumine à digérer; on retrouve ici l'influence favorable que jouent les produits de protéolyse sur les manifestations d'activité des autres diastases contenues également dans le suc pancréatique.

V. — En outre des trois ferments principaux que nous avons décrits, on a signalé encore dans le suc pancréatique deux autres diastases : d'une part, BIERRY et TERROINE ont établi la présence dans celui-ci de maltase, enzyme capable de transformer le maltose en glucose, à la condition d'acidifier très légèrement le milieu. D'autre part, SCHAEFFER et TERROINE ont montré que le suc pancréatique, qui, à l'état pur, est totalement inactif sur l'albumine coagulée, est cependant directement actif sur toutes les substances protéiques dégradées, qu'elles l'aient été par voie chimique ou par une action diastasique, sur les peptides et sur un certain nombre d'albumines naturelles, comme la caséine. Ces faits aboutissent donc à cette conclusion, que, loin d'être protéolytiquement inactif, le suc pancréatique possède une érepsine. D'aileurs, par dialyse, ces auteurs ont pu séparer la protrypsine de l'érepsine.

BIBLIOGRAPHIE sur la TRYPSINE PANCRÉATIQUE.

PRÉPARATION ET PROPRIÉTÉS.

CL. BERNARD. *Leçons de physiologie expérimentale*, Paris, 1856.
MEISSNER. *Zeits. f. rationnelle Medizin*, 1856.
HEIDENHAIN. *Pflüg. Arch.*, 1875, (10), p. 558.
DANILEWSKY. *Arch. f. Path. u. Anath.*, 1862, p. 279.
KÜHNE. *Virchows Arch.*, 1867, p. 130.
ESCHERICH. *Arch. f. klin. Medizin*, 1885, (37), p. 196.
HOPPE-SEYLER. *Pflüg. Arch.*, (14), p. 395.
MROCZKOWSKI. *Biol. Centr.*, 1889-1890, (9), p. 154.
LOEW. *Pflüg. Arch.*, 1882, (27), p. 207.

VON WITTICH. Ueber eine neue Methode zur Darstellung künstlicher Verdauungsproducte, *Pflüg. Arch.*, 1869, (2), p. 198 ; 1870, (3), p. 339.

FREDERICQ. *B. Acad. Roy. de Belg.*, 1878, (46), p. 213. *Arch. de Zool. expérim.*, 1878.

PODOLINSKY. *Thèse*, Breslau, 1876.

SETSCHENOW. *Centralbl. f. d. med. Wissenschaft*, 1887, p. 498.

LEWASCHEW. Bildung im Pankreas, *Arch. f. d. ges. Physiol.*, 1886, (37), p. 32.

PASCHUTIN. *Arch. f. Anat. u. Physiol.*, 1873, p. 383.

KOUDZEWSKY. *Diss.*, St-Petersburg, 1890.

GRIMMER. Zur Kenntniss der Wirkung der proteol. Enzyme der Nahrung, *Bioch. Zeits.*, 1907, (4), p. 80.

KÜHNE. *Verhandlungen der Heidelberger Natur. hist. mediz. Vereins*, 1876, 1884.

GULEWITSCH. *Zeits. f. physiol. Chem.*, 1899, (27), p. 544.

DASTRE. *Archiv. de Physiol.*, 1896, p. 122.

HAMMARSTEN. *Lehrbuch d. physiol. Chem.*, 1895.

K. MAYS. *Zeits. f. physiol. Chem.*, 1903, (38), p. 230.

HEDIN. Ueber die Aufnahme v. Trypsin durch verschiedene Substanzen, *Zeits. f. physiol. Chem.*, 1907, (50), p. 497.

A. BENFEY. Trypsin i. Säuglingsharn, *Bioch. Zeits.*, 1908, (10), p. 458.

STUTZER et MERRES. Trypsinlösungen, *Bioch. Zeits.*, 1908, (9), p. 127.

MOURRUT. *Journ. de pharm. et chim.*, 1879, (30), p. 441.

ACTIONS GÉNÉRALES.

HARLAY. De l'application de la tyrosinase, *Thèse*, Paris, 1900.

JAVILLIER. Les ferments protéolytiques, *Thèse*, Paris, 1909.

VAN DE VELDE u. POPPE. NaFl. *Bioch. Zeits.*, 1910, (28), p. 134.

F. FRANK u. A. SCHITTENHELM. Im Magendarmkanal, *Zeits. f. experim. Path. u. Therap.*, 1910, (8), p. 237.

HIRATA. Gehalt i. Harn u. Blut, *Bioch. Zeits.*, 1910, (27), p. 385.

M. SIEGFRIED. Tryps. Verd. d. Caseins, *Pflüg., Arch.*, 1911, (136), p. 185.

HIRAYAMA. Nachweis u. Gehalt in Fäces, *Zeits. f. experim. Path. u. Therap.*, 1911, (8), p. 624.

TH. BRUGSCH u. MASUDA. Nachweis u. Gehalt in Fäces, *Zeits. f. experim. Path. u. Therap.*, 1911, (8), p. 617.

VON GRÜTZNER. Wirkung als Ferment, *Pflüg. Arch.*, 1911, (141), p. 63.

MICHAELIS u. DAVIDSOHN. *Bioch. Zeits.*, 1911, (36), p. 280.

WEINKOPFF. Trypsinverdauung der grampositiven und gramnegativen Bakterien, *Zeits. f. Immunitätsforsch. u. experim. Therapie*, 1911, (11), p. 1.

KIRCHHEIM. Giftwirkung und Verdauung lebenden Gewebes, *Arch. f. experim. Path. u. Pharmak.*, 1911, (66), p. 352.

J. LOEB. Wirkung, *Bioch. Zeits.*, 1909, (19), p. 534.

J. REICH-HERZBERGE. Wirkung auf Leim, *Zeits. f. physiol. Chem.*, 1901, (34), p. 120.

SALKOWSKY. Begriff Trypsin. *Zeits. f. physiol. Chem.*, 1902, (35), p. 545.

A. LOEB. Versuche mit. Lab u. Trypsin, *Centralbl. f. Bakter. u. Parasitenk.*, 1903, (32), p. 472.

OPPENHEIMER u. ARON. Verhalten des genuinen Serums gegen die tryptische Verdauung, *Beit. z. chem. Physiol. u. Path.*, 1903, (4), p. 279.

OPPENHEIMER. Einwirk. d. Trypsinverdauung auf die Präzipitinreaction, *Beit. z. chem. Physiol. u. Path.*, 1903, (4), p. 259.

E. Pólya. Wirkung des Trypsin auf das lebende Pankreas, *Pflüg. Arch.*, 1908, (121), p. 483.

Sturzer u. Merres. Wirkung auf vegetabilische Eiweissstoffe. *Bioch. Zeits.*, 1908, (9), p. 127.

M. Jacoby. Einwirkung auf Serum, *Bioch. Zeits.*, 1908, (10), p. 232.

Herzog u. Kasarnowsky. Diffusion, *Bioch. Zeits.*, 1908, (11), p. 172.

Hedin. Enzymwirkung, *Zeits. f. physiol. Chem.*, 1910, (64), p. 82.

Glaessner u. Stauber. Trypsin u. Erepsin, *Bioch. Zeits.*, 1910, (25), p. 204.

White u. Crozier. *Journ. Amer. Chem. Soc.*, 1911, (33), p. 2042.

Lattes. Poison du suc pancréatique, *Arch. de Farmacol. sperim.*, 1912, (12), p. 37.

ACTION DES AGENTS PHYSIQUES ET CHIMIQUES.

Hans Richard Weiss. Zur Kenntnis der Trypsinverdauung, *Zeits. f. physiol. Chem.*, 1904, (40), p. 483.

Wolberg. Salze u. Alkaloïde, *Pflüg. Arch.*, 1880, (22), p. 291.

Chittenden u. Gummins. Therapeut. u. toxische Substanzen; Pankreasferment, *Maly Jahresberichte für Tierchemie*, (15), p. 304.

Chittenden. Uransalze, *Maly Jahresberichte*, 1887, (17), p. 475.

Coenen. Calomel im Darm, *Maly Jahresberichte*, 1887, (17), p. 273.

Lindberger. Einwirkung v. Säure, *Maly Jahresberichte*, 1888, (13), p. 283.

Loeb. Electrolytische Dissociation, *Bioch. Zeits.*, 1909, (19), p. 534.

Fernbach et Sohoen. Mécanisme de fonctionnement, *C. R.*, 1911, (2), p. 133.

Kudo. Säuren, Alkalien, Neutralsalze, *Bioch. Zeits.*, 1909, (15), p. 473.

E. W. Schmidt. Enzymat. Mitteilungen, *Zeits. f. physiol. Chem.*, 1910, (67), p. 315.

Delezenne et Lisbonne. Action des rayons ultra-violets, *C. R.*, 1912, (2), p. 788.

Frouin et A. Compton. Inactivation de la trypsine par la dialyse, *C. R.*, 1911, (153), p. 1032.

H. R. Weiss. *Zeits. f. physiol. Chem.*, 1904, (40), p. 480.

Vernon. Schutzwerte d. Proteide; Spaltungsproducte aus Trypsin, *Journ. of Physiol.*, 1904, (31), p. 341. D'après : *Chem. Centralbl.*, 1904, (1), p. 1161.

W. M. Bayliss. *Journ. of Physiol.*, 1907, (36), p. 221.

Robertson u. Schmidt. Alcali, *Journ. of Biol. Chem.*, 1908, (5), p. 3.

Erdmann u. Lederer. HCl, *Berl. klin. Woch.*, 1909, (26), p. 1224.

W. E. Dixon u. P. Hamill. Substanzen, *Journ. of Physiol.*, 1909, (38), p. 314.

T. Kudo. Electrizität, *Bioch. Zeits.*, 1909, (16), p. 233.

Michaelis. Electr. Ueberführung, *Bioch. Zeits.*, 1909, (16), p. 486.

von Fürth u. Schwarz. Sticksoffausscheidung; Eiweisszerfall, *Bioch. Zeits.*, 1909, (20), p. 384.

Shaklee a. Meltzer. Agitation, *Amer. Journ. of Physiol.*, 1909, (25), p. 81.

Minami. Schütteln u. Erwärmen, *Bioch. Zeits.*, 1912, (39), p. 75.

De Souza. Temperatur, *Journ. of Physiol.*, 1911. (43), p. 374.

Kawashima. Lösungsmittel, *Bioch. Zeits.*, 1909, (23), p. 186.

Schmidt. Ausschaltung d. Hitzeempfindlichkeit, *Zeits. f. physiol. Chem.*, 1910, (67), p. 314.

Michaelis u. Davidsohn. H. Ionenconcentration, *Bioch. Zeits.*, 1911, (36), p. 280.

L. Pincussohn. Anorgan. Kolloïde, *Bioch. Zeits.*, 1912, (40), p. 307.

Ohta. Temperatur, *Bioch. Zeits.*, 1912, (44), p. 472.

Rœder. Wirkung Temperat., *Bioch. Zeits.*, 1910, (24), p. 499.

Abderhalden u. Koelker. *Zeits. f. physiol. Chem.*, 1907, (51), p. 294.
H. L. Holzberg. *Journ. of Biol. Chem.*, 1913, (14), p. 335.
Bergelli et Bickel. *Verhandl. des Kongress f. Med.*, Wiesbaden, 1906.
Lœwenthal et Edelstein. *Bioch. Zeits.*, 1908, (14), p. 484.

ACTION DES ANTISEPTIQUES.

Irger. Quelques substances antiseptiques, *Arch. de Physiol.*, 1898, p. 672.
Tappener. NaFl, *Arch. f. Therm. u. Path.*, (27), p. 108.
Arthus et Huber. *C. R.*, 1892, (115), p. 839.
R. Kaufmann. Protoplasmagifte, *Zeits. f. physiol. Chem.*, 1903, (39), p. 437.
Fürst. *Berl. klin. Woch.*, 1909, (2), p. 58.
Fermi. *Arch. f. Hyg.*, (14), p. 1.
Fokker. Chloroforme, *Forts. d. Med.*, 1891, p. 93.
Lewin. Thymol, Antiseptic, Antiferment. *Centralbl. f. de med. Wissens.*, 1875,
    (21).
Effront. *Moniteur scient.*, 1890, (8), p. 449.

ANTITRYPSINE.

Marcus. *Berl. klin. Woch.*, 1908, (14), p. 689.
Achalme. Propriétés pathogènes de la trypsine et le pouvoir antitrypsique du
    sérum, *Ann. Inst. Pasteur*, 1901, (15), p. 737.
Glaesner. *Beit. z. chem. Physiol. u. Path.*, 1903, p. 79.
Brieger u. Trebing. *Berl. klin. Woch.*, 1908, (22), p. 1041.
Ascoli u. Bezzola. *Centralbl. f. Bacteriol.*, 1903, (33), p. 783.
Ehrenreich. Antifermente des Blutes, *Diss.*, Wurzbourg, 1904.
Kämmerer. Antitrypsin, *Zeits. f. Immunitätsforsch. u. exper. Therap.*, 1911,
    (11), p. 235.
Kurt Meyer. Diabetes. *Bioch. Zeits.*, 1909, (23), p. 69 ; 1912, (40), p. 125.
G. Eisner. *Zeits. f. Immunitätsforsch. u. exper. Therap.*, 1 Abt., 1909, (1), p. 650.
Dastre et Stassano. Les facteurs de la digestion pancréatique. Suc pancréa-
    tique, kinase et trypsine; anti-kinase, *Arch. Intern. de Physiol.*, 1904, p. 86.
Zunz. *Acad. royale de Belgique*, 1905, p. 606.
Bergman. *Zeits. f. experim. Path.*, 1906, (3), p. 401.
Marcus. 1) Antitryps. Kraft d. Blutes, *Berl. klin. Woch.*, 1909, (4), p. 156. 2) Anti-
    trypsin d. Blutes, *Zeits. f. experim. Path. u. Therm.*, 1909, (6), p. 879.
Fermi. Antitrypsin, *Arch. de Farmacol. sperim.*, 1909, (8), p. 407.
Meyer. Antitrypsin, *Berl. klin. Woch.*, 1909, (42), p. 1890.
Jach. Antitrypsin, *Münch. med. Woch.*, 1909, (44), p. 2254.
Meyer. Trypsin u Antitrypsin, *Bioch. Zeits.*, 1909, (23), p. 68.
Bauer. Antitrypsin, *Zeits. f. Immunitätsforsch. u. exper. Therap.*, I. Teil, 1910,
    (5), p. 186.
Döblin. 1) Natur d. Antitrypsin, *Zeits. f. Immunitätsforsch. u. exper. Therap.*,
    1910, (4), p. 229. 2) Antitrypsin im Harn, *Ibid.*, 1910, (4), p. 224.
Becker. Antitrypsin i. Blut, *Münch. med. Woch.*, 1909, (27), p. 1363.
Jacob. Antitrypsin i. Blut, *Münch. med. Woch.*, 1901, (27), p. 1361.
Rondoni. Antitrypsin i. Blut, *Berl. klin. Woch.*, 1910, (12), p. 528.
Cobliner. Ueber Antitrypsin, *Bioch. Zeits.*, 1910, (25), p. 494.
Braunstein u. Kepinow. Antitrypsin, *Bioch. Zeits.*, 1910, (27), p. 170.
Hugo Kämmerer u. I. Mogulesko. Antitrypsin gegen Pankreas- Hefe- Pyo-

cyaneustrypsin, *Zeits f. Immunitätsforsch. u. exper. Therap.*, 1911, (12), p. 16.

P. Achalme et Stevenin. *Soc. Biol.*, 1911, (1), pp. 333 et 480.

Guido Finzi. *Soc. Biol.*, 1909, (1), p. 1007.

A. Girault et Rubinstein. *Soc. Biol.*, 1912, (2), p. 205.

LOI D'ACTION.

Hedin. 1) *Journ. of Physiol.*, 1905, (32), p. 471. 2) Zur der Enzyme, *Zeits. f. physiol. Chem.*, 1908, (57), p. 472. 3) Reaction zw. Enzymen u. anderen Substanzen, *Zeits. f. physiol. Chem.*, (82), p. 176.

Arrhenius. *Immunochemie*, Leipzig, 1907, p. 46.

Johonson-Blohm. Kolloïde, *Zeits. f. physiol. Chem.*, (82), p. 179.

V. Henri et Larguier des Bancels. Loi de l'action de la trypsine sur la gélatine, *C. R.*, 1903, (1), pp. 1088 et 1581 ; *Soc. Biol.*, 1903, (55), p. 864.

S. G. Hedin. *Journ. of Physiol.*, 1906, (34), p. 370.

Hedin. *Zeits. f. physiol. Chem.*, 1908, (57), p. 468.

Michaelis u. Davidsohn. Isoelectr. Konstante, *Bioch. Zeits.*, 1911, (36), p. 481.

Walters. 1) *Journ. of Biol. Chem.*, 1912, (11), p. 267. 2) Hydrolyse, *Journ. of Biol. Chem.*, 1912, (12), p. 43.

TRAVAIL CHIMIQUE ET ANALYSE.

M. Schwarzschild. *Beit. z. chem. Physiol. u. Path.*, 1903, (4), p. 155.

W. Lohlein. Analyse, *Beit. z. chem. Physiol. u. Path.*, 1905, (7), p. 120.

Levene u. Wallace. *Zeits. f. physiol. Chem.*, 1906, (47), p. 143.

G. Fermi. Reagentien u. Versuchsmethoden z. Studium der proteol. Enzyme, *Arch. f. Hyg.*, 1906, (55), p. 140.

Paul Hàri. Wasseraufnahme bei der tryptischen Verdauung, *Pflüg. Arch.*, 1906, (115), p. 52.

Alonzo Englebert Taylor. *Journ. of Biol. Chem.*, 1907, (3), p. 87.

O. Gross. Die Wirksamkeit, u. einfache Methode z. Bestimmung von Trypsin, *Arch. f. exper. Pathol. u. Pharmak.*, 1907, (58), p. 157.

Rogozinski. *Beit. z. chem. Physiol. u. Path.*, 1908, (11), pp. 229-241.

Fuld. Bestim. v. Trypsin, *Arch. f. exper. Pathol. u. Pharmak.*, 1908, (58), p. 468.

M. Jacoby. Nachweis d. Trypsins, *Bioch. Zeits.*, 1908, (10), p. 229.

Emil Fischer. *Untersuchungen über Aminosäuren*, Berlin, 1906.

Kossel. Ueber den gegenwärtigenstand d. Eiweisschemie, *Ber. d. Deutsch. Chem. Ges.*, 1901, (3), p. 3214.

Taylor. Synthese v. Protamin d. Fermentwirkung, *Journ. of Biol. Chem.*, 1909, (5), p. 381, d'après *Chem. Centralblatt*, 1909, (1), p. 1417.

Harlay. *Thèse*, Paris, 1900.

Bourquelot. *Journ. de Pharm. et Chimie*, 1896, p. 97.

Nencki. *Ber. d. Deutsch. Chem. Ges.*, 1895, (1), p. 560.

Goldschmidt. Nachweis u. Best. v. Trypsin, *Deutsche Med. Woch.*, 1909, (35), p. 522.

Waldschmidt. Bestimmung, *Pflüg. Arch.*, 1912, (143), p. 189.

Robertson. *Journ. of Biol. Chem.*, 1912, (12), p. 23.

Palladin. Best. d. Trypsins, *Pflüg. Arch.*, 1910, (134), p. 337.

RAMSAY. Anal. pancréatine. *Journ. of Ind. a. Engin. Chem.*, 1911, (3), p. 822.
SŒRENSEN. Enzymstudien, *Bioch. Zeits.*, 1907, (7), p. 45; 1909, (21), p. 131; 1909,
(23), p. 352.

SUC PANCRÉATIQUE.

DASTRE. Ferment du pancréas, *Soc. Biol.*, 1893, p. 648; *Arch. de Physiol.*, 1893,
p. 774.
KARL GLAESSNER. Menschl. Pankreassecret, *Zeits. f. physiol. Chem.*, 1904, (40),
p. 477.
SCHUMM. Menschl. Pankreassecret, *Zeits. f. physiol. Chem.*, 1902, (36), p. 298.
DELEZENNE. Etude du suc pancréatique, *Soc. Biol.*, voir tomes 53 à 57; 1901-1905.
ALEX. ELLINGER u. MAX COHN. Pankreassekrete d. Menschen, *Zeits. f. physiol.
Chem.*, 1905, (45), p. 28.
WASSILIEF. *Arch. d. Sc. biolog.*, St-Pétersbourg, 1893, p. 219.
WALTER. *Arch. d. Sc. biolog.*, St-Pétersbourg, 1899, p. 1.
HEIDENHAIN. Pankreaskenntniss, *Pflüg. Arch.*, 1875, (10), p. 557.
BABKIN et TICHOMIROFF. Beziehung proteolyt. Kraft u. N-Gehalt im Saft d.
Bauchspeichel-drüse, *Zeits. f. physiol. Chem.*, 1909, (62), p. 469.
WEIS. Pankreasverdauung, *Virch. Arch.*, 1876, p. 68.
POPIELSKI. Pankreassaft, *Centralbl. f. Physiol.*, 1903, (17), p. 65.
MAYS. Trypsinwirkung, *Zeits. f. physiol. Chem.*, 1906, (49), pp. 129 et 180.
FROUIN et GÉRARD. Composit. minérale du suc pancr., *Soc. Biol.*, 1912, (1), p. 98.
TERROINE. Disparit. du pouv. lipasique dans suc pancr. kinasé, *Soc. Biol.*,
1908, (2), p. 329.
BIERRY et TERROINE. *C. R.*, 1906, (1), p. 476.
GLEY. Action des albumoses sur sécrétion pancréat., *Soc. Biol.*, 1911, (2), p. 82.
GLEY et POZERSKI. *Soc. Biol.*, 1912, (1), p. 560.
FROUIN. *Soc. Biol.*, 1904, (1), p. 806; 1905, (1), p. 1025; 1907, (2), p. 473; 1907,
(2), p. 519; 1910, (1), p. 176; 1911, (2), p. 15.
POZERSKI. *Soc. Biol.*, 1906, (1), p. 1068; 1908, (1), p. 505; 1911, (1), p. 21.
L. MOREL et TERROINE. *Soc. Biol.*, 1909, (2), p. 36.
DELEZENNE. Format. de présure dans suc pancréat. activé par Ca, *Soc. Biol.*,
1907, (2), p. 98.
DELEZENNE et MOUTON. *Soc. Biol.*, 1907, (2), p. 277.
TERROINE et WEILL. *Soc. Biol.*, 1909, (1), p. 285.
ROGER et SIMON. *Soc. Biol.*, 1907, (1), p. 1070; 1908, (1), p. 541.
BIERRY et V. HENRI. *Soc. Biol.*, 1906, (1), p. 479.
LISBONNE. Coagul. de l'amidon par suc pancr., *Soc. Biol.*, 1911, (2), p. 140.
E. TERROINE. *La sécrétion pancréatique*, 1 vol., Paris, 1913.

TRYPSINOGÈNE ET ENTÉROKINASE.

SCHEPOWALNIKOW. La physiologie du suc intestinal, *Thèse*, St-Péters-
bourg, 1899.
POPIELSKI. *Thèse*, St-Pétersbourg, 1896.
HEKMA. *Maly's Journ. f. Tierchemie*, (33), p. 567.
DELEZENNE et FROUIN. Inactivité de la sécrétion physiol. pancréatique sur
l'albumine, *Soc. Biol.*, 1902, (54), p. 691.
NIRNON. *Journ. of Physiol.*, 1901, (26), p. 405.
BAYLISS a. STARLING. *Journ. of Physiol.*, 1903, (30), p. 61; 1905, (32), p. 129.

Kuhne. *Verhand. d. natur. med. Vereins zu Heidelberg*, 1886, (3), p. 463.

Heidenhain. Kenntnis d. Pancreas, *Pflüg. Arch.*, 1875, (10), p. 557.

Hekma Umwandlung des Trypsinzymogens in Trysin, *Archiv der Anat. und Physiol.*, 1904, p. 343.

Delezenne. Activation par les sels de Ca, *Soc. Biol.*, 1905, (2), pp. 523, 614; 1907, (2), p. 274.

Loew. Pancreasfermente, *Pflüg. Arch.*, 1882, (27), p. 207.

von Wittich. Darstellung künstl. Verdauungsprodukte, *Pflüg. Arch.*, 1869, (2), p. 198; 1870, (3), p. 339.

Molyneux Hamill. *Journ. of Physiol.*, 1906, (33), pp. 476, 479.

Wohlgemuth. *Bioch. Zeits.*, 1906, (2), p. 264. Herzen Rückschlag des Trypsin zu Zymogen, *Arch. f. d. ges. Physiol.*, 1883, (30), p. 295.

Meyer. Ueber Trypsin u. Antitrypsin, *Bioch. Zeits.*, 1909, (23), p. 68.

Terroine. Z. Kenntniss der Fettspaltung d. Pankreassaft, *Bioch. Zeits.*, 1909, (23), p. 404.

Zunz. 1) Activation du suc pancréatique par les sels, *Bull. Soc. Roy. d. Sc. médicales*, 1906, p. 28. 2) *Id.*, 1906-1907.

Dastre et Stassano. Suc pancréatique, kinase et trypsinogène. *Arch. intern. de Physiol.*, 1904, p. 106.

Henri. Colloïdes, kinase artificielle, *Rev. gén. de Sc. pur. et appliq.*, 1905, p. 640.

Larguier des Bancels. Activation du suc pancr. par les colloïdes, *Soc. Biol.*, 1905, (1), p. 987; (2), p. 130.

Bayliss and Starling. *Journ. of Physiol.*, 1902, pp. 230 et 325; 1905, p. 129.

Delezenne. *Soc. Biol.*, 1901, p. 1161. *Bioch. Zeits.*, 1906, (2), p. 264; 1907, (4), p. 271.

Wohlgemuth. Activirung tryps. Fermente, *Bioch. Zeits.*, 1906, (2), p. 264.

Karl Mays. Wirkung, *Zeits. f. physiol. Chem.*, 1906, (49), p. 189.

Delezenne. 1) Kinase microbienne, pouvoir digestif, *C. R.*, 1902, (2), p. 252.
2) Présence de la kinase dans champignons, *C. R.*, 1903, (1), p. 167.
3) Activation du suc pancr. par les sels de Ca, *C. R.*, 1907, (1), p. 388.
4) Nature des parois sur l'activation, *C. R.*, 1907, (1), p. 506.

Hougardy. Lactokinase, *Bull. Acad. Roy. Belgique*, 1906, p. 888.

Ibrahim. Beim Embryo u. Neugeborenen, *Bioch. Zeits.*, 1909, (22), p. 25.

Popielski. Eigenschaft d. Pancreassaftes, *Centralbl. f. Physiol.*, 1903, p. 66.

Howell. Chem. Regulirung d. Vorgänge i. Körper. mittels aktivatiren Kinase, etc., *Naturw. Rundschau*, (25), p. 172.

(Voir aussi Bibliographie sur le fonctionnement des glandes digestives.)

Fonctionnement des glandes digestives.

§ 1.

Variations dans la sécrétion des glandes gastriques et pancréatique.

Action des substances nutritives sur les glandes zymogènes et sur leurs diastases. — Dans les chapitres précédents nous avons appris à connaître la composition et les propriétés du suc gastrique et du suc pancréatique ; nous avons constaté que l'activité de ces sucs était due aux enzymes différents qu'ils contiennent. Des nombreuses expériences que nous avons citées en étudiant la pepsine et la trypsine, il résulte qu'il existe toute une foule de substances qui produisent des effets retardateurs considérables sur les enzymes des matières protéiques, tandis que nous n'avons pas réussi à connaître nettement les agents qui déterminent une action franchement favorable sur ces ferments. Nous avons vu aussi que les différentes matières albuminoïdes ne se comportent pas de la même façon vis-à-vis des enzymes protéolytiques : la fibrine, l'ovalbumine, la globuline, mises en présence de mêmes quantités de pepsine, ne s'hydrolysent pas pareillement ; certains de ces produits se peptonisent beaucoup plus facilement que d'autres. On peut encore constater des différences frappantes dans l'attaque d'une même matière albuminoïde, suivant l'état qu'elle présente : c'est ainsi que l'albumine d'œuf crue est d'une résistance bien moins grande que l'albumine coagulée.

Toutes ces données nous ont fourni des indications intéressantes en ce qui concerne le phénomène de la digestion; mais on se ferait une grande illusion si l'on admettait que ces résultats, obtenus *in vitro*, peuvent refléter exactement toutes les finesses du mécanisme compliqué qu'est la digestion normale. En réalité, les données que nous avons produites jusqu'ici n'éclairent qu'une partie du problème. L'expérience *in vitro* nous fait comprendre, mais seulement dans les grandes lignes, par quels moyens et par quelle série de transformations une substance nutritive peut être digérée dans le tube digestif ; mais nos connaissances chimiques ne nous permettent nullement d'expliquer les différences dans la digestibilité des divers aliments, pas plus que les troubles qu'on observe si fréquemment au cours de la digestion.

Pour approfondir vraiment le mécanisme de cette importante fonction physiologique, il faut étudier la digestion à un tout autre point de vue : il ne faut pas seulement se contenter d'établir l'influence des conditions physiques et chimiques sur les enzymes contenus dans les sucs digestifs, il faut aussi, et surtout, étudier la répercussion de ces influences sur la marche de la sécrétion elle-même, autrement dit, déterminer l'action exercée par les aliments sur la formation du suc, sa sécrétion et sa composition. L'importance de ce facteur résulte d'une foule de faits qui nous font voir que les substances soumises à l'action de la pepsine, de la trypsine et de la lipase peuvent agir au plus haut degré sur la marche de la sécrétion, et peut-être aussi sur la formation même de ces enzymes. Elles peuvent les influencer favorablement ou défavorablement. Suivant la nourriture, on pourra obtenir plus ou moins de suc, et celui-ci ne sera pas toujours de même qualité. Mais il y a plus : des substances qui se montrent inactives sur le pouvoir fermentaire de la pepsine, de la trypsine ou d'autres enzymes, peuvent, au contraire, agir très fortement sur la sécrétion de ces diastases; en outre, des substances qu'on sait être paralysantes d'un enzyme peuvent contre-balancer cette action par l'accroissement de sécrétion qu'elles provoquent, et, inversement, une substance favorisante, au point de vue diastasique, peut être ralentissante, quant à la quantité de suc élaboré. Les agents chimiques peuvent donc agir d'une manière très complexe et dans des voies très différentes, même opposées :

l'étude de l'influence des aliments sur la sécrétion est, en somme, d'une importance beaucoup plus grande encore que l'étude de celle qu'ils exercent sur les diastases elles-mêmes.

Travaux de l'Ecole de Pawlow. — C'est ce nouveau point de vue qui a été introduit en physiologie par PAWLOW et ses élèves. Grâce aux grands perfectionnements apportés par ce savant russe dans la technique chirurgicale, notamment par l'emploi de fistules gastrique et pancréatique, il a pu suivre la marche de la digestion avec une grande netteté. Pour obtenir le suc gastrique à l'état de pureté, non souillé de matières alimentaires, il emploie la méthode de l'œsophagotomie (voir p. 266). Tandis que l'animal prend et mastique la nourriture qu'on lui donne, nourriture qui est ensuite rejetée par l'ouverture pratiquée dans l'œsophage, on recueille, grâce à une fistule stomacale, le suc gastrique, qui est sécrété simultanément. D'ailleurs l'animal est nourri, en dehors des expériences, par l'introduction directe d'aliments dans l'estomac au moyen d'une sonde. Le repas fictif fournit, dans les conditions que nous venons d'indiquer, un suc très actif. Les observations faites par ce dispositif constituent déjà des résultats très appréciables. Mais cette méthode ne peut pas encore donner une image vraie de ce qui se passe normalement.

Il est évident que la sécrétion diastasique doit se faire différemment dans la pseudo-nutrition et dans la nutrition réelle. C'est pour répondre à cette objection que PAWLOW a eu recours à une deuxième méthode, qui consiste à partager l'estomac, grâce à des résections et des sutures convenables, en deux parties inégales ; l'une, environ 10 fois plus grande que l'autre, reçoit seule la nourriture, tandis que la seconde, excitée par réflexe, porte une fistule par où s'écoule le suc qu'elle sécrète. L'auteur a vérifié directement, en pratiquant une fistule dans chacune des sections, que la sécrétion s'y fait exactement de la même façon : les quantités de suc sont proportionnelles aux volumes des deux estomacs, mais leur activité est toujours la même et varie parallèlement. Cette opération délicate est néanmoins bien supportée par les chiens, et ceux-ci, traités de cette façon, ont pu servir pendant des années pour les mêmes expériences. C'est en multipliant tous ces essais, de manières très diverses, qu'on est parvenu à tirer de cette question si complexe un certain nombre de conclusions très nettes.

Influence de l'alimentation sur la quantité et la composition du suc gastrique sécrété. — Tout d'abord il a été établi qu'il existe une relation très suivie entre les fonctions sécrétorielles et l'aliment absorbé. C'est ainsi que CHIGIN, en mesurant la quantité de suc gastrique qui s'écoule après l'ingestion d'aliments variés, a trouvé :

Pour 100 gr. viande absorbée, il s'écoule 26 cc. suc gastrique.
    200   »   »   » 40   »
    400   »   »   » 106   »

Après un repas composé de : { 300 gr. lait + 50 gr. viande + 50 gr. pain } » 42   »

Après un repas composé de : { 600 gr. lait + 100 gr. viande + 100 gr. pain } » 83.2   »

Le suc sécrété est donc en rapport avec les besoins réels, et la quantité augmente avec la dose d'aliments ingérés. La production du suc gastrique pendant le repas dépend avant tout de la nature de l'aliment. Pour des matières contenant la même teneur en azote, il se sécrète des quantités très différentes de suc. L'unité d'azote contenue dans le pain correspond au maximum de suc. Le lait, pour une même unité d'azote, détermine une sécrétion moins grande, et celle-ci est encore plus faible pour la viande. L'influence de l'aliment sur la sécrétion ne se manifeste pas seulement au point de vue de la quantité de suc élaboré, mais encore et surtout au point de vue de sa composition :

(Voir tableau comparatif, page 388.)

INFLUENCE DE L'ALIMENTATION SUR LA SÉCRÉTION GASTRIQUE.

Quantités d'aliments absorbés	Suc gastrique sécrété	Pouvoir digestif (METT)	Valeur digestive
250 gr. pain	42 cc.	6.16	$(6.16)^2 \times 42 = 1600$
100 » viande . . .	27 »	4	$(4)^2 \times 27 = 422$
600 » lait.	34 »	3.1	$(3.1)^2 \times 34 = 340$

Dans les trois cas mentionnés, on se trouve en présence de la même quantité d'azote ; cependant les quantités de suc sécrété, et surtout leur teneur en pepsine, sont différentes : le pain, qui se digère plus difficilement que le lait, reçoit environ 5 fois plus de pepsine, et la viande, à peu près 1/4 de plus que le lait. Cette influence de la nature chimique de l'aliment sur la quantité et la richesse du suc gastrique se montre encore avec plus de rigueur quand on analyse heure par heure le suc sécrété :

VARIATION DE LA SÉCRÉTION GASTRIQUE AVEC LA NATURE DE L'ALIMENT.

Heures	Quantité de suc sécrété par heure			Force digestive d'après METT		
	Viande (100 gr.)	Pain (250 gr.)	Lait (600 gr.)	Viande (100 gr.)	Pain (250 gr.)	Lait (600 gr.)
De 0 à 1 heure	11.2 cc.	10.6 cc.	4.0 cc.	4.94	6.10	4.21
1 à 2 »	11.3 »	5.4 »	8.6 »	3.03	7.97	2.35
2 à 3 »	7.6 »	4.0 »	9.2 »	3.01	7.51	2.35
3 à 4 »	5.1 »	3.4 »	7.7 »	2.87	6.19	2.65
4 à 5 »	2.8 »	3.3 »	40 »	3.20	5.29	4.68
5 à 6 »	2.2 »	2.2 »	0.5 »	3.58	5.72	6.12
6 à 7 »	1.2 »	2.6 »	»	2.25	5.48	»
7 à 8 »	0.6 »	2.2 »	»	3.87	5.50	»
8 à 9 »	»	0.9 »	»	»	5.75	»
9 à 10 »	»	0.4 »	»	»	»	»
Totaux	42.0 cc.	35.0 cc.	34.0 cc.			

Avec le pain, on observe une sécrétion très prolongée. La viande vient ensuite, tandis qu'avec le lait la sécrétion se trouve arrêtée dès la 6ᵉ heure. En ce qui concerne le pouvoir digestif, on constate également des différences très marquées. En définitive, ce tableau nous montre que non seulement la quantité et la qualité du suc gastrique varient avec chaque aliment, mais que c'est en quelque sorte l'allure même de la sécrétion qui est caractéristique de chaque nourriture.

Influence sur la sécrétion pancréatique. — Si maintenant on fait l'étude de la sécrétion du suc pancréatique, grâce à une fistule placée dans le canal de Wirsung, on trouve encore la même sensibilité vis-à-vis de l'aliment ingéré. Mais ici la question est plus complexe. La dépendance porte en effet :
1° sur l'allure générale de la sécrétion, c'est-à-dire sur la rapidité avec laquelle le suc se déverse par heure dans l'intestin;
2° sur la quantité de suc sécrété, par unité d'azote, par exemple;
3° sur la teneur en ferments : trypsine, amylase et lipase.

Voici un tableau nous montrant cette influence de la nature de l'aliment sur la quantité et la composition du suc pancréatique sécrété :

Influence de l'alimentation sur la sécrétion pancréatique.

Aliments	Quantité de suc produit	Pouvoir digestif (Mett) au carré	Quantité totale de		
			Trypsine	Amylase	Lipase
600 gr. lait .	48 cc.	22,6	22,6 × 48 = 1.085	432	4.338
250 gr. pain .	151 »	13,1	13,1 × 151 = 1.978	1.601	800
100 gr. viande	144 »	10,6	1.502	648	3.600

Nous voyons donc que pour le pouvoir protéolytique du suc pancréatique, on obtient le même ordre de classement qu'avec le suc gastrique. C'est le pain qui provoque le maximum de trypsine; la viande vient en second lieu, et le lait ensuite. En ce qui concerne l'amylase, le pain en exige beaucoup, la viande, moins, et le lait, moins encore. Pour le ferment lipolytique, c'est le lait, riche en matière grasse, qui en nécessitera la plus grande quantité.

D'une façon générale, Pawlow et ses élèves ont observé

que l'activité protéolytique du suc pancréatique varie suivant les régimes auxquels sont soumis les animaux. Mais par quel mécanisme se fait cette adaptation ? Diverses explications pouvaient être données de ce fait. On pouvait tout d'abord penser que les différences d'activité observées dans les sucs recueillis par la méthode de PAWLOW étaient dues aux variations de la sécrétion kinasique fournie par le lambeau de muqueuse intestinale que l'on a fixé à la peau avec l'embouchure du canal de WIRSUNG. Il n'en est rien : FROUIN a montré que le suc intestinal recueilli, au moyen d'une fistule permanente de THIRY, chez le chien (carnivore) ou chez le bœuf (herbivore), possède, à volume égal, une activité kinasique sensiblement la même. D'autre part, le suc pancréatique d'un même animal soumis à des régimes différents, additionné de 1/20 ou 1/10 de son volume de suc intestinal, présente toujours sensiblement le même pouvoir digestif sur l'albumine; ce n'est donc pas sa teneur en trypsine qui varie. Voici un exemple :

I. — Suc pancréatique de chien nourri depuis 2 mois avec de la viande crue exclusivement, + 1/20 de son volume de suc intestinal filtré : le mélange digère 4 mm. tube de METT en 15 heures.

II. — Suc pancréatique du même chien, soumis depuis un mois au régime du pain, + 1/10 de son volume de suc intestinal : le mélange digère 4 à 4.5 mm. tube de METT en 15 heures.

Donc, égalité d'activité. Et comme, d'autre part, les animaux nourris au pain sécrètent 4 à 5 fois plus de suc que ceux soumis à la viande, il s'ensuit que, sous le régime pain, la sécrétion pancréatique totale peut digérer 4 à 5 fois plus d'albumine; s'il y a une adaptation, elle semblerait en sens inverse de celle qu'on aurait pu supposer tout d'abord. La justification des résultats trouvés par PAWLOW, ainsi que l'a montré FROUIN, réside vraisemblablement dans ce fait que les quantités minima de suc intestinal nécessaires pour conférer au suc pancréatique le maximum de pouvoir digestif, sont très différentes. Tandis qu'il suffit d'ajouter au suc sécrété sous l'influence de la viande 1/500 ou même 1/1000 de son volume de suc intestinal pour lui donner l'activité digestive maximale, il faut ajouter au suc sécrété par le pain 1/20 ou 1/10 de son volume pour arriver au même résultat. Ce fait nous montre donc bien que, s'il est vrai qu'à volume égal les sucs pancréatiques activés ont des pouvoirs digestifs égaux, ils n'en présentent pas moins une très grande différence d'activabilité sous l'influence des différents régimes.

§ 2.

Mécanisme de la sécrétion.

Nos organes, au cours de la digestion, fournissent des agents de transformation très différents qui se déversent sur les aliments au fur et à mesure que leur intervention est nécessaire. L'apparition de ces réactifs se fait successivement, dans un ordre rationnel. Tout d'abord, la nourriture se trouve diluée à l'aide de la sécrétion salivaire, qui, par sa réaction alcaline, atténuera l'acidité des aliments et fournira ainsi des conditions favorables à l'action de la ptyaline. D'ailleurs, pour permettre à cette diastase d'agir, la sécrétion stomacale subit un faible retard. Puis, après que les féculents ont subi une transformation suffisamment profonde, le suc gastrique apparaît avec sa réaction nettement acide, ce qui facilite grandement l'action de la pepsine. La quantité de suc qui est ainsi produite est proportionnée à la quantité de nourriture absorbée. La vitesse d'écoulement et l'allure générale de la sécrétion s'effectuent d'après un plan parfait et suivant les besoins réels. Dans cette phase du travail, la matière albuminoïde est transformée en albumose et en peptone. Le suc pancréatique achève alors la digestion des aliments azotés et des féculents, en même temps qu'il décompose les matières grasses. On constate dans l'intervention du suc pancréatique encore plus de précision, l'adaptation aux exigences du travail digestif, de la réaction de milieu et de tous les réactifs, se faisant cette fois d'une façon presque rigoureuse. Nous avons vu, en particulier, que, suivant l'aliment absorbé, il y a une différence dans la quantité et la durée de la sécrétion, ainsi que dans les propriétés chimiques de ce suc.

Action mécanique. Impulsion psychique. — Voyons maintenant comment est réglé ce mécanisme merveilleux qui fabrique automatiquement, en quantités convenables, tous ces divers réactifs et les déverse judicieusement, au moment opportun. On a cru pendant longtemps que les sécrétions étaient dues à l'irritation produite par les aliments au cours de leur passage dans le tube digestif, et que l'action mécanique se manifestait ensuite, et surtout, dans l'estomac même. Le non fondé de cette manière de voir est maintenant établi. Les glandes stomacales et intestinales ne réagissent pas comme les glandes salivaires à l'égard des irritations mécaniques, et, d'autre part, Pawlow a démontré que l'introduction dans l'estomac de corps inertes, comme du sable, ou toute autre matière non alimentaire, ne modifie en rien, ni la sécrétion, ni même la réaction du milieu.

D'ailleurs, le fait que les actions mécaniques ne jouent aucun rôle dans l'élaboration des sucs digestifs avait déjà été mis en évidence autrefois par Bidder et Schmitt, qui avaient constaté, chez un chien muni d'une fistule stomacale, que l'écoulement du suc peut se produire par la simple vue de la nourriture, rien qu'en raison du désir de manger qu'elle provoque immédiatement. Cette observation est restée longtemps sans confirmation, bien qu'elle fût en concordance complète avec les données qu'on possédait alors sur la sécrétion salivaire. Reprise par l'école de Pawlow, elle lui servit de point de départ à toute une série d'études très approfondies relatives aux influences psychiques sur les sécrétions.

Nutrition inconsciente. — En adoptant des méthodes d'expérimentation très exactes et en se plaçant dans des conditions favorables, on a pu constater que les influences psychiques jouent un rôle de la plus grande importance. Si l'on donne de la viande à un chien muni d'une fistule et opéré de l'œsophagotomie, on n'observe pas seulement une sécrétion abondante pouvant se prolonger pendant des heures entières, mais on peut aussi remarquer, chez des sujets sensibles, que la quantité de suc écoulé dépend de la nourriture, et aussi de la quantité de substances alimentaires qui se trouvent en présence de l'animal.

La vue de la viande provoque généralement une sécrétion plus abondante que la vue du pain, et, d'autre part, la vue d'une forte quantilé de nourriture détermine un écoulement de suc plus grand que celle d'une faible ration.

SONOTZKY, en faisant subir pendant 5 minutes à un chien une pseudo-nutrition, a constaté que la sécrétion qui en résulte se prolonge pendant des heures entières. Sans doute, le maximum de l'effet correspond aux cinq premières minutes, mais il est à remarquer que la sécrétion est encore très sensible après 3 h. 1/2 et que son pouvoir digestif, à ce moment, est toujours élevé :

SÉCRÉTION GASTRIQUE PRODUITE PAR UNE PSEUDO-NUTRITION.

Temps après la fin de la pseudo-nutrition	Quantité de suc sécrété	Pouvoir digestif (METT)
De 0 à 10 min.	25.5 cc.	8.1
10 » 20 »	20	8.0
20 » 30 »	13.5	6.8
30 » 40 »	11	7.5
40 » 50 »	8.5	8.1
50 » 60 »	6.5	9.0
60 » 80 »	13.5	7.4
80 » 100 »	11.0	7.2
100 » 120 »	7.0	7.2
120 » 140 »	11.5	6.8
140 » 160 »	11.0	6.5
160 » 190 »	6.5	7.6
190 » 210 »	5.5	7.2

Le rôle des influences psychiques sur la sécrétion peut être également mis en évidence au cours de la nutrition réelle. LABOSOFF, à cet effet, utilise le dispositif expérimental que nous avons déjà décrit, et qui consiste à partager l'estomac en deux parties inégales ; les aliments vont dans la plus grande portion, tandis que la sécrétion est recueillie à l'aide d'une fistule placée dans la petite, dont le volume est environ le 1/10 de l'estomac total, et qui se trouve ainsi en quelque sorte isolée de l'ensemble du tube digestif. LABOSOFF donne à un chien ainsi opéré 400 gr. de viande, divisés en 4 morceaux. L'absorption se fait en 4 fois, à 1 h. 1/2 d'intervalle. Chaque fois que l'animal voit et mange sa ration, il y a recrudescence de sécrétion ; et non seulement le volume sécrété augmente, mais aussi le pouvoir digestif.

INFLUENCE PSYCHIQUE PRODUITE AU COURS D'UNE NUTRITION NORMALE.

Marche de l'expérience	Temps en demi-heures	Suc sécrété dans la partie isolée	Pouvoir digestif (METT)
100 grammes de viande . .	De 0 à 1	3.1 cc.	5.13
	1 à 2	5.0	4.63
	2 à 3	4.7	4.50
De nouveau 100 gr. de viande	3 à 4	5.4	4.88
	4 à 5	5.5	3.38
	5 à 6	4.7	2.75
De nouveau 100 gr. de viande	6 à 7	6.0	3.75
	7 à 8	5.4	2.50
	8 à 9	5.9	2.50
De nouveau 100 gr. de viande	9 à 10	5.4	3.88
	10 à 11	5.3	3.00
	11 à 12	4.2	2.50

Action chimique. — L'influence psychique n'est pas cependant la seule cause de la sécrétion. Quand on introduit la matière nutritive dans l'estomac d'un animal à l'aide d'une fistule, on constate que cet aliment est plus ou moins digéré, ce qui montre que la sécrétion se fait même en l'absence de toute intervention psychique. La sécrétion produite dans ce dernier cas est due à l'action spécifique des substances nutritives, et l'on observe que la quantité et la qualité du suc sécrété varient avec la nature chimique de la substance absorbée. En somme, deux causes président à la sécrétion du suc gastrique : l'une est d'origine purement psychique, l'autre est d'origine chimique. Pour étudier la sécrétion inconsciente, c'est-à-dire l'effet direct produit par les aliments sur les glandes sécrétorielles, PAWLOW introduit 400 grammes de viande dans l'estomac d'un chien opéré comme précédemment, sans que l'animal s'aperçoive de rien. La sécrétion, qui commence environ 25 minutes après l'introduction de la viande, présente l'allure suivante :

SÉCRÉTION GASTRIQUE AU COURS D'UNE NUTRITION INCONSCIENTE.

DURÉE	Suc sécrété dans la partie isolée	Pouvoir digestif (METT)
De 0 à 1 heure.	3.7 cc.	2.0
» 1 à 2 heures	10.6 »	1.63
» 2 à 3 »	9.2 »	1.5
» 3 à 4 » . . . . , . . .	7.0 »	1.88
» 4 à 5 »	5.6 »	2.25
» 5 à 6 »	6.6 »	2.63
» 6 à 7 »	7.5 »	1.88
» 7 à 8 » . . . '	5.3 »	2.0
» 8 à 9 »	3.0 »	5.0
» 9 à 10 »	2.0 »	—

Ce tableau, comparé aux deux précédents, nous montre bien que la sécrétion chimique diffère considérablement de la sécrétion psychique : elle s'en distingue non seulement au point de vue de la marche même de la sécrétion, mais encore au point de vue de sa teneur en pepsine.

Rôle de l'impulsion psychique dans la nutrition normale. — En présence de ces deux influences, PAWLOW s'est proposé de rechercher quelle était la part que prenait la sécrétion psychique dans la nutrition normale. Dans ce but, il introduit de la viande dans l'estomac d'un chien, avec de grandes précautions, afin que l'animal ne s'aperçoive, ni par la vue ni par l'odeur, qu'il vient de recevoir une nourriture. Après que la viande est restée un certain temps, on la retire à l'aide d'une ficelle à laquelle elle était attachée. La perte de poids fournit l'importance de la digestion et, par conséquent, la valeur de la sécrétion dans la nutrition inconsciente. En répétant cette expérience avec un chien excité en même temps par une pseudo-nutrition, on associe de la sorte les deux influences chimique et psychique, et l'on trouve que la quantité de viande digérée dans l'estomac, dans ce second cas, est toujours supérieure à celle digérée au cours de la nutrition inconsciente, la différence des deux résultats fournissant une mesure indirecte de la sécrétion purement psychique. Voici quelques données relatives à ce sujet : Les chiens mis en expérience recevaient chacun 100 gr. de viande par une fistule stomacale. Après 1 heure, la viande était retirée et pesée. On a constaté qu'en présence d'une pseudo-nutrition, il restait 70 gr. de viande non digérée, tandis que sans pseudo-nutrition, le poids de viande restant était de 94 gr. Par la nutrition inconsciente, il se digère donc seulement 6 gr. de viande, tandis que la digestion sous l'influence psycho-chimique porte la quantité à 30 gr. Dans une autre expérience, d'une durée de 1 h. 1/2, la nutrition inconsciente a fourni 5 gr. 6, alors qu'en présence de pseudo-nutrition on a trouvé 15 gr. de viande digérée.

Quand on laisse séjourner la viande pendant 5 heures dans l'estomac, on trouve pour la nutrition inconsciente 58 gr. de viande digérée, et pour la nutrition accompagnée d'une pseudo-nutrition, la valeur de 85 gr. Ainsi, même après un séjour de 5 heures, il existe encore une différence notable, due aux influences psychiques. Ces données diverses nous montrent que parmi les causes provoquant la sécrétion gastrique, les influences psychiques jouent un rôle prépondérant. Leur action se manifeste surtout au début. Elle provoque l'apparition d'un suc abondant, très fort, tandis que la nutrition inconsciente ne détermine qu'une sécrétion tardive et d'une teneur en pepsine beaucoup plus faible. L'importance des deux sécrétions, psychique et chimique, se trouve encore mieux résumée dans le tableau suivant :

EXPÉRIENCE FAITE AVEC DE LA VIANDE DONNÉE A DES CHIENS.

Temps en heure	Nutrition normale		Nutrition inconsciente		Pseudo-nutrition		Somme des rubriques 2 et 3
	Suc sécrété par heure	Pouvoir digestif	Suc sécrété par heure	Pouvoir digestif	Suc sécrété par heure	Pouvoir digestif	
1	12.4 cc.	5.43	5.0 cc.	2.5	7.7 cc.	6.4	12.7 cc.
2	13.5	3.63	7.8	2.75	4.5	5.8	12.3
3	7.5	3.5	6.4	3.75	0.6	5.75	7.0
4	4.2	3.12	5.0	3.75	—	—	5.0
Totaux	37.6		24.2		12.8		37.0

Ce tableau nous apprend différentes choses intéressantes : Tout d'abord, nous voyons que la somme des quantités de suc sécrété en 4 heures, d'une part par la nutrition inconsciente, d'autre part par la pseudo-nutrition, se rapproche d'une manière frappante de la quantité totale de suc sécrété au cours de la nutrition normale, et que, de plus, cette concordance se retrouve sensiblement heure par heure. Il se trouve donc bien démontré que la sécrétion pendant un repas normal résulte de deux influences différentes. Mais il y a plus : les deux effets se superposent avec leur allure propre à chacun d'eux. C'est ainsi que sur 12.4 cc. de suc sécrété dans la première heure, au cours du repas normal, 7.7 cc. proviennent de l'action psychique, c'est-à-dire de l'appétit même. Dans la seconde heure, sur 13.5 cc. sécrétés, il n'y a plus que 4.5 cc. dus à l'appétit ; dans la troisième heure, sur 7.5 cc., 0.6 cc. résulte de ce besoin, et, à la fin, au cours de la quatrième heure, ce n'est plus que le suc chimique seul qui agit, l'appétit ayant à ce moment entièrement disparu.

Ces chiffres, bien entendu, n'ont rien d'absolu. La quantité de suc sécrété, produite par une même ration alimentaire, n'aura jamais une valeur fixe. Elle dépendra de la sensibilité des animaux soumis aux essais et de leur envie plus ou moins grande de manger. Elle sera influencée non seulement par la vue, mais aussi par l'odeur. C'est par ces impressions, vue et odeur, que l'appétit se trouve exalté, et l'idée perçue que la nutrition va commencer provoque une excitation sécrétorielle, par un mécanisme de réflexe analogue à celui qui nous oblige de fermer les yeux en présence d'un mouvement brusque. La vue et l'odeur ne sont du reste pas les uniques facteurs qui agissent sur les glandes sécrétorielles; il faut encore attribuer une influence toute particulière à la sensation que provoque la nourriture dans la bouche : le goût des aliments joue incontestablement un rôle important dans la sécrétion psychique. Enfin, on doit encore admettre que tous les nerfs sécrétoriaux, de la bouche à l'estomac, sont influencés par le passage des aliments, et cela en raison directe du plaisir qu'on éprouve à les absorber. Mais une objection se pose. On peut, en effet, faire observer que la pseudo-nutrition, tout en nous donnant une expression plus ou moins exacte de l'influence psychique sur la sécrétion du suc gastrique au cours de la digestion normale, ne peut pas nous fournir une idée vraie de la quantité de suc sécrété sous cette influence seule. Dans la pseudo-nutrition, l'excitation est beaucoup plus grande que dans la nutrition normale, où la sensation de satisfaction réelle produite par l'aliment absorbé ne tarde pas à paralyser l'imagination. Au fur et à mesure qu'on mange, l'appétit se ralentit, tandis que la pseudo-nutrition peut être conduite des heures entières sans assouvir le besoin de manger, si bien qu'on provoque, dans ce cas, la sécrétion d'une quantité de suc psychique beaucoup plus considérable.

Ces considérations nous porteraient à ne pas admettre une influence aussi importante qu'on l'a dit de la sécrétion psychique dans la nutrition normale. Cependant pareille conclusion serait erronée. Déjà le dernier tableau que nous avons donné nous prouve que dans la nutrition normale l'effet psychique joue un rôle très grand. Il se peut même que son influence soit plus considérable encore que celle qui découle des expériences citées précédemment. Nous savons, en effet, que pendant la digestion, le suc sécrété varie constamment au point de vue de son pouvoir digestif. Essayons de voir d'où provient cette variation : sont-ce les deux sucs, psychique et cnimique, qui changent de composition, ou n'est-ce qu'un seul? L'expérience suivante, de LABOSSOF et CHIGIN, nous fournit la réponse à cette question :

SÉCRÉTIONS COMPARÉES DANS LA PSEUDO-NUTRITION
ET LA NUTRITION NORMALE.

Temps en heures	Pseudo-nutrition		Nutrition normale	
	Suc sécrété	Pouvoir digestif	Suc sécrété	Pouvoir digestif
1	7.7 cc.	6.4	11.2 cc.	4.94
2	4.5 »	5.3	11.3 »	3.03
3	0.6 »	5.75	7.6 »	3.01
3	—	—	5.1 »	2.87

Comme on le voit, au cours de la digestion normale de la viande, la quantité de suc sécrété diminue au fur et à mesure que le travail protéolytique s'avance. De plus, le pouvoir digestif, qui était, au début, de 4.94, est descendu à 2.87. Au contraire, dans la pseudo-nutrition, on a une tout autre marche. La force digestive du suc psychique reste encore très grande, même après que la sécrétion est presque arrêtée. Il résulte donc clairement de ce qui précède, que la diminution qu'on constate dans la quantité et la qualité du suc élaboré au cours de la nutrition normale provient presque exclusivement de l'arrêt de la sécrétion psychique. C'est donc bien l'impulsion psychique qui amène le suc le plus actif; et en dehors de ce suc, on n'a qu'une sécrétion de pouvoir digestif tout à fait secondaire.

La sécrétion qui se produit en dehors de l'impulsion psychique est considérée par PAWLOW comme une sécrétion spécifique, due aux agents mêmes de la nourriture. Voyons donc comment s'exerce cette influence chimique sur les glandes sécrétorielles. La méthode qu'on emploie dans cette recherche est la même que celle qui a servi précédemment dans l'étude de la nutrition inconsciente. Il s'agit de se placer dans des conditions telles, que la part de l'appétit soit complètement exclue. On opère sur un chien en introduisant la nourriture par une fistule, tout en veillant bien à ce que l'animal ne ressente rien, ni par la vue, ni par l'odeur, etc. On peut aussi introduire la nourriture pendant que l'animal dort, puisqu'on sait que les glandes sécrétorielles fonctionnent normalement, même durant le sommeil. On connaît toute une série de dispositifs très variés pour étudier la nutrition inconsciente. RJASANZEFF, CHIGIN, LABOSOFF, et d'autres encore, tout en modifiant les conditions, sont arrivés à des résultats très analogues, et ils nous ont ainsi fourni des données d'un intérêt capital, au point de vue de la digestion. En introduisant dans le tube digestif différentes substances alimentaires, on constate que chacune agit d'une façon qui lui est propre et qui est tout à fait constante. L'influence de ces substances diffère suivant leur nature chimique : les unes agissent activement sur les glandes sécrétorielles et provoquent une sécrétion plus ou moins riche; d'autres agissent dans une direction opposée : elles ralentissent ou arrêtent complètement la sécrétion. Enfin, il existe toute une classe de matières alimentaires qui se montrent inactives et n'influencent nullement les glandes sécrétorielles. En outre, on a observé que l'action chimique des substances nutritives se porte tantôt sur les glandes stomacales, tantôt sur la glande pancréatique. Les substances actives sur les glandes gastriques peuvent se montrer sans action sur le pancréas et inversement.

Pour résumer les données nombreuses qu'on possède sur cette importante question, nous allons étudier séparément les actions chimiques, d'abord sur les glandes de l'estomac, puis sur les cellules pancréatiques.

§ 3.

Influences chimiques sur la sécrétion stomacale.

Action de l'eau. — Tous les aliments n'influencent pas la sécrétion gastrique. Parmi les substances qui se montrent les plus actives, il faut citer avant tout l'eau et la viande crue. L'eau introduite dans l'estomac provoque une sécrétion acide, mais peu abondante ; celle-ci ne se manifeste nettement qu'en présence d'une grande quantité d'eau. Pour obtenir par la fistule un écoulement appréciable de suc gastrique chez un chien de grandeur moyenne, il faut introduire de 400 à 450 cc. d'eau, tandis que 100 à 150 cc. seulement restent sans résultat. Cette action de l'eau sur les glandes sécrétorielles est extrêmement importante au point de vue de la digestion.

Action de la viande. — La viande crue détermine une sécrétion plus considérable que l'eau. Introduite dans l'estomac d'un chien, elle provoque déjà une sécrétion notable après 15 ou 30 minutes. La viande bouillie se montre inactive : c'est donc que la substance sécrétorielle se trouve dans les matières extractives de la viande. L'action de l'extrait de Liebig a été étudiée par LABOSSOF. Ce savant dissout 10 gr. d'extrait de Liebig dans 150 gr. d'eau et il introduit le mélange dans l'estomac d'un chien. La sécrétion commence après 13 minutes. On trouve que :

La 1ʳᵉ heure, il s'est écoulé 5.3 cc. suc. de pouv. dig. : 4.25
La 2ᵉ   »   »   2.6   »   4.0

On n'a pas encore pu établir la nature chimique de la substance de l'extrait de viande qui provoque la sécrétion. On sait seulement que celle-ci se trouve dans les parties insolubles dans l'alcool.

Les différentes peptones du commerce se comportent très différemment. D'après PAWLOW, la peptone CHAPOTEAU posséderait seule un pouvoir sécrétoriel. Il est fort probable que cette peptone a été obtenue à l'aide de viande crue, tandis que les autres ont été fabriquées avec d'autres matières albuminoïdes, et que c'est de là que vient la différence signalée plus haut. Mais il est possible aussi, comme nous le verrons plus loin, que cette différence provienne des degrés divers d'hydrolyse auxquels ont été soumises les peptones examinées. L'action sécrétorielle de l'extrait Liebig ou de la peptone se trouve considérablement accrue si l'on mélange ces corps à d'autres substances peu actives par elles-mêmes, telles que l'amidon. Cette augmentation du pouvoir sécrétoriel provient de cette circonstance que l'extrait reste ainsi plus longtemps en contact avec les muqueuses.

Comme autres substances actives, on peut encore citer la gélatine et le lait. Mais la plupart des matières alimentaires se montrent sans action chimique sur les glandes sécrétorielles. Ainsi l'albumine, liquide ou coagulée, l'amidon, le sucre, etc., ne produisent point de sécrétion. Dilués dans l'eau, ils ne fournissent pas plus de suc que l'eau elle-même.

Action des graisses. — L'action des matières grasses et de l'amidon mérite une attention toute particulière. L'huile introduite dans l'estomac se montre inactive. Mais le véritable rôle des matières grasses se manifeste seulement quand on étudie leur action au cours de la digestion. Quand on introduit des matières grasses dans l'estomac, soit avant, soit pendant le repas, on constate toujours un ralentissement considérable dans l'écoulement du suc. C'est ainsi que chez un chien qui sécrète ordinairement, dans les 2 ou 3 premières heures, après un repas de 400 gr. de viande, de 10.0 à 15.0 cc. de suc (recueillis dans la partie isolée de l'estomac), les résultats seront tout autres si, une heure avant son repas, on introduit dans son estomac 100 gr. d'huile : on constatera alors l'absence de sécrétion pendant les premières heures, puis, seulement, après 2 ou 3 heures, l'apparition d'un très faible écoulement de suc. L'influence de l'huile persiste encore, même après qu'elle a été éliminée de l'estomac.

Cette influence des matières grasses ne se fait pas seulement sentir sur la quantité de suc sécrété, mais aussi sur sa qualité. Voici une expérience de Labossof qui montre bien cette action inhibitrice : à gauche, nous indiquons la marche de la sécrétion (suc recueilli dans la partie isolée de l'estomac) chez un chien après un repas de 400 gr. de viande. A droite, la marche de la sécrétion chez le même animal, qui a reçu, 1 h. 1/2 avant le repas, 75 cc. d'huile, puis un repas de 400 gr. de viande :

INFLUENCE DES MATIÈRES GRASSES SUR LA SÉCRÉTION GASTRIQUE.

Temps	Repas ordinaire		Repas précédé d'une ingestion d'huile	
	Suc sécrété	Pouvoir digestif	Suc sécrété	Pouvoir digesti
1 heure.	17.8 cc.	6.25	4.3 cc.	4.25
2 heures.	13.8	4.5	5.3	3
3 »	12.0	3.75	4.5	1.75
4 »	8.5	3.38	3.8	1.75

Comme on le voit, la différence est non seulement quantitative, mais aussi qualitative ; le pouvoir digestif se trouve considérablement abaissé à la suite de l'ingestion d'huile, et cette diminution se fait sentir dès la première heure de la digestion. Cette dernière constatation nous fournit une indication sur le processus suivant lequel l'huile exerce son action. Le changement dans la marche de la sécrétion est dû en partie à la diminution de la sécrétion spécifique, mais surtout au grand affaiblissement de la sécrétion psychique. Du reste, PAWLOW apporte une preuve décisive de l'influence exercée par l'huile sur la sécrétion psychique. Il soumet un chien à une pseudo-nutrition pendant 6 minutes. La sécrétion commence normalement et se poursuit de la manière suivante :

Dans la 1re heure, on a recueilli 4 cc. suc de pouvoir digestif   4.75
  »   2e   »   »   1   »   »   »   4.75
  »   3e   »   »   0.5 »   »   »   4.75

Le pouvoir digestif se montre constant et égal à 4.75. Le même chien reçoit alors, dans l'estomac, une demi-heure avant la pseudo-nutrition, 100 gr. d'huile, puis la pseudo-nutrition est conduite encore une fois, pendant 6 minutes. On constate qu'il ne se produit pas de sécrétion pendant les deux premières heures. On recommence la pseudo-nutrition. La sécrétion apparaît, mais très faible : elle fournit dans la première heure 1.8 cc. de suc, de pouvoir digestif égal à 4.0 seulement. Ainsi donc, la présence des matières grasses dans l'estomac amène un ralentissement notable dans la sécrétion d'origine psychique. Cette action défavorable des matières grasses peut encore être mise en lumière par la mesure de la sécrétion qu'on obtient en nourrissant un chien d'une part avec du lait, d'autre part avec de la crème.

INFLUENCE DES MATIÈRES GRASSES SUR LA SÉCRÉTION GASTRIQUE.

Heures	600 grammes de lait		600 grammes de crème	
	Quantité sécrétée	Pouvoir digestif	Quantité sécrétée	Pouvoir digestif
1	4.2 cc.	3.57	2.4 cc.	2.1
2	12.4	2.63	3.4	2.0
3	13.2	3.6	3.1	2.0
4	6.4	3.91	2.2	1.75
5	1.5	7.37	2.2	2
6	—	—	1.8	1.38
7	—	—	2.5	1.88
8	—	—	1.3	1.62
Totaux et moyennes	37.7 cc.	3.86	18.9 cc.	1.63

Le lait produit déjà une sécrétion peu abondante et peu active, parce qu'il contient des matières grasses. La crème, qui est beaucoup plus riche en matières grasses, provoquera une sécrétion encore plus lente, plus faible et d'activité moindre.

Action de l'amidon. — L'action de l'amidon est assez complexe. Introduit dans l'estomac vide, il ne produit point de sécrétion; mais, mélangé à d'autres substances nutritives, il influe à un haut degré sur la formation du suc. L'effet produit par l'amidon ne consiste pas, comme pour les graisses, dans un ralentissement de la sécrétion, mais surtout dans un changement du pouvoir digestif du suc sécrété. Si l'on ajoute de l'amidon à une ration de viande, on constate dans la sécrétion une allure tout autre qu'avec la viande seule : l'activité du suc se trouve considérablement accrue, et cela dès le début de la digestion ; de plus, la sécrétion se poursuit plus longtemps.

Dans un paragraphe précédent, on a déjà constaté que la viande et le pain produisent des sucs gastriques d'activité très différente. Tandis que le pain provoque l'apparition d'un suc

très actif, qui augmente encore sa force dans la première heure
de la digestion, la viande, au contraire, ne détermine la sécrétion que d'un suc moins actif, dont le pouvoir digestif décroît
d'ailleurs très rapidement. La marche caractéristique de la
sécrétion produite par le pain serait due, d'après PAWLOW, à
l'action spécifique de l'amidon, de sorte qu'il est possible, en
mélangeant de la viande et de l'amidon en proportions convenables, de réaliser une marche sécrétorielle absolument analogue à celle fournie par le pain :

SÉCRÉTION GASTRIQUE PRODUITE PAR LE PAIN.

Temps en heures	Sécrétion obtenue par 200 gr. pain		Sécrétion obtenue par 100 gr. viande+100 gr. amidon +150 gr. eau	
	Quantité de suc	Pouvoir digestif	Quantité de suc	Pouvoir digestif
1	11.9 cc.	5.22	13.5 cc.	7.88
2	4.1	8.25	11.0	7.0
3	5.7	6.69	8.9	6.13
4	4.5	3.56	4.9	5.63
5	4.1	3.62	4.3	5.0
6	1.6	4.80	1.9	6.5
7	1.8	5.50	1.2	6.0
8	0.8	5.62	—	—
9	0.6	—	—	—.
Totaux et moyennes	35.1 cc.	6.12	45.8 cc.	6.75

Le mélange de viande et d'amidon nous fournit donc un
suc gastrique assez analogue à celui du pain, tandis que la
viande seule donne un suc d'un pouvoir digestif beaucoup
moins grand.

De tout ce qui précède, il résulte que la viande peut être
digérée, sinon complètement, du moins assez profondément,
sans l'intervention d'influence psychique, attendu qu'elle
possède un pouvoir sécrétoriel propre. L'action spécifique du
pain est d'un ordre tout différent : son pouvoir sécrétoriel se
manifeste seulement lorsqu'il a séjourné un temps suffisamment
long dans l'estomac. Pour commencer la digestion, il faut
tout d'abord du suc produit soit par une influence psychique,

soit sous l'action de l'eau ou de toute autre matière douée d'une activité sécrétorielle, comme la viande, par exemple. Ce n'est qu'ensuite que le pouvoir spécifique du pain apparaît, lorsque la digestion est bien déclarée. Le pain, dépourvu d'action à l'origine, devient alors un agent sécrétoriel de premier ordre, grâce à certains produits résultant de sa propre hydrolyse. Dans la digestion naturelle du pain, l'action psychique joue un rôle prépondérant : c'est elle qui apporte d'abord le suc indispensable à la première impulsion et qui permettra ainsi au pouvoir sécrétoriel du pain de se manifester ensuite avec toute son intensité.

En résumé, on voit que certaines substances déterminent directement la sécrétion, tandis que d'autres, incapables de la provoquer, ne font que la modifier, lorsqu'elle existe déjà, tant au point de vue de la quantité que de la qualité.

Action des sels. — Certaines substances minérales agissent également sur la sécrétion. L'influence des sels a été étudiée par Cahn, Wohlgemuth, Kudo, etc. En particulier, ce dernier a constaté que la viande dessalée favorise très peu la sécrétion gastrique. Voici un tableau qui résume ses observations :

Influence du chlorure de sodium sur la sécrétion gastrique.

Jours	Quantité de viande	Suc gastrique sécrété	Acidité HCl libre	Pepsine dans 1 cc.	Teneur totale en pepsine
1	250 gr. non dessalée	40 cc.	65	80	3200
2	250 » » »	43 »	55	80	3440
3	250 » » »	38 »	110	125	4750
4	250 » dessalée	2 »	0	800	1600
5	250 » »	14 »	10	312	4312
6	250 » »	13 »	0	312	4056
7	250 » »	9 »	0	312	2808
8	250 » non dessalée	21 »	72	200	4200
9	250 » » »	48 »	110	80	3840
10	250 » » »	73 »	115	50	3750

Le pouvoir digestif a été établi par la méthode de FULD. On voit que l'absence de sel provoque une diminution considérable de la sécrétion (1) et que le suc obtenu dans ces conditions est de composition tout autre : il ne renferme plus que des traces d'acide chlorhydrique, mais sa teneur en pepsine a beaucoup augmenté. Cette expérience nous donne ainsi une explication de l'origine de l'acide chlorhydrique dans l'estomac. D'autre part, comme nous le verrons plus loin, à propos de la sécrétion pancréatique, ce même sel influe aussi sur l'alcalinité de ce suc, de telle sorte que le chlorure de sodium introduit dans le tube digestif se trouve partagé en deux parties, HCl et NaOH, l'une allant dans le suc gastrique, l'autre dans le suc pancréatique, si bien que l'acidité et l'alcalinité de ces deux liquides sont toujours en quantités équivalentes.

D'après MAYEDA, ROSENBLATT, JOHAN, FEIGL et ROLLETT, le carbonate et le bicarbonate de soude ralentissent la sécrétion gastrique. Cependant il semblerait que cette action inhibitrice soit due à ce que le bicarbonate est introduit dans un estomac à jeun. Si, au contraire, ce sel est ingéré soit immédiatement avant, soit pendant un repas, il agit comme excitant de la sécrétion gastrique. C'est du moins ce qu'ont trouvé LINOSSIER et LEMOINE en 1894 sur l'homme et en 1906 sur le chien. D'après ces auteurs, l'excitation étant d'autant plus forte que le sujet est plus hypochlorhydrique, on supprime avant l'expérience tout aliment salé ; puis on introduit dans l'estomac d'un chien à petit estomac isolé, au moyen d'une canule, le 1^r jour, 500 gr. viande + 250 cc. eau distillée ; le 2e jour, l'eau est remplacée par une solution de bicarbonate de soude a 1 %, soit 2 gr. 50 de ce sel. Voici les quantités de suc sécrétées dans le petit estomac pendant les 2 heures qui suivent chacun de ces repas :

(Voir tableau comparatif, page 408.)

Le bicarbonate augmenterait donc la sécrétion, tant en volume qu'en acidité, mais il ferait baisser le pouvoir digestif.

Les carbonates de chaux et de lithine exercent, à de faibles doses, une action favorisante. L'acide carbonique, le fer et

____

(1) Voir aussi le tableau de FROUIN et GIRARD, p. 269.

l'aluminium métalliques agissent comme excitants de la sécrétion, l'action du fer et de l'aluminium étant rapportée à celle de l'hydrogène. Comme autres substances favorisant la sécrétion, on doit encore citer certaines préparations arsénicales, ainsi que les médicaments à base d'iode.

INFLUENCE
DU BICARBONATE DE SOUDE SUR LA SÉCRÉTION GASTRIQUE.

Nourriture	Suc sécrété par le petit estomac	HCl sécrété par le petit estomac	HCl o/oo	Pepsine (METT)
Sans CO^{3}NaH	23.4 cc.	0,1095 gr.	4.68	4 mm.
2,5 gr. —	59.6	0,2878	4.83	2.3
sans —	25.2	0,0972	4.13	5.2

EFFRONT mesure les pouvoirs sécrétoriels de la viande, des extraits de viande, de levure, etc., d'après la teneur en azote des excréments. Il établit d'abord le coefficient d'assimilabilité de l'azote dans une nutrition végétarienne. Puis il ajoute au même repas les substances à essayer, et la variation dans l'azote des excréments indique l'influence que ces substances ont exercée sur la digestion, par conséquent mesure leur pouvoir sécrétoriel.

POUVOIR SÉCRÉTORIEL
DÉTERMINÉ D'APRÈS LA QUANTITÉ D'AZOTE ABSORBÉE.

	NOURRITURE	Excréments de 24 heures	
		Teneur en azote gr.	Teneur °/. d'azote contenu dans l'aliment végétal
A	Nutrition végétale : teneur en azote : 20 gr. .	4.5 gr.	22.5 °/o
	Même nourriture + 50 gr. viande.	4.1	19
B	Nutrition végétale	5.3	22
	Même ration + 50 gr. extrait Liebig . . .	3.4	18
C	Nutrition végétale	5.1	24.8
	Même nourriture + 50 gr. extrait de levure .	5.3	25
D	Nutrition végétale	5.7	24.9
	Même nourriture + 50 gr. peptone	2.8	14.3

La peptone employée a été obtenue par l'action de l'acide
sulfurique sur le gluten. Elle contenait : 3.5 % d'azote albumose; 49 % d'azote précipitable par l'acide phosphotungstique;
47.5 % d'azote aminé. A la suite d'une addition de peptone à la
ration végétale, on constate donc que l'azote des excréments se
trouve considérablement diminué. Sur 100 d'azote végétal, il ne
reste que 14 non absorbés, tandis que les essais témoins indiquent une valeur comprise entre 22 et 24.9. Le pouvoir sécrétoriel de cette peptone est plus considérable que celui de la
viande. Par contre, l'extrait de levure s'est montré sans action.
Quant à l'extrait Liebig, le chiffre qu'on a trouvé est une confirmation des observations de PAWLOW.Ces résultats concernant
l'extrait Liebig sont d'autant plus intéressants que ce produit,
introduit dans le commerce en tant qu'aliment, est devenu
d'une efficacité plus que problématique à partir du jour où
l'on s'est aperçu que des animaux nourris avec de l'extrait seul
succombaient plus vite que ceux abandonnés sans nourriture.
En réalité, l'extrait Liebig, comme du reste le simple bouillon,
sans être aucunement une matière nutritive, peut rendre de
grands services comme excitant de la sécrétion gastrique.

§ 4.

Influences chimiques sur la sécrétion pancréatique.

La sécrétion pancréatique se trouve influencée à un très
haut degré par les agents chimiques. Leur action ici est encore
plus complexe et plus profonde que sur la sécrétion gastrique.
Elle se porte non seulement sur la quantité de suc élaboré,
mais aussi sur sa concentration et sa composition. La teneur
du suc en trypsine, lipase et amylase varie considérablement,
suivant qu'il a été fourni sous l'impulsion de tel ou tel agent.
Les variations observées dans la teneur en enzymes, les différences dans l'allure générale de la sécrétion, les modifications
de la concentration du suc sont généralement la conséquence
de causes complexes, et il est souvent difficile de rattacher la

somme des effets obtenus à ces causes initiales. La difficulté augmente encore par ce fait que la sécrétion pancréatique apparaît en même temps que la sécrétion gastrique, et que cette dernière, par son suc élaboré, influence directement la première. Toutefois, dans un certain nombre de cas particuliers, que nous allons examiner, on a pu établir l'influence directe des substances chimiques sur la sécrétion pancréatique.

Influence des acides. — L'agent le plus actif, même en faibles doses, sur la sécrétion pancréatique, est la réaction du milieu. L'eau acidulée introduite dans l'estomac provoque immédiatement une sécrétion pancréatique dont l'intensité se trouve en rapport direct avec la teneur en acide. C'est ainsi qu'un chien à jeun, muni d'une fistule pancréatique, qui a reçu dans l'estomac 200 cc. d'eau acidulée à différents degrés, sécrète les quantités suivantes de suc pancréatique :

INFLUENCE DE L'ACIDITÉ SUR LA SÉCRÉTION PANCRÉATIQUE.

Temps en heures	Suc pancréatique sécrété		
	0.05 o/o HCl	0.1 o/o HCl	0.5 o/o HCl
1	—	—	70.8 cc.
2	—	25.7 cc.	79.5
3	20.5 cc.	26.8	82.5
4	—	32.5	89.4

La dose d'acide la plus favorable est de 0.5 %. Le suc gastrique, contenant de 0.4 à 0.5 % HCl, doit par conséquent agir sur le pancréas de la même façon. L'expérience directe a confirmé cette manière de voir. Quand on introduit du suc gastrique dans l'estomac d'un chien à jeun, la sécrétion pancréatique se déclare aussitôt et se prolonge pendant 2 à 3 heures. L'acidité de l'estomac est, comme on le voit, un facteur de première importance : c'est elle qui préside aux digestions gastrique et pancréatique. Dans la première, l'acide intervient directement, en favorisant l'action de la pepsine ; dans la seconde, son rôle, quoique étant indirect, est également capital, puisque c'est lui qui règle la sécrétion.

Influence des matières grasses.—Dans l'action de l'huile sur le pancréas, on possède un exemple encore plus frappant d'un agent qui agit différemment sur les glandes pancréatique et gastriques. La matière grasse, on l'a vu plus haut, agit comme paralysant de la sécrétion stomacale, tandis qu'elle se montre d'une énergie très grande pour exciter le pancréas. Il résulte de là que cette substance, introduite dans l'estomac, provoquera, après 3 ou 5 minutes déjà, une sécrétion pancréatique qui se continuera des heures entières, tandis que l'estomac restera neutre, sans rien sécréter. La sécrétion, déterminée sous l'influence des graisses, diffère sensiblement de celle qui est fournie par les acides : dans la première on trouve, en effet, des quantités de lipase beaucoup plus considérables que dans la seconde. Les deux réactifs principaux du pancréas, les acides et les graisses, provoquent d'ailleurs des sécrétions différant non seulement par leur teneur respective en diastases, mais aussi par leur allure générale.

Influence du pain, de la viande. — L'action du régime alimentaire sur la sécrétion pancréatique a été étudiée par WASSILIEFF, Cet auteur a constaté que si l'on passe d'une alimentation au pain et au lait à une alimentation à la viande, la sécrétion pancréatique change, et cela au point de vue de son allure générale, et aussi de sa teneur en enzyme protéolytique.

VARIATION DE LA SÉCRÉTION PANCRÉATIQUE AVEC L'ALIMENTATON.

Temps en heures	Lait + Pain		Viande	
	Sécrétion par heure	Pouvoir digestif	Sécrétion par heure	Pouvoir digestif
1	15 cc.	3.5 à 0.5	72 cc.	4 à 4.75
2	45	0.5 0.25	46	4.25 5.5
3	30	1.5 2.75	27	5.50 5.25
4	20	2 2.5	25	5.25 5.5
5	9	3 4.5	19	6 6.5
6	11	4.5	17	6 5.75
Total	130 cc.	—	206 cc.	—

Ainsi donc, pendant que le chien est au régime lait+pain,

il sécrète en tout 130 cc. de suc en 6 heures et la force digestive était, dans les trois dernières, de 2 à 4.5. Le même chien,
ayant passé à la nutrition carnée, fournit déjà une sécrétion
pancréatique de 206 cc. dans le même temps, et, de plus, le
pouvoir digestif a considérablement augmenté, puisqu'il est
devenu, dans les trois dernières heures, de 5.25 au minimum
à 6.5 au maximum. On constate, d'ailleurs, avec le changement de régime, une variation correspondante dans le pouvoir
amylolytique.

VARIATION DU POUVOIR AMYLOLYTIQUE AVEC LA NATURE
DE L'ALIMENT.

Temps en heures	Pouvoir amylolytique	
	Lait + Pain	Viande
1	15	6
2	11	6
3	19	7
4	21	6
5	16	8
6	18	7

Pareille influence se retrouve dans la variation de la lipase.
A un régime de graisse correspond le maximum de teneur en
cet enzyme. La corrélation qui existe entre la composition du
suc pancréatique et le régime se laisse souvent difficilement
vérifier. L'individualité du sujet mis en expérience joue en
effet un grand rôle. Le chien, qui a été maintenu longtemps à
un certain régime, finit par sécréter un suc pancréatique d'une
composition assez stable et indépendante jusqu'à un certain
degré du changement de régime. Au contraire, le chien qui
est habitué à une nourriture mixte et variée se montre beaucoup plus sensible. C'est, naturellement, sur un chien de cette
catégorie qu'on doit étudier les changements de suc suivant
les différents régimes.

Influence des alcalis. — L'influence prépondérante des
acides sur la sécrétion pancréatique nous permet déjà de sup-

poser que les alcalis joueront un rôle défavorable dans la sécrétion : effectivement, les sels alcalins exercent déjà cette action inhibitrice à des doses minimes. Voici quelques données, dues à BECKER, sur cette influence : On introduit successivement dans l'estomac d'un chien, d'une part 250 cc. d'eau ordinaire, d'autre part 250 cc. d'eau alcalinisée à raison de 0.8 % de bicarbonate de soude, et l'on détermine, heure par heure, la sécrétion pancréatique :

Temps.	Eau ordinaire.	Eau alcaline.
1 heure	5.6 cc.	4.2 cc.
2 »	9.9	0.6
3 »	6.2	1.0

D'ailleurs, BECKER a démontré que l'action de l'alcali est très persistante et qu'elle se manifeste encore sur le pancréas longtemps après que l'eau alcaline a disparu de l'estomac. C'est ainsi qu'en donnant à un chien, d'une part un repas composé de lait et de pain, d'autre part le même repas, précédé, 2 heures avant, d'une absorption de 400 cc. d'eau minérale alcaline, on trouve les résultats suivants :

INFLUENCE DE L'ALCALINITÉ SUR LA SÉCRÉTION PANCRÉATIQUE.

Temps	Repas composé de lait + pain	Même repas précédé 2 heures avant de 400 cc. eau alcaline	Repas de nouveau sans eau alcaline
1 heure	46.6 cc.	32.2 cc.	42.1 cc.
2 heures	45.4	56.3	62.1
3 »	53.5	21.5	46.4
4 »	18.1	15.7	21.0
5 »	22.4	12.0	14.5
5 »	18.7	14.4	13.9
Totaux. . .	204.7 cc.	152.1 cc.	200.0 cc.

Nous voyons ainsi, d'après la marche des sécrétions, que l'ingestion, 2 heures avant le repas, de 400 cc. d'eau alcaline, a eu pour résultat d'abaisser la quantité de suc sécrété de 25 % environ par rapport aux expériences témoins faites avant et après l'expérience type.

Si nous comparons maintenant l'action des agents chimiques sur les glandes stomacales et sur la glande pancréatique, nous constatons que l'alcali agit défavorablement sur les deux sécrétions, et que l'acide, au contraire, se montre indifférent sur la sécrétion gastrique, mais très activant sur la sécrétion pancréatique. Certaines peptones, l'extrait de Liebig, sont très favorables à la sécrétion gastrique; elles ne paraissent pas avoir d'action directe sur la sécrétion pancréatique. Les graisses, très défavorables, au point de vue gastrique, produisent au contraire une action stimulante sur le pancréas. L'eau agit sur les deux sécrétions, mais d'une façon indépendante; en effet, la dose, qui est déjà active sur le suc pancréatique, est encore inactive sur le suc gastrique. Les hydrates de carbone, l'albumine, la viande cuite, sont sans action sur les deux sortes de sécrétions, mais ces substances deviennent actives par les produits de leur hydrolyse.

Parallélisme entre les glandes salivaires et les glandes stomacales et pancréatique. — Nous venons de voir que les glandes gastriques et pancréatique, indifférentes aux actions purement mécaniques, réagissent aux influences psychiques et chimiques. Ces deux facteurs paraissent à priori être d'essence très différente. On serait tenté d'admettre que l'innervation joue un rôle important dans l'impulsion psychique et qu'elle n'entre pas en jeu dans l'impulsion chimique. En réalité, ces deux facteurs ont la même origine. Les substances chimiques provoquent une sécrétion spécifique par leur action directe sur les muqueuses, la sensation produite étant transmise, par innervation, aux glandes; une substance active introduite dans l'organisme par une autre voie que l'estomac restera donc sans action sur les glandes sécrétorielles. La vue de la nourriture, l'odeur, le désir même de manger, en un mot, l'appétit, excitent les nerfs sécrétoriaux par action psychique; une excitation analogue est provoquée par certaines substances alimentaires sur les muqueuses stomacales : c'est l'action chimique. On se trouve en présence d'un mécanisme d'innervation, semblable dans les deux cas, mais agissant différemment, tant au point de vue quantitatif que qualitatif. En ce qui concerne l'action chimique, l'innervation produite par certaines substances se porte de préférence sur les glandes sécrétorielles qui fournissent de l'eau et des substances minérales ; d'autres substances, au contraire, provoquent une sécrétion plus faible en liquide, mais elles atteignent les réserves des enzymes et amènent ainsi dans les sucs, suivant le cas, telles ou telles diastases. Dans les sécrétions spécifiques, ce sont les extrémités périphériques des nerfs centripètes des muqueuses stomacales et intestinales qui reçoivent la première impression, et celle-ci est ensuite transmise aux glandes correspondantes. La différence dans la qualité des sucs obtenus s'explique par ce fait, que l'action des différentes substances est élective et qu'elle se porte sur l'un ou l'autre des filaments nerveux, auxquels correspondent des sécrétions spécifiques.

Il résulte des travaux de GLINSKY et WULFSON que l'observation faite à propos des glandes stomacales se rapporte aussi aux glandes salivaires. La sécrétion salivaire qui est provoquée par une action mécanique diffère de celle qui est produite par l'action psychique. En outre, on peut constater une sécrétion spécifique correspondant aux différents agents. Les glandes salivaires fournissent une sécrétion qui agit, suivant les cas, par ses propriétés physiques, chimiques et physiologiques. Sans doute, la salive agit sur les matières amylacées par la substance active, la ptyaline, qu'elle contient. Cette action chimique, qui commence dans la bouche et qui se continue pendant quelque temps dans l'estomac, est loin d'être complète, ni même profonde. Le rôle de la ptyaline, au point de vue de la saccharification, est donc très peu considérable. Mais la salive agit avant tout par son alcalinité, et surtout par son action physique. Les substances solides introduites dans la bouche se trouvent réduites en bouillie ou dissoutes, les matières insolubles sont englobées dans une masse visqueuse qui subira facilement la déglutition; c'est grâce à la salive qu'un véritable tamisage se produit entre toutes les substances qui entrent dans la bouche, celles qui sont étrangères à la nutrition se trouvant décelées et bientôt instinctivement rejetées.

Pour produire ces multiples fonctions, les glandes salivaires possèdent un système d'innervation très complet, et même plus perfectionné que celui des glandes stomacales. Suivant les besoins, la salive devient plus liquide, plus abondante ou plus concentrée et plus gluante. La salive qui se déverse sur la viande changera de nature aussitôt que la muqueuse buccale rencontrera un autre corps, alimentaire ou non. En définitive, il existe donc un parallélisme complet entre l'innervation qui se produit sur les glandes salivaires et celle qui intéresse le tube digestif.

Il convient encore de signaler que la salive, d'après FROUIN, aurait sur les glandes stomacales un pouvoir sécrétoriel propre. Cet auteur a constaté, en effet, que l'ingestion à des chiens de salive de chien ou de vache augmente beaucoup la quantité, ainsi que l'acidité et le pouvoir digestif du suc gastrique. Voici les résultats de deux expériences : la première porte sur un chien à petit estomac isolé ; on introduit dans son grand estomac, régulièrement pendant 7 jours, 500 gr. de viande crue, et l'on trouve que le petit estomac sécrète en moyenne 58 cc. de suc en 9 heures. En ajoutant aux 500 gr. de viande 100 cc. d'un mélange de salive parotidienne et sous-maxillaire de chien, le petit estomac a fourni 74 cc. de suc dans le même temps. De plus, la sécrétion est plus active dans la première heure et se prolonge davantage. Si la quantité de salive est de 200 cc., la sécrétion en 9 heures est de 82 cc. L'autre expérience porte sur un chien à estomac séquestré. L'animal est soumis à un régime composé de viande et de riz + 5 gr. NaCl par jour. La sécrétion est de 385 cc. en moyenne par jour. Si l'on introduit 100 cc. de salive parotidienne et sous-maxillaire de chien, la sécrétion devient 482 cc. Si l'on met au contraire 100 cc. de salive parotidienne de vache, la sécrétion devient 500 cc. Il est bon d'ailleurs d'ajouter que cette augmentation manifeste de sécrétion n'est pas due, ainsi que FROUIN s'en est assuré, à l'alcalinité de la salive.

§ 5.

La nutrition au point de vue sécrétoriel.

Les chimistes ont une tendance à envisager l'aliment uniquement au point de vue de sa composition. Ils croient avoir fait déjà une grande concession en ajoutant quelques indications sur le degré de digestibilité des matières azotées, renseignements basés sur l'action *in vitro* des enzymes protéolytiques sur ces substances. Ces données, tout en étant d'un certain intérêt, sont néanmoins insuffisantes. Elles ne nous fournissent point l'expression exacte de la valeur réelle des substances nutritives. En effet, la digestion *in vitro* nous montrant que les substances se dissolvent plus ou moins facilement, on convient qu'une substance qui a besoin d'une grande quantité de suc gastrique pour être digérée n'est pas un aliment économique, attendu que la dépense en enzymes actifs qu'il exige doit être compensée par cet aliment même. Mais, en réalité, il est erroné d'envisager la question exclusivement à ce point de vue.

L'aliment le plus digeste n'est pas toujours celui qui se digère avec la quantité minima de suc; la chose qu'il importe avant tout de connaître, c'est l'influence directe qu'exerce cet aliment sur la sécrétion, autrement dit, son pouvoir sécrétoriel. Dans le paragraphe sur la sécrétion, nous avons cité l'exemple d'un chien qui fournit, au cours d'un repas imaginaire, une quantité très grande de suc gastrique, sans que sa santé s'en ressente aucunement. Les glandes sécrétorielles, comme tout autre organe, peuvent être entraînées pour faire un travail supplémentaire. Or, le suc sécrété pendant un repas doit suffire aux matières soumises à la digestion. La question n'est donc pas de savoir si l'aliment exige beaucoup ou peu de suc, mais simplement de constater s'il est capable de provoquer, dans un temps donné, l'apparition de la quantité nécessaire à sa digestion. Si cette quantité, même très grande, est sécrétée, la substance ingérée sera un bon aliment. En d'autres termes, le degré de digestibilité d'une matière alimentaire ne peut se mesurer par la quantité de suc nécessaire à sa digestion *in vitro,* mais plutôt par la quantité de suc qu'elle est capable de faire déverser à la suite de son action psychique et chimique.

Les données que nous venons d'exposer dans le paragraphe précédent sur le travail des glandes sécrétorielles jettent, croyons-nous, une lumière toute spéciale sur la valeur comparative des substances alimentaires, et elles fournissent en même temps des indications précieuses sur la nutrition en général. Les substances nutritives, d'après leur action sur les glandes sécrétorielles, peuvent être divisées en trois classes :

1) Les substances qui excitent l'appétit, c'est-à-dire celles qui provoquent la sécrétion psychique.

2) Les substances qui agissent directement sur les glandes, donc par action chimique.

3) Les substances inactives sur les glandes, mais qui agissent par leurs produits de transformation.

L'appétit est le facteur le plus important de la digestion. Il fournit un suc abondant, riche en substances actives. A la vue et à l'odeur des mets bien préparés, la sécrétion commence. Pour bien faire, il faut que cette action se prolonge le plus longtemps possible, et tout sujet de grande distraction ou de contrariété, conversations sérieuses, lectures absorbantes, appels au téléphone, etc., sont des causes qui ralentissent ou empêchent la sécrétion psychique. Comme substances excitant l'appétit, il faut citer les amers et les pigments. On attribue souvent à ces substances une action accélérante sur les enzymes. En réalité, elles n'influent pas sur les substances actives des sucs ; pas plus, d'ailleurs, directement sur les muqueuses que sur les glandes sécrétorielles. Elles agissent exclusivement sur le goût et, par un effet, de contraste rendent plus désirables les aliments qui, dans le cas des amers, suivront leur absorption, ou, dans le cas des pigments, seront assaisonnés par eux.

L'effet qu'on obtient avec ces substances est, du reste, purement individuel. Dans les pays chauds, où les peuples se nourrissent de plats sucrés ou de féculents, de légumes cuits

dans l'huile, l'emploi de poivre, d'oignon, d'ail et d'herbes
aromatiques est très répandu. La nourriture étant uniforme et
fade, on cherche à provoquer l'appétit par des sensations
violentes. PAWLOW explique l'habitude russe de commencer le
repas par un verre d'eau-de-vie par le besoin inconscient que
l'homme de ces régions éprouve d'abandonner les soucis jour-
naliers et de se munir ainsi de la bonne humeur si favorable à
la digestion. Dans le monde plus raffiné, on influence l'appétit
par mille détails, d'ordre aussi bien esthétique que culinaire.
Non seulement les menus seront variés et savamment composés, mais encore la table, de mise soignée, offrira une certaine
recherche dans son ornementation : le changement de toilette,
qui procède aussi du besoin d'oublier les préoccupations de la
journée, les fleurs, l'aimable compagnie, l'audition d'une
musique discrète, tout devra concourir à entretenir l'appétit et
la quiète satisfaction.

Parmi les substances agissant directement par leur contact et qui déterminent ainsi une sécrétion spécifique, il faut
citer, en premier lieu, la viande crue, le bouillon, le lait et
l'eau. Enfin, dans la catégorie des substances qui, directement, sont inactives sur les glandes, mais qui, par leurs
produits de dédoublement, provoquent la sécrétion, viennent
se ranger la viande cuite, l'albumine d'œuf, ainsi que toutes
les substances azotées végétales. Dans la préparation des mets,
et surtout dans la composition des menus, on retrouve le souci
constant d'entretenir la sécrétion psychique le plus longtemps
possible ; de plus, on met tout en œuvre pour créer les conditions les plus favorables à la sécrétion chimique.

Dans le repas le plus élémentaire, composé exclusivement
de pain, on ne peut guère compter sur la sécrétion psychique.
Le pain, introduit dans l'estomac, peut alors y séjourner très
longtemps sans trouver le suc nécessaire à sa digestion. Au
contraire, une soupe maigre, ou simplement de l'eau, apporte
un grand soulagement. C'est le liquide qui provoque la première sécrétion ; la digestion commencée, la substance azotée
du pain subit l'hydrolyse et les produits formés accélèrent

ensuite considérablement la sécrétion par leur action spécifique. Dans un repas plus copieux, on trouve, dans l'ordre
successif des plats, le même souci de produire un suc abondant et riche : on commence par des hors-d'œuvre, qui
excitent la sécrétion psychique ; on accélère ensuite la sécrétion chimique par un bouillon, avant de prendre le plat
substantiel, composé de viande et de légumes. L'appétit
commence à diminuer. Les matières grasses absorbées, tout
en exaltant la sécrétion pancréatique, ont ralenti celle de
l'estomac. Le suc diminue en quantité et en qualité. C'est
alors qu'on apporte la glace, les fruits, le dessert, toutes
choses succulentes qui doivent de nouveau, par un contraste
de goût, produire une excitation des glandes sécrétorielles.
On cherche ainsi, par des artifices de bon aloi, à prolonger
l'appétit ; et les dîners les mieux réussis, et en même temps
les plus digestes, sont indiscutablement ceux où l'on est
parvenu à maintenir l'appétit intact d'un bout du repas à
l'autre. En ce qui concerne l'alimentation du nourrisson,
nous avons vu que le lait provoque une abondante sécrétion
spécifique, qui fait qu'il se digère presque automatiquement. De tous les aliments connus, seul le lait peut être
digéré sans le concours du suc psychique. C'est là une
merveilleuse adaptation de l'individu aux lois de la nature,
et cette propriété du lait est d'ailleurs bien connue de tous
les médecins.

Les diverses considérations que nous venons d'émettre
n'ont certes rien de nouveau. Le désir de bien manger et de
bien digérer a toujours préoccupé l'homme, depuis les temps
les plus reculés. Il est tout naturel qu'on soit ainsi arrivé à une
quasi-perfection, même sans le concours des physiologistes.
Cependant la théorie de la digestion que nous venons d'exposer peut se prévaloir de ce fait qu'elle donne une explication
scientifique de toute une série d'observations bien établies et
qu'elle apporte ainsi une réelle contribution au problème de la
nutrition, qui est encore si loin d'être complètement résolu.

BIBLIOGRAPHIE SUR LES GLANDES DIGESTIVES.

Pawlow. *Leçons sur les glandes sécrétorielles*, St-Pétersbourg, 1897.

Wassiliew. *Arch. des Sc. Biol.*, 1893, (2), p. 219.

Becker. *Arch. des Sc. Biol.*, 1893, (2), p. 433.

Rozenblatt. Experim. Untersuchungen über die Wirkung von NaCl u. Na^2CO^3 auf Magensaftsecretion, *Bioch. Zeits.*, 1907, (4), p. 500.

Feigl. Einfluss der Arzneimittel auf die Magensecretion, *Bioch. Zeits.*, 1907, (6), pp. 17, 47; 1908, (8), p. 467.

Mayeda. Ueber die Wirkung einiger Alcalien u. Lithiumsalze auf die Magensaftsecretion, *Bioch. Zeits.*, 1906, (2), p. 332.

Hoffmann u. Wintgen. *Arch. f. Hygiene*, (61), p. 187.

Bayliss a. Starling. The mechanism of pancreatic secretion, *Journ. of Physiol.*, 1902, (28), p. 325.

Rosemann. Beitrag z. Physiologie der Verdauung, *Pflüg. Arch.*, 1907, (118), p. 467.

I. Feigl et A. Rollett. Experim. Untersuchungen über d. Einfluss v. Arzneimittel auf die Magensaftsecretion, *Bioch. Zeits.*, 1909 (19), p. 156.

Boldyreff. Die Lipase des Darmsaftes u. ihre Charakteristik, *Zeits. f. physiol, Chem.*, 1907, (50), p. 406.

Sommerfeld. Zur chem. Zusammensetzung des menschl. Magensaftes, *Bioch. Zeits.*, 1908, (9), p. 352.

Kudo. Beziehungen zw. Magensaftmengen u. Pepsingehalt, *Bioch. Zeits.*, 1909, (16), p. 219.

Cahn. *Zeits. f. physiol. Chem.*, (10), p. 522.

Wohlgemuth. *Arbeiten aus dem patholog. Institut*, Berlin, 1906.

Jean Effront. Ueber Pepton, *V. intern. Kongress f. angew. Chemie*, Berlin, 1903, Band IV, p. 97.

W. Boldyreff. *Arch. d. Sciences biolog.*, 1905, XI, (2).

Hirata. Zur Kenntnis der Fermentconcentration d. Pankreassaftes, *Bioch. Zeits.*, 1910, (24), p. 445.

Hoffmann u. Wintgen. Einwirk. von Fleisch u. Hefeextract auf die Secretion des Magensaftes beim Hunde, *Arch. f. Hygiene*, (61), p. 187.

London. Zum Chemismus der Verdauung i. Thierkörper, *Zeits. f. physiol. Chem.*, 1907, (53), p. 247.

Klocman. Ueber die Wirkung einiger Arzneimittel, *Zeits. f. physiol. Chem.*, (80), p. 23.

Damaskur. Einwirkung d. Fettes auf Secretion d. Pancreassaftes, *Diss.*, 1890.

Connstein, Hoyer u. Wartenberg. Ueber ferment. Fettspaltung, *Berichte d. Deuts. Chem. Ges.*, 1902[3], (35), p. 3988.

G. Bruno. Die Galle als Agent d. Verdauung, *Maly's Journ.*, 1897, p. 441.

Linossier et Lemoine. *Soc. Biol.*, 1906, (1), p. 663.

Frouin. *Soc. Biol.*, 1904, (1), p. 806; 1905, (1), p. 1025; 1907, (2), p. 473; 1907, (1), p. 80.

Popielsky. *Thèse.* St-Pétersbourg, 1896.

Scbepowalnikow. La physiologie du suc intestinal. *Thèse*, St-Pétersbourg, 1899.

CHAPITRE II

Trypsines d'origines diverses

§ I

Trypsines et protéases animales

Trypsines animales. — En dehors du suc pancréatique des Vertébrés, où la trypsine a tout d'abord été découverte, on peut dire que cet enzyme protéolytique se rencontre dans toute l'échelle des animaux. On doit à KRUKENBERG un certain nombre de travaux dans lesquels il établit la présence d'un ferment protéolytique, travaillant en milieu neutre, chez les Spongiaires, les Echinodermes, les Insectes, les Crustacés, etc. FREDERICQ et GROFITHUS signalent la présence de la trypsine chez plusieurs invertébrés. SELLIER constate dans le suc digestif des Céphalopodes une protéase donnant avec la caséine du tryptophane : toutefois, cette diastase travaille surtout bien en milieu légèrement acide : 1 à 2 %₀ HCl. BOUSSOURE a reconnu dans les intestins de différents insectes de la famille des Coléoptères, la présence d'un enzyme protéolytique dissolvant la gélatine à 5 %, mais sans action appréciable sur l'ovalbumine coagulée. Cette diastase se rencontre en plus grande quantité chez les Dytèques, insectes franchement carnivores, que chez les Mélolonthiens, qui sont nettement insectivores.

MESNIL, en étudiant la digestion intracellulaire des Actinies, a signalé une trypsine spéciale, l'*actino-protéase*, dans les filaments mésentériques de cet organisme. De même, MOUTON, dans ses recherches sur les Amibes, a décrit un enzyme digestif, l'*amibo-diastase*, tout à fait comparable à la trypsine. Ce dernier auteur a isolé du sol une espèce d'amibes qu'il a pu obtenir en culture mixte, associé à une seule espèce microbienne : le *bact. coli*. Par centrifugation des amibes et digestion du dépôt dans la glycérine, MOUTON obtient un liquide diastasique qui, traité par l'alcool, donne un précipité qu'on peut redissoudre dans l'eau et qui renferme l'amibo-diastase. Celle-ci a une action protéolytique très nette qui la rapproche de la trypsine, tant par sa réaction optima que par les produits de son activité. En effet, l'amibo-diastase gélifie la gélatine, quoique l'action s'arrête aux albumoses. La réaction de milieu doit être comprise entre la neutralité à la phénol-phtaléine et la neutralité au tournesol. La diastase est sensible à l'action de la température : à partir de 54°, son activité est très atténuée, et à 60°, elle disparaît complètement. L'amibo-diastase agit bien sur la fibrine ; elle se fixe sur elle, comme le font généralement les diastases qui attaquent cette substance. L'action est poussée plus loin qu'avec la gélatine : on obtient les produits de fermentation trypsique : tyrosine et trypto-phane. Sur l'albumine coagulée, l'action, quoique nette, reste toujours faible. Au reste, toutes ces actions sont bien dues à la diastase considérée, le coli-bacille étant un microbe qui ne sécrète que peu ou pas d'enzyme protéolytique.

Protéases animales. — Tous les éléments de la série médullaire contiennent une protéase très active. Depuis les travaux d'ACHALME, en 1899, puis ceux de MÜLLER et JOCHMANN, en 1906, on peut affirmer l'existence d'un ferment protéoly-tique dans les globules blancs. Si, par exemple, on met une goutte de sang provenant d'une leucémie myélogène sur des plaques de LOEFFLER préparées avec du sérum de bœuf coagulé et maintenues à l'étuve à 55°, on voit se former, après 24 heures, des cupules de dépression là où le sang a été déposé ; cette attaque est due à un ferment appartenant aux polynucléaires. FIESSINGER et P.-L. MARIE ont mis en évidence un pareil ferment dans les éléments figurés du pus : cette protéase, qu'ils ont isolée, digère très bien l'albumine à 10 °/₀ dans l'eau distillée ; elle pousse l'hydrolyse jusqu'à la formation d'acides aminés, de leucine et de tyrosine. Elle agit de préférence en milieu alcalin, et son action est seulement enrayée par de fortes doses d'acide acétique. Elle n'est pas détruite par le formol à 10 °/₀, mais le chauffage à 75° pendant 20 minutes suffit à la rendre inactive.

Les mêmes auteurs, en examinant le liquide céphalo-rachidien de plusieurs méningites cérébro-spinales à méningoccoques, ont constaté que les éléments figurés de ces liquides possèdent un très fort pouvoir protéolytique. Ils ont isolé la protéase de ces polynucléaires et lui ont trouvé des propriétés très voisines de celles de la protéase du pus. En outre, ces auteurs ont observé un fait très intéressant : c'est que le sérum antiméningococcique contient, comme d'ailleurs le sérum normal de l'homme ou du cheval, un antiferment capable d'entraver très fortement l'action de la protéase leucocytaire. Cette inhibition peut se produire *in vivo*, les injections intra-rachidiennes de sérum antiméningococcique déterminant très rapidement une baisse considérable du pouvoir protéolytique des polynucléaires, en même temps que leur nombre diminue. Comme, d'autre part, il est démontré que l'injection de ferment protéolytique provoque dans l'organisme une réaction aiguë et fébrile, analogue aux réactions générales des méningites aiguës, Fiessinger et Marie se demandent si dans cette maladie il n'y aurait pas, en plus de l'affection microbienne, une auto-intoxication, due aux protéases des polynucléaires en voie de cytolyse et si l'efficacité du sérum antiméningococcique ne tiendrait pas autant à son rôle antibactérien qu'à son action antifermentaire. Cette opinion serait d'ailleurs appuyée par cette observation, que la simple injection intra-rachidienne de sérum non spécifique produit déjà une amélioration nette et rapide des méningites cérébro-spinales à méningococciques.

§ 2.

Protéases végétales.

Les premières indications sur la présence d'enzymes protéolytiques dans les graines ont été fournies par Gorup-Besanez. Celui-ci a constaté en effet dans le malt, le chanvre, le lin et la vesce, l'existence de substances actives dont l'activité se manifeste aisément en présence de 0.2 % HCl. Green a étudié diverses trypsines végétales, notamment celles qu'il retire des cotylédons du *Lupinus hirsutus* et de l'endosperme du *Ricinus communis*. Avec le lupin, l'étude a porté sur des graines germées pendant 4 jours. GREEN sépare alors les cotylédons, qu'il traite par de la glycérine. L'extrait obtenu se montre actif en présence de 0.2 % HCl ; la digestion de la fibrine donne alors des peptones, de la tyrosine, de la leucine. La température optima est de 40°. Avec 0.5 % de NaOH, le ferment protéolytique est détruit. Le NaCl se montre défavorable vis-à-vis de cette diastase. L'extrait glycériné de graines non germées est inactif ; mais si l'on additionne la glycérine d'HCl et qu'on laisse le tout quelque temps à 40°, on constate que l'extrait devient actif : ces graines contiennent donc normalement un proferment qui se décompose au cours de la germination, ou simplement par l'action de l'acide.

Les données de BESANEZ, confirmées et complétées par GREEN, ont rencontré beaucoup de contradicteurs. Le travail de peptonisation dans les graines mêmes, c'est-à-dire la transformation des matières albuminoïdes pendant la germination, a été attribué par certains à l'activité purement vitale. Les travaux de FERNBACH et HUBER, de WEISS et surtout ceux de BUTKEWITSCH, ont définitivement établi l'existence de ces protéases végétales qui donnent de la tyrosine, de la leucine et d'autres produits d'hydrolyse profonde. BUTKEWITSCH a expérimenté sur un certain nombre de plantules de lupin, de vesce et de ricin. Ayant fait germer du *Lupinus angustifolius*, il dessèche à 40° les jeunes plantes et les abandonne ensuite pendant 12 jours à l'autodigestion en présence d'eau additionnée de thymol. Le témoin est constitué par les mêmes graines, soumises préalablement à l'ébullition :

(Voir tableau comparatif, page 426.)

Dans l'essai témoin, il reste, après les 12 jours d'étuve, 4.96 % d'azote insoluble. Au contraire, dans les graines non bouillies on en trouve 3.40. L'action digestive a surtout pour effet d'augmenter la proportion d'azote non précipitable par l'acide phosphotungstique, azote qui passe de 0.56 à 1.72 %.

AUTOLYSE DE GRAINES DE LUPIN GERMÉES.

Éléments dosés	Témoin	Après une auto-digestion de 12 jours à 40°
Substance employée.	10,5063 gr.	10,9340 gr.
N dans le résidu insoluble	4.96 %	3.40 %
N protéique dans le filtrat	1.24	1.50
N protéique total.	6.20	4.90
N du précipité phosphotungstique .	0.31	0.45
N du filtrat » .	0.56	1.72
N ammoniacal d'après la méthode de Sachs	0.12	0.27

Voici maintenant, résumée dans le tableau suivant, l'influence de la réaction de milieu sur l'autolyse du lupin germé :

	Réaction neutre	0.2 % HCl	0.1 % CO^3Na^2
N protéique disparu dans l'auto-digestion	1.53	0.57	0.81
Augmentation de l'azote albumose et peptone.	0.14	0.35	0.09
Augmentation de N des acides aminés	1.39	0.22	0.72

D'après ces essais, on voit que l'optimum de l'action s'obtient non pas en présence d'acide, mais en réaction neutre. L'alcali, à la dose de 0.1 %, se montre déjà favorable; le plus mauvais est l'acide à raison de 0.2 %. De plus, suivant la réaction de milieu, la répartition entre l'azote précipitable et l'azote non précipitable par l'acide phosphotungstique change aussi : tandis qu'en milieu alcalin il se produit encore beaucoup d'acides aminés, en milieu acide on ne constate, au contraire, que très peu de produits de profonde hydrolyse.

Dans les graines non germées, on trouve la protéase sous forme de proenzyme, et aussi d'enzyme déjà formé. GRIMMER a déterminé la richesse en diastase protéolytique de différentes graines en se basant sur la quantité pour 100 de sa propre substance albuminoïde, que la graine crue peut digérer pendant 6 heures à 40° :

RICHESSE EN ENZYMES PROTÉOLYTIQUES DE DIFFÉRENTES
GRAINES FOURRAGÈRES.

Fève des marais	36
Vesce	47
Avoine	24
Orge	40

Par conséquent, quand on laisse digérer l'avoine, dans
l'eau tiède à 40°, on trouve qu'après 6 heures, 24 % de l'azote protéique contenu dans la graine ont été transformés ; au contraire,
dans la vesce la teneur en diastase est plus grande, puisque
47 % de l'azote, au lieu de 24, se sont solubilisés. La
question de savoir si les enzymes contenus dans les graines
fourragères jouent un rôle dans la digestion des animaux qui
s'en nourrissent, n'a pas encore été résolue. Cependant, à priori,
il paraît vraisemblable d'admettre que ces diastases ne peuvent
que faciliter la nutrition. D'après VINES, dans les graines non
germées, dans les pois et le chanvre, notamment, il existe non
pas une seule substance active, mais bien deux : une peptase
et une éreptase, qui agiraient successivement sur la matière
albuminoïde de la graine. Toutefois, la coexistence de ces deux
enzymes n'est pas encore complètement établie.

WINDISCH et SCHELLHORN ont étudié plus spécialement les
enzymes protéolytiques de l'orge. Les graines non germées,
d'après ces auteurs, contiennent déjà les enzymes formés.
Cependant les diastases du grain non germé n'agissent pas sur
la gélatine, tandis que celles du grain germé solubilisent très
facilement cette substance. La quantité d'enzyme contenu dans
l'orge dépend jusqu'à un certain degré de sa richesse en azote,
les grains très riches en azote contenant aussi plus de diastase.
Pendant la trempe de l'orge, qui est le travail préliminaire en
vue de la germination, l'enzyme protéolytique n'augmente
point ; l'accroissement se fait seulement pendant la germination ; à partir de ce moment, le pouvoir digestif croît graduellement et il atteint le maximum quand la graine est complètement germée, c'est-à-dire à l'époque où la plumule a la
longueur de la tige.

La protéase du malt agit aussi activement sur l'albumine végétale, la gélatine ou la caséine, mais elle attaque beaucoup moins bien l'albumine d'œuf. L'extrait aqueux de graine germée supporte la température de 60°, mais son pouvoir protéolytique est détruit à 70°. Le touraillage affaiblit ce pouvoir sans le détruire totalement. L'agent peptonisant du malt exerce son action en réaction neutre, faiblement alcaline ou acide. Les acides organiques, lactique ou acétique, à raison de 0.2 ou 0.4 %, sont très favorables à l'action de cette diastase. L'étendue de la protéolyse dépend des conditions dans lesquelles elle est produite. A basse température, la digestion est lente, mais profonde ; tandis qu'à 45 ou 50°, elle est plus rapide, mais aussi plus superficielle. Comme produits finaux, on a toujours des peptones, des acides aminés et des bases.

Un autre enzyme protéolytique, qui se montre également très actif, se rencontre dans les figuiers, en particulier dans le *Ficus carica*. Mussi a étudié cet enzyme, qu'il désigne sous le nom de *gradina* ; il a observé qu'il se trouve surtout dans les fruits, mais aussi dans les feuilles et les autres parties de la plante. D'après cet auteur, cette diastase est inactive dans les milieux neutres ; son maximum d'effet se manifeste dans les solutions légèrement acides. Elle agit sur la fibrine, ainsi que sur d'autres matières protéiques. En Portugal, les figues sont employées comme milieux de culture pour la levure. Celle qui a été préparée à l'aide de moûts provenant de figues, est très vigoureuse et d'une conservation parfaite. Ces moûts se montrent même supérieurs à ceux obtenus avec le malt, cela au point de vue du rendement et de la qualité de la levure. Ces propriétés avantageuses s'expliquent par l'existence des ferments protéolytiques qui amènent l'azote du moût dans un état très favorable aux cellules de levure.

Green a isolé du *Cucumis utilissimus* un enzyme protéolytique qui agit surtout en présence d'alcali faible, encore bien dans un milieu neutre et presque pas dans une réaction acide. Elle forme des albumoses, des peptones, de la leucine et d'autres produits aminés. Les fruits du *cucumis*, qui ont une odeur d'ananas, sont juteux; en exprimant la pulpe, on obtient un liquide peu actif; mais le résidu est encore très riche en protéase, et l'on peut extraire facilement celle-ci au moyen d'une solution de NaCl à 3 %.

GERBER a constaté la présence d'un ferment protéolytique coagulant le lait et peptonisant les matières albuminoïdes dans le latex du *Broussonetia papyrifera* L. (mûrier à papier). Le latex contient trois sortes de diastases : l'une, amylolytique ; l'autre, lipolytique; enfin, une dernière, protéolytique. La composition diastasique de ce suc rappelle donc celle du suc pancréatique. Ces enzymes entrent en jeu dans le chimisme de la plante, au moment où celle-ci utilise ses réserves pour former des jeunes feuilles. GERBER a constaté que ce suc pancréatique végétal diminue d'activité en automne et en hiver, mais sans que son pouvoir protéolytique disparaisse complètement. La teneur comparée en ces trois substances actives n'est pas non plus constante : suivant le cas, l'un ou l'autre enzyme prédomine. La protéase du latex a son optimum d'action à 85° : cette température élevée est bien ce qui distingue cet enzyme des autres, appartenant à la même classe. Nous venons de voir que le latex du *Broussonetia* coagulait le lait en même temps qu'il digérait les matières albuminoïdes. Cette coexistence de deux propriétés, pourtant bien différentes, est un fait général qu'on retrouve chez tous les sucs actifs. Aussi, pour être complet et citer tous les végétaux où les ferments protéolytiques ont été signalés, ou sont probablement contenus, il faudrait rappeler tous ceux où la présure a été constatée. Ces deux diastases sont en effet toujours associées, à tel point que certains les considèrent comme une seule et même substance active. C'est ainsi que JAVILLIER a constaté, à côté de la présure, dans l'ivraie, un ferment protéolytique digérant la gélatine, la caséine et les protéoses, mais n'attaquant ni la fibrine, ni l'ovalbumine coagulée. HARLAY, utilisant sa réaction de la tyrosinase pour distinguer les digestions pepsiques des digestions trypsiques, réalisées à l'aide de sucs végétaux, observe que les ferments protéolytiques semblables à la pepsine animale se rencontrent surtout chez les phanérogames adultes, tandis que les ferments semblables à la trypsine animale se trouvent de préférence chez certains végétaux à croissance rapide, comme les champignons. Il reconnaît en outre que les ferments protéolytiques des graines en germination paraissent être analogues à ceux des champignons, par suite de nature trypsique.

Enzymes des plantes insectivores. — Avant d'aborder l'étude des protéases des champignons et des microbes, il nous faut dire quelques mots des diastases protéolytiques des plantes insectivores. Bien qu'on ait signalé un très grand nombre de plantes capables de tuer et de digérer les insectes qui se sont laissé prendre dans leurs organes spéciaux, on ne connaît rien, ou très peu de chose, de la nature des substances actives mises en jeu dans ce mode tout particulier de défense vitale.

Parmi les plantes insectivores les mieux connues, citons le *Drosera rotundifolia* de nos climats et le *Nepenthes* des tropiques. Des données, souvent contradictoires, qu'on possède à leur sujet, on peut cependant retenir ceci : la népenthine, ou suc des urnes des Nepenthes, n'agit pas en milieu neutre. Elle ne dissout les matières albuminoïdes, fibrine ou albumine, qu'en présence d'une réaction acide. La protéolyse est alors poussée jusqu'à la formation de leucine, de tyrosine et de tryptophane. Pareil phénomène s'observe avec le suc de Drosera, qu'on peut obtenir également *in vitro*, par exemple par macération des feuilles dans de la glycérine. Dans la plante, le suc sécrété normalement est neutre. Par suite de l'irritation provoquée par l'insecte pris au piège, il se fait une sécrétion d'acide qui rend le suc actif. Cette acidification du suc aurait cependant, d'après LABBÉ, une autre cause, et elle serait le résultat d'une fermentation du glucose contenu dans la sécrétion, sous l'influence de micro-organismes extérieurs.

D'ailleurs, cette intervention des microbes dans le phénomène de digestion observé chez les plantes dites carnivores, doit être beaucoup plus fréquente qu'on ne pense, et cette présomption ne laisse pas que de jeter un doute sérieux sur les conclusions, présentées, en 1765, par ELLIS, d'après lequel il y aurait environ 350 espèces de plantes douées de la propriété de digérer les insectes, afin de s'en nourrir.

Protéases des moisissures. — Les ferments protéolytiques ont été signalés par de nombreux auteurs dans les champignons inférieurs. Citons surtout ceux décrits par BOURQUELOT, puis par MALFITANO dans l'*Aspergillus niger*. Cette moisissure sécrète une protéase qui se rencontre à toute époque dans la cellule, mais qui ne diffuse dans le liquide qu'au moment où la plante est mûre et commence à dépérir. On peut se la procurer en faisant macérer dans l'eau le mycelium en voie de sporulation, sec et finement moulu, et en précipitant le liquide filtré, par l'alcool. Cette diastase est détruite par une chauffe de quelques heures à 70°. Son maximum d'activité a lieu vers 40°. La réaction de milieu qui lui convient le mieux est celle des phosphates monobasiques, c'est-à-dire une très légère acidité au tournesol et la neutralité au méthylorange. Toutefois, la protéase agit déjà en milieu neutre; par contre, la réaction alcaline arrête son action. Cet enzyme protéolytique liquéfie et hydrolyse la gélatine; il n'attaque pas l'albumine coagulée. La fibrine, et mieux, l'albumine du sérum sanguin, sont dissoutes ; la digestion est poussée jusqu'aux peptones. La caséine est également attaquée. MALFITANO a comparé l'action de la protéase à celle d'autres diastases protéolytiques : la pepsine, la pancréatine et la papaïne. Il constate que leur sensibilité à la réaction acide est différente et classe ces enzymes dans l'ordre suivant : la pepsine agit dans les milieux faiblement acides au méthylorange; la protéase a son maximum d'activité dans les milieux neutres au méthylorange, mais encore acides au tournesol; la papaïne agit entre la neutralité au méthylorange et la neutralité au tournesol. Enfin, la pancréatine agit entre la neutralité au tournesol et celle à la phénolphtaléine. En résumé, la protéase de l'*aspergillus* a bien les caractères d'une diastase protéolytique végétale : elle ressemble de près à la papaïne et à la tryptase du malt.

L'apparition des protéases dans les moisissures est subordonnée souvent aux conditions de milieu. D'après WENT, la *Monilia sitophila* forme seulement de la protéase en présence de peptone; elle n'en sécrète point dans un milieu dépourvu de matière albuminoïde. D'après DUCLAUX, l'*Aspergillus glaucus* fournit de la protéase dans une culture contenant du lactate de chaux et des sels minéraux, tandis que dans un milieu renfermant du sucre sans lactate, il n'apparaît pas de protéase. Par contre, dans l'*Aspergillus niger*, le mode de nutrition ne paraît pas avoir d'influence sur la sécrétion des enzymes protéolytiques.

§ 3.

Enzyme protéolytique des levures.

Autophagie de la levure. — BÉCHAMP, SCHUTZENBERGER, SALKOWSKI, et beaucoup d'autres, ont constaté que par l'auto-digestion de la levure, la matière azotée du protoplasma subit une hydrolyse très profonde avec formation de tyrosine, leucine, xanthine, etc. EFFRONT a démontré que les réactions chimiques qui se produisent pendant l'autophagie de la levure sont dues à des enzymes qui se trouvent formés dans les cellules avant leur dénutrition, et que la marche du phénomène dépend des conditions chimiques du milieu. La digestion de la matière azotée se fait plus rapidement dans une solution alcoolique à 10 ou 15 % qu'en présence de l'eau seule. La levure abandonnée dans une solution alcoolique perd en 10 jours environ 90 % de son azote, et après une digestion très prolongée, les cellules conservent seulement 7 % de l'azote primitif. L'enzyme protéolytique des levures ne diffuse point, ou très difficilement, au dehors de la cellule vivante et normale : c'est une diastase endocellulaire. Cependant l'apparition de l'enzyme dans le liquide extérieur se fait aisément, dans le cas de fortes dénutritions, et surtout lorsque les cellules sont mortes. Certaines races de levures, d'après LINDNER, cultivées en surface sur un milieu de gélatine nutritive, arrivent, à la longue, à liquéfier la gélatine. BOULLANGER, tout en confirmant ces résultats, constate que pour arriver à la liquéfaction, il faut attendre, suivant la race, de 2 à 6 mois, et que les levures capables de solubiliser la gélatine arrivent aussi à digérer la caséine : la digestion, cependant, est extrêmement lente. Le lait, ensemencé avec de la levure et analysé plusieurs mois après, contient encore 28.4 à 31 gr. par litre de caséine, au lieu des 34 gr. du début.

MARCHE DE LA TRANSFORMATION DE LA CASÉINE
PAR LES LEVURES.

PRODUITS DOSÉS	Témoin sans levure	RAOES DIVERSES DE LEVURE							
		Frohberg	Meurant	Riga X	48 Copen-hague	Bruxelles	Velhen-stephan	Loewen-brau	Neun-kirchen
Lactose en gr. par litre . .	50.2	47.2	48.1	48.8	49.1	49.2	50.2	49.5	49.3
Caséine en solution °/oo . .	5.2	16.2	15.8	12.1	11.9	11.5	11.1	8.8	8.2
Caséine en suspension. . .	29.4	14.8	12.6	18.3	16.9	19.1	17.8	20.4	22.4
Caséine totale	34.6	31.0	28.4	30.4	28.8	30.6	28.9	29.2	30.6
Mat. min en solution . . .	5.0	4.1	4.2	4.7	4.6	4.3	4.6	4.8	4.9
Mat. min. en suspension. .	2.3	3.3	3.4	2.8	3.1	3.2	2.8	2.4	2.6
Ammoniaque en cgr °/oo. .	7.6	24.8	52.0	33.8	46.4	29.3	47.5	38.8	29.7

L'action de la levure se manifeste surtout par une solubilisation de la caséine ainsi que par une production d'ammoniaque. La caséine en solution dans le témoin est de 5.2 ; la quantité se trouve portée à 15.8 avec la levure MEURANT, tandis que l'azote ammoniacal s'élève de 7.6 à 52 centgr. par litre. Dans cet essai, il est fort difficile de distinguer l'action des levures mortes de celle des cellules qui ont résisté à un aussi long séjour dans le lait. Du reste, la levure morte, ou dans un état de dénutrition très avancée, sécrète abondamment les diastases protéolytiques, qu'elle conserve toujours à l'état normal dans son protoplasma.

Zymogène. — La Maison BAL & Cie, d'Anvers, fabrique depuis une quinzaine d'années un aliment pour les levures, vendu sous le nom de *zymogène,* qui est de la caséine peptonisée. Ce produit commercial, préparé d'après les indications d'EFFRONT, résulte de l'action de la levure de brasserie sur de la caséine fraîchement précipitée. Par kilogramme de levure liquide de brasserie on emploie de 2 à 3 kg. de caséine humide. La digestion se fait à 40° en présence de xylol. Après 8 jours d'action, la caséine est tout à fait transformée et la levure complètement consommée. On filtre pour séparer le résidu cellulosique et l'on obtient, par concentration jusqu'à 40° B, un produit contenant de 7 à 9 % d'azote.

ANALYSE DU ZYMOGÈNE EN SOLUTION A 4.5 %.

Azote total	0.301 gr.		
» ammoniacal	0.0187.	soit 6.2	
» précipitable par SO⁴Zn	0.0140 d'où N albumose : 0.0140	» 4.6	
Azote précipitable par tanin.	0.0152.	» 5.0	
Azote précipitable par acide phosphotungstique (albumoses + peptones)	0.1201 d'où N peptones : 0.1061	» 35.4	Pour 100 d'azote total
	azote non précipitable . . . 0.1809	» 60.3	
Azote Sœrensen (après départ de NH³).	0.1324 N acides aminés : 0.1324	» 44.0	

De la répartition de l'azote, on doit conclure que la protéase de la levure fournit une hydrolyse très profonde, rappelant celle du travail trypsique, quoique la réaction du milieu doive être franchement acide.

Héfanol. — N. IwANOFF a étudié les enzymes protéolytiques de l'*héfanol*, qui est un produit commercial, constitué par de la levure morte ayant conservé ses enzymes. Il contient environ 9.10 % d'azote total et 6.3 % d'azote albumine. Macéré pendant une demi-heure avec 10 volumes d'eau, il fournit un liquide qui, après filtration, titre 81.4 milligr. d'azote albuminoïde pour 100 de liquide. Cette solution se montre très active, au point de vue des enzymes protéolytiques. Si on l'additionne de toluol et qu'on l'abandonne à 33°, l'azote albuminoïde disparaît graduellement; après 69 heures, il y a 55 % de l'albumine qui sont transformés; dans les produits de l'hydrolyse on trouve des albumoses, des peptones et des acides aminés. En ne laissant l'héfanol en contact avec l'eau que pendant une demi-heure ou une heure, et filtrant ensuite, on n'enlève qu'une partie des diastases protéolytiques de cette levure. On obtient une autolyse beaucoup plus rapide et plus profonde quand on abandonne le produit avec de l'eau, au lieu d'employer la macération filtrée seule. Après une digestion de 60 heures, on peptonise jusqu'à 70 °/₀ de l'albumine contenue dans l'héfanol.

TEMPÉRATURE OPTIMA DE L'HÉFANOL.

Température	Azote transformé o/o
18 à 19°	24
32 à 35°	67.3
55 à 56°	65

Ce tableau nous montre donc que l'autolyse la plus forte s'exerce au voisinage de 35°, qui est ainsi la température la plus favorable à la réaction.

En ce qui concerne l'influence des phosphates sur la protéase de la levure, on constate le même effet que celui qu'a observé FERNBACH sur la pancréatine. Le phosphate bibasique est nuisible ; un mélange équimoléculaire de phosphate monobasique PO^4H^2K (0.76 °/₀) et de phosphate bibasique PO^4HK^2 (0.979 °/₀) est sans action, tandis que le phosphate monopotassique se montre nettement favorable. Le tableau suivant, qui exprime ces résultats, nous montre que l'action favorable du phosphate acide s'exerce aussi bien à la température de 18° qu'à celle de 50°. De plus, son efficacité augmente avec la dose employée :

ACTION DES PHOSPHATES SUR LA MARCHE DE LA PROTÉOLYSE DE L'HÉFANOL.

Liquides employés	Sur 100 p. d'albumine, quantité transformée	
	A 10-18° C	A 47-50° C
Héfanol digéré avec de l'eau seule . .	12.7	61.96
» + eau content $\{ PO^4HK^2 : 0.98$ °/₀ $PO^4H^2K : 0.76$ °/₀ $\}$	12.94	64.8
» + eau + $PO^4HK^2 : 0.98$ °/₀ . . .	7.9	26.81
» » $PO^4H^2K : 0.38$ °/₀ . . .	20.74	68
» » » 1.52 °/₀ . . .	27	76

L'action favorable du phosphate acide peut s'expliquer par la neutralisation qu'il exerce sur les bases ou les acides aminés formés au cours de la digestion. Bien que la tyrosine ou la leucine n'aient aucune influence nuisible sur la protéolyse de la levure, il existe cependant des corps paralysants parmi les produits de l'autolyse, qui se montrent sensibles à l'action du phosphate monopotassique.

INFLUENCE DE L'EXTRAIT DE LEVURE ET DU PO^4H^2K

SUR LA PROTÉASE DE L'HÉFANOL.

Liquides employés	Albumine digérée %
Autodigestion de l'héfanol dans l'eau	61.6 } Différence : 10.1
Id. dans solution PO^4H^2K à 1.52 % . . .	71.7 }
Id. avec le produit de l'autolyse de l'héfanol	48.8 } Différence : 27.8
Id. du même $+ PO^4H^2K$.	76.6 }

Ainsi, comme on pouvait le prévoir, dans les produits de l'autodigestion de l'héfanol il se trouve des principes ralentissant l'action de l'enzyme protéolytique; mais ce qui est intéressant, c'est que le phosphate acide se montre à leur égard extrêmement actif. L'influence nuisible de l'extrait d'autolyse s'observe également avec le produit porté à 100°, et, dans ce cas, le phosphate acide agit encore très favorablement.

Le phosphate acide possède en outre la propriété très curieuse de régénérer la protéase altérée par l'action de la chaleur. C'est ce qui ressort des essais suivants : 1.5 gr. d'héfanol est additionné de 150 cc. d'eau et porté à différentes températures. On abandonne ensuite les divers échantillons à 50° pendant 27 heures. On voit qu'une chauffe de 1 m. à 100°, ou même à 75°, suffit pour détruire l'enzyme protéolytique. Cependant, si la chauffe se fait en présence de phosphate, ou même si l'on ajoute ce sel après l'action de la température, on obtient encore une digestion très nette.

RÉGÉNÉRATION DE LA PROTÉASE PAR LE PO^4H^2K.

	Liquides employés	Albumine digérée à 50° après 27 heures
I.	Mélange d'héfanol et d'eau porté 1 m. à 75°.	0
	Le même, mais en présence de 0.75 °/₀ PO^4H^2K	21.3
	Le même, chauffé 1 m. à 75°, refroidi, et après, additionné de 0.75 °/₀ PO^4H^2K	21.3
II.	Le mélange est porté 1 m. à 100°	0
	Le même, porté à 100°, en présence de 0.75 °/₀ de phosphate	3.1
	Le même, refroidi et additionné de phosphate	5.1
	L'héfanol est traité par de l'eau bouillante, bouilli ensuite 2 m., refroidi à 50° et additionné de phosphate	0

La régénération de la protéase ne provient donc pas de
ce fait que la présence du phosphate a élevé la température
de destruction, puisque l'addition postérieure de ce sel exerce
la même action que l'addition pendant le chauffage. On peut
donc conclure de ces essais qu'un enzyme qui, tout en ayant
perdu son pouvoir protéolytique, a conservé encore sa structure propre, caractéristique de sa substance active, peut être
régénéré par le phosphate, tandis que si l'on a détruit cette
structure intime par un traitement énergique, comme dans le
dernier essai (n° 7), le phosphate n'agit plus. Dans ce dernier
essai (n° 7), on voit, en outre, qu'il ne s'agit nullement de
l'action du phosphate sur les albuminoïdes, mais bien d'une
action directe de ce sel sur l'enzyme protéolytique.

§ 4.

Endotryptase de levure.

Dans le suc de levure obtenu par forte pression, suivant le
procédé de BUCHNER, M. HAHN a constaté la présence d'un
enzyme protéolytique, qu'il désigne sous le nom d'*endo-*

tryptase, en réservant le terme général d'*endoenzymes* aux substances actives qui ne traversent pas les membranes cellulaires et qui exercent, par suite, une action intracellulaire. Le suc de levure de BUCHNER, qu'on obtient par pression, possède une densité de 1.027 à 1.057. Il contient 8.5 à 14 % de matières sèches et de 0.82 à 1.45 % d'azote total. Sur 100 parties d'azote total contenu dans le suc, 60 environ sont à l'état d'albumine coagulable. Le reste se trouve sous forme de dérivés correspondant |à une protéolyse très avancée. Pour 100 d'azote non-albumine on dose 30 précipitables par l'acide phosphotungstique et 70 non précipitables.

L'enzyme protéolytique de ce suc peut être isolé par précipitation à l'alcool. On ajoute à 1 partie de suc, 8 parties d'alcool absolu; le coagulum est lavé à l'alcool absolu, puis repris par l'eau, qui dissout seulement une partie du précipité. Le filtrat est traité de nouveau par 8 volumes d'alcool. Le précipité, après lavage à l'alcool, est desséché dans l'exsiccateur. Le produit qu'on obtient ainsi est loin d'être pur. Il contient, en outre de la diastase protéolytique, des quantités assez grandes d'invertine, dont il est difficile de se débarrasser. Le produit préparé par des précipitations répétées avec un mélange d'alcool et d'éther est généralement plus actif. On obtient ainsi une substance coagulable à l'ébullition dans l'eau, précipitable par l'acétate neutre de plomb, le nitrate de mercure, mais ne fournissant ni la réaction de MILLON, ni celle du biuret.

Influence de la réaction de milieu, de l'alcool et de la glycérine. — L'endotryptase fournit le maximum d'effet dans un milieu acide. Dans le suc neutralisé et soumis à l'autolyse, l'albumine se digère beaucoup moins bien que dans le suc naturel, qui est toujours acide. Voici, résumées dans un tableau, les données relatives à l'influence de la réaction de milieu sur le travail produit par l'endotryptase :

(Voir tableau comparatif, page 439.)

INFLUENCE DE LA RÉACTION DE MILIEU SUR L'ENDOTRYPTASE.

Liquides employés	Albumine % digérée après 12 heures
A : Suc naturel lég^t acide : témoin	71.9
» neutralisé avec de la soude	57
» » + 0.2 % soude	40.8
» » + 0.5 % —	27.7
B : Suc naturel lég^t acide : témoin	61.9
» » + 0.05 % HCl	80.8
» » + 0.1 % —	86.2
» » + 0.2 % —	88.8
C : Suc neutralisé : témoin	68.4
» » + 0.2 % HCl	92.2
» » + 0.3 % —	78.8

Ainsi, la dose d'acide la plus favorable est de 0.2 % HCl. L'acide sulfurique, à la dose équimoléculaire, agit de même. L'acide acétique, toujours à la dose équimoléculaire, se montre encore plus favorable que HCl. Mais l'acide phosphorique est moins favorable que HCl. La réaction neutre, et surtout la réaction alcaline, exercent une action très mauvaise. Voici maintenant l'influence que produisent les sels sur le travail de l'endotryptase :

INFLUENCE DES SELS SUR L'ENDOTRYPTASE.

Liquides employés	Albumine coagulable, après 35 heures, à 37°
Digestion du suc naturel.	Il reste 4.6 %
Additionné de 1 % azotate de potasse	2.2
» 10 % »	0.2
En présence d'azotate de potasse presque à saturation .	2.5
Additionné de 1 % fluorure d'ammonium.	2.5
» de 1 % fluorure de sodium	21.8

Les sels, sauf le fluorure de sodium, exercent donc plutôt une action favorable. Le chlorure de sodium, de 0.7 à 3 %, joue aussi un rôle favorisant, comme du reste beaucoup d'autres sels. L'endotryptase paraît être moins sensible aux antiseptiques que ne le sont la pepsine et la trypsine. 0.2 °/₀ d'acide salicylique, 0.1 °/₀ de formol ou de chloroforme, le thymol ou le toluol, à des doses de 0.2 ou de 0.4 °/₀, n'exercent pas d'action défavorable sur le suc de levure pressée. Cependant, le formol, à la dose de 0.5 °/₀, devient nuisible. Dans la classe des paralysants, il faut placer en première ligne l'alcool :

ACTION DE L'ALCOOL SUR L'ENDOTRYPTASE.

Liquides employés	Albumine coagulable restant après 20 heures
Suc pur.	14.8 °/₀
Suc additionné de 5 °/₀ alcool.	26.3
» 10 »	70
» 20 »	85
» 30 »	100

Ainsi, en présence de 30 °/₀ d'alcool, la digestion est complètement arrêtée. Mais déjà avec 5 °/₀ l'action paralysante est très manifeste. C'est là une différence avec ce qu'on a observé précédemment avec la protéase de la levure.

La glycérine et le sucre de canne, à des doses massives, exercent une action très funeste sur la protéolyse :

Liquides employés	Albumine coagulable restant °/₀
Suc naturel	9.1
Suc additionné de glycérine 50 °/₀	63.6
» » de saccharose 50 °/₀ . . .	30.7

La présence de l'air ou de l'oxygène est sans action marquée. L'acide cyanhydrique, à des doses faibles, n'agit pas. A raison de 1 °/₀, il paralyse, mais n'arrête pas complètement l'enzyme. Pendant l'autolyse du suc de levure, le phosphore organique, qui y est contenu, jusqu'à concurrence des 5/6, se trouve transformé en acide phosphorique; déjà dès le début de la digestion on constate la formation de cet acide. Le soufre organique du suc subit aussi une transformation, mais l'augmentation en SO_4H_2 est très peu prononcée. Enfin, sous l'action de l'endotryptase, il se produit des quantités très minimes d'ammoniaque.

Travail caractéristique de l'endotryptase. — L'endotryptase se rapproche de la pepsine, si on l'envisage au point de vue de la réaction de milieu, vu que ces deux diastases donnent le maximum d'effet dans un milieu franchement acide et que, pour toutes deux, les réactions neutres et alcalines sont nuisibles. Mais, au point de vue de l'étendue de l'hydrolyse, l'endotryptase doit indiscutablement prendre place dans la classe des trypsines; il faut même la considérer comme un terme extrême de la série, étant donné que la digestion qu'elle fournit est plus profonde que celle de la trypsine ordinaire ou celle de la pancréatine. Le travail chimique de l'endotryptase est caractérisé par ce fait qu'il ne se fait, au cours de la protéolyse, que très peu d'albumose, et point de peptones. Les produits formés sont composés en grande partie d'acides aminés non précipitables par l'acide phosphotungstique et de bases précipitables par ce réactif :

RÉPARTITION DES BASES ET DES ACIDES AU COURS DE LA DIGESTION DU SUC DE LEVURE.

Durée de la digestion	Azote non coagulable % de l'azote total	Bases formées % Azote précipitable par P. P. T.	Acides formés % Azote non précipitable par P. P. T.
Au début	33.3	32.4	67.6
Après 24 heures . .	85.8	40	60
» 2 × 24 heures	99.2	34.3	63.7
» 3 × 24 »	100	34.6	65.4
» 4 × 24 »	100	33.2	66.8
» 5 × 24 »	100	26.2	73.8

Au début, 1/3 seulement de l'azote total du liquide se trouve sous forme d'azote non coagulable; dans le liquide débarrassé de la partie coagulable, on trouve que sur 100 d'azote en solution, 32.4 sont précipitables par l'acide phosphotungstique et composés presque exclusivement de bases, comme l'histidine, l'arginine, la lysine, etc., les peptones ne s'y trouvant point et la quantité d'albumose étant très minime. Après 4 jours d'autodigestion, quand l'azote coagulable a complètement disparu, on trouve dé nouveau le même rapport entre l'azote base et l'azote acide. Au contraire, dans le travail pepsique comme dans celui de la trypsine, on observe une tout autre marche : on constate notamment une disparition graduelle de la fraction précipitable par l'acide phosphotungstique. L'absence constante de la réaction du biuret avec les produits de la digestion et d'autre part, le fait que la peptone ajoutée au suc disparaît rapidement, laissent supposer que dans le suc de levure on n'a pas affaire à un seul enzyme protéolytique, mais plutôt à différentes diastases, qui concourent ensemble à l'hydrolyse.

Les protéases de la levure, soit celles que nous avons étudiées à propos du zymogène, soit celles contenues dans l'héfanol, sont évidemment de même nature que l'endotryptase. Dans tous ces cas, on aboutit à un même travail, caractérisé par une certaine proportion de bases et d'acides aminés. Au contraire, dans l'expérience de BOULLANGER, citée plus haut, on se trouve manifestement en présence d'autres substances actives que celles qui constituent l'endotryptase. Les produits de digestion, en effet, ne sont pas du tout les mêmes. L'hydrolyse est très peu profonde, et, d'autre part, la très grande formation d'ammoniaque ne correspond pas à un travail d'endotryptase.

En définitive, cette étude des enzymes protéolytiques de la levure est encore loin d'être claire. Le sujet n'est pas épuisé et dans le chapitre sur l'amidase, nous aurons l'occasion d'y revenir.

Actions combinées des enzymes de la levure. — Nous avons dit plus haut qu'IWANOFF avait observé que le liquide d'autolyse de l'héfanol, c'est-à-dire de levure morte, possède une action antiprotéolytique. BÜCHNER et HAHN ont constaté la présence de ces principes inhibiteurs dans le suc même de la levure. D'après ces savants, ces produits antifermentaires ne sont pas spécifiques. Ils agissent sur la pepsine, la trypsine,

et sur d'autres diastases protéolytiques, qui, de ce fait,
digèrent moins bien l'albumine ou la gélatine. Pour mettre
en évidence l'action antiprotéolytique du suc de levure sur la
digestion de la gélatine par le suc lui-même, voici comment
on procède : on fait une solution à 9 °/₀ de gélatine, d'une
part dans de l'eau distillée, d'autre part dans du suc de levure
bouilli. On met 3 cc. de ces solutions dans des tubes à réaction
et, après refroidissement et prise en masse, on ajoute dans
chacun des tubes un mélange de 0.75 cc. de suc et de 1 cc.
d'eau. On met quelques gouttes de toluol et on laisse le tout
à 22° :

ACTION ANTIPROTÉOLYTIQUE DU SUC DE LEVURE.

Liquides employés	Liquéfaction de la gélatine		
	Après 24 heures	Après 48 heures	Après 72 heures
Solution de gélatine dans l'eau.	0.3 cc.	0.9 cc.	1 cc.
	0.3	0.9	1
Solution de gélatine dans l'infusion de levure	0	0.1	0.1
	0	0.1	0.1

Sur la nature de l'antitryptase du suc, on possède quelques
données intéressantes. Cette substance, en solution, se montre
très résistante à l'action de la chaleur; une ébullition, même
très prolongée, ne la détruit point. Une alcalinisation ou une
acidification préalables sont aussi sans action. Dans les
cendres du suc de levure, on ne retrouve point de substance
antiprotéolytique. En outre, celle-ci est détruite par l'action
de la lipase. D'après Büchner, l'anticorps de la levure, qu'on
appelle *antitryptase* ou *antiprotéase*, est une matière organique appartenant à la classe des éthers phosphoriques.

Cette substance spéciale intervient dans la cellule de
levure comme un régulateur de l'action des enzymes, au
même titre que la réaction du milieu, qui favorise l'un ou
l'autre enzyme du mélange. On doit à Büchner et à ses colla-
borateurs quelques notions sur le jeu combiné et le rôle réci-

proque des substances actives de la cellule de levure. Dans le suc de levure, on constate la présence de substances actives de nature très variée. En premier lieu, on trouve le principe capable de transformer le sucre en alcool et CO_2; c'est la zymase de Büchner, qui n'est pas, du reste, une individualité bien déterminée, mais probablement un complexe d'enzymes s'adressant à différents sucres fermentescibles. Ensuite on rencontre des ferments protéolytiques; puis de l'invertine, de la maltase, une lipase, des enzymes réducteurs, des oxydases, des catalases; enfin, des amidases. A côté de toutes ces diastases, plus ou moins bien caractérisées, on trouve encore des substances de nature très particulière; ce sont l'antiprotéase et le coenzyme.

Horden et Young ont démontré que le suc de levure, actif sur le sucre, se trouve, après passage au travers d'un filtre Martin, à la gélatine, divisé en 2 parties, devenues toutes deux inactives. La partie filtrée et la partie restant dans le filtre se montrent, isolément, incapables de faire fermenter le sucre. Mais quand on les mélange, on se trouve de nouveau en présence d'un ferment actif. Le même phénomène a pu être observé en laissant dialyser du suc de levure à travers du papier parchemin. Dans le liquide dialysé il y a une substance qui rend active la zymase non dialysable. C'est cette substance, indispensable à la zymase pour faire se manifester son activité, qui a reçu le nom de *coenzyme*. La fermentation alcoolique résulte donc de la coopération de deux facteurs indispensables : l'enzyme proprement dit, qui est la zymase, et la substance activante, qui est le coenzyme. Ce dernier supporte la température de 100° : il ne fournit point non plus d'autres réactions caractéristiques des diastases. Le coenzyme se retrouve dans le suc de levure bouilli, et l'on peut le préparer en soumettant ce suc à l'action d'une température de 100° ; mais on l'obtient aussi en laissant macérer la levure dans de l'eau. Il est facile de démontrer qu'on est bien en possession de coenzyme, car on peut activer un suc dialysé, c'est-à-dire la zymase restée dans le dialyseur, en lui ajoutant du suc de levure bouilli, par conséquent privé de diastase.

L'étude du coenzyme a établi que ce corps est en réalité très peu stable. Son activité diminue sensiblement en présence de 2.5 % de CO^3K^2 à 35°, et on le détruit complètement si on le maintient seulement à 130° pendant 4 heures. Le coenzyme est indifférent à l'action des enzymes protéolytiques, mais il se détruit, au contraire, sous l'influence de la lipase, en mettant en liberté de l'acide phosphorique. Comme on le voit, cette substance ressemble par certains côtés, en particulier par sa nature chimique, à l'antiprotéase, dont on a parlé plus haut. Mais elle en diffère par sa sensibilité aux alcalis et sa moindre résistance à la chaleur. L'antiprotéase, en effet, non seulement n'est pas capable d'activer la zymase, mais encore elle n'est pas détruite par le CO^3K^2, ni par un chauffage de 4 heures à 130°.

Le système coenzyme + zymase, qui préside à la fermentation alcoolique, se trouve influencé par d'autres substances actives, qui proviennent aussi de la levure. Notamment, il est sensible à l'action de l'endotryptase, de la lipase et de l'antiprotéase. L'endotryptase digère et détruit la zymase. Le suc, abandonné au repos, s'altère de plus en plus, à la suite d'une action digestive de la diastase trypsique sur la zymase. Toutes les conditions qui favorisent l'activité de l'endotryptase (acidité du milieu, température de 35-37°, etc.) sont par conséquent nuisibles à la conservation de la zymase. Au contraire, les conditions défavorables à l'endotryptase deviennent excellentes pour la zymase. C'est ainsi qu'à la température de 5 à 7°, on peut conserver le suc de levure une quinzaine de jours, tandis qu'à la température de 35°, après 5 ou 6 jours, on constate déjà une diminution notable de son pouvoir fermentaire. La lipase, sans avoir une action directe sur la zymase, influence aussi le système coenzyme-zymase, parce qu'elle agit sur le coenzyme, ainsi que sur l'antiprotéase.

Dans l'inactivation du suc, au point de vue ferment alcoolique, résultant d'une autolyse plus ou moins prolongée, on peut observer deux sortes de phénomènes. Dans le premier cas, l'inactivation se produit parce que le coenzyme est altéré; dans ces conditions, l'addition de suc bouilli ramènera le suc à un meilleur pouvoir fermentaire, par l'apport du complément manquant, le coenzyme. D'ailleurs cette addition de suc bouilli contribuera grandement à la conservation du suc frais, car le coenzyme et l'antiprotéase protègent tous deux la zymase de l'action destructrice de l'endotryptase. Mais cette protection ne sera pas de longue durée. La lipase, présente dans le suc, détruira bientôt le coenzyme, ainsi que l'anticorps, et une nouvelle addition de suc bouilli sera nécessaire pour provoquer dans le suc altéré une nouvelle activité, grâce à la portion de zymase qui a pu échapper à l'action de l'endotryptase.

Tout autre est le cas qui se présente quand on abandonne le suc de levure pendant très longtemps à lui-même. Ici ce n'est pas seulement le coenzyme qui est altéré, mais bien la zymase elle-même qui est digérée ou détruite par l'endotryptase. Dans ces conditions, l'addition de coenzyme ou de suc bouilli n'amènera aucune activité nouvelle du suc. Ainsi, en se plaçant exclusivement au point de vue de la zymase, on voit comment interviennent directement les enzymes, l'endotryptase, la lipase, l'antiprotéase, dans la conservation du pouvoir fermentaire du suc de la levure. L'influence réciproque des enzymes, les modifications de la composition du milieu produites par chacune de ces substances actives, jettent une lumière toute particulière sur le rôle des diastases, sur leur jeu combiné, ainsi que sur les complications chimiques qui en résultent.

§ 5.

Protéases microbiennes.

Il existe toute une classe de bactéries qui transforment profondément les matières protéiques. Dans les milieux de cultures microbiennes on retrouve non seulement les produits de digestion trypsique, mais encore un grand nombre d'autres dérivés des albuminoïdes qu'on ne rencontre pas dans les hydrolyses pepsiques ou trypsiques, tels que le phénol, des acides gras volatils, l'indol, le scatol, etc. La provenance de ces produits a tout d'abord été attribuée à l'activité vitale des cellules; mais, au fur et à mesure que nos connaissances sur les enzymes se sont élargies, on a constaté que le travail de désagrégation des matières azotées se faisait à l'aide, soit d'*ectoenzymes*, traversant la membrane cellulaire, soit d'*endoenzymes*, exerçant leur action à l'intérieur des cellules.

Propriétés générales. — Les bactéries possèdent des diastases protéolytiques très variées. Dans le présent chapitre nous envisagerons seulement la classe des protéases microbiennes, nous réservant de revenir, dans la suite, sur d'autres enzymes protéolytiques, qui concourent aussi, et même plus activement encore, à ramener la matière albuminoïde complexe à des produits relativement simples. Le ferment putride, le *B. mesentericus vulgaris*, le vibrion du choléra, ainsi qu'un grand nombre d'autres bactéries, sécrètent des protéases. GERET et HAHN ont mis en évidence la présence de ces enzymes protéolytiques dans le bacille de la tuberculose, dans celui de la fièvre typhoïde, dans la *Sarcina rosa*. Pour déceler ces diastases, les auteurs ci-dessus ont appliqué la méthode de BÜCHNER, relative à l'extraction du suc de levure. Le suc, obtenu par pression des cultures de ces bactéries, renferme des albumoses : quand on l'abandonne à l'autodigestion, la quantité de ces dernières diminue notablement, par suite de l'action des protéases contenues dans le liquide.

La marche de la sécrétion des protéases par les bactéries dépend surtout de la réaction du milieu, ainsi que de sa composition. Suivant le mode de nutrition, la quantité de protéase fournie par une même espèce bactérienne peut subir de grandes variations. C'est ainsi que pour les *b. virides*, *b. anthracis* et *b. lupiliperda*, la sécrétion dépend du mode de culture et de son âge. Le *b. mesentericus*, cultivé sur de grandes surfaces, produit 20 fois plus de protéase que s'il est cultivé en profondeur, quoique dans le même milieu. D'après FERMI, les protéases bactériennes agissent en réaction neutre ou faiblement alcaline. L'acidité du milieu est très nuisible, surtout si elle est réalisée à l'aide d'un acide minéral. Les protéases agissent sur la gélatine, la fibrine, mais très difficilement sur l'albumine non coagulée.

La température optima est comprise entre 30 et 40°. A la température de 4 à 5°, il n'y a plus d'action ; mais même le plus grand froid, comme — 200°, ne détruit pas les protéases. La substance active des protéases, exposée pendant un temps prolongé à l'action de la lumière, s'altère profondément. La température de destruction des protéases diffère, d'autre part, suivant leur provenance. Les protéases du v. cholérique, du *b. anthracis*, du *vibrio Finkler-Prior*, supportent assez bien les températures élevées : pour les détruire, il faut porter les diastases de 65 à 70° pendant une heure. Les diastases protéolytiques du *b. ramosus*, du *b. prodigiosus*, du *staphylococcus pyocyaneus aureus*, se détruisent déjà à une température inférieure à 55°. Celle du *b. pyocyaneus*, du *b. subtilis*, du *b. fluorescens*, du *b. megatherium*, perdent leur activité à 55-60°. Les ectoprotéases bactériennes possèdent un pouvoir dissolvant très énergique, mais la protéolyse n'est pas très profonde. Au contraire, les endoprotéases produisent généralement des hydrolyses beaucoup plus profondes. Cette particularité s'explique peut-être par ce fait que, dans ce dernier cas, il entre aussi en jeu d'autres diastases protéolytiques que les protéases proprement dites que nous envisageons ici.

Résistance à la chaleur des protéases des b. pyocyaneus et b. prodigiosus. — KARL MEYER a fourni d'intéressantes données sur les protéases du *b. prodigiosus*, d'une part, et du *b. pyocyaneus*, de l'autre. Pour obtenir ces diastases, on cultive tout d'abord ces bactéries dans des bouillons nutritifs très faiblement alcalins. Après un certain temps, les liquides sont filtrés : le *b. pyocyaneus* se laisse aisément filtrer sur du papier; quant au *b. prodigiosus*, on doit employer des bougies de porcelaine. Le maximum d'activité protéolytique est obtenu avec le *b. prodigiosus* après 2 ou 3 semaines; le second bacille arrive plus rapidement au maximum. Les deux liquides filtrés possèdent des pouvoirs protéolytiques très prononcés : ils liquéfient rapidement la gélatine avec formation d'acides aminés. Pour les cultures de *b. pyocyaneus*, l'addition de 4 % de glycérine au bouillon nutritif favorise considérablement la production des enzymes protéolytiques. Au contraire, pour le *b. prodigiosus*, cela n'est pas nécessaire. Avec ces deux protéases, l'optimum du milieu correspond à une réaction légèrement alcaline. Les enzymes travaillent moins bien en réaction neutre, et encore moins en milieu acide. Par comparaison avec la trypsine, ces deux bactéries-protéases paraissent être plus défavorablement influencées par l'alcali que la trypsine.

Des faits intéressants sont à retenir dans l'action de la chaleur sur ces deux enzymes protéolytiques. Tout d'abord on constate que la prodigiosus-protéase résiste à la température de 100°, tandis que la température de 56-60° atténue considérablement son pouvoir digestif :

ACTION DE LA CHALEUR SUR LA PRODIGIOSUS-PROTÉASE.

Quantité de prodigiosus-protéase	Diastase non chauffée	Diastase chauffée 30 minutes à				Diastase chauffée à 100°	
		56°	65°	75°	85°	5 minutes	15 minutes
1 cc.	1/1	1/2	1/1	1/1	1/1	1/1	1/1
0.5	1/1	1/4	1/1	1/1	1/1	1/1	1/1
0.2	1/1	1/4	1/2	1/1	1/1	1/1	—
0.1	1/1	0	1/4	1/4	1/2	1/2	1/2
0.05	1/2	0	—	—	—	—	—

La protéase, chauffée ou non, à raison de 1 cc. à 0.05 cc., est ajoutée à un volume constant d'une solution de caséine : on laisse digérer pendant un temps donné et l'on constate ensuite l'état de la protéolyse : 1/1 indique une digestion complète, c'est-à-dire la non-formation de précipité par addition ultérieure d'acide ; 1/2 indique une digestion incomplète, et 0, l'absence de digestion. Sous la rubrique : Diastase non chauffée, on voit qu'avec 0.1 cc. de protéase non chauffée, on obtient encore une digestion complète. Au contraire, la protéase qui a été maintenue 30 m. à 56° avant d'être mise en contact avec la caséine, se trouve considérablement affaiblie, et même à la dose de 1 cc., on arrive seulement à une digestion partielle. Le rapport entre le produit témoin et celui qui a été chauffé est comme 1 à 0.05. La destruction de l'enzyme à 56° est très rapide et, dans certains cas, après 5 minutes, on l'a déjà considérablement affaibli. Le liquide devenu inactif ne retrouve pas son activité si on le porte à 100°. Cependant on voit qu'on peut maintenir la protéase, chauffée d'emblée à 100°, pendant 15 m., sans qu'il y ait une diminution sensible dans son pouvoir protéolytique.

On pourrait croire que la résistance à l'ébullition résulte de la présence, dans le liquide de culture, de substances capables de protéger l'enzyme contre l'action de la chaleur. Cependant, des cultures de *b. prodigiosus*, faites dans des milieux exempts d'albuminoïdes, et contenant ainsi très peu de substances colloïdales, fournissent le même résultat. Pour expliquer cette résistance, on peut faire deux hypothèses. Tout d'abord on peut admettre que l'enzyme, par sa nature même, résiste à une température de 56°. Elle se détruirait cependant à cette température, par suite de l'intervention, soit d'une autre diastase existant dans le liquide, soit d'une antidiastase, ces deux agents d'inactivité disparaissant à une température voisine de 100°. La seconde hypothèse est que l'antiprotéase se forme de toutes pièces dans le liquide à une température de 56°, si bien qu'en portant la solution brusquement vers 100°, on évite la formation de ce corps. D'après BÉARN et CRAMER, on pourrait admettre ici l'intervention de zymoïdes, sorte d'anticorps qui résultent de l'action d'une chauffe modérée sur les diastases; on sait, en effet, que dans certains cas, les solutions d'enzymes, maintenues à 56°, peuvent se transformer en engendrant des corps qui paralysent les enzymes dont ils proviennent. Mais cette seconde hypothèse ne se vérifie point. En portant une solution de prodigiosus-protéase à la température de 56°, on ne produit pas de corps capables de nuire à l'action protéolytique, car un tel liquide, chauffé à 56°, ajouté à une solution neuve de protéase, ne modifie aucunement son pouvoir digestif

Voici maintenant l'action de la température sur la pyocyaneus-protéase :

Quantité de pyocyaneus-protéase	Diastase non chauffée	Diastase chauffée 30 m. à				Diastase portée à 100°	
		56°	65°	75°	85°	5 minutes	15 minutes
0.5 cc.	1/1	1/1	1/1	1/1	?	1/1	1/1
0.2	1/1	1/1	1/1	1/2	1/4	1/2	1/2
0.1	1/1	1/1	1/2	1/4	0	1/4	1/4
0.05	1/2	1/2	—	—	0	—	—

On voit que la pyocyaneus-protéase résiste aussi à la température de 100°. La durée du chauffage est même sans importance. Mais cet enzyme est beaucoup moins sensible à la température de 56° que la prodigiosus-protéase. Tandis qu'avec le prodigiosus, la température de destruction est 56°, il faut atteindre ici 85° pour avoir un effet très net.

Il est d'ailleurs intéressant de remarquer que ces deux protéases, tout en résistant à la température de l'ébullition, ne fournissent que très peu de travail, dans ces conditions : à 100°, elles ne sont pas détruites, mais elles n'agissent pas sensiblement, non plus. La température optima pour les deux protéases est de 37°.

Individualité des protéases microbiennes : leurs anticorps. — Au point de vue de l'individualité des protéases bactériennes, on possède aussi quelques données curieuses. Par la préparation de lapins, au moyen d'injections répétées de doses croissantes de prodigiosus-protéase ou de pyocyaneus-protéase, on obtient des sérums contenant des antiprotéases. Ces deux anticorps sont spécifiques : ils agissent exclusivement sur les protéases correspondantes. De plus, ils sont sans action sur la trypsine. Ces antiprotéases supportent la température de 75° pendant une demi-heure sans s'affaiblir sensiblement ; à 85°, on constate un commencement d'altération, et à 100°, la destruction est complète. Un mélange de protéase et d'antiprotéase correspondante, dans les proportions voulues pour qu'il soit inactif, devient à nouveau actif quand on le porte à 100°, par suite de la destruction de l'anticorps.

L'antiprotéase et l'antitrypsine contenues dans le sérum diffèrent non seulement au point de vue physiologique, mais encore au point de vue chimique. L'antiprotéase se précipite presque quantitativement quand on sature le sérum à moitié de sulfate d'ammoniaque. Elle se trouve donc dans la fraction des globulines. Au contraire, l'antitrypsine du sérum se précipite dans la fraction de l'albumine. Les deux anticorps peuvent donc être séparés, soit par précipitations fractionnées, soit par le chauffage. En chauffant le sérum pendant une demi-heure à 75°, l'antitrypsine est détruite, tandis que l'antiprotéase résiste. Ajoutons que l'antiprotéase, ainsi, du reste, que l'antitrypsine, s'affaiblissent par un traitement au pétrole ; l'action cependant est trop faible pour pouvoir conclure à la nature lipoïdale de ces substances. L'action des antiprotéases sur les protéases est très rapide. On obtient les mêmes résultats si on laisse agir quelque temps le sérum antiprotéasique sur la protéase, avant de les mettre en présence de la caséine, ou si on mélange directement les trois corps ensemble. Dans l'action de l'antitrypsine sur la trypsine on observe, au contraire, le phénomène de DANYSCHE, qui consiste dans ce fait que la quantité d'antitoxine neutralisée par une quantité donnée de toxine est plus grande par une addition de celle-ci, ménagée et progressive, que par l'addition en une seule fois. Avec l'antiprotéase, on n'observe point cette marche particulière.

Méthodes de recherche des protéases dans les cultures bactériennes. — Pour la recherche des enzymes protéolytiques microbiennes, ainsi que pour l'évaluation de leur quantité, on se sert de cultures filtrées sur bougie. Les liquides, débarrassés de bactéries, sont additionnés de 0.5 à 1 % de toluol et fortement agités. C'est dans ces solutions qu'on essaie le pouvoir protéolytique au moyen d'albumine, de fibrine, de gélatine, de peptone ou de caséine. Pour déterminer le pouvoir diastasique à l'aide de gélatine, on emploie des solutions à 7 % de cette substance, additionnées de phénol ou de thymol. On verse 3 ou 4 cc. de cette solution dans des tubes de 8 millimètres environ de diamètre, on laisse refroidir pour obtenir une prise complète, et l'on verse par-dessus 1 à 2 cc. de culture filtrée; on marque le niveau de la surface de séparation et l'on abandonne les tubes à la température ordinaire. L'évaluation de la quantité d'enzyme se fait d'après le volume de gélatine liquéfiée. Au lieu de solution de gélatine, on emploie aussi de la gélatine colorée avec du carmin. On découpe des lamelles de petites dimensions, qu'on abandonne dans l'eau pendant 24 heures pour les débarrasser de l'acide et des impuretés qu'elles peuvent contenir, puis on les suspend par un fil dans le liquide à analyser. L'intensité de la protéolyse se mesure ici d'après la coloration que prend la solution.

Pour faire les essais à la fibrine ou à l'albumine, on prend une certaine quantité de ces substances, on les plonge dans la culture bactérienne filtrée et thymolée, après ou sans dilution préalable. On laisse les vases à 37°, on neutralise les liquides et l'on ajoute 10 % d'une solution saturée de NaCl. On fait bouillir, on amène à volume constant, on filtre et l'on détermine l'azote dans les liquides filtrés. Pour caractériser de plus près la protéase dans les cultures bactériennes, l'emploi de peptone de WITTE est à recommander. On se sert alors d'une solution à 2 % de ce produit, qu'on stérilise à 2 atmosphères pendant 30 minutes. Après refroidissement on ajoute un certain volume de culture filtrée, de 1 à 10 %, et l'on détermine dans le mélange l'azote total, l'azote tannin et l'azote formol, d'après SOERENSEN. Dans un second essai, préparé de la même manière, on laisse la digestion se poursuivre pendant 3 ou 4 jours à 38°. On analyse alors le liquide et l'on compare les résultats. La différence dans l'azote tannin et l'azote formol indiquera l'étendue du travail protéolytique et pourra surtout révéler la présence, dans le liquide, d'enzymes autres que les protéases proprement dites, celles-là, de la famille de l'érepsine, donnant une plus grande quantité de produits très dégradés.

Dans ces sortes d'essais, il faut cependant recourir au microscope, ou mieux, essayer les liquides de digestion par piqûre sur plaques nutritives, pour s'assurer qu'il n'y a pas eu d'infection au cours de l'analyse. La filtration sur bougie présente souvent de grandes difficultés, surtout quand on n'a que très peu de liquide. Dans ce cas, on maintient la culture microbienne à étudier pendant une demi-heure à la température de 55 à 60°. Puis on fait les essais dans la solution de caséine, comme il a été indiqué dans le chapitre relatif à l'analyse de la trypsine. Etant donné que la digestion est de peu de durée, une infection est fort peu à craindre ici; mais il peut arriver aussi, comme on l'a vu à propos de la prodigiosus-protéase, que l'enzyme soit déjà détruit à cette température. Dans le cas de résultats négatifs, il faudra donc répéter les essais à 50° pour vérifier si l'on n'obtient encore aucune action.

§ 6.

Papaïne.

Préparation. — On sait depuis très longtemps déjà que le latex du *Carica papaya L.;* ou arbre à melons, contient un principe qui attendrit la viande et digère les substances albuminoïdes. Vauquelin, en 1802, étudia ce suc, mais c'est surtout Wurtz, en 1879, qui en fit connaître les propriétés curieuses, et montra qu'elles étaient dues à un ferment soluble. L'enzyme protéolytique du papayer, désigné sous les noms divers de papaïne, papayotine, papaytine, papayacine, se trouve réparti dans toutes les parties de l'arbre : dans les racines, le tronc, les feuilles, les fruits et les graines. Pour obtenir la substance active, on pratique une incision sur le tronc de l'arbre; un produit de qualité supérieure est obtenu par piqûre des fruits. Le suc qui s'écoule durcit à l'air et constitue la papaïne brute. On peut également préparer une bonne matière première en pressant les fruits avec un peu d'eau et en laissant le jus se dessécher à l'air. Dans l'un et l'autre cas, le produit est réduit en poudre fine d'aspect blanchâtre, et sert à la préparation de la papaïne commerciale. A cet effet, la poudre est dissoute dans l'eau, on filtre la liqueur obtenue et l'on traite celle-ci par 10 volumes d'alcool. Le coagulum, redissous dans l'eau, est de nouveau précipité par l'alcool. Le produit ainsi purifié est finalement desséché à basse température, puis pulvérisé. La papaïne de très bonne fabrication peut dissoudre en 12 heures près de 2,000 fois son poids de fibrine. Cependant, on trouve rarement des produits de pareille activité.

Produits de l'hydrolyse. — La papaïne dissout les matières albuminoïdes naturelles, ainsi que les substances protéiques vivantes, telles que les muscles, les fausses membranes diphtériques, les tissus cancéreux, etc. Par l'action digestive de la papaïne, on arrive très rapidement au terme de peptone, et cela beaucoup plus vite qu'avec la pepsine. L'hydrolyse est aussi plus profonde; on aboutit promptement au tryptophane, et dans les opérations de longue durée, à la tyrosine. Cependant la tyrosine ne se produit point dans les digestions papaïniques avec la même facilité que dans le travail de la trypsine. Quand on additionne le liquide de digestion de la fibrine, de la caséine ou de l'albumine par la papaïne, d'une macération de *Russula delica,* on obtient une coloration rouge passant lentement au vert, au lieu du rouge-noir. De plus, quand on abandonne de l'albumine à l'action prolongée de la papaïne, on n'observe point, au fond des vases, des cristaux de tyrosine; en somme, la question de savoir jusqu'où s'étend l'hydrolyse par le ferment du papayer est encore assez obscure. KUTSCHER et LOHMANN ont bien constaté dans les produits formés, la leucine, l'acide aspartique, le glycocolle, l'arginine, l'histidine, la lysine, la proline, le tryptophane, la tyrosine, etc.; mais leurs résultats, comme d'ailleurs ceux d'autres expérimentateurs qui sont arrivés aux mêmes conclusions, ont été obtenus à l'aide de digestions très prolongées, 10 mois et plus, en présence de chloroforme, et on peut se demander si réellement il n'y a pas eu contamination et intervention microbienne.

Il n'en résulte pas moins des travaux de EMMERLING et de ceux de KUTSCHER, qu'il y a vraiment une apparition d'acides aminés dans les digestions prolongées et que, tant au point de vue du temps que de la nature des produits formés, cette marche de l'hydrolyse diffère nettement de celle de la pepsine. Le fait que la papaïne appartient plutôt à la classe de la trypsine ressort nettement de cette constatation, faite par ABDERHALDEN, que la papaïne décompose facilement le glycyl-l-tyrosine en donnant de la tyrosine, comme le fait la trypsine, tandis que la pepsine se montre inactive sur ce même polypeptide. MENDEL et BLOOD ont su mettre en évidence la production des acides aminés sous l'influence de la papaïne, en additionnant le liquide de digestion d'acide cyanhydrique. La présence de très faibles doses d'HCy exalte, d'après eux, l'action de la papaïne sur la fibrine, l'albumine, l'édestine, etc., et l'on arrive par cet artifice, à produire de la tyrosine et des acides aminés même dans les digestions non prolongées.

Voici, d'après les expériences d'EFFRONT, quelques données sur le travail de la papaïne, comparativement dans une solution de peptone et dans une émulsion d'ovalbumine coagulée. La solution de peptone de WITTE à 2 % était additionnée de 0.1 % de papaïne et abandonnée 95 heures à l'étuve, en présence de chloroforme et de xylol, puis analysée. On a trouvé pour les diverses teneurs en azote de la solution, avant et après la digestion, les chiffres suivants :

ANALYSE DE LA PEPTONE AVANT ET APRÈS L'ACTION
DE LA PAPAÏNE.

Différents azotes.	Avant.	Après.
Total	100.00	100.00
Précipitable zinc	68.6 %	28.5
» tanin	77.6	40.5
» tungst.	22.0	48.0
Titrable formol	11	20.3
Ammoniacal	non déterm.	4.7

D'autre part, l'émulsion d'albumine était obtenue en mettant 2 % d'albumine d'œuf coagulée et finement divisée en suspension dans de l'eau additionnée de HCl à raison de 5 cc. (N) pour 300 cc. liquide. Voici le résultat de l'analyse après 78 heures d'action de la diastase :

ANALYSE D'UNE ÉMULSION D'ALBUMINE APRÈS LA DIGESTION PAPAÏNIQUE.

N total	100
N précipitable par Zn	40
» tanin	50
» tungst.	36.6
N titrable au formol	44.6

Ces deux tableaux nous montrent que la papaïne agit différemment sur la peptone et sur l'albumine. Dans le premier cas, il y a bien eu digestion, c'est-à-dire destruction de l'azote albumose (précipitable par le zinc) et augmentation de l'azote peptone (précipitable par le réactif tungstique), mais l'azote des acides aminés (titrable au formol) est resté peu élevé; au contraire, dans le deuxième cas, on a poussé beaucoup plus loin la dégradation, et la quantité d'azote SOERENSEN s'est trouvée plus que doublée.

Un autre caractère, qui distingue la papaïne de la pepsine et la rapproche de la trypsine, est sa facile adaptation aux réactions de milieu. La papaïne agit en milieu neutre, et la présence de 0.005 % HCl ou de 0.1 à 0.25 % de soude lui est favorable. En présence de 0.2 % HCl, la papaïne n'agit plus.

Action de la température. — La papaïne, à l'état sec, peut, d'après WURTZ, supporter une température de 105° sans perdre sa propriété de dissoudre ensuite la fibrine. En solution, elle est naturellement plus sensible, mais sa résistance est encore très grande. HARLAY, pour étudier l'influence des actions thermiques sur la papaïne, porte des solutions de cet enzyme, pendant 30 minutes, à différentes températures ; puis après refroidissement, il les met en présence de fibrine et laisse le tout 24 heures à l'étuve. Voici les résultats obtenus en employant 20 gr. de fibrine pour chaque essai :

ACTION DE LA TEMPÉRATURE SUR LA PAPAÏNE.

Liquides employés				Résidu de fibrine non digérée
Solution de papaïne non chauffée				1.8 gr.
—	— chauffée une demi-heure à 70°			2
—	—	id.	80	2.97
—	—	id.	81.5	4.19
—	—	id.	82.5	4.55
—	—	id.	83.5	4.98

On peut donc porter la papaïne 30 minutes à 70° sans affaiblir sensiblement son pouvoir diastasique. Ici, c'est bien une différence considérable avec la trypsine, puisque cette dernière se trouve complètement détruite par un séjour d'une demi-heure à 65° seulement. La destruction de la papaïne serait presque complète vers 82-83°. Voici d'ailleurs, d'après HARLAY, l'action comparative de la chaleur sur les trois diastases protéolytiques :

La pepsine est détruite après une demi-heure de chauffage à 68°.

La trypsine » » » 60-65°.

La papaïne n'est pas affaiblie après une demi-heure de chauffage à 70°.

Bien qu'entre 70 et 80°, l'activité de la papaïne se trouve sensiblement diminuée, cet affaiblissement du pouvoir digestif, d'après HARLAY, n'entraîne aucune modification dans le processus de l'hydrolyse, c'est-à-dire qu'il se ferait avec cette diastase atténuée les mêmes produits de dégradation qu'avec la diastase normale. Cependant ce point demande à être vérifié par de nouvelles expériences.

POZERSKI, dans ces dernières années, a étudié avec beaucoup de soin l'action de la papaïne. De ses recherches, il résulte que l'optimum d'action de cette diastase est placé très haut, à une température, comme c'est généralement le cas, très voisine de celle de sa destruction. Si, à la température ordinaire, on met en présence de la papaïne et de l'albumine d'œuf liquide, on constate qu'il se produit très rapidement un changement dans la viscosité du mélange. Le liquide albuminoïde ne produit plus de mousse persistante après l'agitation, et les mesures faites au viscosimètre indiquent une modification profonde dans l'état physique du liquide. Cependant il ne s'est formé aucun produit de digestion. A des températures allant jusqu'à 50°, la papaïne agit très faiblement sur le sérum sanguin et l'ovalbumine à l'état naturel, et il ne se fait que très peu de produits d'hydrolyse. Sur l'albumine coagulée, l'action est plus facile et se manifeste déjà à une température de 40° : on obtient alors une décomposition assez avancée.

La différence d'action de la papaïne sur l'albumine fraîche

ou l'albumine coagulée s'explique par deux causes : tout d'abord
elle résulte de ce fait que la dénaturation de l'albumine se
montre favorable à la digestion, car au cours de la coagulation
il se produit des changements physiques et chimiques dans
la constitution de l'albuminoïde, qui en rendent l'attaque par
la papaïne plus facile. En outre, elle tient à ce que l'albumine
naturelle présente une résistance spéciale, due à l'action spécifique qu'elle exerce sur la papaïne. L'albumine d'œuf liquide
neutralise l'action de cet enzyme. Cet effet se manifeste à la
température ordinaire, se retrouve avec plus d'intensité à 50
ou 60°, et décroît ensuite, de telle sorte que de l'albumine
portée pendant une demi-heure à 80° perd la propriété d'atténuer l'activité de la papaïne. Cette action neutralisante se
comporte comme s'il s'agissait d'un antiferment ; mais l'existence de celui-ci n'est cependant pas démontrée. L'affaiblissement de la papaïne par l'ovalbumine ou le sérum naturels
s'observe dans les milieux neutres ou très légèrement acides,
mais la présence de 0.05 % d'acide chlorhydrique suffit pour
l'empêcher entièrement.

Phénomène de digestion brusque. — Dans l'action de
la papaïne sur l'albumine fraîche, aussi bien d'ailleurs que sur
les tissus animaux pris à l'état naturel, on observe un phénomène très curieux, qui, au moins en apparence, se trouve
en contradiction complète avec ce qu'on sait sur le travail des
enzymes. On constate notamment que l'intensité de la digestion,
en présence d'une dose déterminée de papaïne, décroît avec le
temps de contact entre le ferment et la matière à digérer.
Voici l'une des expériences citées par POZERSKI : on fait une
série de mélanges contenant 15 cc. d'albumine d'œuf diluée au
tiers dans l'eau salée physiologique et 2 cc. de solution de
papaïne de MERCK à 2 %. Dans l'un des tubes, l'essai témoin,
les 2 cc. de papaïne avaient été bouillis ; puis on a ajouté
2 gouttes d'acide acétique et l'on a porté à 100° pour coaguler
l'albumine. Les autres tubes sont abandonnés à la température
du laboratoire (18°) pendant des temps variables, puis traités,
comme précédemment, par l'acide acétique et bouillis. Les

précipités recueillis sur des filtres tarés sont lavés, séchés et pesés :

DIGESTION DE L'OVALBUMINE PAR LA PAPAÏNE.

Temps de contact avant la coagulation par la chaleur	Poids des précipités recueillis	Quantité d'albumine digérée
Témoin	338 milligr.	—
1 minute	226 —	112 milligr.
5 minutes	232 —	106 —
10 »	243 —	95 —
15 »	250 —	88 —
30 »	259 —	79 —
1 heure	283 —	55 —
2 heures	289 —	49 —
4 »	297 —	41 —

Dans l'essai témoin, la diastase ayant été immédiatement détruite, le précipité, qui est de 338 milligr., représente la quantité d'albumine totale contenue dans chaque tube. Dans l'essai n° 2, on a laissé la papaïne 1 minute en contact direct avec l'albumine, puis on a porté rapidement à 100°. La durée de chauffe, qui a été de 10 à 20 secondes, a été très suffisante pour déterminer un maximum d'effet : on a obtenu 112 milligr. d'albumine dissoute. Si on laisse le mélange d'albumine et de papaïne non plus 1 minute, mais 5, 10, 30 minutes à la température ordinaire, avant de le porter à l'ébullition pour détruire la diastase, on constate que la quantité d'albumine dissoute est non pas plus élevée, mais, au contraire, de plus en plus faible, et qu'après 4 heures de contact, l'albumine solubilisée n'est plus que 41 milligr., soit près du 1/3 de la quantité dissoute dans l'essai (2).

Comment expliquer cette anomalie ? En fait, dans les conditions où se place l'auteur, la digestion n'a pas lieu tant que la température est inférieure à 40°. Elle se produit, au contraire, brusquement, entre 80 et 89°, pendant les 10 ou 20 secondes employées à porter le liquide à l'ébullition, cela, en vue de tuer la diastase et d'effectuer ensuite le dosage. Il est à remarquer d'ailleurs que cette solubilisation importante, pendant un temps aussi court, est accompagnée d'une hydrolyse profonde, avec formation abondante de peptones. De plus, le contact préliminaire, à la température ordinaire, de l'albumine et de la papaïne influence défavorablement la réaction ; les résultats très médiocres obtenus dans les derniers essais sont précisément dus à ce que l'effet antipapaïque du sérum ou de l'ovalbumine crus, effet dont nous avons parlé plus haut, s'est exercé pendant un temps très long, 2 ou 4 heures. En définitive, dans cette expérience, il y a deux sortes de phénomènes : le premier, qui se passe à toute température comprise entre 0 et 40°, consiste en une atténuation de la diastase, cet affaiblissement augmentant d'ailleurs avec le temps ; le second, qui se produit entre 80 et 89°, est un processus de digestion très rapide, mais, à part cela, semblable à toutes les autres actions diastasiques.

C'est ainsi que dans ce phénomène de digestion brusque, on retrouve un certain rapport entre les quantités d'enzyme employées et l'action produite pendant un temps donné. Sans doute, ce n'est pas la proportionnalité simple qu'on constate, comme avec les autres actions diastasiques, mais ici les conditions sont infiniment plus complexes : la température n'est pas constante ; la quantité de ferment même, quoique bien définie au début, est aussi essentiellement variable, puisqu'elle va constamment en diminuant. Quoi qu'il en soit, POZERSKI trouve que ses chiffres vérifient sensiblement la loi suivante : La quantité de matière transformée varie proportionnellement à la racine carrée de la quantité de ferment ajoutée. Ce n'est que par pure coïncidence que cette loi est identique à celle de SCHUTZ et BORISSOW, qu'on sait être relative à l'action, à une température fixe, de la trypsine sur de l'albumine placée dans des tubes de METT. Voici comment POZERSKI procède : A 15 cc. de sérum de chien dilué au 1/3 dans de l'eau salée, il ajoute des quantités variables de la solution de papaïne à 2 %. On amène tous les mélanges au même volume en complétant avec la solution physiologique, puis les divers liquides additionnés de 2 gouttes d'acide acétique, sont portés rapidement à 100°. Les précipités sont alors recueillis et pesés :

DIGESTION DU SÉRUM PAR LA PAPAÏNE.

Quantité de papaïne employée	Poids des précipités	Quantité d'albumine dissoute
Témoin	350 mgr.	0
0.25 cc.	280	70 mgr.
0.5	251	99
1	191	159
2	146	204
4	80	270

Donc, dans tous les essais que nous venons de citer, et dont les conclusions ont été successivement vérifiées par Jonescu, puis par Sachs, l'action digestive s'obtient par le passage rapide de la solution examinée de la température ordinaire à celle de l'ébullition. Mais il est évident que le travail produit doit être fonction d'une température déterminée, et non de toute l'échelle thermométrique. Cette température a été trouvée de la façon suivante : une série de mélanges de 10 cc. d'albumine d'œuf, diluée de moitié, et de suc de papayotine à 2 %, étaient portés dans des bains à des températures croissantes, 55, 60, 65... 95° ; quand la température voulue était atteinte, on ajoutait rapidement à chaque échantillon un volume égal d'acide trichloracétique à 10 %, qui empêche toute action diastasique ultérieure, puis on portait à 100° et l'on recueillait les précipités :

INFLUENCE DE LA TEMPÉRATURE SUR LA DIGESTION PAPAÏNIQUE.

Températures atteintes.	Poids des précipités.	Quantité d'albumine digérée.
Témoin.	558 mgr.	0
55	552	»
60	550	»
65	546	12 mgr.
70	535	23
75	488	72
80	351	207
85	312	246
90	280	338
95	301	257

Ainsi, la digestion commence à se manifester au voisinage de 60° ; elle augmente notablement vers 80°, passe par un maximum vers 90°, mais elle est encore très intense à 95°. En somme, la papaïne agit surtout bien à une température très voisine de celle de sa destruction. Il est à remarquer, de plus, que la température optima coïncide sensiblement avec la température de coagulation des albuminoïdes. Il en résulte que dans l'action brusque que nous venons d'étudier, ce n'est pas de l'albumine crue qui est digérée par la papaïne au voisinage de 80-85°, mais bien de l'albumine déjà dénaturée par la chaleur : celle-ci, en voie de coagulation, se trouve dans un état spécial, qui en permet une plus facile attaque. Pour terminer, il est bon de constater que cette digestion très brusque se manifeste également quand on fait bouillir une solution de papaïne pour la stériliser. Il se produit alors une véritable autolyse, si bien qu'on rencontre toujours des albumoses et des peptones dans ces produits bouillis.

   Antipapaïne. — Au point de vue purement physiologique, le sérum des animaux préparés contre la papaïne est tout aussi attaquable par le ferment que le sérum des animaux neufs : il ne se forme donc vraisemblablement pas d'antiferment au cours de la préparation. Toutefois, le sérum des lapins préparés acquiert de nouvelles propriétés : ce sérum possède une précipitine spécifique et un anticorps ou sensibilisatrice, capable de dévier le complément. Mais il est probable que ces anticorps agissent plutôt sur la matière albuminoïde très complexe du suc de papayer que sur le ferment digestif lui-même. Enfin, Pozerski a constaté que les cobayes, sous l'influence d'injections répétées de très petites doses de papaïne, présentent des phénomènes d'anaphylaxie très nets.

§ 7.

Broméline.

Cette diastase, signalée par Marcano en 1891, a été étudiée par Chittenden, puis par Pozerski. Elle se trouve en quantités

très abondantes dans l'ananas. Pour la préparer, on découpe le
fruit en tranches, qu'on presse : le jus obtenu renferme du
sucre, des albuminoïdes et des acides organiques; son acidité
est de 0.45 à 0.5 %. On le traite par 2 volumes d'alcool : le préci-
cipité qui se forme n'entraîne presque pas d'enzyme. On le
sépare du liquide et l'on ajoute de nouveau au filtrat
5 volumes d'alcool. Le coagulum est alors recueilli, desséché
et pulvérisé : 0.1 gr. de cette poudre dissout en 6 heures
1 gr. de fibrine à 60° et en milieu légèrement acide. Les ananas
des îles Açores sont tout particulièrement riches en broméline.
Cette diastase agit sur la fibrine ou l'albumine coagulée, en
milieu neutre, légèrement alcalin, ou très faiblement acide.

INFLUENCE DE L'ACIDITÉ SUR L'ACTION DE LA BROMÉLINE
SUR LA FIBRINE A 40°.

HCl en milligr. par litre.	Durée de la digestion évaluée par l'absence de précipité nitrique.
0	18 heures
10	16
20	14
30	12
60	16
80	22

En réaction neutre, il faut attendre 18 heures pour que
l'addition de NO³H ne détermine plus de précipité. Avec
30 milligr. d'HCl par litre, il ne faut plus que 12 heures :
la digestion est donc beaucoup plus rapide. Si l'on augmente la
dose de 30 milligr., on diminue l'effet favorable, et avec
80 milligr. %₀₀, on a un ralentissement très sensible.

La température optima de la broméline est de 60° environ.
D'après POZERSKI, la broméline, comme la papaïne, possède
une très forte résistance à l'action de la chaleur. Ce ferment
n'est que faiblement atténué par un chauffage d'une demi-heure
à 80°. Il est nécessaire de le porter à une température de 100°
pour observer la disparition très rapide de son pouvoir protéolytique. Ce même auteur a retrouvé avec la broméline quelques-uns des faits qu'il a observés avec la papaïne. En particulier, l'enzyme de l'ananas se comporte différemment vis-à-vis
des albuminoïdes frais ou coagulés.

Voici tout d'abord, d'après EFFRONT, l'action de la broméline sur une émulsion d'albumine coagulée, en réaction neutre, et à différentes températures :

ACTION DE LA TEMPÉRATURE SUR LA DIGESTION BROMÉLINIQUE.

Température	Albumine digérée %
40°	7.9
45	9.6
50	11.4
55	11.9
60	12.5
65	9.3
70	8.3

L'optimum de température est donc au voisinage de 60°. Si maintenant on fait agir du suc d'ananas sur de l'ovalbumine crue et qu'on porte, au bout de temps variable, à l'ébullition, comme cela a été décrit à propos de la papaïne, on observe encore une digestion brusque, très intense, correspondant à une hydrolyse avancée. Ici, encore, la majeure partie de la transformation se produit au moment du passage par 80-90°. Mais, en raison de l'acidité du jus naturel d'ananas, on n'observe pas l'atténuation progressive qui a été signalée avec la papaïne ; il suffit cependant de saturer les acides du suc, ou mieux, d'opérer avec du ferment précipité, pour constater que l'albumine crue exerce aussi sur la broméline une action neutralisante, de nature antidiastasique, tout à fait comparable à celle étudiée par POZERSKI avec le ferment du papayer :

DIGESTION DE SÉRUM DE CHEVAL PAR DE LA BROMÉLINE.

Temps de séjour à 20°	Jus d'ananas naturel		Jus d'ananas neutralisé par Co^3Na^2	
	Poids des précipités	Quantité d'alb. digérée	Poids des précipités	Quantité d'alb. digérée
Témoin	324 mgr.	—	324 mgr.	—
1 minute	204	120 mgr.	—	—
5 minutes	206	118	214	110 mgr.
15 »	203	121	—	—
30 »	205	119	227	97
2 heures	—	—	239	85
4 »	182	142	242	82

Quels sont les produits d'hydrolyse fournis par la broméline? Les données sur ce point sont peu nombreuses. Il semble cependant que, d'après son action, la broméline se rapproche plus de la pepsine que de la trypsine. Toutefois, on y trouve une plus grande proportion de produits dégradés que dans le travail pepsique.

Travail comparé de la broméline et de la pepsine.

Temps	25 gr. albumine + 500 cc. HCl à 0,03 o/o + broméline Azote précipité par tanin o/o de l'azote total	25 gr. albumine + 500 cc. HCl à 0,3 o/o + pepsine Azote précipité par tanin o/o de l'azote total
Après 2 heures	81 o/o	85 o/o
» 4 »	63	72
» 6 »	51	68
» 10 »	42	60

Il se fait, dans la digestion bromélinique, des albumoses et des peptones; mais se fait-il des acides aminés et de la tyrosine? La question n'est pas éclaircie. D'après les uns, si l'action est suffisamment prolongée, on voit apparaître ces corps en quantité appréciable; d'après les autres, leur existence est douteuse. Au reste, POZERSKI, dans les liquides résultant de son phénomène de digestion brusque, n'a jamais pu mettre en évidence la présence d'acides aminés.

§ 8.

Caséase.

Ce nom a été donné par DUCLAUX à la diastase qui détruit et liquéfie le coagulum que la présure a formé. Cet enzyme est difficile à classer, car ses propriétés n'ont rien de nettement spécifique. Ainsi que DUCLAUX le reconnaît lui-même, s'il n'y a pas d'argument décisif pour maintenir cette diastase et en faire une entité bien définie, il n'y a pas non plus de raison sérieuse pour la supprimer de la littérature. Nous verrons même, d'après un certain nombre de caractères, que son existence semble très probable, et, jusqu'à plus ample informé, nous lui réserverons une place parmi les enzymes protéolytiques.

La caséase est surtout d'origine microbienne. Pour l'obtenir, DUCLAUX recommande de cultiver les microbes vivant facilement dans le lait, comme le *Tyrothrix tenuis*, non dans du lait, car leurs sécrétions renferment toujours une trop forte proportion de présure mélangée à la caséase, mais dans du bouillon. Le précipité qu'on obtient alors en traitant la culture par de l'alcool est redissous dans l'eau et contient en quantité suffisante la diastase considérée. Si l'on ajoute alors un peu de cette solution à du lait à 20-25°, on voit bientôt apparaître un coagulum, qui n'a d'ailleurs pas un aspect aussi ferme qu'avec le présure de veau, et qui lentement se désagrège pour se dissoudre totalement au bout de quelques heures : le lait n'est plus qu'un peu opalescent, il est devenu presque limpide. La caséine, dans ces conditions, a subi une véritable digestion : non seulement le liquide ne se coagule plus ni par la présure, ni par les acides, mais encore il donne les réactions des peptones.

Le phénomène observé est d'ailleurs un peu différent, suivant les proportions respectives de présure et de caséase contenues dans le liquide diastasique employé, ou encore suivant la température à laquelle on opère. S'il y a un excès de caséase et si le lait est suffisamment froid, la coagulation ne se produit plus et la caséine subit la transformation sans se précipiter. Si la diastase, au lieu d'agir sur de la caséine émulsionnée, comme dans le lait, ou sur un caillé formé au sein même du liquide digestif, et, par suite, imprégné dans toute sa masse de l'enzyme, exerce son action sur un coagulum déjà fait, au moyen de présure, par exemple, la protéolyse sera moins rapide, mais suivra cependant la même marche : c'est notamment ce qu'on observe dans la maturation des fromages, où la caséine se trouve progressivement digérée et peptonisée sous l'influence de la caséase, sécrétée à la fois par les ferments lactiques répartis dans toute la masse du fromage et les moisissures et bactéries protéolytiques qui peuplent sa surface.

D'après DUCLAUX, l'activité de la caséase, quand la température s'élève, augmente d'abord et décroît ensuite. Le maximum d'action serait au voisinage de 30°. En revanche, la caséase est encore active aux températures basses où la présure n'agit plus et elle se manifeste encore vers 4 ou 5 degrés. La caséase travaille surtout bien en milieu neutre ou faiblement alcalin. Comme la pepsine le fait vis-à-vis de la fibrine, la caséase se fixe sur la caséine qu'elle doit attaquer et lui communique peu à peu un aspect translucide.

La caséase est très répandue. Tous les microbes producteurs de présure et, par suite, capables de coaguler le lait — à l'exclusion de ceux qui le coagulent par simple acidification — sont aussi des producteurs de caséase. Citons en particulier les Tyrothrix de DUCLAUX, le *Bacillus subtilis* et les ferments lactiques, ceux-ci agissant en milieu préalablement neutralisé. Les levures, ainsi que nous l'avons dit en étudiant le travail de BOULLANGER, sont également capables de vivre dans le lait; mais la marche générale de la digestion, en particulier la formation de quantités assez notables d'ammoniaque, ne répond nullement à un travail de caséase. De plus, cette hydrolyse est très lente à se faire et varie même avec la race de levure considérée. Par contre, la caséase se rencontre fréquemment dans les moisissures. BOURQUELOT et HERISSEY l'ont signalée dans l'*Aspergillus niger* et le *Pénicillium glaucum*, et nous avons vu que la protéase, que MALFITANO a retirée de l'*Aspergillus*, digère très aisément la caséine. Depuis, elle a été retrouvée par SARTORY chez un grand nombre d'espèces de champignons oomycètes et ascomycètes. Les champignons supérieurs renferment aussi cette diastase, et, d'après BOURQUELOT, le *Psalliota campestris* en contiendrait une assez forte proportion, tandis que l'*Amanita mappa* en serait relativement pauvre. Cette caséase de champignon, en milieu légèrement alcalin, transformerait la caséine du lait en peptones, avec formation de leucine et de tyrosine.

Enfin, les végétaux supérieurs sécrètent également des caséases. JAVILLIER a montré l'existence d'un pareil enzyme dans le suc cellulaire d'un grand nombre de plantes, notamment le *Lolium perenne*, l'*Urtica dioïca*, l'*Euphorbia lathyris*, le *Papaver album*, etc. Il a constaté en particulier que la caséase de l'ivraie dégrade la caséine jusqu'à l'obtention de tyrosine et de tryptophane. Le latex du *Carica papaya* et celui du *Ficus carica* digèrent également la caséine. Cependant il ne faudrait pas en conclure que toutes les plantes à présure sont nécessairement des plantes à caséase. Le suc de luzerne, qui renferme une présure active, ne contient pas de caséase. Enfin, la caséase doit également être très répandue dans l'organisme animal, puisque bon nombre de liquides trypsiques d'origine animale sont capables de digérer la caséine. Rappelons qu'en particulier, DUCLAUX a caractérisé la caséase dans le pancréas, en ensemençant du lait avec un fragment de la glande, qu'il avait prélevé aseptiquement : le lait finit au bout de quelque temps, dans ces conditions, par se digérer entièrement.

Pour conclure, nous dirons que la caséase a un mode d'action qui rappelle beaucoup celui de la trypsine, et que, dans certains cas, elle paraît se confondre avec elle. Ce qui rend problématique l'existence de cet enzyme, c'est que, en ce qui concerne son travail chimique aussi bien que les conditions de milieu ou de température qui favorisent son action, il n'y a rien de caractéristique. De plus, on ne connaît pas un seul cas où la caséase agisse exclusivement sur la caséine, tout en restant sans action sur d'autres matières albuminoïdes, l'albumine ou la fibrine. Par contre, il est indiscutable qu'il existe toute une classe de protéases, notamment celles d'origine microbienne, qui agissent avec une prédilection spéciale sur la caséine, et que la marche même de la digestion de cette substance, sous l'influence de ces enzymes, solubilisation rapide, aspect du liquide, transparence, etc., semble être assez caractéristique de leur individualité. Comme, de plus, le nom de caséase occupe déjà une place importante dans la littérature, il est préférable de le conserver pour désigner une diastase qui agit facilement sur la caséine.

§ 9.

Galactase.

Le lait frais additionné d'antiseptique subit des transformations très profondes quand on l'abandonne longtemps à lui-même. On constate une forte solubilisation des matières azotées, une formation d'albumoses, de peptones, ainsi que d'acides aminés. Van Slyk, H.-A. Harding et E.-B. Hart ont étudié de plus près l'auto-peptonisation du lait et ont fourni des données intéressantes sur la répartition de l'azote dans le lait conservé ainsi à l'abri des microbes :

RÉPARTITION DE L'AZOTE DANS LE LAIT (SUR 100 AZOTE TOTAL).

Durée de conservation	Azote soluble	Azote albumose et peptone	Azote amine
Lait frais	9.33	4.58	4.75
» de 7 jours	11.77	7.	4.7
» 49 »	21.59	14.97	6.62
» 112 »	32.82	17.86	14.96
» 192 »	37.83	16.57	21.06

La peptonisation qui se déclare dans le lait est attribuée par beaucoup d'auteurs à la présence d'un enzyme protéolytique. Babcock et M. Russel ont étudié la diastase qui intervient dans ces conditions et l'ont appelée *galactase*.

Pour préparer cet enzyme, on se sert de petit lait; on le sature avec du sulfate d'ammoniaque : le précipité obtenu est dialysé, puis concentré à la température de 40°. Le ferment appartient à la classe des trypsines; il produit cependant plus d'ammoniaque que la trypsine pancréatique. La galactase agit sur la caséine dans un milieu neutre et faiblement alcalin; dans un milieu acide, l'action est sensiblement ralentie.

La température optima est de 37 à 42°, la température de destruction est entre 75 et 80°. Pour détruire le ferment dans un milieu neutre, il faut le maintenir 60 minutes à 72°. Dans un milieu faiblement acide, 10 minutes suffisent à la même température. Le lait naturel, maintenu pendant quelques secondes à 80°, perd ses propriétés de décomposer l'eau oxygénée et ne contient plus de galactase.

La galactase se montre peu sensible à l'action du chloroforme, de l'éther, du fluorure de sodium. Le formol détruit, au contraire, très rapidement cet enzyme. Cette sensibilité vis-à-vis du formol est plus grande que celle montrée par la pepsine et la trypsine. C'est pourquoi on peut se servir de cette facile destruction de la galactase pour la séparer de son mélange avec la trypsine et la pepsine.

On a des données très contradictoires sur l'origine de la galactase. Pour les uns, cet enzyme se trouve dans tous les laits normaux; pour les autres, elle a une origine bactérienne : ce seraient alors les spores des bactéries contenues dans le lait qui apporteraient cet enzyme.

<h2 style="text-align:center">§ 10.</h2>

<h2 style="text-align:center">Gluténase.</h2>

J. BAKER et HULTON, en 1908, constatèrent dans la farine de froment, la présence d'un enzyme protéolytique capable de transformer les matières azotées du grain en divers produits d'hydrolyse, parmi lesquels se trouve le tryptophane. Cette diastase, qui agit de même sur la peptone de WITTE, fut assimilée par ces auteurs à l'érepsine.

Cependant, cette conclusion ne paraît pas acceptable, s'il est vrai que la diastase de BAKER et HULTON est identique à celle de G. BERTRAND et MUTERLICH. On sait, en effet, que ces deux derniers auteurs, en étudiant le phénomène de coloration du pain bis, ont montré que ce brunissement caractéristique est le résultat de l'oxydation, par une tyrosinase spéciale contenue dans le son du froment, d'un chromogène tyrosinique, formé, au cours de la digestion des substances azotées du grain, sous l'influence d'une diastase protéolytique particulière, provenant également du son. Cette protéase, qu'ils ont appelée *gluténase*, hydrolyse, avec production de tyrosine, non seulement les matières protéiques du son et du gluten, mais encore la caséine du lait de vache.

Ce qui la distingue nettement de l'érepsine, et aussi des caséases, c'est qu'elle agit surtout bien en milieu acide : inactive en milieu alcalin, elle agit déjà en réaction neutre, mais beaucoup mieux encore en présence d'une certaine acidité. Les acides organiques (acétique ou oxalique), ainsi que les acides minéraux, peuvent servir à activer son pouvoir digestif. Une dose de 2 °/₀₀ HCl paraît très favorable. Ce sont là des conditions tout à fait spéciales qui font réellement de cette diastase un type bien déterminé.

§ 11.

Gélatinase.

Nous avons vu dans le chapitre précédent qu'un grand nombre de bactéries liquéfient et transforment plus ou moins profondément la gélatine. On considère généralement que l'action sur cette substance, qui résulte de l'hydratation de l'osséine et qui par ses propriétés se différencie assez nettement des albuminoïdes proprement dits, est due à l'intervention d'un enzyme protéolytique spécial, enzyme qui a été décrit par différents auteurs sous les noms divers de *gélatinase, glutinase* ou *gélatase*. La substance active agissant sur la gélatine se rencontre non seulement chez les microbes, mais encore dans les moisissures, dans les champignons, dans le suc pancréatique, ainsi que dans la trypsine commerciale.

D'après Pollak, on arrive à séparer la gélatinase du suc pancréatique par l'action successive de l'acide et de l'alcali. 100 cc. de suc pancréatique ou d'une solution de trypsine sont additionnés de 50 cc. HCl (N) : après 36 heures on neutralise le liquide avec de la soude (N) en employant comme indicateur le méthylorange (pour arriver à ce point, on a généralement besoin de 46 à 47 cc. de soude). Il s'est alors formé un précipité, qu'on sépare. Le filtrat est très actif sur la gélatine, tandis qu'il est dépourvu d'action sur les autres albuminoïdes :

ACTION D'UNE SOLUTION DE TRYPSINE APRÈS TRAITEMENT
A L'ACIDE ET A L'ALCALI.

Liquides employés	Gélatine digérée (d'après METT)	Sérum album. digéré (METT)	Ovalbumine digérée (METT)	Fibrine.
I { Témoin . .	15 mm.	7 mm.	—	Digestion complète.
Gélatinase.	10	0	—	Pas de digestion.
II { Témoin . .	11	—	10 mm.	Digestion complète.
Gélatinase.	9	—	0	Pas de digestion.

Les témoins sont constitués par de la trypsine non traitée par l'acide et l'alcali. Au contraire, la gélatinase est la même solution de trypsine qui a subi le traitement. Comme on le voit, l'action successive de HCl et de NaOH a eu pour résultat de faire perdre à la solution de trypsine la propriété de dissoudre l'albumine et la fibrine, sans détruire cependant son pouvoir de liquéfier la gélatine. Pour étudier l'action des enzymes protéolytiques sur la gélatine, MINAMI fait agir différentes substances actives sur des solutions de gélatine à 10 %. Il détermine ensuite l'azote non précipitable par le tannin, ainsi que l'azote des acides aminés formés à l'aide du formol :

ACTION DES ENZYMES PROTÉOLYTIQUES SUR LA GÉLATINE.

Gélatine à 10 % Quantité digérée en présence de :	Répartition de l'azote			
	Après 24 heures		Après 48 heures	
	N non précipitable pr tannin	N formol	N non précipitable pr tannin	N formol
0.25 % HCl . . . , .	2.1 %	3.6 %	2.6 %	4.3 %
Pepsine chlorhydrique.	3.2	4.6	4.7	5.7
Extrait pancréatique .	30.5	15.8	33.7	16.5
Pancréatine Rhénania.	22.5	12.6	31.4	14
Pancréatone — .	40	18.3	47.2	20.8

La pepsine chlorhydrique agit faiblement au début et son effet n'augmente presque pas dans la suite. Les différentes préparations de pancréatine manifestent, au contraire, une action très énergique et l'on arrive, avec la pancréatone, à une hydrolyse accusant 40 % d'azote non précipitable par le tannin et près de 20 % d'acides aminés. Des données fournies par MESSERNITZKY sur la gélatinase du *micrococcus prodigiosus*, il résulte que cet enzyme agit sur la gélatine encore beaucoup plus profondément que la pancréatone, puisque, après 24 heures, l'azote non précipitable par le tannin est déjà de 60 %; par une action prolongée, celui-ci monte jusqu'à 85 %. L'azote formol arrive très rapidement à 15 %, et dans les longues digestions il aboutit à 40 %. Dans les produits d'action de la gélatinase du *m. prodigiosus*, on constate la présence du glycocolle, ainsi que celle d'autres acides aminés.

La gélatinase du *m. prodigiosus* et la pancréatone, tout en appartenant au même type de diastase, diffèrent cependant très sensiblement dans l'étendue de leur travail. Cette différence s'accentue encore plus nettement quand on envisage l'action d'autres protéases microbiennes sur la gélatine. Un grand nombre de bactéries fournissent des protéases liquéfiant la gélatine et donnant néanmoins très peu d'azote formol, et aussi très peu d'azote non précipitable par le tannin. Ce dernier, quand on prolonge l'action, augmente très lentement, pour atteindre au maximum 10 ou 20 % de l'azote total.

Comme nous le voyons, les diastases gélatinolytiques sont loin de fournir toutes le même travail, et l'on est alors en droit de se demander quelle est vraiment la caractéristique de la gélatinase. Pour répondre à cette objection résultant d'une variation si grande dans le processus chimique et tenir toujours comme probable l'existence d'une gélatinase, on pourrait, à la rigueur, admettre que cette diastase, comme telle, liquéfie seulement la gélatine et n'exerce qu'une action très faible quant à l'hydrolyse. Les digestions avancées, observées avec la pancréatone ou avec la prodigiosus-gélatinase, s'expliqueraient alors par l'action combinée de la gélatinase et d'autres ferments protéolytiques. La caractéristique de la gélatinase résiderait donc dans la dissolution simple de la gélatine, les premiers produits formés étant ensuite attaqués et digérés par les diastases protéolytiques ordinaires. La clé de voûte de cette argumentation serait de fournir la preuve qu'il existe réellement des enzymes agissant exclusivement sur la gélatine, ou encore de montrer, comme plus haut, mais par un procédé indiscutable, qu'il est possible de séparer la gélatinase des autres enzymes protéolytiques. En réalité, le fait existe bien que certaines protéases bactériennes agissent uniquement sur la gélatine, et se montrent dépourvues d'action sur les autres substances albuminoïdes. Mais on se trouve toujours en présence d'effets très faibles, qui ne se manifestent qu'à la longue, ět, dans ces conditions, on peut se demander si le résultat constaté n'est pas dû aux conditions de milieu spéciales qui sont favorables à la digestion de la gélatine et défavorables à la digestion des autres protéines, au lieu de l'être à une véritable spécificité de la diastase.

Cette dernière manière de voir trouve un appui tout à fait solide dans les expériences d'Ascoli et de Neppi. Ces auteurs préparent tout d'abord de la gélatinase selon la méthode de Pollak. Après l'avoir amenée à la neutralité au méthylorange (MO), ils la font agir sur la gélatine et divers autres albuminoïdes et retrouvent les résultats indiqués par cet auteur, à savoir que cette diastase, active sur la gélatine, se montre sans action sur le sérum de cheval, le blanc d'œuf et la fibrine. Mais vient-on successivement à neutraliser au tournesol (T) ce même liquide; puis à le rendre faiblement alcalin à cet indicateur ; enfin, en troisième lieu, à le ramener de nouveau à la neutralité au méthylorange : dans tous ces cas on obtient alors des actions très différentes. Les liquides sont toujours actifs sur la gélatine, mais ils se montrent doués d'activités très inégales vis-à-vis des autres substances albuminoïdes.

(Voir tableau comparatif, page 476.)

On voit d'après ce tableau que la séparation de la gélatinase n'a pas été réalisée par la méthode de Pollak et que tout, en définitive, dans cette prétendue spécificité, doit être rapporté à des conditions de milieu différentes. On aboutit aussi à des variations de même nature quand, au lieu de modifier la réaction de la gélatinase, on soumet celle-ci à la dialyse.

INFLUENCE DE LA RÉACTION DE MILIEU SUR LA GÉLATINASE.

Action de la :	Sur la gélatine	Sur le sérum de cheval	Sur le blanc d'œuf	Sur la fibrine
Gélatinase neutre au M. O.	9 mm.	0 mm.	0 mm.	Rien
» » Tourn.	11	3	6	Digest. compl.
» légt alcal. au T.	10	1.5	—	—
» ramenée de nouveau neut. au M. O.	8	0	0	Aucune digest.

En résumé, la question de l'individualité de la gélatinase est loin d'être éclaircie, et, jusqu'à preuve du contraire, on peut confondre cette diastase avec les autres protéases étudiées jusqu'ici, la propriété de dissoudre et de digérer la gélatine étant commune à toute une série d'enzymes. Bien que le terme de gélatinase soit entré dans la littérature, il ne paraît pas répondre à une substance active bien définie, et il est préférable, à l'avenir, de ne plus l'employer.

BIBLIOGRAPHIE SUR LES TRYPSINES ET PROTÉASES DIVERSES.

TRYPSINES ANIMALES ET VÉGÉTALES.

V. Gorup-Besanez. In den Wickensamen. *Ber. der Deuts. Chem. Ges.*, 1874, p. 1478.

I. R. Green. *Philos. Transactions of the Royal Sec. of London*, 1887, (178) B, p. 39.

Frédéricq. *Bull. Acad. Bruxelles*, 1878, (46), p. 213; *Arch. de Zool. exp.*, 1878, (7), p. 399.

Vines. *Ann. of Botany*, 1903, pp. 237 et 597; 1904, p. 290; 1905, p. 149; 1906, p. 171; 1908, p. 103.

BIBLIOGRAPHIE.

477

Neumeister. In jugendlichen Pflanzen, *Zeits. f. Biologie*, 1894, p. 447.

Laszczynski. Proteol. Enz. i. Malz, *Centralbl. f. d. ges. Brauwezen*, 1899, p. 6.

Loe. Im Malz, *Der Bierbrauer*, 1899, p. 6.

Fernbach et Hubert. Diast. protéol. du malt, *C. R.*, 1900, (1), p. 1783.

Butkewitsch. Im gekeimten Samen, *Zeits. f. physiol. Chem.*, 1901, (32), p. 9.

Windisch u. Schellhorn. Enzym in Gerste, *Woch. f. Brauerei*, 1900, (17), p. 29.

Grimmer. *Bioch. Zeits.*, 1907, (4), p. 80.

Meyer. Antibakterienprotease, *Bioch. Zeits.*, (32), pp. 278, 286.

Malfitano. Aspergillus niger, *Ann. Inst. Past.*, (14), p. 60.

Harlay. Ferment protéol. du grain, *C. R.*, 1900, (2), p. 623.

Mouton. Amibo-diastase, *Ann. Inst. Past.*, 1902, (16), p. 457.

Mesnil. Actino-protéase, *Ann. Inst. Past.*, 1901, (15), p. 352.

Gerber, *C. R.*, 1911, (1), p. 1611.

Javillier. *C. R.*, 1903, (1), p. 1013.

Labbé. Du rôle des micro-organismes dans les phénomènes de digestions observées chez le Drosera rotundifilia, *Thèse*, Ec. Ph. Paris, 1904.

Weiss. *Over Proteolytiske Enzymer*, Copenhague, 1902.

Kämmerer. *Zeits. f. Immunitätsforsch. u. experim. Therapie*, 1911, (11), p. 235.

Fiessinger et P. L. Marie, *Soc. Biol.*, 1909, (1), pp. 864 et 915.

Boussoure. Protéases chez les insectes, *C. R.*, 1911, p. 228.

Sellier. Protéases des Céphalopodes, *Soc. Biol.*, 1907, (2), p. 705.

Krukenberg. *Unters. d. phys. Inst. Heidelberg*, 1878, (2), pp. 1 et 261; 1882, (2), pp. 339 et 366.

TRYPSINES DE LA LEVURE.

Buchner. *Die Zymasgärung*, Berlin, 1907.

Salkowsky. *Zeits. f. physiol. Chem.*, (13), p. 506; (34), p. 160.

Kutscher. *Zeits. f. physiol. Chem.*, 1901, (32), p. 59.

Gromow. *Zeits. f. physiol. Chem.*, 1906, (48), p. 87.

Martin Hahn. *Ber. d. Deuts. Chem. Ges.*, 1898, (31), p. 200.

Wróblewsky. *Journ. f. Prak. chem.*, (64), p. 49.

Boullanger. *Ann. Inst. Past.*, 1897, (11), p. 720.

Beyerinck. *Centralbl. f. Bact. u. Parasitenk.*, 1897, p. 524.

Buchner u. Klatte. *Bioch. Zeits.*, 1908, (8), p. 520.

L. Rosenthaler. *Bioch. Zeits.*, (26), p. 4.

Lintner. *Centralbl. f. Bact. u. Parasitenk.*, 1899, (5), p. 798.

Lintner. *Microbiolog. Betribskontrol*, Berlin.

Iwanow. *Zeits. f. Garungsphysiol.*, (1), p. 231.

Effront. *Bull. Soc. Chim.*, (33), p. 847. *Monit. Scient.*, 1905, p. 485.

TRYPSINES BACTÉRIENNES.

K. Meyer. Ueber Antibakterienproteasen, *Bioch. Zeits.*, (32), p. 283.

Emmerling u. Reiser. Zur Kenntniss eiweissspaltende Bakterien, *Ber. d. Deuts. Chem. Ges.*, 1902, (1), p. 700.

Tissier et Martelly. Recherches sur la putréfaction de la viande de boucherie, *Ann. Inst. Past.*, 1902, (16), p. 865.

Mesernitzky. *Bioch. Zeits.*, 1911, (31), p. 109.

Hata. *Centralbl. f. Bakteriologie Ref.*, 1904, (34), p. 208.

VON DUNGERN. *Münch. med. Woch.*, 1898, (38), p. 1157.

WASSERMANN. *Zeits. f. Hygiene*, 1896, (22), p. 263.

GERET u. HAHN. Zum Nachweis des im Hefepresssaft enthaltenen proteol. Enzym, *Ber. d. Deuts. Chem. Ges.*, 1898, (31), pp. 202, 2335.

MACFADYEN. *Journ. of Anatom. and Physiol.*, 1892, (26), p. 409.

FERMI. *Arch. f. Hygiene*, (14), p. 1; *Centralbl. f. Bakter. u. Parasit.*, 1 Abt., (52), p. 252.

BÜRGERS, SCHERMANN u SCHREIBER. *Zeits. f. Hyg. u. Infekt. Krankh.*, 1912, (70), p. 119.

PAPAÏNE.

VAUQUELIN. Examen chim. suc papayer, *Ann. Chim. et Phys.*, 1802, (18), p. 267.

WÜRTZ. *C. R.*, 1879, (89), p. 425; 1880, (90), p. 1379; 1880, (91), p. 787; 1881, (93), p. 1107.

EMMERLING. *Ber. der Deuts. Chem. Ges.*, 1902, (35), pp. 695 et 1012.

SACHS. Verdauung v. rohem Hühnereiweiss d. Papaïn, *Zeits. f. physiol. Chem.*, 1907, (51), p. 488.

KUTSCHER u. LOHMANN. *Zeits. f. physiol. Chem.*, 1905, (46), p. 383.

ABDERHALDEN u. TERUUCHI. Einwirk. auf Peptide. *Zeits. f. physiol. Chem.*, 1906, (49), p. 21.

JONESCU. *Bioch. Zeits.*, 1906, (2), p. 177.

CLAUDIO FERMI. *Arch. d. Farmacol.*, 1911, (2), p. 360.

SELIGMANN. *Zeits. f. Immunitätsforsch. u. Therap.*, 1912, (14), p. 419.

RIPPETOE. *Journ. of Ind. and Engin. Chem.*, 1912, (4), p. 517.

STENITZER. *Bioch. Zeits.*, 1908, (9), p. 383.

POZERSKI. Contr. à l'étude de la papaïne, *Ann. Inst. Past.*, 1909, (23), p. 205.

FERMI. Ueber die wutgift-zerstörende Wirkung d. Papaïns u. d. Milchsaftes von Ficus carica, *Centralbl. f. Bact. u. Parasitenk.*, I Abt., 1909, (52), p. 265. *Arch. Farmacol. sperim.*, 1911, (11), p. 360.

MENDEL u. BLOOD. Einige Besonderheiten der proteolyt. Wirkung d. Papaïn, *Journ. of Biol. Chem.*, 1910, (8), p. 177, d'après *Chem. Centralbl.*, 1910, (2), p. 1318.

HARLAY. *Thèse*, Paris, 1900.

BROMÉLINE.

POZERSKY. Digestion brusque produite par la broméline, *Ann. Inst. Past.*, (23), p. 341.

MARCONO. *Bull. of Pharmacy*, 1891, p. 74.

CHITTENDEN. *Journ. of Physiol.*, (15), p. 249.

GÉLATINASE.

MESERNITZKY. Zersetzung der Gelatinose durch Microc. prodigiosus, *Bioch. Zeits.*, 1910, (29), p. 111.

MINAMI. Ueber die Einwirkung d. Enzyme d. Magens des Pankreas u. d. Darmschleimhaut auf Gelatine, *Bioch. Zeits.*, 1911, (34), p. 254.

REICH-HERZBERGE. *Zeits. f. physiol. Chem.*, 1901, (34), p. 121.

Victor Henri et Larguier des Bancels. Action de la trypsine sur la gélatine et la caséine, *Soc. Biol.*, 1903, (55), p. 866.
Mavrojannis. *Soc. Biol.*, 1903, (55), p. 1605.
Charasow. Action de la formaline sur la gélatine fluidifiée par les fibromes, *Bioch. Centralbl.*, Rep. 1905.
Malfitano. *Soc. Biol.*, (55), p. 843.
Ascoli et Neppi. Ueber die Specifität d. Glutinase, *Zeits. f. physiol. Chem.*, 1908, (56), p. 135.
Pollak. *Hofm. Beitr.*, 1905, (6), p. 95.

CASÉASE.

Duclaux. Mémoire sur le lait, *Ann. Inst. Agron.*, 1882.
Bourquelot et Herissey. *Bull. Soc. Myc.*, 1899, (15), p. 60.
Sartory. *Soc. Biol.*, 1908, (1), p. 789.

GALACTASE.

Van Styk, H. A. Harding et E. Hart. *Journ. Amer. Chem. Soc.*, 1901 ; 1903, (25), p. 1243.
Babcock et Russel. *Centralbl. f. Bact. u. Parasitenk.*, 1900, (6), pp. 17, 45, 79.
Béchamp. *C. R. Acad.*, 1894.

GLUTÉNASE.

Baker et Hulton. *Journ. of the Soc. Chem. Ind.*, 1908, (27), p. 368.
G. Bertrand et Muterlich, *C. R.*, 1907, (144), pp. 1285 et 1444.

CHAPITRE III

Antigènes, Anticorps, Complément.

Produits de défense vitale et d'immunisation.

Les chapitres précédents sur l'antipepsine, l'antitrypsine et l'antiprésure nous ont déjà fourni l'occasion de montrer comment l'organisme réagit quand on introduit en lui différentes diastases. En réalité, le phénomène est très général. Chaque fois qu'on fait pénétrer une substance étrangère : diastase ou toxine, microbes, globules sanguins ou cellules diverses, dans un être vivant, celui-ci s'oppose à l'envahissement par l'élaboration de produits spéciaux, venant en quelque sorte neutraliser l'effet de l'agent perturbateur. On peut dire que c'est une conséquence de cette loi universelle qu'à toute action correspond une réaction. Cette question, qui est encore loin d'être complètement élucidée, est l'une de celles qui préoccupent le plus, à l'heure actuelle, les physiologistes. Elle soulève, en effet, un problème du plus haut intérêt, tant au point de vue pratique qu'au point de vue théorique : celui de l'immunité, problème dont la solution comporte, entre autres conséquences, la diagnose et le traitement de nombreuses maladies infectieuses.

Phénomène de l'hémolyse. — Bien qu'un certain nombre de phénomènes, se rattachant à l'étude des anticorps, sortent du cadre assigné à cet ouvrage, nous en dirons cependant quelques mots, afin que leur description puisse éclairer les parties qui nous intéressent plus directement. Commençons donc par dire en quoi consiste le phénomène de l'hémolyse, phénomène découvert en 1899 par BORDET. Injectons tout d'abord, à plusieurs reprises dans le péritoine d'un animal A, le lapin, par exemple, des globules rouges en suspension dans de l'eau physiologique d'un animal B, le mouton, par exemple. Ces hématies étant toxiques pour l'organisme A, celui-ci réagit, en produisant des substances capables, dans certaines conditions, de neutraliser l'action funeste de ces hématies. En fait, si nous prélevons, au bout d'un certain temps, du sérum de l'animal A ainsi *préparé*, puis qu'on y ajoute des globules rouges de l'animal B, nous constatons qu'il a acquis le pouvoir d'agglutiner, puis de détruire ces cellules. Cette destruction, qui se produit ainsi *in vitro*, est rendue manifeste par cette circonstance que l'hémoglobine des globules sanguins diffuse hors du protoplasma cellulaire et colore d'un beau rouge la totalité du liquide. On dit qu'il y a eu *hémolyse* et que le sérum de A était hémolytique vis-à-vis de l'espèce B.

Ce phénomène ne saurait être confondu avec ce qu'on observe quand on met des globules sanguins quelconques dans de l'eau. Par suite de la plasmolyse, le sac protoplasmique se rompt sous l'influence de l'excès de pression osmotique et laisse écouler son contenu dans le liquide extérieur, qui se colore ainsi en rouge vif. Il y a bien hémolyse, mais celle-ci est toute physique et ne se produit que dans des milieux hypotoniques. Au contraire, le phénomène de BORDET se manifeste dans une solution de sérum, parfaitement isotonique. Mais il y a plus : le sérum hémolytique de A est spécifique; il n'agit que sur les globules de l'espèce animale B, qui ont servi, par injections péritonéales, à faire la préparation. Dans notre exemple, le sérum de lapin ainsi préparé n'hémolysera que les globules de mouton, et nullement ceux de bœuf, de cobaye, de chien, etc.

Expérience de Pfeiffer : phénomène de la bactériolyse. — Le phénomène que nous venons d'indiquer, est à peu près identique à celui qui avait été antérieurement décrit sous le nom d'*expérience de* PFEIFFER : ce savant, en 1894, a reconnu en effet que si l'on injecte une culture de vibrion cholérique dans le péritoine d'un cobaye vacciné contre le choléra, vaccination obtenue par l'injection préalable, soit de plusieurs cultures successives de vibrions atténués par la chaleur, soit d'un sérum anticholérique, et si l'on prélève, au bout de quelque temps, un peu de sérosité péritonéale, on constate que les vibrions, au lieu de s'être développés, comme ils l'auraient fait dans un animal neuf, ne se sont, au contraire, nullement multipliés, qu'ils sont immobiles, agglutinés, et qu'ils ont même tendance à disparaître. Ce phénomène, qui est spécifique de l'infection expérimentée, se passe à l'intérieur de l'organisme. Mais il n'est pas dû au seul jeu des forces vitales, comme le croyait PFEIFFER. En effet, on peut encore le constater *in vitro*. C'est ainsi que METCHNIKOFF, puis BORDET en 1895, l'observèrent avec le vibrion cholérique; que, quelques années plus tard, entre autres exemples, DOPTER l'observa avec le bacille dysentérique, et MAX GRUBER avec le bacille d'EBERTH. On sait du reste comment WIDAL utilisa cette réaction pour le séro-diagnostic de la fièvre typhoïde.

Quel est donc le mécanisme de ce phénomène de réaction, qui est, comme nous le verrons plus loin, beaucoup plus général que nous ne l'avons dit jusqu'ici? C'est à BORDET qu'on doit la plus grande partie de ce que nous savons aujourd'hui sur ce sujet. Ses travaux, d'ailleurs, complétèrent ceux plus anciens d'EHRLICH et de BÜCHNER, ou furent confirmés dans la suite par les recherches d'ERLICH et MORGENROTH, de SACHS, de WASSERMANN, etc. BORDET reconnut, en effet, que si l'on chauffe au delà de 70°, soit les sérums hémolytiques d'animaux préparés (par exemple, le sérum de lapin actif sur les hématies de mouton), soit les sérums bactériolytiques d'animaux immunisés (par exemple, le sérum de cobaye immunisé contre le vibrion du choléra), ces sérums perdent leur propriété soit de dissoudre les globules sanguins, soit d'agglutiner et de digérer les microbes correspondants. Ces faits, joints à d'autres, établissent donc la nature diastasique de ces substances biochimiques élaborées par l'organisme en vue de sa résistance. Prenons maintenant ces sérums et chauffons-les non plus au delà de 70°, mais une demi-heure à 55-56°. Nous constaterons qu'ils sont encore agglutinants, mais qu'ils ont perdu leurs propriétés, soit hémolytiques, soit bactériolytiques.

Cependant ces pouvoirs n'ont pas été détruits : ils peuvent réapparaître si l'on ajoute à ces sérums chauffés un peu de sérum d'animal neuf, non chauffé. On a ainsi *réactivé* les sérums qui avaient été chauffés à 56°.

Sensibilisatrice et alexine. — Comment expliquer ces faits ? Ils sont dus à l'existence, dans le sérum des animaux préparés ou immunisés, de deux substances douées de résistance inégale à l'influence de la température, et dont l'action combinée confère à ces sérums, soit des propriétés hémolytiques, soit des propriétés bactériolytiques.

Voici, d'après les différents auteurs qui se sont occupés de cette question, les noms donnés à ces deux substances. L'explication des termes mêmes résultera de la description de leurs propriétés, qui sera faite ensuite. La substance résistant à 55-56° porte les noms de *sensibilisatrice* (BORDET); de *fixateur;* d'*anticorps;* d'*ambocepteur* (EHRLICH); de *lysine* (DUCLAUX) (1), (hémolysine ou bactériolysine); d'*immunisine* (DUCLAUX) ou *corps immunisant* (EHRLICH). Celle qui est détruite à cette température est appelée *alexine* (BUCHNER et BORDET); *complément* (EHRLICH); ou encore *cytase* (METCHNIKOFF et BUCHNER). Ainsi donc, la lysine est thermostabile, tandis que l'alexine est thermolabile. Mais il y a bien d'autres différences. La sensibilisatrice est un produit d'immunisation; elle est spécifique des hématies ou des bactéries injectées, c'est-à-dire de l'agent qui a provoqué sa formation dans l'organisme; de plus, elle est capable de se fixer, sans d'ailleurs les altérer, sur les hématies ou les bactéries correspondantes, et seulement sur celles-ci. Au contraire, l'alexine n'est pas spécifique; c'est une substance commune à tous les sérums, neufs ou immunisés. Elle ne peut se fixer directement sur les globules ou les microbes, mais elle a besoin, pour le faire, de l'intermédiaire de la sensibilisatrice. Elle complète ainsi l'action de cette dernière, puisque c'est grâce à la coopération de ces deux substances que l'hémolyse ou la bactériolyse sont possibles.

---

(1) Ce que DUCLAUX désigne sous le nom de *lysine*, correspondrait plutôt à ce qu'on appelle aujourd'hui *alexine.*

Précisons ces faits par un exemple. Soit un lapin préparé par 5 injections successives, à sept jours d'intervalle, de 5 à 8 cc. de globules rouges de mouton, lavés à l'eau physiologique. Le sérum de ce lapin aura la propriété d'hémolyser *in vitro* les globules de mouton. Chauffons ce sérum à 56° : l'alexine est tuée, le sérum a perdu toute action hémolytique ; il peut encore agglutiner les hématies, mais il ne les dissout plus. Cependant ces globules sont capables de fixer l'hémolysine qui a résisté à la chauffe de 56° : ils s'en imprègnent et deviennent ainsi sensibilisés. En effet, si l'on recueille par centrifugation ces globules ; si on les lave, même à plusieurs reprises, avec une solution de NaCl à 8°/_{oo}, et qu'ensuite on les mette en présence d'un sérum quelconque non chauffé, sérum de lapin, de mouton, de cobaye, etc., peu importe, ces globules absorberont à son tour l'alexine de ce sérum, et subiront bientôt l'hémolyse. Quant au sérum de lapin chauffé qui a servi précédemment à sensibiliser les globules de mouton, il a été, si les quantités relatives de chacune des parties ont été bien proportionnées, totalement dépouillé de son fixateur et ne peut plus servir à sensibiliser (de nouveaux globules de mouton, pas plus, du reste, que ceux d'un autre animal.

Procédons maintenant d'une façon différente : mettons des globules de mouton neufs dans un sérum frais, celui de cobaye, par exemple ; ils ne fixeront aucune trace d'alexine et ne s'hémolyseront par conséquent pas. Par contre, si les globules de mouton ont été préalablement sensibilisés et qu'ils soient ajoutés en quantités convenables dans un sérum de cobaye neuf, on constate qu'ils absorberont la totalité de l'alexine contenue dans ce sérum et le rendront, par suite, incapable de compléter une seconde fois la faculté d'hémolyse que possède un nouveau lot de globules de mouton sensibilisés. On dit que les premiers globules ont *dévié le complément* contenu dans le sérum de cobaye. Nous verrons plus loin comment on utilise cette propriété pour le diagnostic de différentes maladies infectieuses. Nous venons de prendre comme exemple un phénomène d'hémolyse. Les faits auraient été identiquement les mêmes si nous avions employé des vibrions cholériques, par exemple, au lieu de globules de mouton, et du sérum de cobaye immunisé au lieu de sérum de lapin. Les vibrions auraient subi la bactériolyse dans les mêmes conditions que précédemment. Comme, de plus, le complément, qui n'est pas spécifique, peut être absorbé aussi bien par une espèce microbienne quelconque sensibilisée que par des globules rouges sensibilisés, on voit qu'on peut combiner les deux phénomènes et, par exemple, dépouiller de son alexine un sérum immunisé, au moyen des bactéries correspondantes, de façon à le rendre inapte à produire l'hémolyse de globules sensibilisés ajoutés ensuite. C'est là tout le principe de la méthode de déviation du complément, dont nous reparlerons plus loin.

Toutefois, il convient de faire ici quelques réserves. Les phénomènes d'hémolyse et de bactériolyse, tels que nous venons de les décrire, ne se passent ainsi, avec toute cette netteté, qu'autant qu'on se place dans les conditions les plus favorables. En fait, le choix des animaux, tels que le lapin, le cobaye, n'a pas été sans raison. On constate en effet que le sérum de beaucoup d'animaux contient, vis-à-vis d'autres espèces animales ou vis-à-vis de certains microbes, des hémolysines ou des bactériolysines naturelles, formées avant toute immunisation. C'est ainsi que le sérum d'anguille est hémolytique pour les globules sanguins de tous les mammifères, que le sérum humain contient des hémolysines pour les globules de mouton ; de même, certains animaux sont réfractaires à certaines infections microbiennes, par suite de la présence naturelle dans leur sang de bactériolysines correspondantes. Par contre, on a observé que le sérum de lapin n'est pas hémolytique à l'égard des globules de mouton, si ce n'est après préparation, et que le sérum de cobaye renferme seulement un minimum d'hémolysines naturelles à l'égard de la plupart des globules sanguins. Le sérum de lapin a, en outre, l'avantage de contenir, après préparation de l'animal, une faible proportion d'agglutinine par rapport à l'hémolysine formée, ce qui facilite les manipulations, notamment la centrifugation des globules sensibilisés. Il est encore une précaution qui a été prise : c'est d'isoler les globules et de n'injecter ceux-ci qu'après lavage et mise en suspension dans de l'eau salée. C'est qu'en effet le sérum contient des albumines, dont l'introduction dans l'organisme y provoquerait, par le même processus de réaction vitale que nous venons de voir jusqu'ici, la formation d'anticorps spéciaux, appelés *précipitines*, précisément à cause de leur propriété de donner dans le sérum correspondant un précipité : or, celui-ci viendrait troubler la netteté des réactions observées. Pour en finir avec ces remarques, disons que la température la plus favorable pour ces manifestations est de 37-38° ; à 0°, le phénomène de l'hémolyse ne se produit plus. Cependant la sensibilisatrice est encore capable de se fixer, à cette température, sur les globules correspondants, si bien qu'on peut, en mettant à 0° des globules dans un sérum préparé et non chauffé, et en centrifugeant après 24 heures, isoler l'anticorps de ce sérum et conserver l'alexine en solution. C'est là un procédé de séparation qui est quelquefois employé dans les laboratoires.

Conception de Bordet. Théorie d'Ehrlich des chaînes latérales. — Sur le mécanisme même de ces actions hémolysantes ou bactériolysantes, deux hypothèses ont été formulées. La première, due à Bordet, assimile les phénomènes précédents à ceux de teinture. Pour lui, l'alexine serait comme une matière colorante qui ne peut se fixer sur l'étoffe à teindre, en l'espèce, le globule rouge ou le microbe, qu'autant que celle-ci a été mordancée par la substance sensibilisatrice. Ce mordant, d'un genre spécial, serait spécifique de l'étoffe à teindre. Au contraire, la matière colorante serait banale et susceptible de teindre différentes étoffes mordancées. L'analogie des phénomènes d'hémolyse ou de bactériolyse et de ceux de teinture se poursuit encore dans cette particularité que les globules sensibilisés sont capables de dépouiller le sérum de la totalité de son alexine, exactement comme une étoffe mordancée épuise le bain de sa matière colorante.

La seconde hypothèse, due à Ehrlich et Morgenroth, est

une extension et une adaptation aux phénomènes d'immunité de la théorie générale d'Ehrlich, connue sous le nom de *théorie des chaînes latérales*. D'après ce savant, la matière vivante est formée d'unités cellulaires, constituées par une sorte de noyau fondamental, possédant une multitude de groupes fonctionnels spécifiques, portés à l'extrémité de chaînes latérales ou récepteurs. Ces récepteurs jouent un rôle actif dans les processus divers de la vie, notamment dans celui de la nutrition, car ils sont chargés d'attirer et de fixer sur la molécule protoplasmique les principes assimilables qui servent à l'entretien et à la reconstitution de cette cellule vivante. Ehrlich leur attribue aussi un rôle très important dans la défense de l'organisme contre les poisons divers et, par suite, dans l'immunisation. Il admet que la molécule de toxine renferme un groupe toxique, la fonction *toxophore*, et un autre groupe, qui est capable de se combiner avec les récepteurs ou fixateurs de la cellule vivante, auquel il donne le nom de groupement *haptophore*. Pour qu'une molécule toxique exerce son action funeste sur une cellule, il est indispensable qu'elle se fixe d'abord par son groupe haptophore sur le récepteur correspondant de cette cellule même : le groupe toxophore, libre, peut alors agir.

Ehrlich admet, en outre, que le nombre de ces groupements fonctionnels est très grand et qu'il est susceptible de croître encore si les conditions vitales sont favorables. Il en résulte que, si, par suite de la pénétration, dans l'organisme, d'une toxine quelconque, la totalité, ou la presque totalité de ces récepteurs ont été saturés par les fonctions haptophores de la toxine, la cellule sera tuée, mais que si le nombre de récepteurs saturés est faible et insuffisant pour compromettre la vitalité de la cellule, celle-ci se défendra en reformant de nouveaux récepteurs, et même elle exagérera la mesure, si bien que ces chaînes latérales, très multipliées, en arriveront à se détacher de la cellule génératrice et à se répandre dans les humeurs, le sang, par exemple. Ces récepteurs libres deviennent alors capables de fixer sur eux-mêmes les toxines introduites dans l'organisme et constituent, de la sorte, de véritables antitoxines. On comprend ainsi comment, par des injections ménagées d'un poison à un animal, on arrive à développer en lui une résistance très grande contre l'action de ce poison et à lui conférer une immunité, transmissible même, dans une certaine mesure, à d'autres animaux.

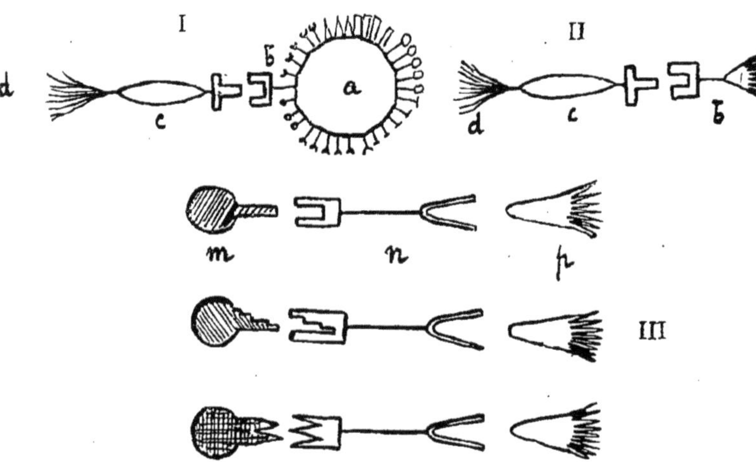

Figure I : la toxine *c* sature l'un des groupes fonctionnels *b* de la cellule *a* ; *d* est le groupe toxophore.

Figure II : le groupe fonctionnel *b* a quitté la cellule *a* et est devenu antitoxine de la toxine *c*.

Figure III : les microbes ou hématies divers sont représentés par *m*, de forme variable. Les sensibilisatrices *n* ont des groupements antigénophiles, capables de s'adapter exactement sur les récepteurs correspondants de *m*. Quant aux groupements complémentophiles, ils sont tous les mêmes. L'action sur *m* de l'alexine *p* n'est possible qu'après réunion de ces trois parties : *m, n, p*.

EHRLICH et MORGENROTH ont adapté ainsi la théorie précédente aux phénomènes d'hémolyse et de bactériolyse. L'ambocepteur, ou anticorps, formé dans l'animal préparé ou immunisé, par suite de la libération de la chaîne latérale correspondant aux hématies ou aux microbes inoculés, a deux groupes fonctionnels : l'un, le groupe haptophore ou antigénophile, est spécifique et de forme telle, qu'il peut s'adapter sur le groupe récepteur du microbe ou du globule sanguin correspondants; l'autre, le groupe complémentophile, est destiné à recevoir l'alexine. Il est de même forme dans tous les ambocepteurs. Quant à l'alexine ou complément, elle est de forme unique, capable de se fixer, par son groupe amboceptophile, sur tous les ambocepteurs. L'autre groupe, en forme de panache ou de torche, est le groupe zymophore, auquel le complément doit son action de ferment digestif vis-à-vis des microbes ou des bactéries. D'après EHRLICH, ces fixations seraient le résultat d'une véritable attraction chimique et se comporteraient comme des combinaisons. L'ambocepteur aurait pour la bactérie ou l'hématie correspondante une grande affinité, qui lui permettrait de s'y combiner, même à la température de 0°, tandis que son groupe complémentophile n'aurait pour l'alexine qu'une affinité beaucoup moindre. Les figures précédentes, avec leurs légendes, montrent comment on peut représenter schématiquement les divers faits qui viennent d'être décrits.

Précipitines et antiprécipitines. — Jusqu'à présent, nous n'avons parlé presque exclusivement que des phénomènes d'hémolyse et de bactériolyse. En réalité, la réaction qu'oppose un organisme à l'introduction d'une substance étrangère quelconque est d'ordre encore plus général. Nous avons déjà eu l'occasion, dans d'autres chapitres, de parler des antidiastases, antiprésure, antipepsine, etc., anticorps qui apparaissent dans le sérum d'un animal auquel on a fait une injection de diastase correspondante, et nous n'y reviendrons pas. Mais il est une autre espèce d'anticorps que nous n'avons fait que signaler dans les pages précédentes et qui mérite ici quelques développements : ce sont les *précipitines*.

C'est KRAUS qui le premier, en 1897, a constaté l'existence de telles substances. Depuis, elles ont été étudiées par BORDET, TCHISTOWITCH, EHRLICH, WASSERMANN, etc., et leur nombre est très grand. Si l'on injecte à un animal une solution d'albumine quelconque, soit du sérum, soit du lait, soit de l'ovalbumine, soit un bouillon de culture filtrée, etc., on constate que le sérum de l'animal inoculé a acquis la propriété de préci-

piter les solutions d'albumine qui ont servi à faire l'injection.
Ces précipitines sont spécifiques : on connaît, par exemple, des
séroprécipitines, des lactoprécipitines, des précipitines antiglo-
bulines, antialbumoses, etc.

Ces substances ont des propriétés très voisines de celles
des diastases coagulantes. Elles s'en distinguent cependant par
leur mode d'action : tandis que les diastases agissent catalyti-
quement, sans que leur masse intervienne finalement dans la
réaction, les précipitines, au contraire, se combinent réellement avec la substance qu'elles précipitent, ainsi que MYERS,
MICHAELIS, EISENBERG et beaucoup d'autres l'ont constaté. En
cela, du reste, elles agissent comme le font les divers produits
de réaction vitale, hémolysines, bactériolysines, etc., que nous
avons étudiés jusqu'ici. Elles se rapprochent encore de ces
derniers corps par leur manière de se comporter vis-à-vis
d'une élévation de température. Quoique cette action soit
moins nette sur les précipitines que sur les lysines précédentes, on a pu constater cependant que le pouvoir précipitant
d'un sérum est dû à l'action combinée de deux substances
de résistance inégale à l'action de la chaleur. D'une façon
générale, les précipitines supportent assez bien une élévation
de température : elles ne se détruisent qu'au delà de 70° environ.
On constate alors qu'une précipitine chauffée à 70°, la lacto-
précipitine, par exemple, non seulement n'a plus le pouvoir de
précipiter la solution d'albumine correspondante, en l'espèce
le lait, mais que, de plus, ajoutée à ce liquide, elle en empêche
la précipitation par un lactosérum précipitant neuf, dont
l'action se trouve ainsi annihilée. On produit de la sorte un
antisérum inactivé, de la même façon qu'en chauffant à une
température convenable une toxine, on obtient un *toxoïde*
ou *toxine atténuée*, substance non toxique, mais capable de
neutraliser *in vitro* l'antitoxine correspondante, ou encore de
faire apparaître cette antitoxine dans le sérum d'un animal où
on l'inocule : nous en verrons la raison dans un instant.

Il y a plus : une précipitine, par exemple le lactosérum de
lapin précipitant le lait de chèvre, est un poison pour un

organisme sensible à son action, par conséquent pour la chèvre elle-même. Il en résulte que cet organisme réagira en élaborant une *antiprécipitine* capable d'empêcher la précipitine d'agir. Cette antiprécipitine s'opposera donc à la précipitation du lait de chèvre par le lactosérum inoculé, et l'on constatera, en outre, qu'additionné *in vitro* au lactosérum correspondant, elle en neutralise les effets.

De la même façon, d'ailleurs, un sérum hémolytique pour une espèce, par exemple le sérum de lapin hémolytique pour les globules de mouton, injecté à cette espèce même, au mouton, par conséquent, provoquera chez cet animal la formation d'un anticorps capable de s'opposer à l'hémolyse de ses globules sous l'influence du sérum primitif. Cette sorte d'anticorps de second ordre est constitué, ainsi que BORDET l'a reconnu, par une *antihémolysine* et une *antialexine* ou *anticytase*, spécifiques des corps actifs correspondants.

Antialexine. — Plus simplement, EHRLICH a constaté que si l'on injecte à un animal un sérum normal d'une autre espèce, préalablement chauffé à 55°, par conséquent privé de son alexine, ce sérum détermine cependant dans l'organisme traité l'apparition d'une *antialexine*. Celle-ci, ajoutée à du sérum normal, saturera l'alexine qui y est contenue et l'empêchera, par suite, de produire l'hémolyse de globules sensibilisés qu'on mettra en sa présence. Ce résultat nous montre que l'action de la chaleur n'a pas été de détruire complètement l'alexine, comme on pourrait le croire, mais seulement, d'après EHRLICH, de la dépouiller de son pouvoir digestif, autrement dit, de son groupement zymophore. C'est exactement ce qui se produit quand on chauffe modérément une toxine : on détruit son groupement toxophore et l'on obtient, ainsi qu'on l'a vu plus haut, un toxoïde non toxique, mais capable cependant de déterminer dans un organisme la formation de l'antitoxine correspondante. Cette propriété est, du reste, la base d'une des méthodes les plus employées pour conférer à un individu une immunité déterminée.

Toxines et venins : leurs anticorps. — En outre de

ces antidiastases, de ces précipitines et antiprécipitines, de ces antihémolysines et antialexines, il existe encore bien d'autres anticorps. C'est ainsi que les toxines microbiennes, telles que la toxine diphtérique, la toxine tétanique, etc., injectées à un animal, provoquent l'apparition, dans le sérum de celui-ci, d'antitoxines spécifiques, ou sérums immunisants, comme il ressort des travaux de ROUX, de BEHRING, de KITASATO et de beaucoup d'autres. De même, l'inoculation de toxines végétales, comme l'abrine ou la ricine, développe également, par réaction vitale, chez les sujets traités, le pouvoir de produire des anticorps spécifiques (WARDEN, EHRLICH, etc.).

Enfin, les venins sécrétés par quelques serpents, batraciens, poissons, etc., sont aussi capables, comme les toxines précédentes, de se transformer en vaccins, par atténuation de leur virulence, sous l'action de la chaleur, par exemple, et de conduire ainsi à l'accoutumance et à l'immunité (CALMETTE, ROUX, PHISALIX et BERTRAND, etc.).

Cytotoxines. — Dans ces derniers exemples nous avons employé, pour faire les inoculations, des substances organiques, d'origine cellulaire, sans doute, mais entièrement dissoutes et dépouillées de toute particule en suspension. La réaction se produirait encore si l'on injectait directement des éléments cellulaires. Nous avons déjà vu comment un organisme réagissait à l'introduction d'hématies d'une autre espèce que la sienne, ou de microbes divers. Il sécrète aussitôt des *agglutinines*, sortes de diastases coagulantes plus ou moins spécifiques, puis des lysines qui digèrent et dissolvent progressivement le corps étranger introduit. Pareil phénomène s'observerait si l'on soumettait un animal à des injections répétées de globules blancs, de spermatozoïdes, de cellules nerveuses, de cellules hépatiques, etc. : le sérum de cet animal ainsi préparé acquerrait la propriété d'agglutiner d'abord, puis de dissoudre rapidement ces diverses cellules, et serait ainsi leucotoxique, spermotoxique, neuro ou hépatotoxique, etc.

METCHNIKOFF a donné le nom de *cytotoxines* aux principes actifs contenus dans ces sérums. Ils ont été étudiés par ce

savant, ainsi que par Bordet, Landsteiner, Moxter, etc. Ces
différents auteurs ont reconnu que ces sérums cytotoxiques
sont constitués par des *cytoagglutinines* et des *cytolysines*
spécifiques, ces dernières ayant besoin, pour agir, du concours
de l'alexine, commune à tous les sérums neufs ou préparés,
exactement comme elle était nécessaire précédemment pour
l'action de l'hémolysine ou de la bactériolysine. Metchnikoff
a constaté, de plus, qu'on peut préparer des anticorps de ces
substances, une *antileucotoxine*, par exemple, en injectant,
à petites doses répétées, une leucotoxine à un animal; le
sérum de celui-ci acquiert la propriété de neutraliser l'action
de la leucotoxine inoculée.

Avant de conclure, réunissons dans un tableau les différents faits acquis :

Substances injectées	Substances antagonistes élaborées
Diastases (émulsine, présure, pepsine, etc.)	Antidiastases
Toxines	Antitoxines
Venins	Antivenins
Ovalbumine, sérum, lait, etc.	Précipitines
Précipitines	Antiprécipitines
Agglutinines	Antiagglutinines
Sérum chauffé à 55°	Antialexine
Hémolysine	Antihémolysine
Cytotoxine	Anticytotoxine
Hématies	Hémolysines
Bactéries	Bactériolysines
Leucocytes, spermatozoïdes, cellules nerveu- ses, etc.	Cytolysines

En définitive, le mode de formation de ces corps dans
l'organisme est général et très simple : chaque fois qu'on
introduit dans un être vivant une substance étrangère, toxique
pour lui, sous forme, soit de solution, soit d'éléments
figurés, il réagit immédiatement en sécrétant une substance
antagoniste ayant pour effet d'agglutiner et de dissoudre les
parties insolubles, de précipiter ou de neutraliser les poisons
solubles. Tous ces anticorps ont besoin, pour agir, d'un complément qui existe dans tous les sérums non chauffés. Par opposition au terme d'anticorps, on a donné le nom d'*antigène* aux

substances immunogènes, capables de provoquer dans un organisme traité la formation des anticorps.

Quelle est maintenant la nature de ces trois facteurs de l'immunité ? On n'en sait rien. Tout ce qu'on peut faire remarquer, c'est que, d'une part, l'alexine ou cytase semble provenir des cellules, et en particulier des leucocytes, dont on connaît le rôle si important dans la phagocytose, et que, d'autre part, tous les antigènes, malgré leur grande diversité, ont une certaine parenté avec les albuminoïdes. C'est ainsi que les toxines végétales et les venins, à constitution protéique, sont encore capables de produire des anticorps, tandis que les alcaloïdes, également toxiques pour les cellules, mais de nature chimique tout autre, n'en produisent pas. Quant à la formation même de ces anticorps ou sensibilisateurs, on peut dire qu'elle obéit vraisemblablement à une loi très générale. Non seulement dans le monde minéral on voit un cristal brisé réparer les facettes enlevées et même s'accroître davantage, si on le plonge dans son eau mère, mais encore, dans le monde animal, on constate qu'une destruction ou une suppression d'un certain nombre de cellules d'un organisme détermine aussitôt, par réaction vitale, un développement exagéré de celles qui restent ; il y a une surproduction telle que la plaie est refermée bientôt avec bourrelet cicatriciel, et que, dans le cas de certains batraciens, par exemple, l'amputation d'un membre détermine l'apparition consécutive de deux ou de plusieurs autres. C'est en vertu de cet accroissement de l'activité vitale, observation développée par WEIGERT sous le nom de théorie de la surproduction, que les chaînes latérales d'EHRLICH, saturées partiellement par une substance toxique étrangère, peuvent se reformer et se multiplier d'autant plus — jusqu'à une limite, évidemment — que les attaques contre la cellule ont été plus répétées.

Rapport entre les phénomènes de réaction vitale et ceux de digestion. — Il semble possible de réunir dans une même conception tous ces faits, d'apparence très complexe, mais en réalité régis par un mode unique de défense vitale.

L'organisme, soumis à une atteinte, combat la substance étrangère introduite, bactérie ou toxine, en la dissolvant, en la digérant. Tout n'est que phénomène de digestion. N'est susceptible d'être digérée que la matière albuminoïde, forme que revêt tout antigène connu. Or, cette diastase protéolytique, à laquelle échoit cette fonction de dissoudre l'antigène, est l'alexine, enzyme qui existe dans tout sérum naturel ou préparé. Mais celle-ci a besoin, pour agir, d'un fixateur, qui est d'ailleurs spécifique de l'antigène considéré. La préparation ou l'immunisation consistera précisément à faire naître dans l'organisme traité cette substance sensibilisatrice, capable de rendre active l'alexine déjà présente. A proprement parler, la substance réellement agissante serait l'alexine; la sensibilisatrice de BORDET serait plutôt le complément.

En fait, cette nécessité d'un second produit, pour permettre à l'action protéolytique de se manifester, n'a rien qui doive nous surprendre, car elle n'est pas nouvelle pour nous. Nous la retrouvons dans l'influence qu'exercent les sels de chaux sur les différentes coagulations diastasiques, notamment sur celle de la caséine par la présure, ou encore dans le rôle indispensable que joue la présence des acides dans l'action de la pepsine ou d'autres enzymes. Il est vrai que ces substances complémentaires n'ont rien de spécifique et que, de plus, elles résistent à l'action de la chaleur. Mais voici une autre diastase, la trypsine, qui, à l'état pur, comme l'a montré DELEZENNE, est sans action sur les matières albuminoïdes. Elle les digère, au contraire, si celles-ci sont imprégnées d'une seconde diastase, complémentaire de la première, l'entérokinase de PAWLOW. Cette substance active sensibilise les matières protéiques et permet ainsi à la trypsine de se fixer, c'est-à-dire au phénomène de la protéolyse de s'exercer.

Quelques autres substances de même nature : isolysines, isoprécipitines, etc. Anaphylaxie. — Bien que les résultats définitivement acquis, dans ce domaine des réactions vitales, soient déjà très nombreux et puissent se coordonner dans une théorie suffisamment assise, il est encore bien des faits à contrôler d'abord et à expliquer ensuite, bien des questions à élucider. Nous ne ferons ici qu'en signaler quelques-unes.

Dans tout ce qui précède, nous avons dit que l'alexine était banale, commune à tous les sérums. Le plus généralement, elle se comporte comme telle, mais il est des cas où elle paraît cependant jouir d'une spécificité relative, si bien que certains auteurs sont nettement partisans de la pluralité des cytases. D'ailleurs, on sait que les anticytases sont spécifiques du sérum de l'animal ayant servi à faire la préparation. Les alexines jouiraient donc d'une sorte de spécificité atténuée, analogue à celle que nous avons signalée précédemment chez le fibrinferment.

Il est encore une autre série de réactions vitales sur lesquelles nous n'avons rien dit. Chaque fois que nous avons voulu préparer un anticorps, nous nous sommes adressés à un organisme d'espèce différente de celle qui fournit la substance immunogène. Or, on a constaté, dans quelques cas tout à fait spéciaux, que non seulement la même espèce pouvait réagir, mais encore le même individu. C'est ainsi que des hématies de chèvre *A*, injectées à une chèvre *B*, déterminent dans le sérum de *B* des *isolysines* capables de dissoudre les hématies de la chèvre *A* et d'un certain nombre d'autres chèvres, mais non de *toutes les chèvres*. A ces isolysines correspondent d'ailleurs des *antiisolysines*, spécifiques des isolysines considérées. Il existe donc une différence entre les cellules identiquement situées dans une même espèce, celles de l'individu *A* étant biologiquement différentes de celles de l'individu *B*. De même, on connaît des *isoprécipitines*, obtenues en injectant, par exemple, à un lapin *A*, du sérum d'un autre lapin *B* : le sérum de *B* devient précipitant pour celui de *A* et pour ceux d'un certain nombre d'autres lapins. Mais il y a plus : on connaît des autoanticorps, par exemple des *autolysines*, substances qui confèrent au sérum des propriétés dissolvantes pour les hématies de l'organisme même qui les produit. De même l'existence des *autoprécipitines* a été avancée par certains auteurs.

Pour finir, il nous reste à parler d'une question très à l'ordre du jour : l'*anaphylaxie*. Ce phénomène, découvert en 1902 par CH. RICHET et étudié successivement par ARTHUS, PIRQUET et SCHICK, TH. SMITH, BESREDKA, etc., est caractérisé par la propriété curieuse que possèdent certains poisons, d'augmenter, au lieu de diminuer, la sensibilité de l'organisme à leur action. On constate, en effet, quand on entreprend, à la façon habituelle, la préparation d'animaux par injections répétées de globules, de bactéries ou de toxines, que la plupart des organismes traités s'y accoutument bientôt, puis s'immunisent, mais que, au contraire, quelques-uns manifestent une hypersensibilité telle, qu'ils sont rapidement tués par le poison, même à des doses bien inférieures à celle qui est mortelle pour des animaux neufs. En fait, il semblerait que la substance toxique injectée ait provoqué, chez tous les individus, de l'anaphylaxie, mais que celle-ci ait disparu plus rapidement chez les uns que chez les autres. Là où elle persistait encore, les injections ultérieures ont déterminé la mort, au lieu de l'immunité. Il résulte des divers travaux publiés sur la question, que l'anaphylaxie serait due à des anticorps spéciaux (substance toxogénique de RICHET ou sensibilisine de BESREDKA), auxquels correspondraient des substances anti-anaphylactiques. Ajoutons que, d'après RICHET, l'anaphylaxie est la première étape de la prophylaxie ; elle hâte la réaction de l'organisme contre les poisons microbiens et provoque ainsi plus rapidement la formation des antitoxines, d'ou résultera l'immunité.

APPLICATIONS.

1° Application des précipitines. — Bien qu'un certain nombre des méthodes basées sur l'emploi des précipitines, méthodes qui ont été proposées pour la caractérisation des différents albuminoïdes, soient incertaines ou erronées, il en est quelques-unes de très rigoureuses et qui rendent le plus grand service. Parmi ces dernières, citons celle de WASSERMANN ayant en vue la caractérisation du sang. S'il s'agit, par exemple, de déterminer si des taches suspectes sont réellement dues à du sang humain, on verra comment se comporte la solution d'eau salée, dans laquelle on a fait baigner la tache incriminée, à l'égard d'un sérum précipitant le sang humain. Si la réaction est positive, avant de conclure, on se rappellera que d'autres matériaux albuminoïdes humains, comme le lait, le pus, la salive, les urines albumineuses, etc., peuvent aussi donner un précipité, dans ces conditions. Cette réaction est caractéristique de l'homme, à l'exception des singes anthropoïdes, dont le sang réagit aussi comme celui de l'homme.

Des procédés analogues ont été proposés pour la caractérisation des viandes de boucherie (Jess et Uhlenhuth), pour l'identification des ossements, pour la détermination de l'origine d'albumines commerciales en vue de recherches de fraudes, etc.

2° **Application des agglutinines.** — Nous avons déjà vu qu'en injectant à un animal des hématies ou des microbes, on développait chez lui, en outre de l'hémo- ou de la bactériolysine, une agglutinine, substance à laquelle est dévolu le rôle d'agglutiner les éléments cellulaires étrangers, que les lysines dissoudront ensuite. La question de savoir si ces agglutinines sont complètement spécifiques est controversée; cependant il est des cas, pour le bacille d'Eberth, par exemple, où cette spécificité est réelle. Le phénomène d'agglutination a été utilisé pour la diagnose d'un certain nombre de maladies infectieuses. Widal, en particulier, a basé sur lui sa méthode du *séro-diagnostic de la fièvre typhoïde,* qui rend de si précieux services. Cet auteur a reconnu, en effet, que ce phénomène d'agglutination était relativement précoce au cours de cette maladie, qu'il se montrait dès le commencement de l'infection et qu'il permettait ainsi de diagnostiquer la nature du mal tout à fait à son début. Ces résultats ont été étendus ensuite à d'autres microbes pathogènes, notamment au bacille de la tuberculose, par Arloing et Courmont.

3° **Déviation du complément : méthode de Bordet et Gengou.** — Rappelons en deux mots le principe de cette méthode : Soit, d'une part, une culture d'un certain microbe virulent M, et, d'autre part, un sérum S d'un animal immunisé contre cet agent pathogène. Introduisons la première dans le second, préalablement chauffé à 56°. Les microbes vont se trouver sensibilisés, de telle sorte qu'en les plaçant ensuite dans un sérum de cobaye neuf, ils absorberont toute l'alexine qui y était contenue. Prenons, d'autre part, des hématies sensibilisées, par exemple des globules de mouton préalablement immergés dans un sérum de lapin préparé, chauffé à 56°. Introduisons-les dans le sérum de cobaye que nous avons précédemment dépouillé de son complément. Les globules, ne pouvant plus fixer l'alexine absente, ne s'hémolyseront pas. On dit que la réaction sera positive, car les microbes M ont effectivement dévié le complément du sérum de cobaye. Si, au contraire, les microbes M et le sérum immunisant S n'avaient pas correspondu au même agent pathogène, soit donc M et S', par exemple, les microbes, ne pouvant se sensibiliser dans le sérum chauffé S', n'auraient pu dévier le complément du sérum de cobaye, et l'hémolyse des globules rouges serait devenue possible. La réaction sera dite alors négative. Cette méthode, due à Bordet et Gengou, peut servir, soit à déterminer la nature de certains anticorps contenus dans un sérum, autrement dit, à diagnostiquer la maladie infectieuse qui les produit, soit à caractériser l'espèce de certains antigènes, suivant que l'on est en possession de l'une ou de l'autre des données du problème : nous en donnerons des exemples dans un instant.

L'avantage de cette méthode est d'être très simple, puisqu'elle permet, par un simple examen de tubes, sans le secours du microscope, de voir si l'hémolyse se fait ou ne se fait pas, par suite, de dire s'il n'y a pas eu ou s'il y a eu déviation. Mais une certaine technique est évidemment nécessaire pour éviter les erreurs d'interprétation et permettre à cette méthode de donner tous les résultats qu'on en peut attendre. En particulier, il est indispensable de doser préalablement l'activité des divers éléments de la réaction pour savoir dans quelles proportions on doit les employer. Il est clair, en effet, que si la quantité d'antigène sensibilisé est trop faible relativement à celle de sérum de cobaye utilisée, toute l'alexine ne sera pas absorbée, la déviation ne sera pas complète et l'on pourra ensuite avoir une hémolyse partielle des globules rouges, ce qui faussera la conclusion. D'autre part, il ne faudra pas mettre trop d'antigène, car celui-ci, même sans le secours de sa sensibilisatrice, est capable d'absorber un peu d'alexine et, par suite, de dévier légèrement le complément.

En pratique, voici comment on procède : on commence par titrer :

1) Les éléments du système hémolytique, constitué habituellement par des hématies de mouton et du sérum de lapin préparé, chauffé à 56°, soit donc (globules + sensibilisatrice). La proportion de ces deux facteurs doit être telle que, par adjonction du complément nécessaire, l'hémolyse se fera en une demi-heure à 37° ;

2) L'activité du pouvoir alexique d'un sérum de cobaye (globules sensibilisés + alexine de cobaye) ;

3) Le pouvoir d'absorption ou pouvoir de déviation spontanée de l'antigène non sensibilisé (antigène + alexine de cobaye).

Toutes ces réactions se font dans des petits tubes, à 37°, en diluant, s'il y a lieu, les liquides avec une solution physiologique de NaCl et en amenant toujours le volume à 2 cc.

On fait alors le mélange suivant, dans les proportions déterminées par les essais préalables :

a) Antigène spécifique + sérum à étudier (chauffé préalablement une demi-heure à 55-56°) + sérum de cobaye, neuf et frais, riche en alexine. Le tout est abandonné pendant 1 heure à 37°. On a préparé en même temps une série de témoins.

b) On ajoute ensuite dans les différents tubes le système hémolytique suivant, constitué par des globules de mouton en suspension dans un sérum de lapin hémolytique pour ces globules, mais préalablement chauffé à 56°. Le tout est remis à l'étuve une demi-heure, ainsi que les témoins, et on surveille le moment où apparaît l'hémolyse. Si au bout d'une demi-heure les mélanges sont restés intacts dans les premiers tubes, alors que les témoins sont déjà complètement hémolysés, on dit qu'il y a réaction positive.

Voici, d'après P.-F. ARMAND-DELILLE (*Techniques du diagnostic par la méthode de déviation du complément,* Paris, 1911; p. 99), la disposition type d'une expérience de déviation du complément, avec les témoins nécessaires. Dans cette expérience on emploie comme antigène une culture de vibrion cholérique, appartenant à une race dépourvue de propriétés hémolytiques; comme anticorps, un sérum anticholérique, tel que celui que prépare SALIMBENI à l'Institut PASTEUR; comme alexine, du sérum de cobaye, recueilli la veille, et, dans ce cas, dilué au quart dans l'eau physiologique, ou pur, s'il date de plus de huit jours (conservé alors dans une glacière); enfin, comme système hémolytique, des globules de mouton lavés à trois reprises avec de l'eau salée, ramenés au volume du sang primitif, puis dilués à 5 % dans de l'eau physiologique, et du sérum de lapin préparé par des injections intrapéritonéales de globules de mouton. (*Voir tableaux pp.* 502 et 503.)

Le tableau n° I nous ayant démontré que le sérum anticholérique déviait le complément en présence du vibrion cholérique employé comme antigène, on s'est proposé, dans le tableau n° II, de titrer la richesse en anticorps, c'est-à-dire le pouvoir de fixation ou de déviation du sérum anticholérique. Pour cela, on a mis en contact la quantité d'antigène nécessaire et suffisante (dans l'expérience actuelle 0.2 cc. d'émulsion de vibrions) avec des quantités variables de sérum anticholérique, en faisant, à côté, une série de contrôle avec du sérum normal (de la même espèce) chauffé. On voit d'après le tableau n° II que la déviation est déjà très intense avec 0.1 cc. de sérum, mais qu'elle n'est absolue qu'avec 0.2 cc. Par contre, le sérum normal n'est pas déviant, ou du moins il ne commence à montrer un pouvoir de déviation, d'ailleurs très léger, que s'il est en quantité beaucoup plus abondante, par exemple 0.4 à 0.5 centimètre cube.

Enfin, il restait à démontrer la spécificité de la réaction, à prouver que seul le sérum anticholérique dévie le complément en présence de l'antigène correspondant, que cet antigène n'absorbe pas l'alexine si on ne lui fournit pas d'ambocepteur, enfin que le sérum anticholérique ne fixe pas l'alexine en présence d'un autre antigène. Le tableau de contrôle n° III nous montre précisément que, tandis que le sérum anticholérique dévie le complément en présence de la quantité nécessaire de vibrion cholérique, il reste sans effet si l'on emploie un autre antigène, tel que le bacille d'EBERTH (pris à une dose qui, en présence de 0.2 cc. de sérum antityphique, dévie le complément). Il nous fait voir en outre qu'un autre sérum spécifique, le sérum antityphique, ne dévie pas le complément en présence de la même dose de vibrions, alors que la déviation du complément se fait bien en présence de l'antigène correspondant (émulsion de bacilles d'EBERTH).

I. — ÉTUDE DE LA DÉVIATION DU COMPLÉMENT PAR LE VIBRION CHOLÉRIQUE.

ESSAIS		I				II		Résultats après une demi-heure à 37-38°.
		Emulsion de vibrions	Sérum anti-cholérique chauffé à 55°	Alexine-Sérum de cobaye neuf dilué au 1/4	Eau physiologique	Globules de mouton dilués à 5 o/o	Sérum hémolytique de lapin chauffé à 55°	
		cc.	cc.	cc.	cc.	cc.	cc.	
Tube a		0.1	0.2	0.1	0.5	1	0 1	Hémolyse légère
» b		0.2	0.2	0.1	0.4	1	0.1	» nulle
» c		0.3	0.2	0.1	0.3	1	0.1	» nulle
Témoins sans sérum anticholériqᵉ	Tube a'	0.1	0	0.1	0.7	1	0.1	Hémolyse totale
	» b'	0.2	0	0.1	0.6	1	0.1	» totale
	» c'	0.3	0	0.1	0.5	1	0.1	» presque totale
Témoin, sérum seul		0	0.2	0.1	0.7	1	0.1	Hémolyse totale
Témoin, système hémolytique		0	0	0.1	0.8	1	0.1	» totale

II. — TITRAGE DE LA RICHESSE EN ANTICORPS DU SÉRUM ANTICHOLÉRIQUE.

ESSAIS	Emulsion de vibrions	Sérum anticholérique chauffé	Alexine	Eau physiologique	Globules	Sérum hémolytique chauffé	Résultats après 1/2 heure à 37°
	cc.	cc.	cc.	cc.	cc.	cc.	
Type	0.2	0.1	0.1	0.5	1	0.1	Hémolyse presque nulle
	0.2	0.2	0.1	0.4	1	0.1	» nulle (déviat. complète)
»	0.2	0.3	0.1	0.3	1	0.1	Hémolyse nulle
»	0.2	0.4	0.1	0.2	1	0.1	» »
»	0.2	0.5	0.1	0.1	1	0.1	» »
		Sérum normal chauffé					
Témoin	0.2	0.1	0.1	0.6	1	0.1	Hémolyse totale
»	0.2	0.2	0.1	0.5	1	0.1	» »
»	0.2	0.3	0.1	0.4	1	0.1	» »
»	0.2	0.4	0.1	0.3	1	0.1	» incomplète
»	0.2	0.5	0.1	0.2	1	0.1	» partielle

III. — CONTRÔLES (EXPÉRIENCE TYPE ÉTABLIE SUR LES DONNÉES PRÉCÉDENTES ET TÉMOINS).

ESSAIS	Vibrions	Sérum anticholérique chauffé	Alexine	Eau physiologique	Globules	Sérum hémolytique chauffé	Résultats après 1/2 h. à 37°
	cc.	cc.	cc.	cc.	cc.	cc.	
Expérience-type .	0.2	0.2	0.1	0.4	1	0.1	Pas d'hémolyse.
	Bacille Eberth	Sérum anticholér. chauffé					
Témoin	0.2	0.2	0.1	0.4	1	0.1	Hémolyse totale.
	Vibrions	Sérum antityphique chauffé					
Témoin	0.2	0.2	0.1	0.5	1	0.1	Hémolyse totale

La méthode de Bordet et Gengou a été appliquée au diagnostic d'un certain nombre de maladies et de la spécificité de quelques races microbiennes. C'est ainsi que Widal et Lesourd l'ont appliquée à l'étude de l'infection éberthienne, notamment pour diagnostiquer la fièvre typhoïde et établir une distinction entre le typhique vrai et un paratyphique; Cohen, de Bruxelles, l'a utilisée pour le diagnostic de la méningite cérébro-spinale; Dopter s'en est servi dans l'étude de la dysenterie; Bordet l'a employée pour vérifier la spécificité du microbe de la coqueluche, etc. Enfin Wassermann a utilisé cette méthode au diagnostic de la syphilis. Cette application étant celle qui a eu le plus d'extension et le plus d'emploi dans la pratique, nous en dirons quelques mots pour finir ce chapitre.

Remarquons tout d'abord que dans tous ces procédés de déviation, on peut substituer, comme antigènes, aux corps bactériens, des extraits de ces substances ou des toxines. C'est ainsi que la tuberculine permet de rechercher les anticorps contenus dans le sérum de sujets tuberculeux. De même pour la syphilis, on pourra se servir, comme antigènes, d'extraits d'organes syphilitiques, qui, en présence des anticorps contenus dans le sérum des individus infectés, produiront la déviation. Il y a eu, depuis la publication du travail de Wassermann, de nombreuses modifications apportées à la méthode primitive. Nous n'en parlerons pas; voici la réaction de Wassermann, d'après le procédé usuel. On emploie, comme antigène syphilitique (produit dérivé du *Treponema pallidum*), de préférence une solution alcoolique de foie de fœtus ou de nouveau-né hérédo-syphilitique. On s'assure tout d'abord qu'elle n'empêche pas l'hémolyse, même à des doses supérieures (doses doubles) de celles qui sont requises pour la réaction, et que, de plus, elle dévie le complément en présence d'un sérum sûrement syphilitique aux doses voulues. Puis on titre le pouvoir absorbant de l'antigène seul vis-à-vis de l'alexine. Quant au sérum, il sera obtenu par coagulation du sang du malade à examiner. Ce sang devra être prélevé aseptiquement, soit par ponction directe de la veine, au pli du

Type de réaction de Wassermann.

Origine du sérum	Antigène alcoolique dilué au 1/10	Sérum à examiner	Alexine au 1/4	Eau physiol.	Globules à 5 %	Sérum hémolyt.	Résultats après 1/2 h. à 37°	Conclusions
	cc.	cc.	cc.	cc.	cc.	cc.		
Syphilis de 4 mois, roséole, plaques muqueuses.	0.1 0	0.2 0.2	0.1 0.1	0.5 0.6	1 1	0.1 0.1	Hém. nulle » totale	Réact. + + +
Syphilis de 2 mois, plaques muqueuses.	0.1 0	0.2 0.2	0.1 0.1	0.5 0.6	1 1	0.1 0.1	Hém. nulle » totale	Réact. + + +
Syphilis de 1 an traitée au Hg, pas d'accidents.	0.1 0	0.2 0.2	0.1 0.1	0.5 0.6	1 1	0.1 0.1	Hém. totale » totale	Réact. —
Syphilis de 10 ans, inégalité pupillaire, réflexes tendineux normaux.	0.1 0	0.2 0.2	0.1 0.1	0.5 0.6	1 1	0.1 0.1	Hém. totale » totale	Réact. —
TÉMOINS								
Sérum syphilitique témoin.	0.1 0	0.2 0.2	0.1 0.1	0.5 0.6	1 1	0.1 0.1	Hém. nulle » totale	Réact. + + +
Sérum normal témoin.	0.1 0	0.2 0.2	0.1 0.1	0.5 0.6	1 1	0.1 0.1	» totale » totale	Réact. —
Antigène seul.	0.1	0	0.1	0.5	1	0.1	» totale	Ne dévie pas.
Système hémolytique.	0	0	0.1	0.8	1	0.1	» totale	Bonne hé
Alexine seule.	0	0	0.1	0.8	1	0	» nulle	Alexine pure.
Globules seuls.	0	0	0	1	1	0	» nulle	Globules sains.

coude, par exemple, soit au moyen de ventouses scarifiées. La quantité de sang recueilli doit être de 8 à 10 cc. La coagulation se fera à l'obscurité, mais non dans la glacière. Lorsque le caillot s'est bien rétracté, au bout de 24 heures environ, on décante le sérum avec une pipette stérile, on le répartit dans des tubes et l'on chauffe ceux-ci 30 minutes à 55-56°. Après cela, on pourra étudier immédiatement ce sérum ou le conserver quelques jours à la glacière. Si les tubes étaient bien stériles, on pourra les conserver ainsi pendant des mois ou des années sans qu'ils perdent leurs anticorps. Enfin, en ce qui concerne l'alexine et le système hémolytique, ceux-ci sont les mêmes que dans la méthode générale.

L'expérience est alors disposée, avec les témoins et contrôles nécessaires, comme nous l'avons vu précédemment avec le vibrion cholérique, dans les tableaux I et II. Le tableau de la page 505 rapporte le résultat de l'examen du sérum de plusieurs malades de l'hôpital Broca, à Paris.

BIBLIOGRAPHIE SUR LES ANTICORPS.

Büchner. *Centralbl. f. Bact.*, 1889 et 1890. *Arch. f. Hygiene*, 1890 et 1893. *Münch. med. Woch.*, 1891 et 1894.

Metchnikoff. *Ann. Inst. Past.*, 1894, 1895, 1900.

Ehrlich. *Bedurfniss des Organismus*, Berlin, 1885. *Klinisch. Jahrbuch*, 1897.

Ehrlich et Morgenroth. *Berl. Klin. Woch.*, 1899.

Pfeiffer. *Zeits. f. Hyg.*, 1894. *Deuts. med. Woch.*, 1894.

Bordet. *Ann. Inst. Past.*, 1895, 1898, 1899, 1900, 1901. *Journ. de Méd. Bruxelles*, 1906. *Berl. klin. Woch.*, 1907. *Zeits. f. Imm.*, 1909.

Bordet et Gengou. *Ann. Inst. Past.*, 1901, 1906.

Sachs. *Deuts. med. Woch.*, 1905.

Wassermann. *Congrès méd. int. de 1900*, Paris. *Berl. klin. Med.*, 1907. *Wien klin. Med.*, 1908.

Kraus. *Gesellsch. der Aerzte in Wien*, 1897. *Wien klin. Woch.*, 1897.

Roux. *Ann. Inst. Past.*, 1888-1889.

Warden et Wadell. *Non bacillar nature of Abrus poison*, Calcutta, 1884.

Calmettes. *Ann. Inst. Past.*, 1894-1895.

Phisalix et Bertrand. *Soc. Biol.*, 1894.

Widal. *Arch. intern. de Ph. et Thér.*, (6).

Widal et Lesourd. *Soc. méd. des hôpitaux*, 1901.

Armand Delille. *Antigènes, Anticorps, Déviation du complément*, Paris, 1911.

Pozzi-Escot. *Les Actualités chimiques*, nᵒˢ 3, 4, 7, Paris, 1906-1907.

Cohen. *Presse médicale*, 1909.

Dopter. *Ann. Inst. Past.*, 1905.

QUATRIÈME PARTIE.

Érepsines.

CHAPITRE PREMIER

ÉREPSINE INTESTINALE.

§ 1.

Préparation et propriétés de l'érepsine.

Salvioli constata, en 1880, que la muqueuse intestinale exerce une action très profonde sur la peptone et que celle-ci disparaît rapidement de la solution. Ce fait fut confirmé ensuite par Hofmeister et par d'autres observateurs, et on l'envisagea longtemps comme une réaction de synthèse : on admettait alors que la peptone, en contact avec la paroi de l'intestin, se reconstitue en albumine. En 1899, Cappareli attribua cette transformation à une action diastasique, et Conheim, en 1901, établit que cette disparition de la peptone résulte non pas d'une condensation, mais d'un travail de démolition, qui est produit par un enzyme spécial, auquel il donna le nom d'*érepsine*. Les produits finaux de la digestion de la peptone sont des corps abiurétiques, correspondant, par suite, à une hydrolyse très profonde, et sont formés surtout par des acides aminés.

Présence. — L'érepsine est très répandue, dans le règne animal aussi bien que végétal, et on peut l'en retirer facilement. Elle se trouve dans le suc intestinal, mais c'est surtout dans les extraits obtenus par macération de muqueuse de l'intestin que sa proportion est abondante. Sa présence a été constatée aussi dans le pancréas, le rein, la rate, le foie, le sang, le muscle, le cerveau, etc. Conheim a démontré que différents organes

dépourvus de sang se montrent très riches en érepsine, et il a
été ainsi amené à dresser en quelque sorte la topographie de la
répartition de cet enzyme. Il a trouvé en particulier que :

3.7 gr. de rein	transforment en 20 heures :		0.5 gr. de peptone		
4.8 » de poumon	—	58	—	—	
10.8 » de muscle	—	68	—	—	

Il y a donc dans le muscle environ 10 fois et dans le
poumon 3.7 fois moins d'érepsine que dans le rein. Dans
l'intestin grêle même, l'érepsine n'est pas uniformément
répartie. C'est surtout dans le jéjunum qu'elle est abondante ;
on en trouve très peu dans le duodénum. On a aussi constaté
la présence d'érepsine dans différentes graines, ainsi que dans
la farine de froment. On en a trouvé dans les feuilles de
Brassica oleracca et dans plusieurs champignons, notamment le *glamerella ruformaculans* et le *sphoeropsis molorum*.

Au reste, pour déceler la présence de cet enzyme dans
les organes, on met à profit la propriété qu'elle possède de se
fixer très facilement sur la fibrine, et surtout sur l'élastine :
c'est cette dernière substance qu'on emploie de préférence
dans ces sortes de recherches.

Préparation et propriétés. — Le moyen le plus employé
pour se procurer l'érepsine consiste à partir d'un intestin
grêle de chien sacrifié en pleine digestion. Après avoir lavé
l'intestin, on racle la muqueuse, on broye avec du sable le
produit obtenu, et l'on met à macérer quelque temps le
magma dans de l'eau physiologique additionnée de toluol ;
2 parties de liquide de macération sont alors additionnées de
3 parties d'une solution de sulfate d'ammoniaque saturée. On
laisse déposer le précipité et l'on filtre : le coagulum est
ensuite délayé dans l'eau et débarrassé du sulfate d'ammoniaque par dialyse. On obtient finalement, après filtration, une
solution du ferment ne renfermant qu'un peu d'albuminoïdes.

BLOOD a réussi à préparer l'érepsine au moyen du *Brassica
oleracca*. Les feuilles étoilées sont réduites en pâte et pressées.
Le suc, additionné de toluol, est dialysé contre de l'eau, puis

précipité par le sulfate d'ammoniaque. Le coagulum est recueilli après 24 heures, dissous dans l'eau, puis dialysé à nouveau jusqu'à disparition de tout le sulfate. Il reste un liquide neutre au tournesol et très riche en érepsine.

La muqueuse de l'intestin grêle desséchée peut aussi servir comme source d'érepsine. Le tissu est déshydraté par l'alcool et on le dessèche finalement sur de l'acide sulfurique. Le produit obtenu supporte la température de 100° pendant plus d'une heure sans s'altérer et se montre très actif.

L'érepsine n'agit pas sur les matières albuminoïdes naturelles, telles que l'albumine, la fibrine, l'édestine, mais elle se montre active sur les albumoses et les peptones. Elle décompose facilement les deutéro et les proto-albumoses, mais les hétéro-albumoses sont déjà beaucoup plus résistants. Cette diastase transforme également la caséine et l'histone du thymus. L'érepsine donne son maximum d'effet en réaction neutre ou très faiblement alcaline : elle se montre, en effet, beaucoup plus sensible à l'alcalinité que la trypsine. En outre, la réaction acide lui est tout à fait contraire : déjà, dans un liquide neutre au méthylorange, elle reste inactive. Sa température optima est de 28 à 30°. Chauffée à 63°, elle est rapidement détruite.

Individualité de l'érepsine. — On a beaucoup discuté pour savoir si l'érepsine était réellement une diastase bien caractérisée et on l'a confondue longtemps avec la trypsine. En réalité, la trypsine ainsi que la pancréatine contiennent toujours de faibles quantités d'érepsine. On a aussi admis que l'érepsine se trouvait à l'état de proenzyme et que c'était le pancréas qui la rendait active. Cette façon de voir a été réfutée par Conheim, qui a montré qu'un chien, qui a survécu 7 jours à l'extirpation du pancréas, fournit cependant un extrait de muqueuse intestinale agissant encore très fortement sur la peptone, quoique inactif sur l'albumine et la fibrine.

L'individualité de l'érepsine est, à l'heure actuelle, surtout démontrée par le travail chimique qu'elle produit, travail qui diffère essentiellement de celui de la trypsine. Nous reviendrons d'ailleurs dans un instant sur ce point très important, en étudiant la dégradation protéolytique sous l'influence de divers enzymes. Glässner et Stauber ont mis en évidence la différence qui existe entre la trypsine et l'érepsine en se servant du sérum sanguin comme réactif. On a vu, dans un chapitre précédent, que le sérum contient une antitrypsine capable de neutraliser l'action de la trypsine. Si donc on ajoute du sérum à un mélange de trypsine et d'érepsine, mélange qui digère à la fois de l'albumine coagulée et de la peptone, on constate que l'action dissolvante sur le blanc d'œuf se trouve annihilée, tandis que le pouvoir de donner des corps abiurétiques persiste en entier. Les deux actions diastasiques se sont donc laissé séparer par ce moyen. On peut encore observer une différence entre la trypsine et l'érepsine quand on fait agir ces diastases sur les toxines. D'après Sieber et Simonowsky, avec 1 partie de suc pancréatique on détruit de 10,000 à 100,000 doses mortelles de toxine diphtérique, tandis qu'avec une quantité équivalente d'érepsine, on n'en détruit seulement que 50 doses. De plus, le suc intestinal, contenant de l'érepsine, se montre sans action sur la toxine de tétanos; au contraire, 0.06 gr. de trypsine peuvent détruire jusqu'à 10,000 doses mortelles de cette substance.

Travail chimique. — Le travail chimique de la pepsine consiste en une hydrolyse suivie de dédoublements. La molécule protéique, dont le poids est d'environ 6000, et qui est constituée par l'union d'un grand nombre d'amino-acides divers, reliés par leurs groupes CO^2H et NH^2, se désagrège graduellement. Sous l'action de la pepsine, la chaîne, en différents points faibles, se brise, des fonctions acides et amines apparaissent, mais les fragments formés représentent encore des polypeptides très complexes, tels que les albumoses, les peptones et des bases. La trypsine apporte un concours plus efficace dans le travail de libération des acides aminés. Cet agent biochimique, en s'attaquant à la matière albuminoïde, va mettre rapidement en liberté les noyaux tyrosiniques et indoliques, mais il restera encore, de la chaîne brisée, de gros fragments qui résisteront à son action. On voit donc apparaître dans le liquide de digestion, en même temps que les polypeptides complexes que sont les albumoses et les peptones, de la tyrosine et du tryptophane, ainsi qu'un certain nombre d'acides aminés, d'une structure relativement très simple, comme la leucine, l'acide aspartique, l'alanine, etc. En somme, le travail de la trypsine se distingue de celui de la pepsine par la grandeur du poids moléculaire des produits formés. L'ensemble des corps obtenus après l'action de la trypsine accuse un poids moléculaire moyen beaucoup moindre que celui correspondant à la pepsine. Mais ce fait n'exclut point cet autre, qu'à la fin de la digestion trypsique, tout comme après l'hydrolyse pepsique, on trouve encore dans le liquide de très grands complexes azotés : les mêmes albumoses et les mêmes peptones se forment dans les deux actions, mais une plus grande proportion de ceux-ci sont digérés dans le travail trypsique, qui les amène en outre à un stade de dislocation beaucoup plus avancé.

Les enzymes appartenant au groupe de l'érepsine accentuent davantage encore les résultats de l'hydrolyse en mettant en liberté les divers amino-acides qui étaient précédemment retenus dans les complexes constituant les polypeptides. Il est vrai que ces diastases portent leur action non plus sur des albuminoïdes naturels, mais sur des produits qui ont déjà subi un commencement d'hydrolyse. Dans une solution d'albumine qui a été soumise à la digestion pepsique, on peut séparer trois fractions différentes : 1) les albumoses, qui sont précipités par le SO^4Zn ; 2) les peptones, qui sont retenus par l'acide phosphotungstique ; 3) les amino-acides et des produits analogues, qui restent dans la solution tungstique. Cette troisième fraction est constituée surtout par des acides aminés ; mais leur grandeur moléculaire est très variable : à côté de corps déjà très dégradés, il en est qui sont encore assez complexes et qui sont susceptibles de se transformer sous l'action de l'érepsine. Quant aux deux autres fractions, l'érepsine est capable aussi de les digérer, mais avec une intensité différente. Ce sont les albumoses qui résistent le plus à l'action de cette diastase, et il est curieux de remarquer que parmi ces corps, ce sont précisément les parties qui disparaissent le plus facilement dans les digestions pepsique et trypsique, à savoir les hétéro et les proto-albumoses, qui sont le plus difficilement transformées dans l'hydrolyse érepsique.

De ces faits il résulte que, dans une certaine mesure, la pepsine et la trypsine peuvent se substituer l'une à l'autre. Tous les deux forment des albumoses et des peptones à l'aide d'albuminoïde naturels. Au contraire, l'érepsine s'adresse à des produits déjà secondaires. Elle ne présente plus les mêmes caractères. Ce n'est plus un enzyme des matières albuminoïdes proprement dites, et elle ne peut remplacer les deux précédentes. Avec cette nouvelle classe d'enzyme, nous descendons dans l'échelle de dégradation des albuminoïdes, et nous ramenons ainsi tous les complexes azotés, naturels ou déjà désagrégés, à des corps d'une structure très simple, cristallisables et n'ayant plus aucun des caractères des peptides intermédiaires. On constate, en effet, que le produit final obtenu dans la digestion de l'érepsine est tout à fait comparable à celui qui résulte de l'action énergique de HCl concentré ou de SO^4H^2 à 30 % sur les différentes matières protéiques.

(Voir tableau comparatif, page 513.)

Caractérisation du travail érepsique. — Nous avons vu précédemment que le travail trypsique se laisse facilement distinguer du travail pepsique par la présence, dans le premier cas seulement, de produits commodes à déceler, tels que la tyrosine et le tryptophane. On pouvait espérer rencontrer aussi, parmi les produits finaux qui résultent de l'action de l'érepsine, un ou plusieurs corps susceptibles d'être aisément reconnus, et qui seraient devenus caractéristiques de la réaction. Malheureusement, il n'en est pas ainsi : les produits obtenus dans l'action de l'érepsine ne peuvent pas être différenciés de ceux provenant de la trypsine.

Il est possible, cependant, de distinguer le travail érepsique des travaux pepsique et trypsique : on a recours pour cela à l'acide phosphotungstique. Ce réactif, en donnant des

PRODUITS DE L'HYDROLYSE PROFONDE DE DIFFÉRENTES
MATIÈRES ALBUMINOÏDES, D'APRÈS ABDERHALDEN.

Substances dosées	Sur 100 gr. d'oxyhémo-globine.	Sur 100 gr. de globine.	Sur 100 gr. d'édestine.
Alanine.	4.02 %	4.19 %	3.5 %
Leucine.	27.82	29.04	20.9
Acide (α) pyrrolidine carbonique. .	2.25	2.34	1.7
Phénylalanine	4.06	4.24	2.4
Acide glutamique	1.66	1.73	6.3
Acide aspartique	4.25	4.43	4.5
Cystine	0.3	0.31	0.25
Sérine	0.54	0.56	0.33
Acide oxy-α-pyrrolidine carbonique	1.0	1.04	2.0
Tyrosine	1.28	1.33	2.13
Lysine	4.1	4.28	1.0
Histidine	10.5	10.96	1.1
Arginine	5.2	5.42	11.7
Tryptophane.	trace	trace	trace
Glycocolle.	—	—	3.8
Total . . .	66.98 %	69.87 %	61.71 %

précipités de composition variable avec les liquides et avec le
temps, permet de suivre l'intensité de l'hydrolyse et de reconnaître l'un ou l'autre de ces trois enzymes digestifs. Une
solution d'albumine à 3 % est partagée en deux parties :
l'une, après acidification à raison de 0.2 % HCl, est additionnée de pepsine; l'autre, après alcalinisation à la dose de
0.2 % CO^{3}Na^2, reçoit de la trypsine. Après 48 heures d'action,
on prélève une certaine quantité du second liquide et on lui
ajoute de l'érepsine. On a ainsi trois digestions en cours. On
met dans chacune d'elles un peu de toluol et on les abandonne
20 jours à l'étuve à 27°. La marche de l'hydrolyse est contrôlée
par le réactif phosphotungstique suivant : 10 gr. acide phosphotungstique + 100 cc. eau + 50 cc. SO^{4}H^2 dilué au 1/4. Pour
faire un dosage, à 25 cc. du liquide à essayer on ajoute
100 cc. du réactif tungstique, on laisse 12 heures au repos,

on filtre, on lave trois fois le précipité avec le réactif et, finalement, on détermine dans le produit recueilli l'azote au Kjehldahl : celui-ci représente ici les albumoses et les peptones.

MARCHE COMPARATIVE DE L'HYDROLYSE
D'APRÈS LE RÉACTIF TUNGSTIQUE.

Durée de l'action	Azote précipitable par l'acide phosphotungstique sur 100 d'azote total		
	Pepsine	Trypsine	Erepsine
2 jours	49.2	43	48.7
4 »	52	43	43
8 »	46	45	40
10 »	48	38	35
20 »	55	36	21

On voit que, sous l'action de l'érepsine, l'azote précipitable par le réactif tungstique diminue graduellement : sur 100 d'azote total contenu dans le liquide, il n'en reste plus, après 20 jours, que 21 qui soient encore précipitables : la différence a été transformée en amino-acides. La trypsine, au bout du même temps, accuse 36°/₀ d'azote précipitable et la pepsine 55. De plus, on constate, pour la pepsine, une marche très peu régulière : il se forme au cours de la protéolyse des substances qui, de non précipitables, redeviennent ensuite précipitables. Avec la trypsine, ce flottement est moins apparent, et avec l'érepsine, la digestion est tout à fait régulière. Mais ce qui est vraiment intéressant, c'est la teneur très faible en azote précipitable du liquide obtenu avec l'érepsine. Au surplus, la différence ne porte pas seulement sur la quantité d'azote contenu dans les précipités : la composition elle-même de ces précipités est très variable, suivant qu'on s'adresse à une digestion pepsique, trypsique, ou érepsique. Les précipités, dans le premier cas, sont formés de peptides de beaucoup les plus complexes : ils contiennent, à côté de très grandes quantités d'albumoses,

relativement peu de peptones ; dans le second cas, les précipités
ne renferment presque plus d'albumoses, encore des peptones,
et déjà beaucoup de polypeptides simples. Enfin, les précipités
tungstiques obtenus après une action profonde de l'érepsine
sont constitués presque uniquement par des bases : ils ne contiennent que très peu de polypeptides et peuvent même en être
complètement dépourvus.

HENRIQUES, pour différencier les travaux pepsique, trypsique et érepsique, détermine, dans les produits de l'hydrolyse,
la teneur en polypeptides encore non transformés. Pour cela,
il commence par doser, dans chacun des liquides, après la
digestion, la quantité d'azote formol apparu. Puis il soumet
ces liquides à l'action de HCl concentré, ce traitement ayant
pour effet de ramener les peptides restants à l'état d'acides
aminés ; un nouveau dosage de l'azote formol permet, d'après
la différence entre les deux nombres trouvés, avant et après
l'action de HCl, de connaître la quantité d'azote de ces polypeptides. L'hydrolyse par HCl se fait de la manière suivante :
50 cc. de liquide sont additionnés de 50 cc. HCl concentré. On
évapore presque à sec, au bain-marie, puis on rajoute 50 cc. de
HCl concentré et l'on porte de nouveau à sec. On reprend alors
par 150 cc. eau et l'on évapore une troisième fois. Le résidu
est dissous dans l'eau et ramené au volume primitif :

APPRÉCIATION DE LA MARCHE DE L'HYDROLYSE
D'APRÈS LA TENEUR EN AZOTE PEPTIDE RESTANT.

	N peptide sur 100 N total
1) Peptone Witte (fibrine digérée par pepsine)	44.1 °/₀
2) » traitée 6 h. avec SO^4H^2 20 °/₀ au bain-marié	16
2bis) » » 30 °/₀ »	8.97
3) » traitée 20 jours par pancréatine	18.76
3bis) » 30 » »	16.22
4) » 30 » + 3 jours érepsine	14
4bis) » 30 » + 18 »	8.8
5) » 30 » + 6 h. avec SO^4H^2 20 °/₀	1.88
6) Elastine traitée 8 jours par pancréatine	20.8
6bis) » 30 » »	13.95
7) » 30 » » + 1 jour érepsine	10.1

Il ressort de ce tableau que la peptone de WITTE, produit de l'hydrolyse pepsique de la fibrine, renferme encore une quantité très forte de polypeptides ; ceux-ci, sous l'action prolongée de SO^4H^2 à 30 %, s'abaissent à 8.97, proportion sensiblement la même que celle qu'on retrouve après avoir fait agir successivement la pancréatine et l'érepsine sur cette même peptone. Ainsi, l'érepsine se montre comme le facteur le plus énergique des transformations diastasiques, et son action peut seulement être comparée à celle des acides. Mais pour aboutir à une hydrolyse plus ou moins complète avec cet enzyme, il faut tout d'abord traiter à fond la matière albuminoïde par la trypsine et prolonger ensuite celle de l'érepsine pendant très longtemps, 2 ou 3 mois environ. Naturellement, en raison de la destruction de l'érepsine, on sera obligé d'en remettre dans les liquides de temps en temps. Cette nécessité d'une digestion assez profonde, avant de commencer l'action de l'érepsine, trouve son analogie dans l'action de SO^4H^2. On peut, en effet, conclure des essais (2) et (5), que le résultat de l'hydrolyse par l'acide n'est pas indifférent du mode d'emploi de celui-ci, l'action sur un produit déjà digéré par la pancréatine et l'érepsine étant beaucoup plus profonde que celle exercée sur un produit non traité au préalable.

Voici maintenant les résultats d'analyse de plusieurs produits de digestion, d'après SOERENSEN. On a déterminé, dans les différentes phases de l'hydrolyse de matières diverses sous l'influence des trois ferments digestifs, la teneur en azote formol des liquides, nombres qui sont censés représenter l'azote des acides aminés formés. De plus, nous avons rapporté, à côté, les teneurs en azote des divers précipités obtenus avec le tanin dans les liquides finaux de la réaction, afin qu'on puisse comparer les deux procédés d'analyse.

(*Voir tableau comparatif, page 517.*)

Ce tableau nous montre que la digestion, même avec l'érepsine, n'est pas totale et qu'il reste encore, après son action, environ 10 %, et souvent plus, d'azote non dosable par le

ACCUMULATION DES ACIDES AMINÉS AU COURS DES DIGESTIONS PEPSIQUE, TRYPSIQUE ET ÉREPSIQUE.

Nos	Subst. protéique employée	Enzyme employé	Azote formol sur 100 d'azote total				Azote tannin précipité °/₀ après 150 h.
			Au début	Après 6 h.	Après 30 h.	Après 150 h.	
1	Peptone Witte	Pepsine	16.6	—	19.8	23.04	67.2
2	Caséine	»	14.9	19.03	20.9	23.6	67.3
3	Album. d'œuf coagulée	»	5.9	8.5	12.8	17.9	46.7
4	Peptone Witte	Pancréatine	15.9	22.1	31.5	39.3	35.3
5	»	»	16.4	28.8	39.3	53.8	20.7
6	Caséine	»	15.8	33.8	42.8	50.4	19.9
7	»	»	16.5	34.3	43.6	50.7	15.2
8	Ovalbum. partiellᵗ digérée	»	13.5	17.7	24.3	30.4	32.1
9	Ovalbum. partiellᵗ digérée	»	14.1	24.8	35.5	48.8	5.1
10	Peptone Witte	Erepsine	20	22.8	31.8	58.9	34.8
11	»	»	19.5	29.3	50.6	84.7	13.6
12	Caséine	»	18.9	22.1	53.2	89.3	12.2

formol. Cette quantité ne correspond pas, au moins totalement, à des polypeptides. Il faut, en effet, remarquer que dans l'hydrolyse des matières protéiques par les acides concentrés, on observe pareil phénomène, et qu'on n'arrive jamais à trouver dans de tels liquides 100 °/₀ pour l'azote formol. Cet écart s'explique pour deux raisons : tout d'abord, la méthode de SOERENSEN, quoique très commode et susceptible de rendre de précieux services, n'est pas rigoureuse et ne se prête pas à des analyses quantitatives complètement exactes; mais il y a plus : elle est entachée d'une erreur systématique. En effet, ce qu'on titre, ce n'est pas l'azote, mais les groupements carbonyles, et l'on admet qu'à chaque CO_2H correspond un azote. C'est vrai pour la plupart des acides aminés formés, mais on peut aussi en obtenir qui contiennent plusieurs atomes d'azote, et cependant ceux-ci ne sont comptés que comme monoazotés. L'azote formol représentera donc un minimum de l'azote amino-acide.

Il faut aussi prendre en considération ce fait que dans l'hydrolyse avec l'érepsine ou les acides, il se produit, outre les acides aminés, des complexes azotés qui ne sont plus décomposables par les acides, et qui cependant ne sont pas titrables par le formol ; ces corps échappent donc au dosage. On peut même trouver que l'écart signalé plus haut est très faible, relativement à ce qu'on observe habituellement. EFFRONT rappelle qu'il lui est arrivé à plusieurs reprises d'hydrolyser à fond des albuminoïdes par HCl, cela de telle sorte, qu'il ne restât plus dans les précipités tungstiques, qu'on faisait de temps en temps pour suivre la réaction, de substances susceptibles d'être dégradées davantage par l'acide, et cependant jamais il n'a pu doser par le formol, dans ces liquides, plus de 75 à 77 % de l'azote total. Toutefois, il est possible qu'on obtienne de meilleurs nombres et qu'on titre la presque totalité de l'azote, si l'on fait agir l'acide, non plus sur l'albumine naturelle, mais sur le produit déjà profondément hydrolysé par les diastases, attendu que, dans ces conditions, le dédoublement se manifeste d'une tout autre façon.

Les résultats indiqués dans la dernière colonne nous montrent que le tanin ne peut pas servir à différencier les trois digestions : on trouve, par exemple, en comparant les numéros 9 et 12, que la proportion d'azote précipitable par le tanin est moindre pour la pancréatine que pour l'érepsine, 5.1 et 12.2, ce qui tendrait à montrer que l'hydrolyse est poussée plus loin dans le premier cas que dans le second, alors que les résultats fournis par le formol sont inverses : 48.8 et 89.3. Le tanin peut en effet très bien convenir pour suivre le début de la dégradation : tant qu'il y a des albumoses et des peptones, ses indications sont conformes à la réalité ; mais plus tard, ce réactif devient insuffisant, car il ne précipite plus certains polypeptides qui, tout en ayant une complexité moins grande que ceux apparus à l'origine, ne sont cependant pas encore près d'être transformés en amino-acides simples.

Analyse de l'érepsine. — Pour mesurer l'activité d'une érepsine on emploie souvent la méthode colorimétrique. On sait qu'une solution très étendue de SO⁴Cu fortement alcalinisée, se colore en bleu violacé sous l'influence des albumoses et des peptones : c'est la réaction du biuret. Or, au fur et à mesure que l'érepsine agit, la coloration produite par le liquide de digestion est de moins en moins intense, et, finalement, quand les peptones ont entièrement disparu, la solution ne fournit plus du tout la réaction.

Pour procéder au dosage, on ajoute tout d'abord, à 10 cc. d'une solution de soude à 10 %, 3 ou 4 gouttes de SO⁴Cu à 2 %, puis on verse avec précaution, goutte à goutte, la solution de peptone (sur laquelle on fera agir ultérieurement l'érepsine), et cela jusqu'à obtention d'une coloration intense. On marque le volume par un trait sur le tube : c'est l'essai étalon. D'un autre côté, on prend 10 cc. de la même solution de peptone, on y ajoute 1 cc. de la liqueur diastasique à analyser, on laisse un certain temps à l'étuve à 37°, puis on fait avec ce second liquide la réaction du biuret exactement de la même façon que précédemment, en employant les mêmes quantités de liquide. La comparaison des intensités des nuances, faite soit au colorimètre, soit au spectrophotomètre, donne une appréciation de la richesse en enzyme du liquide examiné. On peut aussi, pour arriver à ce résultat, ramener les deux liquides à la même teinte en ajoutant de l'eau à celui qui est le plus foncé.

§ 2.

Actions exercées par les enzymes protéolytiques les uns sur les autres.

D'après la conception de FISCHER, il existe une relation intime entre la structure des diastases et les corps sur lesquels elles agissent. En partant de cette manière de voir, les enzymes protéolytiques doivent avoir une structure rappelant celles des matières albuminoïdes, et l'on peut prévoir que les enzymes eux-mêmes pourront être digérés par d'autres substances actives. Il existe déjà dans la littérature un certain nombre d'observations, datant d'assez longtemps, relatives à l'action de la trypsine sur la pepsine. Harlay, pour mettre en évidence les actions réciproques de ces deux diastases, se sert d'une solution contenant 0.1 gr. de pepsine + 0.1 gr. de pancréatine et 25 cc. d'eau distillée. Dans un essai témoin, on détruit la pancréatine par une ébullition prolongée; après refroidissement on ajoute la pepsine et du chloroforme et l'on amène le volume à 25 cc. On a donc deux liquides : dans l'un, les deux enzymes sont à l'état actif; dans l'autre, la trypsine a été détruite. Les deux flacons sont maintenus 2 heures à 40°, puis 15 heures à la température ordinaire. Après ce temps, on ajoute dans chacun d'eux 2.5 cc. de HCl N/10 + 5 gr. de fibrine cuite et essorée, contenant environ 40 % de matière sèche. On laisse digérer un certain temps à 40°, puis on pèse les résidus de fibrine non digérée; comme contrôle, on détermine aussi les extraits secs dans 5 cc. du liquide filtré.

ACTION DE LA TRYPSINE SUR LA PEPSINE.

	Poids de fibrine non digérée.	Poids de l'extrait sec dans 5 cc. filtrat.
Action de la pepsine seule	0.7 gr.	0.085 gr.
Action de la solution contenant pepsine + pancréatine	0.991	0.037

Le pouvoir digestif de la pepsine a donc été considérablement diminué par le contact avec la trypsine. Des résultats analogues sont constatés quand on laisse ensemble la pepsine et la papaïne, soit en milieu neutre, soit en milieu légèrement acide : la papaïne détruit ou affaiblit la pepsine.

Par contre, la pepsine n'exerce d'action ni sur la trypsine ni sur la papaïne, et ces deux dernières diastases ne réagissent point l'une sur l'autre.

Effront a cherché à déterminer l'influence de l'érepsine sur la trypsine. Pour cela, on dissout dans 500 cc. eau 0.2 gr. de trypsine et 0.4 gr. d'érepsine. Le liquide filtré est additionné de toluol et abandonné à 30° ; à différentes reprises on prélève un échantillon, d'un volume constant, on y introduit une certaine quantité d'albumine coagulée et finement divisée et on laisse digérer cet essai pendant 2 heures à 50°. Puis, dans le liquide filtré, on dose l'azote. D'autre part, on établit une expérience témoin en détruisant par l'ébullition l'érepsine qu'on doit ajouter ensuite à la trypsine.

INFLUENCE DE L'ÉREPSINE SUR LA TRYPSINE.

Durée de l'action	Teneur en azote du liquide filtré	
	Avec érepsine détruite	Avec érepsine non détruite
2 heures	130 mgr.	136
4 —	128	119
8 —	120	91
12 —	115	85
23 —	112	61
35 —	109	31
50 —	96	21

Il résulte de ces chiffres que l'érepsine, après 2 heures, n'exerce point d'action sur la trypsine. Mais, au fur et à mesure que le contact se prolonge, l'influence défavorable se déclare et s'accentue. Dans l'essai témoin, où l'érepsine a été détruite par l'ébullition, la trypsine aussi s'affaiblit à la longue : de 130 milligr. la teneur en azote solubilisé descend à 96. Mais la diminution est infiniment plus grande avec l'autre essai.

Il est curieux de constater que dans cette action réciproque des enzymes protéolytiques, c'est l'enzyme le plus actif, au point de vue de la dégradation dans l'échelle de l'hydrolyse, qui précisément détruit celui qui est le moins actif. La pepsine est digérée par la trypsine, qui elle-même disparaît sous l'action de l'érepsine.

BIBLIOGRAPHIE SUR L'ÉREPSINE INTESTINALE.

HOFMEISTER. *Zeits. f. physiol. Chem.*, 1881, (6), p. 51.
CAPPARELI. Sulla transform. peptoni, *Atti. della Acad. Gioenia die Scienze en Catania*, 1899, (12).
CASTLE u. LOEWENHART. *Amer. Chem. Journ.*, 1900, (24), p. 491.
ELISE ROUBITSCHEK. *Zeits. f. experim. Pathol. u. Therap.*, 1901, (4), p. 675.

COHNHEIM. Die Umwandlung des Eiweisses d. d. Darmwand, *Zeits. f. physiol. Chem.*, 1901, (33), p. 451.

SALASKIN. *Zeits. f. physiol. Chem.*, 1902, (35), p. 419.

NADINE SIEBER u. SCHUMOFF SIMONOWSKI. Wirkung d. Erepsins im Darmsaft, *Zeits. f. physiol. Chem.*, 1902, (36), p. 255.

KUTSCHER u. SEEMANN. *Zeits. f. physiol. Chem.*, 1902, (35), p. 451.

COHNHEIM. Trypsin u. Erepsin, *Zeits. f. physiol. Chem.*, 1902, (35), pp. 135, 417; (36), p. 13.

LAMBERT. *Soc. Biol.*, 1903, (55), p. 419.

WEINLAND. *Zeits. f. Biol.*, 1903, (44), p. 292.

BAYLISS et STARLING. *Journ. of Physiol.*, 1903, (30), p. 61.

M. NAKAYAMA. Ueber das Erepsin, *Zeits. f. physiol. Chem.*, 1904, (41), p. 349.

VERNON. *Journ. of Physiol.*, 1905, (32), p. 33; (33), p. 81. *Zeits. f. physiol. Chem.*, 1907, (50), p. 441.

ABDERHALDEN et TERUUCHI. *Zeits. f. physiol. Chem.*, 1906, (49), p. 13.

COHNHEIM. Spaltung d. Nahrungeiweisses i. Darm, *Zeits. f. physiol. Chem.*, 1906, (49), p. 67.

KARL MAYS. Beitr. z. Kenntniss d. Trypsinwirkung, *Zeits. f. physiol. Chem.*, 1906, (49), p. 181.

FOA. *Arch. de Physiol.*, 1908, (5).

HENRIQUES. Die Eiweisssynthese im Thierorganismus, *Zeits. f. physiol. Chem.*, 1908, (54), p. 411.

NÜRENBERG. *Bioch. Zeits.*, 1909, (16), p. 106.

O. CONHEIM et D. PLETNEW. Ueber den Gehalt blutfreier Organe an Erepsin, *Zeits. f. physiol. Chem.*, 1910, (69), p. 109.

BLOOD. *Journ. of Biol. Chem.*, 1910, (8), p. 215.

GIUSEPPE AMANTEAU. *Atti Reale Accad. Lincei*, Roma, 1911, (5), p. 20. *Arch. d. Farmacol. sperim.*, Roma, 1911, (12), p. 562.

GLÄSSNER u. STAUBER. Beziehungen zw. Trysin u. Erepsin, *Bioch. Zeits.*, 1910, (25), p. 204.

SÖRENSEN. Enzymstudien, *Bioch. Zeits.*, 1907, (7), p. 45.

WEINLAND. *Journ. f. Biol.*, (27), p. 392.

ACTION DES ENZYMES LES UNS SUR LES AUTRES.

V. A. HARLAY. *Thèse*, Paris, 1900, p. 71.

WILLIAM ROBERTS. *The digestive ferments*, 1880.

WROBLEWSKI, BEDNARSKI u. WOJCZYNSKI. *Beit. z. chem. Phys. u. Pathol.*, 1901, (1), p. 290.

CHAPITRE II.

Enzymes peptolytiques.

Leur présence. — Les polypeptides de Fischer, produits
de synthèse, ne peuvent pas être assimilés aux dérivés naturels
obtenus par l'hydrolyse des matières albuminoïdes. Cependant
ils s'en rapprochent beaucoup, et toute une classe de ces corps
se laisse hydrolyser par certains *enzymes peptolytiques* : on
désigne ainsi, sous ce nom générique, les substances actives
capables d'exercer une action sur les polypeptides. Ces enzymes,
à l'heure actuelle, ne sont pas encore suffisamment caractérisés. D'après la classification que nous avons adoptée, on doit
les placer dans le groupe des diastases qui décomposent la
peptone avec formation abondante d'acides aminés. En réalité,
certains de ces enzymes présentent tous les caractères de
l'érepsine intestinale, mais il entre aussi dans la classe des
ferments peptolytiques des substances qui n'agissent point
sur les peptones, de sorte qu'il est préférable d'en faire un
groupe à part.

L'intérêt de l'étude de ces enzymes réside surtout dans le
fait qu'on emploie comme matière première des produits dont
on connaît la composition et la structure, et qu'on peut ainsi
suivre la marche de l'hydrolyse avec infiniment plus de précision qu'avec les matières albuminoïdes dont la complexité est
beaucoup plus grande. C'est à Abderhalden et à ses élèves
qu'on doit toute une série de travaux très intéressants qui
mettent en lumière la décomposition des polypeptides par les
enzymes, et qui, d'une façon générale, apportent des indications précieuses sur les différentes substances actives.

On ne connaît pas, à l'heure actuelle, un seul polypeptide
se laissant hydrolyser par la pepsine, mais on en connaît un
grand nombre qui se décomposent sous l'influence du suc
pancréatique actif. On trouve des enzymes peptolytiques dans
le suc des tissus végétaux et animaux. Cette sorte d'enzymes

est beaucoup plus répandue que les enzymes sécrétoriels proprement dits. Dans l'action des enzymes peptolytiques sur les polypeptides il entre en jeu un grand nombre de facteurs. Tous les polypeptides ne sont pas également sensibles aux enzymes. Leur structure et leur composition jouent un rôle important : c'est ainsi qu'on observe des différences dans le résultat, suivant les acides aminés qui entrent dans leur constitution, et aussi suivant la disposition de ceux-ci. En particulier, tandis que l'alanyl-glycine :

$$CH^3 - CH - CO - NH - CH^2 - CO^2H$$
$$| $$
$$NH^2$$

est dédoublé, son isomère, la glycylalanine :

$$NH^2 - CH^2 - CO - NH - CH - CO^2H$$
$$|$$
$$CH^3$$

ne l'est pas.

Recherche des enzymes peptolytiques. — ABDERHALDEN a introduit la méthode optique dans la recherche des enzymes peptolytiques. A l'exception du glycocolle, les produits résultant de l'hydrolyse des polypeptides sont actifs sur la lumière polarisée. La décomposition des polypeptides racémiques se manifestera donc par l'apparition du pouvoir rotatoire, tandis que celle des polypeptides déjà actifs sera accompagnée d'un changement dans la rotation. Pour caractériser une réaction peptolytique, il suffira par conséquent de suivre dans un polarimètre la variation du pouvoir rotatoire. On dissout une quantité déterminée de polypeptide dans un volume d'une substance active donnée. On ajoute du toluol, on porte à 37°, on fait la lecture et l'on maintient ensuite la température constante : le changement de rotation, après un certain temps, nous indique si l'hydrolyse se produit. Quand on connaît le pouvoir rotatoire du polypeptide employé, ainsi que ceux des produits de dédoublement, on peut même arriver à une évaluation quantitative très exacte de la marche de l'hydrolyse.

Diminution du pouvoir rotatoire d'une solution de glycyl - l - tyrosine.

6 cc. sol. à 3/34 Mol. glycyl-l-tyrosine + 1 cc. suc de foie

Temps en minutes.	Angle.
1	+ 0.76°
5	0.72
15	0.60
20	0.55
25	0.50
30	0.47
35	0.43
40	0.38

Dans les essais optiques qui sont destinés à rester long-temps en observation, on évite l'emploi de polypeptides à base de tyrosine : en effet, souvent la solution se colore par suite de l'intervention d'oxydases, et cette coloration, ainsi que le trouble dû à la tyrosine qui se dépose, empêche la lecture polarimétrique. Le polypeptide qui est employé le plus couramment pour l'observation optique est le d-alanyl-glycyl-glycine. Par contre, à l'aide de polypeptides à base de tyrosine, on peut aisément révéler la présence des enzymes peptolytiques par la constatation rapide de la tyrosine, qui se laisse bien isoler. Le poids de tyrosine obtenu peut même indiquer le degré de l'hydrolyse. Pour ces sortes d'essais, au lieu de polypeptides synthétiques, on emploie souvent la peptone La Roche, de la fabrique Hoffmann et La Roche, à Bâle. Cette peptone s'obtient par le traitement à froid, par l'acide sulfurique à 70 %, de déchets de soie. Elle est très riche en polypeptides tyrosiniques. Pour l'analyse, on se sert d'une solution de pareille peptone de 10 à 50 %; on l'amène par le CO^3Na^2 à une réaction faiblement alcaline, on ajoute un certain volume du liquide contenant l'enzyme pepto-lytique et l'on conserve le tout avec un peu de toluol à une température de 37°. De temps en temps on prélève un échantillon, on laisse refroidir et l'on observe la cristallisation.

Pour rechercher ces enzymes quand ils sont en fortes pro-portions dans les organes, Abderhalden recommande aussi l'emploi d'une solution de peptone de soie à 25 %. Les pièces anatomiques à étudier sont lavées à l'eau physiologique, puis on les plonge dans la solution de peptone additionnée de toluol et on les y abandonne à la température de 37°. Après 6 à 12 heures on constate de petits cristaux de tyrosine adhérents aux tissus; il n'y a qu'une faible partie de la tyrosine formée qui se trouve dans le liquide. Les tissus, durcis ensuite par l'alcool, constituent des préparations qu'on peut conserver. Par cette méthode, on a pu constater la présence des enzymes peptolytiques dans le rein, le cœur, l'estomac, l'intestin, etc. Lorsqu'on a en vue la recherche des enzymes peptolytiques dans les tissus végétaux, on emploie plutôt des polypeptides contenant le tryptophane. Ces polypeptides ne donnent point de coloration avec le brome, coloration qui apparaît, au contraire, aussitôt que l'hydrolyse commence. Dans ce genre d'essais, on recommande l'usage de solutions à 10 % de glycyl-l-tryptophane, additionnées de toluol. On introduit la coupe mince à analyser et on laisse 20 à 48 heures en contact.

Influence des conditions physiques et chimiques. — La marche de la digestion se laisse beaucoup influencer par les conditions physiques et chimiques. Examinons d'abord l'action de la température :

(Voir tableau comparatif, page 527.)

On voit que la température optima pour le suc de levure est de 55°, tandis que le suc pancréatique fournit le maximum d'effet à 45°. L'hydrolyse des polypeptides se fait en réaction neutre. La présence d'acide libre est très nuisible. Une alcalinité très faible paraît être favorable, mais on remarque ici une sensibilité à l'alcali beaucoup plus grande que dans l'action de la trypsine. La présence de faibles quantités de cyanure de sodium, par exemple de 0.03 %, favorise l'hydrolyse du glycyl-l-tyrosine. Une dose plus forte, soit 0.15 %, l'arrête presque complètement. Le NaCl, en solution physiologique diluée au 1/4, n'exerce pas d'action. Le CaCl² se montre, au contraire, souvent très favorable. La présence de glycocolle, ainsi que d'autres

INFLUENCE DE LA TEMPÉRATURE SUR L'HYDROLYSE
DU GLYCYL - L - TYROSINE.

1 cc. sol. glycyl-l-tyrosine (1/6000 Mol.) + 1 cc. suc levure + 4.5 cc. eau.			1 cc. sol. glycyl-l-tyros. (1/6000 Mol.) + 2 cc. suc pancréat. + 3.5 cc. eau.	
Température.	Durée de l'action.	Rotation.	Rotation lecture directe.	corrigée.
1 ⎱ 2 ⎰ 15° 3	0 minute.	$+0.29°$	$+0.18°$	$+0.30°$
	15 minutes.	0.28	0.18	0.30
	60 —	0.27	0.18	0.30
4 ⎱ 5 ⎰ 25° 6	15 —	0.25	0.15	0.27
	30 —	0.22	—	—
	60 —	0.16	0.08	0.20
7 ⎱ 8 ⎰ 35° 9	15 —	0.20	0.13	0.25
	45 —	0.08	—	—
	55 —	—	0.06	0.18
10 ⎱ 11 ⎰ 45° 12	15 —	0.15	0.10	0.22
	45 —	0.07	—	—
	55 —	—	0.05	0.07
13 ⎱ 50° 14 ⎰	10 —	0.10	—	—
	35 —	—	0.05	0.17
15 — 55°	10 —	0.08	—	—

produits d'hydrolyse, est très nuisible. Du reste, comme on
pouvait s'y attendre, puisqu'il s'agit, non pas d'une, mais de
toute une classe d'enzymes, il n'y a pas de règle absolue,
l'action d'une substance pouvant différer d'un polypeptide à un
autre. C'est ainsi que le fluorure de sodium à la dose de 0.3 %
se montre favorable à l'hydrolyse du glycyl-l-tyrosine par le
suc de levure, tandis que la même dose se montre défavorable
quand il s'agit du d. leucylglycine.

Individualité des enzymes peptolytiques. — Les polypeptides connus peuvent être divisés en deux grandes classes :
les uns sont hydrolysables par les enzymes, les autres se montrent indifférents. Voici la liste des principaux polypeptides,
divisés en deux catégories, suivant l'action du suc pancréatique
kinasé :

Polypeptides hydrolysables.	Polypeptides non hydrolysables.
r. alanyl-alanine	d. alanyl-l-alanine
d. alanyl-d-alanine	l-alanyl-d-alanine
r. alanyl-glycine	glycyl-alanine
l-leucyl-l-leucine	l-leucyl-d-leucine
glycyl-l-tyrosine	d-leucyl-l-leucine
leucyl-l-tyrosine	leucyl-leucine
d-alanyl-l-leucine	leucyl-alanine
r-alanyl-leucine A	alanyl-leucine B
r-leucyl-isosérine A	glycyl-glycine
ac. l. leucyl-d-glutamique	l-leucyl-glycine
r-alanyl-glycyl-glycine	leucyl-glycine
r-leucyl-glycyl-glycine	aminobutyryl-glycine
r-glycyl-leucyl-alanine	ac. aminobutyryl-aminobutyrique A
r-alanyl-leucyl-glycine	ac. aminobutyryl-aminobutyrique B
dialanyl-cystine	amino-isovaléryl-glycine
dileucyl-cystine	glycyl-phénylalanine
tétraglycyl-glycine	leucyl-proline
éther éthylique de la triglycyl-glycine	diglycyl-glycine
	triglycyl-glycine
	dileucyl-glycyl-glycine

Tous les enzymes peptolytiques n'agissent point sur tous les polypeptides hydrolysables par le suc pancréatique, et ici, jusqu'à un certain point, on peut déceler une action propre à chaque individualité. Dans ces sortes de recherches, il est utile tout d'abord d'amener au même titre les liquides à analyser. Nous avons par exemple deux liquides actifs qui agissent sur le glycyl-l-tyrosine. Cependant leur teneur en enzyme diffère, attendu que la quantité de tyrosine mise en liberté dans un temps donné par une même quantité de polypeptide et de liquide actif est différente. Pour égaliser les pouvoirs diastasiques, on amène par dilution le liquide qui est riche en enzyme au titre du liquide plus pauvre. Les deux solutions ainsi égalisées sont ensuite essayées sur un second polypeptide hydrolysable. Au cas d'identité complète, les deux liquides se comporteront absolument de la même manière ; par contre, si leur composition diastasique n'est pas pareille, on observera une différence dans l'action, soit que l'un des liquides agit tandis que l'autre reste sans action, soit que l'hydrolyse provoquée par les deux enzymes diffère au point de vue de la qualité ou de la quantité.

Le suc de pancréas, obtenu par forte pression, ainsi que le suc pancréatique, se montrent tous deux actifs sur le d. l. alanyl-glycine. Or, l'essai de ces deux liquides actifs sur le glycyl-d-l-alanine révèle une différence radicale, puisque l'extrait d'organe se montre actif et que le suc pancréatique est inactif. Le i. leucyl-glycyl-d-alanine s'hydrolyse par le suc de levure, ainsi que par le suc pancréatique, mais la marche de la réaction n'est pas la même; en présence du suc pancréatique il se forme d'abord le d. alanine et l'i. leucyl-glycine, lequel s'hydrolyse ensuite, tandis qu'avec le suc de levure, on a, en premier lieu, l'i-leucine et le glycyl-d-alanine. Les polypeptides à base d'alanine s'hydrolysent par le suc pancréatique kinasé, ainsi que par le suc de champignon. Les polypeptidés de l'i-alanine se décomposent par le suc de levure, mais point par le suc pancréatique. Le suc du *Mucor mucedo* est inactif sur le leucyl-d-leucine, tandis que le *Rhizopus tonkinensis*, l'*Allescheria Gayonii* et l'*Aspergillus Wentii* se montrent plus ou moins actifs sur ce composé.

L'emploi des polypeptides permet d'établir une différenciation très sensible entre des substances actives très proches. Faisons agir comparativement sur du d-alanyl-d-alanine du suc pancréatique, du suc intestinal et du suc de levure. Voici ce qu'on observe :

HYDROLYSE DU D-ALANYL-D-ALANINE.

SUC PANCRÉATIQUE 0.45 gr. dipeptide + 6 cc. suc pancréatique		SUC INTESTINAL 0.45 gr. dipeptide + 6 cc. suc intestinal		SUC DE LEVURE 0.45 gr. dipeptide + 0.72 cc. suc + 5.28 cc. eau	
Temps	Angle	Temps	Angle	Temps	Angle
Au début	− 1.24°	Au début	− 1.38°	Au début	− 1.35°
6 heures	1.23	8 heures	1.01	20 minutes	1.26
12 »	1.22	9 »	0.93	50 »	1.07
24 »	1.22	24 »	0.13	280 »	0.02
36 »	1.20			400 »	0

Donc, parmi ces trois sucs, le suc pancréatique est sans action, le suc intestinal se montre faiblement actif, tandis que le suc de levure agit très énergiquement. Sur le leucyl-alanine, la pancréatine agit fortement, tandis que le suc pancréatique kinasé se montre sans action. La méthode aux polypeptides nous révèle donc une différence entre ces deux produits, l'existence, dans l'un, d'un enzyme, qu'on ne retrouve pas dans l'autre.

Comme on le voit, par l'emploi des polypeptides on arrive à des finesses qu'il serait fort difficile d'obtenir par d'autres moyens. Ainsi, l'avantage de cette méthode réside dans ce fait qu'elle est très expéditive, très simple, et qu'elle nous indique quelquefois, avec une grande facilité, une différence dans la marche de l'hydrolyse, différence qui aurait été très difficile à déceler par tout autre procédé. Soit, par exemple, le d-alanyl-glycyl-glycine. Il peut se dédoubler de deux manières, à savoir : 1) d-alanine $+$ glycyl-glycine; 2) d-alanyl-glycine $+$ glycine. Dans le premier cas, le pouvoir rotatoire du liquide se trouve diminué par suite de la production du glycyl-glycine, optiquement inactif. Dans le second cas, au contraire, il se fait du d-alanyl-glycine, doué d'un pouvoir rotatoire $(\alpha)\,_{20}^{D} = + 50°$. Par conséquent, une simple lecture au polarimètre pourra nous faire connaître la marche de la réaction et nous fixer ainsi sur l'identité de l'enzyme examiné, puisque ce polypeptide se décomposera, suivant la provenance du ferment, de l'une ou de l'autre façon.

On a déjà mentionné plus haut que les enzymes polypeptiques se trouvent dans tous les sucs de tissus végétaux et animaux et que le suc gastrique, même neutralisé, est sans action sur les polypeptides. Cependant on peut observer que dans certains cas le suc gastrique se montre actif. On a ainsi pu établir que l'activité du suc dépend du mode de nutrition : d'après l'Ecole d'ABDERHALDEN, ce résultat serait dû à une régression des substances actives de l'intestin vers l'estomac; on sait, en effet, que chaque fois qu'on donne à un animal de la graisse, la diastase lipolytique, d'origine pancréatique, apparaît dans l'estomac : c'est par un processus analogue qu'on expliquerait la présence anormale des enzymes peptolytiques dans

le suc gastrique. La présence des ferments peptolytiques a été
constatée aussi dans le sang : leur siège est dans les globules,
dans les plaquettes, et quelquefois dans le plasma. Le sérum
et le plasma de chien, de cheval et de veau se montrent sans
action sur le glycyl-l-tyrosine. Le plasma de lapin contient, au
contraire, des enzymes actifs sur ce dipeptide. La teneur en ferments peptolytiques du sérum de lapin augmente sensiblement
quand on pratique sur cet animal des injections sous-cutanées de
sérum d'un animal d'une autre espèce. On peut aussi obtenir
un plasma et un sérum de chien riche en diastases peptolytiques
en injectant à celui-ci soit du sérum d'un autre animal, soit
des solutions d'albumine d'œuf :

ACTION COMPARATIVE SUR LE GLYCYL-L-TYROSINE
DU PLASMA NORMAL ET DU PLASMA D'ANIMAUX TRAITÉS.

Plasma normal de chien			Plasma de chien ayant été traité par l'ovalbumine		
Glycine	Tyrosine	Glycyl-l-tyro-sine	Glycine	Tyrosine	Glycyl-l-tyro-sine
0 gr.	0 gr.	0.86 gr.	0.15 gr.	0.25 gr.	0.37 gr.
0.05	0.02	0.75	0.2	0.35	0.1
			Plasma de chien préparé avec sérum de cheval		
0	0	0.75	0.15	0.25	0.25
0.1	0.15	0.56	0.18	0.38	0.26

Comme on le voit, il y a une différence très grande entre
le sérum normal et le sérum qui a été obtenu, à la suite d'injections répétées à certains intervalles, soit d'ovalbumine, soit de
sérum d'un autre animal. Pour ces analyses, on a employé
1 gr. de glycyl-l-tyrosine et 10 gr. de plasma et on a laissé en
contact à 37°, en présence de toluol. Après un certain temps
d'action, on a éliminé l'albumine par le mastic et le kaolin et
l'on a dosé dans le liquide filtré les produits formés, ainsi que
le polypeptide non transformé. L'introduction de matières
albuminoïdes étrangères dans le sang provoqua la formation

d'enzymes peptolytiques dans le plasma, ou du moins détermina l'excrétion de ces ferments que les globules sanguins contenaient. Des résultats du même ordre ont été observés quand on préparait les animaux par injections avec de la peptone de soie. Le sérum de cheval et celui de lapin sont inactifs sur cette peptone. Or, après préparation, leur sérum décomposait cette peptone, avec production de tyrosine.

La méthode d'ABDERHALDEN est surtout applicable à l'étude des enzymes endocellulaires qui président à la digestion interne des organes et qui apparaissent avec beaucoup de netteté quand on abandonne ceux-ci à l'autolyse. Les diastases protéolytiques endocellulaires comportent une grande variété de ferments appartenant à différents types. Mais les enzymes peptolytiques sont les plus fréquents. L'individualité de ces substances se révèle surtout bien par leur action décomposante vis-à-vis des polypeptides.

En résumé, les études entreprises dans cette direction ont déjà fourni, comme on l'a vu, quelques résultats probants; si cette méthode n'a pas donné plus jusqu'ici, c'est que l'obtention des polypeptides à l'état pur est encore à l'heure actuelle une chose peu facile et qu'en outre on ne possède pas de corps de ce genre assez complexes. Le jour où la chimie des polypeptides sera suffisamment développée, cette méthode rendra, sans nul doute, tout ce qu'on est en droit d'attendre d'elle. Voici, pour terminer, d'après ABDERHALDEN et ses élèves, l'action des différents sucs d'organe sur divers polypeptides :

Polypeptides dédoublés.	Polypeptides non dédoublés.

1° Suc de foie : *a)* de bœuf.

Polypeptides dédoublés.	Polypeptides non dédoublés.
glycyl-glycine	anh. du glycocolle
leucyl-leucine	r. leucyl-leucine
leucyl-phénylalanine (déd. asym.)	
leucyl-glycyl-glycine	
alanyl-glycyl-glycine	
d. l. leucyl-glycine	
glycyl-d-l-alanine	

Polypeptides dédoublés.	Polypeptides non dédoublés.

b) de chien.

glycyl-glycine
glycyl-l-tyrosine

c) de lapin.

d-l-leucyl-glycine (déd. asym.)
glycyl-d-l-alanine (id.)
glycyl-glycine

2° Suc de muscle : *a)* de bœuf.

glycyl-glycine
d-l-leucyl-glycine
glycyl-d-l-alanine (faiblement)

b) do chien.

glycyl-glycine
glycyl-l-tyrosine

o) de lapin.

Comme le suc de foie.

3° Suc de rein : *a)* de chien.

glycyl-glycine

b) de lapin.

Comme le suc de foie.

4° Plasma : *a)* de bœuf.

d-l-alanyl-glycine   glycyl-l-tyrosine
diglycyl-glycine
glycyl-d-l-alanine (faiblement)

b) de cheval (*plasma et sérum*).

d-l-alanyl-glycine   glycyl-l-tyrosine
triglycyl-glycine   d-l-leucyl-glycyl-glycine
glycyl-d-l-alanine
glycyl-d-l-leucine
diglycyl-glycine
d-l-alanyl-glycyl-glycine

c) de l'homme (*sérum*).

glycyl-l-tyrosine

5° Globules sanguins do cheval.

d-l-alanyl-glycine
glycyl-l-tyrosine
d-l-alanyl-glycyl-glycine
glycyl-d-l-leucine
diglycyl-glycine
d-l-alanyl-glycine
glycyl-d-l-alanine

<table>
<tr><td>Polypeptides dédoublés.</td><td>Polypeptides non dédoublés.</td></tr>
</table>

6º Cristallin de porc.

d-l-alanyl-glycine	glycyl-d-l-alanine
glycyl-l-tyrosine	
diglycyl-glycine	

7º Cerveau de veau.

d-l-alanyl-glycine	glycyl-d-l-alanine
diglycyl-glycine	glycyl-l-tyrosine

BIBLIOGRAPHIE sur les ENZYMES PEPTOLYTIQUES.

Emil Fischer u. Em. Abderhalden. Ueber das Verhalten verschiedener Polypeptide gegen Pankreassaft u. Magensaft, *Zeits. für physiol. Chem.*, 1905. (46), p. 52; 1907, (51), p. 264.

Emil Fischer. *Unters. über Aminosäuren u. Polypeptide,* Berlin, 1906.

Emil Abderhalden u. Koelker. *Zeits. f. physiol. Chem.*, 1907, (51), p. 294.

E. Abderhalden u. W. Manwaring. *Zeits. f. physiol. Chem.*, 1908, (55), p. 379.

Abderhalden u. F. Lussana. *Zeits. f. physiol. Chem.*, 1908, (55), p. 391.

Abderhalden u. Koelker. *Zeits. f. physiol. Chem.*, 1908, (55), p. 424.

Abderhalden. *Zeits. f. physiol. Chem.*, 1908, (57), pp. 320, 329, 332, 342; 1909, (59), pp. 230, 249, 293; (60), p. 415; (61), pp. 200, 421; (62), pp. 120, 136, 145, 243; 1910, (64), pp. 100, 426, 429; (66), pp. 120, 137, 265, 277; (68), pp. 312, 416.

CHAPITRE III.

Ferments des Nucléoprotéides.

Nucléoprotéides, nucléines, acides nucléiques. — Parmi les diverses substances complexes qu'on rencontre dans l'organisme, il est une classe de corps qui contiennent, en plus des quatre constituants habituels des matières albuminoïdes : le carbone, l'hydrogène, l'oxygène et l'azote, deux autres éléments, dont l'un est très utile, le soufre et le phosphore, et qui jouent un rôle considérable, au point de vue biochimique, puisqu'on les retrouve dans toutes les cellules vivantes, principalement dans le noyau de celles-ci. On désigne ces corps sous le nom de *nucléoprotéides*. Insolubles dans l'eau, ils se dissolvent dans les alcalis étendus (1 à 5 $^o/_{oo}$ env.), et se reprécipitent ensuite, si l'on ajoute à ces solutions de l'acide acétique ou une très faible quantité d'HCl. Ils donnent les réactions colorées des matières albuminoïdes, mais ils sont dextrogyres, et non lévogyres, comme les albumines.

On retire les nucléoprotéides assez facilement du pancréas, des leucocytes du thymus, du cerveau, du foie, ainsi que de beaucoup d'autres substances. Leur tenéur en phosphore oscille entre 0.5 et 3 $^o/_o$. Les nucléoprotéides sont envisagés comme le résultat de la combinaison d'une *nucléine*, composé plus riche en phosphore que le nucléoprotéide primitif et d'une matière albuminoïde diverse, qui peut être, soit une protamine, soit une histone, soit une albumine véritable, comme dans le cas des nucléoprotéides retirés du sperme ou des noyaux cellulaires des animaux supérieurs. En effet, les nucléoprotéides peuvent se décomposer en leurs deux constituants sous l'influence des enzymes protéolytiques ou des acides faibles : l'albuminoïde se dissout sous forme, soit d'acide-albumine, soit d'albumose, tandis que la nucléine reste, étant insoluble dans l'eau acidulée. Pour obtenir les nucléines, on s'adresse à des tissus ou à des substances riches en nucléoprotéides, qu'on soumet au préalable à l'action du suc gastrique ou de HCl étendu. On a ainsi préparé des nucléines avec la laitance de poisson, la levure de bière, la substance cérébrale, etc. Leur composition chimique varie d'une façon sensible avec la provenance :

COMPOSITION DE QUELQUES NUCLÉINES.

Éléments dosés	de levure	de laitance	de cerveau	de jaune d'œuf	de lait
C	40.81	36.1	50.5	42.11	48.5
H	5.38	5.1	7.8	6.08	7.1
N	15.98	13.1	13.2	14.33	13.3
O	31.26	—	—	31.05	—
S	0.38	—	—	0.55	—
P	6.19	9.6	2.1	5.19	4.6

La composition des deux derniers corps est assez voisine de celle des trois premiers ; cependant ceux-ci n'appartiennent pas tout à fait à la même famille que ceux-là. Les substances extraites du jaune d'œuf et du lait constituent ce qu'on appelle des paranucléines et seront décrites plus loin.

Les nucléines, à leur tour, sous l'influences des alcalis, se dédoublent en une matière albuminoïde et en acides encore plus riches en phosphore que les nucléines, les acides *nucléiques* ou *nucléiniques*. Ces acides sont des corps amorphes. Généralement insolubles dans l'eau et l'alcool, ils sont solubles dans les alcalis étendus, mais non précipitables de ces solutions par l'acide acétique. Toutefois ils se reprécipitent par l'addition d'un acide minéral dilué, comme HCl à 5 %. Tandis que les nucléines contiennent du soufre, les acides nucléiniques n'en renferment plus. Ces deux combinaisons diffèrent aussi par leur teneur en phosphore, la richesse des acides nucléiniques en cet élément atteignant 9 à 10 %. On a donné pour l'acide nucléique de la levure la formule $C^{40} H^{59} N^{16} O^{22} 2 (P^2O^5)$. Les acides nucléiques ont la propriété, en solution acide, de précipiter les albuminoïdes pour donner des combinaisons analogues aux nucléines. Ils ne donnent ni la réaction du biuret, ni celle de Millon. Comme les nucléoprotéides, ils sont dextrogyres.

La constitution de ces acides est encore très complexe.
Kossel a montré que sous l'action des acides minéraux ou des
alcalis dilués et chauds, ces corps se décomposent : 1) en acide
phosphorique ; 2) en bases xanthiques ou puriques, telles que
la xanthine, l'hypoxanthine, la guanine et l'adénine ; 3) en
bases pyrimidiques, comme la thymine, la cytosine et l'uracile ;
3) enfin en un groupement sucré, pentose ou hexose. La présence dans les produits de dédoublement des bases xanthiques
est tout à fait caractéristique : elle permet d'établir une distinction très nette entre les corps que nous venons de décrire
et d'autres qui, par leurs propriétés, leur ressemblent beaucoup. Bien que ces derniers ne nous intéressent pas directement
en ce moment, nous en dirons cependant un mot pour préciser
la différence que nous venons d'indiquer.

A côté des nucléoprotéides proprement dits, on rencontre
en effet des composés analogues, désignés sous le nom de *para-
nucléoprotéides* ou *pseudo-nucléoprotéides*, ou quelquefois
encore *nucléoalbumines*, composés dont les principaux repré-
sentants sont la caséine du lait et la vitelline du jaune d'œuf,
et qui ont la propriété, comme les nucléoprotéides vrais, d'être
dédoublés sous l'action du suc gastrique, en matière albuminoïde et en corps phosphorés insolubles, les *para* ou *pseudo-
nucléines*. Mais ces paranucléines hydrolysées ne fournissent
que des dérivés albuminoïdiques et de l'acide phosphorique,
et jamais des bases xanthiques. Quant aux dédoublements
successifs des nucléoprotéides, on peut les représenter par le
schéma suivant :

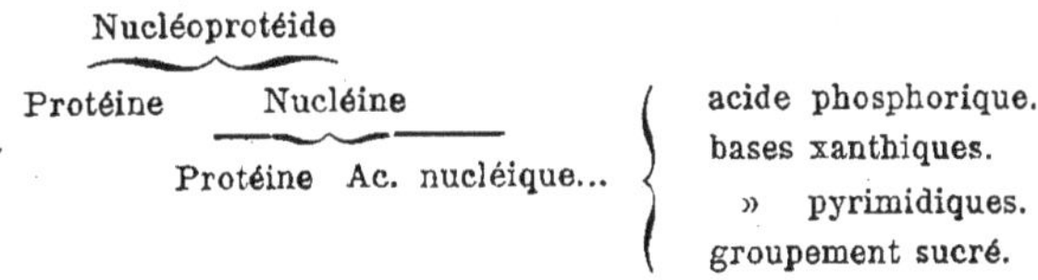

Les nucléoprotéides, sous l'action des enzymes, se laissent
transformer successivement en nucléines, en acides nucléiques,
puis en bases xanthiques, en acide phosphorique, etc. Mais

seulement la première phase du dédoublement, celle qui correspond à la formation de protéine et de nucléine, peut être réalisée par la pepsine et la trypsine. Les nucléines résistent à l'action des sucs digestifs, gastrique et pancréatique. La transformation des nucléines, en acides nucléiques d'abord, puis en acide phosphorique et en bases puriques, est produite, au contraire, dans les cellules vivantes par des diastases endocellulaires, qui portent le nom de *nucléases*.

Nucléases : préparation. — On doit à Schützenberger les premières données sur la transformation des nucléines. Ce savant a constaté en effet que la levure de bière, abandonnée vers 37° à l'autophagie, fournit très rapidement de la guanine, de l'hypoxanthine, de la xanthine et de l'acide phosphorique. Kossel a démontré que ces produits proviennent de la décomposition des nucléines. Les faits découverts par Schützenberger ont été confirmés par Salomon, Salkowski, Kutscher, Schwiening et beaucoup d'autres. Ces auteurs ont constaté, en outre, que dans l'autodigestion des organes animaux on trouve également les produits de décomposition des nucléines : on constate l'apparition d'acide phosphorique libre et celle des bases caractéristiques. On a aussi remarqué que pendant la germination des graines, les nucléoprotéides végétaux subissent la même hydrolyse. Araki a démontré que dans la transformation des substances nucléiques, il faut envisager deux phénomènes distincts : dans une première phase, la nucléine insoluble se trouve solubilisée, et dans une seconde se produit la digestion proprement dite. La solubilisation des matières nucléiques peut être provoquée par la pepsine et la trypsine. Sous l'influence de ces enzymes, on observe aussi une très faible apparition d'acide phosphorique, mais la majeure partie du phosphore reste dans le complexe organique qui se sépare.

L'hydrolyse plus profonde est réalisée grâce à l'intervention des nucléases. Ces diastases se trouvent dans un grand nombre de sucs d'organe, dans le sérum, dans le suc de levure préparé par la méthode de Buchner, dans les cultures d'*Aspergillus*, de *Penicillium* et de *Mucor*. Iwanoff a isolé l'enzyme actif de différentes mucédinées. Celles-ci sont cultivées sur des bouillons contenant comme substance azotée des acides nucléiques. Après le développement des moisissures, les liquides de culture se montrent actifs sur l'acide nucléique, mais dépourvus d'action sur l'albumine. EMMERLICH et LOEW ont signalé des phénomènes analogues avec certaines bactéries pathogènes. SALOMON a constaté dans l'autodigestion du foie, des muscles, etc., l'apparition des mêmes enzymes. ABDERHALDEN et SCHITTENHELM ont essayé sur la thymonucléine, d'une part le suc pancréatique, et de l'autre, le suc de pancréas : ils ont trouvé que, tandis que le second liquide décompose la nucléine avec production de bases xanthiques, le premier ne fait subir à la substance nucléique qu'une transformation beaucoup moins profonde : l'acide thymonucléique, qui était peu soluble dans l'eau et d'aspect gélatineux, devient cependant plus soluble et ne se prend plus en gelée ; en outre, lui, qui tout d'abord ne dialysait pas, peut maintenant traverser la paroi parcheminée.

KIKKOJI a constaté la présence de nucléase dans un champignon comestible du Japon, le *Cortinellus edodes*. Le champignon, soumis à une forte pression, fournit un liquide légèrement acide qui décompose rapidement le nucléanate de soude avec formation de guanine, d'adénine et d'acide phosphorique. La marche de la réaction a été suivie par la mise en liberté du phosphore. 2.5 gr. de nucléate de soude, préalablement dissous dans 150 cc. d'eau chaude, sont additionnés, après refroidissement, de 25 cc. de suc provenant du champignon précédent et d'un peu de toluol, puis abandonnés à l'étuve à 37° :

DÉCOMPOSITION DU NUCLÉATE DE SOUDE.

Durée de la digestion	P_2O_5 apparu dans 20 cc. liquide
24 heures	0.0141 gr.
48	0.0206
72	0.0251
96	0.0276
120	0.0287

SACHS a recherché les conditions favorables d'isolement de la nucléase du pancréas : à cet effet, 100 gr. de pancréas, sont réduits en hachis et abandonnés avec 200 cc. d'eau additionnée de toluol. Il prélève de temps en temps un échantillon, qu'il filtre, et essaie le liquide clair sur de la fibrine, ainsi que sur du nucléate de soude :

ACTION PARALLÈLE D'UN EXTRAIT DE PANCRÉAS
SUR DE LA FIBRINE ET SUR DU NUCLÉATE DE SOUDE.

Durée de l'extraction	Temps minimum pour dissoudre un flocon de fibrine	Temps minimum pour faire disparaître la gelée d'une solution de nucléate de soude
16 heures	2 à 3 heures	4 à 6 heures
18 »	1 heure	4 à 6 »
22 »	45 à 30 minutes	9 à 10 »
25 »	20 minutes	16 à 18 »
41 »	20 »	Après 24 heures, pas de liquéfaction.

Le pancréas, après 16 heures de digestion, fournit un liquide très actif sur l'acide nucléique. L'action sur la fibrine est faible. Avec la durée de l'extraction, les nucléases diminuent, tandis que la trypsine augmente. Après 41 heures de macération, le liquide obtenu ne digère plus l'acide nucléique. Il ressort de ces essais que, même déjà dans le passage de l'acide nucléique de l'état gélatineux à l'état soluble, il intervient une diastase spéciale. On voit, de plus, que dans le pancréas il existe, à côté de la trypsine, de la nucléase. Mais celle-ci agit *in vitro*, surtout dans les premiers temps de la macération ; elle disparaît, en effet, assez rapidement du liquide d'extraction par suite vraisemblablement d'une action secondaire de la trypsine sur elle.

Pour préparer la nucléase de pancréas à l'état sec, on opère de la façon suivante : 1 kilogramme de pancréas est réduit en pâte avec du sable, puis soumis à l'action de la presse de Buchner. Le suc qui s'écoule est immédiatement additionné de sulfate d'ammoniaque jusqu'à saturation. Le précipité obtenu est lavé à l'alcool et à l'éther, puis séché : dans cet état, il se conserve bien. Ce produit liquéfie rapidement la gelée d'acide nucléique et fournit, avec lui, des bases xanthiques et de l'acide phosphorique.

Propriétés. — Les essais de dialyse ont démontré que la substance active ne traverse pas la paroi filtrante. Un extrait pancréatique frais, riche en nucléase, est toujours légèrement acide. En neutralisant ou en acidifiant davantage avec de l'acide acétique, on produit un effet nuisible, au point de vue de l'action de la diastase. La réaction légèrement acide paraît donc favorable, mais elle ne doit pas être excessive. En tout cas, l'alcalinité est très funeste. G. PIGHINI a appliqué la méthode optique pour la recherche des nucléases. On sait que les acides nucléiques tournent très fortement à droite le plan de la lumière polarisée. Au contraire, les produits de la décomposition ne donnent point de rotation, ou du moins n'en donnent qu'une très faible. Pour ces essais, l'auteur s'est servi d'acide nucléique provenant de la maison MERCK : 1.6 gr. de cette substance est dissous dans 100 cc. d'eau physiologique à 0.85 % NaCl. On se place dans des conditions spéciales en rendant la liqueur légèrement alcaline par l'addition, soit de faibles quantités de NH^3, soit de CO^3Na^2. Puis on ajoute 2 cc. de liquide à analyser, du sérum, par exemple, et l'on observe la variation du pouvoir rotatoire dans un saccharimètre SOLEIL :

ACTION DU SÉRUM DE DIVERSES PROVENANCES SUR L'ACIDE NUCLÉIQUE.

Temps	Provenance du sérum			
	Lapin jeune	Lapin vieux	Veau	Bœuf
Au début . .	+ 10°5	+ 11°	+ 11°	+ 8°8
Après 1 heure	9	10.5	9	6
» 2 heures	8.6	10.2	7.7	5.6
» 4 »	7.6	9.7	6.7	4.7
» 6 »	6.6	9.0	6.0	4
» 8 »	5.9	6.9	5.9	3.8
» 12 »	trouble	6.5	5.2	3.5
» 24 »	»	5	3.8	2.5

Ainsi qu'on le voit, l'action, au début, est très intense, puis elle se ralentit progressivement. D'ailleurs, les mêmes liquides, maintenus pendant quelque temps à 65°, n'agissent plus sur l'acide nucléique. D'après cet auteur, qui a fait aussi des mesures plus exactes, la loi de décroissance des pouvoirs rotatoires est une logarithmique analogue à celle de toutes les actions diastasiques.

Individualité des nucléases. — Parmi les bases xanthiques dérivant des acides nucléiques, on trouve l'adénine, la guanine, la sarcine ou hypoxanthine et la xanthine. L'acide nucléique qui provient du thymus fournit exclusivement de l'adénine. Ceux retirés d'autres tissus donnent à l'hydrolyse, 2, 3 ou 4 des bases mentionnées plus haut. C'est donc qu'on est en présence de plusieurs acides nucléiques différents. KOSSEL admet l'existence de quatre acides nucléiques correspondant à chacune des bases : l'acide sarcylique donne la sarcine, l'acide xanthique donne la xanthine, l'acide adénylique donne l'adénine, et l'acide guanylique, la guanine. Les quatre acides nucléiques auront chacun leur enzyme propre : il existerait donc une *guanylase*, une *adénylase*, une *xanthiuse* et une *sarcylase*. A l'appui de cette manière de voir, on peut citer le fait que certains sucs d'organes se montrent actifs sur les acides nucléiques de telle ou telle provenance, et pas sur d'autres. Au point de vue de l'individualité de ces enzymes nucléolytiques, il faut aussi prendre en considération que la transformation des acides nucléiques en acide phosphorique et bases xanthiques se fait seulement par étapes successives.

Les polynucléotides sont ramenés d'abord à l'état de mononucléotides ; c'est probablement ce qui correspond à la transformation de l'acide nucléique gélatineux en acide dialysable, modification qui se fait sans mise en liberté d'acide phosphorique. Ensuite, comme l'ont démontré LEVENE et ses élèves, le mononucléotide se dédouble en acide phosphorique et en un complexe azoté, la *nucléonosine*, qui, lui, est dépourvu de phosphore. La nucléonosine, à son tour, est décomposée en hydrate de carbone et en bases xanthiques. C'est ainsi que l'acide guanylique, hydrolysé en solution neutre et à une température de 130°, fournit de l'acide phosphorique et une sorte de pentoside, la guanosine, $C^{10}H^{13}O^5N^5$, corps cristallisé et bien déterminé, qui, sous l'action des acides à concentration modérée, donne de la guanine et un pentose. Des composés analogues à la guanosine ont été obtenus avec les acides nucléiques d'autres provenances, et, de plus, on a constaté la présence de nucléosides parmi les produits de digestion cellulaire des nucléoprotéides.

LEVENE, à qui l'on doit des travaux remarquables sur la chimie des nucléines, admet qu'aux trois phases de la transformation des nucléines correspondent trois classes de diastases différentes : les *nucléinases*, les *nucléotidases*, les *nucléosidases*. Les premières transforment les molécules nucléiques en nucléotides, sans dégagement d'acide phosphorique ; les secondes dédoublent les nucléotides en nucléosides et acide phosphorique ; enfin, les troisièmes décomposent les nucléosides en hydrate de carbone et bases xanthiques.

En admettant cette classification et en tenant pour démontrée, d'autre part, l'existence des quatre acides nucléiques de KOSSEL, on voit que le nombre des nucléases doit être très grand. On manque d'ailleurs sur elles de données expérimentales. Il est cependant hors de doute qu'on se trouve en présence de toute une classe d'enzymes très divers. De même que la molécule albuminoïde se désagrège de proche en proche sous l'influence de plusieurs diastases, qui l'amènent finalement à l'état de produits très simples, il est plus que certain que la molécule nucléinique possède aussi une gamme d'enzymes capables de lui faire subir les transformations successives que nous venons de décrire ; seulement, nos connaissances sur la chimie des nucléines sont encore trop peu avancées pour qu'on puisse, à l'heure actuelle, en fournir une preuve décisive.

BIBLIOGRAPHIE

SUR LES FERMENTS DES NUCLÉOPROTÉIDES.

SCHÜTZENBERGER. *C. R.*, 1874, (78), p. 493.

SALOMON. *Arch. f. Anatomie u. Physiologie*, 1881, p. 166.

KOSSEL. *Die Nucleine u. ihre Spaltungsproducte*, Strassburg, 1881. *Zeits. f. phys. Chem.*, 1882. (7), p. 7.

SALKOWSKY. *Zeits. f. physiol. Chem.*, 1889, (13), p. 527. *Z. Klin. Med.*, *Suppl.* 1890, (17), p. 77.

IWANOFF. Vork. im Schimmelpilzen, *Zeits. f. physiol. Chem.*, 1903, (39), p. 43.

ARAKI. Ueber enzymat. Zersetzung d. Nucleïnstoffe, *Zeits. f. physiol. Chem.*, 1903, (38), p. 87.

A. SCHITTENHELM. Der Nucleinstoffwechsel u. seine Fermenten beim Menschen u. Thiere, *Zeits. f. physiol. Chem.*, 1905, (46), p. 364; 1909, (63), p. 275.

SACHS. Gewinnung u. Wirkzamkeit, *Zeits. f. physiol. Chem.*, 1905, (46), p. 337.

P. A. LEVENE et JACOBS. Ueber Guanylsäure, *Ber. d. Deuts. chem. Ges.*, 1909, (42), p. 2469.

W. JONES. Ueber die Beziehung der auswässerigen Organextracten gewonnenen Nucleïnfermente zu den physiol. Vorgängen im lebenden Organismus, *Zeits. f. physiol. Chem.*, 1910, (65), p. 385.

G. PIGHINI. *Zeits. f. physiol. Chem.*, 1910, (70), p. 85. *Bioch. Zeits.*, (33), p. 190.

NEUBERG. Ueber Erkennung von enzymat. Nucleïns-Spaltung durch Polarisation, *Bioch. Zeits.*, 1910, (30), p. 505.

WALTER JONES. *Journ. of Biol. Chem.*, 1911, (9), pp. 135, 169.

LEVENE et MEDIGZBCEANU. *Journ. of Biol. Chem.*, 1911, (9), p. 389.

A. SCHITTENHELM u. WIENER. Verdauung u. Resorption von Nucleïnsäure im Magen d. Kindes, *Zeits. f. physiol. Chem.*, 1911, (72), p. 459.

HAHN et GERET. *Zeits. f. Biol.*, 1900, (40), p. 117.

KUTSCHER. *Zeits. f. physiol. Chem.*, 1901, (32), p. 66; (34), p. 116.

SCHWIENING. *Virch. Arch.*, 1894, (136), p. 444.

ABDERHALDEN u. SCHITTENHELM. Nucleinsäure im tierischen Organismus, *Zeits. f. physiol. Chem.*, (47), p. 452.

KIKKOJI. Vorkommen v. nucleïnspalt. Fermenten, *Zeits. f. physiol. Chem.*, 1907, (51), p. 201.

EMMERLICH u. LOEW. *Zeits. f. Hygiene*, 1899, (31), p. 1.

SCHITTENHELM. Ueber die Fermente d. Nucleïnstoffwechsels i. menschl. Organe, *Zeits. f. physiol. Chem.*, (63), p. 256.

CHAPITRE IV

Arginase.

Au cours de l'hydrolyse des albuminoïdes par HCl ou les enzymes protéolytiques, il se détache de la molécule primitive jusqu'à 18 groupements atomiques différents, formés par des chaînes linéaires, des noyaux benzéniques, pyridiques, indoliques, etc. Parmi ces débris azotés on rencontre un complexe intéressant, dérivé de la guanidine, qui est l'arginine :

$$NH^2 - C(NH) - NH - CH^2 - CH^2 - CH^2 - CH(NH^2) - CO^2H$$

Ce corps se forme surtout en grande quantité dans la décomposition de la salmine, qui est une protamine extraite de la laitance d'esturgeon : on retrouve en effet les 2/3 de l'azote total de cet albuminoïde simple sous forme d'arginine. D'après Kossel, le groupement arginine doit être considéré comme essentiellement albuminoïdique. L'arginine résiste à l'action des acides, ainsi qu'à celle de la pepsine, de la trypsine et de l'érepsine, mais elle se décompose sous l'influence des alcalis, avec formation d'urée. Le fait que l'arginine ne se trouve pas toujours dans les produits de l'autolyse des organes animaux, ainsi que cette constatation que l'érepsine, peut dans certains cas, agir sur les protamines, ont conduit Kossel à cette conclusion, que l'organisme animal devait contenir une diastase spéciale capable de décomposer l'arginine en urée et ornithine, d'après la réaction :

$$NH^2 - C(NH) - NH - C^3H^6 - CH(NH^2) - CO^2H + H^2O = CO(NH^2)^2$$
arginine   urée

$$+ NH^2 - C^3H^6 - CH(NH^2) - CO^2H$$
ornithine

Cette hypothèse fut pleinement confirmée par l'expérience. Kossel soumet une solution de carbonate d'arginine, d'une part, à l'action du suc de foie, d'autre part, à celle de foie réduit en morceaux. Il ajoute du toluol aux deux liquides et abandonne le tout à l'étuve à 37°. Pour analyser les produits formés, on porte les solutions à l'ébullition, ce qui élimine l'albumine, et dans le filtrat, dont on connaît la teneur en azote, on détermine la fraction précipitable par l'acide phospho-tungstique. Ce précipité tungstique contient l'arginine, ainsi que l'ornithine déjà apparue : ces deux corps peuvent d'ailleurs être dosés en traitant le précipité par $Ba(OH)^2$, qui met en liberté les bases, puis en faisant la séparation de celles-ci au moyen du sulfate d'argent : les sels argentiques sont ensuite décomposés par la baryte, le tout, suivant la technique habituelle. D'autre part, dans la fraction non précipitée par le réactif tungstique, on peut aisément doser l'urée, qui correspond à l'arginine décomposée dans la réaction. Voici les résultats trouvés :

DÉCOMPOSITION DE L'ARGININE PAR LE SUC DE FOIE.

Quantité de foie	Volume	Durée de la digestion	Arginine employée	Arginine décomposée	Ornithine formée	Urée formée
25 cc. suc préalablement bouilli	1000 cc.	6 h.	1.3 gr.	0.2 gr.	traces	0.03
25 gr. pulpe de foie . .	1000	5 h.	3.6	3.4	1.9	0.96
25 » »	1000	5 h.	0	0	traces	traces
10 » »	300	6 h.	5	5	2.6	1.9
20 cc. suc de foie . . .	400	6 h.	1.29	1.26	0.8	0.5
10 » porté à 100°	300	36 h.	0.6	0.08	traces	0.03

Comme on le voit, l'action est réellement due à une substance active, se détruisant à 100°. L'hydrolyse est même extrêmement rapide, en comparaison de ce qu'on obtient avec les autres diastases, puisqu'en 6 heures on peut détruire 5 gr. de matière. Cet enzyme spécial a reçu le nom d'*arginase*.

Préparation. — Pour préparer l'arginase, on réduit en bouillie un foie de chien, on y incorpore du kieselguhr et l'on soumet le tout à la presse. Pour 100 parties de foie, on obtient ainsi environ 45 parties de suc. Dans ce liquide, on précipite l'arginase par un mélange de 2 parties alcool et 1 partie éther. Le coagulum est lavé à l'éther puis séché sur de l'acide sulfurique. 100 parties de foie fournissent environ 2.5 gr. de poudre active; celle-ci, à raison de 0.1 gr., décompose complètement 2 gr. d'arginine en 24 heures. Ce produit n'est que partiellement soluble dans l'eau; les parties insolubles se montrent surtout très actives. Les solutions, ainsi que la poudre, peuvent très bien se conserver pendant plusieurs mois. On peut aussi retirer l'arginase d'une macération de foie faite dans de l'eau acidulée par l'acide acétique. On prend 250 gr. de foie, qu'on met dans un litre d'eau contenant 0.2 % d'acide acétique ; on laisse pendant 16 heures à 37° puis on filtre. Dans le liquide clair, on précipite l'enzyme par un mélange d'alcool et d'éther ou par une solution de sulfate d'ammoniaque. Le coagulum est recueilli et séché, dans le premier cas; dans le second, on le met en suspension dans l'eau et on dialyse.

L'arginase se rencontre surtout dans le rein, le thymus et les ganglions lymphatiques. On la trouve aussi, mais en proportion moindre, dans la muqueuse intestinale. Par contre, elle est absente du suc pancréatique, du muscle et du sang. Enfin, elle est très abondante dans le suc de levure.

Pour suivre l'action de l'arginase, on se sert d'une solution d'un sel d'arginine, de carbonate, par exemple, à 0.5 ou 1 %. On ajoute la substance active à analyser et l'on détermine immédiatement dans le liquide le rapport entre l'azote total et l'azote non précipitable par l'acide phosphotungstique. Puis, après 3 ou 4 heures de séjour à l'étuve, on dose à nouveau l'azote non précipitable : l'augmentation de cette proportion indique la décomposition de l'arginine présente.

BIBLIOGRAPHIE SUR L'ARGINASE.

KOSSEL et DAKIN. Ueber die Arginase, *Zeits. f. physiol. Chem.*, 1904, (41), p. 322 ; (42), p. 181.

ALEX. KIESEL. *Zeits. f. physiol. Chem.*, 1909, (60), p. 461.

CHARLES RICHET. *C. R.*, 1894, (118), p. 1125. Diastase uréo-poïétique, *Soc. Biol.*, 1894, (1), p. 525.

SHIGA. Ueber einige Hefefermente, *Zeits. f. physiol. Chem.*, 1904, (42), p. 505.

DAKIN. The action of arginase upon Creatin and other Guanidin dérivates, *Journ. of Biol. Chem.*, 1907, (3), p. 435.

CHAPITRE V.

Créatino-créatase, Créatase, Créatinase.

En étudiant l'autodigestion du suc musculaire, on constate momentanément une augmentation de la créatine, augmentation qui résulte du dédoublement de certains complexes azotés, dont on ne peut d'ailleurs pas très bien suivre l'évolution. Quoi qu'il en soit, la créatine formée ne s'accumule pas dans le liquide, mais disparaît progressivement. La cause en est, d'une part, que la créatine présente se transforme en créatinine, et, d'autre part, que ces deux corps, créatine et créatinine, se décomposent l'un et l'autre d'une façon plus complète, à la suite de l'action de certains agents biochimiques.

TRANSFORMATION DE LA CRÉATINE DANS L'AUTOLYSE
DU SUC MUSCULAIRE

Quantité de suc musculaire employée	Eau	Durée de l'autolyse	QUANTITÉ DE	
			créatinine	créatine + créatinine
5 cc.	0	Au début	2.8 mgr.	19.2 mgr.
—	5 cc.	Après 114 h.	4.09	22.98
—	—	» 160 »	5.19	21.0
—	—	» 227 »	2.918	16.6
—	—	» 91 jours	2.8	10.2

Ainsi, l'on constate tout d'abord une augmentation dans la quantité de créatine présente, puisque, après 114 heures, on dose 22.98 — 4.09 = 18.98 mgr. de ce corps, au lieu de 19.2 — 2.8 = 16.4 mgr. au début. Mais cette quantité diminue ensuite, pour donner partiellement de la créatinine, dont le taux augmentera. En outre, la créatine, et même la créatinine, se détruiront d'une autre manière, puisque la somme de ces deux substances ira en s'affaiblissant. L'augmentation passagère de la teneur en créatine, et la destruction ultérieure de la créatine et de la créatinine se laissent encore mieux constater quand on ajoute de la créatine au suc musculaire. Voici une expérience à ce sujet :

TRANSFORMATION DE LA CRÉATINE DANS L'AUTOLYSE
DU SUC MUSCULAIRE

Quantité de suc	Créatine ajoutée	Durée de l'autolyse	Créatinine trouvée	Créatine + créatinine trouvées
5 cc.	0	Au début	2.8 mgr.	19.2 mgr.
—	8.6 mgr.	Après 40 heures	3.8	31.4
—	—	» 155 »	9.7	29.8
—	—	» 91 jours	3.9	16

VOIT, ayant le premier pensé que la transformation, dans l'organisme, de la créatine en créatinine se faisait dans les reins, E. GÉRARD, en 1901, montra que cette réaction pouvait se faire *in vitro* à l'aide d'un extrait aqueux de rein de cheval, et qu'elle était due, par suite, vraisemblablement à un ferment soluble. GOTTLIEB et STANGASSINGER ont confirmé ces données : ils ont constaté la transformation de créatine en créatinine, sous l'influence des extraits de différents organes, et établi, en même temps, que ces liquides portés à 100° perdent toute leur activité. La substance active produisant la décomposition de la créatine, et que nous appellerons *créatino-créatase,* se laisse précipiter des sucs d'organes, soit par un mélange d'alcool et d'éther, soit par le sulfate d'ammoniaque. Cet enzyme agit en milieu neutre ou très faiblement acide. L'addition au suc de 1.5 cc. de NaOH N/10 pour 100 cc. de suc, ralentit déjà beaucoup l'action. La créatino-créatase se rencontre surtout dans le rein et le foie. On la précipite des sucs de ces organes, en même temps que l'arginase qui s'y trouve aussi. Mais il faut bien remarquer qu'il est certains organes où l'arginase est absente et qui, cependant contiennent de la créatino-créatase.

Le travail chimique produit par la créatino-créatase s'exprime par l'équation suivante :

$$\begin{array}{c} \diagup NH_2 \\ C = NH \\ \diagdown N(CH_3) - CH_2 - CO_2H \end{array} - H_2O = \begin{array}{c} \diagup NH \text{------} CO \\ C = NH \qquad \mid \\ \diagdown N(CH_3) - CH_2 \end{array}$$

créatine.   créatinine.

D'après GOTTLIEB et STANGASSINGER, dans la disparition de la créatine, trois diastases différentes interviennent : l'une, que nous venons de décrire, qui transforme la créatine en créatinine, et ensuite deux autres : la *créatase* et la *créatinase*, qui décomposent respectivement la créatine et la créatinine.

A vrai dire, l'existence de ces deux derniers enzymes est très problématique ; en effet, on ne sait pas exactement le travail chimique qu'elles effectuent, ni même si la disparition de ces corps n'est pas le résultat de l'action d'oxydases ou d'autres diastases déjà connues. Cependant, il paraît certain que la transformation de la créatine en créatinine est due à un enzyme, et le fait est d'autant plus remarquable que le travail en question est d'une tout autre allure que celle qu'on constate habituellement. Sans doute, la pepsine et la trypsine, tout en ayant comme fonction générale d'hydrolyser les matières albuminoïdes, peuvent aussi, dans certains cas, faire la réaction inverse et produire des corps de condensation, les plastéines, dont nous avons déjà parlé. Mais ici, c'est en marche normale que la diastase déshydrate la molécule, et même on ne lui connaît pas encore le travail d'hydratation qui lui correspondrait. A ce point de vue, la créatino-créatase mérite une place tout à fait spéciale dans l'histoire des ferments protéolytiques. Il convient en outre de faire remarquer que cette diastase, extraite du rein, met une fois de plus en évidence l'action déshydratante du suc de cet organe. ABELOUS et RIBAUT ont en effet réalisé, il y a quelques années, la synthèse de l'acide hippurique, à partir du glycocolle et de l'acide benzoïque, au moyen de macérations aqueuses fluorées de rein de cheval.

BIBLIOGRAPHIE SUR LA CRÉATASE.

GOTTLIEB et STANGASSINGER. Ueber das Verhalten des Kreatins bei der Autolyse, *Zeits. f. phys. Chem.*, 1907, (52), p. 1 ; (55), p. 322.
GÉRARD. Transform. de la créatine en créatinine par un ferment soluble déshydratant l'organisme, *C. R.*, 1901, (1), p. 153.
ABELOUS et RIBAUT. *Soc. Biol.*, 1900, (52), p. 543.
VOIT. *Zeits. f. Biol.*, (4), p. 177.

CINQUIÈME PARTIE.

Amidases.

§ 1.

Historique. — Présence. — Propriétés. Rôle physiologique.

Nous avons vu dans des chapitres précédents que la trypsine et l'érepsine ramènent l'azote protéique à l'état d'azote aminé, et qu'on obtient une hydrolyse complète de la matière albuminoïde par l'action combinée de ces deux diastases. Les acides aminés formés ne sont cependant point directement assimilables; leur utilisation dans les plantes et par les micro-organismes comporte, dans la plupart des cas, une décomposition préalable, qui se fait par l'intermédiaire de catalyseurs spéciaux, portant le nom d'*amidases*, ou encore celui de *désamidases*. Cette classe d'enzymes agit sur les produits de digestions trypsique et érepsique et amène les substances quaternaires à l'état de substances ternaires, en transformant l'azote amidé et aminé en ammoniaque et en produisant des acides gras volatils, des oxyacides, des phénols et des alcools.

Depuis très longtemps on sait qu'en présence de certaines bactéries, la digestion des substances azotées est accompagnée d'une formation d'ammoniaque, d'acides organiques et d'alcools. Le chimisme de cette réaction a été étudié autrefois par Nencki, mais les catalyseurs qui interviennent dans cette décomposition ont échappé tout d'abord aux investigations. Le premier résultat obtenu dans la recherche des substances actives, résultat peu décisif encore, est dû à Musculus, qui, en 1874, est parvenu à isoler le ferment soluble, transformant l'urée en ammoniaque. Cette diastase, qui porte le nom d'*uréase*, a fait le sujet d'une étude très approfondie de la part de Miquel. L'uréase joue un rôle très important dans le fumier et dans le sol ; mais elle est sans action sur les substances provenant de l'hydrolyse trypsique ou érepsique. L'existence d'un enzyme capable d'agir sur ces produits a été constatée pour la première fois en 1898, par Lœwi. Cet auteur, en vérifiant les essais de Ch. Richet sur la formation de l'urée dans le foie après la mort, a reconnu que la macération de foie broyé agit sur le glycocolle et sur la leucine en donnant lieu à une formation de corps susceptibles de se transformer facilement en ammoniaque. Les données signalées par Lœwi ont été confirmées par Jacobi en 1900. D'après ce savant, l'autolyse du foie en présence de corps amidés et de toluol produirait aussi de l'ammoniaque. En 1902, Gonnerman constate que les macérations de foie ou de rein se montrent actives sur la succinimide, la benzamide et la phtalimide ; toutefois les quantités d'ammoniaque formées dans tous ces essais restent faibles. L'auteur attribue également à la trypsine la propriété de décomposer la succinimide, la benzamide et la phtalimide ; l'émulsine agirait seulement sur la phtalimide. Mais ces derniers faits semblent douteux.

En 1904, S. Lang a étudié la désamidation du glycocolle, de la leucine, de la tyrosine, de la phénylamine, de l'acétamide, de la glucosamine et de l'urée. Les amidases, d'après cet auteur, se trouvent répandues dans tous les organes animaux. L'étude comparative des macérations de différents organes animaux, au point de vue de leur action sur les amines et les amides, a fait ressortir des différences qualitatives et quantitatives très sensibles. Sur le glycocolle, les macérations d'intestin ou de pancréas se montrent trois fois plus actives que celles de foie. Les reins et les testicules possèdent la même action que le foie. Par contre, les liquides obtenus avec la rate ou les glandes lymphatiques sont sans effet. Sur la tyrosine, le rein donne le maximum d'action ; le foie, au contraire, n'agit pas. Sur l'asparagine et la glutamine, on obtient un résultat avec les macérations de glandes lymphatiques, de testicules, d'intestin, de rate et de pancréas ; mais l'action désamidante se manifeste seulement sur l'azote amide. Sur l'acétamide, le pancréas n'exerce pas d'action; par contre, les reins et le foie sont nettement actifs. Il est toutefois à remarquer que la décomposition de l'acétamide est très peu prononcée; 10 % seulement de l'azote sont transformés. Sur la glucosamine, le pancréas n'agit pas; les reins fournissent le maximum d'effet et l'intestin une action limitée. Dans les essais de LANG, l'activité des macérations d'organes a été étudiée, d'une part, en présence de toluol et, d'autre part, sans addition d'antiseptique. Cet auteur a constaté que le toluol retarde considérablement la transformation : il trouve, en effet, que la macération de foie, additionnée d'acides aminés, fournit sans antiseptique autant d'ammoniaque en une heure qu'elle en fournirait en 12 jours en présence du toluol.

Les données fournies par LŒWI, GONNERMAN et S. LANG ont ainsi mis en évidence, dans différents organes animaux, la présence de catalyseurs agissant sur les corps amidés. D'autre part, dès 1904, SCHIBATA fournissait la preuve de l'existence d'amidases dans l'*Aspergillus*. Deux ans plus tard, EFFRONT étudiait les amidases de levures et de ferments butyriques. Enfin les travaux de KIESSEL et BUTKEWITCH nous faisaient connaître, à leur tour, la présence et le rôle des amidases dans les plantes.

D'après SCHIBATA, le mycélium de l'*Aspergillus niger*, desséché et broyé, ainsi que le mycélium traité avec de l'acétone, contiennent une substance active qui donne de l'ammoniaque avec l'acétamide, l'oxamide, la benzamide et l'asparagine. L'*Aspergillus niger*, desséché, se montre aussi actif sur l'urée (1) :

$$CO \Big\langle {}^{NH_2}_{NH_2} \qquad \text{et sur le biuret :} \qquad {CO \atop CO} \Big\rangle {NH_2 \atop NH \atop NH_2}$$

Mais il est inactif sur l'éthyluréthane :

$$CO \Big\langle {}^{NH_2}_{OC_2H_5} \qquad \text{ainsi que sur la guanidine :} \qquad NH = C \Big\langle {}^{NH_2}_{NH_2}$$

Nous venons de dire que BUTKEWITSCH et KIESSEL ont établi la présence de ces enzymes dans les plantes ; il résulte de leurs

---

(1) Le mycélium d'*Aspergillus* desséché décompose aussi l'acide hippurique en ses deux constituants, mais il reste sans action sur le glycocolle apparu.

études que les amidases interviennent dans l'assimilation des matières azotées par les végétaux. Si l'on considère, en effet, une plante germée, la *Vicia Faba*, par exemple, on trouve qu'elle fournit à l'autolyse, en présence de chloroforme et de toluol, des quantités très appréciables d'ammoniaque. L'analyse du suc, avant et après l'autolyse, donne, d'après KIESSEL, les chiffres suivants :

COMPOSITION DU SUC DE VICIA FABA

Azotes dosés	Avant l'autolyse		Après l'autolyse	
	sur 100 de suc (grammes)	sur 100 azote (grammes)	sur 100 suc (grammes)	sur 100 azote (grammes)
Azote total	0,543	100	0,551	100
» protéique . . .	0,112	20,63	0,101	18,33
» peptone	0,03	5,52	0,055	9,98
» ammoniacal . .	0,013	2,4	0,075	13,61
» amide	0,121	22,29	0,104	18,87
» mono et diamine .	0,263	49,17	0,216	39,20

On voit que l'azote ammoniacal se trouve augmenté pendant l'autolyse de 2.4 à 13.61. Mais cette quantité d'ammoniaque produite dépasse considérablement celle qui pouvait se former par la peptonisation des matières protéiques. Elle ne peut pas, non plus, être attribuée à la transformation de l'azote amide. Par contre, l'apparition de ce corps coïncide avec la disparition de l'azote mono et diamine : il semble donc tout naturel d'admettre que sa formation résulte de la décomposition des acides aminés. D'autre part, BUTKEWITCH est parvenu à suivre de très près la genèse et l'évolution de l'ammoniaque, au cours de la végétation. On sait que pendant la germination, il se produit en abondance des corps amidés, tels que l'asparagine et la glutamine. Or, l'accumulation de ces amides dans les plantes ne peut avoir pour cause le travail des diastases protéolytiques, les quantités qu'on y trouve étant très supérieures à celles qui peuvent prendre naissance par la pepsine et la trypsine; par contre, l'augmentation des corps amidés se fait parallèlement à la disparition des acides monoaminés. Ces diverses observations devaient permettre à SCHULZ et LŒW d'expliquerla formation des amides pendant la germination.

Ces auteurs, en effet, sont d'avis que les acides aminés provenant de la digestion des réserves albuminoïdes sont décomposés par les amidases, avec mise en liberté d'ammoniaque, et que les amides se forment ensuite, par un travail synthétique de la cellule, à l'aide des éléments des acides aminés. La présence d'une faible quantité d'ammoniaque dans les grains germés est d'ailleurs favorable à cette manière de voir. BUTKEWITCH a apporté une preuve expérimentale à la théorie de LŒW. En s'inspirant des travaux de CLAUDE BERNARD sur l'anesthésie, il fit germer des graines en présence de toluol. L'anesthésie empêchant tout travail vital de reconstitution de s'effectuer, les grains germés ne peuvent plus élaborer d'amides, et le produit formé (dans notre cas, l'ammoniaque) sous l'influence de la diastase doit rester intact dans la plante. C'est bien ce qu'il trouva : en faisant germer le *Lupinus luteus* en présence de toluol, il constata, dans les grains, 12 fois plus d'ammoniaque que dans les conditions normales. BUTKEWITCH arrive à un résulat analogue en supprimant dans les grains en germination les réserves d'hydrates de carbone. L'azote ammoniacal s'accumule et la formation des amides ne se produit plus, par suite, cette fois, du manque d'éléments nécessaires aux germes pour effectuer leur synthèse.

En ce qui concerne la présence des amidases dans le sang, ainsi que leur rôle dans l'assimilation, on trouve des données très intéressantes dans les travaux de MEDWEDEW. Le sang oxalaté, abandonné entre 36 et 38°, accuse des changements sensibles dans sa teneur en ammoniaque; ces variations s'observent même dans des conditions d'asepsie parfaite. Les animaux, qui ont subi la thyro-parathyroïdectomie, donnent un sang dont la teneur en ammoniaque, au repos, augmente graduellement pendant les 24 premières heures. Il n'en est pas de même du sang d'animaux restés longtemps à jeun; ce sang, par suite de la dénutrition, a une richesse en ammoniaque trois fois plus forte que celui prélevé dans les conditions normales, et il indique à la conservation une diminution en cette substance. Cette baisse est surtout sensible dans les premières heures : après six heures de repos on constate 40 à 45 % de déficit, puis on arrive à une certaine stabilité.

L'accumulation de l'ammoniaque dans le sang des animaux opérés suit une marche très régulière et correspond sensiblement à une courbe logarithmique dont la constante, calculée en supposant fixe la quantité de substance active, est bien vérifiée par l'expérience. L'arrêt brusque dans l'accroissement de l'ammoniaque, après 24 heures, s'explique par l'épuisement de la matière sur laquelle le catalyseur agit : autrement dit, cet arrêt correspond au moment où il ne reste plus de corps amidés capables de produire de l'ammoniaque. Le travail inverse, c'est-à-dire la disparition de l'ammoniaque, qu'on constate régulièrement dans le sang des animaux à jeun, serait due, au contraire, à l'intervention d'une diastase synthétique qui fixerait l'ammoniaque dans une véritable combinaison. L'origine de ce catalyseur, ou plutôt la cause première de cette transformation, doit se trouver dans l'appareil thyroïdal, organe qui fournirait de toutes pièces un enzyme doué d'un pouvoir condensant, ou bien qui agirait indirectement en apportant aux amidases certains éléments nouveaux, leur permettant de faire un travail réversible.

Dans le sang normal, on observe aussi, au cours de sa conservation, une augmentation d'ammoniaque, mais ce phénomène affecte cette fois une allure différente : dans les premières heures le travail est très lent, et il ne s'accentue qu'à la longue, par suite vraisemblablement d'une addition de substance active se déversant dans le milieu au fur et à mesure de l'action. Il résulte de cette marche spéciale que la désamidation se produit également dans le plasma, et que les catalyseurs, emprisonnés d'abord dans les globules sanguins, ne diffusent au dehors qu'avec une certaine lenteur. Cette dernière conclusion est expérimentalement vérifiée par ce fait que le sang hémolysé par la saponine se comporte tout autrement que le sang normal :

AUGMENTATION DE L'AMMONIAQUE DANS LE SANG NORMAL
ET DANS LE SANG HÉMOLYSÉ.

Durée en heures	Sang normal oxalaté		Sang oxalaté + saponine.	
	NH^3 dans 100 gr. sang milligrammes	Augmentation milligrammes	NH^3 dans 100 gr. sang milligrammes	Augmentation milligrammes
0	0.51		0.51	
3 1/2	—	—	1.05	0.54
5 1/2	0.59	0.08	—	—
7 1/2	—	—	1.33	0.82
10 1/2	—	—	1.45	0.94
22 1/2	1.43	0.92	—	—
24	—	—	1.55	1.04

Dans le sang hémolysé, la marche de l'augmentation
de l'ammoniaque suit la même allure que celle constatée
dans le sang des animaux privés de l'appareil thyroïdal,
c'est-à-dire qu'elle se fait suivant une loi logarithmique.

Des données de MEDWEDEW, on peut donc conclure que
les globules du sang renferment des [amidases, qui se
déversent plus ou moins rapidement dans le plasma, suivant
les conditions dans lesquelles se trouve l'animal. Toutefois
l'action des amidases du sang est contrebalancée par un travail
synthétique, qui immobilise l'ammoniaque formée et qui est
produit par les sécrétions thyroïdales. Ces deux diastases
d'effets inverses se trouvent constamment dans le sang normal.

La présence des amidases dans les tissus animaux, et
notamment dans le sang, dans les végétaux, ainsi que dans les
microorganismes, a attiré l'attention des physiologistes sur le
rôle que jouent ces enzymes dans la nature. On admet généralement que ces diastases sont les régulateurs de la réaction du
milieu : c'est donc grâce à elles qu'on obtient une alcalinité
constante dans le sang et dans les tissus. Mais il est aussi
hors de doute que ces substances actives interviennent dans la
nutrition animale, comme elles interviennent dans la nutrition
végétale. Les idées sur les conditions de l'assimilation des

albuminoïdes ont subi depuis quelque temps, comme nous le verrons, plus loin, plus en détail, de multiples modifications. On a cru d'abord que les substances protéiques étaient directement assimilables et qu'elles pouvaient servir à la reconstitution, ainsi qu'à l'entretien de l'individu, si elles se trouvaient à l'état de dissolution. Cette manière de voir a été abandonnée, et l'on est arrivé à croire que ce sont les albumoses qui sont les véritables produits assimilables. Puis l'utilisation directe de ces substances a été mise en doute, et, cette fois, on a attribué aux peptones la propriété d'être absorbées directement.

A l'heure actuelle, on attache beaucoup plus de valeur aux produits finaux de l'hydrolyse, aux acides mono et diaminés, qu'à tous les corps qui les précèdent dans la dégradation de la matière azotée. Beaucoup d'auteurs admettent que ce sont ces produits qui, par une métamorphose régressive dans les muqueuses digestives, forment les diverses substances albuminoïdes appropriées aux besoins de l'organisme. Mais, en réalité, rien ne prouve que les acides aminés entrent directement dans la circulation ; au contraire, il y a tout lieu de penser que ces produits sont auparavant décomposés, attendu que les diastases qui les transforment sont présentes aussi.

Pendant la germination des plantes, les substances albuminoïdes sont soumises à l'action des enzymes protéolytiques. Ce sont ces derniers qui produisent des complexes aminés, à côté de très faibles quantités d'ammoniaque. Sous l'action des amidases, les amino-acides se transforment en substances ternaires et en ammoniaque, qui servent à la synthèse des matières albuminoïdes, ainsi qu'à la formation des amides, tels que l'asparagine, la glutamine ; ces dernières constituent d'ailleurs des réserves d'ammoniaque qui peuvent entrer dans la synthèse des albuminoïdes, au fur et à mesure des besoins. Dans le règne animal, les produits finaux de la métamorphose des substances albuminoïdes sont surtout l'acide urique et l'urée. Chez les mammifères, la formation de ce dernier corps apparaît, au moins dans une certaine mesure, comme la conséquence de la déshydratation, dans le foie, du carbamate et du carbonate d'ammoniaque, ces substances résultant elles-mêmes de la décomposition par les amidases des amino-acides d'origine digestive. Quant à l'acide urique, il proviendrait d'une désintégration directe des nucléoprotéides, et probablement aussi, le fait a été nettement constaté chez les oiseaux, d'une véritable synthèse réalisée à l'aide des sels ammoniacaux et des substances ternaires, également issus de l'action des amidases. L'urée serait ainsi, du moins chez les mammifères, où sa formation est importante, une ammoniaque résiduaire, rendue inoffensive par sa transformation immédiate en carbamide. Dans les plantes, la même ammoniaque se trouve sous forme d'amides, comme l'asparagine.

En somme, les amidases, qui interviennent constamment dans les règnes animal et végétal, doivent être considérées comme des diastases digestives ; ce sont elles qui produisent l'hydrolyse finale et la destruction des acides aminés, et les rendent ainsi directement assimilables.

§ 2.

Travail chimique des amidases.

Dans tous les essais que nous avons précédemment rapportés, la formation d'ammoniaque était très peu importante. De plus, la diastase avait une action très limitée, et les produits formés en dehors de l'ammoniaque n'ont pu être analysés. Il s'ensuit que la réaction chimique provoquée par ces enzymes n'a pu être établie expérimentalement. La difficulté principale dans cette sorte de recherches réside dans la circonstance que le milieu alcalin nécessaire pour une bonne marche de l'amidase s'infecte très facilement. Il est aussi à noter que les amidases sont des diastases intracellulaires et qu'on les obtient très difficilement dans les liquides filtrés. En outre, ces enzymes sont affaiblis considérablement par les antiseptiques.

Pour connaître les produits intermédiaires et ceux de la fin de la réaction, et établir le processus chimique suivant lequel agissent les amidases, il était nécessaire de recourir à une étude approfondie de la décomposition et, au préalable, de déterminer les conditions expérimentales permettant à un travail intégral de s'accomplir. C'est ce que fit EFFRONT en 1905. Celui-ci démontra que l'amidase se trouve abondamment dans la levure de bière, ainsi que dans un ferment butyrique retiré du sol. Le maximum d'effet est obtenu avec des cultures de ferment de vitalité fortement atténuée, soit par des alcalis, soit par d'autres conditions chimiques ou physiques. Le liquide actif, débarrassé du ferment figuré ou de la levure par filtration, produit encore une action sur les acides aminés. Cette action devient nulle quand on porte le liquide à une température de 100°. L'action de l'amidase provenant de cultures vivantes de ferment butyrique se trouve considérablement exaltée par une aération et une forte alcalinité du milieu. On obtient ainsi une action diastasique très profonde, et dans la plupart des cas on peut constater une désamidation complète des acides aminés mis en expérience. EFFRONT est parvenu à isoler, dans les diverses décompositions, tous les produits formés, à les caractériser et à établir l'équation de la réaction qui entre en jeu. De cette étude il résulte les points suivants :

1) Les acides monobasiques se désamident sous l'influence de l'amidase et se transforment en sel ammoniacal. Ex. :

$$\begin{array}{c} CH_2 - NH_2 \\ | \\ CO - OH \end{array} + H_2 = \begin{array}{c} CH_3 \\ | \\ CO.\,ONH_4 \end{array}$$

Glycocolle — Acétate d'ammoniaque

2) La bétaïne se transforme, sous l'influence de l'amidase, en acétate de triméthylamine :

$$OH - N(CH_3)_2 - CH_2 - CO_2H + H_2 - H_2O = CH_3.\,CO_2H, N(CH_3)_3$$

Bétaïne hydratée (ou oxynévrine) — Acétate de triméthylamine

3) Les acides polybasiques subissent une dégradation moléculaire par la désamidation. Ex. :

$$\begin{array}{c} CO_2H \\ | \\ CH - NH_2 \\ | \\ CH_2 \\ | \\ CO_2H \end{array} + H_2 = \begin{array}{c} CH_3 \\ | \\ CH_2 \\ | \\ CO_2.\,NH_4 \end{array} + CO_2$$

Acide aspartique — Propionate d'ammoniaque

4) Dans l'asparagine, la désamidation commence par le groupe amide et aboutit au même résultat qu'avec l'acide aspartique. La simplification moléculaire a été aussi observée avec l'acide glutamique :

$$
\begin{array}{c}
CO^2H \\
| \\
CH - NH^2 \\
| \\
CH^2 \\
| \\
CH^2 \\
| \\
CO^2H
\end{array}
\quad + H^2 =
\quad
\begin{array}{c}
CH^3 \\
| \\
CH^2 \\
| \\
CH^2 \\
| \\
CO^2 . NH^4
\end{array}
\quad + CO^2
$$

Acide glutamique   Butyrate d'ammoniaque

On le voit, toutes ces transformations sont le résultat d'une réduction. L'hydrogène nécessaire provient d'une décomposition de l'eau. Cette dernière réaction ne peut évidemment s'accomplir qu'en présence de substances facilement oxydables qui s'empareront au fur et à mesure de l'oxygène mis en liberté.

La présence de l'amidase dans la levure et sa sécrétion au cours de l'autolyse de celle-ci ont été confirmées ensuite par Fürth et Friedeman. D'autre part, le fait indiqué par Effront, que les enzymes apparaissent plus abondamment dans les bactéries d'une vitalité atténuée, a été signalé à nouveau par Berghaus ; ce savant a constaté, en outre, la présence de l'amidase dans les bactéries suivantes : *Bac. coli com.*, *Proteus, Prodigiosus, B. fœcalis alc.* Enfin, la transformation de l'acide glutamique en acide butyrique a été observée aussi par Brasch et C. Neuberg, dans la putréfaction. Il convient de remarquer, en passant, que dans cette dernière fermentation, c'est le même enzyme qui intervient que celui qui agit avec la levure de bière. Antérieurement à sa dernière publication, et notamment en 1907, C. Neuberg avait émis une hypothèse sur la transformation de l'acide glutamique en acide butyrique : sa manière de voir, exposée dans son étude sur la provenance du pétrole, se trouve pleinement vérifiée par ce qu'on sait maintenant sur les amidases. (Voir le chapitre sur l'*Origine des Pétroles.*) La transformation de l'asparagine en acide aspartique dans la fermentation putride a été également étudiée par ce dernier auteur. Il constate, outre la réaction signalée plus haut, la formation, comme produit secondaire, d'acide succinique. Enfin, la décomposition de l'acide amino-isovalérianique en acide valérianique a été signalée aussi par NEUBERG dans la putréfaction.

Dans toutes les réactions que l'on vient de citer, il y a formation d'ammoniaque, à la suite de fixation d'hydrogène, et toujours production d'acides volatils gras. Il faut cependant remarquer que les amidases peuvent aussi agir sur les acides aminés, d'une manière différente; la mise en liberté de l'ammoniaque peut, en effet, être accompagnée d'une production d'oxyacide ou d'une formation d'alcool. D'une façon générale, la désamidation est provoquée soit par une hydratation, soit par une réduction, ces deux facteurs pouvant d'ailleurs agir simultanément. Voici le schéma des trois types de travail :

a) Travail par hydratation :

$$CH_3—CO.NH_2 + OH.H = CH_3—CO_2H + NH_3$$

Acétamide　　　　　　　　Acétate d'ammoniaque

b) Travail par réduction :

$$\begin{matrix} CH_2 . NH_2 \\ | \\ CO_2H \end{matrix} \quad + H_2 = CH_3—CO_2H + NH_3$$

Glycocolle　　　　　　　　Acétate d'ammoniaque

c) Travail par hydratation et réduction :

$$CO_2H—CH_2—CH(NH_2)—CONH_2 + H_2O + H_2 = CO_2H—CH_2—CH_3 + 2NH_3 + CO_2$$

Asparagine　　　　　　　　Acide propionique

Dans les réactions où se forme l'oxyacide ou l'alcool, l'amidase agit par hydratation. Ex. :

$$CO_2H.CH_2.CH(NH_2).CONH_2 + 2(OHH) = 2NH_3 + CO_2H . CH_2 . CHOH . CO_2H$$

Asparagine　　　　　　　　Acide malique

Il est probable que les oxyacides formés dans l'organisme proviennent de la décomposition des acides aminés, à la suite de l'intervention d'une amidase spéciale.

Quant à la transformation des acides aminés en alcools, elle a été étudiée principalement par EHRLICH. Déjà, en 1878,

Nencki avait décrit la transformation des acides aminés en alcools et oxyacides; mais ses recherches concernaient surtout certains processus de putréfaction. Ehrlich a observé des réactions analogues à celles trouvées par Nencki, en employant la levure de bière. Quand on laisse fermenter avec de la levure une solution de sucre contenant des acides aminés, on constate bientôt dans le liquide la présence de quantités notables d'alcools supérieurs. Les alcools formés correspondent respectivement aux acides employés. La réaction se passe alors d'après le schéma général suivant :

$$R.CH(NH_2).CO_2H + H_2O = R.CH_2.OH + CO_2 + NH_3$$

Notamment les expériences faites avec la l. leucine, la tyrosine et la phénylalanine ont donné les résultats suivants, conformes aux équations ci-après :

$$\begin{array}{c}CH_3\\CH_3\end{array}\!\!\!>CH.CH_2.CH(NH_2).CO_2H + H_2O = \begin{array}{c}CH_3\\CH_3\end{array}\!\!\!>CH.CH_2.CH_2.OH + CO_2 + NH_3$$

l-Leucine   Alcool isoamylique

$$C_6H_4(OH)-CH_2.CH(NH_2).CO_2H + H_2O = C_6H_4(OH)-CH_2.CH_2.OH + CO_2 + NH_3$$

Tyrosine   Alcool oxyphényléthylique

$$C_6H_5.CH_2.CH(NH_2).CO_2H + H_2O = C_6H_5.CH_2.CH_2.OH + CO_2 + NH_3$$

Phénylalanine   Alcool phényléthylique

Les alcools issus des acides aminés subissent, dans certains cas, des transformations relativement profondes au moment de leur apparition. C'est ainsi que l'acide glutamique ne fournit point d'acide oxybutyrique, mais bien de l'acide succinique. Ehrlich a démontré, en effet, que l'acide succinique de la fermentation alcoolique ne provient que de l'acide glutamique et ne se forme nullement aux dépens du sucre, comme on le croyait autrefois. Sa formation est schématisée comme suit :

$$CO_2H.CH(NH_2).CH_2.CH_2.CO_2H + H_2O = CH_2OH.CH_2.CH_2.CO_2H + CO_2 + NH_3$$

Acide glutamique   Acide oxybutyrique

Ce dernier par oxydation donne de l'acide succinique :

$$CH_2OH.CH_2.CH_2.CO_2H + O_2 = CO_2H.CH_2.CH_2.CO_2H + H_2O$$

Acide oxybutyrique   Acide succinique

D'après Ehrlich, il se formerait comme corps intermédiaire de l'acide oxyglutarique $CO_2H.CHOH.(CH_2)_2.CO_2H$. Mais, étant donné la facilité avec laquelle doit s'éliminer le groupe carboxyle de l'acide glutamique, cette explication n'est guère plausible; du reste, la présence de ce corps n'a pas été constatée dans les produits de la fermentation alcoolique.

L'ammoniaque formée dans la réaction étudiée par EHRLICH, en présence de levure, ne se trouve point à l'état libre comme celle provenant des autres amidases précédemment étudiées. L'absence d'ammoniaque libre dans le cas présent rappelle beaucoup les conditions de la germination. Dans les grains germés on trouve également très peu de ce corps, alors que la germination produit une désamidation très intense. Dans ces deux cas, il y a eu cependant formation réelle et intense d'ammoniaque, mais cette dernière a servi à la cellule vivante pour un travail synthétique.

Au début de ses recherches sur les levures, EHRLICH expliquait les transformations observées, par l'activité vitale, et se refusait à admettre toute intervention diastasique. A la suite des travaux parus sur ce sujet, il modifia sa manière de voir et prétendit alors que la diastase des levures formant les alcools supérieurs est un enzyme intracellulaire, incapable d'entrer en solution et n'agissant, par suite, que dans les cellules vivantes. Cette conception est cependant tout à fait erronée.

La levure de bière délayée dans de l'alcool faible ou dans des solutions étendues de NaFl conserve sa vitalité pendant très longtemps. Sans doute, dans ces liquides débarrassés de cellules, et contenant parfois plus de 90 % de l'azote total de la levure, on trouve bien de l'ammoniaque et des alcools supérieurs (amylique et butylique) : dans le filtrat provenant d'une levure autophagiée depuis six mois, on a constaté, par exemple, sur 100 d'azote total, 42 à l'état ammoniacal; on a démontré, en outre, que cette ammoniaque était combinée aux acides volatils (surtout à l'acide butyrique), donc à l'état de sels. Mais, d'autre part, la solution provenant d'autophagie de levure en présence de fluorure de sodium agit aussi sur la leucine et l'asparagine en formant de l'ammoniaque, des acides volatils et des alcools supérieurs. Or, cette action est obtenue avec le liquide parfaitement filtré, par suite exempt de toute cellule de levure. La diastase donnant des alcools supérieurs peut donc, dans certaines conditions, entrer en solution tout comme les autres amidases. Du reste, la levure de bière n'est pas le seul micro-organisme produisant de l'alcool amylique. NAWIASKY a constaté notamment que le *B. Proteus vulg.* fait fermenter la leucine en donnant des acides caproïque et valérianique et de l'alcool amylique. Cet auteur a aussi établi que les bactéries mortes agissent comme les cellules vivantes, et que l'action est proportionnelle au poids du ferment.

En résumé, des différents essais faits sur la levure, on peut conclure que les cellules contiennent deux classes différentes d'amidases, les unes donnant des alcools, les autres, des acides volatils, ces deux groupes étant capables, suivant les conditions, de réagir sur les mêmes corps aminés. Pour finir, il convient encore de rappeler cette propriété curieuse, signalée par CHODAT. D'après cet auteur, les diastases oxydantes, telle que la tyrosinase, peuvent agir comme des amidases. La mise en liberté de l'ammoniaque marche alors parallèlement à la formation de corps appartenant au groupe des aldéhydes. C'est ainsi que le glycocolle se transformera, en présence de tyrosinase, d'après l'équation suivante :

$$NH^2 - CH^2 - CO^2H + O = CO^2 + NH^3 + H.COH.$$

GlycocolleAldéhyde formique

Des réactions du même ordre s'observent avec l'alanine, le phényglycocolle, etc. Bien que la formation d'aldéhyde, et la libération d'ammoniaque qui en résulte, soient très peu prononcées et demandent à être confirmées, cette décomposition est néanmoins intéressante, car, toute différente de celles étudiées jusqu'ici, elle nous suggère une interprétation possible du mode d'action des amidases, manière de voir qui mériterait d'être soumise au contrôle de l'expérience.

§ 3.

Uréase.

Les transformations que subit l'urine abandonnée à elle-même ont depuis longtemps attiré l'attention des savants.

Vauquelin et Dumas, les premiers, ont reconnu que le changement de réaction que l'on constate dans l'urine exposée à l'air correspond à une transformation d'urée en carbonate d'ammoniaque :

$$CO\,(NH^2)^2 + 2\,H^2O = CO^3\,(NH^4)^2$$

Urée   Carbonate d'ammoniaque

On a alors assimilé ce phénomène à une fermentation, dont l'origine était attribuée aux substances organiques formant le dépôt de l'urine altérée. Cette théorie a été soutenue surtout par Jacquemart. Ce n'est qu'en 1860 que Müller cherche à expliquer la formation de l'ammoniaque dans l'urine, par l'intervention des microorganismes; mais il n'apporte pas de preuve décisive pour appuyer cette nouvelle manière de voir. Cependant, à la même époque, Pasteur isole la *Torula ureœ*, que Van Tieghem décrit ensuite sous le nom de *Micrococcus ureœ*. Les données fournies par Pasteur et Van Tieghem furent confirmées plus tard par la découverte de nombreux microorganismes, capables de transformer l'urée. Ce sont, entre autres : l'*Urococcus*, l'*Urosarcina*, la *Planosarcina*, le *Micrococcus ureœ liquefaciens*, divers urobacilles, etc. On doit notamment à Miquel la caractérisation de plusieurs de ces espèces microbiennes spéciales.

Les ferments de l'urée sont très répandus dans la nature ; on les trouve dans l'air, dans le fumier, dans les eaux d'égout et surtout dans la boue des villes. Pour cultiver ces ferments, on emploie une solution de peptone additionnée de 0.2 à 0.3 gr. % d'urée. D'après Machida, l'addition de sulfate de magnésie au milieu de culture favorise grandement le développement des microbes. La fermentation de l'urée se produit surtout bien à la température de 30° ; à 5° il ne se forme presque plus d'ammoniaque ; à 60°-70°, les cellules d'*Urococcus* succombent ; toutefois les bactéries à spores peuvent être maintenues jusqu'à 80°.

Le catalyseur intervenant dans la décomposition de l'urée a été découvert en 1874 par Musculus. Ce savant, en effet, a constaté que l'urine ammoniacale, filtrée et évaporée dans le vide, est capable, si on l'ajoute à de l'urée fraîche, d'en provoquer la fermentation ; on obtient, du reste, un résultat analogue avec le produit obtenu en précipitant par l'alcool l'urine décomposée, épaisse et filante. MUSCULUS établit ainsi que la production d'ammoniaque n'est pas due exclusivement au ferment figuré, et il admet qu'elle résulte de l'action d'une substance spéciale, de nature diastasique, dont le siège de sécrétion se trouverait, d'après lui, dans la vessie. On le voit, tout en constatant la présence de l'enzyme, MUSCULUS n'a pas saisi la relation qui existe entre le ferment figuré et la substance active qu'il venait de retirer. C'est MIQUEL qui a démontré définitivement que la diastase agissant sur l'urée est bien sécrétée par un microorganisme. Ce catalyseur spécial a été décrit d'abord sous le nom d'*urase*, puis sous celui d'*uréase*.

Pour isoler l'uréase, on fait fermenter une solution de peptone additionnée de 2 à 3 gr. par litre d'urée, avec une culture pure d'uro-bactéries ; la culture maintenue à 30° se trouble fortement. Après 3 ou 4 jours, on filtre à travers une cloison poreuse ; le liquide clair, débarrassé des bactéries, peut servir comme solution d'uréase. C'est une liqueur très active : un litre peut transformer par heure jusqu'à 120 gr. d'urée. A l'abri de l'air, ces solutions d'uréase peuvent se conserver pendant des mois. Si on les additionne de deux volumes d'alcool, elles donnent un précipité qui, lavé à l'alcool à 50°, devient de moins en moins soluble, tout en gardant une certaine activité. Toutefois on perd, par ce traitement à l'alcool, environ la moitié de la substance active. On peut aussi recueillir la diastase en provoquant dans le liquide un précipité avec des sels de chaux ; on entraîne ainsi la presque totalité de l'enzyme ; mais il est très difficile, ensuite, de débarrasser l'uréase recueillie, des sels de chaux qui restent adhérents.

KOSSOWICZ a constaté la présence d'uréase dans les moisissures: ainsi, l'*Aspergillus niger*, l'*Aspergillus glaucus*, le *Penecillium crustaceum,* le *Mucor Boidin,* et bien d'autres, détruisent l'urée, avec formation d'ammoniaque; SHIBATA a retrouvé cet enzyme dans les champignons; enfin, EMMERLING et REISER ont reconnu que le *B. fluorescens liquefaciens* est capable aussi de transformer l'urée en carbonate d'ammoniaque.

D'après TAKEUCHI, l'uréase se trouve également dans le règne végétal : les fèves de soja (*Glycin-hispida*) germées contiennent un enzyme qui agit sur l'urée de la même façon que l'uréase microbienne. La substance active peut être extraité par une macération dans l'eau ; 1 gr. de soja transforme ainsi, en 20 h., l'urée renfermée dans un litre d'urine. L'uréase de soja agit exclusivement sur l'urée ; elle est inactive sur d'autres combinaisons aminées et amidées. Au contraire, d'après quelques auteurs, l'uréase microbienne, contenue dans certains bouillons de culture, agirait aussi sur l'asparagine. Toutefois, ce fait ne se retrouve pas avec l'uréase extraite par précipitation de ces liquides, et l'action observée sur les acides aminés doit vraisemblablement être attribuée à l'intervention d'autres amidases accompagnant l'uréase.

Influence des conditions physiques et chimiques. — La température optima pour le travail de l'uréase est comprise entre 48 et 50°. Mais il y a lieu de remarquer que cet enzyme est très sensible à l'influence thermique ; c'est ainsi que la température optima est en même temps une température de destruction :

VARIATIONS DE LA FORCE DE L'URÉASE AVEC LA TEMPÉRATURE.

Durée de l'action.	Température.	Teneur en uréase.
2 1/2 heures.	14° C.	100
2 1/2 »	40	95.68
2 1/2 »	41.5	91.36
2 1/2 »	56	46.05

Une solution d'uréase, maintenue pendant 2 h. 1/2 à 14°, conserve encore entièrement son titre primitif, qui est exprimé ici par le chiffre 100 ; à la température de 41°5, la teneur en uréase est de 91.36 ; à 56°, elle n'est plus que de 46 ; enfin, lorsqu'on arrive à 65°, la destruction devient très rapide. Voici, d'autre part, les pertes d'activité d'une solution d'uréase conservée pendant 10 minutes à différentes températures :

Après 10 m. à 64°, le titre en uréase tombe de 100 à	97.8
» 66° » »	36.7
» 70° » »	25.89
» 75° » »	0

L'uréase supporte une alcalinité relativement forte : 0.5 %
de carbonate d'ammoniaque ne paralyse pas son action; cependant 4 gr. de soude par litre de solution deviennent nuisibles.
Cet enzyme est beaucoup plus sensible à la réaction acide: c'est
ainsi que, en présence de 1 gr. d'acide minéral pour 5 litres
de liquide, l'uréase est paralysée. Le degré de sensibilité de
l'uréase à la réaction du milieu nous est indiqué par l'expérience suivante : une solution de cet enzyme est additionnée
d'acide chlorhydrique à raison de 4 %; on attend 10 minutes,
puis on neutralise : or, ce traitement a suffi pour détruire complètement la substance active.

La glycérine et le sucre activent le pouvoir de l'uréase.
Pour mettre en évidence l'action de ce dernier corps, MIQUEL
procède de la façon suivante : dans une expérience témoin, il
ajoute à une solution active 8 % d'urée; puis, dans l'essai véritable, la solution active est diluée au 1/4 avec un sirop contenant 20 % de sucre, et l'on additionne ce mélange de la même
quantité d'urée que l'essai témoin. On laisse agir à la température de 48-50°, et l'on détermine dans les deux échantillons
la quantité d'urée restante au bout de temps variable :

ACTION DU SUCRE SUR L'URÉASE.

Durée de l'action en heures.	Expérience sans sucre Urée disparue % liquide.	Expérience avec sucre Urée disparue % liquide.
1	1.51	1.91
2	1.96	3.75
3	1.96	5.02
24	1.96	5

Ainsi, après 24 heures, il y a 5 gr. d'urée détruits en présence du sucre, tandis qu'on ne compte, dans l'essai témoin, la
disparition que de 1.92 gr. Le sucre agit donc comme protecteur de la diastase contre l'action de la température, phénomène qu'EFFRONT a d'ailleurs observé déjà avec beaucoup
d'autres substances à l'égard des différents enzymes.

Voici maintenant, rapportée dans le tableau suivant,
l'action du chlorure de sodium et de quelques autres produits
sur l'uréase :

ACTION DE DIVERSES SUBSTANCES SUR L'URÉASE.

Substances employées.	Quantité ⁰/₀₀ de liquide.	Valeur diastasique.
Chlorure de sodium	12.5 grammes	100
—	60	90
Alcool	10	90
—	200	30
Acide borique	0.2	21
—	0.5	12
Acide phénique	0.5	82
—	10	64
Sublimé	0.001	50
—	0.002	1
Sulfate de cuivre	0.05	0

Ainsi l'uréase est un enzyme très sensible aux conditions chimiques du milieu ; la présence de très faibles quantités de sulfate de cuivre, de sublimé, d'acide borique même, empêchent son action de s'exercer. L'acide salicylique produit aussi, à faibles doses, une action paralysante ; l'acide benzoïque est moins actif. Une solution d'uréase, saturée de chloroforme, perd, au bout de 8 jours, plus de 50 ⁰/₀ de sa puissance. Cette sensibilité aux antiseptiques est la cause pour laquelle on ne peut faire, avec cette diastase, des essais de longue durée, les résultats étant toujours plus ou moins faussés par l'antiseptique même qu'on emploie. On peut cependant éviter cet inconvénient en travaillant dans un milieu stérile, avec une solution filtrée sur bougie de porcelaine.

§ 4.

Guanase et Adénase.

Des deux sortes de phénomènes qui président aux mutations de la matière azotée dans l'organisme animal, les phénomènes d'assimilation, d'une part, et ceux de désassimilation, de l'autre, les premiers, dans leur ensemble, sont assurément les mieux connus. Sans doute, la phase ultime de la nutrition, à savoir, la reconstitution des tissus, nous échappe dans ses détails; mais on conçoit du moins comment la nature, par le jeu réversif de diastases déjà étudiées, peut arriver à ce résultat. Au contraire, les données qu'on possède relativement à la formation des produits d'excrétion azotée sont beaucoup plus vagues. Par quel processus chimique s'élaborent les nombreuses substances qu'on retrouve dans l'urine en proportions plus ou moins grandes? D'où viennent l'acide urique et les diverses bases puriques : la xanthine, la guanine, l'adénine, etc.; la créatine et la créatinine; l'allantoïne, l'acide hippurique, etc.; enfin, l'urée? On ne peut donner à ces multiples questions que des réponses provisoires, qui, jusqu'à présent, reposent plus sur des présomptions que sur des preuves certaines. Vraisemblablement, la production de corps si variés résulte du jeu de diastases appropriées; mais de toutes celles qui agissent d'une façon probable, on ne connaît encore qu'un très petit nombre, et très imparfaitement, d'ailleurs; aussi, jusqu'à plus ample informé, doit-on attribuer la plupart de ces synthèses à l'action de forces purement vitales.

Nous avons déjà eu l'occasion de montrer, à propos du rôle physiologique des amidases, comment ces diastases intervenaient dans l'élaboration des matériaux à l'aide desquels l'urée et l'acide urique, les deux principales substances azotées que l'urine excrète, pouvaient se constituer. Les sels ammoniaux représentent, en effet, une des principales sources de l'urée, car, amenés sous la forme de carbonate et de carbamate d'ammoniaque, ils sont rapidement déshydratés par les cellules du foie et transformés en urée. Il semblerait même que l'acide urique, tout au moins chez les animaux producteurs d'une grande quantité de ce corps, les oiseaux et les reptiles, ait aussi son origine dans le foie, l'organe hépatique des oiseaux étant capable de transformer les sels ammoniaux, accompagnés ou non de substances ternaires, non plus en urée, mais en acide urique. Toutefois, la principale cause de formation de l'acide urique chez les mammifères résulte de la désintégration des nucléoprotéides constituant leurs divers tissus. Nous

avons décrit précédemment, dans le chapitre des nucléopro-
téases, les divers corps qui prennent successivement naissance
sous l'influence des nombreuses diastases qui s'attaquent à ce
groupe de substances si répandues dans l'organisme. Nous
avons constaté notamment qu'il apparaissait, en dernier ressort, à la fin de l'hydrolyse nucléique, des bases pyrimidiques
et des bases xanthiques. Or, la parenté chimique qui existe
entre ces derniers produits et l'acide urique ressort nettement
des formules suivantes :

$$
\begin{array}{ll}
\begin{array}{c}
NH - CO \\
| \quad\quad | \\
H - C \quad\quad C - NH\!\!\diagdown \\
\| \quad\quad \| \quad\quad\quad\; CH \\
N - C - N\!\!\diagup \\
\text{Hypoxanthine (ou sarcine)}
\end{array}
&
\begin{array}{c}
NH - CO \\
| \quad\quad | \\
CO \quad\quad C - NH\!\!\diagdown \\
| \quad\quad \| \quad\quad\quad\; CH \\
NH - C - N\!\!\diagup \\
\text{Xanthine}
\end{array}
\\[3em]
\begin{array}{c}
N = C(NH^2) \\
| \quad\quad | \\
CH \quad\quad C - NH\!\!\diagdown \\
\| \quad\quad \| \quad\quad\quad\; CH \\
N - C - N\!\!\diagup \\
\text{Adénine}
\end{array}
&
\begin{array}{c}
NH - CO \\
| \quad\quad | \\
NH^2 - C \quad\quad C - NH\!\!\diagdown \\
\| \quad\quad \| \quad\quad\quad\; CH \\
N - C - N\!\!\diagup \\
\text{Guanine}
\end{array}
\end{array}
$$

$$
\begin{array}{c}
NH - CO \\
| \quad\quad | \\
CO \quad\quad C - NH\!\!\diagdown \\
| \quad\quad \| \quad\quad\quad\; CO \qquad \text{Acide urique} \\
NH - C - NH\!\!\diagup \\
\end{array}
$$

Les diverses substances du groupe purique sont susceptibles de se transformer les unes dans les autres, ou de donner
des corps nouveaux, sous l'influence de diastases variées. Parmi
celles-ci, on en compte cinq assez bien connues : elles se trouvent toutes dans le foie, organe dont nous avons déjà montré
le rôle très important, en ce qui concerne la synthèse de l'urée
dans le sang. Mais parfois on les rencontre aussi dans d'autres
organes animaux. Ces enzymes sont : 1) la xanthynoxydase;
2) l'uricase; 3) l'arginase; 4) la guanase; 5) l'adénase.

1) La *xanthynoxydase* est une diastase oxydante, découverte par SCHITTENHELM, qui transforme l'hypoxanthine en
xanthine d'abord, puis en acide urique; on a ainsi :

$$
\underset{\text{Hypoxanthine}}{C^5H^4ON^4} \longrightarrow \underset{\text{Xanthine}}{C^5H^4O^2N^4} \longrightarrow \underset{\text{Acide urique}}{C^5H^4O^3N^4}
$$

Son mode d'action nous explique la présence de l'acide urique dans l'urine, et aussi pourquoi la teneur en acide urique de l'urine d'un animal augmente quand on soumet celui-ci à une alimentation riche en purines.

2) L'*uricase* appartient en réalité à un groupe de ferments, dits *uricolytiques*, qui agissent tous, mais par des voies différentes, sur l'acide urique. L'uricase décompose l'acide urique en donnant de l'allantoïne :

$$CO\left\langle\begin{array}{l}NH - CO \\ NH - \underset{|}{CH} - NH - CO - NH^2\end{array}\right.$$

d'après la réaction :

$$\underset{\text{Acide urique}}{C^5H^4N^4O^3} + O + H^2O = \underset{\text{Allantoïne}}{C^4H^6N^4O^3_2} + CO^2$$

Comme, d'autre part, cette allantoïne peut, *in vitro*, sous l'influence des oxydants, se transformer en urée et acide oxalique, on a pensé que dans l'organisme l'urée pouvait provenir de l'oxydation de l'acide urique. Mais cette opinion n'est pas appuyée sur des preuves décisives.

L. BRUNTON a constaté aussi, dans le foie, la présence d'un ferment qui transforme l'acide urique en glycocolle, ammoniaque et acide carbonique, d'après l'équation :

$$\underset{\text{Acide urique}}{C^5H^4N^4O^3} + 5\,H^2O = \underset{\text{Glycocolle}}{C^2H^5NO^2} + 3\,CO^2 + 3\,NH^3$$

Enfin, on connaît une diastase capable de transformer l'acide urique en urée et acide tartronique :

$$\underset{\text{Acide urique}}{C^5H^4N^4O^3} + 4\,H^2O = 2\,\underset{\text{Urée}}{CH^4ON^2} + \underset{\text{Acide tartronique.}}{C^3H^4O^5}$$

Toutes ces diastases uricolytiques contribuent à l'élimination de l'acide urique de l'organisme et présentent de ce fait, un certain intérêt, tant au point de vue de l'établissement, chez un individu, des pertes en azote urinaire, sous toutes ses formes, que de l'étiologie de divers états pathologiques. Quelques auteurs prétendent, en effet, que l'origine de la goutte, notamment, maladie qu'on sait être due à une accumulation d'acide urique, résiderait dans l'absence ou dans une diminution de ces enzymes uricolytiques, qui, normalement, existent en quantités suffisantes dans l'organisme. Toutefois cette opinion n'est pas admise par tous.

Il convient d'ajouter qu'en dehors de ces transformations, dues à des diastases retirées d'organes, on a constaté que certaines bactéries aérobies sont aussi capables de détruire l'acide urique en donnant :

$$C^5H^4N^4O^3 + 8\,H^2O + O^3 = 4\,CO^3.NH^4.H + CO^2$$

Acide urique   Carbonate d'ammoniaque

Dans ce travail, plusieurs enzymes doivent intervenir ; souvent, on observe même que l'urée se forme comme produit intermédiaire ; mais celle-ci disparaît rapidement, sous l'action de l'uréase présente dans le bouillon de culture.

3) L'*arginase,* que nous avons déjà décrite, décompose l'arginine en donnant de l'urée et de l'ornithine. Or, l'arginine est une base hexonique, c'est-à-dire une substance qu'on retrouve dans les produits d'hydrolyse de la plupart des matières albuminoïdes ; on conçoit donc que par ce mode de dédoublement une certaine quantité de l'azote protéique puisse prendre la forme de l'urée.

4) Enfin, nous arrivons à la *guanase* et à l'*adénase,* qui sont de véritables amidases. En effet, leurs actions portent, la première, sur la guanine, en donnant :

$$C^5H^5ON^5 + H^2O = C^5H^4O^2N^4 + NH^3$$

Guanine   Xanthine   Ammoniaque

la seconde, sur l'adénine, en donnant :

$$C^5H^5N^5 + H^2O = C^5H^4ON^4 + NH^3$$

Adénine   Hypoxanthine   Ammoniaque

Ces deux diastases ont été décrites par W. JONES, qui reconnut leur présence dans différents organes d'animaux. Toutefois leur individualité a été très discutée ; SCHITTENHELM pense même qu'elles ne constituent à elles deux qu'une seule substance. On a pu cependant montrer qu'il n'en était pas ainsi en faisant l'analyse comparative de différents organes ; on constate alors que certains extraits se montrent actifs sur la guanine, alors qu'ils restent sans action sur l'adénine :

PRÉSENCE DE LA GUANASE ET DE L'ADÉNASE
DANS DIFFÉRENTS ORGANES.

Organes examinés.		Guanase.	Adénase.
Bœuf	Foie	+	+
	Rate	+	+
Porc	Rate	—	+
	Foie	—	+
	Pancréas	+	+
Chien	Rate	+	+
	Foie	+	—
	Pancréas	—	+
Lapin	Foie	+	—

On arrive à des résultats analogues en s'adressant à d'autres sources : c'est ainsi que W. JONES et STRAGHN ont démontré que l'extrait aqueux de levure transforme la guanine, alors qu'il n'agit pas sur l'adénine. D'autre part, MÜLLER a observé que l'adénase ne se rencontre dans aucun extrait d'organes humains, tandis que la guanase est toujours présente dans le foie. Enfin, WELLS a cherché ces deux diastases dans le fœtus humain : il a trouvé la guanase dans les fœtus de 1 ou 2 mois, tandis que l'adénase n'apparaît que dans les fœtus de 5 mois. Toutes ces indications sont contingentes : il ne saurait en être autrement puisque, non seulement la répartition de ces deux diastases dans les différents organes est très variable, mais encore, elle se modifie, comme on vient de le voir, avec l'âge des sujets examinés. Ce serait même là, pensons-nous, une preuve de plus de l'individualité de ces deux enzymes.

§ 5.

Butyro-amidase.

EFFRONT a isolé d'une culture de ferment butyrique, une amidase agissant sur l'acétamide et l'asparagine. Le milieu de culture se composait d'une solution d'albumine hydrolysée par l'acide sulfurique jusqu'à disparition complète des albumoses. Après avoir été débarrassé, par la baryte, de l'acide sulfurique, le liquide est amené à une teneur en azote de 1.5 gr. °/₀, puis alcalinisé à l'aide de carbonate de soude, à raison de 10 gr. par litre. Ainsi préparé, le liquide reçoit une culture de ferment butyrique, provenant d'une usine de récupération des déchets azotés. La fermentation est conduite, en présence de l'air, à une température de 48°. Aussitôt que la liqueur accuse une teneur en ammoniaque libérable par la magnésie, correspondant à 50 °/₀ de l'azote total, on augmente la culture en ajoutant au bouillon précédent 4 volumes de liquide frais de même composition que plus haut. Par accroissements successifs on arrive à 25 litres ; on abandonne alors le liquide à lui-même pendant 40 jours. Ensuite on refroidit à 15°; puis on ajoute 25 gr. de colophane, préalablement dissous dans le carbonate de soude. Après avoir laissé quelque temps au repos, on décante le liquide clair : dans le dépôt se trouvent toutes les bactéries agglutinées. Ce dépôt est centrifugé, lavé à l'alcool et à l'éther, puis desséché sur de l'acide sulfurique. La poudre obtenue est ensuite pulvérisée, additionnée d'une solution de carbonate 1/20 normale et maintenue à 45° pendant 3 heures. On ajoute alors 4 à 5 volumes d'alcool et on jette le mélange sur un filtre : il faut recommencer plusieurs fois à filtrer, afin d'obtenir un liquide parfaitement transparent; le précipité recueilli est à nouveau lavé avec de l'alcool et de l'éther, puis desséché. Le produit sec est enfin trituré avec de l'eau, puis filtré sur bougie.

Le filtrat ainsi obtenu est actif sur l'asparagine et l'acétamide. Avec l'asparagine, la formation d'ammoniaque est limitée au groupement amide. Mais avec les produits de protéolyse on obtient des résultats beaucoup plus parfaits. Pour ces essais on emploie des produits hydrolysés, donnant 74 à 75 °/₀ d'azote formol, d'après la méthode Sœrensen, et l'on utilise une solution contenant 100 mgr. d'azote °/₀. Le liquide, après stérilisation, est additionné de 0.5 gr. °/₀ de carbonate de soude et d'une certaine quantité de butyro-amidase. On maintient le mélange à 50° pendant 4 heures et l'on détermine, après ce temps, l'azote ammoniacal dans la solution :

MARCHE DE LA DÉSAMIDATION D'UNE SOLUTION D'ALBUMINE HYDROLYSÉE.

Quantités d'enzyme employées. Centigrammes.	Azote ammoniacal formé par 100 de liquide. Milligrammes.
1	12
2	27.8
3	34
6	36
10	39

Avec 3 centigr. de substance active, on obtient 34 mgr. d'ammoniaque sur 100 mgr. d'azote total. L'augmentation de la dose d'enzyme ne produit plus alors d'effet sensible. C'est un tiers environ de l'azote total qui se laisse aisément désamider. On observe le même phénomène dans un liquide plus concentré : dans une solution contenant 150 mgr. d'azote, on constate une certaine proportionnalité entre la quantité d'enzyme employée et l'ammoniaque formée, jusqu'au moment où le liquide accuse une teneur en ammoniaque de 48 mgr. Passé cette limite, l'amidase, comme précédemment, ne produit presque plus d'effet.

Lorsqu'on additionne les produits d'hydrolyse de l'albumine, de quantités déterminées d'asparagine, on obtient des résultats très intéressants ; la désamidation du mélange est alors très prononcée :

ACTION DE L'AMIDASE SUR UN MÉLANGE DE PRODUITS D'HYDROLYSE ET D'ASPARAGINE.

Composition du milieu.		Ammoniaque formée après 8 heures.
Azote des produits d'hydrolyse de l'albumine	150 mgr.	
Azote sous forme d'asparagine	200 »	252 milligrammes
Azote total %	350 mgr.	

Ce qu'il convient toutefois de remarquer, c'est que la butyro-amidase ne fournit pas le travail intégral qu'on constate ordinairement quand on opère en présence des bactéries qui la sécrètent. On arrive, en effet, dans ce dernier cas, avec le ferment figuré, à désamider jusqu'à 96 % de l'azote total contenu dans les produits de la protéolyse. Or, les enzymes isolés de leurs bactéries portent seulement leur action sur certaines substances, qui ne forment que le 1/3 environ du poids total. La butyro-amidase travaille de deux manières différentes sur l'asparagine, suivant les conditions du milieu. Avec l'eau seule, ainsi qu'on l'a vu plus haut, l'action est limitée au groupement amide ; en présence des produits oxydables de la protéolyse, la désamidation est, au contraire, complète, comme l'indique le tableau précédent : il ressort, en effet, de celui-ci, que l'ammoniaque formée provient, pour une part, de la totalité de l'azote de l'asparagine, et, pour l'autre, du tiers seulement de l'azote d'origine protéique.

L'action limitée que nous venons de constater avec la butyro-amidase, agissant sur les produits de l'hydrolyse des matières azotées, peut s'expliquer par l'hypothèse que la bactérie sécrète de nombreuses diastases spécifiques, agissant chacune sur des substances différentes. La butyro-amidase isolée ne contiendrait ainsi que certains enzymes, et non la totalité de ceux qui sont nécessaires au fonctionnement des ferments, évidemment plus exigeants. Du reste, bien que les amidases s'adressent à une série de corps de structure analogue, elles libèrent l'ammoniaque par des voies différentes ; on est donc tout naturellement conduit à admettre dans ce travail l'intervention de plusieurs catalyseurs, car il serait inadmissible qu'une même diastase fût appelée à remplir tant de fonctions si variées. Nous conclurons donc en disant qu'à chacun des différents modes de travail chimique correspond un type de catalyseur bien déterminé, que ce travail réside dans une hydrolyse, ou qu'il consiste dans une réduction. Malheureusement, cette manière de voir, en l'état actuel de la question, ne peut être confirmée par aucune preuve expérimentale.

Quoique l'étude de ces enzymes présente le plus grand intérêt, tant au point de vue physiologique qu'au point de vue pratique, elle offre encore de grandes difficultés, en raison notamment de l'impossibilité dans laquelle on se trouve de pouvoir isoler d'une façon satisfaisante ces substances actives. De plus, le nombre restreint de données qu'on possède à leur endroit, explicable par le peu de temps écoulé depuis leur découverte, n'est pas fait pour faciliter les recherches dans un domaine qui promet cependant de belles récoltes. Nous avons esquissé dans les paragraphes précédents quelques-unes seulement des propriétés de ces enzymes curieux. Dans le chapitre sur la fermentation putride, nous aurons l'occasion de revenir sur le travail chimique effectué par les amidases. Les diastases sécrétées par les microbes de la putréfaction sont, en effet, douées d'une variété d'action beaucoup plus grande encore que celles étudiées jusqu'ici, et elles sont capables de réaliser des transformations qui sont en quelque sorte caractéristiques de ce genre de fermentation. C'est pourquoi nous avons reporté leur étude à ce chapitre spécial.

BIBLIOGRAPHIE SUR LES AMIDASES.

PROPRIÉTÉS GÉNÉRALES. BUTYRO-AMIDASE.

O. Lœwi. Die Harnstoffbildende Fermente der Leber, *Zeits. f. physiol. Chem.,* (25), p. 511.

Ch. Richet. Sur la formation de l'urée dans le foie après la mort, *C. R.,* 1894, (118), p. 1125.

Jacoby. Ueber die fermentative Eiweissspaltung und Ammoniakbildung in der Leber, *Zeits. f. physiol. Chem.,* 1900, (30), p. 148.

M. Gonnerman. 1) Verseifbarkeit von Säureamiden und Säureaniliden durch Fermente, *Pflüg. Arch.,* (89), p. 493. — 2) Verseifbarkeit von Säureamiden und Aminosäuren durch Fermente, *Apoth. Zeitung,* 1903, (18), p. 192.

S. Lang. Ueber Desamidierung im Tierkörper, *Beitr. z. chem. Physiol.,* 1904, (5), p. 321.

K. Shibata. Ueber das Vorkommen von amidespaltenden Enzymen bei Pilzen, *Beitr. z. chem. Physiol.,* 1904, (5), p. 384.

Effront. 1) Brevet belge n° 189212, déposé en 1906, addition 20102. — 2) Sur l'utilisation de l'azote dans les résidus de distillerie, *Monit. scient.,* 1908, p. 429. — 3) Sur la fermentation d'acides amidés, *Monit. scient.,* 1909, p. 145. — 4) Sur les acides amidés, *C. R.,* 1908, (1), p. 779. — 5) Sur la fermentation ammoniacale, *C. R.,* 1909, (1), p. 238. — 6) Action du ferment bulgare sur les substances protéiques, *C. R.,* 1910, (2), p. 1007. — 7) Sur la fermentation putride, *Monit. Scient.,* 1911. p. 489.

Fürth u. Friedemann. Ueber die Verbreitung asparaginspaltender Organfermente, *Bioch. Zeits.*, 1910, (26), p. 435.

Berghaus. Ueber die Ammoniakbildung bei einiger Bacterienarten, *Arch. f. Hyg.*, 1908, (64), pp. 1-32.

Hans Pringsheim. Ueber Pilzdesamidase, *Bioch. Zeits.*, 1908, (12), p. 15.

W. Brasch u. C. Neuberg. Biochemische Umwandlung der Glutaminsäure in n. Buttersäure, *Bioch. Zeits.*, 1908, (13), p. 299.

C. Neuberg. 1) Die Entstehung des Erdöls, *Königl. Preuss. Akad. d. Wissensch.*, mai 1907. — 2) Verhalten von racemischer Glutaminsäure bei der Fäulnis, *Bioch. Zeits.*, 1909, p. 433.

C. Neuberg u. Cesare Coppezzuoli. Biochemische Umwandlung von Asparagin und Asparaginsäure in Propionsäure und Bernsteinsäure, *Bioch. Zeits.*, 1909, (18), p. 425.

C. Neuberg u. Karczag. Verhalten von Aminoisovaleriansäuren bei der Fäulnis, *Bioch. Zeits.*, 1909, (18), p. 435.

Butkewitsch. 1) Ammoniak als Umwandlungsprodukt Stickstoffhaltiger Stoffe in höheren Pflanzen, *Bioch. Zeits.*, 1909, (16), p. 411. — 2) Ammoniakabspaltung im Pflanzen, *Zeits. f. physiol. Chem.*, 1909, (63), p. 103.

Kiesel. 1) Ueber fermentative Ammoniakbildung im höheren Pflanzen, *Zeits. f. physiol. Chem.*, 1909, (60), p. 452. — 2) Autolytische Argininzerzetzung im Pflanzen, *Ibid.*, 1909, (60), p. 460.

E. Schulze. Ueber die Umzetzung der Eiweissstoffe im lebenden Pflanzen, *Zeits. f. physiol. Chem.*, 1898, 24, p. 18.

O. Lœw. *Die chemische Energie der lebenden Zellen*, München, 1899.

Ehrlich. 1) Ueber die Entstehung des Fuselöls, *Zeits. d. Ver. der deutsch. Zuckerindustrie*, (55), p. 592. — 2) Ueber die Bedingungen der Fuselölbildung und über ihren Zusammenhang mit dem Eiweissaufbau der Hefe, *Ber. d. deuts. Chem. Ges.*, 1907, (40), p. 1027. — 3) Entstehung der Bernsteinsäure bei der alkoholischer Gährung, *Zeits. d. Ver. der deutsch. Zuckerindustrie*, 1909, p. 646.

Effront. 1) Sur les conditions de la formation d'alcool amylique dans les fermentations à l'aide de levure de bière, *C. R. du Ier Congrès internat. de Sucrerie et Distillerie*, Liége, 1905. — 2) Sur l'autophagie de la levure de bière, *Bull. Soc. Chim. Paris*, 1905, p. 847.

Nawiasky. Umsetzung von Aminosäuren durch Bac. Proteus vulgaris, *Arch. f. Hyg.*, 1908, (66), pp. 209, 243.

Akikazu Suwa. Ueber das Schiksal der N-freien Abkommlingen der aromatischen Aminosäuren in normalen Organismus, *Zeits. f. physiol. Chem.*, 1911, (72), p. 113.

Castoro. Ueber Vorkommen von Ammoniak in Keimpflanzen und über seine Bildung bei der Autolyse solcher Pflanzen, *Zeits. f. physiol. Chem.*, (50), p. 525.

W. Gulewitsch. Ueber das Verhalten von Trypsin gegen einfache organische Verbindungen, *Zeits. f. physiol. Chem.*, (27), p. 541.

R. Chodat. Neue Untersuchungen über die oxydirenden Fermente, *Arch. de la Soc. phys.*, Genève, (35), p. 140.

Medwedew. Ueber Desamidirungvorgang in Blute von Thieren, *Zeits. f. physiol. Chem.*, 1911, (72), p. 446.

O. Neubauer. *Deuts. Arch. f. klin. Medizin*, 1909, p. 211.

Knoop. *Zeits. f. physiol. Chem.*, 1910, p. 489.

URÉASE.

Jacquemart. Note sur la fermentation urinaire, *Ann. Chim. et Phys.*, 1843, p. 149.

Laube. *Virchow's Arch.*, 1895, (100), p. 540.

Musculus. Sur le ferment de l'urée, *C. R.*, 1874, (78), p. 132; 1876, (82), p. 334.

Pasteur. *C. R.*, 1860, (50), p. 849; *Ann. Chim. et Phys.*, 1862, (64), p. 52.

Schutzenberger et Bourgeois. *C. R.*, 1876, (82), p. 262.

Guignard. Sur la transformation ammoniacale, *Thèse*, Paris, 1883.

Machida. *Bul. of the Central agricol Exper. Station.* Japon, 1907, p. 1.

Miquel. 1) *Bull. Soc. chim.*, 1878, (29), p. 387; 1879, (31), p. 391; (32), p. 126.
2) Sur le ferment soluble de l'urée, *C. R.*, 1890, (111), p. 897.

Muller. *Zeits. f. praktische Chem.*, 1860, (81), p. 467.

Lea. Sheridan. *Journ. of Physiol.*, 1885, (6), p. 136.

Schmiedeburge. Ueber Spaltung und Synthesen in Tierkeper, *Arch. exper. Path. u. Pharm.*, 1881, (14), p. 382.

Van Tieghem. Sur la fermentation ammoniacale, *Thèse*, Paris, 1864; *C. R.*, 1864, (58), p. 212.

Beijerinck. Vergleichende Untersuchungen über die Anhaufung von Ure-bacterien, d'après *Centralblatt*, 1902, (2), p. 144.

Takeuchi. Einige techn. Anwendung der Urease, *Chem. Zeit.*, 1911, (35), p. 408.

Kossowicz. *Zeits. f. Gärungphysiologie*, 1912, (1), p. 60.

Shibata. *Beitr. z. chem. Physiol. u. Path.*, 1904, (5), p. 321.

Emmerling u. Reiser. *Ber. d. deuts. Chem. Ges.*, 1902, (35), p. 700.

GUANASE ET ADÉNASE.

Walter Jones. Ueber das Enzym der Thymusdrüse, *Zeits. f. physiol. Chem.*, 1904, (41), p. 101; 1904, (42) p. 35; Ueber Guanase, *Ibid.*, 1905, (45), p. 84.

W. Jones u. Partridge. *Zeits. f. physiol. Chem.*, 1904, (42), p. 343.

W. Jones u. Winternitz. *Zeits. f. physiol. Chem.*, 1905, (44), p. 1.

W. Jones u. Austrian. *Zeits. f. physiol. Chem.*, 1906, (48), p. 110; *Journ. of Biol. Chem.*, 1907, (3), p. 228.

A. Schittenhelm. *Zeits. f. physiol. Chem.*, 1904, (42), p. 251; (43), p. 228; 1905, (45), pp. 121 et 152; (46), p. 354; 1906, (48), p. 571; 1908, (57), p. 21.

A. Schittenhelm u. Schmid. *Zeits. f. physiol. Chem.*, 1906, (50), p. 30.

Batteli u. Stern. Untersuch. über Uricas in den Thiergeweben, *Bioch. Zeits.*, 1909, (19), p. 219.

A. Schittenhelm. Die uricolytische Fermente, *Zeits. f. physiol. Chem.*, 1905, (45), p. 160.

L. Brunton. *Zeits. f. Physiologie*, 1905, (19), p. 1.

Straghn et W. Jones. *Journ. of Biol. Chem.*, 1909, (6), p. 245.

W. Jones. *Journ. of Biol. Chem.*, (9), p. 169.

C. Vögtlin u. W. Jones. Ueber Adenase und ihre Beziehung zu der Entstehung von Hypoxanthin in Organismus, *Zeits. f. physiol. Chem.*, 1910, (66), p. 250.

Miller et W. Jones. Ueber der Fermente der Nucleins bei der Gicht, *Zeits. f. physiol. Chem.*, 1909, (61), p. 395.

Gideon Wells et Herry Corper. *Journ. of Biol. Chem.*, 1910, (6), p. 486.

Gideon Wells. *Journ. of Biol.*, 1910, (7), p. 171.

SIXIÈME PARTIE.

Applications.

§ 1.

Pepsine officinale : son emploi thérapeutique. Peptones commerciales.

En 1855, Corvisart préconisa pour la première fois l'emploi de la pepsine en thérapeutique. Boudault, en 1857, prépara une poudre à base de pepsine qui eut à cette époque une grande vogue. Le succès fit apparaître une foule d'imitations, qui aboutirent bientôt à discréditer complètement ce médicament. De procès entamés, à cette époque, en France, aux fabricants de pepsine, il résulte qu'on a livré au public d'alors des produits tout à fait inactifs, malpropres et dangereux. Une commission, instituée en 1859 en France par la Société de Pharmacie, réglementa la fabrication de la pepsine médicinale. Bien que ses exigences fussent très modérées (0.4 à 0.75 gr. de pepsine devaient dissoudre 7 gr. de fibrine en 12 heures), la situation ne fut pas sensiblement améliorée. Les travaux de Panum, de Mourrut, d'Hofmeister, et de beaucoup d'autres, établissent, en effet, que les pharmacies, en France comme à l'étranger, continuèrent encore très longtemps à fournir des produits d'une valeur douteuse.

Dans une thèse de Konovaloff, soutenue en 1893 à St-Pétersbourg, on trouve l'analyse de plusieurs pepsines de différentes marques. Les données publiées par l'auteur sont d'autant plus intéressantes, qu'elles nous permettent de comparer ces produits pharmaceutiques au suc gastrique de chien.

ANALYSE DES DIFFÉRENTES PEPSINES COMMERCIALES.

Dénomination des Pepsines	Acidité la plus favorable	Pouv. dissolvant. Quant. d'albumine dissoute en 4 h. à 40° par 1 gr. pepsine	Pouv. liquéfiant, Nombre de mm. d'albumine liquéfiée (méthode de METT).	Equivalent en cc. de suc gast. de 100 gr. de différ. pepsines	Teneur en pepsine réelle
Suc gastrique de chien	0.2 °/₀	9.8 gr. (avec 10 cc. suc gastriq.)	9 mm. (avec suc non dilué)	100	0.15°/₀
Pepsine-glycérine de MERK (Darmstadt)	0.3	7.0	2.5 (sol. 25 °/₀)	25	0.037
Pepsine-essence de LIEBREICH (Berlin)	0.3	6.6	2.5 (id.)	20	0.03
Pepsinum russicum	0.2 - 0.3	8.4	5 (sol. 6 °/₀)	600	0.9
Peps. germanicum plane solubile WITTE (Rostock)	0.2 - 0.3	7.64	5 (id.)	300	0.45
Peps. granulatum WITTE (Rostock)	0.3 - 0.4	8.12	4.5 (id.)	400	0.6
P. hydrochloratum solubile 100 °/₀ MERK (Darmst.).	0.2	8.34	6 (id.)	550	0.82
Peps. cum amylo MERK (Darmst.).	0.3	5.72	4 (id.)	150	0.25
P. germanicum purum de LAMATSCH MERK (Darmst.).	0.2 - 0.5	7.9	2.5 (id.)	300	0.45
P. gallicum acidifié BOUDAULT . .	0.4	5.98	4 (id.)	160	0.24
P. gallicum neutre BOUDAULT . . .	0.4	6.14	6 (id.)	200	0.3
Pepsinum purum britann. FERRIS (Bristol).	0.4	7.91	7 (id.)	300	0.45
P. concentration LANGENBEK-JENSEN (Copenhag.).	1	8.2	4 (id.)	500	0.75
Pepsin-extract CHASSING . . .	0.5	7.07	4.5 (id.)	250	0.37

On constate que 10 cc. de suc gastrique préparé par la méthode de PAWLOW dissolvent en 4 heures, à 40°, 9.8 gr. d'albumine d'œuf coagulée. Or, un pareil résultat n'est atteint qu'avec un petit nombre de pepsines commerciales, si l'on tient compte des dilutions en substances actives. Néanmoins, il convient de remarquer que deux circonstances rendent difficile la comparaison des valeurs de ces produits, pourtant si différents. Tout d'abord, l'acidité la plus favorable pour l'action de la pepsine varie avec chacune des préparations. Pour le suc gastrique, l'acidité optima est 0.2 %, mais le travail se produit encore très bien quand on diminue ou qu'on augmente la dose d'HCl. Au contraire, l'activité des produits commerciaux se trouve dans une dépendance beaucoup plus grande de la réaction du milieu. Il existe pour les doses d'acidité tolérées des limites très restreintes, et l'on arrive même, comme c'est le cas pour la pepsine de LANGENBEK, à des quantités d'acide qu'on ne retrouve point dans l'état normal de l'estomac.

Ensuite, dans l'estimation des valeurs des pepsines, il faut prendre en considération non seulement le pouvoir dissolvant du produit, mais encore, et surtout, son pouvoir peptonisant réel. On rencontre très souvent, en effet, des préparations dissolvant très facilement les matières albuminoïdes, mais les digérant mal. Le suc gastrique naturel, au contraire, dissout et peptonise en même temps. Dans l'essai n° 1, après 4 heures le liquide filtré ne se trouble point par la neutralisation et ne donne point de précipité après addition d'acide nitrique, tandis que toutes les pepsines du commerce se comportent autrement, dans ces conditions. La rubrique : Equivalent en cc. de suc gastrique de 100 gr. de différentes pepsines, nous fournit précisément la relation qui existe entre les pepsines pharmaceutiques et le suc gastrique, relation établie non pas d'après le pouvoir dissolvant, mais d'après le vrai pouvoir digestif. On trouve ainsi que 100 gr. de pepsine la plus active (pepsinum russicum) représentent 600 cc. de suc gastrique. La rubrique : Teneur en pepsine réelle, est établie sur cette donnée, que le suc gastrique contient 0.45 % de matière

sèche, dont les 2/3 sont des substances inertes : la quantité de
pepsine réelle dans le suc gastrique sera donc de 0.15 °/₀.
D'après les résultats comparatifs fournis dans la colonne précédente, on voit que la pepsine n° 4, la plus active, contient en
réalité 0.9 °/₀ de matière active et 99.1 de substances inertes.

Le Codex russe de 1891, pour les analyses de pepsine, prescrit les conditions suivantes : 0.1 gr. de pepsine doit digérer en
4 heures, à 40°, 10 gr. d'albumine d'œuf cuite et tamisée, diluée
dans 100 cc. d'HCl à 0.25 °/₀. Dans cet essai, on se borne à envisager seulement le point de dissolution, sans tenir compte de
la digestion proprement dite du liquide. Du reste, dans les
Codex des autres pays (Allemagne, Angleterre, Belgique,
Italie, etc.), c'est aussi la dissolution, dans des conditions
données, du blanc d'œuf employé, qui fait la base de la détermination. Voici, par exemple, l'essai officiel de la pepsine,
inscrit dans le Codex belge (édition 1906) :

« On maintient, pendant 10 minutes, dans l'eau en ébulli-
» tion, un œuf de poule frais ; après refroidissement, on enlève
» le blanc, qu'on divise, en le faisant passer, par frottement,
» à travers le tamis n° 10 (1). On dissout par trituration 0.1 gr. de
» pepsine dans 100 gr. d'eau contenant 0.25 °/₀ d'acide chlorhy-
» drique ; on verse la solution dans un ballon d'environ 200 cc.;
» on y ajoute 10 gr. de blanc d'œuf, on agite et l'on chauffe au
» bain-marie, à la température de 40°, en agitant de temps en
» temps ; après une heure de digestion, le blanc d'œuf est
» dissous, en laissant seulement quelques petits flocons ».

La pepsine répondant à l'épreuve russe et, à plus forte
raison, à l'épreuve belge, représente indiscutablement une
pepsine très active, à la condition que la dissolution soit
réellement complète et qu'il ne reste plus de résidu appréciable, à l'exception de quelques fragments de membrane. Cela
devient alors une question d'appréciation, d'autant plus
fâcheuse, qu'entre la dissolution complète et la dissolution
apparente il y a une différence énorme, pouvant se traduire

---

(1) 10 mailles par centimetre de longueur.

par plusieurs heures d'écart. Il faudra donc substituer à ce critérium imparfait qu'est la fin de la dissolution, un mode de détermination plus précis permettant de mieux définir le terme assigné conventionnellement à la digestion. Deux réactions peuvent remplir ce but. La première est basée sur la précipitation des acidealbumines quand on neutralise le liquide soumis à l'action de la pepsine : lorsque la digestion est suffisamment avancée, la neutralisation *exacte* ne provoque plus aucun précipité. La seconde résulte de l'apparition d'un précipité quand au liquide de digestion on ajoute un peu d'acide azotique : s'il ne se produit plus, dans ces conditions, aucun trouble, c'est que l'hydrolyse est déjà poussée assez loin, jusqu'à la transformation totale des hétéroalbumoses.

Ces deux réactions, qui ont été introduites par PETIT, vont sensiblement de pair, quoique la première corresponde à un travail légèrement plus avancé. Toutefois, comme il est plus facile d'exécuter correctement la seconde, c'est cette dernière qui a été adoptée dans le Codex français.

La grande différence qui existe entre les pouvoirs dissolvant et peptonisant des pepsines a été établie par EFFRONT sur six produits pharmaceutiques de diverses provenances :

Provenance des pepsines	Durée de la dissolution	Disparition de l'acidealbumine	Disparition du précipité par NO3H
1) Pepsine origine française	4 heures	12 heures	11 heures
2) » » belge	1 1/2 h.	14 »	13 »
3) » allemande n° 1	3 heures	20 »	18 »
4) » » n° 2	6 »	35 »	40 »
5) » » n° 3	8 »	50 (incomplet)	50 (incomplet)
6) » française (pepsine à 50°)	1 »	7 heures	6 heures

Pour les essais de (1) à (5), on a employé 10 gr. d'albumine d'œuf, cuite et tamisée, 100 cc. d'HCl à 0.25 % et 0.1 gr. de pepsine, la température étant de 40°. L'essai n° 6 a été fait à la température de 50°. La dissolution du blanc d'œuf est très rapide dans les essais (1), (2), (3) et (6) ; cependant la disparition de

l'acidealbumine marche assez lentement. Il faut de 3 à 7 fois
plus de temps pour la transformation intégrale de ce corps que
pour la dissolution de l'albumine. Avec 10 cc. de suc gastrique de
chien on arrive, dans les mêmes conditions et à la température de
40°, à la disparition de l'acidealbumine en 4 heures. Pour aboutir
au même point en 12 heures, la dose de 2 cc. de suc gastrique est
tout à fait suffisante. Or, les produits analysés nᵒˢ (1), (2), (3),
tout en répondant aux exigences du Codex, sont, en comparaison du suc gastrique, des produits absolument inférieurs.
100 gr. de pepsine la plus active (nᵒ 1) correspondent à 2 litres
de suc gastrique, ce qui représente environ 2.8 gr. de pepsine
véritable et 98.2 de matière inerte.

Voici, d'après le Codex français le plus récent, celui de 1908,
le texte relatif à l'analyse de la pepsine :

« La pepsine doit répondre à l'essai suivant :

» Pepsine : dix centigrammes 0.10
» Eau distillée : cinquante-huit grammes cinquante centigrammes . 58.50
» Acide chlorhydrique dilué : un gramme cinquante centigrammes . 1.50
» Fibrine desséchée (a) : deux grammes cinquante centigrammes . 2.50

» Dans un flacon à large ouverture, introduisez la fibrine,
» l'eau distillée et l'acide chlorhydrique dilué (1) ; placez
» ensuite ce flacon dans une étuve, ou au bain-marie chauffé à
» 50°, jusqu'à ce que le mélange ait atteint la même tempéra-
» ture ; ajoutez alors la pepsine et faites digérer pendant six
» heures, en ayant soin, au début, d'agiter fréquemment, jusqu'à
» dissolution complète de la fibrine, et ensuite toutes les heures
» environ. Laissez refroidir et filtrez. 10 cc. de la liqueur ainsi
» obtenue ne doivent pas, à la température ordinaire, se troubler
» par l'addition de vingt gouttes d'acide azotique officinal (2).

» a) Dans cet essai, on peut remplacer la fibrine desséchée
» par 10 gr. de fibrine essorée ; il faut alors réduire à 51 gr. la
» proportion d'eau distillée. »

De ce qui précède, on conclut donc que la pepsine offici-

____

(1) La dose prescrite au Codex représente 0.25 o/o HCl.
(2) Cet acide est un mélange d'environ 1 molécule NO3H et de 2 molécules H2O.

nale française doit avoir un titre égal à 100. On sait, en effet, que le titre d'une pepsine représente le nombre de grammes de fibrine fraîche qu'un gramme de cette pepsine est capable, en 6 heures à 50°, de transformer en produits incoagulables par l'acide azotique. La matière protéique employée, soumise à l'action de la pepsine, est la fibrine de porc, lavée, essorée à la main, desséchée à 40°, soit à l'étuve, soit dans un courant d'air sec, puis pulvérisée. Ce produit se conserve bien, tout en restant comparable à lui-même, et est attaqué par la pepsine aussi bien que la fibrine fraîche. On peut aussi employer de la fibrine fraîche; mais le degré d'humidité du produit obtenu peut alors varier dans d'assez fortes proportions, suivant la force de l'essorage. En moyenne, 10 gr. de fibrine lavée et essorée fournissent 2.5 gr. de fibrine sèche.

La fibrine préparée dans ces conditions donne entière satisfaction. Cependant on n'est pas arrivé d'emblée en France à ce résultat. C'est pourquoi, devant la difficulté d'avoir une fibrine de conservation aisée et toujours comparable à elle-même, les pharmacologues des autres pays ont adopté une autre matière d'attaque. Nous avons déjà vu que la Russie se sert de blanc d'œuf coagulé. Il en est de même de l'Angleterre, de l'Allemagne, de l'Autriche, de la Belgique, des Etats-Unis, de l'Italie et de la Suisse. Pour donner des résultats toujours identiques, la cuisson de l'ovalbumine doit être faite dans le minimum de temps et le coagulum obtenu doit être amené à un état de division parfaite. De plus, on doit employer cette substance aussitôt après sa préparation. Quant à la caséine et à la gélatine, auxquelles on pouvait également songer, elles n'ont été adoptées par aucun pays.

Il est un autre point digne d'attirer notre attention. La quantité d'eau à employer dans l'essai précédent est spécifiée. C'est qu'en effet le pouvoir peptonisant d'une pepsine diminue quand la concentration du milieu digestif augmente. On voit qu'il est tenu compte de la latitude qu'on a d'employer de la fibrine desséchée ou de la fibrine essorée et que, dans ce dernier cas, la proportion d'eau directement ajoutée est réduite. Il est encore un détail qui a son importance. Il est recommandé de n'ajouter la pepsine dans le mélange de fibrine, d'eau et d'acide, qu'autant que celui-ci aura pris la température de l'étuve. En effet, la pepsine en présence de HCl subit une diminution d'activité, et pour qu'on puisse ne pas tenir compte de cet affaiblissement, il importe qu'il se produise toujours dans les mêmes conditions.

Ces quelques remarques montrent le soin avec lequel les différentes conditions expérimentales ont été spécifiées. La température de la réaction, sa durée, la détermination de la fin de la digestion, ont été choisies également comme étant les plus favorables pour une bonne opération. Pareil souci ne se trouve pas dans les Codex de tous les autres pays et, à cause de ce manque de précision et aussi de la diversité des conditions expérimentales adoptées, on éprouve le plus grand embarras lorsqu'il s'agit de comparer les activités de plusieurs pepsines de provenances distinctes.

Etant donné l'exigence du Codex français, il est indiscutable que dans les pharmacies de France on aura toujours des produits supérieurs à ceux livrés dans les autres pays. Cependant il faut bien remarquer que ces produits sont encore loin d'être aussi actifs que l'échantillon n° 1, examiné plus haut. En effet, le pouvoir diastasique de ce dernier ayant été déterminé au moyen de l'albumine cuite, qu'on sait être d'une digestion beaucoup plus difficile que la fibrine préconisée par le Codex français, il en résulte que cette pepsine n° 1 peut être considérée comme un produit d'une activité maxima.

Emploi thérapeutique. — La pepsine est employée, soit sous forme de poudre, soit sous forme d'élixir. La pepsine amylacée et la pepsine lactosée, qui figurent au Codex de 1908, sont des mélanges de pepsine avec de l'amidon ou du sucre de lait. Elles doivent avoir un titre égal à 40. Les élixirs de pepsine sont des solutions de pepsine faites dans du vin. Etant donné l'influence nuisible qu'exerce l'alcool sur la diastase, il est préférable de réduire le plus possible le taux alcoolique; et pour éviter l'altération du liquide, on y ajoute une certaine quantité de glycérine.

Voici la formule de l'élixir inscrite au Codex de 1908 :

Pepsine	20 gr.
Eau distillée.	280 »
Vin de Lunel.	500 »
Glycérine officinale	200 »

Ce vin doit, à la dose de 10 gr., dissoudre une quantité de fibrine essorée égale à 10 gr., dans des conditions de température et de temps analogues à celles prescrites pour l'essai de la pepsine. Il se conserve d'une façon satisfaisante.

A côté de ces préparations de pepsine, on emploie aussi le suc gastrique lui-même. On trouve dans le commerce des sucs de chien, ou encore de porc, recueillis par fistule, d'une façon aseptique, et doués d'un grand pouvoir protéolytique. Le suc gastrique de chien se conserve sans altération pendant très longtemps : il ne se putréfie point à le longue et offre, par suite, infiniment plus de garantie que la plupart des produits pharmaceutiques à base de pepsine.

La dose de pepsine usitée en thérapeutique est de 1 à 4 gr. par jour. Celle de suc gastrique, recommandée par PAWLOW, est de 30 cc. par repas. Or, 30 cc. de suc gastrique équivalent à 5 gr. de pepsine de la meilleure qualité : avec de telles proportions, l'avantage sera toujours pour le suc gastrique. Mais sa véritable efficacité réside surtout dans ce fait, qu'il s'adapte plus facilement à la variation de l'acidité de l'estomac, et que, en outre, on n'introduit pas avec lui, dans l'organisme, des matières étrangères susceptibles même d'amener des troubles.

Peptones commerciales. — On trouve dans le commerce, sous le nom de *peptones*, un certain nombre de produits qui résultent de l'action d'enzymes protéolytiques sur des matières albuminoïdes diverses : tels sont notamment les peptones WITTE, CHAPOTEAUT, etc. Le plus souvent, c'est la pepsine qui est la substance active employée ; cependant on prépare aussi des peptones pancréatiques, et même des peptones papaïniques (peptone d'ANTWEILER) (1). Les matières premières auxquelles

(1) On trouve aussi, dans le commerce, des peptones, dont la marque KEMMERICH est le type, qui sont obtenues par l'action de la vapeur d'eau surchauffée sur la viande : elles sont constituées par des albuminoïdes très peu transformés, simplement solubilisés. D'autre part, la peptone LA ROCHE, que nous avons déjà décrite (p. 525), est un produit d'une tout autre nature, puisqu'il résulte de l'hydrolyse profonde des déchets de soie sous l'influence de l'acide sulfurique concentré.

on s'adresse ordinairement sont la viande de bœuf ou de cheval, la fibrine, le blanc d'œuf, le caséine, etc. La digestion pepsique se fait en présence soit d'HCl, soit d'acides phosphorique ou tartrique. Voici, d'après CATILLON, une préparation de peptone adoptée par le Codex (supplément 1895) :

1 kg. de viande de bœuf, dégraissée et finement hachée, est mis à digérer, à la température de 50°, pendant 6 à 8 heures, avec 5 litres d'eau additionnée de 50 gr. d'acide chlorhydrique officinal, et de 20 gr. de pepsine extractive dissolvant 50 fois son poids de fibrine.On agite fréquemment et l'on maintient à température constante. Le mélange se fluidifie peu à peu, et, après quelques heures, devient transparent. L'opération sera terminée lorsque 10 cc. du liquide filtré et refroidi ne se troubleront plus par l'addition de 30 gouttes d'acide azotique officinal. On filtre alors, et l'on sature exactement la solution claire par le bicarbonate de soude. Enfin, on évapore au bain-marie jusqu'à pellicule. La solution saturée de peptone a une densité de 1.15 ; elle contient la moitié de son poids de peptone solide. La peptone liquide est additionnée, par kg., de 50 gr. d'alcool et de 50 gr. de glycérine pour en assurer la conservation. La peptone sèche s'obtient en évaporant dans le vide la peptone liquide. Elle correspond à 4 à 6 fois son poids de viande.

Cette peptone médicinale est fortement salée, du fait de la présence d'une notable quantité de NaCl, résultant de la saturation du HCl employé. Aussi, PETIT, pour remédier à cet inconvénient, remplace-t-il cet acide par de l'acide tartrique, l'élimination de ce dernier se faisant presque totalement sous forme de crème de tartre peu soluble.

D'une façon générale, les peptones commerciales, surtout celles d'origine pepsique, en dépit de leur nom, ne renferment que très peu de peptones véritables, et sont surtout constituées par des albumoses. Voici, en effet, l'analyse de la peptone WITTE, qu'on sait être obtenue par l'action de la pepsine sur la fibrine ; bien que ce ne soit pas un produit constant et que sa composition varie beaucoup d'un échantillon à l'autre, on remarque que toujours la proportion d'azote précipitable par le zinc est considérable :

ANALYSE DE LA PEPTONE WITTE.

Sur 100 d'azote total :

Azote précipitable par le Zn : albumoses . . . .   57.5 à 68.6 °/₀.

 »   »   »   l'acide phosphotungstique : albu-

   moses + peptones. . . . .   90.5 à 91

 » ammoniacal . . . .   0.4 à 1.4

 » formol (après départ de NH^3) . . . .   11 à 12

Sans doute, les peptones pancréatiques, qui se préparent de la même façon que les peptones pepsiques, excepté que le liquide de digestion, au lieu d'être acidifié, est faiblement alcalinisé avec du CO^3Na^2, renferment un peu plus de produits dégradés, de la tyrosine et du tryptophane, par exemple ; mais l'hydrolyse, ici encore, n'est jamais poussée très loin. D'ailleurs, ces deux genres de peptones se distinguent par les mêmes procédés que ceux que nous avons précédemment décrits, notamment par l'emploi de l'eau de brome, qui donne, dans le cas de peptones pepsiques, un précipité jaune, et dans le cas de peptones pancréatiques, une coloration rouge violacé intense, passant au brun par un excès de réactif. Remarquons, en outre, que ces produits sont parfois l'objet de falsifications, dont les plus fréquentes consistent en additions d'amidon, de dextrine, de glucose, de lactose, de gélatine, etc. (1).

Ces peptones se présentent habituellement sous la forme de poudres amorphes très légères, très hygroscopiques, d'une saveur faiblement âcre et amère, d'une odeur spéciale rappelant celle du bouillon avancé. Solubles dans l'eau, elles sont incomplètement précipitables par l'alcool. Ce sont des produits réputés facilement assimilables qui entrent dans l'alimentation des tuberculeux, cancéreux et débilités. Suivant les cas, on les prescrit à la dose de 5 à 50 gr. de peptone sèche par jour. On les emploie aussi associées à d'autres substances chimiques, notamment à divers sels métalliques : on obtient alors des *peptonates*, dont les plus connus sont ceux de fer ou de mercure, dans lesquels les métaux ont leurs réactions spécifiques plus

(1) Pour l'analyse des peptones, nous renvoyons le lecteur à la thèse déjà citée de JAVILLIER : *Sur les ferments protéolytiques.*

ou moins masquées. Enfin, on prépare avec les peptones quelques médicaments iodés qui renferment cet élément en partie combiné sous forme organique.

A côté de ces applications purement thérapeutiques, les peptones servent aussi fréquemment dans les laboratoires de bactériologie pour la préparation des bouillons de culture. A cette occasion, nous rappellerons que le zymogène, dont nous avons déjà parlé (p. 433), et qui constitue un excellent aliment pour les levures, est précisément une peptone industrielle obtenue par l'action des enzymes protéolytiques de la levure sur la caséine fraîchement précipitée. De même, on prépare une solution de peptone riche en produits azotés très dégradés, en abandonnant la levure pendant quelque temps à l'autolyse : mais le liquide renferme aussi des produits d'excrétion qui sont souvent toxiques pour les microorganismes.

———

BIBLIOGRAPHIE.

Boudault. *Schmidt's Jahresbuch*, 1857, p. 290. — Mémoire sur la pepsine, *Journ. Pharm. et Chim.*, 3e S., 1864, (30), p. 161.

L. Panum. *Wiener Sitzungsberichte d. Acad.*, 1871, p. 64.

Heitz. *Arch. pharmac.*, 1871, (196), p. 130.

Hofmeister. *Deuts. Mediz. Woch.*, 1875, p. 3.

Mourrut. *Journ. Pharm. et Chim.*, 1879, (30), p. 441.

Hammarsten. *Schmidt's Jahresbuch*, 1877, p. 173.

Ewald. *Zeits. f. klin. Med.*, 1879, p. 231.

Coombs. *Zeits. d. Apoth. Vereines*, 1886, p. 38.

Konowaloff. *Thèse*, St-Pétersbourg, 1893.

Bourquelot et Herissey. *Journ. Pharm. et Chim.*, 1903, (17), p. 164.

P. Thibault. Etude sur les prép. officin. de pepsine. *Thèse pharm.*, Paris, 1902.

A. Petit. *Etude sur la pepsine*, Paris, 1881.

A. Petit. Sur les peptones. *Journ. Pharm. et Chim.*, 5e S., 1881, (3), p. 529.

———

Exploration chimique et diastasique
de l'estomac.

I. — A la suite des progrès réalisés dans nos connaissances sur le mécanisme de la digestion, on avait pensé que peut-être l'analyse du contenu de l'estomac pourrait fournir des indications précieuses sur la pathologie de cet organe, ainsi que sur l'origine de diverses maladies accompagnées d'une nutrition défectueuse. Mais les résultats obtenus dans cette voie ne furent pas encourageants, et les partisans de l'exploration stomacale se reportèrent vers d'autres méthodes, d'ordre physique, telles que la détermination de la concentration moléculaire du liquide gastrique, la gastroscopie, la radiographie, etc. Sans doute, l'étude du chimisme gastrique ne peut pas constituer un contrôle toujours efficace du fonctionnement de cet organe, et, à elle seule, elle ne saurait conduire à un diagnostic certain sur l'état plus ou moins normal de la muqueuse stomacale ; mais il semble que le discrédit dans lequel est tombé ce genre de recherches soit immérité : il résulterait plutôt des défauts dans l'application que d'une erreur du principe même. En effet, il y a une vingtaine d'années, les méthodes d'analyse du contenu gastrique, tant au point de vue de sa composition chimique que de sa teneur en enzymes, étaient très imparfaites; depuis, on dispose de moyens beaucoup plus sûrs et plus précis, et par leur emploi, on est arrivé déjà, comme nous le verrons, à quelques résultats dignes d'être pris en considération.

Dans un chapitre précédent nous avons étudié le suc gastrique et donné sa composition : c'était du suc provenant d'animaux munis d'une fistule. Voyons maintenant comment on peut recueillir le contenu stomacal de l'homme : on y parvient au moyen de sondes introduites dans le tube digestif, soit à jeun, soit après un repas d'épreuve. Le repas d'épreuve d'EWALD se compose de 60 à 80 gr. de pain blanc

rassis et de 1/4 de litre d'eau ou de thé léger. Le sondage se fait
1 heure après le repas. Dans les conditions normales, on obtient
environ 50 cc. de liquide. Pour déterminer exactement le
volume du liquide contenu dans l'estomac, on en recueille
d'abord une faible partie, dont on détermine l'acidité ; puis on
fait un lavage de l'estomac, on prend à nouveau l'acidité de ce
liquide étendu, dont on connaît le volume, et de la connaissance de ces deux acidités on déduit, par un calcul très simple,
le volume intégral du liquide gastrique. On peut aussi introduire dans le repas d'épreuve, du phosphate de soude ou des
sels de fer ; le dosage de ces produits dans le suc gastrique
retiré permet de calculer le volume total du liquide stomacal.
LOEPER emploie comme repas d'épreuve le mélange suivant :
60 gr. de blanc d'œuf frais, représentant 8 gr. d'albumine pure,
sont délayés dans l'eau et coagulés ; on y ajoute 15 à 20 gr. de
glucose, et le tout est étendu à 200 cc. environ. Le sondage se
fait 25 à 30 minutes après l'ingestion et l'on retire environ
80 cc. de liquide gastrique.

II. — L'examen du contenu stomacal porte surtout sur la
qualité et la quantité des enzymes, ainsi que sur l'acidité ; on
complète parfois cette étude de la sécrétion gastrique par la
détermination des matières azotées qu'elle renferme. Nous
commencerons par cette seconde partie, de beaucoup la moins
importante. En dehors de l'acide, dont nous parlerons plus
loin, l'analyse chimique du liquide gastrique comprend le
dosage des substances suivantes : 1) albumine restante ;
2) peptones; 3) acides aminés et autres corps azotés.

D'après LŒPER, voici comment on procède : Dans une
première portion du suc gastrique, on dose l'albumine totale
par le réactif d'ESBACH ; dans une autre portion d'égal volume,
on précipite à chaud les albumines vraies par le perchlorure
de fer et l'acétate de soude et l'on dose colorimétriquement
les peptones dans le filtrat par la liqueur de FEHLING.
D'une façon évidente, pour que les renseignements tirés
de ces analyses aient quelque valeur, il faut que le repas
d'épreuve soit constamment le même, tant au point de vue

de sa composition chimique que de l'action qu'il peut exercer sur la muqueuse stomacale. C'est pour cela que Lœper emploie toujours le repas au blanc d'œuf coagulé additionné de glucose, comme on l'a vu plus haut. En ce qui concerne les acides aminés et les autres produits azotés, on les dose en précipitant d'abord les albumines et les peptones par trois fois leur volume d'alcool à 90° ; on laisse reposer, puis on centrifuge. L'azote trouvé dans le liquide clair indique la quantité approximative de corps abiurétiques.

On voit combien ce moyen d'analyse est rudimentaire. Il existe cependant, pour la détermination des matières azotées sous leurs différentes formes, des méthodes très satisfaisantes ; elles ont été décrites précédemment et nous ne faisons ici que les signaler : précipitations par le sulfate de zinc, par le tanin, par l'acide phosphotungstique, méthode au formol de Sœrensen, etc. Mais les cliniciens préfèrent se servir de procédés expéditifs, qui sont alors incertains, nullement comparables et souvent mal appliqués. On ne doit pas s'étonner, dans ces conditions, que les résultats qu'ils en tirent ne soient pas en rapport avec ce qu'il était possible d'espérer. Quoi qu'il en soit, voici quelques nombres auxquels on arrive après ingestion du repas d'épreuve de Lœper, correspondant à 8 gr. d'albumine :

ANALYSE DU CONTENU STOMACAL.

Maladies du sujet examiné	Albumine restante	Peptones	Acides aminés
Ulcère	1 gr.	très abond.	»
Hypochlorhydrie . . .	7	peu »	»
Cancer	6	peu »	traces
Sténose cancéreuse. . .	6	peu »	traces

La présence des acides aminés dans le suc gastrique ne paraît pas résulter de la propre activité de la sécrétion muqueuse, mais plutôt de l'action du suc pancréatique reflué dans l'estomac, de celle des microbes, et aussi de certains produits sécrétés par les cellules morbides. Aussi l'abondance des acides aminés indique-t-elle souvent, comme on va le voir, l'existence d'une sténose ou d'un cancer.

Dans l'estomac à jeun on ne trouve normalement que très peu de suc gastrique. Si l'on pratique le tubolavage à jeun avec de l'eau légèrement alcaline, on constate que, dans un organe sain, cette opération ramène seulement un peu de mucus, des traces impondérables d'HCl et très peu de chlorures. A l'état pathologique, au contraire, on y peut retrouver du sang, de l'albumine, des peptones, des dérivés peptiques abiurétiques, certains nucléoprotéides plus ou moins spécifiques, enfin des substances diverses éliminées, comme l'urée, le sucre, l'acétone, l'acide oxalique, etc. La digestion gastrique, en effet, dans certaines maladies, est poussée beaucoup plus loin qu'on ne pensait autrefois. D'après EMERSON, 50 % de l'azote total de l'albumine dissoute dans le suc gastrique de malades avec légère perturbation gastrique, se trouvent sous forme de peptones ou d'autres produits plus avancés. FISCHER trouve des corps aminés, tyrosine, leucine, arginine, etc., dans le contenu gastrique de malades atteints de cancers de l'estomac, corps qu'il ne retrouve pas dans des sujets normaux. On doit remarquer, en passant, la coïncidence qui existe, chez les cancéreux gastriques, entre la présence des acides aminés, d'une part, et l'absence d'HCl, de l'autre. Ce fait serait la conséquence de l'hydrolyse même de la molécule d'albumine : plus sa dégradation est poussée loin et plus il faut d'acide pour saturer les groupements aminés apparus. On admet que les peptones viennent directement de certaines tumeurs ou lésions inflammatoires de l'estomac, ou qu'elles dérivent de la transformation par le suc gastrique d'une albumine diffusée. Quant aux acides aminés, qui sont relativement fréquents dans les liquides des cancéreux, ils pourraient résulter de l'action même des ferments de la tumeur sur sa propre albumine. Ce ferment protéolytique spécial des tumeurs est d'ailleurs assez analogue à l'érepsine.

III.—Arrivons maintenant à l'étude diastasique du contenu stomacal. Tout d'abord, il s'agit d'établir sa teneur en acides : acide total, acide libre et acide combiné. Dans les laboratoires de cliniques, l'acidité totale se dose au moyen d'une solution déci-normale de soude, en présence de phénolphtaléine. Elle correspond à de l'acide chlorhydrique libre, qui fait virer au bleu le papier rouge Congo; à des acides organiques fixes, comme l'acide lactique, qui a la propriété de ramener au jaune la solution violette obtenue avec le phénol et le chlorure ferrique; enfin, à des acides volatils, comme l'acide acétique, l'acide butyrique, etc. La détermination de l'acide chlorhydrique sous les trois états : libre, combiné minéral et combiné organique, se fait habituellement par la méthode des trois capsules, due à HAYEM et WINTER : on verse dans chacune d'elles 5 cc. de suc gastrique; on additionne la première de CO^3Na^2 et on calcine : le dosage des chlorures formés donne le chlore total. La deuxième est simplement calcinée et donne le chlore fixe minéral. Enfin la troisième est évaporée à 100° : HCl libre s'échappe et un dosage du chlore restant, fait sur le résidu calciné en présence de CO^3Na^2, fournit le chlore combiné, minéral et organique. De ces trois résultats, on déduit HCl libre, par différence. Ce procédé est assez rapide, mais d'une précision douteuse. D'autre part, on remarque qu'il n'est fait aucune allusion à la caractérisation et au dosage des acides volatils : il existe pourtant une méthode, celle de DUCLAUX, qui est suffisamment bonne et qui pourrait, le cas échéant, rendre quelques services.

Malgré ces critiques, les résultats qu'on obtient ainsi sont intéressants : d'une façon générale, on trouve que l'acidité totale, au cours d'une digestion normale, croît de 0.5 $^o/_{oo}$ environ, pour atteindre 2 $^o/_{oo}$ au bout de 1 heure et diminuer ensuite. L'acide chlorhydrique libre atteint un maximum de 0.5 à 0.6 $^o/_{oo}$, l'acide chlorhydrique combiné atteint 1.5 à 1.8 $^o/_{oo}$; quant aux acides organiques, ils ne sont qu'à l'état de traces. Dans le cas de maladie, ces chiffres subissent de notables modifications. Dans le cancer, par exemple, HCl fait défaut et les chlorures sont faibles; par contre, l'acide lactique augmente; au contraire, dans l'ulcère et l'hyperchlorhydrie, l'acidité totale est toujours très élevée.

En ce qui concerne la recherche des enzymes, on emploie

ordinairement, pour l'évaluation de la richesse en pepsine, la méthode de METT, décrite précédemment (p. 262), et pour le dosage de la présure, le procédé usuel (p. 146), qui consiste à ajouter dans des tubes contenant un même volume de lait, des quantités croissantes de liquide stomacal : la proportion de ferment se juge d'après la rapidité de la coagulation. Il existe encore dans le suc gastrique d'autres ferments, comme l'amylase et la lipase, mais il n'est pas établi que leur présence soit réellement due à une sécrétion stomacale, et nous n'en parlerons pas. Par contre, la détermination de la pepsine et de la présure présente une importance très grande. Jadis, en appliquant les deux méthodes précédentes, il avait été possible d'établir que, dans les cas pathologiques, la richesse du suc gastrique en pepsine n'est pas toujours proportionnelle à celle en HCl. C'est ainsi que cet enzyme, dans le cancer, reste à un taux souvent élevé et disproportionné avec celui de HCl; dans les gastrites scléreuses, au contraire, l'absence d'acide et de pepsine est de règle. D'autre part, pour ce qui est de la présure, on avait constaté que ce ferment existe surtout chez l'enfant nourri au sein, et que, dans les cancers, il est souvent absent.

Mais depuis quelques années on dispose, pour l'analyse des diastases peptonisante et présurante, de méthodes beaucoup plus délicates : nous les avons exposées déjà dans les chapitres correspondants et nous ne reviendrons pas sur leur description. Ce sont : pour la pepsine, la méthode de FULD, à l'édestine (p. 262), et celle de JACOBY, à la ricine (p. 265); pour la présure, la méthode de MORGENROTH, basée sur une action préalable du ferment à 0° (p. 147), et celle de BLUM et FULD, reposant sur l'emploi de la poudre de lait d'EKENBERG (1) (p. 148). Voici, d'autre part, un autre procédé, dû à MEUNIER, qui est également très satisfaisant. Il consiste à ajouter à 5 cc. de lait stérilisé, 5 cc. d'une solution de Ca Cl^2 à 1 %, puis 5 cc. de suc gastrique dilué au $^1/_{10}$, au $^1/_{100}$, au $^1/_{500}$ ou au $^1/_{1000}$, de façon que la coagulation se fasse, à la température de 40°, dans les

____

(1) Ce produit se trouve chez : The Ekenberg Milk Product Co, Ltd. London, Victoria buildings 37, Queen Victoria street.

10 premières minutes. MEUNIER adopte, comme force présurante d'un suc gastrique, la quantité de lait qui est coagulée, exactement en 10 minutes, par 1 cc. de suc pur. Elle se calcule d'après la formule : $F = \dfrac{D \times 10}{m}$, où D est la dilution et m le temps. Si le suc est étendu au $^1/_{100}$ et que la durée de la coagulation est de 8 min., la force présurante sera donc de 125. A l'aide de sa méthode, l'auteur précité obtient les résultats suivants :

FORCE PRÉSURANTE DE QUELQUES SUCS GASTRIQUES.

1000-2000 : Suc normal.
500-1000 : Légères perturbations avec bon pronostic.
100-500 : Gastrite alcoolique; ulcère stomacal ancien ;
        cas ancien d'hypersécrétion.
0-100 : Gastrite chronique. Cancer.

Dans le paragraphe sur l'identité possible de la pepsine et de la présure, nous avons eu l'occasion de dire qu'il existait ordinairement une relation étroite entre les quantités de ces deux ferments présentes dans l'estomac. BLUM et FULD prétendent même que les variations de sécrétion de ces enzymes se font parallèment, et qu'il suffit de doser l'un d'eux pour connaître la proportion de l'autre. Voici, à l'appui de cette assertion, quelques-uns des nombres que ces auteurs produisent et qui, à quelques exceptions près, sont particulièrement concluants :

(*Voir tableau comparatif, page 601.*)

En résumé, devant des résultats aussi nets, nous pourrons dire que si l'exploration stomacale n'a pas donné jusqu'ici, dans la pratique, tout ce qu'on attendait d'elle, c'est que le problème, tant au point de vue chimique que diastasique, était mal posé, et qu'il est, au contraire, très probable, si l'on procédait dans les laboratoires de cliniques à des analyses précises du contenu gastrique, qu'on obtiendrait des indications très utiles pour le diagnostic d'un grand nombre de maladies.

TENEURS COMPARÉES EN PEPSINE ET EN PRÉSURE
DE DIVERS SUCS GASTRIQUES.

Diagnostic	HCl libre d'après TOPFER.	Pepsine d'après METT	Présure d'après BLUM et FULD
Suc gastrique normal	---	—	3000 à 7000
Commencement de tuberculose . . .	4	7.5	6000
Neurasthénie	14	7.2	4500
Gastrite alcoolique anacide	— 8	6.5	1000
—	— 8	1.5	800
Cancer du pylore	22	3	2000
Cancer de la petite courbure	40	2.5 (?)	2500
Neurasthénie grave	— 4	1.5	100
Artériosclérose	—14	0	10
—	—18	0	0
—	—15	0.3	20
Tuberculose pulmonaire	—12	0	10
Anémie pernicieuse	—18	0.5	0
Achylie gastrique . . . . ,	— 6	0.7	60
—	— 6	2	100
—	—11	0	0
—	—10	0	10
—	—10	1	60
Gastrite anacide	—10	1	100
—	—12	2.5	100
Gastrite alcoolique	— 8	1	100
Cancer du ventricule	— 6	0	120
—	—10	0.5	50
Cancer de la grande courbure	— 7	1.5	200
Gastrosuccorrhée	22	5.8	820
—	40	3.7	560
—	36	8	540
—	14	6	250
Ulcère gastrique	20	2.5	6000
—	52	5	10000

BIBLIOGRAPHIE.

LOEPER. *Leçons de pathologie digestive,* Paris, 1912.

G. LEVEN. *La dyspepsie,* Paris, 1913.

EMERSON. *Deuts. Arch. f. klin. Medizin,* (72).

FISCHER. *Deuts. Arch. f. klin. Medizin,* (93).

L. BLUM u. E. FULD. Ueber eine neue Methode der Labbestimmung u. über das Verhalten des menschlischen Magenlabs unter normalen u. pathologischen Zuständen, *Berl. klin. Woch.,* 1905, (44ª), p. 107.

Linossier. Recherche et dosage de la pepsine dans le contenu gastrique. *Journ. de physiol. et de pathol. gén.*, (1), p. 281.

Meunier. Digestion lactée : rôle du lab-ferment, *Bull. gén. de thérap.*, 1904, p. 683.

Robin et Gouraud. Du ferment lab, *Bull. gén. de thérap.*, 1902, (143), p. 197.

Vortruba et Mixa. Le chimisme gastrique dans divers cas morbides, *Bull. gén. de thérap.*, 1903, (146), p. 495.

Gluzinski. Zur Frühdiagnose des Carcinoms, *Grenzgebiete der Medizin u. Chirurgie*, (10), p. 1.

Umber. *Berl. klin. Woch.*, 1905, p. 89.

Einhorn. *Arch. f. Verdauungskrankheiten*, (1), p. 158 ; (7), p. 11.

Martins u. Labarsch. *Achylia Gastrica*, Wien, 1897.

Kuttner. Zur Frage der Achylia Gastrica, *Zeits. f. klin. Medizin*, (45), p. 1.

Prollew. Zur Pepsinfrage bei Achylia Gastrica, *Arch. f. Verdauungskrankheiten*, (5), p. 151.

Glässner. *Berl. med. Woch.*, 1902, p. 675.

Pour le dosage des acides dans le contenu stomacal, voir :

Bickel. *Bioch. Zeits.*, 1906, (1), p. 156.

Steensma. *Bioch. Zeits.*, 1908, (8), p. 210.

Lambling. *Dictionn. de chimie de Würtz*, 2ᵉ suppl., 4e t., p. 473.

§ 3.

Rôle des enzymes protéolytiques

dans la conservation des grains et des farines ainsi que dans la panification.

La farine servant à la fabrication du pain contient des enzymes saccharifiants et des enzymes protéolytiques. Ces diastases proviennent du grain même, ainsi que de la flore microbienne qui l'accompagne. On sait, en effet, qu'au cours de la maturation des graines, il se développe dans celles-ci des substances actives qui se conservent ensuite très longtemps après la dessiccation. Quant aux espèces bactériennes qui se trouvent à leur surface, elles sont très variées : c'est, en particulier, le cas du blé et du seigle. Or, beaucoup de ces germes,

tels que les *Mesentericus* et les *Proteus*, ont des propriétés
protéolytiques très accentuées. Le nombre des bactéries qu'on
peut compter sur 1 gramme de grain varie de 200,000 à 10 millions. La plus grande partie de celles-ci reste dans le son,
mais la farine en contient encore des quantités assez considérables, de 20,000 à 30,000 par gramme de substance.

Au point de vue de la conservation des grains ou des
farines, les enzymes et les microbes jouent un rôle extrêmement important. Les grains séchés, amenés à une teneur de
8 à 10 °/₀ d'eau, se conservent généralement assez bien à l'air
sec ou peu humide. Mais en présence d'air humide, et surtout
si la température s'élève, les graines reprennent de l'eau,
principalement à la surface, et l'on se trouve dans des conditions
favorables, aussi bien au développement des bactéries qu'au
réveil de toutes les activités diastasiques. De fait, on constate
que le grain en silo s'échauffe, s'altère, et que sa respiration
est considérablement augmentée :

INFLUENCE DE L'HUMIDITÉ DU GRAIN (ORGE) SUR LE DÉGAGEMENT
DE CO_2.

Teneur en eau	CO_2 par kg. de grain en 24 heures
10 °/₀	0.3 à 1.5 mgr.
20	350 »
33	2000 »

Pareil phénomène s'observe également avec des farines
conservées. Lorsque celles-ci s'échauffent, on remarque une
augmentation de l'acidité provenant en partie de la décomposition des matières grasses, mais aussi de la formation d'acides
volatils, aux dépens du sucre et des substances amylacées.
D'après MARION et MONGET, l'acidité des farines altérées provient surtout de la décomposition du gluten par les enzymes :
réaction qui entraîne l'apparition d'une substance acide. Tandis
que le froment frais contient de 0.004 à 0.023 °/₀ d'acide, calculé
en acide lactique, l'acidité dans les farines avariées varie de
0.14 à 0.5 ; la teneur en acide de la farine altérée de seigle
peut atteindre 0.5, alors que le produit sain n'en contient
que 0.045.

L'avarie des grains et des farines se manifeste surtout par le changement qui s'opère dans la nature du gluten que contiennent ces matières, changement dû en grande partie aux enzymes protéolytiques. D'après FLEURENT, le gluten est composé de trois substances : la gliadine, la gluténine et la conglutine. Cette dernière joue un rôle moindre que les deux autres dans la transformation; néanmoins sa proportion change aussi : tandis que dans le froment de bonne qualité on dose 1 à 2 °/₀ de conglutine sur 100 d'albumines totales, dans les blés à grains vitreux, de médiocre valeur, on en trouve jusqu'à 15 et 16 °/₀.

La qualité d'une farine, au point de vue de la panification, dépend du rapport qui existe entre la gliadine et la gluténine; on peut d'ailleurs séparer ces deux substances du fait que la première est soluble dans l'alcool à 70° G.L. chaud et que la seconde est insoluble.

TENEUR EN GLIADINE ET EN GLUTÉNINE

DES DIFFÉRENTES FARINES.

	Gluten dans 100 parties farine.	Gliadine dans 100 parties gluten.	Gluténine
Seigle	8.26 °/₀	8.14 °/₀	92.83 °/₀
Maïs	10.63	47.50	52.50
Orge	13.82	15.60	84.90
Riz	7.86	14.31	85.70
Sarrasin	7.26	13.08	86.92
Blé	7.47	75.25	24.75

On voit que le rapport entre la gliadine et la gluténine est assez différent dans les diverses céréales. Ainsi, dans le blé de bonne qualité, le rapport est de 3 à 1, tandis que dans le sarrasin il est voisin de 1 à 7.

D'après KOSUTANY, ces deux substances, la gliadine et la gluténine, sont susceptibles de se transformer l'une dans l'autre, par suite d'une intervention diastasique. La gliadine serait un hydrate désoxydé de la gluténine et, inversement, celle-ci serait un anhydride oxydé de la gliadine. Ces transformations, d'après cet auteur, s'opèrent au cours de la maturation du

grain, ainsi que dans les diverses circonstances de son traite·
ment et de sa conservation. Suivant la valeur que prendra le
rapport $\frac{\text{gliadine}}{\text{gluténine}}$, le produit s'améliorera ou s'altérera, une farine
de blé de bonne qualité correspondant, ainsi que FLEURENT l'a
reconnu, à une proportion de 3 du premier constituant pour
1 du second.

Tout d'abord, il est facile de montrer que dans la panification, le gluten s'hydrate : si l'on prend un pâton de farine
fraîchement préparé et qu'on isole aussitôt le gluten, on
constate que celui-ci contient 43.65 °/₀ de substance sèche.
Si le pâton n'est délayé qu'une demi-heure après qu'on l'a fait, on
trouve que le gluten obtenu ne contient plus que 42.36 °/₀ de
matière sèche. Si l'on attend 2 heures avant de traiter le pâton,
on en isole un gluten n'ayant plus que 41.02 °/₀ de matière
sèche. Le gluten s'hydrate donc, puisque les produits qu'on vient
de retirer contiennent de moins en moins de substance sèche.

Cette hydratation se produit aux dépens de la gluténine,
qui se transforme ainsi en gliadine. Inversement, si l'on déshydrate la substance azotée du blé, au moyen de l'alcool à 40 °/₀,
par exemple, on constate que la proportion de gliadine restée
en solution dans l'alcool diminue avec la durée de la digestion :

Durée de la digestion	Quantité d'azote dissous		
	I	II	III
1 h. 1/2	0.979 °/₀	0.773 °/₀	0.757 °/₀
3 heures	0.924	0.724	0.730
6	0.903	0.661	0.692

Ces transformations se produisent en diverses circonstances : c'est ainsi qu'au cours de la germination du grain,
sous l'influence des enzymes apparus, la gluténine s'hydrate
pour donner de la gliadine : la proportion de celle-ci est alors
trop grande et la farine préparée avec des graines germées
représente toujours un produit de qualité inférieure. car elle
donne une pâte qui ne tient pas et qui s'affaisse à la cuisson.
Par contre, c'est la transformation inverse qu'on peut observer
pendant la mouture du grain, si le produit vient à s'échauffer :

dans ce cas, la gliadine se déshydrate, en même temps qu'elle s'oxyde; il se fait de la gluténine, le rapport $\frac{\text{gliadine}}{\text{gluténine}}$ est encore modifié, et la farine qu'on obtient est aussi de moins bonne qualité, car le pain qu'elle fournit est mal levé et possède une mie compacte.

Suivant le cas, on constate que pendant leur conservation, les farines gagnent ou perdent de leur valeur : si l'on place une farine ordinaire dans une pièce chaude en présence d'air sec, on produira l'oxydation et la déshydratation de la gliadine, qui donnera, par suite, de la gluténine, et le produit s'améliorera. Au contraire, si l'on maintient dans une atmosphère humide et tiède une farine de bonne qualité, on verra que sa gluténine s'hydrate en se transformant en gliadine, et le tout s'altérera.

Enfin, au cours même de la panification, le passage de la gluténine en gliadine s'effectue : si l'on abandonne la pâte à elle-même, on constate qu'elle devient de plus en plus molle, par suite d'une hydratation, ainsi qu'on l'a montré plus haut. Pendant le pétrissage il y a indiscutablement un changement favorable qui s'opère dans la nature du gluten : on admet qu'il est dû à l'action des enzymes protéolytiques apportés par le grain. Mais cette intervention des diastases se produit encore dans la suite de la fabrication. On sait, en effet, que pour faire lever la pâte, on emploie un levain préparé avec de la levure de bière. Celle-ci, en faisant fermenter le sucre contenu normalement dans la farine ou qui s'est formé au cours du pétrissage, donne de l'acide carbonique et de l'alcool qui, en se dégageant ou en se volatilisant pendant la cuisson, communique au pain une certaine porosité. Or, l'expérience a montré qu'on n'obtient de bons résultats qu'avec des levures pressées, préparées spécialement en vue des usages de la boulangerie. L'emploi de levures de brasserie, ou encore celui de levains artificiels, comme le carbonate d'ammoniaque ou le mélange de bicarbonate de soude et d'acide tartrique, procédé très répandu, il y a quelques années encore, en Amérique, tend à disparaître de plus en plus.

Cet avantage reconnu à la levure pressée, comparativement à la levure ordinaire de brasserie, tient vraisemblablement à une action différente et plus favorable des enzymes protéolytiques de cette levure sur le gluten. Sans doute, cette question n'est pas encore complètement résolue, mais elle mérite cependant la plus grande attention, étant donné que l'emploi de la levure en boulangerie est, en définitive, un procédé très coûteux ; en effet, sans même tenir compte du prix de cette levure, on doit remarquer que son action se traduit par un déficit en substance fermentescible, évalué à 2 °/₀ dans le cas de levure de brasserie ou de levain spontané, et encore à 0.75 ou 1 °/₀ dans le cas de levure pressée. Ce pourcentage relativement faible représente cependant en substances nutritives une perte globale considérable, si l'on pense à la quantité énorme de pain qu'on fabrique chaque jour dans le monde. Si donc il était réellement établi qu'une grande partie de l'utilité des levures tient à la nature des enzymes protéolytiques qu'elles sécrètent, ce serait apporter un très grand progrès à l'industrie boulangère que de substituer à ces levures mêmes, des levains artificiels, composés, d'une part, de produits générateurs de gaz carbonique et, de l'autre, de diastases protéolytiques appropriées.

BIBLIOGRAPHIE.

T. KOSUTANY. *Der ungarische Weizen und das ungarische Mehl*, Budapest, 1907.

FLEURENT. *C. R.*, 1896, (123), p. 327.

E. BOUTROUX. Le pain et la panification, *Encyclopédie de Chim. indust.*, Paris, 1897.

BALLAND. *C. R.*, 1896, (122), p. 1496.

Rôle des enzymes protèolytiques
dans la Brasserie.

I.

Les matières azotées jouent dans l'histoire de la bière un rôle important, aussi bien pendant qu'après la fabrication. Dans la première phase, elles sont nécessaires à l'alimentation et au développement de la levure. Dans la seconde, conjointement aux hydrates de carbone restants, elles assurent la valeur nutritive de la bière terminée ; elles contribuent, en outre, dans une large mesure, à la viscosité et au goût particulier du produit obtenu. Mais il importe que cet azote résiduel remplisse, aux points de vue qualitatif et quantitatif, certaines conditions, afin que la bière, durant sa conservation, ne se trouble pas ou ne s'altère pas sous diverses influences d'ordre physique ou biologique. Tout le travail de la brasserie, ainsi qu'on va le voir, est précisément réglé de façon à remplir ces nombreux desiderata.

Germination. — Le grain d'orge renferme environ, suivant l'origine, la qualité, etc., de 1 à 2 % de son poids d'azote. Cet azote correspond à des substances diverses. Parmi celles-ci, il est un certain nombre de protéines solubles dans l'eau, dont le poids s'élève à environ 15 à 16 % du poids total des albuminoïdes contenus dans l'orge. Mais ces réserves solubles ne sont que très faiblement utilisables par l'embryon. Les enzymes protéolytiques ont précisément pour effet, au cours de la germination, d'en élaborer de nouvelles, qui pourront alors servir au développement de la jeune plante. Naturellement, celles-ci, comme celles-là, se retrouveront en majeure partie dans le malt, que le brasseur emploie à des fins tout autres que celles prévues par la nature. Voici quelques données relatives à la distribution de l'azote, dans les différentes parties du grain, en faisant la teneur d'azote total de l'orge égale à 100 :

	Endosperme.	Germe.	Radicelles
Orge trempée	86.6	13.4	—
Malt de 5 jours	72.8	18.1	9.1
» 11 »	51.5	36.3	12.2

On voit qu'il y a pendant le maltage un déplacement très important de l'azote de l'endosperme vers la plantule en développement : cette migration atteint $\frac{86.6 - 72.8}{86.6} \times 100$, soit près de 16 % de l'azote total de l'endosperme dans les cinq premiers jours de la germination, et, dans les conditions de l'expérience, il va jusqu'à dépasser 40 % au moment où le malt est prêt à être touraillé. En pratique, dans des conditions normales, il y a environ 35 à 38 % de l'azote de réserve de l'endosperme qui passent par le scutellum dans la jeune plante au cours de la période ordinaire du maltage. Ces nombres mesurent seulement les réserves azotées qui ont été amenées par les enzymes à leur plus bas terme, sans comprendre les corps plus complexes. Il est probable que dans un malt bien fait, qui a germé de 10 à 12 jours, au moins 60 à 70 % des réserves protéiques ont été profondément altérés, tandis que dans la même période il n'y a que 16 à 17 % de la réserve d'amidon qui ont été attaqués : le travail protéolytique est donc considérable.

Envisageons maintenant le malt achevé, débarrassé de ses radicelles, au lieu de l'ensemble du grain germé : on constate que dans l'expérience précédente, la distribution de l'azote est représentée ainsi :

> Azote de l'endosperme : 58.7 % de l'azote total du malt.
> » du germe : 41.3 % » » »

Quant à l'azote toujours soluble, non coagulable par la chaleur, il se répartit de la façon suivante :

> Pour 100 { 52.5 proviennent de l'endosperme.
> contenus dans le malt { 47.5 » du germe.

Donc la moitié de l'azote toujours soluble du malt est fournie par le germe, malgré la faible fraction du poids total du grain représentée par le germe : environ 10 % du poids du grain. Par contre, la majeure partie de l'azote coagulable provient de l'endosperme, cette forme de l'azote témoignant d'une dégradation moins avancée que celle relative à des produits

39

solubles qui se sont déplacés par dialyse, comme c'est le cas pour ceux du germe. De ce qui précède, il ressort encore que la solubilisation des principes azotés au cours de la germination croît rapidement avec le développement des plumules : si le poids de celles-ci augmente légèrement, la quantité d'azote soluble augmentera beaucoup : d'où la nécessité d'arrêter la germination au moment précis où elle est jugée suffisante.

D'une façon générale, la quantité d'enzyme protéolytique contenue dans le grain d'orge paraît être en relation étroite avec la quantité de matières azotées à solubiliser, autrement dit, la force serait proportionnée à l'effet à produire. C'est du moins ce qui ressort de ce fait que plus l'orge est azotée, plus le malt renferme d'azote soluble, si bien que pour des conditions expérimentales identiques, c'est une fraction constante de l'azote de l'orge qui se retrouve dans le malt sous forme soluble. Il est difficile de donner une preuve exacte de ce fait, car il est très influencé par le point jusqu'où le maltage a été poussé. Voici cependant quelques résultats obtenus par BROWN avec des orges provenant des cases de la Station expérimentale de Rothamsted :

RAPPORT DE L'AZOTE TOUJOURS SOLUBLE QUI PEUT ÊTRE EXTRAIT DU MALT A L'AZOTE TOTAL DE L'ORGE.

Azote o/o d'orge	Azote soluble o/o de malt	Azote o/o de malt	Azote soluble extrait du malt à 65° exprimé en o/o	
			de l'azote du malt	de l'azote de l'orge
1.311 ⎫	0.534 ⎫	1.220	43.8	34.3 ⎫
1.464 ⎪ 1.357	0.574 ⎪ 0.550	1.220	45.5	35.8 ⎪ 35.5
1.370 ⎪	0.539 ⎪	1.270	45.2	36.4 ⎪
1.384 ⎭	0.555 ⎭	1.280	42.2	35.6 ⎭
1.69⁾	0.693	1.640	42.3	35.6

Les 4 premiers échantillons d'orge ont une teneur moyenne en azote de 1.357 °/₀ ; le malt obtenu renferme 0.550 °/₀ d'azote soluble. Le 5ᵉ échantillon a une teneur de 1.690 et son malt renferme 0.693 °/₀ d'azote soluble. Mais le rapport de l'azote

soluble du malt à l'azote total de l'orge est constant : 35.5 %
dans le premier cas, 35.6 % dans le second.

Dans la pratique, on a reconnu que les orges riches en
albuminoïdes conviennent aussi bien pour la préparation du
moût que les orges pauvres. Cependant, dans la fabrication
américaine, on donne la préférence à une orge relativement
riche en albumine pour la production de bières en bouteilles,
durable au triple point de vue de la conservation, de la
mousse et du goût plein.

Touraillage. — On sait qu'un séchage lent du malt, de
telle sorte que la chaleur puisse déjà agir avant que toute
l'humidité ne soit disparue, a pour effet d'augmenter les hydrates de carbone solubles, contenus dans le malt achevé, de 25 à
30 % par rapport à ceux qu'on trouve quand, par un traitement
judicieux, on a provoqué une expulsion plus rapide de l'humidité. Il n'est rien de semblable pour les matières azotées. Une
dessiccation lente, pas plus qu'une caramélisation finale du
malt, ne modifie la quantité d'azote soluble qu'on pourra
dans la suite extraire du malt par brassage.

Brassage. — Les moûts de bière contiennent une certaine
quantité de substances azotées qui dérivent du malt et restent
constamment solubles, même après ébullition. Ces substances,
dans un moût tout malt, représentent de 5 à 6 % de l'extrait
solide, dont le poids est de 10 à 15 gr. par 100 cc. de moût.
Une petite fraction de celles-ci provient de l'orge, où elle préexistait. La plus grande partie a pris naissance : 1) au cours
de la germination, c'est-à-dire dans le maltage ; 2) au cours
de la préparation du moût, c'est-à-dire dans le brassage.

Nous avons déjà parlé du maltage, voyons le brassage.
L'effet de la température du brassage, sur l'extraction de
l'azote toujours soluble du malt, est très marqué. Si l'on fait
varier la température du mélange de 15 à 100°, on trouve que
la quantité d'azote soluble augmente d'abord légèrement de
15 à 37°8, puis rapidement jusqu'à 43°3, enfin très lentement,
pour atteindre un maximum vers 49°. A ce point optimum pour
l'action des enzymes peptonisants, il y a environ 40 % de

l'azote total du malt qui est dissous et devenu non coagulable, 23 % provenant de l'azote soluble préexistant dans le malt et 17 % résultant de la protéolyse. Entre 49 et 60° la quantité d'azote soluble diminue quelque peu, car les enzymes commencent à s'altérer. La diminution se fait jusqu'à 66°, température adoptée dans le brassage industriel. C'est une température critique, car si on la dépasse légèrement, les enzymes ne travaillent presque plus, et à 82° ils n'agissent plus du tout.

AZOTE EXTRAIT

D'UN MALT ANGLAIS A DIFFÉRENTES TEMPÉRATURES.

(Durée du brassage : 3 heures.)

Température du brassage	Azote coagulable pour 100 cc. de moût	Azote non coagulable (toujours soluble)	
		pour 100 cc. de moût	pour 100 de l'azote total du malt
15°5 C	0.0191 gr.	0.06487 gr.	23.0 %
37°8	0.0200	0.08540	30.5
43°3	0.0179	0.10813	37.1
48°9	0.0175	0.10710	39.0
60°	0.0084	0.09940	37.4
65°5	0.0070	0.09240	34.8
68°3	0.0046	0.08312	31.3
82°2	0.0074	0.06044	22.7
100°	0.0021	0 06160	23.0

La durée de l'opération du brassage a une influence qui dépend aussi de la température. C'est ainsi qu'à 49°, la protéolyse n'est pas terminée au bout de 3 heures, tandis qu'à 66°, après 2 heures, la quantité d'azote soluble n'augmente plus.

On sait qu'une question de la plus haute importance dans la brasserie est celle de l'eau. Si l'on examine l'influence exercée par la composition de l'eau employée dans le brassage sur la quantité d'azote toujours soluble extraite à 65°, on trouve que l'eau distillée dissout une quantité notablement plus grande d'azote soluble qu'une eau contenant certains sels minéraux, comme les carbonates calcique et alcalins. Les différences, ainsi que FERNBACH et HUBERT l'ont démontré, doivent être attribuées à la transformation des phosphates du malt de primaires (monométalliques) en secondaires (bimétalliques), sous l'influence des carbonates, réaction qui provoque une inhibition partielle des enzymes protéolysants. Au contraire, l'addition à l'eau distillée, d'une petite quantité de $CaCl^2$, augmente la quantité d'azote soluble : c'est que ce sel, en effet, en transformant les phosphates secondaires du malt en primaires, accélère l'activité des enzymes. Voici quelques chiffres relatifs à ces observations ; on a pris comme terme de comparaison l'azote toujours soluble, formé dans un brassage où l'eau employée avait été préalablement distillée :

Nature de l'eau de brassage	Azote toujours soluble (Tempér. des brassins : 65°5)
Eau distillée	100
Eau du robinet	89
» » $+ SO^4Ca$	88.6
» » $+ CO^3Na^2$	87.9
Eau distillée $+ CaCl^2$	112.1

Fermentation. — Jusqu'ici nous ne nous sommes préoccupés, dans les moûts, que de l'azote toujours soluble, sous sa forme globale, sans établir de distinction entre les différentes substances qu'il représente. En fait, toutes ces matières azotées solubles ne se comportent pas de la même façon vis-à-vis de la levure : elles ne sont pas toutes assimilables, ainsi qu'on va le voir. Mais avant, disons quelques mots sur la nature des constituants azotés du malt, non coagulables. Soit un extrait de malt, fait à froid, puis bouilli ; traitons-le par l'acide phosphotungstique : il y a environ la moitié de l'azote qui est précipitée, et l'autre moitié reste dans le filtrat. On admet généralement qu'à la portion précipitée correspondent les albumoses, les peptones, plus une certaine quantité de bases organiques, comme la bétaïne et la choline. La portion non précipitée est attribuée aux amides, aux amino-acides, enfin à une petite quantité de NH^3. Brown en étudiant cette méthode de séparation constate qu'elle est erronée. Tout l'azote non précipité ne correspond pas aux amino-acides, mais à peine le 1/4 de l'azote du filtrat, soit une quantité inférieure au 1/8, ou 12.5 % de l'azote total de l'extrait de malt primitif. Cet auteur réduit même cette limite, et, en définitive, il estime que la quantité réelle d'azote des amides et des amino-acides provenant de l'extrait de malt n'est pas de plus de 8.5 %, au lieu de 50 %, comme on le croyait. Cet azote aminé correspond à l'asparagine, à la leucine, à la tyrosine et à l'allantoïne, dérivée de l'urée, tous corps qui ont été isolés du moût.

D'autre part, Brown a déterminé l'azote ammoniacal, ainsi que les différentes autres formes de l'azote, et voici, d'après lui, la composition d'un extrait de malt fait à froid, puis bouilli (1) :

Azote ammoniacal	3.5 %	de l'azote total du moût
» amide et amine	8.5	
» albumose du malt . . .	20	
» peptone » . . .	31	
» bases organiques . . .	4	
Restant d'azote non expliqué .	33	
Total :	100	

Les albumoses et les peptones, qui représentent environ la moitié de l'azote soluble de l'extrait de malt, fourniront, d'après Brown, la plus grande partie de l'azote assimilable par la levure. En général, ces deux produits ressemblent, à quelques différences près, à ceux similaires obtenus avec des enzymes d'origine animale. Il est impossible de séparer ces corps qui représentent différentes étapes de la dégradation protéolytique.

---

(1) Dans un travail antérieur à celui de Brown, Milar avait déjà déterminé la composition d'un extrait de malt bouilli et avait trouvé des nombres très analogues :

Précipité par l'azote phosphotungstique	51 %
Non précipité : 49, à savoir :	
Ammoniaque (par MgO et vide)	1.34
Amides (hydrolyse par HCl puis dosage de NH^3) .	3.44
Acides mono-aminés (par l'acide nitreux). . . .	9.15
Non classés	35.07

Ces corps non classés appartiennent à différentes familles; ce sont : de l'asparagine, de la bétaïne, de la choline. des peptones et des albumoses. Ces albumoses sont précipitables par le So4Zn, mais ne donnent pas la réaction du biuret; les peptones ne donnent pas non plus cette réaction.

D'après Osborne, l'hordéine de l'orge est la protéine qui se transforme le plus en corps solubles incoagulables. Ces corps azotés solubles sont évidemment en plus grande quantité dans le malt que dans l'orge, environ le double, mais la proportion relative de chacun des azotes est sensiblement la même; toutefois, en ce qui concerne l'azote non précipitable par l'acide phosphotungstique, il contient trois fois plus d'azote ammoniacal que celui de l'orge.

Mais on a une idée de leur désagrégation par l'amino-indice,
c'est-à-dire par la quantité d'azote que dégagent ces corps sous
l'action de l'acide nitreux, la formation d'azote étant d'autant
plus grande qu'il y aura davantage de groupements NH^2 dans
la molécule. BROWN distingue ainsi :

	Amino-indice.
Albumose de malt I	4
» » II	5
» » III	20.0
Peptone de malt I	10.9
» » II	19.3

Les albumoses I et II, qui ont ici le même amino-indice,
ont, à d'autres égards, des propriétés très différentes, qui justifient la distinction introduite entre eux. BROWN ayant ainsi
établi la composition approximative d'un moût, au point de
vue de ses constituants azotés, détermine la quantité d'azote
assimilable qu'il renferme, en le soumettant à plusieurs
reprises à l'action de la levure, dans des conditions telles que
l'arrêt de la fermentation soit uniquement dû à la disparition
de l'azote assimilable ; autrement dit, on s'assure que le moût
contient assez de sucre, qu'il est aéré et que la dose d'alcool
formé ne peut pas nuire. Un dosage d'azote avant et un après
donnent alors l'azote pris par la levure. Voici les quantités
d'azote assimilable dans un extrait de malt fait à l'eau froide,
puis bouilli :

Azote total de l'extrait primitif 100
Azote enlevé par les 3 premières fermentations. . . 51.0 + 7.5 + 1.7 = 60.2

En insistant encore quelques fois, on peut atteindre 62 à
63 %. Sur ces 62 % environ d'azote assimilable, 51 % sont pris
à la première fermentation et sont, par suite, *facilement* assimilables ; 10 % sont *difficilement* assimilables et 40 % environ ne
le sont pas du tout. Nous verrons dans un instant l'opinion de
BROWN sur la nature chimique de ces trois sortes d'azote. Mais
avant, il convient de constater que cette quantité d'azote assimilable varie avec les conditions du traitement du malt.

Si, au lieu de prendre un extrait de malt fait à l'eau froide,
on examine un moût bouilli de brasserie préparé à la tempéra-

ture habituelle de 65° environ, on trouve que la quantité d'azote assimilable est plus faible : 54.6 % environ, au lieu de 60. La raison en est, que l'élévation de la température à laquelle on pratique le brassage a non seulement pour résultat de faire varier dans le moût la quantité d'azote soluble non coagulable, ainsi qu'on l'a déjà vu, mais encore de modifier cet azote en le rendant plus ou moins assimilable. En d'autres termes, la quantité d'azote assimilable passera par un maximum avec la température :

INFLUENCE DE LA TEMPÉRATURE SUR LA NATURE DE L'AZOTE.

Nature de l'azote	Brassage fait à			
	16·4	45°	65·5	71·
Azote non coagulable (en prenant pour terme de comparaison celui formé à 16°)	100	151.8	159.9	147.6
Azote assimilable % de l'azote total du moût.	60.5	61.3	55.4	47.2

Ces différences tiennent à ce que, pendant le brassage, il se produit une digestion qui peut augmenter la proportion de substances solubles, mais qui ne fait pas croître, dans le même rapport, la quantité de substances assimilables. Autrement dit, l'élévation de température, en affaiblissant les enzymes, leur a conservé le pouvoir dissolvant, mais a sensiblement diminué leur action peptonisante. Il résulte de là qu'on pourra augmenter l'assimilabilité des moûts faits à chaud, en leur ajoutant un enzyme protéolytique, qui achèvera la peptonisation, par exemple, la substance active contenue dans les jeunes tiges de malt. L'augmentation de l'azote assimilable réalisée ainsi est de 10 à 12 %. Naturellement, pareille addition, faite dans les moûts obtenus à basse température, ne provoquera aucun changement. Ces résultats permettent d'expliquer le rôle des soi-disant *nourritures pour levures*, comme la farine de malt, qu'on ajoute parfois dans les cuves au moment de la fermentation. Ces produits n'agiraient qu'indirectement, en peptonisant une plus grande quantité de substances azotées nécessaires au développement de la levure.

En résumé, l'azote assimilable contenu dans le moût est la somme de celui qui préexistait dans le malt et de celui qui s'est formé au cours du brassage. Celui qui était déjà dans le malt provient surtout des germes : mais on ne peut le déterminer exactement, puisque, par une extraction à l'eau, même froide, on produit une hydrolyse qui modifie la nature de l'azote. Quoi qu'il en soit, on constate que par un épuisement des germes à l'eau à 65°, ces parties du grain donnent jusqu'à 30 % de leur azote total sous la forme assimilable, soit environ 65 % de l'azote toujours soluble. En d'autres termes, sur 100 d'azote assimilable extraits du malt, 51.6, soit plus de la moitié, proviennent des germes :

RÉPARTITION DES DIFFÉRENTS AZOTES DANS LE MALT.

Déterminations faites par infusion à 65°5.

Différents azotes du malt	Azote provenant des germes	Azote provenant de l'endosperme
Azote total	41.3 %	58.7 %
Azote toujours soluble (40 % de l'az. tot.)	19.0	21.0
Soit en pourcentage :	47.5 %	52.5 %
Azote assimilable (24 % de l'azote total)	12.4	11.6
Soit en pourcentage :	51.6 %	48.4 %

La quantité d'azote assimilable contenue dans le malt est évidemment influencée par la durée de la germination; elle paraît être modifiée aussi par la température du touraillage : une élévation de température ayant pour effet d'affaiblir l'activité des enzymes et, par suite, de diminuer la protéolyse qui s'effectuera durant le brassage. Malgré toutes ces causes de variations, on peut cependant dire que, d'une façon générale, dans un moût, le rapport de l'azote assimilable à l'azote toujours soluble, quand l'extraction se fait toujours dans le mêmes conditions, est sensiblement constant.

Quelle est la nature chimique de cet azote assimilable? Se basant sur l'analogie des nombres représentant, d'une part, la composition d'un extrait de malt (tableau p. 614), d'autre part, les diverses fractions d'azote enlevées ou laissées par la levure, BROWN pense que les 51 % d'azote facilement assimilables correspondent aux 51 % d'albumoses et de peptones; que les 10 % d'azote difficilement assimilables sont représentés par les amides, les acides aminés, les bases organiques et l'ammoniaque; enfin que l'azote non assimilable est l'azote non expliqué du tableau précédent. Ce n'est là qu'une opinion, qui, du reste, est en contradiction absolue avec ce fait signalé par BROWN lui-même, que plus la protéolyse est poussée loin dans un moût et plus la quantité d'azote assimilable augmente. Elle n'est pas non plus confirmée par les résultats obtenus en précipitant un moût par l'acide gallotannique, réactif qu'on sait donner avec les albumoses et certains polypeptides complexes des combinaisons insolubles. Voici, en effet, ce qu'on constate : un moût bouilli non houblonné est traité par l'acide tannique de façon à obtenir le maximum de précipitation; puis on détermine : 1) dans le moût primitif, l'azote facilement assimilable (enlevé par la première fermentation), l'azote moins assimilable (enlevé par la deuxième fermentation), enfin l'azote non assimilable ; 2) dans le liquide filtré après la précipitation, l'azote résiduel et l'azote assimilable :

RELATION ENTRE LES TENEURS D'UN MOÛT EN AZOTE ASSIMILABLE ET EN AZOTE PRÉCIPITABLE PAR LE TANNIN. Azote précipité par l'acide tannique : 25.6 % de l'azote total

Différents azotes	Azote du moût primitif	Azote précipitable par l'acide tannique	
Facilement assimilable . .	49.9	6.1	23.7
Moins » . .	10.1	8.6	ou 33.7
Non » . .	40.0	10.9	42.6
	100.0 % de l'azote total.	25.6 % de l'azote total	100.0 % de l'azote précipitable.

Ce tableau nous montre que le 1/4 environ de la totalité de l'azote soluble d'un moût est précipité par l'acide tannique quand ce réactif est ajouté en léger excès. Or, 23.7 % appartiennent aux corps azotés facilement assimilables, 33.7 % aux corps moins assimilables et 42.6 % aux corps non assimilables. On voit donc que l'azote des albumoses, azote qui est précipitable par le tanin, est loin de correspondre à la totalité de l'azote assimilable. Quelle est donc la cause de ce désaccord ? A toute cette étude, il y a une grave critique à faire. BROWN, en effet, ne tient aucun compte des diastases de la levure elle-même. Cependant celles-ci agissent certainement, si bien qu'on doit envisager l'azote assimilable d'un moût comme résultant d'une double protéolyse : l'une due aux enzymes du malt, l'autre aux enzymes de la levure. Il serait intéressant de séparer ces deux actions : on en tirerait très probablement quelque lumière sur la nature chimique des corps azotés qui sont réellement absorbés par la levure.

En effet, si dans un moût on dose, au début, une certaine proportion A d'amino-acides, par exemple, et après la fermentation, une proportion A', il ne s'ensuit pas que la différence $A - A'$ représente exactement la quantité prise par la levure; celle-ci peut très bien en avoir produit aux dépens de corps azotés plus complexes, de sorte que la quantité effectivement absorbée sera en fait beaucoup plus grande. Par contre, de ce que les albumoses diminuent, il n'en résulte pas nécessairement que ceux-ci ont été pris en nature; ils peuvent très bien n'avoir été qu'hydrolysés. Une des fonctions naturelles de la levure est de sécréter des diastases protéolytiques. Végétant sur un mélange d'albumose et d'acides aminés, elle transforme les premiers et absorbe les seconds : de la disparition des albumoses, on ne peut conclure à leur assimilation.

En définitive, l'opinion de BROWN, que l'azote le plus assimilable correspond aux albumoses et aux peptones, ne semble pas très fondée. Elle est, de plus, en contradiction avec ce qu'on sait d'une façon générale sur l'alimentation de la levure. Cette cellule, en effet, comme d'ailleurs beaucoup d'autres, préfère, parmi toutes les substances azotées, les produits abiurétiques aux produits biurétiques et les peptones aux albumoses : plus la dégradation est avancée — jusqu'à une certaine limite, cependant —, et plus le produit est facilement assimilable. Les expériences d'Effront sur la levure pressée, expériences que nous rapporterons dans un chapitre suivant, sont, à ce sujet, très concluantes. En ce qui concerne la détermination même de l'azote assimilable, on peut faire aussi quelques critiques au procédé. En particulier, il nous paraît incorrect de conclure, du fait que la levure n'absorbe plus de matières azotées dans un milieu de culture qui a subi quatre ou cinq fermentations successives, que les substances azotées restantes sont réellement non assimilables. La levure peut très bien avoir sécrété des poisons qui nuisent à son développement ultérieur. Sans doute Brown répond à cette objection en disant qu'il n'y a pas eu auto-intoxication, mais seulement manque de substances assimilables, puisqu'en remettant de l'asparagine dans le liquide, la fermentation peut redevenir possible. Mais l'argument n'a qu'une valeur relative. On sait, en effet, que dans un milieu additionné d'antiseptique, de fluorure, par exemple, la levure a des difficultés à partir, et qu'une addition de matières azotées corrige l'action paralysante de ce sel.

Voyons maintenant comment se comporte la levure dans un moût de brasserie, industriellement. Ici les conditions diffèrent de celles du laboratoire ; en particulier, l'aération est insuffisante. Il en résulte que la levure n'absorbe pas la totalité de l'azote assimilable contenu dans le moût, mais seulement de 20 à 36 % :

PERTE EN AZOTE FACILEMENT ASSIMILABLE
DANS LES MOUTS FERMENTÉS INDUSTRIELLEMENT.

Azote dans le moût, gr. par 100 cc.	Azote dans la bière soutirée, gr. par 100 cc.	Azote assimilé par la levure, gr. par 100 cc.	Azote assimilé exprimé en % de l'azote total du moût.	Azote assimilable résiduel dans la bière, gr. par 100 cc.
1) 0.10472	0.08216	0.02256	21.6	0.0213
2) 0.09086	0.06620	0.02466	27.6	0.0140
3) 0.08750	0.05600	0.03150	36.0	0.0052
4) 0.07000	0.05600	0.01400	20.0	0.0154
5) 0.10500	0.08400	0.02100	20.0	0.0231

Si l'on admet, comme valeur moyenne, que l'azote facilement assimilable est de 42 % de l'azote du moût primitif, on voit qu'il reste de 22 à 6 % d'azote, soit environ 0.0052 gr. à 0.023 gr. d'azote facilement assimilable par 100 cc. de bière fabriquée. Il est à remarquer que si le moût renferme primitivement beaucoup de matières azotées assimilables, la levure n'en prend toujours que la même fraction, dans les conditions industrielles, bien entendu, car au laboratoire on arrive aisément à lui faire absorber la totalité.

Les différents résultats qu'on vient d'exposer, et qui sont dus à H. BROWN, sont relatifs à des levures de fermentation haute. PETIT, par une méthode analogue, a déterminé, également dans un moût, les quantités de protéine assimilable et assimilée (disparue en fermentation principale) pour 100 d'extrait, au cours d'une fermentation basse. Voici quelques-uns des nombres trouvés :

Différents moûts	Protéine assimilable %/o d'extrait.	Protéine assimilée %/o d'extrait.
1	1.50	1.04
2	1.59	1.10
3	1.77	1.22

Quoique exprimés d'une façon différente, on voit que ces résultats sont tout à fait comparables à ceux donnés par BROWN. PETIT a recherché aussi l'influence que peuvent avoir les différents modes de brassage industriels sur les quantités d'azote assimilable et assimilé dans la pratique. Il a soumis du malt : 1) au brassage à deux trempes, 2) au brassage à une trempe, 3) à un empâtage à froid, puis à une infusion au macérateur, les trois opérations étant faites à 60-65°. Il a trouvé que les quantités d'azote assimilable et assimilé ne sont pas influencées par le mode de brassage quand le malt employé est entièrement désagrégé et nettement forcé; au contraire, avec une orge très peu germée, à désagrégation grossière et imparfaite, c'est le brassage par empâtage à froid, puis infusion avec réchauffage progressif, qui donne le plus d'azote soluble, par suite, vraisemblablement, d'une meilleure pénétration de l'eau; mais la quantité d'azote assimilable reste la même. Quant au mode de maltage, il peut donner, suivant la façon dont il est conduit, des doses d'azote assimilable très différentes dans les moûts et les bières. En particulier, une orge trempée avec de l'eau chargée de nitrate de potasse fournit une dose d'azote assimilable plus grande, mais la quantité d'azote réellement assimilée par la levure n'est pas augmentée.

Houblonnage. — Le houblon renfermant une certaine quantité de tanin, il était intéressant de rechercher l'action qu'il pouvait exercer sur l'azote des moûts. Quand les moûts sont mis à bouillir avec du houblon, ajouté dans les proportions ordinaires de la pratique, la précipitation d'azote toujours soluble qui en résulte est faible, mais encore très appréciable : elle est d'environ 4 à 5 % de l'azote incoagulable de ce moût. D'autre part, le houblon fournit lui-même de l'azote au moût et en quantité presque égale à celle qui a été éliminée. Le résultat final est donc que les moûts, houblonnés ou non, contiennent la même quantité d'azote toujours soluble. Mais l'azote du moût précipitable par le houblon appartient au groupe de l'azote non assimilable; au contraire, 60 % de l'azote fourni directement par le houblon sont assimilables. Il en résulte qu'en dernière analyse, l'ébullition avec le houblon a pour effet d'augmenter légèrement l'azote assimilable contenu dans le moût, augmentation qui, dans les conditions normales, est d'environ 2.5 % de l'azote total du moût.

Conservation. — Indiquons tout d'abord la teneur en azote d'une bière terminée. La richesse en matières azotées totales varie de 1 gr. par litre pour des bières blondes très légères, à 7.5 gr. pour quelques bières belges ou anglaises ; la teneur en azote est donc d'environ 0.16 à 1.2 gr. par litre, soit, en moyenne, de 0.7 ‰. On retrouve dans le liquide l'azote sous toutes ses formes, depuis l'albumine jusqu'aux acides aminés et les bases organiques. C'est ainsi que d'après MISKOWSKY, une bière de Pilsen renfermant 36.96 gr. d'extrait par litre et 0.308 gr. d'azote aurait donné à l'analyse :

Albumine (par la méthode de Stutzer)	0.7	gr.
Choline	0.078	»
Bétaïne	0.033	»
Arginine	environ 0.005	»
Histidine	— 0.002	»

Mais arrivons aux conditions mêmes de la conservation. Nous venons de voir que dans la pratique, la levure n'absorbe jamais la totalité de l'azote assimilable. Il en reste une quantité plus ou moins grande, et cet azote résiduel assimilable joue un rôle très important dans l'histoire future de la bière. Il permet la multiplication des quelques cellules de levure qui ont été entraînées au moment du soutirage et qui, ensuite, se déposeront dans les fûts, ou encore le développement de levures anormales ou de bactéries diverses qui sont la cause d'altérations fréquentes du produit. Ces dangers ne représentent d'ailleurs qu'un des facteurs de ce problème complexe qu'est la conservation de la bière. L'absorption de l'oxygène au cours des transvasements, la quantité plus ou moins grande d'acide carbonique, la teneur en hydrocarbones, la richesse alcoolique de la bière, les contaminations possibles, sont aussi des facteurs qui interviennent d'une façon plus ou moins marquée.

La question de savoir quelles sont la quantité et la qualité de l'azote soluble qui doivent rester dans la bière a été très discutée dans ces derniers temps. Certes, au point de vue de la valeur nutritive de cette boisson, l'azote résiduel a ses avantages, mais il peut arriver dans le mode actuel de travail que, par suite de transformations mal définies, une partie de celui-ci s'insolubilise et communique à la bière conservée un louche désagréable. Et tout d'abord, il est un point sur lequel PETIT (de Nancy) a attiré l'attention. Sans doute, une partie de l'azote peptonisé par les enzymes du malt et de la levure n'est pas absorbée au cours de la fermentation et constitue l'azote résiduel qu'on retrouve dans les bières terminées. Mais ça n'en est pas la totalité. Il est une autre portion qui provient du contenu des cellules, et qui, après avoir subi une transformation à l'intérieur, diffuse dans le liquide sous forme d'acides aminés, de bases, etc. Enfin, il y a aussi de l'azote assimilable, créé dans la bière même, après livraison, par les cellules qui s'y trouvent encore. Ces deux causes de production dépendent beaucoup des conditions de température auxquelles est soumise la bière.

En ce qui concerne l'azote excrété par la levure, cette action sera très faible, ou nulle, dans les caves de garde très froides, de fermentation basse. Si, au contraire, la bière est exposée, à la brasserie même, à une température élevée, la quantité d'azote diffusé dans le liquide augmentera, d'abord parce que la levure présente s'est multipliée, et ensuite parce que la vitesse de diffusion est devenue plus grande; en outre, pour un même nombre de cellules, on constate que la diffusion se fait plus rapidement quand celles-ci restent en suspension dans le liquide, état qui est fréquent dans ces conditions. Pour ce qui est de la production de l'azote assimilable aux dépens des albuminoïdes restant dans la bière livrée, cette action suppose la présence de levures nombreuses et énergiques : on peut donc dire qu'elle sera plus forte en fermentation haute qu'en fermentation basse. Dans cette dernière fabrication, en effet, une bière ayant une longue durée de garde en cave très froide, bien clarifiée au foudre, ne donnera que très peu de cellules, qui, de plus, seront affaiblies par une longue inanition. Au contraire, une bière jeune, qui a une fermentation secondaire vigoureuse ou qui présente une clarification encore imparfaite, contiendra des levures nombreuses et actives, capables d'attaquer les albuminoïdes et de faire apparaître ainsi une certaine quantité d'azote assimilable. Ces considérations nous montrent bien qu'il y a là une différence très nette, au point de vue de la teneur des bières en azote très dégradé, entre la fermentation haute et la fermentation basse, différence qui est de nature à nous expliquer l'altérabilité plus ou moins facile des produits fabriqués par l'un ou l'autre de ces deux procédés.

Quel est donc le rôle de l'azote résiduel dans la conservation de la bière? Nous avons dit précédemment que l'azote assimilable, c'est-à-dire celui qui correspond à une forme très dégradée, pouvait favoriser le développement postérieur de levures ou de bactéries et contribuer ainsi à l'altération du produit. Mais il y a plus : l'azote, à l'état complexe, peut aussi être la cause d'un trouble du liquide, par suite d'une modification qu'il contracte sous l'influence de conditions physiques ou chimiques spéciales, notamment du froid. On sait, en effet, qu'à la fin de la fermentation principale, et pendant la conservation, quelques-uns des albuminoïdes restant alors sont éliminés mécaniquement par la clarification, ou se déposent plus tard, par suite de la basse température à laquelle on soumet la bière. Différentes opérations qu'on fait subir à la bière, comme le carbonatage ou le krausenage, peuvent ainsi changer la quantité d'azote précipité et influencer d'une façon heureuse les qualités du produit. Or, d'après Rohde, le trouble qui se produit quelquefois après un long temps de garde, serait dû à une simple insolubilisation de la matière azotée : nous verrons plus loin ce qu'on doit en penser.

Quoi qu'il en soit, un grand progrès, au point de vue de la conservation de la bière, a été accompli dans ces dernières années, du fait de l'introduction dans la brasserie du procédé Wallerstein (de New-York). Ce procédé consiste à additionner les bières, dans les caves de garde, d'une faible quantité d'enzymes protéolytiques, tels que pepsine, papaïne ou broméline, dans le but d'empêcher ce liquide de se troubler par la suite. Ce moyen de stabilisation est, à l'heure actuelle, très employé aux Etats-Unis, et, l'an passé, il a été appliqué au traitement de la majeure partie de la bière qu'on y fabrique. La bonne conservation de la bière en bouteilles offre, en effet, un intérêt de tout premier ordre en Amérique, où l'on est habitué à boire ce liquide très froid et très limpide. Les bières de ce pays doivent se conserver pendant des mois et pouvoir être maintenues pendant quelque temps dans de la glace sans accuser de louche ni le moindre dépôt. Or, la pasteurisation ne donne point, à cet égard, tout le résultat voulu. En plus, ce traitement communique un goût particulier qui n'est pas apprécié. Les résultats obtenus par la *walleurisation* sont, au contraire, très satisfaisants. La quantité d'enzyme employé dans ce procédé est de 1 à 2 gr. par hectolitre. Ces doses ne peuvent pas être dépassées sensiblement, car elles conduiraient à des résultats diamétralement opposés. Par contre, il est curieux de remarquer que la diastase, bien qu'introduite en

quantité très minime, se conserve pourtant pendant des mois
entiers, et qu'elle peut encore être décelée, au bout de ce temps,
par l'analyse.

Au cours de l'année 1913, l'auteur a reçu d'une brasserie de
New-York deux lots de bière provenant d'un même brassin,
l'un ayant subi la walleurisation, l'autre n'ayant pas été traité.
L'analyse de ces deux lots, abandonnés dès leur arrivée à la
température du laboratoire, a été faite quatre mois après leur
départ. Toutes les bouteilles traitées étaient restées limpides;
au contraire, les témoins contenaient tous un dépôt notable :
en les remuant, le liquide se troublait et ne redevenait clair
qu'après un repos prolongé. De plus, les bières traitées étaient
d'un goût frais, parfait; les autres, par contre, avaient toutes
une saveur qui révélait une certaine altération. Les teneurs
en azote, en extrait et en maltose des deux bières étaient les
mêmes. Mais une différence a pu être constatée en ce qui concerne la répartition de l'azote des différents types :

ANALYSE D'UNE BIÈRE DE NEW-YORK.

Extrait primitif (du moût avant fermentation) . .	12.80 %
Alcool . . . . :	3.84
Extrait sec	5.41
Maltose . . . . , . . .	1.89
Azote total	0.0522

RÉPARTITION DE L'AZOTE DANS LA BIÈRE TRAITÉE
ET LA BIÈRE NON TRAITÉE.

	Bière walleurisée	Bière témoin
Azote albumose	19.2 %	27.5 %
Azote peptone	23.2	24.1
Azote non précipitable par PPT . . .	57.6	48.4

La teneur en azote formol a été la même dans les deux
bières : 15.06 %. En outre, on a recherché les enzymes protéolytiques par la méthode de FULD à l'édestine, modifiée par
WALLERSTEIN (voir p. 264): la bière traitée a donné une réaction
nettement positive, tandis que l'autre s'est montrée tout à fait
inactive.

L'addition d'enzymes protéolytiques à la bière donne, au
point de vue de la conservation, un résultat indiscutable. Mais

le mécanisme de l'action est encore à éclaircir. Les bières, traitées ou non, après filtration, contiennent sensiblement la même
teneur en azote ; d'ailleurs, les dépôts ne renferment qu'une
trace insignifiante d'azote. On peut donc dire que la substance
albuminoïde n'intervient pas directement dans la formation du
louche, ainsi qu'on le pense souvent. Il est probable que la
peptonisation produite par la diastase ajoutée a pour effet de
maintenir en équilibre certaines substances organiques et minérales qui, dans les conditions ordinaires, se précipitent.

II.

Comme nous venons de le voir, les catalyseurs biochimiques
jouent en brasserie un rôle très important. Aux diastases du
malt, qui comprennent divers ferments des hydrates de carbone
ainsi que des matières albuminoïdes, s'ajoutent les substances
actives de la levure, qui, en dehors de la zymase, contient
aussi des enzymes protéolytiques très énergiques. L'art du
brasseur consiste précisément à utiliser d'une façon judicieuse
tous les catalyseurs qui entrent en jeu dans la fabrication de la
bière, en faisant prédominer ou en ralentissant, au moment
opportun, l'activité de telle ou telle diastase. La brasserie a été
élevée au rang d'une science appliquée, et une véritable armée
de chercheurs lui ont consacré toute leur activité. Les données nouvelles qu'on possède sur les matières albuminoïdes,
ainsi que sur les hydrates de carbone, les conquêtes faites en
bactériologie et dans l'étude des diastases, ont contribué beaucoup au développement de cette industrie, en apportant des
améliorations sensibles, au double point de vue de la fabrication
économique de la bière et de sa conservation.

Bien que les progrès réalisés soient considérables, ils sont
loin d'avoir épuisé le champ des recherches : celui-ci est au
contraire illimité et de nouveaux horizons s'ouvrent déjà à la
perspicacité des innovateurs. A l'heure actuelle, on utilise les
catalyseurs présents dans la matière première le plus ration-

nellement possible, et il reste peu de choses à faire dans cette voie. Mais le moment est venu de se demander si les facteurs mis en jeu dans ce travail sont réellement les seuls qui puissent satisfaire à tous les desiderata et s'il n'y a pas lieu de faire intervenir d'autres agents, qu'on prendrait en dehors des conditions habituelles.

La bière doit être considérée avant tout comme un aliment liquide. En dehors du goût et de l'aspect, facteurs indiscutablement très importants, elle doit non seulement répondre au besoin immédiat de boire, mais encore apporter à l'organisme le maximum de substances nutritives. On peut même dire que sa vraie raison d'être est de nourrir celui qui l'absorbe. D'autre part, il ne faut pas qu'elle soit un aliment de luxe, mais bon marché. A l'heure actuelle, il n'en est pas ainsi ; la fabrication de la bière telle qu'on la pratique maintenant est, en effet, beaucoup trop dispendieuse. Le maltage est une opération qui entraîne des pertes considérables en matières nutritives. Les catalyseurs, qu'on développe pendant cette partie de la fabrication, tout en étant très coûteux, sont loin de fournir tout le travail nécessaire. L'amylase du malt a deux fonctions : l'une, liquéfiante; l'autre, saccharifiante. Or, ces deux actions s'exercent à des températures différentes, et l'on ne peut pas conduire la saccharification de la façon désirable sans négliger la liquéfaction; il reste toujours de l'amidon non dissous dans les drêches. D'un autre coté, les enzymes protéolytiques sont abondants, mais d'une qualité non appropriée au travail qu'on veut faire ; ils peuvent donner une hydrolyse très profonde, mais ne sont que de médiocres dissolvants.

Comme résultat, on aboutit d'abord à brûler, pendant le maltage, une proportion notable de la substance nutritive ; ensuite, on laisse dans les drêches jusqu'à 3 % d'hydrates de carbone et plus de 50 % de l'azote contenu dans les grains. Au reste, la partie d'azote qu'on a réussi à dissoudre ne se conserve pas intégralement dans le moût ; on s'acharne même, avec toutes les armes forgées par la science, à la réduire au strict minimum, afin d'assurer la conservation du produit final. Sur 10 à 13 kg. de protéines contenues dans 100 kg. de grain, il en passe dans la bière finie de 1.5 à 3.5 kg., soit 2 à 5 gr. de substances azotées diverses par litre de ce liquide. Cette teneur en azote est insuffisante pour qu'on puisse compter sur elle, au point de vue de l'alimentation.

Quand on étudie d'un peu près les travaux faits en brasserie, on constate, chez les spécialistes s'adonnant à cette branche, un respect exagéré pour tous les produits et les pratiques soi-disant naturels qu'on doit employer dans le cours de cette industrie. Le malt, le houblon, la levure, voilà les trois éléments fondamentaux qui caractérisent la bière ; en dehors de ceux-ci, point de bière possible. Les défenseurs de cette manière de voir oublient que la bière n'est pas, comme le vin, une boisson naturelle, mais qu'elle constitue au contraire, un produit artificiel, créé de toutes pièces par l'homme, et que rien, en somme, n'oblige de maintenir dans la même formule.

Le procédé institué jadis pour la fabrication de la bière représente indiscutablement une trouvaille admirable, pleine d'ingéniosité. Les brasseurs d'autrefois, beaucoup plus artistes que savants, sont arrivés, par des moyens purement empiriques, à établir une méthode de travail déjà suffisamment satisfaisante. Depuis, la science s'en est mêlée. Le plus grand effort qu'elle a fait a été d'expliquer les résultats acquis par l'expérience. Sans doute, elle a aussi rendu la fabrication beaucoup plus facile et plus stable, elle a donné les méthodes de contrôle et d'analyse ; enfin, elle a contribué, dans une large mesure, à assurer la conservation des produits. Mais il faut bien convenir que les progrès réalisés par elle sont indiscutablement en disproportion avec le travail dépensé.

Les académies de brasserie d'Allemagne, d'Autriche, d'Amérique, etc., portent le caractère d'institutions créées en vue du maintien des traditions brassicoles, traditions dont la base exclusive est la sainte trinité : Houblon, Malt, Levure. L'esprit conservateur de la science brassicole actuelle la condamne à la stérilité. Si l'on pose, en effet, pour principe que seuls les trois éléments cités plus haut peuvent entrer en jeu dans la fabrication de la bière, le champ de toute investigation se trouve à jamais fermé. Les diverses combinaisons qu'il est possible d'obtenir en faisant varier les conditions de milieu, la température, la concentration, etc., ont été essayées ou le seront; mais, de toute façon, on peut dire que d'essais de ce genre il ne sortira rien de très essentiel. Les pertes au cours de la germination, les mauvaises liquéfactions, la destruction de cette matière importante, l'albuminoïde, ne pourront pas être évitées dans tout ce travail.

Pour arriver à des résultats nouveaux, il faut élargir le cadre des recherches et recourir à des conceptions nouvelles. Le malt, qui est le point de départ de toute la fabrication, est-il réellement indispensable dans la préparation du moût? Au point de vue théorique, rien ne s'oppose à ce qu'on liquéfie, saccharifie ou peptonise, la matière amylacée ou les albuminoïdes des grains crus, à l'aide d'enzymes spéciaux obtenus avec des matières moins coûteuses que l'orge. En soumettant, par exemple, l'orge crue d'abord à une diastase liquéfiant l'amidon, on n'aura plus besoin ensuite que de très peu de ferment saccharifiant pour amener le moût à un degré de sucre voulu. Le moût saccharifié pourra être aussi peptonisé par des enzymes convenablement choisis. On arrivera de la sorte, par l'emploi de catalyseurs pris en dehors du malt, à une solubilisation totale de l'amidon et de l'azote contenus dans le grain et l'on poussera l'hydrolyse de ces produits jusqu'aux points qui seront les mieux appropriés aux exigences des travaux qui suivront. C'est ainsi que la peptonisation sera conduite d'une façon telle que la matière azotée en solution ne se coagulera plus dans la suite, ni par l'ébullition, ni par la fermentation. Le moût préparé dans ces conditions, additionné de houblon, pourra contenir alors de 15 à 20 gr. d'albuminoïdes par litre, au lieu des 2 à 3 qu'il renferme aujourd'hui.

Il est évident que le système préconisé n'est point une méthode de travail déjà déterminée; nous ne prétendons même pas qu'on va faire d'emblée une bière d'un type donné en supprimant le malt; mais nous pensons que la voie qu'on vient d'indiquer est celle dans laquelle on doit s'engager, si l'on veut préparer des bières qui, tout en étant plus économiques que celles qu'on fait actuellement, seront cependant d'une valeur nutritive beaucoup plus grande. Nous avons la conviction qu'en cherchant dans ce sens, on arrivera aisément, sans heurter ni le goût ni les habitudes du public, à lui fournir des bières qui posséderont ces qualités nouvelles et, néanmoins, resteront très voisines des types existants.

En résumé, on doit poser désormais comme desideratum de produire une bière nutritive et économique; et pour réaliser ce but, on préconise l'emploi d'enzymes, non pas tirés du malt, mais cultivés sur des matières beaucoup moins chères que le grain d'orge.

BIBLIOGRAPHIE.

H. Brown. La question de l'azote dans la brasserie, *Journ. of the Institute of Breeving*, 1909, (13), p. 394 ; d'après *Mon. Scient.*, 1910, pp. 5, 88, 217, 645.
Petit. *Bull. de l'Assoc. des Chimistes de sucrerie*, 1909-1910, p. 485.
Rohde. *La Bière*, juillet 1910, p. 83.
Miskowsky. Composés azotés de la bière, *Zeits. f. d. ges. Brauw.*, 1906, p. 309.
Milar. Recherches sur les substances azotées solubles du malt, *Trans. of the guinness Research*, 1906, p. 166.
Fernbach et Hubert. Diast. protéol. du malt, *C. R.*, 1900, (1), p. 1783; (2), p. 293.
Windisch u. Schellhorn. Enzym in Gerste, *Woch. f. Brauerei*, 1900, (17), p. 29.
Wallerstein. Brevet : Etats-Unis, Pat. : 995.820.

§ 5.

Rôle des enzymes protéolytiques dans la distillerie de grains.
Fabrication de la levure pressée.

Les enzymes protéolytiques interviennent d'une façon efficace dans la fabrication de l'alcool de grain, puisque ce sont eux qui rendent assimilable par la levure une partie des protéines contenues dans la matière première. La principale difficulté de cette industrie étant d'arriver à une liquéfaction totale de l'amidon, on est conduit, lorsqu'on opère à la façon habituelle, à ajouter aux grains traités, au moment de la préparation du moût, une quantité assez considérable de malt, environ 8 à 10 %, pour assurer un épuisement total de la matière amylacée. Ce malt fournit, au surplus, l'azote assimilable nécessaire à la levure, car il apporte avec lui non seulement des produits déjà dégradés, formés au cours de la germination, mais encore des tryptases, qui exerceront leur action dissolvante sur les albuminoïdes contenus dans les grains non germés. Or, si l'on se place au point de vue exclusif de l'alimentation de la levure, on remarque que la proportion de malt employée dans les distilleries pourrait être sensiblement réduite : 1 à 2 kg. de cette substance contiennent, en effet, assez de matières nutritives azotées pour satisfaire à la fermentation complète de 100 kg. de grains non germés. L'emploi de doses massives de malt ne se justifie, comme on l'a vu plus haut, que par la nécessité d'introduire dans la cuve de brassage une quantité suffisante de catalyseurs liquéfiants et saccharifiants, indispensable à la transformation intégrale de l'amidon. Mais cette manière de faire présente de grands inconvénients. Tout d'abord, le maltage provoque une destruction sensible des substances fermentescibles, et cette disparition diminue d'autant le rendement en alcool ; de plus, il occasionne des frais assez élevés ; enfin, l'addition de grandes quantités d'enzymes protéolytiques à la matière azotée du grain détermine une solubilisation trop abondante de celle-ci, ce qui est la cause d'une perte importante en azote.

Le travail de distillerie ordinairement suivi comporte, dans ses grandes lignes, les opérations suivantes : les grains sont tout d'abord cuits dans de l'eau sous 4 atmosphères, pendant deux ou trois heures; puis on abaisse la température à 60° et l'on additionne la masse d'un lait de malt; pendant une heure on maintient le mélange à cette température. La saccharification terminée, on refroidit le moût à 20-25°, on y ajoute un levain et on abandonne le tout à la fermentation. Après quoi, on distille : dans les installations agricoles, les vinasses sortant des colonnes à distiller servent à nourrir le bétail; dans les distilleries industrielles, elles sont passées au filtre-presse : les tourteaux obtenus sont desséchés, puis livrés au commerce sous forme de drêches sèches. Quant aux vinasses qui s'écoulent du filtre, elles sont envoyées à la rivière. Comme les distilleries industrielles prennent une extension de plus en plus grande, la quantité de vinasses ainsi jetées à l'égout est très considérable. Ces liquides résiduaires, grâce aux perfectionnements apportés chaque jour dans le travail de récupération, ne contiennent plus que peu de matières fermentescibles : 8 à 10 kilos par mètre cube; par contre, leur teneur en azote est de 800 à 1.200 gr. par mètre cube. Une distillerie de grains qui produit quotidiennement 300 à 400 hectol. d'alcool perd donc de ce fait environ 350 à 450 kg. d'azote protéique, d'une valeur comprise entre 450 et 700 francs. La perte en azote, qui représente jusqu'à 33 % de l'azote total des grains, provient de la solubilisation des albuminoïdes, causée en partie par la cuisson sous pression, mais aussi, et surtout, par l'action des ferments protéolytiques du malt.

Par le procédé dit à l'amylo, on espérait éviter cette perte en azote; cependant les résultats n'ont pas répondu à cette attente. Ce procédé, dont l'emploi s'est fort développé durant ces derniers temps, a été conçu, en 1898, par CALMETTE, qui en a posé les bases fondamentales, mais il a été mis au point surtout par BOIDIN. Il consiste essentiellement à saccharifier les grains par des moisissures spéciales. A l'origine, on utilisait l'*Amylomyces Rouxii* ; ensuite on employa les *Mucors* α puis β; maintenant on se sert uniquement du *Rhizopus Delemar*. Grâce aux efforts de BOIDIN, qui, pendant plusieurs années, a étudié avec beaucoup d'attention toutes les phases du travail, les difficultés très grandes que l'auteur faisait ressortir, en 1899, dans son ouvrage : *Les Enzymes et leurs applications*, ont fini par être vaincues. Actuellement on n'emploie plus de malt dans le procédé à l'amylo : la liquéfaction et la saccharification sont produites entièrement par la mucédinée, et l'on arrive à une fabrication donnant des résultats parfaits et un excellent rendement. Cependant, comme dans le travail au malt, on retrouve ici le même défaut, au point de vue de l'utilisation de l'azote des matières premières.

Le *Rhizopus Delemar* agit sur le grain comme le font les enzymes protéolytiques du malt. Le moût fermenté par le procédé à l'amylo accuse par litre 0.8 à 1.1 gr. d'azote soluble pour une teneur en alcool de 7 à 8 %. Cet azote est complètement perdu, puisqu'on filtre les drêches. Les catalyseurs qui interviennent dans le travail du rhizopus sont de même nature que ceux qui se forment dans la germination des grains. Dans le travail à l'amylo, comme dans celui au malt, on a des diastases amyloliquéfiantes, saccharifiantes et protéolytiques. Au point de vue quantitatif, le travail protéolytique est le même dans les deux procédés. Dans le malt ce sont les enzymes amyloliquéfiants qui dominent; dans la moisissure, ce sont les enzymes saccharifiants. Le côté faible des deux procédés est la perte que subit l'azote du grain, perte qui s'élève jusqu'au tiers de la quantité totale. Mais il y a plus : tous deux en effet impliquent la nécessité de cuire le grain sous haute pression, puisque les enzymes du malt, comme ceux de l'amylo, exercent incomplètement leur action sur l'amidon non empesé. Or, cette cuisson a de sérieux inconvénients : outre les frais de combustible qu'elle comporte, elle caramélise le sucre préexistant dans les grains et le rend infermentescible; enfin elle saponifie partiellement les matières grasses, en mettant en liberté une huile foncée, nauséabonde, qui déprécie beaucoup les produits.

Toutes ces raisons ont poussé BOIDIN et EFFRONT à chercher un autre mode de travail du grain. Leur nouveau procédé, qui s'applique tant à l'amylo qu'au malt, est basé sur l'emploi de diastases bactériennes amyloliquéfiantes. La sécrétion des substances actives par les microorganismes est une fonction du milieu dans lequel ils vivent; en accoutumant petit à petit les ferments à des conditions physiques et chimiques déterminées, on arrive à leur faire produire, en très grandes quantités, des enzymes qu'ils n'élaboraient, dans les conditions ordinaires, que très faiblement. C'est ainsi que certaines bactéries deviennent capables, par un entraînement dans un milieu approprié, de sécréter en 24 heures une quantité de diastase liquéfiant l'amidon jusqu'à 60 fois plus forte que celle qui serait fournie, dans un temps égal, par des cellules de même espèce cultivées dans le bouillon nutritif habituel.

La diastase amyloliquéfiante, qui a paru la plus avantageuse, est obtenue par la culture, dans un milieu alcalin et en présence d'une forte aération, de certaines races de *B. mesentericus*. Le liquide en résultant se conserve pendant très longtemps et ne s'infecte que fort difficilement. Cette solution diastasique a un pouvoir de 1 à 1000, c'est-à-dire qu'on arrive avec une partie de liquide à liquéfier 1000 parties de grains. On peut, par concentration dans le vide du bouillon de culture, ou par précipitation de la substance active, préparer des produits d'une force 6 fois plus grande encore.

D'après le nouveau procédé, le travail se fait de la façon suivante: Les grains, préalablement trempés dans de l'eau alcalinisée, sont grossièrement moulus ; la mouture est additionnée de 2 volumes d'eau, et portée à 75-80°. A cette température, on ajoute la diastase amyloliquéfiante, préparée, à l'usine même, au moyen des ferments acclimatés. On laisse agir l'enzyme pendant une demi-heure à une heure, puis on envoie le mélange, devenu tout à fait liquide, dans le cuiseur, où il reste quelque temps à la température de 110-120°. Dans le travail à l'amylo, le moût sortant du cuiseur est envoyé directement dans la cuve à fermentation, où, dans des conditions de stérilité parfaite, il est refroidi, puis ensemencé d'abord avec du rhizopus DELEMAR, qui saccharifie le liquide, ensuite avec de la levure, qui le fait fermenter. La moisissure, d'autre part, dissout et peptonise une certaine quantité de matières azotées, qui, du fait que le moût n'a pas été porté à une température très haute, reste très faible, quoique suffisante pour l'alimentation de la levure. Dans le travail au malt, avec les cuves ouvertes, on refroidit à 60° le liquide obtenu, on ajoute 1 à 2 % de malt et on laisse saccharifier pendant une heure ; puis on refroidit et l'on ajoute dans le moût ainsi préparé le levain acclimaté à l'acide fluorhydrique. Grâce à la liquéfaction préalable de l'amidon, on peut arriver de la sorte, avec ces 1.5 à 2 % seulement de malt, à une fermentation complète. Les avantages de la suppression de la cuisson se manifestent en premier lieu par une augmentation du rendement en alcool, augmentation évaluée de 1.5 à 2 litres d'alcool par 100 kg. de grains ; en second lieu, par une pauvreté du moût en substances extractives, puisque la densité du liquide fermenté est de — 1 à — 1,5° Balling ; enfin, le résultat le plus important est que le moût, qui donne habituellement à la même concentration 1.2 gr. d'azote par litre, n'en donne plus que 0.1 à 0.3 (1).

En résumé, la fabrication de l'alcool de grain, aussi bien dans le travail ancien au malt que dans celui plus nouveau à l'amylo, comporte de grandes pertes en azote, du fait d'une solubilisation trop abondante des protéines contenues dans le grain amylacé. L'originalité du dernier procédé est de réaliser la liquéfaction de l'amidon par une diastase qui porte uniquement son action sur ce corps, laissant ainsi la totalité des albuminoïdes dans la drêche, quitte à subvenir au besoin azoté de la levure, soit par une addition faible, et strictement nécessaire, de malt, soit par une action très ménagée du rhizopus sur le grain déjà dépouillé de son amidon, l'une ou l'autre de ces deux opérations se justifiant en outre par la nécessité de produire une saccharification totale du moût.

Fabrication de la levure pressée.

Dans la fabrication de la levure pressée, les enzymes protéolytiques jouent un rôle beaucoup plus important que dans la distillerie d'alcool de grains. La quantité de levure récoltée et sa qualité, au point de vue de la panification, dépendent de la proportion et de la nature de l'azote contenu dans le moût.

---

(1) Pour de plus amples détails, consulter le brevet français n° provisoire: 49.520.

Dans le procédé de fabrication de la levure pressée, au moût clair, comportant une forte aération, on obtient des rendements dépassant parfois 30 % du poids des grains employés. La levure fraîche contient environ 2 % d'azote; elle est donc souvent plus riche en protéines que les matières premières qui entrent dans le travail. Les substances albuminoïdes du grain cru constituent une médiocre nourriture pour la levure : leur transformation préalable est donc indispensable; mais il ne suffit pas de dissoudre la matière azotée et de la rendre incoagulable, il faut encore qu'elle subisse une attaque assez profonde, avec formation d'acides aminés, sans que toutefois la décomposition soit poussée trop loin, parce que les sels ammoniacaux et certains amino-acides ne sont pas favorables aux bons rendements. L'influence du degré de simplification de l'élément azoté sur le rendement de la levure ressort nettement des expériences d'EFFRONT, faites avec du gluten, amené à différents états d'hydrolyse à l'aide de trypsine, de pepsine et d'acide sulfurique. Pour ces essais on emploie 100 gr. de glucose, dissous dans 1.5 litre d'eau; comme matières nutritives, on ajoute 1 gr. de cendres de levure et une quantité de gluten, plus ou moins peptonisé, correspondant à 1.5 gr. d'azote. Après stérilisation, on ensemence avec une culture pure de levure, et on laisse fermenter à 20° en faisant passer un courant d'air stérile.

(*Voir tableau comparatif, page 638.*)

Le rendement en levure augmente au fur et à mesure que l'hydrolyse s'accentue; le gluten peptonisé jusqu'à 9 % seulement d'azote formol fournit 10.2 gr. de levure, contenant en tout 195 milligr. d'azote; une peptonisation profonde avec la pepsine aboutit à un rendement de 16.2 gr. de levure, qui ont enlevé au milieu nutritif 296 milligr. d'azote. L'hydrolyse par la trypsine donne des résultats supérieurs et le travail de dislocation fourni par l'acide conduit au maximum. Cependant il faut éviter de pousser l'hydrolyse à son extrême limite, étant donné qu'un titre de 60 en formol influence déjà défavorablement le rendement.

INFLUENCE DU DEGRÉ D'HYDROLYSE DU GLUTEN SUR LA RÉCOLTE EN LEVURE.

Catalyseurs intervenus dans l'hydrolyse	Evaluation du degré d'hydrolyse d'après l'azote formol	Levure récoltée pour 100 grammes de sucre fermenté	Azote dans la levure récoltée
Pepsine	9 %	10.2 gr.	195 mgr.
—	14	13.6	251
—	21	16.2	296
Trypsine	20	18	328
—	32	19.6	Non dosé
—	44	20	—
Acide sulfurique	25	17.2	Non dosé
—	45	22.5	380
—	60	17	Non dosé
—	65	15	—
—	72	12	230

La nécessité de donner aux levures des matières albuminoïdes assez dégradées explique l'usage, dans la pratique, des fortes proportions de grains germés. Dans la fabrication de la levure on emploie 50 %, et quelquefois davantage, de malt; en outre, la plupart du temps, on additionne le moût de grandes quantités de radicelles, riches en amines et en amides, qui viennent suppléer ainsi à l'insuffisance de matières nutritives. Les différents procédés existant actuellement pour la fabrication de la levure sont tous basés sur l'utilisation des enzymes protéolytiques contenus dans le grain germé. Les matières premières, malt et radicelles, fournissent déjà au moût des quantités relativement massives d'azote dégradé, et celles-ci augmentent encore du fait de l'action des tryptases du malt sur les protéines des grains crus. Cependant, les résultats obtenus industriellement, sont loin d'être satisfaisants, au point de vue du parti tiré des matières premières : l'emploi du malt et des radicelles est fort coûteux et ne donne pas un rendement constant.

EFFRONT et BOIDIN ont cherché à remplacer le malt par des substances actives d'origine microbienne, mieux appropriées au travail qu'on veut réaliser. Le principe du nouveau procédé pour la levure pressée est, en somme, le même que celui développé dans la première partie de ce paragraphe, à propos de la fabrication de l'alcool de grains. Par une accoutumance graduelle à des conditions déterminées du milieu, on amène certaines espèces de *Tyrothrix* à sécréter abondamment des protéases; on obtient ainsi des liquides actifs possédant un pouvoir protéolytique 4 à 5 fois plus grand que celui du malt. En présence des protéases bactériennes et dans un milieu favorable, la substance azotée des grains crus est presque totalement dissoute, et l'on peut aisément conduire l'hydrolyse jusqu'au degré voulu.

La préparation du moût pour la levure pressée se fait de la manière suivante : les grains moulus sont liquéfiés, avec les diastases bactériennes amyloliquéfiantes, à la température de 75-80°, comme nous l'avons expliqué précédemment, en ce qui concerne la distillerie (p. 635). Le moût, rendu fluide, est amené par la soude ou l'ammoniaque à une certaine alcalinité, puis additionné de protéases bactériennes. La peptonisation, qui se fait à la température de 45-50°, dure de 2 à 4 heures; elle dissout et transforme profondément jusqu'à 95 % de l'azote total du grain. Le degré d'hydrolyse est réglé à volonté, soit par la quantité d'enzyme employée, soit par le choix de la température, soit enfin par la durée de l'action. La peptonisation terminée, on porte le liquide à 110-120° ; puis, après refroidissement à 60°, on le saccharifie avec 5 ou 6 % de malt. Le procédé, tout en favorisant considérablement le rendement, fournit une levure très robuste et d'une conservation parfaite (1).

Par l'emploi rationnel des diastases bactériennes, on arrivera à affranchir les distilleries et les fabriques de levure, de l'obligation de travailler avec le malt, ce qui permettra d'éviter les nombreux inconvénients que nous avons énumérés précédemment. On constate, en effet, que les diastases amyloliquéfiantes, conservées en présence de sels ou additionnées de matières protéiques changent de nature à la longue : leur pouvoir liquéfiant finit par se dégrader légèrement, tandis

---

(1) Pour de plus amples détails, consulter le brevet français n° 433.119.

qu'apparaît un pouvoir saccharifiant prononcé. Cette déviation dans le pouvoir des catalyseurs est suffisamment prononcée pour qu'il soit possible, dans les deux industries en question, de remplacer complètement le malt, même comme agent saccharifiant, par ces cultures actives plus ou moins modifiées. Au point de vue théorique, les changements produits par la conservation dans les propriétés de l'enzyme bactérien amylo-liquéfiant présentent également quelque intérêt. Ils rappellent certains faits observés avec la pepsine et la présure; et, à moins d'accepter la transformation d'une diastase dans une autre, ils sont plutôt favorables à la conception d'après laquelle les pouvoirs liquéfiant et saccharifiant appartiendraient à une substance unique, qui agirait selon les conditions, soit avec ses deux fonctions simultanément, soit avec l'une ou l'autre, le premier mode étant d'ailleurs le plus habituel.

§ 6.

Les ferments dans l'industrie fromagère.

La fabrication des fromages comporte un certain nombre de pratiques, imposées par une expérience séculaire, desquelles on n'osait autrefois s'écarter sans crainte d'aboutir à de graves mécomptes. L'étude systématique des procédés mis en œuvre a fait depuis une vingtaine d'années l'objet de recherches spéciales. S'il est vrai que les bons résultats obtenus sont souvent dus à des traitements mécaniques judicieusement appliqués, il est non moins certain que la préparation et la maturation des fromages reposent tout entières sur l'action des enzymes protéolytiques et qu'une intervention irrégulière de ceux-ci fournit fatalement des produits très inférieurs. Les travaux des microbiologistes s'efforcèrent donc de préciser le rôle des ferments, de rechercher et de définir les conditions optima de leur action, d'expliquer la raison des tours de main employés dans telle ou telle fabrication : c'est la tâche que s'imposèrent DUCLAUX et de FREUDENREICH, puis LEZÉ, MAZÉ, GORINI, et beaucoup d'autres. Cependant, depuis quelques années, les chercheurs, forts des données précédemment acquises par une analyse serrée des différents phénomènes observés, s'avancent résolument dans la voie des applications ; de nombreuses améliorations ont été apportées déjà aux procédés que l'empirisme avait établis et qui semblaient intangibles et même maintenant on commence à faire usage, dans l'industrie fromagère, de ferments sélectionnés, qui ont pour but de régulariser la maturation des produits et de conduire ceux-ci à une qualité toujours satisfaisante.

Il ne peut rentrer dans le cadre de cet ouvrage de donner une description, même sommaire, des divers modes de fabrication des fromages. Contentons-nous d'en indiquer le principe, dans ce qu'il a de plus général. Le lait, écrémé ou non, est tout d'abord emprésuré, dans des conditions déterminées par la nature des produits qu'on veut obtenir; le caillé est ensuite débarrassé, plus ou moins, du petit-lait qui se trouve englobé par lui, soit par une simple division mécanique (fromages à pâte molle), soit par un brassage effectué durant un chauffage modéré (from. cuits), puis recueilli et mis en moule. L'égouttage se poursuit et, s'il est nécessaire, on expulse le petit-lait en excès au moyen d'une pression faible ou énergique (from. de Hollande). Puis, le fromage, à moins qu'il ne soit consommé frais, est salé et abandonné à la maturation. Celle-ci se produit sous l'influence des enzymes apportés par le lait, par la présure, ou sécrétés par les microorganismes; dans certains cas, elle est accompagnée d'un abondant développement de moisissures à la surface du fromage (from. de Brie) ; dans d'autres, cette végétation superficielle est empêchée par des lavages fréquents de la croûte, qui devient alors plus dure et ne renferme plus qu'une flore de bactéries. Parfois, enfin (from. de Roquefort), on incorpore au caillé des spores de *Penicillium* dont le développement contribue aussi à la transformation de la pâte. La maturation des fromages s'effectue dans des locaux de température froide ou modérée et dans une atmosphère sèche ou humide, selon les cas.

Voici, dès lors, comment on classe les différents fromages :

Fromages à pâte molle	Fromages frais : Petit Suisse, Demi-sel, Bondon, etc.		
	F. fermentés ou affinés	A l'aide de moisissures superficielles	Brie, Coulommiers, Camembert, etc.
		A croûte lavée	Géromé et Munster, Pont-Lévêque et Maroilles, Livarot, etc.
Fromages à pâte ferme	Avec moisissures à l'intérieur		Roquefort, Sassenage, Gorgonzola, etc.
	A pâte pressée avec croûte résistante		Cantal, fromages anglais et de Hollande, Port-Salut, etc.
	A pâte cuite et pressée		Gruyère et Emmenthal, Parmesan, etc.

Etudions maintenant de plus près l'action des enzymes protéolytiques et voyons comment les modifications apportées aux conditions dans lesquelles ils agissent, peuvent influencer la nature des produits qui en dérivent.

Emprésurage. — On sait que la rapidité de la coagulation d'un lait est fonction de la quantité de présure employée, de la température et de l'acidité du liquide ; d'autre part, la consistance du caillé formé dépend aussi des conditions expérimentales : une dose de présure insuffisante, agissant à basse température, dans un lait acide, donnera un caillot mou, tandis qu'un excès de présure mis en contact avec un lait normal à une température de 30°, par exemple, donnera rapidement un caillot très ferme et élastique, qui deviendra même cassant si la température du lait est supérieure à 35°. C'est ainsi que pour la préparation du fromage suisse double-crème on fait agir très peu de présure, à une température de 15 à 18°, de telle sorte que la coagulation se produise en 20 heures environ : le caillé obtenu est alors très onctueux. Au contraire, dans les fromages à pâte ferme, la coagulation est beaucoup plus rapide : pour le Hollande, la coagulation se fait en 30 minutes environ, à 31°, avec un excès de présure. Pour le Brie, dont le caillé doit avoir une consistance moyenne, la coagulation se fait à 30°, mais en 2 heures environ. Dans le Camembert même, l'emprésurage se fait en plusieurs fois, de façon à avoir un fromage plus onctueux : la prise en caillot a lieu vers 30°, en 3 heures. D'autre part, pour travailler d'une façon plus régulière, on a souvent l'habitude maintenant d'amener le lait à une acidité toujours constante pour un même fromage, mais variable avec l'espèce, cela, en l'additionnant, avant l'emprésurage, d'une certaine quantité de levain lactique. D'après Mazé, l'acidité qui convient le mieux à la fabrication du Brie atteint 7 décigr. d'acide lactique de fermentation par litre de lait ; le Camembert en exige 10 à 12 décigr.; les fromages à pâte pressée, 3 à 6, suivant la température et la part que les actions mécaniques prennent à l'égouttage.

Le caillé obtenu doit être séparé du petit-lait qui l'accompagne ; on y réussit en divisant la masse, et l'on active beaucoup la sortie du liquide en chauffant le tout : le coagulum finit alors par se réduire en petits grains élastiques, craquant sous la dent. C'est ce qu'on réalise dans la préparation du gruyère, où le lait, après coagulation, est brassé et porté progressivement à une température de 55 à 60°, qu'on maintient pendant 30 minutes environ. Toutefois, il ne faut pas chasser tout le petit-lait, car celui-ci est utile dans la suite des opérations, et s'il n'en reste pas suffisamment, les fermentations qui vont déterminer la maturation du fromage ne se feront plus bien.

Pour l'emprésurage, on se sert généralement d'extraits liquides de présure ; ces produits commerciaux doivent être régulièrement dosés et employés frais, afin d'être dépourvus de trypsines microbiennes, dont l'action solubilisante sur la matière azotée viendrait diminuer les rendements en caillé. Cependant, dans la fabrication du gruyère, on emploie des macérations de caillettes de veau séchées faites dans un liquide spécial appelé *recuite* ; celui-ci est du petit-lait porté à l'ébullition en présence d'aisy, de façon à coaguler la caséine soluble qu'il renferme, précipité qu'on sépare ensuite. L'*aisy* est un bouillon de culture acide, qu'on peut obtenir spontanément en abandonnant à 35° un mélange de petit-lait, préalablement séparé de sa caséine soluble, d'un peu de vinaigre et de bon lait, mais qu'on entretient ordinairement, d'une façon continue, en remplaçant la quantité de ce liquide, qu'on a prélevé pour l'usage, par un même volume de petit-lait bouillant, de telle sorte que la température du tout s'élève à 70° environ. Cette chauffe modérée produit une stérilisation partielle de la masse, qui détruit nombre de bactéries, mais qui en respecte d'autres, celles-là précisément auxquelles l'aisy doit son efficacité. Il est certain, en effet, que dans la préparation de la recuite, bien qu'on fasse bouillir quelques minutes le petit-lait avec l'aisy, ces bactéries, très résistantes à l'action de la chaleur, ne sont pas détruites, et qu'on les retrouve ensuite dans la présure, d'où elles passent dans le caillé, et que là, plus tard, elles contribueront à la maturation du gruyère. La preuve en est que si l'on cherche à remplacer les macérations de caillettes dans ces liquides de culture par des extraits commerciaux de présure, les résultats qu'on obtient ne sont pas aussi satisfaisants, et, en particulier, le goût des produits est toujours inférieur ; c'est donc que les microbes de l'aisy, et aussi ceux qui se trouvent sur les caillettes, jouent un rôle utile. Nous reviendrons d'ailleurs sur ce sujet plus loin, à propos de la maturation du gruyère.

Maturation. — Voilà donc le fromage préparé : l'égouttage, et quelquefois la pression, ont réduit à la juste proportion la quantité de petit-lait restant; le salage, effectué toujours en répandant le sel sur les parties extérieures du caillé, dessus, dessous et côtés, a eu pour but d'en modifier avantageusement la saveur, en même temps qu'il régularisera les fermentations en jouant le rôle d'antiseptique faible, et aussi en faisant varier l'humidité de la masse : il favorise, en effet, la dessiccation du produit en attirant vers les couches superficielles l'eau de l'intérieur. Le fromage est alors placé dans une pièce de température et de degré hygrométrique convenables, puis surveillé, retourné, mis sur des paillassons secs, etc.; bref, il est l'objet de soins continuels, dont le but est de diriger, dans un sens favorable, les fermentations qui président à son affinage.

La transformation du caillé en fromage se fait sous l'influence de différents enzymes : 1) la galactase, trypsine spéciale, sécrétée par la glande mammaire en même temps que le lait, substance active dont nous avons eu précédemment l'occasion de parler ; 2) la pepsine, qui se trouve toujours associée à la présure et que d'aucuns confondent même avec elle; 3) diverses tryptases, ou caséases, sécrétées par les moisissures, bactéries, levures, etc., qui se développent à la surface ou à l'intérieur de la pâte. A ces diastases protéolytiques, qui solubilisent la caséine et l'amènent à l'état de produits plus simples, peptones, acides aminés et ammoniaque, il convient d'ajouter : 4) les amidases, auxquelles on doit la formation des acides volatils ; 5) la lactase et la lactacidase, enzymes sécrétés par les bacilles lactiques, et qui transforment le lactose en glucose, puis en acide lactique; 6) les lipases, qui décomposent vraisemblablement une partie de la matière grasse; 7) enfin des oxydases, qui brûlent les déchets organiques, notamment les acides.

La question qui concerne le rôle des ferments protéolytiques dans l'affinage des fromages est assez controversée. Au début, on considérait leur action comme prédominante. Maintenant, on tend à leur attribuer une importance bien moins grande; et même certains auteurs, sans nier leur intervention, estiment ceux-ci inutiles, pour ne pas dire franchement funestes. Il est certain, en effet, que dans les fromages de Brie et de Camembert, par exemple, une peptonisation très avancée a pour effet de rendre la pâte coulante et de donner à celle-ci un goût amer désagréable; de sorte que tout l'art du fromager consiste, dans ce cas, à réduire au minimum l'action des enzymes protéolytiques. Mais il ne faudrait pas en conclure que le fromage est un simple extrait insoluble du lait, formé par de la caséine aussi peu dégradée que possible et de la matière grasse : les produits de solubilisation de la matière azotée, pour minimes qu'ils doivent être, jouent néanmoins un rôle très important dans la production de la saveur, qu'on sait

être si différente d'un type de fromage à un autre, précisément
à cause d'une légère variation dans la proportion relative des
divers dérivés de l'hydrolyse. Sans qu'on puisse préciser, à
l'heure actuelle, le mécanisme suivant lequel s'élabore l'arome
d'un fromage, il est très probable que les acides aminés contribuent dans une large part à cette synthèse. Il est établi, en
effet, que dans le maltage, l'odeur aromatique qui se développe
à ce moment résulte de l'action des hydrates de carbone sur
les acides aminés, contenus les uns et les autres dans l'orge
germée. Dans les fromages il se passerait un phénomène analogue, les produits dégradés de la substance albuminoïde
donnant, avec les corps résultant de la décomposition des
matières grasses, des éthers spéciaux, doués de la saveur
caractéristique.

D'ailleurs, les microbes excellent à engendrer ces traces de
substances sapides et volatiles, auxquelles les bouillons de
culture doivent leurs propriétés organoleptiques, parfois si
typiques : certaines bactéries produisent un fort goût de cuit ;
d'autres, une amertume très prononcée; beaucoup de moisissures sentent le moisi, etc. Les ferments lactiques jouissent, à
cet égard, d'un pouvoir tout à fait remarquable : c'est à eux, en
particulier, que le beurre frais doit son goût si fin, car la
maturation de la crème, avant le barattage, repose précisément
sur le développement de ces ferments dans le petit-lait qui
imprègne encore les globules gras. Cet arome spécial peut
d'ailleurs prendre naissance en présence d'une autre matière
grasse que celle du lait : les fabricants de margarine utilisent
cette propriété en émulsionnant leurs graisses avec du petit-
lait, ou même avec du lait pur, et en soumettant le tout à la
fermentation lactique ; les produits acquièrent ainsi, jusqu'à un
certain point, le parfum et le goût du beurre véritable. Les ferments lactiques interviennent donc incontestablement dans la
production de l'arome des fromages; toutefois ils ne sont pas
les seuls à agir, et il semble très probable que chaque variété
de fromage ait, en outre, ses espèces bactériennes propres, les
unes favorables, les autres nuisibles, qui contribuent à lui
donner les qualités distinctives.

Dès lors, voici comment on peut envisager l'affinage des fromages : le caillé étant constitué par de la caséine, une quantité plus ou moins grande de crème et du petit-lait interposé, examinons tout d'abord l'influence de ce dernier élément, dont le rôle est primordial. Sous l'action des ferments lactiques, qui déjà ont commencé leur travail avant l'emprésurage, le lactose est transformé en acide lactique. Celui-ci, dans une certaine mesure, fait fonction d'antiseptique. Cependant sa présence en trop grand excès nuirait à l'affinage. Dans les fromages à pâte molle, qui retiennent de 50 à 60 % de petit-lait, la quantité d'acide lactique produit est très élevée; aussi, disparaîtra-t-elle petit à petit par voie de combustion biochimique, grâce aux moisissures développées à la surface de la pâte. Toutefois, si la quantité de petit-lait laissé dans le caillé et, par suite, celle du lactose y contenu, était trop forte, il se produirait une trop abondante végétation cryptogamique, dont l'action peptonisante pourrait devenir nuisible; par contre, s'il n'en reste pas assez, les ferments prospéreront mal. Dans les fromages à pâte pressée, la proportion d'acide lactique formé est beaucoup réduite, et il devient inutile de brûler le peu qui reste : la pâte se maintient donc légèrement acide. Au contraire, dans les fromages à pâte molle, la réaction acide finit par disparaître et passer à l'alcalinité : les diastases protéolytiques trouvent alors un milieu favorable à leur activité. Parfois, cependant, le changement de réaction est dû non pas à une destruction de l'acide lactique, mais à une neutralisation par l'ammoniaque produite. Nous reviendrons d'ailleurs sur ce point dans un instant.

La transformation de la caséine se produit tout d'abord sous l'action de la galactase ; puis, lorsque l'acidité devient trop élevée, cet enzyme cesse d'agir ; mais les propriétés protéolytiques de la présure entrent alors en jeu et s'exercent, quoique faiblement, pendant une grande partie de la maturation. Durant ce laps de temps, l'acidité de la pâte est progressivement détruite par les moisissures ou saturée par l'ammoniaque présente : celle-ci se forme sous l'action peptonisante de champignons superficiels, ou encore est apportée de l'extérieur, quelques praticiens avisés ayant l'habitude de répandre un peu d'alcali volatil dans l'atmosphère des caves où se murissent les fromages. LINDET et AMMANN ont en effet reconnu que l'introduction dans la pâte d'un caillé d'une très faible quantité d'ammoniaque en active considérablement la maturation. Puis, lorsque la réaction de la masse est devenue presque neutre, les ferments protéolytiques proprement dits interviennent. Ce sont des tryptases sécrétées par les moisissures ou par les bactéries contenues primitivement dans le lait, comme des tyrothrix, des levures, etc. ; enfin, c'est la caséase sécrétée par les ferments lactiques eux-mêmes. On sait, en effet, que ceux-ci sont capables, dans certaines conditions, de peptoniser les matières albuminoïdes, et notamment la caséine. En voici une preuve directe, due à MAZÉ. L'expérience est faite, d'une part, avec le *Streptococcus lebenis*, qui se rencontre dans le produit connu sous les noms de lait caillé bulgare, yoghourt, leben, etc., et, d'autre part, avec un ferment lactique industriel. On prend du lait stérilisé à 120°, on ensemence les ballons avec chacun des deux microbes et l'on dose, après un certains temps, l'azote filtrable. On détermine ainsi le rapport $R = \dfrac{\text{Azote total}}{\text{Azote filtrable}}$. Les témoins ont été obtenus en précipitant la caséine par de l'acide lactique à 1 %. Voici les résultats :

SOLUBILISATION DE LA CASÉINE PAR DES FERMENTS LACTIQUES.

Durée des cultures	Laits témoins	Ferment (1)	Ferment (2)
1 jour	R = 10.66	R = 10.56	R = 10.20
2 jours	10.49	9	8.3
6 »	10.59	8.35	7.97
10 »	—	—	7.2

Acidité des cultures { Ferment (1) : 1.66 %
» (2) : 1.0 %

Ce tableau nous montre que la solubilisation, quoique faible, s'opère en milieu acide, et qu'en outre elle se fait d'autant mieux, que l'acidité de la culture est plus faible. D'ailleurs, non seulement la caséine a été solubilisée, mais encore le résidu insoluble présente des propriétés que ne possède pas le coagulum obtenu par l'acide lactique pur. Naturellement, si la réaction est neutre ou alcaline, la caséase, ainsi que toutes les autres trypsines, agissent beaucoup plus activement, et l'on peut craindre alors d'aboutir à une peptonisation trop avancée, par suite, à des produits marchands de qualité inférieure. Si la pâte a été pressée, l'acidité est faible et devient incapable d'empêcher l'action protéolytique des ferments lactiques de s'exercer. Nous allons maintenant préciser ces données générales en prenant comme exemple l'affinage de quelques fromages réputés.

Exemples. — *Fromages à pâte molle.* — Ce sont ceux qui donnent lieu à la plus grande variété d'interventions microbiennes. Le caillé, préparé comme on l'a dit précédemment et abandonné à lui-même, commence une série de transformations. Les ferments lactiques, qui sont disséminés dans toute sa masse, décomposent le lactose et donnent de l'acide lactique, que les moisissures superficielles vont précisément faire disparaître, soit en le brûlant, soit en le neutralisant. Parmi les agents comburants, il convient de citer les pénicilliums, auxquels s'associent différentes levures, des mycodermes et quelquefois des oïdiums. La composition de cette flore dépend des conditions opératoires, et il est possible, dans une certaine mesure, de la modifier : c'est ainsi que, d'après MESNIL, le salage du fromage de Brie aurait une grande importance, une dose de 6 à 9 gr. de sel ordinaire (à 11 % d'eau) par litre de lait qui entre dans la préparation du caillé étant la proportion optima à employer, puisqu'en deçà de 6 gr., le fromage se trouve souvent contaminé par l'*Oïdium lactis*, qui finit par le faire couler lorsqu'il acquiert son complet développement, et qu'au delà de 9 gr., la pâte est sèche, friable et désagréable au goût.'

Normalement, le fromage, porté au séchoir, est envahi par une moisissure blanche, qui est du pénicillium. D'après ROGER, la véritable moisissure du fromage de Brie est le *Penicillium candidum*, dont les spores restent blanches. Suivant MAZÉ, cette moisissure est plutôt celle du Bondon et du Coulommiers; tandis que c'est le *Pen. album* qui se développe ici, ainsi que dans le Camembert. Souvent c'est le *P. glaucum* qui intervient, mais il donne une pâte moins bonne. Après 15 ou 20 jours, on descend les fromages à la cave, où la température est de 12°. La pâte s'affine et se ramollit, en même temps qu'il apparaît des taches jaunâtres, puis rougeâtres, constituées par ce qu'on appelle les *ferments du rouge*. D'après Mazé, ceux-ci ont pour effet d'arrêter l'action des champignons, qui, par un trop grand développement, sécréteraient trop de caséase, ce qui solubiliserait la caséine voisine de la croûte et enlèverait à la pâte son homogénéité. Ils ont aussi pour résultat d'alcaliniser légèrement le caillé en dégageant de l'ammoniaque, et de protéger la pâte du fromage contre la pénétration de l'oxygène qui amènerait rapidement le rancissement de la matière grasse. Comme ces ferments préfèrent les matières azotées dégradées à la caséine insoluble, il s'ensuit que leur action est de faire disparaître toutes les substances capables de donner un mauvais goût à la pâte. Par contre, ils communiquent une saveur spéciale, rappelant celle du consommé. Les ferments constituant le rouge appartiennent à la famille des Tyrothrix. D'après Roger, le microbe essentiel du rouge du Brie est le *Bacillus firmaticus*, très actif producteur de caséase. Aussi, pour bien faire, son action doit-elle être modérée par un autre microbe, isolé également par le même auteur, et appelé *Micrococcus meldensis*. Enfin, à côté de ces actions multiples, d'ordre biochimique, dues aux moisissures, il convient d'en ajouter une autre, toute physique : les végétations cryptogamiques, en effet, du fait qu'elles augmentent la surface du fromage, contribuent, dans une large part, à assurer la dessiccation de la pâte en éliminant par évaporation l'excès d'humidité.

Lorsque l'acidité est à peu près disparue, les ferments lactiques répartis dans toute la masse interviennent par la caséase qu'ils sécrètent. D'après Mazé, la maturation de la pâte serait bien due à des ferments lactiques, auxquels s'associent quelques bactéries productrices de tryptases, et non à l'action des champignons de la surface, pénicilliums et ferments du rouge.

S'il est vrai, en effet, que la solubilisation partielle de la caséine commence bien par les régions superficielles, pour se propager lentement vers les parties profondes, ce n'est pas, comme certains auteurs le pensent, parce que la peptonisation est due aux enzymes des moisissures, mais bien parce que ces microorganismes ont détruit ou saturé l'acide lactique contenu dans ces régions, et rendu ainsi le milieu plus favorable à l'action de la caséase des ferments lactiques partout présents. La maturation des fromages à pâte molle se fait en milieu neutre ou alcalin : l'ammoniaque produite par les ferments du rouge pénètre lentement dans la masse et la peptonisation suit une marche parallèle de l'extérieur vers l'intérieur. Sans doute, les moisissures sécrètent bien aussi des diastases protéolytiques, et même de très grandes quantités; mais ces tryptases ne peuvent facilement se diffuser dans l'épaisseur de la pâte : elles sont fixées par la caséine insoluble, sur laquelle elles agissent directement. Si, par conséquent, il se forme trop de diastase dans ces régions superficielles, elle s'accumule sur place et ne peut attaquer les parties sous-jacentes sans être préalablement libérée par la solubilisation des parties qui l'ont retenue. Une zone de la pâte, immédiatement située sous la croûte, devient alors coulante, sans que l'intérieur du fromage soit arrivé à maturité : le produit est de qualité inférieure. En résumé, d'après MAZÉ, l'affinage du fromage de Brie se fait sous l'action des ferments lactiques; l'arome est celui du beurre et de la crème, auquel vient s'ajouter celui du consommé, dû à la fermentation du rouge. Quant à la consistance, elle doit être celle du beurre, car la caséine soluble est répartie dans toute la masse et joue le rôle de substance interstitielle.

Pour ce qui est de la préparation du Camembert, il y a peu de chose à changer à ce qui précède, si ce n'est que les fermentations secondaires doivent être légèrement différentes de celles du Brie, puisque l'arome de ces fromages n'est plus tout à fait le même. Le rôle presque exclusif que l'on vient de voir attribuer aux ferments lactiques n'est cependant pas accepté par tous. EBSTEIN, en particulier, est d'un avis tout opposé. D'après lui, la pâte du Camembert renferme des ferments lactiques, qui se trouvent surtout dans les régions internes, tandis que la partie extérieure et molle renferme des *Tyrothrix*. L'affinage complet consisterait dans la pénétration des tyrothrix jusque dans les régions peuplées par les ferments lactiques : ce seraient donc les tyrothrix qui seraient les véritables agents de la maturation. Toujours d'après le même auteur, dans le fromage de Brie on rencontre non seulement des ferments lactiques, mais aussi des levures, du *Penicillium glaucum* et du *P. album* ; or, c'est à ce dernier qu'il faut attribuer l'action prépondérante. La maturation du Brie, selon EBSTEIN, se ferait donc non pas sous l'influence du ferment lactique, mais bien sous celle de la moisissure.

Fromages à pâte lavée. — Dans ce genre de fromage, la combustion de l'acide lactique n'est pas complète, puisque le développement des moisissures superficielles est empêché par suite de lavages continuels de la surface faits à l'eau salée. Cependant la maturation s'opère quand même, grâce à la neutralisation de l'acide lactique par l'ammoniaque produite par une flore bactérienne spéciale, qui s'est développée, malgré les lavages, sur la surface maintenue constamment humide. Dans ces conditions, l'affinage se poursuit en milieu d'abord légèrement acide, puis alcalin. Mais la présence de l'ammoniaque donne à ce genre de produits un goût amer qui n'est pas apprécié par tous les consommateurs.

Fromages à pâte persillée. — La maturation des fromages de Roquefort, de Gorgonzola, etc., se fait d'une façon spéciale : au cours de leur fabrication, on introduit dans la pâte des spores d'une moisissure particulière, le *Penicillium Roquefortii*, spores qui ne tardent pas à se développer et à pousser leur mycélium en tous sens, grâce à la pénétration de l'air dans la masse, pénétration qu'on favorise d'ailleurs au moyen de piqûres nombreuses faites dans la pâte. L'acide lactique est alors en partie brûlée, en partie neutralisée par l'ammoniaque qui se produit dans ces conditions. Les enzymes protéolytiques sécrétés par le pénicillium, ainsi que la caséase du ferment lactique, concourent à l'affinage, qui s'opère à une température de 8° et dure deux mois environ.

Fromages à pâte pressée. — Avec ces fromages, il n'est plus besoin de moisissures pour détruire l'acide lactique, puisque celui-ci ne se trouve plus en excès. La maturation se fait alors en milieu légèrement acide, mais à une température un peu plus élevée que celle du Brie ou du Camembert; du reste, elle dure plus longtemps aussi.

Fromages à pâte cuite. — Dans ces fromages la maturation ne se fait plus sous l'influence de caséase sécrétée par les ferments lactiques ordinaires, puisque, en raison du chauffage du caillé, qui est porté au moins 20 minutes à 60°, ceux-ci ne sauraient résister à cette épreuve. Mais nous avons vu que les fromagers ont l'habitude d'ajouter, avec la présure, une certaine quantité d'aisy, bouillon de culture renfermant précisément les bactéries acidifiantes qui vont assurer la maturation de la pâte. Bien qu'on connaisse encore insuffisamment ces bactéries, on sait qu'elles provoquent dans la masse un dégagement gazeux d'hydrogène et d'acide carbonique, qui détermine la formation des yeux du gruyère, et que, de plus, elles poussent la peptonisation de la caséine jusqu'à un stade encore assez avancé. Sous leur action, l'affinage se poursuit pendant un temps très long : environ 10 jours dans une cave froide (10°), puis plusieurs mois dans une cave chaude (16° à 18°) et sensiblement plus humide.

D'après LAFAR, le fromage d'Emmenthal se fait en trois phases. Dans la première il se produit une dissolution partielle de la caséine sous l'action du *Micrococcus casei liquefaciens*, ou par des bactéries analogues de la famille des tyrothrix. Ceux-ci travaillent encore au début de la seconde phase, qui est celle de l'acidification réalisée par le *Streptococcus lacticus*. Enfin, dans la troisième phase intervient le ferment lactique qui provoque le goût et l'odeur du produit. Mais dans cette dernière période, certaines levures et des bacilles butyriques peuvent aussi jouer un rôle. D'autre part, il convient de signaler qu'à la suite des travaux de de FREUDENREICH, on emploie, depuis quelques années, en Suisse, pour la fabrication de l'emmenthal, des ferments purs, préparés en laissant macérer les caillettes dans un mélange de bouillons de culture provenant, d'une part, d'un ferment lactique spécial, obtenu par de FREUDENREICH, et, d'autre part, d'un mycoderme, isolé par THÖNI de présures naturelles destinées à la préparation de ce type estimé de gruyère. Les résultats auxquels on arrive ainsi seraient très satisfaisants.

Composition. — Voici, pour terminer, la composition des différentes sortes de fromages, résultats empruntés à LINDET, AMMANN et BRUGIÈRE :

ANALYSE DES DIFFÉRENTS FROMAGES.

Espèces	Pour 100 gr. de fromage				Azote soluble % de N total	Azote ammoniacal % de N soluble
	Eau	Matières grasses	Matières azotées totales	Ammo-niaque		
	gr.	gr.	gr.	gr.		
Petit Suisse	54.6	35.0	7.3	0.00	3.2	—
Demi-sel	49.6	34.0	11.8	traces	12.2	—
Bondon	54.3	23.0	16.1	0.11	32.9	10.6
Brie	53.5	22.5	18.0	0.18	58.1	13.1
Camembert	53.8	22.0	17.1	0.23	86.1	14.2
Coulommiers ordinaire	53.0	21.5	16.9	0.26	60.7	16.0
Munster	52.4	24.4	15.5	0.19	53.2	12.3
Pont-Lévêque	51.0	23.1	17.8	0.13	43.9	8.1
Maroilles	40.3	33.5	20.2	0.32	59.4	14.2
Livarot	52.2	15.0	25.9	0,36	55.9	15.5
Roquefort	36.9	29.5	20.5	0.14	47.5	8.9
Gorgonzola	41.5	29.0	19.7	0.17	27.2	17.1
Hollande	42.6	20.0	23.9	0.02	22.3	2.0
Chester	31.1	32.3	30.9	0.20	30.1	11.4
Port-Salut	38.1	24.5	24.8	0.02	20.2	2.3
Gruyère	35.7	28.0	28.9	0.05	22.9	4.7
Parmesan	34.0	23.0	35.0	0.14	21.7	9.9

On voit que les quantités d'azote solubilisé sont très différentes et qu'il n'y a même pas toujours une relation entre l'azote solubilisé et l'azote ammoniacal. C'est ainsi que le Camembert, qui accuse 86.1 d'azote soluble pour 100 d'azote total, a une proportion de 14.2 % de cet azote solubilisé, transformée jusqu'à l'état d'ammoniaque, tandis que le Gorgongola, qui n'a qu'une quantité d'azote soluble beaucoup plus faible, 27.2 %, fournit cependant 17.1 % d'azote ammoniacal. Dans ce second cas, la peptonisation est moins étendue, mais plus profonde.

Ce tableau, à part la quantité d'ammoniaque formée, ne nous donne pas la répartition de l'azote soluble sous les différentes formes. Voici le résumé de dix analyses effectuées sur des gruyères par JENSEN et PLATTNER, et qui montre que les quantités d'azote solubilisé sont, ainsi que nous le disions plus haut, relativement très fortes. Ces gruyères, vieux de neuf mois, renfermaient de 31.5 à 35 % d'eau et de 25.8 à 29.7 % de matières azotées. Ces dernières substances se répartissent ainsi :

Différents azotes	Pour 100 d'azote total	Pour 100 d'azote soluble	Moyenn
Azote soluble	De 28.2 à 36 %	—	
Azote tannique	De 6.2 à 12.2 %	De 19.1 à 39.3	29
Azote des acides diaminés	De 2.9 à 7.84 %	De 8.6 à 21.54	16
Azote des acides monoaminés	De 11.2 à 18.1 %	De 36 à 53.8	46
Azote ammoniacal . . .	De 1.7 à 5.3 %	De 4.41 à 15.3	9

Ce qui frappe, c'est la grande proportion d'azote soluble, constituée pour environ la moitié par l'azote des acides monoaminés. Or, on sait que le gruyère doit son mûrissement à des bactéries lactiques spéciales, qui donnent, surtout avec la caséine, des acides monoaminés et très peu seulement d'ammoniaque ou d'autres corps. Outre les divers acides aminés, O. JENSEN et PLATTNER expliquent la grande quantité de substances albuminoïdes solubles par la présence probable d'albuminates acides, formés directement avec la matière azotée du fromage.

Les auteurs précités ont également étudié le fromage dénommé : Brique d'Allgau. Ils ont trouvé que la proportion d'azote soluble peut atteindre 90 % de l'azote total. La teneur en azote ammoniacal est également élevée : elle est de 11 %.

de l'azote total. C'est en raison de cette forte alcalinité que la solubilisation des albuminoïdes a été si profonde. De fait, on observe 75.5 °/₀ de l'azote soluble précipitable par l'acide tannique et correspondant à des albuminates alcalins et des albumoses primaires. Les quantités d'azote monoaminés (7 °/₀) et d'azote diaminés (5.4 °/₀ de l'azote soluble) sont, par contre, très faibles.

En définitive, l'étude de la fabrication des fromages a fourni, dans ces dernières années, des résultats très importants, et déjà des progrès considérables ont été réalisés dans cette branche de l'industrie laitière. En France, notamment, à l'instigation de MAZÉ, des praticiens éclairés se sont lancés dans la voie des réformes et ils tirent à l'heure actuelle de réels avantages, au point de vue de la valeur des produits, de l'emploi des ferments sélectionnés ; quelques-uns même préparent d'une façon courante, à l'aide de lait pasteurisé, ensemencé avec des ferments lactiques purs, des fromages de Brie d'une qualité telle qu'ils font de beaucoup prime sur le marché. Il est certain que l'exemple se propagera et il est permis d'envisager comme prochain le jour où la technique fromagère sera établie sur des bases entièrement scientifiques, avec la méthode qui caractérise déjà de nombreuses autres industries de fermentation.

BIBLIOGRAPHIE.

P. MAZÉ. 1) Les microbes dans l'industrie fromagère, *Ann. Inst. Past.*, 1905, (19), pp. 378 et 481. 2) Technique fromagère, *Ibid.*, 1910, (24), pp. 395, 435 et 543. 3) Les ferments lactiques et le lait, *Rev. Scient.*, 1913, (2), p. 228.

O. JENSEN et E. PLATTNER. Contribution à l'analyse des fromages, *Mon. Scient.*, 1908, (22), p. 252 ; d'après *Zeits. f. Untersuchung d. Nahrungs- u. Genunmittel*, (12), p. 193.

DE FREUDENREICH. Étude sur l'Emmenthal, *Landwirs. Jahrbuchs der Schweiz*, 1906 (?).

DUCLAUX. *Le lait*, 1 vol., Paris, 1894.

LEZÉ. 1) *Les industries du lait*, 1 vol., Paris, 1904. 2) *Préparation et maturation des caillés de fromagerie*, 1 vol., Paris, 1905.

HENSEVAL. *Les microbes du lait et de ses dérivés*, 1 broch., Lierre, 1903.

LINDET. *Le lait, la crème, le beurre et les fromages*, 1 vol., Paris, 1907.

C. MARTIN. *Laiterie*, 1 vol., (Encycl. agricole), Paris, 1913.

F. LAFAR. *Handbuch der technische Mykologie*, 4 vol., Iéna, 1904-1907.

§ 7.

Rôle des enzymes protéolytiques en tannerie.

Les enzymes protéolytiques interviennent à plusieurs reprises au cours des nombreuses opérations qu'on fait subir à la peau pour la transformer en cuir. Pour bien comprendre le rôle des ferments en tannerie, il importe tout d'abord de rappeler succinctement en quoi consiste cette industrie. La peau, avant d'être soumise à l'action des matières tannantes, doit recevoir une préparation convenable. On sait que la dépouille d'un animal est formée de différentes couches, qui sont : du côté externe, l'*épiderme*, avec les poils ; en dessous, le *derme* ou chorion, qui se trouve séparé de l'épiderme par une mince couche de cellules représentant la *membrane vitrée* ou *hyaline*; enfin, du côté interne, quelques fragments de chair et de tissu adipeux, ainsi que des muscles restés adhérents à la peau. De toutes ces parties, seule celle qui est centrale, c'est-à-dire le derme, est propre au tannage ; encore faut-il la débarrasser des éléments inutiles par un traitement approprié. Le derme est, en effet, constitué par un réseau feutré de différentes fibres, mélangé à des cellules conjonctives, le tout réuni par une substance interstitielle, appelée *coriine*. Lorsque la peau est sur l'animal, la coriine, entretenue dans un état semi-fluide, permet aux fibres de glisser facilement les unes sur les autres et confère à tout l'ensemble la souplesse et l'élasticité qui caractérise cette partie du corps. Mais quand la peau est retirée, ou bien elle est maintenue humide et elle ne tarde pas à se putréfier, ou bien elle est soumise à la dessiccation, et alors la coriine se durcit, les fibres se raccornissent, le tout se parchemine et perd sa grande flexibilité.

Pour assurer à la dépouille, d'une part, sa conservation, d'autre part, une certaine élasticité, c'est-à-dire pour transformer la peau en cuir, il convient donc : 1) de séparer le derme des parties inutiles, épiderme et tissu sous-cutané qui l'accompagnent, mais en respectant la membrane hyaline, qui

42

constituera la fleur du cuir ; 2) d'éliminer du derme la coriine et les cellules conjonctives, afin d'isoler les unes des autres les différentes fibres, et même de réduire celles-ci en fibrilles plus petites et plus nombreuses ; 3) de recouvrir chacune de ces fibres d'une matière spéciale, dite tannante, capable d'assurer son imputrescibilité en même temps qu'elle l'empêche de se coller à ses voisines, et qu'elle favorise même un certain glissement sur elles.

Nous n'avons ⸳pas à nous occuper ici de la troisième série d'opérations, qui correspond au tannage proprement dit, puisque les ferments protéolytiques n'interviennent pas dans cette partie du travail. Restent les deux premières : elles ont pour but d'amener la peau en poil à un état spécial, dit *peau en tripe*, qui est constitué uniquement par le derme gonflé, recouvert de la membrane hyaline et réduit à un réseau lâche de fibrilles dissociées. Pour obtenir ce résultat, on fait subir à la peau les opérations suivantes :

1) Le *reverdissage*, qui consiste à nettoyer les peaux fraîches reçues de l'abattoir ou à laisser tremper quelque temps les peaux séchées, de façon à les gonfler et à leur rendre leur souplesse primitive.

2) L'*épilage* et l'*ébourrage*, par lesquels on sépare le derme de l'épiderme et des poils qui l'accompagnent.

3) L'*écharnage*, qui a pour but d'éliminer la chair et les parties graisseuses restées adhérentes au derme. Cette opération, qui se fait, soit à la main, avec des couteaux appropriés, soit à la machine, ne nous intéresse pas, au point de vue tout à fait spécial auquel nous nous plaçons.

4) La *purge dans les confits*, traitement qui a pour effet non seulement de débarrasser la peau des traces de chaux que celle-ci contient si elle a été épilée à l'aide de cette substance, mais encore de lui communiquer, s'il en est besoin, une souplesse tout à fait remarquable.

Reverdissage. — Normalement, cette opération doit se faire en eau courante ou fréquemment renouvelée. Cependant, quelquefois, pour activer le reverdissage des peaux fortement séchées et particulièrement dures, on a recours à un trempage dans des cuves où l'eau n'est pas changée. Ces bains, riches en matières organiques, sont le siège d'une véritable putréfaction. Il s'y développe toute une flore microbienne, sécrétant des enzymes protéolytiques, qui exercent sur la peau une action dissolvante très énergique. Celle-ci, naturellement, se ramollit beaucoup plus vite, dans ces conditions, que par un trempage dans de l'eau pure, mais cette rapidité d'effet s'obtient au détriment de la qualité du produit.

Epilage. — L'épilage se fait de plusieurs façons : 1° à l'échauffe; 2° à la chaux; 3° aux sulfures alcalins; 4° aux sulfures d'arsenic. Le premier procédé résulte d'une fermentation spéciale, sur laquelle nous allons revenir dans un instant. L'épilage à la chaux, ou pelanage, paraît basé sur l'action combinée des ferments et de la substance caustique employée. Quant aux procédés (3) et (4), ils sont purement chimiques, et, pour cette raison, nous n'en parlerons plus.

Pour bien comprendre le mécanisme de l'épilage, quelques explications sont tout d'abord nécessaires sur la constitution de l'épiderme et sur la façon dont les poils sont fixés à la surface de la peau. L'épiderme est formé de plusieurs couches de cellules différentes, dont les unes sont vivantes, et les autres, les plus superficielles, sont mortes. Les premières, de composition normale, constituent ce qu'on appelle le *corps de Malpighi*. Parmi elles, la couche de cellules la plus profonde, celle qui est en contact direct avec le derme, forme la membrane vitrée, dont nous avons déjà parlé précédemment. Les secondes, qui résultent de la transformation et de la mort des cellules du corps de Malpighi, constituent la *couche cornée*. Elles sont composées surtout de kératine, sorte de matière albuminoïde très complexe, insoluble dans l'eau et les acides étendus, inattaquable par les sucs gastrique et pancréatique, mais soluble dans les liqueurs alcalines chaudes, ainsi que dans les solutions de sulfures alcalins et alcalino-terreux. Quant aux poils, qui sont des productions épidermiques, au même titre que les ongles, la corne, les écailles, etc., leur substance fondamentale est aussi la kératine. Les poils sont fixés sur la peau par un mode d'insertion spécial : à leur racine, qui pénètre assez avant dans le tégument, l'épiderme s'enfonce dans le derme, de façon à constituer au poil une véritable gaine, au fond de laquelle il est, par surcroît, retenu, grâce au renflement même que possède son bulbe. Il résulte de là que pour arracher aisément les poils, il faudra dissoudre leur bulbe en même temps que l'épiderme sera plus ou moins désorganisé. Dans le procédé de l'échauffe, ainsi que dans le pelanage, ce sont les enzymes sécrétés par les bactéries, aidés ou non par la chaux ajoutée, qui joueront ce rôle ; dans l'épilage aux sulfures, ce sont les substances chimiques qui dissoudront la kératine et assureront un facile épilage.

Voici comment on met en pratique l'un et l'autre de ces deux procédés. L'*épilage à l'échauffe* est surtout employé pour les grosses peaux de bœuf destinées au cuir à semelles, ou encore pour les peaux de mouton dont on veut conserver la laine. Les peaux de bœuf, fraîches ou reverdies, sont étendues les unes sur les autres, de façon à faire une pile de 1 mètre environ, et abandonnées ainsi à elles-mêmes jusqu'à ce que le poil s'arrache facilement. Pour éviter que la fermentation ne se déclare trop vite, surtout en été, et n'altère la substance dermique, on répand entre chacune des peaux une certaine quantité de sel marin. En hiver, au contraire, les peaux sont placées dans une pièce légèrement chauffée. Avec les peaux de mouton, la seule différence est qu'on suspend les peaux dans une pièce close, au lieu de les mettre en tas. Par suite d'un commencement de putréfaction, les enzymes protéolytiques sécrétés ne tardent pas à désorganiser la couche de Malpighi, qui est de toutes les parties de la peau celle qui est la moins résistante, et bientôt les poils n'offrent plus aucune résistance à l'arrachement. On constate, en effet, que des peaux convenablement stérilisées, puis conservées humides dans un milieu aseptique, ne s'épilent pas, et que, pour arriver à ce résultat, l'intervention microbienne est nécessaire. Schmitz-Dumont aurait, d'autre part, isolé de peaux soumises à l'échauffe, un

streptocoque qui se développe aux dépens de la couche de Malpighi, en dégageant de l'ammoniaque, et qui serait, d'après lui,
l'agent actif de l'épilage. Par contre, VILLON pense que c'est le
bulbe même du poil qui subit l'action première de la décomposition. Cet auteur aurait, en effet, reconnu qu'au cours de
l'échauffe, la matière albuminoïde spéciale qui constitue
le bulbe, la pilline, est le siège d'une fermentation particulière,
due à une bactérie qu'il appelle bactérie pilline, et que sous
l'action de ce microorganisme, il se forme différents produits azotés, notamment de l'ammoniaque, dont l'action dissolvante sur la couche épidermique est bien connue. Quels que
soient d'ailleurs l'espèce microbienne qui intervienne ici, la
partie de la peau qui subisse en premier lieu son action, et
même le mécanisme suivant lequel celle-ci s'opère, il est certain qu'une protéolyse s'établit au cours de l'épilage et que la
destruction de l'épiderme résulte tout à la fois de l'action
directe exercée sur lui par les bactéries et les enzymes
qu'elles sécrètent, ainsi que de l'action dissolvante due aux
produits ammoniacaux engendrés dans ces réactions.

Les données relatives au *pelanage* sont moins précises.
Disons tout d'abord que le procédé d'épilage à la chaux consiste
à immerger quelque temps les peaux successivement dans une
série de bains, ou pelains, trois, en général, contenant des laits
de chaux de plus en plus forts. Le premier pelain, appelé pelain
mort, est formé d'un lait de chaux ayant déjà servi maintes
fois : c'est dans ce bain que les peaux, lavées et reverdies, sont
immédiatement plongées. Après quelques heures ou quelques
jours, suivant la genre de travail, les peaux sont passées dans
le second pelain, appelé pelain gris, qui renferme un lait de
chaux, également usagé, mais moins vieux que le précédent.
Après encore un certain laps de temps, les peaux sont retirées,
puis immergées dans le troisième bain, ou pelain neuf, qui
contient un lait de chaux fraîchement préparé : on les y laisse
jusqu'à ce que le poil ait perdu toute adhérence au derme.
Naturellement, en marche normale, on établit un roulement
entre les trois bains : le pelain mort, après avoir servi au trai-

tement d'un nombre déterminé de peaux, est jeté; il est remplacé par un lait de chaux frais et devient pelain neuf; à ce moment, le pelain, qui était jusque-là considéré comme neuf, devient pelain gris, et celui-ci est transformé en pelain mort.

Quelle est donc l'action de ces pelains sur la peau, et particulièrement sur l'épiderme? Pendant longtemps on a pensé que la chaux agissait uniquement par son alcalinité et que cet agent caustique suffisait à désorganiser la couche de Malpighi et à amener une rapide chute du poil ; la nécessité des trois pelains résultait alors de l'obligation dans laquelle on est de ne pas agir trop brusquement sur la peau, mais bien d'une façon progressive. Cependant cette opinion ne semble pas être conforme à l'expérience. On rencontre toujours, en effet, dans les pelains un grand nombre de bactéries, et il parait très probable que celles-ci interviennent effectivement dans la destruction de l'épiderme. VILLON aurait même réussi à isoler la bactérie pilline de peaux chaulées : pour lui, le pelanage résulte de la décomposition de la substance azotée du bulbe, la pilline, sous l'influence de ce microorganisme spécial, la chaux ne servant uniquement qu'à écarter du bain les bactéries de la putréfaction. VILLON cite, à l'appui de cette manière de voir, le fait que des peaux stérilisées, mises en présence de chaux, ne s'épilent pas, tandis que l'action se produit aussitôt si l'on ajoute à ces peaux une culture de bactérie pilline, culture qui résiste d'ailleurs très bien à l'alcalinité de l'eau de chaux. Il convient d'ajouter que cette expérience se trouve corroborée par une pratique usitée chez bien des tanneurs, et qui consiste à ajouter une certaine quantité de pelain mort à un pelain neuf, de façon, semble-t-il, à hâter dans ce dernier le développement de la bactérie pilline. Si l'on n'agit pas toujours ainsi, c'est qu'en fait cet ensemencement se produit spontanément par le passage des peaux d'un pelain dans le suivant.

Un autre argument, qui montre bien que réellement dans le pelanage des agents hydrolysants très énergiques interviennent, est celui tiré de l'analyse même des bains de chaux ayant servi longtemps à l'épilage. SCHRŒDER et SCHMITZ-

DUMONT, en analysant un pelain employé depuis plusieurs mois dans une tannerie, ont constaté dans celui-ci non seulement la présence d'une forte quantité de matière organique azotée, albumine et dérivés immédiats, mais encore celles, en proportions notables, d'acides volatils, d'ammoniaque et de triméthylamine. Or, on sait que ces produits sont les termes ultimes de la dégradation des matières protéiques, et qu'ils résultent notamment de l'action diastasique des amidases : il paraît donc beaucoup plus logique d'admettre que leur formation ici est la conséquence de fermentations protéolytiques, plutôt que l'effet de la simple action chimique de la chaux sur les matières albuminoïdes de la peau. Au surplus, cet enrichissement des pelains en matière organique se fait évidemment aux dépens de la substance même de la peau. Or, EITNER a constaté que la perte de poids sec, subie par une peau pelanée, est d'autant plus grande que l'on fait usage d'un bain plus vieux, par suite plus riche en bactéries et en enzymes dissolvants. En outre, la désagrégation de la peau est d'autant plus rapide que l'opération se fait à une température plus élevée. Toutes ces données cadrent donc bien avec l'idée que les ferments protéolytiques jouent également un rôle actif dans l'épilage à la chaux, et il est très probable que si l'on cherchait vraiment les diastases dans ces liquides, on les y retrouverait.

Voilà donc les peaux épilées : elles viennent de subir l'échauffe ou le pelanage. Le poil tient encore au derme, mais une très légère traction suffit pour l'en détacher. Cet arrachement, appelé ébourrage, se fait à l'aide d'outils à main ou de machines spéciales ; puis les peaux sont rincées, écharnées et lavées à nouveau. A ce moment, la peau est constituée par le derme recouvert de la membrane hyaline, membrane qui, plus résistante que le reste de l'épiderme à l'action dissolvante des agents de l'épilage, a été conservée. Les traitements que les peaux vont alors subir diffèrent beaucoup, suivant la nature de ces peaux et le genre de cuir auquel on les destine. Le plus généralement, ils sont mécaniques et purement chimiques et ne nous intéressent plus. Par contre, il est des cas où les peaux traitées doivent acquérir une certaine souplesse : on leur fait alors subir l'action de *confits microbiens*. En particulier, lorsqu'on traite des peaux de chèvre ou de mouton, en vue de les tanner au sumac pour les transformer en maroquin ou en imitatation, on les soumet, après le pelanage et l'écharnage, à l'action d'un *confit de son*. Le mélange de son et d'eau, qui ne tarde pas à devenir l'objet d'une fermentation lactique intense, détermine sur la peau une action spéciale : tout d'abord, grâce aux gaz engendrés par la fermentation, il se produit, au sein même du derme, un gonflement et un relâchement intérieur qui isolent les fibres, distendent le tissu et lui communiquent une souplesse convenable : l'action est, dans le début, toute dynamique. Puis, lorsque le confit est devenu aigre, il s'exerce une véritable purge de chaux, celle qui restait dans la peau se dissolvant à ce moment dans les acides organiques formés. Mais, en définitive, ce confit ne présente pour nous qu'un médiocre intérêt, puisqu'il est établi que les enzymes protéolytiques n'y jouent aucun rôle, la substance dermique n'étant en aucune façon influencée par ce traitement.

Confits d'excréments. — Tout autrement se comportent les *confits d'excréments*. Ceux-ci, en effet, exercent une action très énergique, puisqu'ils déterminent une véritable digestion de la peau, qui tout d'abord l'amollit, mais qui peut ensuite l'altérer profondément, si l'on prolonge trop l'attaque. On emploie deux sortes de confits de ce genre : ceux de crotte de chien et ceux de fiente de pigeon. Ces produits n'agissent pas absolument de la même façon, mais on n'est pas encore bien fixé sur la cause de ces variations. Du reste, la différence n'est pas très grande et, pour simplifier, nous ne parlerons que du confit de crotte de chien, celui qui est d'ailleurs le plus employé. On se sert de ce confit uniquement en mégisserie, pour les peaux desquelles on exige une très grande souplesse, comme, par exemple, les peaux de chèvre, qui sont tannées au chrome et transformées ensuite en chevreau glacé pour chaussures, ou encore celles de chevreau ou de mouton qui, après habillage dans un mélange d'alun, de sel marin, de jaune d'œuf et de farine, sont destinées à la ganterie. Voici comment on prépare ce confit : les crottes de chien, généralement importées d'Asie Mineure, sont mises dans des tonneaux et arrosées avec une certaine quantité d'eau, de façon à les humecter et à déterminer chez elles une fermentation. Après un mois environ, on prélève une certaine quantité de cette pâte, on la délaye dans l'eau et, peu après, on décante le liquide clair : c'est dans cette macération qu'on plonge les peaux sortant du pelanage et de l'écharnage. On constate alors que, très rapidement, la peau, en même temps qu'elle se purge de la chaux qu'elle contenait encore, se vide, devient flasque, qu'elle *tombe*. Au microscope, on remarque que les cellules étoilées, ou cellules conjonctives, ont disparu et que les fibres commencent même à se dissoudre superficiellement. Il convient toutefois de ne pas prolonger l'action, car la peau se désorganiserait de plus en plus et finirait par perdre toute fermeté.

A quoi est due cette double action ? L'élimination de la chaux résulte très vraisemblablement de la présence dans le confit de phosphates, de butyrates, ainsi que d'autres sels organiques, qui contribuent à augmenter la solubilité de l'alcalino-terreux dans le bain. Quant au relâchement du tissu, il est dû uniquement à l'action des ferments, ainsi qu'aux produits azotés qui en dérivent. C'est ce qui ressort très nettement des travaux d'EITNER, de POPP et BECKER, et enfin de WOOD. Dans l'action du confit, trois facteurs sont à considérer : 1) les microbes; 2) les matières minérales et organiques qui jouent le rôle de milieu de culture; 3) les enzymes digestifs provenant de l'animal, qui ont été rejetés par lui en même temps que ses excréments.

En ce qui concerne le rôle des microbes, on possède quelques données intéressantes. Tout d'abord, il est un fait certain, c'est que les bactéries qui interviennent ici ne sont pas celles de la putréfaction : en effet, ces dernières, au lieu de produire sur la peau une action favorable, l'attaquent et l'altèrent rapidement. Quant à dire quelles sont les espèces qui sont réellement utiles, on ne peut le faire à l'heure actuelle.

Popp et Becker ont réussi, il est vrai, à isoler des confits de crotte de chien, trois sortes de bactéries qui, mises en présence de la tripe, lui communiquent la souplesse désirée. Mais on ne saurait affirmer que ces bactéries sont véritablement spécifiques de l'action considérée. Il semble même que le nombre des espèces capables de jouer un rôle favorable est beaucoup plus grand qu'on ne le croit. Wood est parvenu, en effet, à retirer des confits 90 espèces de bactéries qui, prises chacune séparément, n'avaient aucune action sur la peau, mais qui, associées judicieusement, reproduisaient le travail caractéristique d'un bon confit. Certains auteurs pensent même que ces bactéries utiles ne se trouvent pas seulement dans les confits de crotte de chien, mais qu'on les rencontre aussi en d'autres endroits. C'est ainsi que Wood a pu isoler du suint de laine deux bactéries qui, par leur action simultanée, se montrent d'une grande efficacité sur la peau, étant même en cela supérieures à celles des confits naturels. Pareillement, Nördlinger a réussi à obtenir de bons effets rien qu'en employant les microorganismes qui s'étaient spontanément développés sur des tranches de pommes de terre cuites et abandonnées quelques jours à l'étuve à 37°.

Quelle que soit d'ailleurs la nature des espèces microbiennes qui entrent en jeu ici, il est hors de doute que celles-ci agissent par les diastases qu'elles sécrètent, ainsi que par les produits ammoniacaux qui se forment sous leur action. Wood a constaté, en effet, que si l'on prend un tel confit, en pleine puissance, et qu'on en isole, d'une part, les produits volatils par distillation dans le vide, et, d'autre part, les enzymes par précipitation au moyen de l'alcool, le liquide restant a perdu toutes ses propriétés, tandis que le mélange des deux parties précédemment enlevées, les amines et les diastases, possède une action très favorable sur la peau. Un autre argument qui montre bien que les microbes n'agissent pas tant par leur vie végétative que par les produits auxquels ils donnent naissance, résulte du fait que les confits frais sont sans action sur la tripe et qu'il est nécessaire de faire subir aux excréments une fermentation préalable pour qu'ils acquièrent leur pouvoir dissolvant spécial. C'est que, durant ce travail préparatoire, les bactéries qui préexistaient dans la crotte ont élaboré des enzymes et transformé les matières sur lesquelles elles vivaient, en amenant ainsi le tout dans un état de puissance maxima.

Par contre, certains accidents, dans l'emploi des confits, résultent du développement inopiné de bactéries nuisibles qui se trouvent toujours associées aux bactéries utiles dans les excréments. C'est ainsi qu'une mauvaise fermentation préalable peut favoriser la multiplication d'un microbe particulier, qui détermine la production du *confit noir*, dont l'action sur la peau est si funeste ; dans le même ordre d'idées, les confits non décantés, qui se montrent cependant plus actifs que les confits limpides, ne sont pas d'un usage recommandable, précisément à cause des bactéries nuisibles qui se trouvent accumulées dans le dépôt boueux et qui pourraient, en se fixant sur la peau, la tacher et même la percer.

Voyons maintenant l'action des matières inertes qui composent les excréments. EITNER, dès 1881, les envisagea surtout comme des substances nutritives pour les microbes qui les accompagnent. Ce serait, du reste, d'après lui, la raison pour laquelle les confits de diverses origines, ceux de crotte de chien et ceux de fiente de pigeon, par exemple, n'agissent pas pareillement: les milieux nutritifs étant différents, les espèces microbiennes qui s'y sont développées sont différentes aussi. Partant de cette idée, EITNER avait même préparé des confits artificiels, en substituant aux matières excrémentitielles des substances minérales, telles que des phosphates de potasse et de chaux, du sulfate de magnésie, du tartrate d'ammoniaque, etc., qu'il ensemençait avec de vieux confits de crotte de chien : ces bouillons de culture, après un certain temps de développement, agissaient sur la peau exactement comme le font les confits naturels. Malgré ce résultat positif, obtenu avec des substances purement minérales (le tartrate d'ammoniaque pouvant être supprimé du mélange précédent), il semble bien que les confits exercent aussi, par les matières organiques qu'ils contiennent, une action directe sur la substance dermique. En particulier, il est établi que les acides aminés et l'ammoniaque formés font tomber la peau d'une façon très nette, et que, d'autre part, le tartrate d'ammoniaque contribue, dans une large mesure, à l'élimination complète de la chaux.

Enfin, les enzymes restant dans les excréments au moment de leur expulsion interviennent, à leur tour, lors de l'emploi de ces confits. Parmi les diastases protéolytiques qu'on y retrouve, citons la trypsine et l'érepsine : l'alcalinité du milieu où elles sont placées est très favorable à leur action, et nul doute qu'elles contribuent aussi à la dégradation des matières azotées complexes encore contenues dans les excréments et à la préparation d'un terrain favorable au développement des microbes utiles de ces confits.

En résumé, nous voyons que les confits de crotte de chien agissent surtout par les produits de sécrétion et de transformations diastasiques qui s'élaborent dans leur sein. Il est donc tout naturel qu'on ait cherché à reproduire leur action au moyen de confits artificiels, d'un emploi moins repoussant et d'un effet plus sûr. On y est parvenu d'une façon presque satisfaisante, les quelques difficultés qu'on ait encore à surmonter étant d'ordre plutôt pratique que théorique. Les premiers confits qui furent préparés étaient des cultures de microorganismes retirés des confits naturels, cultures faites en grand sur des milieux organiques appropriés, notamment dans du bouillon de carnasses cuites. On employa aussi de la gélatine peptonisée par l'acide lactique, produit qu'on ensemençait ensuite avec les bactéries provenant d'une infusion de suint. Puis, lorsqu'on s'aperçut que les confits naturels agissaient surtout par les enzymes sécrétés, on rendit l'emploi de ces bouillons plus facile en en réduisant le volume, grâce à une évaporation dans le vide. C'est ainsi qu'actuellement on se sert beaucoup d'un produit obtenu en concentrant à 50°, sous pression réduite, le résultat de la culture, sur un milieu convenablement choisi, de différents microbes extraits de la crotte de chien : ce liquide épais, après avoir été délayé dans l'eau, exerce sur la peau une action très favorable, qui ne peut devenir funeste, puisque, de par sa préparation même, il ne renferme aucune bactérie. Malheureusement, cette composition est encore d'un prix de revient relativement élevé.

BIBLIOGRAPHIE.

A. M. Villon. *Traité de la fabrication des cuirs*, Paris, 1889.
L. Meunier et C. Vaney. *La tannerie*, Paris, 1903.
Schmitz-Dumont. Débourrage à l'échauffe, *Mon. Scient.*, 1897, p. 312.
Schroeder et Schmitz-Dumont. *Dingler's*, 1896.
Eitner. *Gerb.*, 1895, pp. 157 et 159.
Eitner. Confits d'excréments, *Gerb.*, 1890, p. 87.
Wood. *Journ. of the Soc. chem. Indust.*, 1898, p. 1011; 1899 p. 990.

---

§ 8.

Rôle des amidases dans la genèse des pétroles.

La connaissance du rôle des amidases, dans la transformation ultime des produits de dégradation des matières albuminoïdes, permet de mieux comprendre un des points restés obscurs dans l'une des deux théories régnantes pour expliquer la formation des pétroles : nous allons voir comment. On sait qu'à l'heure actuelle on admet généralement que ces hydrocarbures naturels proviennent de réactions, s'exerçant à haute température, entre des corps soit purement minéraux, soit organiques; comme, d'ailleurs, ces deux moyens ne s'excluent pas, il est très probable que tous deux interviennent dans la genèse des pétroles.

Suivant la première théorie, il se ferait, au sein de la terre, sous l'action de la chaleur, des carbures métalliques qui, décomposés ensuite par la vapeur d'eau, engendreraient des hydrocarbures. Ceux-ci, en raison de la haute température et de la forte pression auxquelles ils sont soumis, fixeraient une partie de l'hydrogène libre et se transformeraient en carbures saturés; ils pourraient aussi se condenser pour donner naissance à des produits de poids moléculaire plus élevé que le leur : l'ensemble aurait des propriétés rappelant beaucoup celles des pétroles naturels. Il est à remarquer que dans cette synthèse, il n'est pas même nécessaire de faire intervenir de très hautes températures, les expériences de Sabatier et de Senderens ayant montré la possibilité de transformer, en présence de nickel en poudre chauffé seulement à 200 ou 300°, un mélange d'acétylène et d'hydrogène en hydrocarbures identiques aux différents pétroles connus. D'ailleurs, les phénomènes volcaniques pourraient favoriser ces réactions en mettant en présence les différents éléments qui les déterminent.

La seconde théorie nous intéresse plus directement. Elle admet, en effet, que les pétroles proviennent d'une décomposition, suivie d'une pyrogénation, de débris animaux et végétaux, surtout de provenance marine. Elle repose sur diverses observations, dont la principale est la présence fréquente, dans les puits d'hydrocarbures, en même temps que de sel gemme, de restes organiques, tels que poissons, mollusques ou plantes marines. Le voisinage des gisements pétrolifères avec ceux de houille ou de schistes bitumineux laisse aussi supposer que les uns et les autres ont une même origine. Certes, la valeur des arguments donnés en faveur de cette manière de voir a été discutée par les géologues, et il ne nous appartient pas de la juger. Nous retiendrons seulement ce point important, c'est que de l'avis de tous, ce mode de formation est, sinon général, du moins presque certain pour quelques gisements, comme celui du Canada, par exemple.

Cette théorie s'appuie d'ailleurs sur diverses expériences. Engler, en 1888, en distillant sous pression des matières grasses provenant d'animaux marins, telles que l'huile de foie de morue, parvint à obtenir un liquide ressemblant au pétrole.

La distillation commença à 320° sous 10 atmosphères et se termina à 400° sous 4 atmosphères ; les produits distillés, environ 70 % de la matière mise en œuvre, qui pesait 492 kg., se composaient, pour environ $^1/_6$, de gaz combustibles, et pour $^5/_6$, d'un liquide oléagineux, formé de carbures saturés et d'un peu de carbures non saturés. Par redistillation et fractionnement, on put séparer de ce liquide brut un produit lampant ressemblant en tous points à du pétrole raffiné ordinaire. Cette expérience est d'ailleurs à rapprocher de celle faite par CAHOURS en 1875, qui trouva que la distillation des acides gras par la vapeur d'eau surchauffée donne naissance à toute une série d'hydrocarbures saturés, depuis l'hydrure d'amyle jusqu'à l'hydrure de duodécyle.

Ainsi, d'apres ces données, les pétroles résulteraient de la pyrogénation des matières grasses, et celles-ci proviendraient de la décomposition et de la putréfaction de divers animaux aquatiques, que des courants sous-marins, ou d'autres modes de transport, auraient accumulés en certains points du globe. Les différents principes constituant les tissus organiques auraient été décomposés chacun à leur tour : les hydrates de carbone se seraient oxydés ou déshydratés, tandis que les matières azotées auraient été dégradées et ramenées à des formes très simples; seuls, les graisses auraient résisté à cette désorganisation. Pour réaliser toutes ces transformations, le concours des infiniment petits a été nécessaire. Ce n'est pas là une simple supposition, puisque B. RENAULT a constaté la présence de bactéries dans les débris fossiles de toutes les époques, jurassique, permien, carbonifère, etc.

Tout ce raisonnement paraissait fort plausible, lorsque, en 1900, WALDEN lui fit une grave objection. Reprenant une vieille observation de BIOT (1835), il venait de constater que les pétroles naturels possèdent un pouvoir rotatoire très net, tandis que les produits de synthèse sont inactifs. L'hypothèse de ENGLER se heurtait donc à une impossibilité : elle avait du moins besoin d'être revisée. C'est ce que fit NEUBERG quelques années plus tard. Il eut l'idée que peut-être le pouvoir rotatoire des pétroles naturels était dû à la présence, dans les matières grasses d'où ils dérivent, d'acides gras actifs sur la lumière polarisée, comme l'acide isovalérique et l'acide caproïque :

$$\begin{matrix} CH^3 \\ C^2H^5 \end{matrix}\Big\rangle CH-CO^2H \quad \text{et} \quad \begin{matrix} CH^3 \\ C^2H^5 \end{matrix}\Big\rangle CH-CH^2-CO^2H$$

corps qu'on sait se former au cours de la putréfaction des matières azotées.

Effectivement, en distillant sous pression un mélange d'acide oléique et d'un peu d'acide isovalérique, cet auteur obtint un produit qui, après purification, présenta tous les caractères, y compris le pouvoir rotatoire dextrogyre, que possèdent les véritables pétroles. On retrouve même avec ce produit artificiel la croissance du pouvoir rotatoire en fonction du point d'ébullition, croissance qu'on avait observée déjà chez les pétroles naturels. C'est ainsi qu'en fractionnant un distillat précédemment purifié, échantillon moyen qui, dans un tube de 2 décim., donnait une rotation de $+ 1° 10'$, on obtint les parties suivantes :

1) celle recueillie jusqu'à 125°, fait tourner de $+ 0° 2$
2)   —   de 125 à 230°,   — $+ 0° 5$
3)   —   de 230 à 320°   — $+ 0° 7$

De même les naphtes naturels accusent une rotation allant de $+ 0° 2$ à $2° 3$.

Cette expérience capitale réduisait donc à néant la seule objection qu'on pût faire à la théorie de ENGLER et rend désormais très probable la formation des pétroles à partir des matières grasses. On pouvait cependant se demander, au moment où les travaux de NEUBERG parurent, et bien que ce savant prît le soin de vérifier expérimentalement le fait que les matières albuminoïdes en se putréfiant donnent bien des acides gras volatils, par quel processus ces corps se forment. Nous savons maintenant qu'ils sont dus à l'action des amidases s'exerçant sur les amino-acides simples : c'est ainsi que l'acide glutamique par son dédoublement fournit de l'acide butyrique et de l'ammoniaque suivant l'équation :

$$CO^2H.CH(NH^2).CH^2.CH^2.CO^2H + H^2 = CH^3.CH^2.CH^2.CO^2H + NH^3 + CO^2$$

Acide glutamique   Acide butyrique

Les bactéries de la putréfaction, qui, vraisemblablement, devaient agir dans les âges anciens comme elles le font actuellement, sécrètent des enzymes protéolytiques ainsi que des amidases : successivement, ces diverses diastases ont exercé leur action sur les matières azotées des animaux marins, pour donner finalement, parmi de nombreux dérivés, des acides gras volatils, dont certains étaient doués du pouvoir rotatoire. Ces corps actifs, mélangés aux graisses qui avaient résisté à la décomposition microbienne, et soumis ensemble à l'action combinée d'une haute température et d'une forte pression, auraient engendré les pétroles naturels.

BIBLIOGRAPHIE.

L. C. Tassart. *Exploitation du pétrole*, Paris, 1908.
C. Neuberg. Die Enststehung des Erdöls, *Sitzungsber. der könig. preuss. Akad. der Wissensch*, 16 mai 1907.
C. Engler. *Ber. d. deuts. Chem. Ges.*, 1888, (21), p. 1816 ; 1889, (22), p. 595.
P. Walden. *Naturw. Rundschau*, 1900, (15), n° 12-16.

---

§ 9.

Fermentation putride.

Lorsqu'on abandonne à elle-même une matière albuminoïde quelconque, dans des conditions convenables d'humidité et de température, on constate que très rapidement celle-ci se décompose : la substance azotée se désagrège, se solubilise, se simplifie chimiquement, en même temps que la masse prend une odeur repoussante, due, à la fois, entre autres produits, à l'hydrogène sulfuré, à la triméthylamine et à des dérivés indoliques. Ce phénomène a été connu de tout temps. Il fut le point de départ des travaux de Pasteur sur la génération spontanée, et, depuis, de nombreux auteurs l'ont étudié. On a reconnu ainsi que les transformations qui se produisent au cours de la putréfaction sont l'œuvre de bactéries diverses qui, par les enzymes protéolytiques qu'elles sécrètent, opèrent une véritable digestion de la matière. Toutefois cette fermentation spéciale diffère de la digestion naturelle qu'on observe sous l'influence de la trypsine et de l'érepsine : il se forme notamment dans la première, et nullement dans l'autre, des produits gazeux (CO_2, CH_4, N, H_2S, PH_3), des mercaptans, des acides volatils et des oxyacides aromatiques, des amines, du phénol, de l'indol et du scatol, enfin des ptomaïnes.

Pour expliquer la présence de ces corps, en quelque sorte caractéristiques de la putréfaction, on les envisageait autrefois comme le résultat de l'activité végétative des bactéries en jeu, c'est-à-dire comme des produits excrétés, élaborés dans la cellule par un mécanisme d'ailleurs inconnu. Un grand pas a été fait dans cette voie à partir du jour où l'on connut l'existence des amidases et leur rôle dans la décomposition des acides aminés, travaux que nous avons déjà fait connaître dans un chapitre précédent. On est arrivé désormais à cette conviction que la fermentation putride est un travail uniquement diastasique dans lequel interviennent des trypsines et des amidases variées, d'origine microbienne, et que les différents produits qui se forment au cours de cette décomposition profonde des matières albuminoïdes sont tous le résultat de réactions chimiques parfaitement connues. Mais il nous faut maintenant préciser davantage ces considérations générales.

Les différents microbes qu'on rencontre dans une putréfaction spontanée appartiennent à des espèces variées. Parmi les plus actives, citons : la famille des *Proteus*, le *B. putrificus coli* (Bienstock), le *B. perfringens* (Veillon et Zuber), le *Micrococcus flavus liquefaciens* (Fluegge), le *B. gracilis putidus* (Tissier et Martelly), le *B. diplococcus griseus non liquefaciens* (Tissier et Martelly), le *B. bifermentans sporo-*

genes (TISSIER et MARTELLY), le *B. coli communis* (ESCHERICH), le *Stroptococcus pyogenes* (DOLÉRIS et PASTEUR) et le *Staphylococcus pyogenes albus* (ROSENBACH), etc. Ces bactéries sont très répandues. Voici, d'après CANTU, en ce qui concerne le *Bacillus proteus*, sa distribution dans la nature :

DISTRIBUTION DU B. PROTEUS.

Substances analysées	Examens	Recherches positives	Pourcentages
Air du laboratoire	100	0	0
Eau potable	80	- 1	1.25
Saucissons crus	30	10	33.3
Fromages	20	3	15
Melon	30	7	23.3
Viandes pourries	22	22	100
Fumier	25	20	80
Selles humaines normales . . . ,	50	15	30
» diarrhéiques . . .	40	16	40
Sol de jardin	52	23	44.2

Ce tableau nous montre que le proteus se trouve surtout dans les substances en décomposition : sa présence est constante dans la viande pourrie ; il est très fréquent dans le fumier et se rencontre en forte proportion dans les selles, même normales ; cependant, des aliments sains en apparence peuvent également le recéler.

Les bactéries de la putréfaction sont ordinairement anaérobies, comme le *B. putrificus coli* ; néanmoins, il en est aussi de très actives qui sont aérobies, comme le *B. coli communis.* D'ailleurs ces différentes espèces ne se développent pas toutes ensemble, mais successivement. Voici ce que MARTELLY a observé en suivant les modifications qui se produisent dans la flore putride recueillie, à plusieurs moments consécutifs, sur de la viande fraîche abandonnée à l'air : il trouva tout d'abord le *Microc. flavus*, le *Staphylococcus albus*, le *B. coli*, le *Diploc. griseus*, etc. Puis, au bout de 3 ou 4 jours, lorsque la réaction acide est moins nette et que l'attaque des albumines est suffisamment prononcée, apparaissent le *B. perfringens* et le *B. sporogenes.* Au bout de 8 à 10 jours on constate la présence du *B. putidus*, du *B. putrificus*, du *Proteus Zenkeri*, etc. Enfin, plus tard, les premières espèces apparues disparaissent ou sporulent, et après 3 mois il ne reste plus que du *B. putrificus*, du *B. putidus* et du *Diploc. griseus*.

Cette évolution dans la flore correspond évidemment à des différences dans les sécrétions des espèces microbiennes considérées, celles apparues en dernier lieu ne pouvant se développer sur les matières albuminoïdes naturelles, mais bien sur des substances déjà transformées. Nous allons d'ailleurs avoir une preuve nouvelle de cette diversité des sécrétions diastasiques, dans un instant, lorsque nous étudierons le travail chimique produit par les différentes bactéries putrides, agissant chacune en cultures pures sur des milieux de même composition. Mais avant, nous devons décrire l'ensemble des produits élaborés au cours de la putréfaction : on doit, en effet, considérer celle-ci comme un travail d'association, auquel collaborent, ainsi que nous l'avons vu précédemment à propos de la viande abandonnée à elle-même, de nombreuses espèces microbiennes se succédant les unes aux autres.

Travail chimique produit au cours de la putréfaction. — Si l'on examine les sécrétions diastasiques des différentes bactéries putrides, on constate qu'aucune d'elles ne renferme de pepsine, c'est-à-dire un enzyme capable d'agir en milieu nettement acide. Par contre, plusieurs contiennent des trypsines plus ou moins actives : celle du *Staphylococcus pyog. albus*, du *B. putrificus* et du *B. perfringens*, sont particulièrement faciles à caractériser. Il est à remarquer, en passant, que le *Proteus vulgaris* sécrète abondamment de la trypsine, tandis que le *Proteus Zenkeri* n'en sécrète pas du tout. En outre, on constate parfois quelques différences dans l'activité de ces enzymes, certaines attaquant la fibrine, et non la gélatine, d'autres faisant l'inverse. Quoi qu'il en soit, sous l'influence de ces tryptases variées, la matière albuminoïde est solubilisée : il se fait des albumoses, des peptones, puis des acides aminés. D'autres espèces microbiennes, peptolytiques, celles-là, interviennent alors et, grâce à leur érepsine, poussent plus avant la dégradation des produits formés. On doit toutefois faire observer que l'hydrolyse produite par les ferments putrides, tout en étant plus profonde que celle effectuée par les ferments digestifs ordinaires, pepsine ou trypsine, n'est pas encore complète : dans les putréfactions, même très avancées, on trouve toujours des corps azotés qui donnent encore les réactions des matières albuminoïdes. Enfin, les amidases, qui sont également sécrétées par les unes et les autres de ces bactéries, entrent en jeu et déterminent la formation des acides volatils, des amines, ainsi que des dérivés phénoliques et indoliques.

Voici quels sont les nombreux corps qui apparaissent au cours d'une putréfaction, en plus des produits gazeux déjà cités et des peptones résiduelles : 1) de l'ammoniaque et des amines : éthylamine, propylamine et triméthylamine; 2) des acides volatils, comprenant tous les termes de la série grasse jusqu'à l'acide caproïque. Ce sont tantôt des acides normaux, tantôt leurs isomères; l'acide propionique est moins fréquent que les autres, l'acide formique est assez rare; on trouve surtout les acides acétique et butyrique; 3) des acides et oxyacides aromatiques, comme les acides phénylpropionique, oxyphénylacétique et oxyphénylpropionique; 4) du phénol, de l'indol, du scatol, du pyrrol et ses dérivés, ces corps pouvant parfois être en proportion très faible, et même manquer complètement; 5) des dérivés sulfurés, comme du méthyl-mercaptan; 6) des acides aminés divers, de la leucine, de la tyrosine, du tryptophane, et quelquefois du glycocolle, de la créatinine, etc.; 7) enfin, des ptomaïnes variées, comme la putrescine et la cadavérine, les guanidines, la choline et la neurine, la pyridine, l'hydrocollidine, etc.

Nous avons déjà montré, dans le chapitre des amidases, par quelles réactions chimiques se produisent l'ammoniaque et les acides gras volatils : nous n'y reviendrons pas. Quant à la mise en liberté des amines grasses, comme la monoéthylamine, il est probable qu'elle résulte aussi d'amidases spéciales, agissant cette fois sur des acides aminés substitués dans le groupe NH^2; c'est du moins ce qu'on observe avec la triméthylamine, qui dérive de la bétaïne. Voyons maintenant comment se forment les acides et oxyacides aromatiques. Ces corps proviennent de la décomposition des acides aminés à noyau benzénique ou indolique, de la même façon que ceux correspondant de la série grasse. On a, par exemple :

$$C^6H^5.CH^2.CH(NH^2).CO^2H + H^2 = C^6H^5.(CH^2)^2.CO^2H + NH^3$$

Phénylalanine — Acide phénylpropionique

$$C^6H^4\!\!<^{CH^2.CH(NH^2).CO^2H}_{OH} + H^2 = C^6H^4\!\!<^{(CH^2)^2.CO^2H}_{OH} + NH^3$$

Tyrosine — Acide p-oxyphénylpropionique

$$C^6H^4\!\!<^{C.CH^2.CH(NH^2).CO^2H}_{NH}\!\!>CH + H^2 = C^6H^4\!\!<^{C.(CH^2)^2.CO^2H}_{NH}\!\!>CH + NH^3$$

Tryptophane — Acide indolpropionique (ou scatolacétique)

Cependant il convient de remarquer que la désamidation des amino-acides aromatiques est souvent accompagnée d'une diminution dans le nombre d'atomes de carbone de la chaîne linéaire soudée au noyau. En voici la raison. Nous avons reconnu précédemment que les amidases agissent par réduction ou par hydratation : or, dans le premier cas, la production d'hydrogène, résultant de la décomposition de l'eau, entraîne corrélativement une mise en liberté d'oxygène, lequel se porte aussitôt sur des corps facilement oxydables qui s'emparent de cet élément. Le plus souvent, ce sont les hydrates de carbone présents dans le milieu qui jouent ce rôle : ils sont brûlés et transformés en CO^2 et H^2O. Mais l'oxygène peut aussi être pris par les amino-acides aromatiques, qui se simplifient alors dans leur molécule. On a, en effet :

$$C^6H^5.(CH^2)^2.CO^2H + 3\,O = C^6H^5.CH^2.CO^2H + CO^2 + H^2O$$

Ac. phénylpropionique — Ac. phénylacétique

$$C^6H^5.CH^2.CO^2H + 3\,O = C^6H^5CO^2H + CO^2 + H^2O$$

Ac. phénylacétique — Ac. benzoïque

De même l'acide p-oxyphénylpropionique donne l'acide p-oxyphénylacétique, et l'acide indolpropionique fournit l'acide indolacétique ou scatolcarbonique.

C'est à un processus de cette nature qu'est due la formation
du crésol et du phénol, ces corps résultant de la décomposition
des oxyacides aromatiques, qui jouent ainsi le rôle de produits
intermédiaires. On a :

$$C^6H^4 \begin{cases} CH^2.CO^2H \\ OH \end{cases} = C^6H^4 \begin{cases} CH^3 \\ OH \end{cases} + CO^2.$$

Ac. *p*. oxyphénylacétique   *p*. Crésol

$$C^6H^4 \begin{cases} CH^3 \\ OH \end{cases} + 30 = C^6H^4 \begin{cases} CO^2H \\ OH \end{cases} + H^2O.$$

p. Crésol   Acide *p*. oxybenzoïque

$$C^6H^4 \begin{cases} CO^2H \\ OH \end{cases} = C^6H^5OH + CO^2.$$

Ac. *p*. oxybenzoïque   Phénol

De même, la formation du scatol et de l'indol s'explique
par des réactions analogues :

$$C^6H^4 \langle\rangle_{NH}^{C.\,CH^2.CO^2H} CH = C^6H^4 \langle\rangle_{NH}^{C.\,CH^3} CH + CO^2.$$

Ac. indolacétique   Scatol

$$C^6H^4 \langle\rangle_{NH}^{C.\,CH^3} CH + 30 = C^6H^4 \langle\rangle_{NH}^{C.\,CO^2H} CH + H^2O.$$

Scatol   Ac. indolcarbonique

$$C^6H^4 \langle\rangle_{NH}^{C.\,CO^2H} CH = C^6H^4 \langle\rangle_{NH}^{CH} CH + CO^2.$$

Ac. indolcarbonique   Indol

Ainsi, l'indol et le scatol résultent de la transformation
progressive du tryptophane. C'est ce qu'ont vérifié expérimentalement F. HOPKINS et W. COLE, en montrant que l'action des
bactéries sur le tryptophane, ajouté à de la gélatine en voie de
putréfaction, donne de l'indol, du scatol, de l'acide scatolcarbonique et de l'acide scatolacétique : si la fermentation est

bien conduite, le scatol peut atteindre 65 % de la quantité théorique. D'ailleurs, E. et H. SALKOWSKI avaient déjà reconnu antérieurement que la matière première du scatol est l'acide scatolcarbonique, qu'ils avaient isolé des produits de putré-faction des albuminoïdes.

Les réactions précédentes permettent aussi d'expliquer la formation de quelques amines aromatiques. On a en effet :

$$C^6H^5.CH^2.CH(NH^2).CO^2H = C^6H^5.(CH^2)^2.NH^2 + CO^2$$

Phénylalanine   Phényléthylamine

$$C^6H^4 \begin{cases} CH^2.CH(NH^2).CO^2H \\ OH \end{cases} = C^6H^4 \begin{cases} (CH^2)^2.NH^2 \\ OH \end{cases} + CO^2$$

Tyrosine   p. oxyphényléthylamine

Parfois la simplification de la chaîne carbonée se fait par un autre mode qu'une perte de CO^2. On constate, en effet, quand on laisse se putréfier de la tyrosine, qu'à côté d'acide p. oxyphénylpropionique, il se trouve une certaine quantité d'acide p. oxyphénylacétique :

$$C^6H^4 \begin{cases} CH^2.CH(NH^2).CO^2H \\ OH \end{cases} + 2H^2 = C^6H^4 \begin{cases} CH^2.CO^2H \\ OH \end{cases} + CH^4 + NH^3$$

Tyrosine   Ac. p. oxyphénylacétique

Cette réaction explique ainsi la formation du gaz méthane CH^4 qu'on rencontre dans quelques putréfactions portant uniquement sur des albuminoïdes.

Nous venons de montrer que l'action des amidases sur les dérivés aromatiques est souvent accompagnée d'un phénomène d'oxydation. En voici un nouvel exemple : mais cette fois la désamidation est suivie d'une fixation, sur la chaine benzénique, d'un ou de plusieurs groupements hydroxylés. C'est ainsi que la formation de phénol, aux dépens de la phénylalanine, a été constatée à différentes reprises. Quand on laisse fermenter la phénylalanine en présence de faibles quantités de peptone, on trouve, en effet, dans le liquide, de l'acide oxyphénylpropionique, de l'acide oxyphénylacétique, ainsi que du phénol. Or, la quantité d'oxyacides formés dépasse considérablement en poids celle qui correspond à la tyrosine de la

peptone ; la phénylalanine s'est donc transformée en oxyacides, et cela suivant les réactions :

$$C^6H^5.CH^2.CH(NH^2).CO^2H + H^2 = C^6H^5.(CH^2)^2.CO^2H + NH^3$$

$$C^6H^5.(CH^2)^2.CO^2H + O = C^6H^4\Big\langle{\!\!\begin{array}{l}(CH^2)^2.CO^2H\\ OH\end{array}}$$

Ac. phénylpropionique   Ac. oxyphénylpropionique

Ici le phénomène de réduction et celui d'oxydation ont porté successivement sur le même corps, de sorte qu'en définitive, tout s'est passé comme si l'on avait eu affaire à une simple hydratation. Puis, l'acide oxyphénylpropionique, par oxydation progressive, perd 1, 2 et 3 atomes de carbone et se transforme finalement en phénol.

La formation de l'acide homogentisinique, ou acide dioxyphénylacétique $(OH)^2_{(1.4)}.C^6H^3_{(3)}.CH^2.CO^2H$, nous fournit la preuve d'une désamidation suivie de la fixation de deux groupements hydroxylés. FALTA et LANGSTEIN ont en effet démontré que la quantité de cet acide apparu dans l'alcaptonurie dépasse considérablement la quantité de tyrosine disparue, et ils ont expérimentalement reconnu que la phénylalanine produit des dioxyacides de la même manière que la tyrosine.

En définitive, de tout ce qui précède, on peut retenir ceci : c'est que la tyrosine, la phénylalanine et le tryptophane, aminoacides qui, dans les hydrolyses réalisées par des enzymes digestifs, restaient inaltérés, sont, au contraire, dans la fermentation putride, les substances qui se transforment le plus, puisqu'elles donnent naissance à de nombreux dérivés, oxyacides, indol et phénols, une des caractéristiques de l'action des amidases sécrétées par les microbes de la putréfaction étant précisément de s'adresser de préférence aux substances aromatiques issues de la protéolyse.

A côté de ces divers produits, plus ou moins caractéristiques de la putréfaction, que nous venons d'étudier, il en est d'autres encore, qui proviennent de l'action des amidases sur les diamines résultant de la décomposition profonde de la molécule albuminoïdique. C'est ainsi que l'arginine, base hexonique qu'on rencontre dans la plupart des produits de protéolyse, se transforme, tout d'abord, sous l'action de l'arginase, en urée et en ornithine :

$$NH = C(NH^2) - NH - (CH^2)^3 - CH(NH^2) - CO^2H + H^2O$$
$$= CO(NH^2)^2 + NH^2.(CH^2)^3.CH(NH^2).CO^2H$$

et que l'ornithine formée, se décompose sous l'influence d'une amidase spéciale, en acide aminovalérianique, corps qui se retrouve constamment dans les produits putrides :

$$NH^2.(CH^2)^3. CH(NH^2). CO^2H + H^2 = NH^2.(CH^2)^4. CO^2H + NH^3$$

Toutefois, l'ornithine peut aussi se décomposer d'une autre façon et fournir ainsi de la putrescine ou tétraméthylène-diamine :

$$NH^2.(CH^2)^3. CH(NH^2). CO^2H = CO^2 + NH^2(CH^2)^4. NH^2$$

OrnithinePutrescine

De même, la lysine, qui est une autre base hexonique, se transforme en cadavérine et en CO^2 :

$$NH^2. (CH^2)^4. CH(NH^2). CO^2H = CO^2 + NH^2. (CH^2)^5. NH^2$$

LysineCadavérine

Le mode de formation de ces deux ptomaïnes représente une réaction tout à fait typique de la putréfaction : il résulte plutôt d'une action exceptionnelle de l'amidase que du travail normal de celle-ci. Nous avons déjà signalé une pareille trans-formation à propos de la production de la phényléthylamine, à partir de la phénylalanine. En voici un autre exemple : en laissant putréfier de l'acide aminoisovalérique, NEUBERG et KARCZAG ont observé, en effet, qu'à côté de l'acide valéria-nique, il se fait aussi de l'isobutylamine :

$$(CH^3)^2. CH. CH(NH^2). CO^2H = (CH^3)^2. CH. CH^2.NH^2 + CO^2$$

La putrescine et la cadavérine se forment en introduisant dans un milieu putréfiant, soit de l'arginine, ou de l'ornithine qui en dérive, soit de la lysine. Mais ces ptomaïnes, une fois for-mées, offrent une résistance très prononcée à l'amidase : ajoutées à un milieu nutritif composé de peptone et d'aspara-gine, elles restent inaltérées, même après que les matières nutritives sont totalement épuisées. Ces expériences ont été faites avec le *B. Proteus* et le *B. Bienstockii*. Cependant il faut remarquer que dans la putréfaction spontanée des matières albuminoïdes, on ne constate point l'accumulation graduelle et régulière des ptomaïnes; on doit, par conséquent, en conclure, que dans les fermentations naturelles il existe des agents qui détruisent ces ptomaïnes; mais, en tout cas, ce ne sont pas des amidases ordinaires.

La neurine, autre ptomaïne qu'on rencontre aussi dans les produits de putréfaction, dérive, par perte d'eau, de la choline, qui est la base constituante des lécithines, graisses phosphorées répandues dans de nombreux tissus et très abondantes dans le cerveau :

$$N \Big\langle \begin{matrix} (CH^3)^3 \\ OH \\ CH^2 - CH^2.OH \end{matrix} \qquad\qquad N \Big\langle \begin{matrix} (CH^3)^3 \\ OH \\ CH = CH^2 \end{matrix}$$

Choline   Neurine

Signalons encore la putridine $C^{11}H^{26}N^2O^3$, qui est une matière toxique de structure mal définie, découverte par ACKERMANN dans les produits avancés de décomposition.

Enfin le pyrrol et ses dérivés résulteraient de la décomposition de l'hémoglobine; quant aux composés pyridiques, dont la présence est plus exceptionnelle encore, ils proviendraient aussi de la transformation de complexes azotés spéciaux.

En ce qui concerne l'origine des composés sulfurés dans la putréfaction, on ne sait que peu de chose; on remarque toutefois ce fait : tandis que par l'action des enzymes digestifs, pepsine, trypsine et érepsine, le soufre contenu dans les matières albuminoïdes ne subit point de transformation notable, au contraire, sous l'influence des ferments putrides, cet élément est profondément modifié et l'on obtient des quantités sensibles de dérivés sulfurés : H^2S et mercaptans. Ces dernières substances résultent vraisemblablement de l'action, sur les groupes cystéiniques et tauriniques libérés par la protéolyse, de diastases réductrices présentant une affinité plus spéciale pour le soufre, de même nature, sans doute, que celles qui agissent dans les microbes destructeurs de sulfates, ou encore dans quelques bactéries philothioniques.

Quant à la formation des produits gazeux, à l'exception de l'acide carbonique et du méthane, on manque totalement aussi, à leur endroit, de données précises. Nous avons vu que le méthane pouvait prendre naissance dans la réduction de la tyrosine, et que, d'autre part, l'acide carbonique apparaissait dans la plupart des réactions précédemment décrites : ce gaz résulterait encore de l'oxydation de substances diverses, combustion réalisée à l'aide de l'oxygène provenant de la décomposition de l'eau. Mais par quel mécanisme se forment l'azote, l'hydrogène, l'acide sulfhydrique, le phosphure d'hydrogène ? On n'en sait rien. A la rigueur, dans un tel milieu réducteur, on peut comprendre que l'hydrogène, sous l'action de réductases spéciales, se dégage, soit à l'état libre, soit combiné au soufre ou au phosphore. Mais, pour ce qui est de l'azote, s'il provient réellement de la matière albuminoïde, ce qui n'est pas établi avec certitude, sa genèse reste totalement inexpliquée. Il est vrai qu'on s'accorde plutôt à attribuer la formation de ce gaz à la réduction de nitrates présents dans les liquides de putréfaction.

Variations dans les produits apparus. — La proportion des nombreux produits signalés plus haut varie sensiblement d'une fermentation à une autre ; parfois ce résultat est la conséquence d'un changement voulu dans les conditions expérimentales ; dans d'autres cas, quand on n'opère pas avec des cultures pures, il se pourrait que la variation fût plutôt due à une modification dans la flore ayant produit le travail considéré. Voici, par exemple, ce qu'observe Simnitzki en ensemençant de la viande, mise en suspension dans de l'eau légèrement alcaline, avec des cultures de ferments putrides : ces cultures ne sont, du reste, pas pures, mais proviennent d'une putréfaction naturelle très active. Les essais sont faits comparativement sans addition de sucre et en présence de 25 et 50 gr. de sucre pour 100 de matière albuminoïde employée. Les analyses, faites après 4 jours, ont donné :

PUTRÉFACTION DE LA VIANDE AVEC ET SANS SUCRE.

Produits dosés	Sans addition de sucre	Avec 25 % de sucre	Avec 50 % de sucre
	Sur 100 d'albumine introduite		
Matière décomposée	89 %	74 %	26.92 %
	Sur 100 d'albumine décomposée		
Phénol	0.43 %	0.23 %	0 %
Indol	0.38	0.23	0
Hydrogène sulfuré	0.176	0.19	0.004
Mercaptans.	0.086	0.032	0
Acidité totale en acide acétique. . .	25.2	24.4	9.2
Acides volatils.	13.48	14.0	1.7
Ammoniaque . . . . $\begin{cases} a \\ b \end{cases}$	5.4 / 34	2.9 / 18.49	0.8 / 5.2

a : Sur 100 de matière albuminoïde décomposée.

b : Sur 100 d'azote total.

On remarquera que la formation des différents corps en que'que sorte caractéristiques de la putréfaction, entre autres celle du phénol et de l'indol, est fortement influencée par l'addition de sucre. On peut même arriver à n'en plus obtenir du tout, comme c'est le cas pour la 3ième colonne.

Ces expériences étant faites avec des mélanges de divers microorganismes, une objection se présente immédiatement à l'esprit : les variations dans la proportion des produits élaborés résultent d'une modification dans la flore qui est intervenue ici, les bactéries franchement protéolytiques ayant cédé le pas à celles plus avides d'hydrates de carbone. Cette manière de voir pourrait se justifier jusqu'à un certain point, du fait que la quantité de matière albuminoïde décomposée, dans le cas où la fermentation s'est opérée en présence d'un excès de sucre, est beaucoup plus faible qu'en l'absence de cette substance. Il ne semble pas cependant qu'il en soit ainsi. Cette différence d'effet est la conséquence de la double faculté que possèdent certaines bactéries de la putréfaction d'attaquer à la fois les sucres et les albuminoïdes. PÉRÉ a constaté en effet que le *B. coli communis*, qui est, comme on le sait, un ferment actif du sucre, présente des particularités curieuses quand on le cultive sur des milieux mixtes, sucrés et azotés. En présence d'une très faible quantité de matière azotée, sels ammoniacaux ou peptone, on transforme le sucre en acide lactique; si la dose de peptone dépasse 4 °/₀₀, la formation d'acide lactique n'a plus lieu. Quant à la peptone, la bactérie ne touche à cette substance d'une façon appréciable que lorsque le sucre est disparu. Tant qu'il y a du sucre, il n'y a pas d'indol, le microbe préférant vraisemblablement se nourrir de carbone sous la forme de matière sucrée que sous celle de peptone. MARTELLY a repris cette étude en cultivant le *B. coli* dans des milieux contenant des doses progressives de peptone et de glucose sans adjonction de carbonate de chaux. Après 8 jours d'étuve, pendant lesquels on notait chaque jour la réaction, les produits sont analysés. Les chiffres donnés correspondent à 1000 de liquide :

ACTION DU B. COLI SUR LA PEPTONE AVEC ET SANS SUCRE.

Glucose	Peptone	Réaction du milieu	Acidité en SO^4H^2	Alcalinité en NH^3	Indol
1	10	Toujours alcaline	»	1.39	réact. nette
2	10	id.	»	1.21	id.
5	10	id.	»	1.04	traces
10	10	Acide, le 3ᵉ jour alc.	»	0.40	0
15	10	Toujours acide	0.46	»	0
20	10	id.	0.46	»	0
30	10	id.	0.46	»	0
35	10	id.	0.46	»	0

Ce tableau nous montre bien que l'indol ne se forme que dans les cas où la quantité de glucose est faible, un excès empêchant la décomposition de la matière albuminoïde de se produire jusqu'à cette limite. Cependant la peptone est toujours attaquée, car dans tous les essais, aussi bien quand la réaction est alcaline que lorsqu'elle est acide, l'ammoniaque, libre ou combinée, est présente dans le liquide. De cette expérience il ressort, en outre, que la fermentation du sucre s'arrête lorsque l'acidité est devenue égale à 0.46 gr. SO⁴H² °/₀₀, c'est-à-dire lorsqu'on a mis 15 gr. de glucose, puisque l'excès reste dans le liquide ; mais si l'on n'ajoute que 10 gr. de sucre par litre, tout disparaît. Or, l'on constate qu'on peut, dans ces conditions,

augmenter la dose de peptone et la porter par exemple à 40 gr.
par litre pour 10 gr. de sucre, sans aboutir cependant à une
formation d'indol. Il y a donc ici déviation, sous l'influence du
sucre, du mode de fermentation habituel de la peptone par le
B. coli, qui est de donner de l'indol, comme précédemment nous
avons observé la déviation, sous l'influence de faibles doses de
peptone, du mode normal de fermentation du sucre par ce
microbe, à savoir la formation d'acide lactique.

D'une façon plus spéciale, on peut conclure de tout ce qui
précède que la présence de l'indol n'est pas un caractère constant de la putréfaction : de nombreux aérobies et même certains anaérobies, comme le *B. putrificus*, qui mènent la désagrégation de l'albumine jusqu'aux corps les plus simples, ne
donnent cependant ni phénol ni indol. La production d'indol
n'indique qu'un mode d'attaque, un sens particulier imprimé
à la dislocation : en d'autres termes, elle correspond seulement à la sécrétion d'une amidase spécifique de cette transformation. Enfin, au point de vue de la digestion intestinale, ces
données sont également intéressantes, car elles nous montrent
qu'une variation du genre d'alimentation, un excès de substances hydrocarbonées, par exemple, peut modifier dans un
sens ou dans l'autre les fermentations qui ont pour siège
l'intestin et contribuer à augmenter ou à diminuer la production de ces composés ultimes, en général si toxiques pour
l'organisme.

En ce qui concerne les autres corps retrouvés au cours de
la putréfaction, on possède également quelques données sur
leur formation plus ou moins abondante. L'ammoniaque
notamment, quoique toujours présente dans les produits de la
fermentation putride, peut subir dans sa quantité des variations très considérables. Elle peut arriver, dans des conditions
exceptionnelles, à représenter jusqu'à 40 °/₀ de l'azote total.
Nous aurons, du reste, l'occasion de revenir sur cette question
à propos de l'utilisation industrielle des résidus azotés, dans
la récupération. A côté de l'ammoniaque, nous avons dit qu'on
rencontre aussi des amines. C'est ainsi que EMMERLING aurait

démontré la présence de triméthylamine dans un grand nombre de fermentations putrides; en particulier, en faisant agir le *Proteus vulgaris* sur le gluten, on trouve, dans le liquide, de la triméthylamine et du phénol; en employant le *Staphylococus pyogenes*, il se forme, outre ces deux corps, de l'indol et du scatol. Quelquefois on constate la présence de triméthylamine, sans scatol, ni indol, ni hydrogène sulfuré : c'est le cas du *B. fluorescens liquefaciens*, qui donne, dans l'attaque du gluten, de la tri- et aussi de la monométhylamine. Il convient toutefois de faire remarquer qu'EFFRONT a recherché la triméthylamine, à l'aide de la méthode très exacte de FRANÇOIS (C.R., 1907, (1), p. 567), dans un grand nombre de putréfactions obtenues avec l'albumine, la fibrine, le gluten, etc., et qu'il ne l'a jamais retrouvée; seules les matières premières employées contenant de la bétaïne, comme les vinasses de betterave, sont capables de donner naissance à cette amine trisubstituée.

La production des acides gras volatils dans la putréfaction est hors de doute, depuis que toute une industrie s'est créée en vue de récupérer ces produits par la fermentation des sous-produits de distillerie. D'après EMMERLING, en soumettant de l'albumine à la putréfaction, on obtient : 0.3 % d'acide acétique, 0.06 % d'acide propionique, 1.25 % d'acide butyrique et 0.06 % d'acides supérieurs. En outre, on recueille 0.4 % de triméthylamine. Toutefois EFFRONT a constaté que la quantité formée de ces acides volatils, ainsi que leur composition, varient beaucoup avec la nature des ferments employés : les espèces nettement caractérisées comme putrides, qu'on savait déjà incapables de contribuer dans une large mesure à la libération de l'ammoniaque, se montreraient de bien médiocres producteurs d'acide, comparativement à d'autres microbes mieux appropriés à ce genre de travail, parce que plus riches en amidases correspondantes. Nous reviendrons aussi sur ce sujet dans le chapitre de la Récupération.

Parmi les produits qu'on rencontre encore dans la putréfaction, il en est qui sont ordinairement très toxiques, et qu'on envisage quelquefois, à cause de cela, comme caractéristiques de la fermentation putride : ce sont les ptomaïnes. A part quelques-uns, comme la putrescine et la cadavérine, qui, effectivement, se produisent sous l'action d'amidases spéciales, il semble bien que ces corps complexes ne dérivent pas directement des albuminoïdes, mais soient plutôt des produits cellulaires, qui, non seulement sont sécrétés par les microbes de la putréfaction, mais encore se rencontrent, quoique sous un état moins dangereux, les leucomaïnes, dans les tissus sains, comme la viande fraîche, par exemple. Il résulte de là, en passant, que dans cette question si controversée de la recherche d'un critérium satisfaisant pour la définition exacte de la fermentation putride, le caractère de toxicité ne doit pas primer la spécialisation du travail chimique. Il faut même remarquer que les substances nuisibles sont toujours des produits intermédiaires. Il est, en effet, beaucoup plus dangereux d'absorber de la viande au commencement de la putréfaction qu'à la fin. Ce fait est d'une grande importance, au point de vue des recherches médico-légales, puisque, si l'on ne se hâte de faire l'analyse de la substance alimentaire incriminée, les transformations se poursuivant, le corps du délit pourra échapper à l'investigation. C'est vraisemblablement à un ordre d'idées analogues qu'il faut rattacher l'opinion émise par DUCLAUX que, le phénol et l'indol apparaissant déjà au début de la putréfaction, si l'on n'en retrouve pas à la fin, c'est que ceux-ci ont disparu au cours de la fermentation. Cependant les faits ne justifient pas cette manière de voir : quand on ne constate pas la présence d'indol, c'est que réellement il ne s'en est pas formé.

Nous venons de signaler quelques-unes des variations qui se manifestent dans la composition des produits de putréfaction, suivant les conditions expérimentales, notamment quand on modifie les espèces microbiennes et le milieu dans lequel elles agissent. Voici maintenant des essais dus à MARTELLY, qui montrent que les principales matières albuminoïdes naturelles sont plus ou moins attaquables par les divers ferments putrides les plus répandus. Les substances étudiées étaient ensemencées avec des cultures pures, puis les ballons étaient vidés d'air et scellés, sauf ceux correspondant aux essais faits avec des *Proteus* qui sont aérobies ; le tout était alors abandonné pendant un mois à 37°. A ce moment, les bouillons étaient analysés. Voici les résultats trouvés :

PUTRÉFACTION DE DIVERSES ALBUMINES.

Albumines	Bac. Putrificus	Bac. Colicogenes	Bac. Sporogenes	Bac. Perfringens	Bac. Proteus vulg.
Matière solubilisée % de mat. introduite.					
Albumine de sang.	91	88	86	13	66
Fibrine	88	88	88	0	40
Alb. de jaune d'œuf	97	97	98	22	85
Albumine végétale	61	64	72	28	44.5
Azote solubilisé % d'azote introduit.					
Viande.	82	89	100	Pousse pas	18
Blanc d'œuf . . .	100	100	100	Id.	2
Lait.	93	97	98	72	26
Macaroni ordin. .	45	62	64	Pousse pas	45
Lentilles	33	57	53	Id.	2.8

On voit ainsi que la solubilisation des diverses substances, sous l'action d'un même microbe, est très différente et que, d'une façon générale, les protéolytiques les plus puissants sont des bactéries anaérobies strictes. Mais si l'on dose les acides aminés formés, d'après la méthode de SOERENSEN, on constate que les teneurs sont très variables et ne correspondent nullement à ce qu'on aurait pu supposer d'après les solubilisations :

(*Voir tableau comparatif, page 691.*)

C'est ainsi que les essais conduits avec les lentilles, qui n'avaient donné lieu qu'à une faible solubilisation de l'azote, révèlent cependant un très actif travail protéolytique.

Ces données viennent donc confirmer ce que nous savions déjà sur la grande diversité des enzymes entrant en jeu dans

ACIDES AMINÉS FORMÉS DANS LA PUTRÉFACTION.

Albumines	Putrificus	Colicogenes	Sporogenes	Perfringens	Proteus
	Acides aminés (calc. en glycoc.) % d'album. dissoute.				
Albumine de sang.	1.6	1.4	1.8	1.60	0.43
Alb. de jaune d'œuf	1.4	1.3	1.6	2.50	0.34
Albumine végétale	0.28	0.18	—	0.50	0.55
	Acides aminés (calc. en glycocolle) % d'azote dissous.				
Viande	2	1.70	0.69	Pousse pas	0.50
Œuf	1.08	1.08	—	Id.	—
Gruyère	1.70	1.70	—	Id.	—
Macaroni. . . .	1	0.77	0.62	Id.	—
Lentilles	3.5	4	0.90	Id.	—

ces actions microbiennes si complexes, et sont bien propres à faire comprendre pourquoi il est impossible de donner de la fermentation putride un tableau simple et immuable, les produits formés, tant au point de vue de leur qualité que de leur quantité, dépendant de la nature des diastases agissantes, diastases qui, elles-mêmes, sont fonctions des espèces bactériennes présentes, de la substance albuminoïde à transformer, et aussi des conditions physiques et chimiques du milieu.

BIBLIOGRAPHIE.

TISSIER et MARTELLY. *Ann. Inst. Past.*, 1902, (16), p. 855.
MARTELLY. La digestion animale et la putréfaction, *Thèse*, Paris, 1902.
CANTU. *Ann. Inst. Past.*, 1912, (25), p. 526.
SIMNITZKI. *Zeits. f. pysiol. Chem.*, 1903, (39), p. 99.
NENCKI. *Journ. f. prakt. Chem.*, (17), p. 105.
PÉRÉ. *Ann. Inst. Past.*, 1892, (6).
EMMERLING. *Ber. d. deuts. Chem. Ges.*, 1896, (29), p. 2721; 1902, (35), p. 700.
ACKERMANN. *Zeits. f. physiol. Chem.*, 1908, (54), p. 1.
MARTELLY. *Ann. Inst. Past.*, 1912, (26), p. 525.
EFFRONT. Sur la fermentation putride, *Mon. Scient.*, 1911, (2), p. 489.
BIENSTOCK. *Arch. f. Hyg.*, 1901, (39), p. 390.
BACHMANN. *Dissert.*, Marbourg, 1899. *Maly Jahresberichte*, 1900, (30), p. 186.
E. u. H. SALKOWSKI. *Ber. d. deuts. Chem. Ges.*, 1880, (13), pp. 189 et 2217.
T. HOPKINS a. S. COLE. *Journ. of Physiol.*, 1901, (27), p. 418; 1902, (29), p. 451.
FALTA u. LANGSTEIN. *Zeits. f. physiol. Chem.*, 1903, (37), p. 515.
C. NEUBERG u. KARCZAG. *Bioch. Zeits.*, 1909, (18), p. 435.

Lactobacilline et produits similaires.

I. — Les ferments putrides, qui jouent un rôle important dans la minéralisation de la matière organique, se retrouvent constamment dans le tube digestif de l'homme. Absorbés avec les aliments, ils rencontrent dans l'intestin un milieu favorable à leur développement. Leur prédominance et leur virulence sont alors la cause d'un grand nombre de maladies liées aux échanges nutritifs : implantés dans l'intestin, ils ne tardent pas à modifier les sécrétions glandulaires ; s'ils passent dans le pancréas et le foie, ils y déterminent, au bout d'un temps plus ou moins long, des troubles très graves. On doit à METCHNIKOFF une étude magistrale sur la flore intestinale de l'homme ; d'après ce savant, elle est constituée tout d'abord par plusieurs ferments de la putréfaction, parmi lesquels trois s'observent d'une façon constante : le bacille décrit pour la première fois par WELCH et NUTTAL, le *B. sporogenes* et le *B. putrificus* de BIENSTOCK. A ceux-ci, il convient d'ajouter le *B. proteus*, qui, sans être toujours présent, est cependant très fréquent. Ces quatre espèces prédomineraient dans l'intestin.

D'une façon générale, ce sont les ferments putrides qui élaborent les différents produits dont l'action se manifeste quelquefois, bien que rarement, par un empoisonnement aigu, mais le plus souvent par un empoisonnement lent et chronique agissant sur les reins, le foie, le cerveau et les artères. Leur influence se reconnaît dans l'origine de l'entérite, de la néphrite, de l'artério-sclérose, et de quelques autres maladies dues à une intoxication interne. Les principaux agents toxiques sont le phénol et l'indol ; ils ne se produisent qu'en faibles quantités, mais comme cette formation est ininterrompue, leur présence finit cependant par être très funeste à l'organisme.

La flore intestinale contient, en outre, une série de micro-organismes non nocifs qui, par la production d'enzymes agissant sur les hydrates de carbone, les matières grasses ou les matières albuminoïdes, contribuent à la digestion des aliments qui ont échappé à l'action des sécrétions gastrique et pancréatique. Devant le rôle joué par ces derniers microbes, on a même cru, à un moment donné, que leur concours était indispensable à la vie animale.

La mise au point de cette question a fait l'objet de nombreux travaux, qui, récemment, ont abouti à une solution définitive. On a acquis ainsi la certitude que des animaux nourris avec des aliments stériles peuvent se développer normalement, sans fermentation intestinale, de nature fétide ou gazeuse. Si donc il est vrai que la flore intestinale a son utilité, elle n'est pas absolument nécessaire ; et comme, d'ailleurs, son action favorable est contrebalancée par les accidents qu'elle provoque, on conçoit qu'on cherche à s'en passer. Malheureusement, les moyens d'arriver par une voie directe à cette suppression nous font défaut, car on ne peut songer, d'une part, à n'employer que des aliments stériles, d'autre part, à antiseptiser d'une façon complète la totalité de l'intestin. Il reste donc les moyens indirects, qui consistent à influencer la flore bactérienne par des changements, d'ordre chimique ou biologique, apportés dans le milieu intestinal.

L'intensité de la fermentation putride ne provient pas exclusivement du fait d'avoir absorbé avec les aliments une quantité plus ou moins grande de bactéries putrides, elle dépend surtout de la nature du milieu que celles-ci vont rencontrer dans l'intestin. Les matières albuminoïdes, suivant leur provenance, se comportent différemment avec les germes putrides : les unes entrent facilement en décomposition, les autres résistent plus ou moins. Le travail chimique qui en résultera, en particulier la formation du phénol et de l'indol, est également sujet à de grandes variations ; celles-ci proviennent non seulement de la matière albuminoïde employée, mais encore des conditions physiques et chimiques du milieu, ainsi qu'on l'a vu dans un chapitre précédent. Il faut, en outre, remarquer que la présence de ferments antagonistes dans l'intestin est, elle aussi, capable d'influencer, dans un sens ou dans un autre, la marche de la fermentation putride.

Le régime imposé aux malades, dans les cas de maladies infectieuses, n'est, en somme, qu'un moyen de créer un milieu intestinal défavorable, soit au développement des bactéries putrides, soit à la formation de toxines ou d'autres substances nuisibles. Dans le chapitre sur le fonctionnement des glandes digestives il a été démontré que le lait est, de tous les aliments complets, le seul qui puisse être digéré sans l'intervention du réflexe psychique. A cette propriété précieuse s'ajoute encore celle de n'être pas putrescible. Exposé à l'air, il est rapidement envahi par les ferments producteurs d'acide lactique qui le protège de la putréfaction. En outre, la caséine du lait, débarrassée même du sucre, se conserve beaucoup mieux que toute autre matière albuminoïde alimentaire. Le lait est donc tout naturellement désigné comme aliment dans tous les cas où il s'agit d'une infection intestinale.

II. — Le lait caillé, sous les formes de *Yoghourt,* de *Leben,* de *Koumis,* de *Képhir*, est très apprécié comme aliment dans certaines parties de la Bulgarie, de la Russie, de l'Egypte, ainsi que dans beaucoup d'autres pays. Le lait fermenté présente en effet de très grands avantages sous différents rapports : tout d'abord, il est indiscutable que la caséine du lait à cet état est plus digestible que celle du lait naturel. En outre, grâce à son goût particulier et aromatique, le lait fermenté peut être absorbé en plus grande quantité que le lait ordinaire. Enfin il se conserve beaucoup mieux que ce dernier, fait intéressant au point de vue économique. A ces qualités essentielles, il faut encore ajouter celle, très importante, mise en évidence par METCHNIKOFF et COMBE. Ces savants voient en effet dans le lait fermenté un agent antiputride de grande valeur. En réalité, les expériences cliniques confirment que le lait aigri influence considérablement la marche de la digestion dans le gros intestin. Les fermentations putrides si fréquentes en cet endroit se trouvent diminuées ou complètement arrêtées. D'après COMBE, la propriété antiputride serait due à l'acide lactique contenu dans le lait fermenté ; la caséine plus ou moins coagulée pendant la fermentation arrive dans l'intestin imprégnée d'acide lactique et y provoque un changement de milieu très défavorable aux ferments de la putréfaction. METCHNIKOFF, tout en ne négligeant pas le rôle de l'acide lactique apporté par le lait, attribue plus d'importance à l'acide formé sur place dans l'intestin même. D'après ce savant, le mécanisme de l'action consisterait dans le changement de la flore bactérienne de l'intestin ; le ferment lactique introduit par le lait arrive à s'implanter et à se développer, et contrarie ainsi le développement des germes putrides, qui finissent par disparaître.

La conception de METCHNIKOFF nous amène à considérer le lait fermenté non plus exclusivement comme un aliment, mais surtout comme véhicule d'un agent biologique favorisant indirectement la digestion. Cette manière de voir est intéressante en raison des grosses conséquences qu'elle comporte. Le Yoghourt, le Koumis et le Képhir, sont préparés dans leur pays d'origine dans des conditions très défavorables. A côté du ferment essentiel qui fournit au lait ses propriétés spéciales, il se développe aussi un grand nombre de microbes étrangers qui entravent la fermentation principale et influencent le produit, au point de vue de son goût et de sa conservation. En ce qui concerne son action antiputride, ce n'est pas non plus toute la flore sauvage du lait fermenté qui entre en jeu, mais seulement certaines espèces capables de se développer dans l'intestin et de lutter avantageusement contre les ferments putrides.

Le problème à résoudre était donc le suivant : isoler en cultures pures les ferments du lait caillé et ensemencer du lait stérilisé au moyen de ces microorganismes purs. Pour le Yoghourt, tout au moins, on croit ce problème entièrement et pratiquement résolu. MASSOL en a, le premier, isolé un ferment lactique et BERTRAND a étudié son action sur la caséine et les sucres ; tenant alors ce microbe pour l'agent actif du produit, on l'a appelé *Ferment bulgare*. Le Yoghourt peut donc désormais se préparer scientifiquement d'une façon telle, qu'il soit toujours comparable à lui-même.

La théorie de METCHNIKOFF a eu également comme conséquence l'introduction dans la pratique officinale des ferments antiputrides. Comme l'action spécifique du lait fermenté réside dans les bactéries qui y sont contenues, et non dans le lait lui-même, on a remplacé ce dernier par les ferments sélectionnés, capables de se propager dans l'intestin. Dans cet ordre d'idées on a proposé maintes et diverses préparations nouvelles. Parmi celles-ci, la *lactobacilline* occupe la place prépondérante. Elle est présentée au public sous forme de comprimés et de poudre et il en existe également des cultures sur lait ou sur moût de malt stériles. La lactobacilline, dès le début, a été considérée comme un médicament sérieux, et ses bons effets ont été constatés dans un grand nombre de cas. C'est surtout sous les deux premières formes que le public lui a fait bon accueil. Un régime, consistant à prendre après chaque repas une pastille ou une poudre, est, en effet, beaucoup plus facile à suivre que celui basé sur l'ingestion de lait fermenté, d'un goût ne plaisant pas à tous et d'un emploi assurément moins commode. Selon les indications jointes au produit, la lactobacilline contient le *Ferment bulgare* associé à des ferments lactiques ordinaires. Une preuve indiscutable du succès de ce médicament consiste dans le fait qu'on a lancé toute une série de produits similaires : à Bruxelles, notamment, trois usines fabriquent des comprimés de ferments lactiques médicinaux. L'auteur a eu l'occasion d'expérimenter l'effet de la lactobacilline. En plusieurs circonstances il a pu observer son efficacité dans l'entérite. D'autre part, les bons résultats produits par la lactobacilline se contrôlent par le dosage du phénol, de l'indol et des oxyacides ; les observations faites dans ce sens par différents savants confirment pleinement les données fournies par METCHNIKOFF et COMBE.

III. — Ainsi l'hypothèse de METCHNIKOFF sur le changement de la flore intestinale provoquée par le lait fermenté se laisse vérifier par les analyses bactériologique et chimique. Ce point paraît être hors de toute discussion. Mais il reste encore à vérifier le mécanisme de l'action et à voir si réellement, comme on l'admet, l'effet thérapeutique du lait fermenté provient de l'acide lactique. Le *Ferment bulgare* qui a été isolé du Yoghourt est un producteur très actif d'acide : ensemencé dans le lait normal, il transforme rapidement et presque complètement le lactose en acide lactique. On en déduit que dans l'organisme, un phénomène analogue s'effectue. Cette conclusion demande cependant à être vérifiée. Il faudrait avant tout démontrer que le ferment produit le même travail dans le gros intestin qu'*in vitro*. Il faudrait aussi établir la présence, en cette place, de quantités appréciables d'acide lactique libre à la suite d'un traitement au lait fermenté. Ces preuves n'ont pas été données : d'ailleurs, on sait que le contenu du gros intestin a plutôt une réaction alcaline et que, de plus, le sucre nécessaire à la formation d'acide lactique n'existe plus à cet endroit du tube digestif.

L'auteur est arrivé à une tout autre conception du processus à la suite des essais qu'il a entrepris avec le *Ferment bulgare*, ainsi qu'avec les différents ferments lactiques médicinaux proposés dans ces derniers temps. BERTRAND avait étudié l'action du *Ferment bulgare*, soit dans son milieu naturel, le lait, soit dans les milieux artificiels additionnés de doses massives de sucre. Les résultats obtenus dans ces conditions avaient fait conclure que la fonction principale de ce microorganisme est de produire de l'acide, tandis que ses propriétés protéolytiques sont très peu prononcées. Les données de BERTRAND, d'ailleurs d'une exactitude rigoureuse, ont été à tort appliquées à la fermentation intestinale. Les conditions que ce microbe rencontre dans l'intestin sont totalement différentes de celles réalisées dans ses essais. Le ferment n'y trouve plus de sucre, il ne produit donc point d'acide lactique; mais son pouvoir protéolytique, qui était tout à fait latent, se trouve, au contraire, exalté. Lui, qui était d'abord un ferment d'hydrates de carbone par excellence, est devenu un ferment des matières azotées ; en vue de ce nouveau rôle, il sécrète abondamment des tryptases et des amidases, et dissout, peptonise et transforme profondément les débris des aliments albuminoïdes. L'action antiputride du *Ferment bulgare* résiderait donc non pas dans la formation d'acide lactique, mais plutôt dans la lutte pour le milieu azoté, lutte pour laquelle il est mieux armé que les bactéries putrides.

IV. — Le développement des propriétés protéolytiques du *Ferment bulgare* a pu être observé en cultivant ce microbe dans du lait stérilisé et additionné ensuite de carbonate de chaux stérile. Un premier ballon est ensemencé, puis abandonné à l'étuve à 40°. Après 10 jours on ensemence un second ballon de lait neuf avec le lait fermenté provenant du premier, et l'on continue ainsi de 10 jours en 10 jours. Voici les résultats des analyses des diverses cultures :

N° de la culture et conditions expérim.	Azote total %	Azote soluble %	Azote soluble % azote total
1re Sans carbonate	0.500 gr.	0.109 gr.	21.8 %
Avec »	0.500	0.130	26.0
3me Sans carbonate	0.475	0.101	21.26
Avec »	0.475	0.147	30.9
5me Sans carbonate	0.485	0.099	20.4
Avec »	0.485	0.168	34.6
8me Sans carbonate	0.498	0.110	22.0
Avec »	0.498	0.189	37.9

Toutes les cultures sans addition de carbonate sont restées épaisses et blanches; les cultures avec carbonate prennent une coloration jaune et deviennent de plus en plus fluides. Alors que le n° 1 filtre très difficilement, le n° 8 passe facilement à travers un filtre en papier. Après 8 cultures dans le lait normal, le ferment conserve ses propriétés, la quantité d'azote dissoute est sensiblement la même que dans la première culture. Au contraire, avec le lait ayant reçu du carbonate on constate un changement notable dans la solubilisation de l'azote ; le filtrat de la 8e culture contient déjà 37.9 % de l'azote à l'état soluble.

L'exaltation du pouvoir protéolytique est encore mieux mise en évidence si l'on détermine la répartition de l'azote dans les laits filtrés, après fermentation :

Nº de la culture et conditions expérimentales	Azote protéique º/o azote soluble	Azote non précipitable par l'acide phosphotungstique
8ᵐᵉ Sans carbonate	45	55
Avec »	5.1	94.9

On voit que dans le lait additionné de carbonate, l'azote soluble est composé presque exclusivement d'amino-acides plus ou moins complexes. Par ailleurs, on a observé que dans les essais avec chaux il se trouve notablement plus d'acides volatils et d'ammoniaque que dans les essais sans chaux.

Ces données sur les propriétés protéolytiques du *Ferment bulgare* trouvent une confirmation dans le travail récent de BARTHEL; cet auteur ensemence du lait, stérilisé et additionné de CO^3Ca, avec différents ferments retirés du Yoghourt, puis analyse les liquides après 60 jours d'action :

TRAVAIL PROTÉOLYTIQUE DE FERMENTS DU YOGHOURT.

Cultures	Azote soluble º/o de l'azote total	N non pptable par PPT. º/o de l'azote total	Azote ammon. º/o de l'azote total
Ferment I de Yoghourt	48.21	40.17	3.32
— II —	47.67	37.76	4.33
— III —	58.38	45.53	4.71

La culture III provient de lactobacilline en pâte, fournie par la société « Le Ferment », de Paris : BARTHEL a identifié le microbe qui y est contenu, avec le *Ferment bulgare* de BERTRAND. L'espèce I a été isolée d'une préparation de Yoghourt vendue par la firme GROLL de Vienne. Enfin, le ferment II a été retiré d'un produit commercial analogue, fabriqué par « Hygiene-Laboratorium » de Berlin-Wilmersdorf. Les trois cultures, comme on le voit, accusent un pouvoir protéolytique très prononcé. Tandis que BERTRAND admet que le *Ferment bulgare* solubilise très peu de caséine, la culture III révèle, au contraire, 58.38 % d'azote soluble et 45.53 % de l'azote total à l'état non précipitable par l'acide phosphotungstique. L'absence presque complète d'albumoses et de peptones démontre qu'on se trouve en face d'une hydrolyse très profonde, due à l'érepsine, et probablement aussi à des amidases, sécrétées par le microbe. Au surplus, l'arrêt final de la transformation s'expliquerait par l'accumulation des amino-acides dans le liquide de culture.

Les expériences que nous venons de mentionner se rapportent uniquement au *Ferment bulgare*. Les essais faits avec d'autres ferments lactiques médicinaux ont conduit à des résultats du même ordre, mais avec un effet encore plus accentué. Les propriétés protéolytiques de ces ferments sont très prononcées. Elles ne se manifestent pas seulement dans le lait additionné de carbonate, mais aussi dans le lait normal, dans des milieux exempts de sucres et, enfin, sur de l'albumine coagulée. On a fait fermenter plusieurs échantillons du même lait avec différents ferments lactiques médicinaux. Dans ces essais, le lait a été additionné de carbonate de chaux précipité et stérilisé. Son analyse a été faite après 5 jours de fermentation :

Espèce de ferment	Az. tot. du lait ferm. %	Azote dans le filtrat %	Az. amm. dans le filtrat %	Az. protéique dans le filtrat %	CaO dans le filtrat
1. Lactobacilline, (pastille) . .	567 mgr.	420 mgr.	22 mgr.	91 mgr.	249 mgr.
2. Lactobacilline, (poudre). . .	490	420	22	85	243
3. Ferm. bulgare Gripekoven .	520	450	29	85	173
4. Lactéol du Dr Boucard . .	504	217	14	56	1190

Les produits 1, 2 et 3 ont une action très manifeste sur les matières protéiques : le lait filtré est complètement exempt de caséine et la majeure partie de l'azote se trouve en solution. Seul le lactéol, d'après son action, se rapproche du *Ferment bulgare* étudié par Bertrand. Comme lui, c'est un puissant producteur d'acide ; cependant il a des propriétés protéolytiques plus accusées, puisqu'il arrive à solubiliser 40 % de l'azote sans entraînement préalable. Des essais analogues ont été faits avec du lait non additionné de carbonate de chaux ; l'action sur la caséine est moins rapide, mais le résultat final est le même.

A un autre point de vue, ayant remarqué la présence de fortes proportions d'acides volatils dans le lait fermenté à l'aide des cultures commerciales, on a reconnu que le poids total d'acides formés dépasse toujours celui du sucre détruit, fait qui montre bien que les acides ne proviennent pas seulement du sucre, mais aussi des matières protéiques. Leur analyse qualitative a décelé la présence des acides succinique, malique et acétique. Ce n'est qu'avec le ferment de BERTRAND et le lactéol de BOUCARD qu'on a obtenu de l'acide lactique :

Cultures employées	Azote aminé %/o azote total	Acidité totale soude N/10 pour 100 de liquide	Acidité volatile soude N/10 pour 100 de liquide
1. *Ferment bulgare* Bertrand . .	16.2	280 c. c.	18 c. c.
2. Lactobacilline, poudre. . . .	87	110	88
3. Lactobacilline, pastille. . . .	86	85	80
4. Lactobacilline, bouillon . . .	73	95	60
5. Ferment bulgare Gripekoven .	87	108	82
6. Maya bulgare, Paris	71	78	55
7. Maya Nutricia, Bruxelles. . .	86	97	78
(Yoghourt bulgare.)			

Ainsi, seuls le *Ferment bulgare* et le lactéol de BOUCARD sont de véritables ferments lactiques. Aucun des autres produits, comprimés ou poudres, ne contient à l'état actif de microbes se rattachant à cette grande classe, mais, par contre, tous renferment un bacille que l'auteur a appelé *B. pseudo-lactique* (1). Du reste, dans le courant de 1912, celui-ci a analysé une cinquantaine d'échantillons de lactobacilline, en comprimés et en poudre, de différentes provenances, et,

____

(1) La présence constante de ce même ferment dans des produits commerciaux d'origine aussi variée, laisse supposer que la lactobacilline, qui a été le premier en date, a servi, plus ou moins sciemment, de point de départ pour la préparation des autres.

il n'y a jamais constaté, non plus, la présence de ferments lactiques. Le *B. pseudo-lactique*, qu'on retrouve dans ces diverses préparations, appartient à la famille des *Mesentericus*. Il donne des spores très résistantes et se présente au microscope sous le même aspect que le *Ferment bulgare*. Ensemencé dans une solution de peptone, il forme, après 24 heures à 40°, un voile, qui tombe au bout de quelques jours dans le fond du tube sans troubler le liquide. Ce microbe est sans action sur l'amidon, mais il sécrète des protéases qui dissolvent et peptonisent l'albumine coagulée. Il produit aussi une amidase qui agit sur l'asparagine. Dans la culture de peptone, environ 40 °/₀ de l'azote total se trouve sous la forme d'ammoniaque. Ce microorganisme est donc un énergique destructeur des matières azotées.

En résumé, la dissolution rapide de la caséine, observée dans du lait ensemencé avec de la lactobacilline ou des produits similaires, la formation dans ces cultures de notables quantités d'azote aminé, la présence d'azote ammoniacal et de quantités massives d'acides volatils, dénotent une protéolyse intense, rapide et très profonde. Ce travail explique mieux que toutes les autres hypothèses le mode d'action de ces ferments dans l'intestin. Ajoutons que la conception, d'après laquelle l'efficacité de ces produits médicinaux résiderait dans leurs propriétés protéolytiques, trouve une véritable confirmation dans les résultats obtenus par le Dʳ Biernocki : ce savant a constaté, en effet, que l'addition de lactobacilline aux aliments provoque une diminution sensible des excréments, en même temps qu'elle les appauvrit en azote. L'augmentation du coefficient d'assimilation des aliments dans l'intestin s'explique aisément par la fonction protéolytique des ferments introduits.

V. — Dans l'étude du ferment bulgare se sont glissées certaines erreurs, desquelles est résulté un profond malentendu. Le ferment *à fonctions protéolytiques*, qui a été isolé de la lactobacilline, a été décrit tout d'abord par l'auteur sous le nom de ferment bulgare. Mais pour éviter toute confusion, il l'a désigné ensuite sous le nom de *B. pseudo-lactique*. Le pseudo-

lactique a été étudié en culture pure; il a été identifié avec
le ferment se trouvant dans les préparations pharmaceutiques
suivantes : *Ferment bulgare Gripekoven; Maya bulgare*, Paris;
Maya nutricia, Bruxelles (Yoghourt bulgare); *Lactobacilline*,
en pastilles et en poudre. Ce microbe se trouve en culture pure
dans la plupart des cas; dans quelques autres seulement, il est
associé à un ferment lactique. Le pseudo-lactique ne se trouve
ni dans la lactobacilline en pâte, ni dans la lactobacilline
liquide (culture sur lait); ce sont les seuls produits commerciaux qui contiennent le ferment étudié par BERTRAND.

La présence constante d'une fonction protéolytique dans
les ferments bulgares industriels, d'autre part, le fait constaté
que le vrai ferment bulgare étudié par BERTRAND, cultivé en
présence de carbonate de chaux, développe, lui aussi, ses propriétés protéolytiques à un degré prononcé, ont amené l'auteur, à un moment donné, à admettre qu'on se trouvait en
présence d'un même microbe qui subissait des variations
biochimiques sous l'influence des conditions de milieu. Depuis,
une étude plus approfondie a démontré qu'il y a réellement
une différence entre le *Ferment bulgare* de BERTRAND et le
B. pseudo-lactique contenu dans les préparations commerciales,
et qu'il faut les considérer comme deux espèces complètement
distinctes.

Ces constatations cependant ne changent en rien la question qui nous préoccupe, et qui est le chimisme du ferment
lactique pharmaceutique. Le vrai ferment bulgare, comme
nous l'avons vu, possède des propriétés protéolytiques qui
demandent certaines conditions pour se manifester ; s'il parvient à s'implanter dans l'intestin, il y exercera son action
propre, de la même manière que le ferment lactique agit
dans la maturation du fromage, et cette action s'accentuera
encore avec le temps, par une sorte d'entraînement à ce nouveau travail. Il faut toutefois remarquer que dans la plupart
des essais faits dans les hôpitaux, on a employé la lactobacilline
en pastilles ou en poudre, ou encore du lait, qu'on a fait fermenter à l'aide de ces substances, de sorte que la réputation

universelle de la lactobacilline est uniquement due au pseudo-lactique qu'elle contient.

Chez les populations qui emploient le Yoghourt ou des préparations analogues, les maladies intestinales sont peu fréquentes. D'après Metchnikoff, le lait aigri serait même un excellent préventif contre la vieillesse prématurée. Dans l'action bienfaisante de ce régime lacté spécial interviennent plusieurs facteurs. Tout d'abord, consommé en fortes proportions, comme dans le cas du Yoghourt, le lait fermenté agit surtout en qualité de nourriture azotée, difficilement putrescible ; il remplace en grande partie la viande, dont la digestion fournit des déchets azotés qui constituent un très bon aliment pour les agents putrides. De plus, il manifeste aussi son utilité par sa réaction acide; un caillot de caséine imprégné d'acide est très difficilement neutralisable, même par son introduction dans un milieu alcalin, d'où la résistance particulière qu'il offre aux ferments de la putréfaction. Enfin, les bactéries du lait, se trouvant dans un milieu dépourvu de sucre, développent leurs propriétés protéolytiques, et cela d'autant mieux que les amino-acides résultant de leur action sont très rapidement absorbés. L'ensemble de toutes ces circonstances fait que les ferments putrides rencontreront dans l'intestin un terrain impropre à leur multiplication, et qu'ils seront plus ou moins vite éliminés.

L'emploi des cultures bactériennes pharmaceutiques peut conduire à des résultats analogues, mais les conditions qu'elles présentent sont moins favorables. Des trois facteurs intervenant dans le régime lacté, un seul, le dernier, entre ici en jeu, et, encore, le résultat dépend exclusivement du pouvoir protéolytique du ferment employé. Le *Ferment bulgare* en culture dans le lait, et absorbé à raison de 10 à 20 gr. par jour, comme c'est le cas pour les tubes, produit forcément un effet très lent ; il s'acclimate difficilement au milieu intestinal; mais une fois ses propriétés protéolytiques développées, il fournira une action dissolvante et peptonisante des matières albuminoïdes très marquée. Au contraire, la lactobacilline, en pastilles ou en poudre, ainsi que les produits analogues, s'implanteront beaucoup plus facilement dans l'intestin, car ce milieu leur est très favorable, autant par sa réaction que par la présence de matières azotées et l'absence d'hydrates de carbone. On s'explique alors leur grande efficacité comme antiputrides.

BIBLIOGRAPHIE.

G. BERTRAND. *C. R.*, 1910, p. 1161.
BERTRAND et WEISWEILLER. Action du ferment bulgare sur le lait, *Ann. Inst. Past.*, 1906, (20), p. 977.
COMBE. *L'auto-intoxication intestinale*, Paris, 1907.
EFFRONT. 1) Action du ferment bulgare sur les substances protéiques et amidées, *C. R.*, 1910, (151), p. 1007. 2) Sur le ferment bulgare, *C. R.*, 1911, (1), p. 125. 3) A propos des ferments lactiques médicinaux, 2e *Congrès de l'Alimentation*, Liége, 1911.
METCHNIKOFF. Etudes sur la flore intestinale, *Ann. Inst. Past.*, 1908, (22), p. 929; 1910, (24), p. 755; 191, (26), p. 825.
C. BARTHEL. *Zeits. für Gärungsphysiologie*, 1913, (2), p. 216.
BIERNOCKI. Voir : Article du Dr Laroche dans *Journal de Diététique*, 1911, n° 7.
M. BERTRAND. Influence du régime sur la formation d'indol dans l'organisme, *Ann. Inst. Past.*, 1913, (27), p. 77.

§ 11.

Catalyseurs du sol.

Flore bactérienne du sol. — La flore bactérienne du sol représente le principal agent de l'assimilation des substances azotées par les plantes. De la terre stérilisée fournit des rendements médiocres, même en présence d'engrais; par contre, la récolte produite par un sol dépend, en grande partie, de la quantité et de la qualité des microorganismes qui s'y trouvent. La richesse du sol en germes est en rapport direct avec son degré d'humidité et sa composition chimique ; c'est ainsi que le nombre des bactéries constatées dans une terre varie beaucoup avec sa provenance :

MICROORGANISMES PAR GRAMME DE TERRE.

Terrain cultivé.	60.000 à 11.000.000
Terrain tourbeux	17.200 à 160.000
Roche volcanique.	27.500 à 29.000
Roche ancienne	2.800 à 10.600
Terre de la ville	1.390.000 à 78.000.000

D'autre part, il a été établi que ces germes sont de moins en moins nombreux à mesure qu'on s'enfonce dans le sol, pour disparaître à peu près totalement à partir de 3 ou 4 mètres :

Profondeur de la terre.	Nombre de bactéries.
0.30 mètre	1.800.000
0.60 »	300.000
1 »	20.000

Ces nombres, d'ailleurs, n'ont rien d'absolu : ils sont modifiés par les multiples êtres qui vivent dans la terre, tels que insectes, larves, lombrics, etc., ainsi que par les racines des plantes, qui, du fait de leur pénétration très profonde dans le sol, favorisent la dissémination des germes, en même temps qu'elles peuvent influencer le développement de ceux-ci, en changeant légèrement le milieu par leurs sécrétions.

L'importance des microorganismes, dans la transformation du sol, ressort nettement de l'expérience suivante : MUNTZ et COUDON, en effet, ont montré que si l'on additionne de sang desséché une terre légèrement calcaire, puis qu'on la stérilise à 120°, son ensemencement avec des microbes du sol provoque l'apparition de notables quantités d'ammoniaque :

INFLUENCE DES MICROBES SUR LA TRANSFORMATION DU SOL.

Différents lots de terre	Au début Teneur en NH^3 pr 100 gr. terre	Après 70 jours Teneur en NH^3 pr 100 gr. terre	Ammoniaque formée pr 100 gr. terre
Témoin : terre stérilisée. . .	16.3 mgr.	16.3 mgr.	0 mgr.
Ensemenc' av. *Mucor racemosus*	»	43.5	27.2
— *Fusarium Müntzii*	»	36.1	19.8
— *Bâtonnet (α)* . . .	»	33.4	17.1

Sans aucun doute, la fertilité d'un sol dépend beaucoup plus de la flore bactérienne qu'il contient que des engrais minéraux ou du fumier qu'on lui fournit; l'utilité même de ce dernier ne peut pas être uniquement considérée au point de vue des matériaux qu'il apporte, mais aussi, et surtout, au point de vue de sa composition microbienne. Un gramme de fumier renferme jusqu'à 70 millions de germes, et ceux-ci exercent une influence marquée sur la transformation du sol, ainsi que l'a démontré Stoklasa en comparant des récoltes obtenues, d'une part, avec des fumiers naturels et, d'autre part, avec des fumiers stérilisés.

Les différentes espèces de microorganismes contenus dans la terre varient principalement avec sa composition : dans des terrains acides et riches en humus, ce sont, comme l'a reconnu Marchal, les moisissures et les levures qui prédominent : l'*Aspergillus terricola* et le *Cephalothecium roseum* y abondent. Dans ceux d'une autre nature, on trouve surtout des bactéries, telles que : le *B. putrificus*, le *B. fluorescens*, le *Proteus punctatum*, la *Bact. erythrogenes*, le *B. mycoïdes*, le *B. subtilis*, etc. (1).

Travail chimique produit dans le sol. — La bactériologie s'enrichit chaque jour d'espèces nouvelles, isolées du sol, et la plupart de celles-ci sont déjà suffisamment bien étudiées; cependant on s'est vite rendu compte que nos cultures artificielles ne se prêtent pas à l'isolement de toutes les espèces. Les transformations qui s'accomplissent dans la terre résultent presque toujours d'un travail de symbiose, qui fournit aux différents microorganismes un milieu approprié à chacun d'eux, et il est souvent fort difficile de reproduire ceux-ci au laboratoire. Néanmoins, malgré les données encore incomplètes qu'on possède, il est possible de suivre, dans ses grandes lignes, le travail chimique qui s'effectue dans la terre. C'est grâce aux recherches de Winogradsky, de Beijerinck, de Gayon, d'Oméliansky, de Boullanger et Massol, de Kossowicz, etc., qui ont porté notamment sur l'étude des

____

(1) On trouvera dans l'excellent ouvrage de Kossovicz: *Agrikulturmykologie*, Berlin, 1912, de nombreux renseignements sur ce sujet, ainsi que toute la littérature s'y rapportant.

milieux spéciaux capables de favoriser le développement d'une espèce au détriment des autres, qu'on est parvenu à isoler du sol un certain nombre de bactéries aux propriétés très caractéristiques. La composition de ces milieux de culture, créés par les bactériologistes, est très instructive : elle jette une vive lumière, non seulement sur le mode de travail de l'organisme qui s'y développe, mais encore sur l'origine de l'énergie dont il dispose. Les milieux nutritifs propres aux ferments du sol peuvent être classés en quatre catégories :

1) Milieux exclusivement minéraux, contenant de l'ammoniaque ou des nitrites;

2) Milieux contenant des nitrates et du carbone organique;

3) Milieux riches en hydrates de carbone, mais ne contenant pas d'azote combiné;

4) Milieux formés de substances organiques azotées.

Voici deux exemples du premier milieu de culture :

A base d'ammoniaque			A base de nitrite		
Sulfate d'ammoniaque .	0.2	gr.	Nitrite de potasse . .	0.1	gr.
Phosphate de potasse .	0.1		Phosphate de potasse .	0.05	
Chlorure de sodium. .	0.2		Sulfate de magnésie .	0.05	
Sulfate de magnésie. .	0.05		Carbonate de soude. .	0.1	
Carbonate de magnésie	1.0		Chlorure de sodium. .	0.05	
Sulfate ferreux . . .	0.04		Sulfate de fer	0.04	
Eau	100		Eau	100	

On remarque que ces liquides sont légèrement alcalins; de plus, ils exigent une aération convenable. Dès lors, si l'on ensemence avec de la terre le milieu qui contient de l'ammoniaque, on trouve que celle-ci se transforme en nitrite, puis en nitrate; si l'on part du milieu renfermant de l'azote nitreux, on arrive immédiatement au nitrate. Les bactéries qui se sont développées dans les deux cas n'ont donc pas besoin, ainsi que cela résulte de la composition même du milieu, de carbone organique pour vivre : elles ont la faculté d'assimiler le carbone minéral contenu dans CO_2, puisque, en définitive, c'est le carbonate de magnésie ou celui de soude qui sert de source de carbone, indispensable à la construction de leur substance protoplasmique. L'énergie considérable employée pour décomposer CO^2 est puisée dans la chaleur qui se dégage à la suite de l'oxydation de l'azote ammoniacal ou nitreux :

$$2\,NH^3 + 6O = 3\,H^2O + N^2O^3 \text{ produisant 157 calories.}$$
$$N^2O^3 + 2\,O = N^2O^5 \text{ produisant 37 calories.}$$

Les deux réactions principales : assimilation du carbone et oxydation de l'azote, sont intimement liées. WINOGRADSKI, en effet, a établi que, dans ces sortes de fermentations, pour 1 gr. de carbone assimilé il y a environ 36 gr. d'azote oxydé :

RAPPORT ENTRE L'AZOTE OXYDÉ ET LE CARBONE ASSIMILÉ.

	1	2	3
Carbone assimilé	19.7 milligr.	24.4 milligr.	26.4 milligr.
Azote oxydé.	722 —	815 —	928 —
Az. oxydé pour 1 de C assimilé.	36	36	35

En ce qui concerne le second milieu, contenant des nitrates et du carbone organique, on peut prendre comme exemple celui indiqué par GILTAY :

MILIEU A BASE DE NITRATE.

Eau	100 gr.
Nitrate de potasse	0.2
Acide citrique	0.5
Sulfate de magnésie	0.2
Phosphate monopotassique . .	0.2
Chlorure de calcium	0.02

Traces de perchlorure de fer additionné de soude pour obtenir une réaction faiblement alcaline.

D'ailleurs, on emploie aussi d'autres matières hydrocarbonées que l'acide citrique : le glucose ou l'amidon conviennent également très bien. Dans ce genre de milieu se développent des microbes dénitrificateurs, c'est-à-dire des espèces qui réduisent les nitrates à l'état d'oxydes inférieurs ou à la forme d'azote gazeux. Ces ferments produisent un travail endothermique, qui est compensé par la destruction de la matière hydrocarbonée sur laquelle ils vivent.

Le troisième milieu, exempt d'azote combiné, est caractérisé aussi par la place prépondérante qu'y prend l'hydrate de carbone :

Milieu exempt d'azote combiné.

Phosphate bibasique de potasse. . . . ,	0.1 gr.
Sulfate de magnésie	0.02
Chlorure de sodium . . . , ...	0.002
Glucose	2 à 4 gr.
Sulfates de fer et de manganèse. . . .	Traces
Carbonate de calcium	Un excès
Eau.	100

Ce milieu sert à la culture de microorganismes extrêmement importants, au point de vue de l'agriculture : ce sont les bactéries fixatrices d'azote, qui puisent cet élément dans l'atmosphère et le transforment en substance organique assimilable, concourant ainsi à rendre, jusqu'à un certain point, la végétation indépendante de l'azote introduit dans le sol sous forme d'engrais. L'énergie qui leur est nécessaire provient, comme dans le cas précédent, de la décomposition de la matière hydrocarbonée présente.

Enfin, le quatrième milieu peut s'obtenir en ajoutant à une solution de peptone à 2 %, 0.1 gr. % de phosphate de potasse et une quantité égale de chlorure de magnésium. Ce liquide convient particulièrement bien au développement des bactéries protéolytiques du sol qui élaborent en abondance l'ammoniaque et les acides gras.

En résumé, on trouve dans le sol : 1) des bactéries qui décomposent les matières organiques azotées pour donner de l'ammoniaque; 2) des bactéries oxydantes qui, les unes, amènent l'ammoniaque à l'état de nitrite, les autres, transforment ce corps intermédiaire en nitrate; 3) des bactéries fixatrices d'azote qui accumulent l'élément aérien dans la terre ou la plante; 4) des bactéries réductrices qui détruisent les nitrates. Les organismes appartenant aux trois premières catégories apportent chacun un précieux concours à la fertilité du sol. Quant aux ferments dénitrificateurs, leur rôle apparaît comme moins favorable. Nous verrons plus loin leur utilité possible; disons dès maintenant que les pertes en azote libre qu'ils peuvent occasionner dans les terres cultivées sont relativement très rares.

Dans les pages qui vont suivre nous allons donner un court aperçu des propriétés de ces divers ferments : ammoniacaux, nitrificateurs, fixateurs d'azote, enfin dénitrificateurs.

Fermentation ammoniacale du sol.— La décomposition de la substance azotée du sol se fait à l'aide de microorganismes aérobies et anaérobies. Avant tout, interviennent des ferments putrides et des ferments de l'urée; mais la flore reste très variée. Parmi les espèces les plus fréquentes, on peut citer : le *B. subtilis*, le *B. mesentericus*, la *Bact. punctatum*, le *B. putrificus*, le *B. fluorescens*, le *Proteus erythrogenes*, le *B. mycoïdes*, ainsi que différents ferments butyriques. Dans les terrains humifères on rencontre surtout des moisissures, ainsi que nous l'avons déjà dit. La digestion de la matière azotée est très intense en été ; en hiver elle se ralentit, mais elle ne s'arrête pas complètement, même pendant les gelées, car à ce moment interviennent des bactéries spéciales adaptées aux basses températures. Les catalyseurs entrant en jeu dans cette transformation sont les trypsines bactériennes, ainsi que les diverses amidases. Quant à l'uréase, elle exerce surtout son action sur l'azote organique apportée par le fumier.

La fermentation ammoniacale est envisagée par certains agronomes comme le résultat de l'oxydation complète de la substance protéique, véritable combustion provoquée par les microorganismes, et qui amène directement la matière complexe sous la forme de CO^2, de H^2O et de NH^3. Cependant la décomposition des matières albuminoïdes par les anaérobies révèle toujours des intermédiaires : il n'y a pas de raison d'admettre que les catalyseurs dont font usage les aérobies soient d'une autre nature que ceux des anaérobies. La fermentation ammoniacale, qu'elle soit produite par les uns ou par les autres, est toujours le résultat d'une hydrolyse profonde : l'azote protéique est amené par des hydratations successives à l'état d'azote amine, puis d'azote ammoniacal. Une molécule d'ammoniaque formée correspond, dans tous les cas, à une molécule soit d'acide volatil, soit d'oxyacide, soit encore d'alcool. Dans la fermentation anaérobie, les produits de la série grasse apparus, résistent bien : on les retrouve presque intégralement dans le milieu. Au contraire, dans la fermentation aérobie la destruction de ces matières se poursuit graduellement, pour arriver à une minéralisation plus ou moins rapide.

Cette désagrégation de la substance albuminoïde, qui transforme la presque totalité de l'azote organique en ammoniaque, résulte d'un travail combiné de nombreux microorganismes, d'espèce et de nature différentes. Les produits élaborés par une classe de bactéries servent souvent de point de départ à une autre. C'est ainsi que les acides volatils et les oxyacides fournis au cours de la fermentation ammoniacale constituent une matière nutritive pour les ferments de la cellulose, qui sont abondamment représentés dans le sol. L'acétate de chaux, ainsi que ses homologues, se transforment, dans ces conditions, de la façon suivante :

$$(C^2H^3O^2)^2Ca + H^2O = CaCO^3 + CO^2 + 2\,CH^4.$$

Acétate de chaux   Méthane

D'ailleurs le méthane apparu dans cette décomposition sera, à son tour, repris par d'autres microorganismes, tels le *Bac. methanicus*, la *Bact. pyocyaneum*, et diverses bactéries pullulant dans les mares et le fumier. Les substances volatiles, telles que l'hydrogène, le phénol, plusieurs amines, etc., qui prennent naissance au cours de la putréfaction, ne peuvent pas non plus être considérées comme des déchets résultant de l'évolution de la matière albuminoïde. On sait, par exemple, que l'hydrogène s'oxyde par l'*Hydrogenomonas flava* et l'*Hydrogenomonas vitrea*, tous deux étudiés par NIKLEWSKI, et qu'il est un certain nombre de microbes, comme le *B. methanicus*, déjà cité, de KASERER, et le *B. oligocarbophilus*, de BEIJERINCK, qui empruntent leur carbone à des produits organiques gazeux. D'autre part, la formation et la disparition des ptomaïnes durant la fermentation putride, variations observées par plusieurs auteurs, nous montrent que ces produits mêmes peuvent être utilisés. On peut enfin, et par analogie, en dire autant des émanations diverses qui se dégagent du sol,

Trillat ayant démontré que celles-ci favorisent d'une façon très marquée le développement de la flore bactérienne de l'air.

La marche de la fermentation ammoniacale du sol dépend de l'état dans lequel se trouve l'azote organique. Les produits albuminoïdes qui étaient préalablement très dégradés se décomposent rapidement. L'albuminoïde naturel, au contraire, se désagrège lentement ; c'est d'ailleurs à cette résistance qu'il faut attribuer la supériorité de l'azote organique, au point de vue de son emploi comme engrais. Les substances azotées qui ne sont pas susceptibles d'être transformées en azote ammoniacal par les enzymes ne deviennent jamais des substances fertilisantes. Ainsi, la cyanamide calcique, qui se laisse convertir en ammoniaque par certaines uréases, d'après l'équation :

$$CN^2Ca + 3H^2O = 2\,NH^3 + CO^3Ca$$

peut servir d'engrais ; tandis que la dicyandiamide, inattaquable par l'amidase, ne peut être employé à cet usage.

Nitrification. — L'ammoniaque accumulée dans le sol constituera une source azotée pour un grand nombre de microorganismes, ainsi que pour certains végétaux ; cependant ces derniers marquent une véritable préférence pour l'azote qui est sous la forme de nitrate. L'utilisation de l'ammoniaque contenue dans la terre est intimement liée au phénomène de la nitrification ; dans celui-ci interviennent deux classes de bactéries oxydantes : l'une portant son action sur l'ammoniaque primitive, l'autre sur le nitrite en résultant. Cette transformation est connue depuis très longtemps ; on en a même tiré parti en établissant des salpêtrières dans différents pays. Cependant le mécanisme de la réaction est resté sans explication satisfaisante jusqu'à l'époque pastorienne, qui a ouvert dans ce domaine, comme en beaucoup d'autres, un horizon nouveau.

En 1879, Schlœsing et Müntz ont établi d'une façon indiscutable que la nitrification est due à des microbes. Ceux-ci ont été ensuite isolés par Winogradsky et Frankland, ainsi que par Warington. Il existe plusieurs variétés de ferments capables de produire l'oxydation de l'ammoniaque, parmi lesquelles on connaît surtout les *Nitrosococcus* et les *Nitroso-*

monas, les seconds se distinguant des premiers en ce qu'ils sont doués du mouvement et qu'ils forment des zooglées. Les ferments nitreux ont une température optima de 37° ; ils sont détruits en quelques minutes à 42°. La présence de matières organiques dans les milieux de culture leur est très nuisible :

Doses de substances qui retardent la fermentation nitreuse.

Glucose.	0.025 °/₀
Urée.	0.2
Peptone	0.025
Asparagine	0.05

D'après Boullanger et Massol, un excès d'ammoniaque est très défavorable : en présence de 3 à 5 gr. °/₀ de sulfate d'ammoniaque, le travail est complètement entravé. L'accumulation du nitrite formé offre beaucoup plus de danger, puisqu'avec 0.8 à 1 °/₀ de ce corps on observe déjà un ralentissement sensible. Quant au nitrate, il influence bien moins fortement la marche de la fermentation. Le ferment ne peut utiliser l'azote que sous la forme ammoniacale : l'azote protéique, l'azote amine, doivent être préalablement transformés. Par contre, l'ammoniaque peut être à l'état de chlorure, de sulfate, ou encore de sels organiques ; toutefois, les carbonates disparaissent plus difficilement que les sulfates.

L'oxydation des nitrites en nitrates est produite par une bactérie isolée par Winogradsky, et qui porte le nom de *Nitrobactérie*. Ce microorganisme a une température optima égale à celle des ferments nitreux ; cependant il montre à l'action de la chaleur une résistance un peu plus grande, et pour le détruire, il faut le maintenir 5 minutes à 55°. En plus, les cultures de *Nitrobactérie* exigent une alcalinité légèrement supérieure : on ajoute habituellement à leur milieu 1 °/₀₀ de carbonate de soude.

La présence de nitrites en quantité dépassant 1 °/₀ est manifestement nuisible au ferment nitrique. Celle de nitrates l'est moins : la culture peut contenir jusqu'à 2 °/₀ de nitrate de soude ou 2.5 °/₀ de nitrate de magnésie sans être influencée. Quant aux matières organiques, elles sont moins gênantes dans les cultures de *Nitrobactérie* que dans celles des ferments nitreux. L'ammoniaque paralyse déjà l'action à la dose de 15 centig. °/₀₀; cependant le ferment adulte peut supporter des quantités d'ammoniaque relativement considérables. La nitrification, dans les cultures de laboratoire, se fait très lentement au début; puis elle s'active, et, après plusieurs jours, elle fournit un travail trois ou quatre fois plus intense.

Dans le sol on ne trouve point, ou des traces seulement, d'acide nitreux; par contre, indépendamment de l'azote, qui est à l'état d'humus (env. 2 gr. N par kg. de terre) ou d'ammoniaque (env. 10 mgr. N par kg. de terre), on rencontre cet élément sous la forme de nitrates, et parfois même, en quantités assez élevées (0.2 gr. et plus de N par kg. de terre). La raison en est que les ferments nitreux et nitrique, dans le sol, fournissent un travail simultané, les nitrites étant oxydés au fur et à mesure de leur apparition. A première vue, les conditions qui sont réalisées dans la nature ne paraissent pas être favorables à l'action parallèle des fermentations nitreuse et nitrique : en effet, la présence des matières hydrocarbonées nuit au développement des ferments nitreux, en même temps que l'ammoniaque existante ralentit la transformation des nitrites en nitrates. En réalité, les conditions dans le sol sont tout autres que dans les cultures artificielles; la symbiose favorise les deux phases d'oxydation, qui marchent alors de pair et avec une grande activité, le travail se trouvant encore accru, comme l'a démontré OMÉLIANSKI, par la présence, dans le sol, de ferments putrides et d'autres producteurs d'ammoniaque. En outre, les matières organiques, si nuisibles dans les cultures pures, non seulement ne le sont plus dans la terre, mais encore augmentent l'intensité de la nitrification : MUNTZ, en effet, a reconnu que l'addition d'humus à un sol accélère l'apparition des nitrates. Le même effet s'observe d'ailleurs quand on ajoute à une terre du sulfate d'ammoniaque.

Pour terminer, il convient d'ajouter que ces ferments nitrificateurs, qui jouent un si grand rôle dans l'agriculture, sont aussi, conjointement avec les microbes de la fermentation ammoniacale, les agents actifs de l'épuration des eaux d'égout par l'épandage ou par l'emploi des filtres bactériens, méthodes qui ont été étudiées en détail, la première, par H. MILLS, puis SCHLŒSING et FRANKLAND, la seconde, par MÜNTZ et LAINÉ, et surtout par CALMETTE, à qui l'on doit un travail magistral sur le sujet.

Assimilation de l'azote atmosphérique. I. — C'est surtout aux savants français que la bactériologie agricole doit ses notions fondamentales : ce sont eux, les premiers, qui ont étudié les phénomènes de la nitrification et de la dénitrification, ainsi que celui de l'assimilation de l'azote. L'un des plus illustres, BERTHELOT, en 1885, a expliqué le mécanisme de l'enrichissement du sol en azote : il a établi, notamment, en observant d'une façon comparative des terres stérilisées et des terres normales, que la fixation de l'azote se fait par l'intermédiaire des microorganismes. Puis SCHLŒSING fils a démontré que l'azote absorbé est réellement l'azote élémentaire contenu dans l'atmosphère, et non pas l'azote combiné, qui s'y trouve aussi. Enfin BEIJERINCK, quelques années plus tard, a isolé le *Bacillus radicicola*, qui est le principal agent fixateur d'azote. Grâce aux travaux de WINOGRADSKI, de PRINGSHEIM, de BEIJERINCK et de ses élèves, on est arrivé à connaître toute une série de microorganismes qui interviennent dans l'enrichissement du sol, en azote combiné, par l'assimilation de celui contenu dans l'air.

Des aérobies et des anaérobies concourent à ce travail. Il faut citer, en premier lieu, les *Clostridium*, tels que : le *C. Pastorianum*, le *C. giganteum*, le *C. americanum;* en outre, le *Granulobacter sphaericum*, le *G. reptans*, le *G. polymyxa;* les *Azotobacter* de BEIJERINCK et de VAN DELDEN, etc. L'assimilation se fait encore par différentes espèces microbiennes appartenant au groupe *Mesentericus*. D'après LÖHNIS et PILLAI, la *Bact. acidi lactici*, le *B. lactis innocuus*, la *Bact. lactis viscosum* possèdent également cette propriété. Les moisissures et les levures sont capables aussi, dans certaines conditions, d'absorber l'azote atmosphérique. D'après Kosso-

WICZ, la *Monilia candida*, l'*Oïdium lactis*, le *Dematium pullulans*, peuvent être cultivés dans un milieu minéral exempt d'azote combiné. LIPMAN, ainsi que ZIKES, classent dans la même catégorie certaines levures, telles que le *Sacch. Pastorianus III*, le *Mycoderma vini* et d'autres, qui peuvent vivre et se reproduire dans un milieu presque exempt d'azote combiné.

Le sol humide, sur lequel s'implantent les mousses et les algues, s'enrichit en azote. Cette assimilation, comme l'a très nettement mis en évidence KOSSOWICZ, au moyen d'une culture pure de *Chorella vulgaris*, résulte d'un travail de symbiose qui s'opère entre ces végétaux inférieurs et les micro-organismes. Les plantes fournissent aux microbes les matières hydrocarbonées, qu'elles ont elles-mêmes produites par synthèse ; quant aux bactéries, elles utilisent l'énergie rendue disponible par la décomposition de l'hydrate de carbone, pour fixer l'azote, dont en dernier lieu la plante profite.

Les bactéries assimilatrices d'azote, telles que les *Azotobacter*, contiennent jusqu'à 19 % de protéine et de 2.5 à 2.97 % de phosphore ; elles se développent dans un milieu pauvre en azote, mais riche en carbone assimilable ; elles exigent la présence d'acide phosphorique, de chaux, de magnésie et de potasse. La fixation d'azote se fait surtout dans les couches supérieures du sol, mais le travail se poursuit jusqu'à 50 et même 80 cm. de profondeur. Les aérobies, tels que les *Azotobacter*, se retrouvent dans les couches supérieures ; les anaérobies, comme certains *Clostridium*, produisent, au contraire, leur travail dans les couches plus profondes ; ces deux espèces de bactéries vivent d'ailleurs souvent en symbiose, l'une servant de protectrice à l'autre. Le degré de fixation d'azote par les bactéries dépend de la quantité de substance carbonée consommée. L'*Azotobacter*, dans une culture pure, n'arrive pas à décomposer assez d'hydrate de carbone pour fournir une forte fixation. Au contraire, dans les cultures mixtes, où se trouvent des microbes destructeurs de carbone, l'assimilation se fait plus rapidement et avec plus d'intensité.

La quantité d'azote assimilée par les algues et les moisissures est considérée ordinairement comme trop faible pour entrer en ligne de compte. Seules les bactéries présentent un véritable intérêt, au point de vue de l'enrichissement du sol en azote combiné. Et même, de toutes celles-ci, les plus importantes, ainsi que nous allons le voir, sont celles qui sont capables de vivre en symbiose avec la plante.

II. — Dès les temps les plus reculés, on avait remarqué que certaines cultures, comme celles de légumineuses, améliorent le sol, et que d'autres, comme celles des céréales, l'épuisent. Cette observation servait depuis longtemps de base à l'agriculture, avant qu'on en connût la cause exacte. Des études plus récentes nous ont révélé le mécanisme de cet enrichissement; il est dû à une assimilation d'azote, dont le siège se trouve dans les nodosités radiculaires de certaines plantes, renflements qui jadis étaient considérés comme une maladie parasitaire dont il fallait se débarrasser. En 1879, FRANCK a observé que ces excroissances ne se forment pas dans des terrains stériles, et, en 1886, HELLRIEGEL et WILFARTH ont établi la relation qui existe entre elles et l'enrichissement azoté du sol.

La flore bactérienne des nodosités a été étudiée par BEIJERINCK, STOKLASA, SCHLŒSING fils, LAURENT, PRAZMOWSKI, etc. Ces auteurs ont reconnu que la bactérie active est le *B. radicicola*. Ce microorganisme a une température optima comprise, suivant les races, entre 10 et 40°. Il résiste à la dessiccation, de sorte que des cultures sur maltose-agar se conservent pendant des années, comme l'a démontré EDWARDS, sans perdre leur faculté d'agir. Dans la terre, la bactérie peut vivre et assimiler l'azote sans être en contact intime avec des cellules végétales; cependant elle réside de préférence dans la plante.

En ce qui concerne la formation des nodosités, elle est due à la pénétration, dans la racine des légumineuses, de la bactérie mobile, qui se fixe sur les cellules végétales à l'aide d'une sécrétion spécifique, variable avec la race de la bactérie; d'ailleurs, les produits élaborés par la racine de la plante jouent également un rôle dans ce phénomène d'influence mutuelle. Les bactéries, fixées de préférence sur les poils radiculaires, gagnent les couches sous-corticales, où elles forment des colonies, qui s'entourent bientôt d'un voile. Ces colonies, entremêlées ainsi avec des poils absorbants, se soudent aux cellules végétales et produisent une excroissance. Arrivées à ce point, les bactéries se convertissent en des formes ramifiées ou *bactéroïdes*, les filaments muqueux apparaissent, les cellules corticales se segmentent et l'ensemble constitue les nodosités. Celles-ci représentent la partie de la plante la plus riche en azote : elles en contiennent jusqu'à 7.5 % et sont remplies de substances granuleuses, ainsi que de microbes se colorant en rouge par l'iode. L'azote fixé se transforme en substance protoplasmique, puis en matières de réserve utilisables par la plante. C'est au moment de la formation des filaments muqueux, c'est-à-dire quand les bactéroïdes deviennent visibles, que l'assimilation de l'azote est à son maximum. Celle-ci se continue pendant toute la croissance du végétal, puis, en automne, les tubercules se vident, les bactéries se détachent sous forme de bâtonnets et retournent dans la terre, pour recommencer à la saison nouvelle leur évolution de fixateurs d'azote.

On admet l'existence de différentes espèces de *Bacillus radicicola* : le lupin, le sainfoin, en contiennent qui seraient différentes de celles rencontrées dans les fèves, les pois, le trèfle, etc. En outre, le mode d'agglomération des excroissances varie d'une plante à l'autre : tantôt elles sont petites et nombreuses, tantôt plus rares, mais d'un volume très développé. Ce second mode est plus avantageux, car il correspond à une plus forte assimilation d'azote. Les bactéries des nodosités se développent dans des terrains riches en carbone et pauvres en azote combiné. La présence de nitrates est nuisible; celle de l'humus, au contraire, augmente leur activité. De plus, il faut qu'elles rencontrent dans le sol du phosphate et de la potasse. En général, les tubercules apparaissent à la partie de la racine la plus exposée à l'air; toutefois, la facilité que trouve la bactérie pour pénétrer dans le système radiculaire et s'y fixer

dépend des sécrétions spécifiques qu'elle et la plante fournissent. Les nodosités peuvent se reproduire par inoculation.

On ne connaît pas les catalyseurs qui interviennent dans
l'assimilation de l'azote par les microorganismes. C'est un
champ d'investigation encore inexploré. Mais il est établi que
dans la symbiose des bactéries avec les plantes, les enzymes
jouent un rôle efficace : tout d'abord la bactérie se fixe sur le
végétal à l'aide de substances actives; ensuite, c'est grâce aux
sécrétions du système radiculaire que se fait l'utilisation de
la réserve azotée d'origine bactérienne.

En résumé, dans l'enrichissement du sol en azote, les
microorganismes interviennent de trois façons :

1) Les bactéries des nodosités des légumineuses qui
agissent par voie de symbiose avec la plante; dans ce travail,
les deux éléments de l'association se trouvent en dépendance
presque absolue l'un de l'autre : au début, avant la formation
des renflements, ce sont les microbes qui absorbent l'azote des
racines; puis, lorsque les tubercules se sont constitués, les
bactéroïdes fixent l'azote atmosphérique et en font profiter le
végétal, tandis que celui-ci fournit en échange au microorganisme l'hydrate de carbone indispensable pour qu'il
puisse assimiler l'azote ;

2) Les bactéries qui vivent en symbiose avec certaines
algues vertes, comme le *Nostoc punctiforme*, et dont le mécanisme d'action est analogue à celui des bactéries des légumineuses. Quant aux diverses moisissures, telles que l'*Aspergillus niger* et le *Penicillium glaucum*, qui absorbent également l'azote aérien, elles paraissent le faire à la façon des
microorganismes venant ci-après ;

3) Enfin, les bactéries, comme les variétés d'*Amylobacter*,
d'*Azotobacter*, de *Clostridium*, qui fixent l'azote en présence
de substances fournissant l'énergie par leur propre décomposition. Celles-ci peuvent assimiler l'azote de l'air sans
le concours d'autres cellules vivantes. Dans cette dernière
catégorie il faut aussi classer : le *B. asterosporus*, le *B. saccha-
robutyricus*, le *Granulobacter pectinovorum*, etc. En milieu

liquide, la fixation d'azote est accompagnée d'une destruction très considérable de sucre :

Le *Clostridium* détruit 1 gr. sucre, pour fixer 2 milligr. azote.
L'*Azotobacter* » 1 » » » » 9 à 10 milligr. azote.

De son côté, STOKLASA trouve, avec l'*Azotobacter chroococcum*, que pour fixer 1 gr. d'azote, il faut détruire 165 gr. de sucre. On voit que le rapport entre l'azote fixé et le sucre détruit est loin d'être constant. Il dépend, en effet, de nombreuses conditions; entre autres, on constate que les cultures jeunes sont beaucoup plus favorables à la fixation de l'azote que les vieilles.

Dénitrification dans le sol. — Pour compléter l'étude du cycle accompli par l'azote dans le sol, il nous reste encore à fournir quelques données sur la dénitrification. En 1868, SCHŒNBEIN a constaté l'existence de microorganismes capables de réduire les nitrates en nitrites, puis en ammoniaque. En 1882, GAYON et DUPETIT ont isolé des microbes, désignés par eux par α et β, qui réduisent les nitrates sous la forme d'azote libre et d'azote oxydé. En même temps, DEHÉRAIN et MAQUENNE, qui étudiaient de très près le mécanisme chimique de la dénitrification, fournirent les premières analyses des gaz formés. En faisant fermenter, à l'aide d'un ensemencement avec de la terre, une solution de sucre additionnée de nitrate, ils ont obtenu les chiffres suivants :

Acide carbonique 80.5
Protoxyde d'azote 8.2
Azote libre 11.3

En plus de ces gaz, on trouve aussi quelquefois de l'hydrogène. D'après les auteurs précédents, GAYON d'une part, DEHÉRAIN de l'autre, les ferments actifs dans cette réduction seraient des anaérobies. Cette question a été reprise depuis par KOSSOWICZ, STOKLASA, LEBEDEW, GRIMBERT, FRED, etc., qui s'occupèrent de la dénitrification aux points de vue bactériologique et chimique. Les ferments dénitrifiants sont très répandus dans le sol et on les retrouve dans le fumier ainsi que sur la paille. On connaît différentes espèces capables de détruire les nitrates : les vrais dénitrificateurs ramènent ces substances à l'état d'azote libre; les dénitrificateurs indirects produisent seulement de l'acide nitreux, qui, avec les substances amidées du sol, fournit de l'azote libre. Il y a, en outre, des espèces, qui sont inactives sur le nitrate, et qui ne réduisent que les oxydes d'azote. Enfin, d'autres dénitrificateurs donnent, avec le nitrate, de l'ammoniaque; parmi ces derniers, il convient de citer le *B. subtilis*, le *B. mesentericus*, le *B. proteus vulgaris*, etc. La propriété de réduire les nitrates est donc très commune et l'on constate même que certains *Saccharomyces* et quelques moisissures la possèdent aussi.

GAYON envisage le phénomène de la dénitrification comme le résultat d'une oxydation interne. Les microorganismes, d'après lui, enlèveraient l'oxygène au nitrate, pour le fixer sur une substance hydrocarbonée, qui serait ainsi brûlée. On aurait:

$$4\ K\ NO^3 + 5\ C + 2\ H^2O = 4\ K\ H\ CO^3 + 2\ N^2 + CO^2.$$
$$4\ K\ NO^2 + 3\ C + H^2O = 2\ K\ H\ CO^3 + 2\ N^2 + CO^3K^2.$$

Par contre, les dénitrificateurs indirects qui ont recours à l'azote amidé donnent une réaction telle que celle-ci :

$$(NH^2)^2CO + 2\ H\ NO^2 = 2\ N^2 + CO^2 + 3\ H^2O.$$
Urée   Acide nitreux

Les conditions du milieu jouent un très grand rôle dans la marche de la dénitrification; elles influencent notablement, d'une part, la formation de l'acide carbonique, d'autre part, celle des oxydes et de l'azote libre. En premier lieu, la présence de substances hydrocarbonées facilement oxydables est indispensable ; le sucre, les acides gras volatils favorisent la dénitrification. D'après STOKLASA, le xylose agit de même; mais l'arabinose, un peu moins bien. Certains ferments dénitrifiants peuvent même utiliser le soufre comme source d'énergie. C'est ainsi que le *Thiobacillus denitrificans* transforme cet élément en sulfate, d'après l'équation :

$$6\ KNO^3 + 5\ S + 2\ Ca\ CO^3 = 3\ K^2SO^4 + 2\ CaSO^4 + 3\ N^2 + 2\ CO^2.$$

Les catalyseurs intervenant dans la dénitrification sont peu connus. IRVING et HANKINSON ayant reconnu la présence d'un enzyme réducteur agissant sur le nitrate dans les feuilles et les racines des plantes vertes, on pouvait espérer retrouver les mêmes enzymes dans les bactéries dénitrifiantes. Il n'en est rien. Tous les essais tentés dans cette voie ont donné des résultats négatifs; les bactéries dénitrifiantes contiennent, au contraire, une oxydase. D'autre part, STOKLASA et VITEK ont constaté la présence d'une alcoolase dans un ferment dénitrifiant; d'après ces savants, l'alcool produit par cette zymase peut avoir un rôle dans la dénitrification en agissant ainsi :

$$C^2H^5OH + 2\,N^2O^3 = 4N + 2\,CO^2 + 3\,H^2O.$$

Le rôle des ferments dénitrifiants, très répandus dans le sol, n'est pas entièrement défini ; on sait seulement qu'ils s'y trouvent, en temps ordinaire, dans des conditions très défavorables pour produire un travail intense.

D'ailleurs, il est très probable qu'en symbiose, dans le sol, ils n'exercent pas leur action destructive jusqu'au bout, en ramenant l'azote nitrique à l'état libre, mais qu'ils jouent plutôt le rôle de régulateurs dans le phénomène de la nitrification en modérant l'oxydation et en évitant ainsi une trop grande formation de nitrates, qui seraient perdus avec les eaux de drainage. Enfin, ces ferments pourraient même se comporter comme des fixateurs d'azote, ainsi qu'on l'a constaté dans certains cas.

Engrais chimiques azotés et engrais verts. — Les plantes empruntent la totalité de leur azote à la terre. L'enlèvement continuel de cet élément par la culture devrait logiquement épuiser le sol et le rendre stérile, s'il n'existait des compensations importantes. BOUSSINGAULT a été le premier à établir le bilan de l'azote dans une exploitation agricole. Voici comment MAQUENNE, dans son Cours de Physique Végétale au Muséum, répartit l'azote entre les différentes exigences d'un hectare en culture, durant une année entière :

BALANCE DE L'AZOTE PAR HECTARE ET PAR AN.

Azote enlevé		Azote apporté	
Récolte	80 kg.	Fumier	50 kg.
Drainage	50	Pluie	10
Ammoniaque dégagée	20	Ammoniaque fixée	10
Azote dégagé	Pr mémoire.	Azote provenant de l'air	80
	150 kg.		150 kg.

Toutefois ce savant ne donne ces nombres que comme une moyenne de ce qu'on peut observer en différentes circonstances, chacun d'eux étant susceptible de varier dans de très fortes proportions. Voyons les pertes. Une récolte de céréales enlève par hectare de 40 à 80 kg. d'azote; d'autre part, les nitrates, quand les racines des plantes ne les ont pas absorbés, ne sont pas retenus par la terre : les eaux de drainage en entraînent donc une certaine quantité, qui peut être évaluée, d'après DEHÉRAIN, de 5 à 100 kg., en azote, par hectare et par an, suivant la nudité du sol et les conditions climatériques. Enfin, il faut encore faire mention de la diffusion dans l'air d'une partie de l'ammoniaque du sol et du dégagement d'azote gazeux provenant de l'action des dénitrificateurs.

Pour compenser ces diverses pertes, trois facteurs interviennent : 1° la pluie et la rosée, qui apportent au sol l'azote combiné atmosphérique; 2° les microbes assimilateurs d'azote libre; 3° le fumier et les engrais azotés artificiels. L'action de la rosée et des pluies, sans être d'une efficacité absolue, est cependant importante, étant donné la plus ou moins grande constance du phénomène :

TENEUR EN AZOTE DE L'EAU ATMOSPHÉRIQUE PAR LITRE.

Brouillard	5.57 milligr.
Gelée blanche	4.20 »
Rosée	5 »
Pluie	0.96 »
Grêle	2.77 »

L'azote apporté par la pluie et la rosée se trouve sous forme de nitrate, et parfois d'ammoniaque. L'acide azotique résulterait de l'action des décharges électriques sur les constituants de l'atmosphère; quant à l'ammoniaque, elle proviendrait de la mer et surtout de la décomposition des poussières organiques. Les quantités ainsi fournies au sol varient beaucoup avec l'année, le climat et la contrée. On les estime de 2 à 22 kilos d'azote par an et par hectare.

L'apport en azote, par voie bactérienne, est généralement beaucoup plus considérable que celui provenant de la pluie ou de la rosée. D'après F. Löhnis, on peut évaluer ce gain de 10 à 40 kg. par an et par hectare; mais il est certain que dans bien des cas, cette fixation est sensiblement plus grande.

Elle est due, en effet, non seulement aux microbes qui se trouvent dans le sol nu, mais aussi à ceux qui se développent dans les détritus organiques provenant de cultures anciennes, ou encore à ceux qui vivent en symbiose avec les algues et les plantes supérieures. C'est ainsi qu'Henry a constaté que des feuilles desséchées de chêne, abandonnées à l'air pendant un an, sont l'objet d'un travail bactérien intense : tandis qu'elles contenaient, au début, 0.947 °/₀ d'azote, elles en renfermaient à la fin 1.727. Dans les feuilles de hêtre, le taux est passé de 1.1 à 1.5. D'autre part, l'emploi des engrais verts, c'est-à-dire l'enfouissement d'une récolte suffisamment développée de légumineuses appropriées, pratique si recommandée par G. Ville sous le nom de *sidération*, permet d'apporter au sol une quantité d'azote comprise entre 100 et 300 kg. à l'hectare. On voit qu'on peut, par ce dernier procédé, subvenir entièrement aux besoins du sol en azote, et même l'enrichir. Cependant, dans la culture intensive, il est difficile d'avoir toujours recours aux légumineuses et aux engrais verts; les seules ressources disponibles deviennent alors le fumier, quelques produits résiduaires, enfin les engrais azotés artificiels.

Le fumier restitue à la terre une partie de l'azote et des matières minérales, notamment le phosphore et la potasse, que les récoltes lui ont enlevés ; il lui fournit en même temps les microbes utiles. Quoique l'azote du fumier, environ 5 gr. par kg., ne soit pas toujours utilisé et qu'on ait souvent 50 °/₀ de perte, l'emploi de cet engrais est cependant très utile. Il apporte, en effet, avec lui, non seulement une culture fraîche et active de bactéries fixatrices d'azote, mais encore la matière organique qui leur servira de nourriture; enfin, par sa structure physique, il change la compacité du sol, en facilite l'aération et l'aide à retenir l'humidité.

Comme engrais azotés artificiels on emploie soit l'ammoniaque, soit les nitrates. En réalité, ces produits sont naturels, et nullement artificiels, car ils proviennent de la décomposition de matières animales ou végétales. L'ammoniaque est récupérée dans la fabrication du coke ou dans la distillation des résidus organiques, celle qui a une origine purement synthétique ne pouvant entrer jusqu'ici en ligne de compte, malgré les grands efforts faits dans ce sens au cours de ces dernières années.

Quant aux nitrates, ils proviennent surtout des immenses salpêtrières situées dans l'Amérique du Sud. On admet que ces gisements résultent de la putréfaction de dépôts d'algues, ou encore de la décomposition de bancs de guano ; dans l'un ou l'autre cas, l'azote organique, végétal ou animal, aurait été transformé en ammoniaque, puis en acides nitrique, sous l'influence de bactéries diverses. Ici, encore, les nitrates dus à l'industrie seule, malgré leur importance croissante, ne sont qu'en faible proportion par rapport à ceux d'origine naturelle. Voici un tableau qui donne les quantités d'engrais azotés utilisés par l'agriculture ; on voit qu'elles sont considérables :

CONSOMMATION MONDIALE DES ENGRAIS AZOTÉS EN 1910.

Nitrate de soude	2.274.000 tonnes
Sulfate d'ammoniaque	1.112.000 »
Azotate de chaux	10.800 »

Les dépenses faites par l'agriculture pour l'achat d'engrais azotés atteignent plus de cent millions de francs par an ; elles augmentent graduellement, si bien qu'on prévoit l'épuisement relativement prochain des gisements de nitrate de soude. Pour s'armer contre cette éventualité, des efforts énormes ont été faits en vue de réaliser avec l'azote de l'air la synthèse de l'ammoniaque ou de l'acide nitrique, et l'on a acquis maintenant la certitude que l'industrie pourra fournir un jour, sous un état ou sous un autre, tout l'azote nécessaire à l'agriculture. Cependant la solution technique ne résoudra pas le problème économique. L'ammoniaque et le nitrate synthétiques, étant donné le prix de l'énergie nécessaire, seront toujours aussi chers qu'aujourd'hui, et l'agriculture continuera de payer d'un prix trop élevé les engrais artificiels. Dans ces conditions, il paraît plus logique de chercher à résoudre la question non pas par la voie chimique, mais bien par la voie biologique.

Engrais biologiques. — Nous avons vu qu'une terre stérilisée ne nourrit qu'une médiocre végétation et que, d'autre part, la récolte dépend beaucoup de la flore bactérienne contenue dans le sol. En réalité, ce qui importe surtout au résultat, ce n'est pas tant la richesse en ferments, ni même la nature de ceux-ci, mais plutôt l'équilibre qui régit leurs multiples actions. C'est ainsi que les ferments nitrifiants, si utiles à la fertilité du sol, deviennent nuisibles s'ils sont prédominants, car ils fournissent alors un travail trop intense, déterminant une production de nitrate qui risque de n'être pas assimilée par la plante. Ils peuvent aussi, en trop grand excès, ralentir le développement des espèces qui président à la décomposition des matières hydrocarbonées, et nuire, par là même, au fonctionnement des microorganismes fixateurs d'azote atmosphérique. On ne possède pas encore de moyens infaillibles pour maintenir dans un équilibre favorable la flore bactérienne du sol. Cependant divers essais ont été faits dans ce sens et les progrès réalisés déjà sont très encourageants.

Le problème peut être envisagé à deux points de vue différents. Pour aider à la sélection des ferments utiles, on peut procéder soit par élimination directe des espèces nuisibles, soit par introduction d'espèces utiles à grande résistance. Un drainage rationnel, la trituration et le façonnage du sol, le chaulage, l'addition de certains engrais minéraux ou de fumier, les changements apportés dans l'assolement, sont des moyens indirects employés pour ramener l'équilibre entre les divers microorganismes. On peut encore citer, dans cet ordre d'idées, les travaux de HILTNER, relatifs à l'action du sulfure de carbone sur le sol, qui ont fait conclure à l'efficacité de certains antiseptiques, pour modifier la flore bactérienne contenue dans une terre. D'autre part, STOKLASA vient de montrer tout récemment que la radioactivité exerce une influence avantageuse sur la circulation générale de l'azote, en favorisant le travail biosynthétique des bactéries fixatrices et en ralentissant, au contraire, l'action des réducteurs de nitrates. Enfin, l'apport du fumier ou même celui de terres de bonne culture sont aussi, par les microbes y contenus, des moyens qui conduisent au même résultat que les précédents.

Si les ferments nitrifiants trouvent le plus souvent de bonnes conditions dans le sol, il n'en est pas de même des accumulateurs d'azote, qui rencontrent là de nombreux antagonistes; aussi, l'introduction dans la terre d'espèces douées d'une grande activité, au point de vue de l'assimilation de l'azote libre, et se prêtant bien aux conditions du milieu, est-elle un problème économique d'une portée énorme. Dans cette question, comme en tant d'autres, l'empirisme a précédé la science. Depuis longtemps, dans beaucoup de pays, la terre des légumineuses est transportée sur des sols de médiocre valeur pour les amender. Cette pratique ayant donné des résultats concluants, elle s'est propagée de plus en plus. Cependant, pour être efficace, il faut que la quantité de terre introduite soit très forte, de 30 à 40 Hl. par hectare. Comme le transport de ces terres n'est pas toujours commode, on a tenté de remédier à cet inconvénient par l'emploi de cultures pures de bactéries. Ce sont les grandes maisons de produits chimiques allemandes qui ont lancé les premières préparations microbiennes destinées à cet usage.

L'*alinite* de CARON, fabriquée à Elberfeld, a été la tentative initiale faite dans cette voie; si elle n'a pas donné les résultats attendus, c'est que le microbe choisi n'était pas un bon assimilateur d'azote. Par contre, la *nitragine*, sortant de la fabrique de matières colorantes HOCHST, a trouvé, après de longs tâtonnements, son application dans l'agriculture ; elle est préparée à l'aide de bactéries provenant de légumineuses. Elle est d'une utilité indiscutable dans les terrains vierges, dans les sols où n'ont pas encore poussé de légumineuses, ou encore dans ceux où ce genre de plantes ne venaient qu'avec difficulté. En règle générale, cette culture bactérienne, et d'autres analogues, donnent de bons résultats dans les terres pauvres en azote et riches en matières hydrocarbonées; la présence de potasse et de phosphates est toujours nécessaire. Les meilleurs rendements s'obtiennent surtout dans la culture de certaines espèces de légumineuses. La difficulté de l'emploi de ces produits réside dans le fait que pendant la germination des graines il est sécrété des substances nuisibles aux bactéries, de telle sorte que celles-ci meurent avant d'avoir pénétré dans les racines. Pour parer à cet inconvénient, on a conseillé de laisser la germination se poursuivre assez loin avant d'exécuter l'ensemencement microbien, car, à un certain degré de végétation, le danger disparaît. Un autre moyen, quoique peu pratique, de paralyser l'action de ces sécrétions redoutables, consiste à additionner la terre de peptone ou de petit lait.

Les difficultés presque insurmontables que la nitragine a rencontrées au début ont été, en grande partie, vaincues par le choix d'espèces appropriées et par un mode d'emploi rationnel. La gélose, sur laquelle se faisaient les premières cultures, a été remplacée par du coton. Dans une culture microbienne, on plonge de l'ouate, puis on la dessèche : c'est sous cette forme de coton sec que la préparation est livrée au commerce. Elle est accompagnée de deux paquets de substances nutritives : le premier contenant du sucre, du phosphate acide de potasse et du sulfate de magnésie; le second renfermant du phosphate d'ammoniaque. Pour rendre à la culture son activité, il suffit, au moment de son emploi, de plonger l'ouate dans de l'eau et d'y ajouter le contenu du premier paquet. Au bout de 24 heures à 20°, on ajoute le second paquet et on laisse fermenter quelque temps. Le liquide, ainsi préparé, est employé pour tremper les graines destinées à l'ensemencement. On peut aussi incorporer le liquide dans du sable ou de la terre, qu'on répand ensuite sur le champ. Les bactéries de la nitragine sont un mélange d'espèces variées, retirées de différentes légumineuses; elles peuvent donc servir à des cultures diverses.

En dehors de la nitragine, on trouve encore, comme produits commerciaux, l'*azotogène*, le *formogène*, etc. On possède un certain nombre de données sur les rendements obtenus avec toutes ces cultures microbiennes. Les avis sont fort partagés : dans certains cas, le sol ensemencé donnerait une plus-value allant jusqu'à 200 kg. d'azote par hectare. Ces bons effets ont surtout été obtenus avec les légumineuses et à l'aide de fixateurs d'azote vivant en symbiose avec la plante. Mais avec les céréales, les résultats seraient moins favorables, car les assimilateurs d'azote, qui utilisent directement les substances hydrocarbonées du sol, se prêtent mal à l'inoculation.

Le grand problème reste donc de faire intervenir les accumulateurs d'azote dans les cultures de céréales, sans avoir à passer par la phase intermédiaire des légumineuses. Pour avancer dans cette voie, il ne suffit pas de trouver dans la nature des bactéries à grande activité, de les isoler et de les propager : ces recherches peuvent nous amener à trouver des races convenables à certains sols, à certaines conditions physiques et chimiques du milieu; mais on ne peut s'attendre à découvrir une espèce capable de se plier à toutes les exigences possibles, car si pareil microorganisme existait, il aurait déjà supplanté tous les autres. Les propriétés acquises par une espèce microbienne sont toujours le résultat de l'ambiance. La qualité prédominante de fixer l'azote atmosphérique est contrebalancée par les tendances qu'a la bactérie à vivre de sa propre réserve azotée, ou encore à utiliser l'azote combiné contenu dans le milieu environnant. Pour obtenir des cultures dont le pouvoir assimilateur d'azote soit développé à l'extrême, on devra d'abord déterminer les conditions les plus favorables à cette fonction, et ensuite il faudra, par un entraînement progressif du microbe à ces conditions, exalter et stabiliser cette propriété spécifique. Cette accoutumance doit aussi porter sur l'utilisation rationnelle et économique du carbone, facteur variant suivant l'espèce et l'âge du ferment, et aussi suivant la composition du milieu.

Avenir des engrais biologiques. — Ainsi, après avoir choisi un ferment convenable, les recherches auront pour but : 1° d'augmenter la résistance de ce microbe dans sa lutte avec d'autres espèces non acclimatées; 2° d'exalter son pouvoir assimilateur d'azote; 3° de ramener au strict minimum la destruction des matières carbonées. Le problème, à première vue, semble irréalisable. Cependant, si on l'examine de près, on voit qu'il ne s'agit que d'accentuer, considérablement, il est vrai, des propriétés déjà inhérentes à l'espèce, c'est-à-dire de changer, quantitativement, tout au moins, les catalyseurs qui interviennent dans ce travail, toutes variations qui ont déjà été réalisées, d'une façon satisfaisante, dans d'autres branches des fermentations. Les ferments industriels ne sont-ils pas, pour la plupart, des microorganismes domestiqués, pliés, par une sorte d'éducation, au travail qu'on leur demande ? Les levures à fermentation basse et haute, employées en brasserie, par exemple, ne sont pas des cellules identiques à celles qu'on rencontre à l'état sauvage : elles ont acquis leurs propriétés spéciales à la suite des conditions artificielles auxquelles on les a soumises depuis très longtemps. Les levures de distillerie, de brasserie, de boulangerie, sont trois types de ferments ayant la même origine, et cependant possédant des propriétés spécifiques absolument distinctes : leur différenciation résulte aussi bien de la nature des catalyseurs qu'elles mettent en jeu, que de la proportion même de ceux-ci.

L'acclimatation aux milieux spéciaux peut aussi amener le développement et la sécrétion d'enzymes qui, dans les conditions ordinaires, ne se trouvent pas en quantité appréciable. C'est ainsi qu'EFFRONT a reconnu que les levures qui, habituellement, [sont inactives sur les dextrines, acquièrent la propriété de sécréter l'amylase et, par suite, de faire fermenter cet hydrate de carbone quand on les acclimate aux nitrates. Par le choix d'un milieu approprié, on exalte à volonté chez la levure soit son pouvoir ferment, soit son pouvoir d'accroissement. Il est vrai que les propriétés ainsi acquises par une longue accoutumance ne peuvent pas être considérées comme définitives, car elles disparaissent à la longue, si l'on change les conditions du milieu; mais l'empreinte donnée résiste pendant des mois, suffisamment longtemps pour être utilisée avec profit dans l'industrie.

L'influence de l'acclimatation sur le travail chimique s'observe aussi dans la fermentation ammoniacale; on ne connaît, scientifiquement parlant, aucune bactérie ammoniacale capable de transformer en 24 heures, par litre, 1.5 à 2 gr. d'azote amino-acide en azote ammoniacal. Pourtant ce travail se fait industriellement aujourd'hui par les ferments butyriques acclimatés suivant le procédé EFFRONT (1). Dans le même sens ont été dirigés ses travaux sur l'acclimatation des levures aux antiseptiques et aux autres conditions de milieu. Par un entraînement progressif on arrive à changer radicalement la sensibilité du *Saccharomyces* aux réactions du milieu et à faire supporter aux levures des doses d'antiseptiques au moins cent fois plus grandes qu'au début. En même temps, on aboutit à une modification profonde dans la marche du travail cellulaire, qui a pour conséquence intéressante de réduire sensiblement la production de glycérine, d'acide succinique et d'alcools supérieurs.

D'un autre côté, MUNTZ et LAINÉ, en étudiant en détail les conditions de fonctionnement des salpêtrières naturelles, ont réussi à instituer un traitement rationnel qui améliore le rendement dans le rapport de 1 à 60. Ce nouveau procédé est basé sur l'utilisation de la tourbe comme matière première et comme support, et met en œuvre des dispositifs spéciaux que leurs auteurs ont appelés *nitrières à déversement*. Celles-ci reçoivent tout d'abord une solution de sulfate d'ammoniaque à 7.5 gr. par litre; puis, grâce à un enrichissement continuel du liquide déjà nitrifié avec du sulfate neuf, elles arrivent à donner des solutions contenant jusqu'à 200 gr. de nitrate de potasse par litre. On voit que ces résultats sont obtenus ici encore par des acclimatations successives du ferment aux doses croissantes de sulfate et de nitrate, le microbe nitrique des salpêtrières de MUNTZ et LAINÉ, devant très vraisemblablement différer du microbe du sol dont il dérive.

L'ensemble de tous ces faits démontre nettement que cer-

---

(1) Voir le paragraphe suivant, sur la *Récupération des produits azotés*.

taines propriétés des microorganismes peuvent être exaltées ou atténuées. Une étude plus approfondie des bactéries assimilatrices d'azote nous révélera de même les moyens d'accroître la singulière propriété qu'elles possèdent déjà, et qui est d'autant plus précieuse que d'elle dépend la fortune agricole d'un grand nombre de pays. Sans doute, les essais faits dans cette voie n'ont pas encore abouti à des résultats définitifs, mais il y a tout lieu d'espérer qu'on y parviendra dans un avenir assez prochain.

BIBLIOGRAPHIE.

André. *Chimie agricole*, 1 vol., Paris, 1912.

Beijerinck. 1) *Centralbl. f. Bakt.*, 1892, (11), p. 69. — 2) Ueber oligonitrophile Mikroben, *Ibid.*, 1901, (7), p. 567.

Beijerinck u. Van Delden. 1) Assimilation des freien Stickstoffs durch Bacterien, *Centralbl. f. Bakt.*, 1902, (9), p. 33. — 2) Ueber eine farblose Bacterie deren CO_2 Nahrung aus der atmosphärischen Luft berührt, *Ibid.*, 1903, (10), p. 34.

Beijerinck u. Minckman. Bildung und Verbrauch von Stickoxydul durch Bacterien, *Centralbl. f. Bakt.*, 1909, (25), p. 30.

Berthelot. *Chimie végétale et agricole*, 4 vol., Paris, 1899.

Berthelot et André. 1) Observations sur la proportion et le dosage de NH^3 dans le sol, *C. R.*, 1886. — 2) Recherches nouvelles sur les microorganismes fixateurs d'azote, *Ibid.*, 1893.

Boullanger et Massol. Microbes nitrificateurs, *Ann. Inst. Past.*, 1903, p. 492 ; 1904, p. 181.

Calmette. *Recherches sur l'épuration biologique et chimique des eaux d'égout*, 5 vol., Paris.

Dehérain. *Chimie agricole*, 1 vol., Paris, 1902.

Dehérain et Maquenne. Sur la réduction des nitrates dans la terre arable, *C. R.*, (95), p. 854. *Bull. Soc. Chim.*, 1882, (39), p. 49.

G. Fermi. Ueber die Gegenwart von Enzymen in Boden, im Wasser u. in Staub, *Centralbl. f. Bakt.*, 1910, (26), p. 330.

P. et G. Frankland. *Philos. Transact. Royal Soc. London*, 1890, (181), 107.

Gayon. Sur la fermentation du fumier, *C. R.*, 1884, (98), p. 528.

Gayon et Dupetit. 1) Sur la fermentation des nitrates, *C. R.*, 1882, (95), p. 644. — 2) *Recherches sur la réduction des nitrates*, Nancy, 1886.

Grimbert. Etude du Bacillus orthobutylicus, *Ann. Inst. Past.*, 1893, p. 354.

Hellriegel u. Wilfarth. *Beilageheft z. Zeits. d. Rübenzuckerindustrie*, 1888.

Ed. Kayser. *Microbiologie agricole*, 1 vol., Paris, 1911.

Kossowicz. 1) *Einführung in die Mykol. d. Genussmittel u. in die Gärungsphysiologie*, Berlin, 1911. — 2) *Agrikulturmykologie*, Berlin, 1912.

LAURENT. 1) Recherche sur la valeur comparative des nitrates et des sels ammoniacaux, *Ann. Inst. Past.*, 1889, p. 362. — Réduction des nitrates, *Ibid.*, 1890, p. 741.

LEBEDEFF. 1) Ueber die Assimilation von C bei wasserstoffoxydirenden Bakterien, *Bioch. Zeits.*, 1907, p. 1. — 2) *Ber. d. deuts. Bot. Ges.*, 1909, (27), p. 569.

LEMOIGNE. Bactéries dénitrifiantes des lits percolateurs, *C. R.*, 1911, (152), p. 1873.

MAZÉ. Les phénomènes de fermentation sont des actes de digestion, *Ann. Inst. Past.*, 1911, pp. 288, 369.

LÖHNIS. *Handbuch d. landw. Baktereologie*, Berlin, 1910.

MARCHAL. *Bull. Acad. de Belgique*, 1893, pp. 738,765.

MUNTZ et LAINÉ. Recherches sur la nitrification intensive, *Ann. de l'Inst. nation. agronomique*, 1907, (6).

NAWIASKY. *Arch. f. Hyg.*, 1907, p. 61 ; 1908, p. 209.

NIKLEWSKI. *Centralbl. f. Bakt.*, 1908, p. 469.

OMELIANSKI. Sur la fermentation de la cellulose, 1895, (2), p. 653.

PRAZMOWSKI. *Landwirthsch. Versuch. Stat.*, 1890, p. 161.

E. ROUX. *Les engrais et les amendements*, 1 vol., 1896, Paris.

SCHLŒSING. Réduction des nitrates, *C. R.*, 1873, (77), p. 353.

SCHLŒSING et MUNTZ. Sur la nitrification par les ferments organisés, *C. R.*, 1878, p. 892.

SCHLŒSING, fils. Contribution à l'étude de la nitrification dans les sols, *C. R.*, 1889, pp. 618 et 673 ; 1897, (2), p. 824.

STOKLASA. 1) *Centralbl. f. Bakt.*, 1898, p. 817 ; 1900, p. 22. — 2) Assimilation von N durch Azotobacter und Radiobakter, *Zeits. f. Rubenzukerindust.*, 1906, p. 815. — 3) Influence de la radioactivité sur les microorganismes fixateurs d'azote ou transformateurs de matières azotées, *C. R.*, 1913, (157), p. 879.

SUZUKI. Entstehung der Stickoxyde bei Denitrification, *Centralbl. f. Bakt.*, 1911, (31), p. 27.

TRILLAT et SAUTON. Action des gaz putrides sur les microbes, *C. R.*, 1909, (2), p. 875.

WINOGRADSKY. Recherches sur les organismes de la nitrification, *Ann. Inst. Past.*, 1891, p. 577 ; *C. R.*, 1893, (116), p. 1385.

§ 12.

Récupération des déchets azotés.

L'étude des amidases bactériennes a conduit l'auteur à chercher une méthode pour récupérer et utiliser l'azote résiduaire de diverses industries. Ce problème envisage deux points distincts : 1) la transformation de l'azote organique, tel que celui contenu dans les vinasses de distillerie ou dans l'écume des sucreries, en ammoniaque et acides gras volatils; 2) l'utilisation des substances organiques non azotées de ces résidus, pour fixer l'azote atmosphérique par voie microbienne. La transformation des matières résiduaires en ammoniaque et acides gras peut être réalisée par les amidases des bactéries, ainsi que par celles de la levure. Pour mettre en évidence le travail provoqué par ces dernières, l'auteur fait agir la levure pressée sur des solutions d'acides aminés, en présence d'une forte proportion d'alcali. Dans 800 gr. d'eau, additionnés de 60 cc. de soude normale, on introduit 20 gr. d'asparagine ou d'un autre acide aminé, et 80 gr. de levure pressée. On maintient la solution à 40° pendant huit à dix jours, puis on amène le liquide au volume d'un litre :

ACTION DES LEVURES SUR LES ACIDES AMINÉS.

Acides aminés	Azote du filtrat par litre	Azote ammoniacal par litre	Azote amine par litre	Acides gras volatils par litre
Glycocolle . . .	5,200 gr.	4,635 gr.	0 gr.	24,8 gr.
Bétaïne	3,640	1,300	2,250	16,96
Asparagine. . .	4,769	4,004	0	17,19
Acide glutamique	3,047	2,810	0	20,4
Vinasses de distillerie concentrées	6,15	2,6	3,05	34.0

Dans ces expériences, outre l'azote des amino-acides, il y avait celui résultant de l'autophagie de la levure : or, sur les 1300 milligr. d'azote apportés par les 80 gr. de levure employés, il ne restait sur le filtre, suivant les essais, que 30 à 300 milligr. d'azote insoluble. La différence, ainsi que l'azote provenant des acides aminés, ont été transformés intégralement en ammoniaque au cours de la fermentation. D'autre part, la quantité d'acides volatils formés est en rapport avec l'azote ammoniacal produit; enfin on peut constater que la nature des acides apparus dépend de l'acide aminé employé :

VARIATION DE LA COMPOSITION DES ACIDES SUIVANT
L'AMINO-ACIDE EMPLOYÉ.

Acide aminé employé	Poids moléculaire moyen des acides	Acide acétique %	Acide propionique %	Acide butyrique %
Glycocolle	65.4	**61.7**	30.61	7.64
Bétaïne	65.3	**64.3**	25.6	10.1
Asparagine	72.03	16.68	**77.2**	6.04
Acide glutamique. . .	80.0	14.1	19.2	**66.7**

La fraction prédominante des acides fournis par la fermentation des acides aminés se rapproche sensiblement de la quantité théorique, les écarts qu'on observe résultant des substances azotées apportées par la levure :

Acide aminé employé	Acide acétique		Ac. propionique		Ac. butyrique	
	calculé	trouvé	calculé	trouvé	calculé	trouvé
100 parties de glycocolle	80.0	76.5	—	—	—	—
100 » de bétaïne	51.2	54.3	—	—	—	—
100 » d'asparagine	—	—	49.32	66.0	—	—
100 » d'acide glutamique. .	—	—	—	—	59.8	68.0

Dans le travail avec la levure, ce sont les amidases, en réserve à l'intérieur des cellules, qui agissent : nécessairement on est conduit à en employer des quantités massives pour obtenir un résultat. Afin d'obvier à cet inconvénient, qui rendrait le procédé peu pratique, on a recours à l'intervention de ferments susceptibles de sécréter en abondance des amidases. L'espèce bactérienne à choisir doit être bien déterminée, car tous les ferments ammoniacaux ne se prêtent pas à un travail intensif exigé par l'industrie; de plus, il est indispensable, pour plusieurs raisons, d'acclimater la bactérie adoptée à des conditions de milieu telles que la formation et la sécrétion de ses catalyseurs soient favorisées le plus possible. En effet, le travail des ferments producteurs d'ammoniaque est toujours très lent; ils sont, d'autre part, très sensibles à leurs propres produits; enfin, la désamidation qu'ils provoquent n'est jamais complète. Ce n'est qu'après avoir été entraînés à supporter une alcalinité et des températures croissantes, qu'ils perdront plus ou moins les défauts précédents. D'ailleurs, l'introduction, dans le milieu de culture, de terre et de certains sels, comme ceux d'alumine, renforce singulièrement la virulence et la rapidité de travail des microbes ammoniacaux; l'aération exerce aussi une influence heureuse sur ce genre de fermentation.

Nous venons de dire, plus haut, que les ferments producteurs d'ammoniaque ne se prêtent pas tous à un travail intensif. C'est ainsi que si l'on abandonne à la putréfaction une solution d'albuminoïde, on voit la quantité d'ammoniaque augmenter graduellement; puis, arrivée au tiers environ de l'azote total, la production s'arrête, bien que la fermentation proprement dite continue encore. On observe des résultats analogues avec les cultures pures de ferments ammoniacaux : un milieu nutritif, composé d'asparagine, de peptone, de carbonate de chaux, et contenant 0,490 °/₀ d'azote, est ensemencé avec différentes cultures pures. Après 30 jours de fermentation à 40°, on détermine dans le liquide la teneur en azote ammoniacal, ainsi qu'en acides volatils :

PRODUCTION DE L'AMMONIAQUE ET DES ACIDES VOLATILS
PAR DES FERMENTS PUTRIDES ET D'AUTRES MICROBES.

Espèces	Azote ammoniacal °/₀ liquide	Azote ammoniacal °/₀ azote total	Acides volatils (1) °/₀ liquide (en acide acétique)	Acides volatils °/₀ azote ammoniacal
Bacillus Proteus	164 mgr.	33.47 °/₀	430 mgr.	262 °/₀
» Sporogenes. . .	196	40	415	211
» Bienstockii . . .	160	32.65	407	254
» Mesentericus . .	103	21.02	233	226
» Butyricus	390	79.59	1610	412
» Pseudo-Lacticus	189	38.57	138	264

(1) Ce tableau nous montre que les différents espèces bactériennes produisent des quantités très variables d'acides volatils ; par ailleurs, on avait constaté qu'elles sont aussi capables de modifier beaucoup la composition qualitative de ceux-ci.

De tous les ferments putrides, c'est le *B. sporogenes* qui produit le maximum d'ammoniaque : la quantité cependant ne dépasse pas 40 %. Une action beaucoup plus profonde est réalisée avec le *B. butyricus*, qui en donne 79.59 % dans les mêmes conditions de temps et de milieu. Toutefois cette forte proportion d'ammoniaque ne peut être retrouvée quand on augmente la teneur en azote du liquide ; les produits formés se montrent donc très nuisibles au ferment :

INTENSITÉ DE LA FERMENTATION AMMONIACALE

SUIVANT LA TENEUR EN AZOTE.

Teneur en azote du milieu par litre.	Azote ammoniacal pour 100 azote total.	
	Après 10 jours.	Après 60 jours.
5 gr.	10 %	81 %
10	9	49
15	11	38
20	9	33

On voit donc que la production d'ammoniaque dépend non seulement de l'espèce bactérienne, mais encore de la concentration du milieu en substances azotées. De plus, elle est liée aussi à la température. Pour des actions de courte durée, l'optimum est de 55° : c'est ainsi que dans une fermentation de 24 heures on obtient, à cette température, de 40 à 50 % d'ammoniaque de plus qu'à 40°. Mais les résultats observés dans des fermentations plus longues sont meilleurs à la température de 40° qu'à celle de 55°. On peut en conclure que la production et la sécrétion des amidases sont favorisées par une température assez haute, mais qu'à la longue, celle-ci affaiblit le ferment. Toutefois cette sensibilité à la concentration du milieu et à l'élévation de température disparaît par l'accoutumance.

Celle-ci se fait par les moyens employés déjà par l'auteur pour l'acclimatation des levures à différents antiseptiques. Le principe fondamental consiste à travailler toujours avec des cultures jeunes : on renouvelle ces cultures le plus souvent possible, toutes les 24 heures, ou au moins toutes les 48 heures. Le rajeunissement se fait à l'aide d'un ensemencement très copieux : on emploie de 20 à 25 parties de liquide fermenté pour 100 parties de liquide frais. L'accroissement de la température, de la densité ou de l'alcalinité se fait très lentement et seulement lorsqu'un progrès déjà marqué est acquis. Les résultats obtenus par une acclimatation successive à la densité et à la température, et correspondant à une fermentation d'une durée de 6 jours, sont résumés dans le tableau suivant :

ACCOUTUMANCE DES FERMENTS BUTYRIQUES AUX TEMPÉRATURES ET AUX CONCENTRATIONS CROISSANTES.

Dates	Teneur en azote du milieu par litre	Température optima	Azote ammoniac. en 24 heures par litre
Février 1906.	5 gr.	42° C.	0.15 gr.
Mai 1906	7	47	0.65
Décembre 1906.	8.3	51	0.95
Mars 1907	9.6	52	1.1
Novembre 1907.	10.8	53	1.2
Mai 1908	14	54	1.3
Novembre 1908.	16	55	1.45

De 1906 à 1908, l'acclimatation a eu pour effet de permettre d'augmenter la teneur en azote du moût traité, de 5 gr. à 16 grammes par litre. On a constaté en même temps un accroissement de virulence du ferment : celui-ci donnait primitivement, en 24 heures, 0.15 gr. d'azote ammoniacal, et il est arrivé à en fournir 1.45 gr. Il est aussi devenu beaucoup plus résistant à la chaleur : sa température optima, qui était de 42°, s'est élevée finalement à 55°. Cependant, à cet état, le ferment n'offre pas encore le maximum d'activité : le rendement n'est pas théorique, et pour obtenir un meilleur résultat, on a recours à une forte aération et à des additions de terre de culture, ainsi que de sels d'aluminium.

Industriellement, le procédé est appliqué de la manière suivante : Les vinasses de distillerie, d'une densité de 10 à 13° Beaumé, sont alcalinisées à raison de 10 à 12 gr. par litre, (exprimés en SO^4H^2), portées à la température de 55°, puis mises à fermenter, soit avec un levain préparé, soit par coupage, comme cela se pratique dans les distilleries de betteraves. La durée de la fermentation est de 4 à 6 jours. Le ferment acclimaté, une fois introduit dans l'usine, prend une prépondérance sur tous les ferments étrangers : c'est pourquoi, bien qu'on soit en présence de moûts non stérilisés et de cuves ouvertes, la fermentation s'effectue avec une très grande régularité, et qu'on n'a pas, depuis des années, constaté de perturbation dans la marche du travail. Le rendement en ammoniaque mélangée d'une certaine quantité de triméthylamine, est au plus de 85 % de l'azote total mis en fermentation; dans ce compte n'entre pas l'azote contenu dans la levure de la vinasse, azote qui, dans les conditions où il se trouve, ne se transforme pas en ammoniaque.

La fermentation terminée, on sépare l'ammoniaque et les amines, par distillation en présence d'un excès d'alcali, et on recueille celles-ci dans l'acide sulfurique. Le liquide est alors concentré à 40° Beaumé, additionné d'acide sulfurique et traité en vue de la récupération des acides volatils. Débarrassée de ceux-ci par chauffage, la matière résiduaire contient, à côté du sulfate de potasse, des acides fixes, tels que les acides succinique et malique. Ces corps se retrouvent dans l'eau mère provenant de la cristallisation du sulfate de potasse. Les vinasses résultant de la fabrication de 1 hl. d'alcool fournissent de 3 à 4 kg. d'acides organiques cristallisables.

L'usine de récupération de Nesle (Somme), où ce procédé est appliqué (1), et qui n'emploie les vinasses que d'une seule distillerie, produit journellement de 1.000 à 1.400 kg. d'azote, sous les formes d'ammoniaque et de triméthylamine, et de 10 à 12.000 kg. d'acides volatils. La séparation de l'ammoniaque et de la triméthylamine est très facile et elle se fait en grand presque quantitativement : le premier de ces corps est transformé en sulfate, le second est converti en cyanure de potassium. Quant aux acides volatils, ils sont composés, à peu

---

(1) Le procédé a été breveté dans tous les pays, notamment en Belgique, No 189.212.

près en parties égales, d'acide acétique et d'acide butyrique.
Il est également possible de séparer d'une façon satisfaisante
ces deux produits, et l'usine de Nesle fournit, d'une part, de
l'acide acétique glacial presque chimiquement pur, et de
l'autre, de l'acide butyrique avec un point d'ébullition très
voisin du nombre normal.

Il convient toutefois de remarquer, en ce qui concerne les
deux dérivés azotés, que leurs proportions relatives sont très
variables : lorsqu'on travaille des vinasses de grains, l'ammoniaque formée est exempte d'amines; au contraire, avec les
vinasses de mélasse, on obtient des quantités considérables de
triméthylamine.

Une autre manière de faire est suivie quand on se propose
d'obtenir exclusivement l'ammoniaque et la triméthylamine.
Les vinasses, après la fermentation ammoniacale, sont distillées
en vue de la récupération des produits azotés volatils, puis le
liquide est additionné de terre de culture riche en azoto-
bactéries et on laisse fermenter le tout à 40°, en faisant passer
un courant d'air continu. Dans cette phase du travail il se produit à la fois une combustion intense des substances hydrocarbonées et une fixation de l'azote atmosphérique, qui est
amené à l'état organique : on constate ainsi que dans une
fermentation de 5 à 6 jours, le mélange s'enrichit de 3 à 4 gr.
d'azote par litre. On utilise à ce moment l'azote fixé de l'une
des deux façons suivantes : la fermentation terminée, ou bien
on laisse reposer le liquide, on le décante, puis les boues
restantes sont envoyées au filtre-presse : les tourteaux obtenus,
desséchés, constituent alors des engrais azotés complexes,
d'une grande valeur fertilisante; ou bien, après décantation
du liquide clair, on dilue les boues avec un peu de vinasses
fraîches, on les porte à 100° pendant une heure, puis on les
introduit dans les cuves à moût en pleine fermentation
ammoniacale : dans ces conditions, l'azote organique fixé
par les bactéries se transforme en azote ammoniacal qui
rentre ainsi dans la fabrication.

Au point de vue économique, le procédé a une portée considérable. On doit, en effet, remarquer qu'actuellement les vinasses filtrées de grains et celles de betteraves sont déversées à la rivière et que celles de mélasse sont traitées dans les fours, en vue de la récupération de la potasse. Or, l'azote organique, détruit annuellement de ces façons dans les distilleries, présente une importante valeur : par l'écoulement à l'égout des vinasses de betteraves et de grains, on perd plus de deux millions de kg. d'azote organique; d'autre part, la calcination des vinasses de mélasse comporte une perte de 16 millions de kg. Enfin, le mauvais emploi ou la non-utilisation de ces résidus entraînent l'absence des 120 à 130 millions de kg. d'acides gras qu'on aurait pu obtenir par fermentation. La valeur globale des produits ainsi perdus annuellement peut être estimée de 50 à 70 millions de francs pour l'Europe seule. Les acides volatils qui prennent naissance dans cette décomposition auront toujours un débouché, même si l'on atteint une très forte production, car ils constituent une matière première excellente pour la fabrication des acétones, lesquels sont appelés à prendre une place prépondérante comme combustible liquide. Le procédé de fermentation est d'une grande simplicité et donne des rendements constants; le principal perfectionnement qu'il demande à l'heure actuelle est dans l'installation mécanique de l'usine. Une industrie de cette importance, quand elle vient d'être créée, réclame toujours des modifications dans l'outillage, et son plus ou moins rapide développement dépendra de l'habileté avec laquelle ces changements lui seront apportés.

BIBLIOGRAPHIE.

Effront. 1) Sur la fermentation des acides amidés, *Mon. Scient.*, 1909, p. 145.
— 2) Sur l'utilisation de l'azote des résidus de distillerie, *Ibid.*, 1908, p. 429.

§ 13.

Aliments azotés artificiels.

Valeur nutritive des produits d'hydrolyse profonde des substances protéiques.

Synthèse des substances albuminoïdes dans l'organisme. — On sait depuis longtemps que les substances protéiques alimentaires, avant d'entrer dans la circulation, subissent l'action de plusieurs enzymes. Les produits formés sous l'influence des digestions pepsique et trypsique servent ensuite à la reconstitution des divers albuminoïdes de l'organisme. Ces données générales soulèvent cependant toute une série de questions secondaires qui deviennent de plus en plus pressantes au fur et à mesure que nos connaissances s'élargissent dans le domaine de la constitution et de l'hydrolyse des matières albuminoïdes. Il n'y a pas encore très longtemps qu'on croyait que les produits fournissant la réaction du biuret sont les seuls qui interviennent dans la synthèse de l'albuminoïde chez l'animal, les produits cristallins, d'une structure relativement simple, qui apparaissent dans la digestion trypsique, étant envisagés comme des déchets d'une importance tout à fait secondaire.

Cette manière de voir était d'accord avec l'idée préconçue qu'on avait de l'hydrolyse des protéines. L'étude *in vitro* des enzymes protéolytiques fournissait en effet une image tout à fait erronée de la digestion telle qu'elle se passe en réalité dans l'organisme animal. Tout d'abord, la digestion *in vitro*, avec la pepsine ou avec la trypsine, se fait très lentement; de plus, l'hydrolyse reste très peu profonde, même après un temps suffisant pour qu'une digestion naturelle soit complète. On pouvait donc très facilement conclure que le travail des enzymes protéolytiques se borne à scinder les molécules protéiques complexes en substances de poids moléculaires encore très élevés, qui conservent toutes les propriétés de la matière albuminoïde initiale et peuvent aisément la reconstituer. L'analyse du bol alimentaire dans les différentes phases de la digestion fournissait aussi des résultats semblant favorables à l'hypotèse de peptones capables de régénérer les matières albuminoïdes, puisqu'on sait que le contenu de l'estomac et des premières portions de l'intestin est toujours formé d'albumoses et de peptones et seulement de très peu de substances fortement dégradées.

Il faut bien reconnaître que l'idée de l'assimilation directe des peptones et leur transformation ultérieure en albuminoïdes trouvait un appui sérieux dans une expérience célèbre de HOFMEISTER et NEUMEISTER : ceux-ci avaient démontré, en effet, que le tissu intestinal frais possède la propriété de rendre abiurétique la solution de peptone. La disparition des peptones dans ces conditions était interprétée comme une reconstitution de l'albumine primitive. Mais cet argument de HOFMEISTER tomba en 1901, à la suite d'une expérience de COHNHEIM, qui a reconnu que l'absence de réaction abiurétique ne provient pas de la régression de la peptone en albumine, mais, au contraire, d'une dégradation plus complète de celle-ci, sous l'influence de l'érepsine contenue dans le tissu.

Quoi qu'il en soit, les travaux de PAWLOW ont contribué beaucoup à changer nos idées sur le terme de la dégradation des molécules albuminoïdes sous l'influence des enzymes protéolytiques. Jusque-là, dans l'étude de la digestion protéique, on employait uniquement des préparations provenant d'extraits d'organes. Ces produits étaient forcément très peu actifs, leurs modes d'obtention mêmes apportant avec les diastases isolées quantité d'impuretés qui influaient non seulement sur la vitesse d'action, mais aussi sur le résultat final. PAWLOW, en perfectionnant la technique de l'application de fistules aux animaux, a rendu l'emploi de celles-ci bien plus facile, ce qui a permis dans la suite de se procurer aisément des sucs gastrique et pancréatique purs et en quantités abondantes. Les substances actives obtenues par cette voie digèrent très rapidement l'albuminoïde et fournissent ainsi beaucoup plus vite des substances cristallines. L'expérience *in vitro*, faite alors avec les sucs naturels, laisse l'impression que la transformation des protéines dans le tube digestif conduit à une dégradation moléculaire très profonde et que le résultat de l'analyse du bol alimentaire, dont nous avons parlé précédemment, doit recevoir une toute autre interprétation : les substances, telles que les albumoses et les peptones, qu'on trouve dans le contenu intestinal, pourraient être envisagées comme des produits intermédiaires en voie de transformation, tandis que les produits ultimes de la digestion, les acides aminés, seraient absorbés très rapidement et régénérés en albuminoïde animal. D'ailleurs, on rencontre encore, dans les parties avancées de l'intestin, des amino-acides.

Cette nouvelle conception explique l'intérêt qu'on attache depuis quelque temps à l'étude des acides aminés et des autres produits de l'hydrolyse profonde des substances protéiques, tous corps dont la valeur nutritive soulève des problèmes intéressants, aux points de vue théorique et pratique. La synthèse des matières albuminoïdes, quoique enregistrée comme un fait définitivement acquis dans certains ouvrages récents de physiologie, est encore loin d'être réalisée. Les polypeptides, à poids moléculaires élevés, préparés artificiellement, tout en se laissant hydrolyser par certains catalyseurs biochimiques, ne sauraient être considérés comme des matières albuminoïdes : ils ont seulement une parenté plus ou moins éloignée avec certains des produits dérivant de la protéolyse. Et même, avec ces quelques débris d'une molécule si complexe, il ne semble pas plus possible d'en reconstituer une identique, que de refaire un vase brisé avec des fragments incomplets de celui-ci. La question, en réalité, se pose tout à fait différemment. Si vraiment l'organisme peut utiliser, comme point de départ de la synthèse des matières protéiques, un mélange de tous les amino-acides résultant du travail des ferments trypsique et érepsique, ou de celui des acides minéraux, une large voie se trouve ouverte qui aboutira alors à l'alimentation azotée artificielle, problème qui était toujours envisagé comme irréalisable.

Travaux d'Effront. — Dès 1888, l'auteur eut l'occasion de déterminer la valeur alimentaire de divers produits azotés. A cette époque, le problème de l'emploi des mélasses pour la nutrition du bétail préoccupait à un haut degré le fabricant de sucre et l'agriculteur. L'opinion était alors très partagée, bien que la mélasse fût envisagée uniquement au point de vue de sa teneur en sucre et de ses sels de potasse. Au cours de ses recherches sur ce sujet, l'auteur fut conduit à établir la balance azotée chez des animaux ayant reçu, avec leur nourriture habituelle, des quantités assez fortes de mélasse. La question était la suivante : Quelle influence exerce ce produit sur l'alimentation azotée ? On pensait généralement que les sels étaient défavorables à l'utilisation des protéines des fourrages.

Or, la conclusion d'un très grand nombre d'analyses d'urine et d'excréments fut que cette hypothèse ne se confirmait nullement. En effet, les résultats, tout à fait inattendus, montraient que l'azote de la mélasse est également assimilé. Ces faits se trouvaient en contradiction complète avec les idées régnantes, à savoir que la substance protéique seule était considérée comme matière nutritive, les matières azotées de la mélasse, constituées presque uniquement par des acides aminés et des complexes abiurétiques, n'entrant pas à cette époque dans le cadre des substances alimentaires.

En vue d'éclaircir ce point, l'auteur poursuivit sur des chiens ses essais de nutrition azotée en employant les produits de l'hydrolyse profonde, faite avec des acides, de différentes matières protéiques, produits dont la composition est analogue à celle des substances azotées contenues dans les mélasses, et qui étaient d'ailleurs mélangés avec de la fécule, de façon à constituer un aliment comparable à la mélasse même. Dès l'année 1899, avec du sucre, de la fécule, de la graisse et des produits d'hydrolyse par l'acide, ne contenant plus d'albumose, on a pu maintenir pendant 18 jours un chien en équilibre azoté. A ces essais préliminaires on a attaché une très grande importance, tout en se plaçant exclusivement sur le terrain économique. Le prix de la viande étant en moyenne de 3 fr. 50 le

kilog., sa teneur en azote de 3.5 %, on voit que le kilogr.
d'azote de viande revient à 100 francs. Or, l'azote de sang
desséché se vend à raison de 2 francs le kilogr.; il en est
de même pour celui des fourrages ; l'azote résiduaire des
distilleries et des brasseries revient à 1 fr. 50 le kilogr. Si
donc on parvenait à utiliser ces substances dans l'alimentation,
on réaliserait une économie considérable, même en ne remplaçant que le tiers ou la moitié de la viande par des produits
provenant de l'hydrolyse des résidus azotés d'origine animale
ou végétale. Il y a plus : au point de vue de la nourriture
concentrée, si utile pour les malades et les convalescents, les
substances fortifiantes, telles que les peptones et les albumoses,
qui sont recommandées par les médecins, tout en étant très
discutables dans leurs effets, sont excessivement chères : leur
azote revient à un prix beaucoup plus élevé que celui de la
viande, et, par suite, elles ne sont pas abordables par toute
une classe de la société. Au contraire, les extraits d'hydrolyse,
d'une grande valeur nutritive et d'un prix modique, pourraient
rendre de réels services.

Les premiers essais d'hydrolyse acide ont été faits avec des
albumines de sang et d'œuf. L'albumine, dissoute dans de
l'eau, est additionnée d'acide sulfurique à 50 % de manière
que le mélange contienne 350 à 400 grammes d'acide par
litre. Le produit, devenu très pâteux, est laissé au bain-marie à
90-95° de 8 à 10 heures, cela jusqu'à ce qu'il ne renferme plus d'albumose et ne donne plus la réaction du biuret. Arrivé à ce point,
on dilue le liquide avec de l'eau, on filtre, on traite par la
chaux, on filtre à nouveau, on précipite les sulfates restants
par le chlorure de baryum et l'on évapore dans le vide. Le produit obtenu a un goût astringent qui s'améliore considérablement par la conservation. Pour arriver à des produits plus
parfaits au point de vue du goût, on a laissé passer un courant
d'air dans le liquide, pendant son ébullition, avant d'évaporer
dans le vide. Cette aération du moût filtré a rendu de très
grands services, surtout pour les extraits de drêche, de foin, etc.
Le produit obtenu avec l'albumine contenait de 9 à 11 % d'azote.

En voici l'analyse :

Pour 100 d'azote		Produit A	Produit B
Azote précipitable par sulfate de zinc		0,26	0
» » par tannin		1,22	1,6
» » par réactif phosphotungstique.		38,01	23,0

Le produit A, d'après une analyse récente, faite par la méthode de SOERENSEN, contient, pour 100 d'azote total, 60,04 d'azote amine. Hydrolysé complètement avec l'acide chlorhydrique, il en fournit 75,5. Le produit A contient donc encore 20,6 °/₀ de polypeptides. Il est à remarquer aussi que A, qui précipite encore par le zinc, ne donne plus la réaction du biuret. Il appartient cependant au type des produits les moins hydrolysés. Mais sa composition diffère radicalement des produits commerciaux vendus sous le nom de peptones. Toutes celles-ci contiennent au moins de 30 à 40 °/₀ d'albumose et le précipité tungstique fournit abondamment la réaction du biuret. Dans le produit B, sur 100 d'azote on trouve seulement 23,0 d'azote tungstique. Ici, l'hydrolyse est poussée jusqu'à l'extrême. C'est ce type qui a servi dans les essais sur lesquels nous reviendrons plus loin.

Comme matières premières destinées à la préparation des extraits alimentaires, on peut aussi employer les drêches, le foin, le trèfle. Les drêches doivent être complètement déshuilées et ne renfermer, au maximum, que 6 °/₀ d'eau, afin de pouvoir être bien conservées. Le produit obtenu avec les drêches ou le foin a l'aspect d'un sirop épais, brun, d'une odeur prononcée rappelant l'extrait de viande. Avant d'attaquer les drêches par l'acide, il faut les débarrasser le plus possible du sucre et de l'amidon qu'elles renferment. On arrive à ce résultat par la fermentation lactique. Pour cela, on fait cuire, sous pression à 2 atmosphères, 1 partie de drêches et 2 parties d'eau. On laisse refroidir à 50°, on introduit dans la masse des morceaux de marbre destinés à saturer l'acide et susceptibles d'être enlevés facilement, et l'on ensemence avec un ferment lactique. La fermentation dure 2 ou 3 jours. On sépare ensuite le liquide du résidu insoluble. On presse celui-ci et on le mélange avec de l'acide sulfurique étendu, à raison de 1 volume de résidus pressés + 2 volumes d'acide + 2 volumes d'eau Le reste de l'opération est conduit comme plus haut. Au point de vue du goût du produit, il est à recommander de ne pas pousser l'évaporation jusqu'au bout en une seule opération, mais de s'arrêter lorsque le sirop marque 30°B. On le laisse reposer, on le débarrasse des sels minéraux qui se déposent, on le soumet à une forte aération et, après, on termine la concentration.

Le travail du foin présente un intérêt tout particulier; l'azote de cette matière s'hydrolyse avec une facilité surprenante et l'albumose disparaît rapidement par l'action de l'acide à froid. L'attaque se fait de la façon suivante : Dans une cuve munie d'un agitateur à palettes on met 100 kilogrammes d'acide sulfurique concentré à 57-59° B.; puis on ajoute, par fractions de 10 kg., le foin finement coupé. On peut faire entrer facilement 50 kg. de foin dans 100 kg. d'acide, sans que la masse devienne encore épaisse. Arrivé à ce point, il y a intérêt à réchauffer le mélange pour le maintenir à 40°. Dès que le liquide est porté à cette température, on continue à introduire le foin jusqu'à ce que le mouvement des palettes soit rendu impossible. Avec un bon appareil on arrive à mettre de 250 à 300 kg. de foin dans 100 kg. d'acide. Le malaxage terminé, on abandonne le mélange pendant 12 heures. Ensuite, on dilue avec de l'eau, on envoie au filtre-presse, on sature l'acide par de la chaux et l'on finit comme précédemment. Par cette méthode, l'acide dissout jusqu'à 85 à 90 % de la matière sèche contenue dans le fourrage. Il reste environ 10 % de résidus très peu riches en azote (1).

Les produits de l'hydrolyse profonde de l'albumine obtenus par la méthode précédente ont été expérimentés en 1899 à l'Hôpital Saint-Jean, à Bruxelles, d'un côté par le Professeur Stiénon, et de l'autre, par le Docteur Pechère. Voici les conclusions du Professeur Stiénon :

----

(1) Ces produits, résultant de l'hydrolyse profonde des protéines par l'acide, ont conservé le nom de *peptones*, bien qu'ils n'aient rien de commun avec les substances ainsi désignées dans le commerce.

« Les expériences ont porté sur quatre sujets : chez deux sujets, l'un de 31, l'autre de 53 ans, on a dosé régulièrement l'urée émise en 24 heures; chez les deux autres, les dosages réguliers de l'urée n'ont pu être faits, mais on a recherché chaque jour s'il se produisait quelque trouble sous l'influence de la peptone administrée à la dose journalière de 30 et de 60 grammes. Il n'a été constaté aucun trouble, digestif ou autre, chez aucun des sujets en expérience ; la peptone a été prise facilement dans du bouillon et n'a provoqué aucune anomalie de l'appétit ou de la digestion ; les selles n'ont pas été influencées. Chez les deux sujets pour lesquels on a suivi les changements réguliers de l'élimination des résidus azotés de l'urine, il a été constaté :

1° Qu'une dose de 50 gr. de peptone, ajoutée au régime ordinaire pendant 5 jours, a augmenté le chiffre de l'élimination des principes azotés (de 7.52 gr. chez l'un et de 4.81 gr. chez l'autre).

2° Qu'une dose de 60 gr. de peptone, additionnée pendant 7 jours au régime, en même temps que la quantité de viande était diminuée de moitié environ, a produit une élimination de résidus azotés supérieure à celle d'un régime ordinaire sans peptone. Différences : chez le 1ᵉʳ sujet, 11.34 gr.; chez le 2ᵉ sujet, 7.48 gr.

3° Que le poids des sujets en expérience est resté fixe dans un cas et a augmenté dans l'autre.

Des expériences faites, il était donc permis de conclure que la peptone étudiée n'a aucune influence nocive sur l'économie; qu'en outre elle est convenablement absorbée et assimilée et peut, dans une certaine mesure, remplacer la viande du régime normal. »

Voici, d'autre part, l'exposé des quelques recherches faites par le Docteur PECHÈRE :

En premier lieu, on a soumis à l'observation trois sujets convalescents de fièvre typhoïde. Ayant établi d'abord la moyenne quotidienne d'élimination de principes azotés (urée) de l'urine, on a ajouté au régime une certaine quantité du produit expérimenté dilué dans du bouillon. On a alors comparé la moyenne de l'urée et recherché l'influence du régime ainsi modifié sur le poids du corps :

I. — A. S., 22 ans, convalescent de fièvre typhoïde depuis quinze jours.

A. — 3 jours de régime ordinaire :

    Moyenne quotidienne de l'urée. . . . . 23,60 grammes

    Poids du corps . . . . 48 kilogrammes

B. — Pendant les 7 jours suivants, addition quotidienne de 60 grammes de la peptone essayée au régime ordinaire :

    Moyenne de l'urée . . . . 28,88 grammes

    Poids à la fin des 7 jours . . . . 49,350 kilogrammes

Soit une augmentation moyenne de 5,28 gr. d'urée, et une augmentation de poids de 1.350 grammes.

C. — Pendant les 7 jours suivants, suppression de la peptone remplacée par 100 grammes de viande :

    Moyenne de l'urée . . . . 23,25 grammes

    Poids à la fin des 7 jours . . . . 50,165 kilogrammes

Il a donc été constaté une diminution de l'urée de 5,63 gr. sur la période correspondante et une augmentation de poids de 815 grammes seulement.

II. — J. V., 16 ans, convalescent de fièvre typhoïde depuis quinze jours.

A. — 3 jours de régime ordinaire :

    Moyenne de l'urée . . . . 22,15 grammes

    Poids du sujet. . . . . 43,460 kilogrammes

B. — Pendant 7 jours, addition quotidienne de 60 grammes de peptone au régime ordinaire :

    Moyenne de l'urée . . . . 26,96 grammes

    Poids à la fin des 7 jours.. . . . . . . 45,200 kilogrammes

Soit une augmentation moyenne de 4,81 gr. d'urée et une augmentation de poids de 1,740 kgr.

C. — On supprime la peptone qu'on remplace par 100 grammes de viande quotidiennement :

Le 7ᵉ jour de ce régime le malade pèse 45,900 kgr. Il a donc gagné 700 grammes seulement.

Le dosage de l'urée fait pendant les 5 derniers jours donne une moyenne de 21,98 gr. par jour, soit une diminution moyenne de l'urée sur la période précédente, de 4,98 gr.

III. — J. B., 17 ans, convalescent de fièvre typhoïde depuis 15 jours. Poids du corps : 53,320 kgr.

A. — Pendant 7 jours, addition quotidienne de 60 grammes de peptone au régime ordinaire :

Poids du corps après 7 jours : 54,010 kgr. Ce qui fait une augmentation de 690 grammes, ou 98,50 gr. par jour.

B. — Suppression de la peptone pendant 2 jours. Poids du corps : 54,100 kgr. Augmentation : 90 grammes, soit 45 grammes par jour.

C. — Addition quotidienne à son régime de 20 grammes de peptone et de 100 grammes de viande, pendant 7 jours :

Poids du corps : 54,730 kgr., soit une augmentation de 630 grammes, ou 90 grammes par jour.

D. — On le remet de nouveau au régime ordinaire pendant 2 jours :

Poids : 54,815 kgr., soit une augmentation de 85 grammes, ou 42,50 gr. par jour.

E. — On ajoute à son régime 60 grammes de peptone par jour, pendant 7 jours :

Poids : 55,620 kgr., soit une augmentation de 805 grammes, ou 115 grammes par jour.

En résumé, l'administration de la peptone a dans les deux premiers cas amené une augmentation du taux de l'urée, et provoqué dans les trois cas un accroissement du poids. Ce dernier est constant dans la convalescence de la fièvre typhoïde; mais on remarquera, surtout par l'examen de la 3ᵐᵉ observation, l'influence favorable de l'administration de la peptone.

IV. — Administration quotidienne de 10 à 30 grammes de peptone à un neurasthénique dont l'appétit était mauvais, pendant un mois : au bout du mois, augmentation du poids de 320 grammes.

V. — Administration quotidienne de 15 grammes environ de peptone à trois enfants bien portants âgés respectivement de 7 ans, 8 ans 1/2 et 9 ans 1/2, pendant un mois.

On n'a pu faire état des poids, mais on a pu constater que les enfants n'ont nullement été incommodés par l'ingestion presque journalière du produit.

VI. — Administration quotidienne de 10 grammes de peptone à trois enfants scrofuleux âgés respectivement de 2 ans, 2 ans 1/2 et 3 ans, pendant 20 jours.

Le poids a augmenté respectivement de 120 grammes, 185 grammes et 160 grammes pendant 20 jours, alors que pendant une période d'un mois sans administration de peptone, l'augmentation de poids a été de 80 grammes, 115 grammes et 95 grammes.

Le Docteur Pechère arrive aux conclusions suivantes : « Dans aucun des cas observés, l'administration de la peptone préparée par M. Effront n'a donné lieu à aucun inconvénient sur l'appétit ou la digestion. Les selles sont toujours restées normales. Le poids augmente davantage quand on ajoute de la peptone au régime ordinaire; il en est de même de l'urée dans l'urine. Ce produit, d'après ces constatations, n'a donc aucune influence nocive sur l'économie et représente un aliment de grande valeur. »

Les peptones qu'on obtient à l'aide du foin ou du trèfle sont également sans action nocive sur l'organisme. L'auteur a pris pendant plusieurs mois des doses journalières de 50 à 80 grammes et il s'en est bien trouvé. D'autre part, ces produits peuvent servir comme extrait alimentaire : il suffit d'en ajouter une faible quantité aux potages, aux sauces, etc., pour leur communiquer un goût de viande prononcé et très agréable.

Les résultats précédents étant très encourageants, l'auteur a cru pouvoir faire une application en grand de ses produits. Dès cette époque, des brevets ont été pris dans différents pays, notamment en Belgique, le 23 mai 1903, sous le n° 170510, avec une addition (n° 173652), déposée le 13 novembre 1903. Malheureusement, l'opinion courante dans le monde scientifique et médical était alors très peu favorable à cet emploi, et, devant une sourde opposition, l'auteur abandonna complètement le problème. Cependant l'idée prédominante était bonne; et la meilleure preuve, c'est qu'elle a été reprise avec beaucoup de savoir-faire et d'énergie par ABDERHALDEN et ses élèves, qui, assurément, n'avaient eu connaissance, ni des expériences faites à Bruxelles, ni des brevets déposés depuis 1903, puisqu'ils n'en parlent jamais dans leurs recherches. Du reste, les travaux de cette Ecole ont éclairci un certain nombre de points que les recherches de l'auteur n'avaient pas même pu soulever.

En effet, s'il était acquis, à cette date, que les produits de l'hydrolyse profonde peuvent servir à l'alimentation azotée de l'homme, cette constatation faisait pourtant naître toute une série de questions d'une grande importance. C'est ainsi qu'on peut se demander jusqu'où les substances albuminoïdes peuvent être hydrolysées sans perdre leurs propriétés alimentaires. Doit-on pousser la décomposition jusqu'à sa limite extrême, ou vaut-il mieux s'arrêter à certains polypeptides de structure relativement simples? De plus, il y a lieu de savoir si les débris azotés conservent, chacun séparément, tous les éléments pour être reconstitués en substances albuminoïdes, ou si la présence de tout le mélange est nécessaire pour que l'organisme puisse de nouveau former une molécule protéique. Si tous les produits d'hydrolyse ne sont pas indispensables, quels sont ceux qui jouent un rôle principal, au point de vue de l'assimilation ? Enfin, peut-on employer indistinctement, pour ce travail, toutes les matières protéiques, ou faut-il donner la préférence à quelques-unes?

Les différentes matières albuminoïdes, tout en ayant une structure et une composition semblables, possèdent néanmoins une individualité propre, qui résulte d'une légère modification dans le mode de liaison des groupements aminés, soit de la série grasse, soit de la série aromatique. Ces différences spécifiques apparaissent surtout au cours de l'hydrolyse. Si l'on compare les analyses de la sérumalbumine et de la globuline, on voit que les quantités de produits obtenus ne sont évidemment pas identiques, mais que celles-ci restent du même ordre de grandeur. Il n'en est plus ainsi pour la gélatine et la gliadine. Pour cette dernière, parmi les corps de dislocation on observe qu'il y a un fort excès d'acide glutamique tandis que la lysine est absente. Quant aux produits fournis par la gélatine, ils renferment de la proline, de l'oxyproline, de la sérine, enfin de l'arginine et de la lysine; mais on ne trouve pas d'hystidine. En somme, la gélatine se distingue par l'absence de tyrosine et d'histidine; à part le glycocolle, qui se forme en grande quantité, les autres acides aminés sont rares.

Des différences que nous constatons dans les produits d'hydrolyse des divers albuminoïdes, peut-on tirer quelques conséquences pratiques au sujet de la valeur nutritive de ces mêmes protéines? En particulier, en ce qui concerne la gélatine, qui ne peut être envisagée comme un albuminoïde alimentaire proprement dit, doit-on chercher la cause de sa non-digestibilité dans l'excès du glycocolle formé, ou dans la quantité, relativement petite, des autres amino-acides, ou encore dans l'absence de tyrosine ou de toute autre combinaison, indispensable, plus tard, à la reconstitution, dans l'organisme, de matières albuminoïdes? Ces idées multiples, émises dès 1904 par ABDERHALDEN, montrent toute l'étendue du champ ouvert à l'expérience et précisent le sens des nombreuses recherches qui ont été effectuées par lui et ses élèves dans ces dernières années.

Travaux d'Abderhalden sur l'assimilation des matières azotées. — Les premiers essais, qui furent publiés, concernant la valeur nutritive des produits d'hydrolyse avancée des protéines, ont été entrepris en 1902 par OTTO LŒWI. Les expériences portèrent sur un jeune chien nourri avec de l'amidon, du sucre et des produits abiurétiques provenant de la digestion pancréatique. L'équilibre azoté de l'animal put être maintenu pendant 25 jours, et à la fin de ce régime on constata même une légère augmentation de poids. Les résultats obtenus ont conduit cet auteur à admettre que les albumines nutritives se trouvent complètement désagrégées dans l'intestin et que la synthèse des substances albuminoïdes dans l'organisme se fait avec les produits finaux de l'hydrolyse.

Les expériences de Lœwi ont été reprises en 1904 par Abderhalden, en collaboration avec Rona. Les essais furent faits avec des souris ; comme matières azotées, on employa les préparations suivantes : *a*) Caséine peptonisée avec de la pancréatine pendant 2 mois. Le produit contient encore 15 °/₀ environ de polypeptides et donne une légère réaction biurétique ; *b*) Caséine traitée 1 mois par la pepsine et 2 mois par la pancréatine. Elle contient environ 8 °/₀ de polypeptides et ne fournit plus la réaction du biuret ; *c*) Caséine bouillie 10 heures avec l'acide sulfurique à 25 °/₀. Ces produits azotés, débarrassés de l'ammoniaque, sont neutralisés, évaporés dans le vide, puis additionnés de sucre et de carbonate de soude. Un lot de souris fut alimenté avec de la caséine non digérée. Ce lot témoin vécut de 16 à 30 jours. Les souris nourries avec le produit (*a*) se sont comportées comme celles du lot témoin. Quant aux deux derniers lots, correspondant aux produits (*b*) et (*c*), ils moururent, l'un après 5 à 6 jours, l'autre après 5 à 9 jours. Ces essais semblaient donc montrer que les produits d'hydrolyse avancée, mais donnant encore une faible réaction du biuret, sont capables d'entretenir la vie chez les souris, tandis que les produits abiurétiques ont perdu toute propriété alimentaire. Une conclusion analogue découlait de résultats négatifs obtenus avec les produits de l'hydrolyse acide, à savoir que ce mode de travail détermine une désagrégation trop profonde pour donner encore des produits assimilables.

Ces premières expériences, en somme peu concluantes, suscitèrent toute une autre série d'essais qui se poursuivirent de 1904 à 1912. On reprit tout d'abord, en 1905, les expériences sur des chiens en employant comme nourriture azotée de la caséine hydrolysée, d'une part par la pancréatine, d'autre part par l'acide. L'hydrolyse par la pancréatine se faisait de la façon suivante : 1 kilogramme de caséine mise en suspension dans un litre d'eau est additionné de 50 grammes de pancréatine et d'un peu de toluol. Le liquide, rendu faiblement alcalin, est abandonné 2 mois et demi à 36° ; à ce moment il est devenu légèrement acide et ne donne plus la réaction du biuret. Il contient cependant encore 10 °/₀ de polypeptides. Après neutralisation on évapore dans le vide : le produit final titre 8.5 °/₀ d'azote. Pour les expériences, on mélangeait ce produit avec de la graisse exempte d'azote et de la fécule et l'on confectionnait une pâtée que le chien absorbait volontiers : celui-ci se comporta d'ailleurs normalement pendant toute la durée du régime ; on constata même, à la fin, une légère augmentation de son poids. Ce résultat confirmait donc ceux obtenus par Lœwi, d'après lesquels les acides aminés et les complexes azotés abiurétiques provenant de l'hydrolyse pancréatique, sont capables d'assurer la balance azotée d'un animal.

L'hydrolyse par l'acide a été faite ainsi : 1 kilogramme de caséine est bouilli pendant 12 heures avec 5 litres de SO^4H^2 à 25 °/₀. L'acide est alors précipité quantitativement par de la baryte ; le liquide est filtré, neutralisé par de la soude et concentré dans le vide. Le résidu de l'évaporation dose 10 °/₀ d'azote. Ce produit, additionné de graisse et d'hydrates de carbone, est mal accepté par le chien, et les pesées de celui-ci ont montré que cette nourriture n'arrive pas à maintenir son équilibre azoté.

Abderhalden pense que les résultats négatifs peuvent être attribués à trois causes ; ou bien : 1° l'hydrolyse par l'acide est trop profonde et les produits obtenus ne sont plus assimilables ; 2° l'action de l'acide détermine la formation de substances étrangères nuisibles ; 3° enfin, la racémisation partielle des produits obtenus est défavorable. Ces trois hypothèses ont été soumises à un examen très approfondi ; comme il s'agissait avant tout de savoir si les produits d'hydrolyse profonde peuvent entretenir l'équilibre azoté, Abderhalden a attaché un soin tout particulier à l'étude des propriétés et à l'analyse des produits obtenus, afin d'être sûr d'opérer sur des aminoacides purs, exempts de polypeptides complexes.

Les essais faits depuis 1907 sur la viande, la caséine, le lait, etc , hydrolysés par les enzymes ou les acides jusqu'à l'obtention exclusive d'acides aminés, ont conduit ABDERHALDEN à des résultats très concluants. Voici une expérience type faite avec de la viande. La préparation diastasique employée était obtenue ainsi : la viande hachée est soumise pendant 6 semaines à l'action du suc gastrique de chien. Ensuite elle est rendue alcaline et traitée par du suc pancréatique et de la pancréatine. L'action trypsique dure 4 semaines. Après que la masse cesse de donner la réaction du biuret, on l'additionne d'un extrait intestinal, qu'on laisse agir encore 4 semaines. Pour se rendre compte du degré de l'hydrolyse, on traite la viande à expérimenter, par 3 volumes d'acide chlorhydrique concentré, pendant 8 heures à l'ébullition. Par la méthode de l'éthérification, il a été constaté que sur 100 de substances protéiques contenues dans la viande, il se forme 40,8 d'acides mono-aminés. La viande digérée par les enzymes a conduit à un chiffre presque correspondant, soit 41,05. D'ailleurs, les acides mono-aminés se trouvent dans la partie non précipitée par l'acide phospho-tungstique; or, le précipité fourni par ce réactif, décomposé par la baryte et hydrolysé par les acides concentrés, ne donne pas des quantités appréciables d'acides mono-aminés, fait qui confirme l'absence de polypeptides dans le produit de la digestion.

L'hydrolyse acide de la viande était faite de la manière suivante : on laisse la viande bouillir 1 semaine avec de l'acide sulfurique à 10 %, puis on la maintient 2 heures et demie au bain-marie avec de l'acide sulfurique à 25 %. On élimine alors l'acide par la baryte, on filtre, on évapore à sec et l'on additionne le résidu d'un peu de tryptophane.

Les expériences avec la viande digérée furent faites sur un chien de 6 ans pesant 8,620 kg.

Le poids de celui-ci, maintenu au préalable 17 jours à jeun, était tombé à 7,120 kg. On commença d'abord, pendant une période de 10 jours, à donner à l'animal une ration faite de sucre de canne, de glucose, de graisse et de caséine digérée. La quantité quotidienne de caséine digérée était de 25 grammes ; cette dose fut ensuite portée à 33 grammes pendant les 5 jours suivants. Le chien, qui était, à la fin de son jeûne, totalement épuisé, reprit de la vigueur, se porta bien, mais son poids n'augmenta point : il resta de 7000 grammes.

Dans une deuxième période, qui dura 21 jours, la caséine fut remplacée par de la viande digérée par les enzymes, en quantités croissantes de 30 à 41 grammes. Le poids du chien augmenta graduellement, pour atteindre à la fin 8400 grammes.

Enfin, dans une troisième période de 5 jours, la viande est remplacée par du lait complètement hydrolysé par les enzymes, et le poids moyen reste de 8500 grammes.

Le fait que la viande digérée et le lait hydrolysé se montrent plus favorables que la caséine s'explique par la présence d'autres substances, salines, notamment, susceptibles de favoriser l'assimilation. Dans une autre série d'essais on arrive au même résultat quand on substitue intégralement des graisses aux hydrates de carbone. Mais dans toutes ces expériences, c'est toujours la viande digérée qui donne les meilleurs résultats ; ceux obtenus avec la caséine digérée sont moins bons, et avec la caséine ou la viande hydrolysée par l'acide sulfurique, ils sont tout à fait mauvais. Cependant, en changeant la technique, en apportant plus de soin dans la fabrication des produits et dans le choix du mode de nutrition des animaux, on est arrivé à des résultats à peu près analogues, quelles que fussent les matières hydrolysées et les conditions même du traitement.

La conclusion indiscutable de ces essais est que les produits de l'hydrolyse profonde, les acides mono-aminés provenant de la dégradation des matières protéiques, peuvent maintenir l'animal en équilibre azoté. Néanmoins on peut toujours faire la même critique à tous ces résultats : c'est que, en dehors des acides aminés, l'hydrolyse fait apparaître un grand nombre de substances azotées inconnues, qui ne sont ni des polypeptides, ni des amino-acides, et qui, cependant, interviennent probablement dans l'assimilation et jouent peut-être un rôle important dans la synthèse des matières azotées de l'organisme. Pour répondre à cette objection, il fallait réussir à nourrir un animal en n'employant comme aliment azoté que des acides aminés purs, associés à des substances ternaires parfaitement déterminées. De multiples tentatives furent faites pour toucher à ce but. Les premiers essais n'obtinrent aucun succès ; mais, après de longs tâtonnements, on est arrivé à un mélange donnant des résultats assez satisfaisants. En voici la composition :

5 grammes		glycocolle	renfermant . . .	0,9335	gr. Az
10	»	(d) alanine	» . . .	1,5730	»
3	»	(l) sérine	» . . .	0,4002	»
2	»	(l) cystine	» . . .	0,2330	»
5	»	(d) valine	» . . .	0,5980	»
10	»	(l) leucine	» . . .	1,069	»
5	»	(d) isoleucine	» . . .	0,5345	»
5	»	(l) acide aspartique	» . . .	0,5265	»
15	»	(d) acide glutamique	» . . .	1,425	»
5	»	(l) phénylalanine	» . . .	0,4245	»
5	»	(l) tyrosine	» . . .	0,387	»
5	»	(l) lysine (carbonate)	» . . .	0,9585	»
5	»	(d) arginine (carbonate)	» . . .	1,6090	»
10	»	(l) proline	» . . .	1,2170	»
5	»	(l) histidine	» . . .	1,298	»
5	»	(l) tryptophane	» . . .	0,686	»

Total : 100 grammes acides aminés   renfermant . . . 13,87   gr. Az.

(dosé directement : 14,25 gr.

En employant ce mélange de produits absolument purs, additionnés de sucre, de graisse, etc., on a pu maintenir l'animal pendant un temps assez long en équilibre azoté, quoique cette nourriture fût difficilement tolérée et qu'elle produisît des vomissements, de la diarrhée, etc.

Les meilleurs résultats furent obtenus lorsqu'on alterna les régimes alimentaires : en donnant à un chien dans une première période de la viande digérée ; puis, dans une deuxième période, de la caséine digérée ; dans une troisième, des acides aminés, etc., en variant le mode de nutrition, tout en employant toujours des produits d'hydrolyse, on a pu maintenir cet animal 74 jours dans un bon état de santé, et même observer une augmentation de poids considérable. Voici un tableau qui résume ces dernières expériences :

Jours	Poids de l'animal	Nourriture	Teneur en azote			Azote total contenu dans les excréta	Balance de l'azote
			de la nourriture	des urines	des fèces		
	Grammes		Grammes	Grammes	Grammes	Grammes	Grammes
1	7 500		13,15	11,25	0,21	11,46	+ 1,69
4	7 600	I	13,15	12,66	0,12	12,78	+ 0,37
7	7 700		13,15	12,32	0,08	12,40	+ 0,75
8	7 800	II	2,10	2,20	0,06	2,26	— 0,16
12	7 850		2,10	1,90	0,08	1,98	+ 0,12
. . . . . .	. . . . . .	. . .	. . . . . .	. . . . . .	. . . . . .	. . . . . .	. . . . . .
25	7 440	V	2,08	1,89	0,13	2,02	+ 0,06
. . . . . .	. . . . . .	. . .	. . . . . .	. . . . . .	. . . . . .	. . . . . .	. . . . . .
40	7 615	VII	2,25	3,50	0,12	3,62	— 1,37
. . . . . .	. . . . . .	. . .	. . . . . .	. . . . . .	. . . . . .	. . . . . .	. . . . . .
50	7 425	IX	2,06	3,68	0,14	3,82	— 1,76
. . . . . .	. . . . . .	. . .	. . . . . .	. . . . . .	. . . . . .	. . . . . .	. . . . . .
62	7 825	XI	6,60	3,15	0,42	3,57	+ 3,03
74	8 700		6,60	4,50	0,21	4,71	+ 1,89

Mélange I. — 100 gr. de viande de cheval hydrolysée+10 gr. de cendres d'os.

» II. — 15 gr. de viande de cheval hydrolysée + 30 gr. de graisse + 50 gr. de glucose + 5 gr. de cendres d'os.

» V. — 21 gr. de caséine + tryptophane + graisse, glucose, etc., comme ci-dessus.

» VII. — 20 gr. de gélatine hydrolysée + 2 gr. d'acides nucléiques hydrolysés + graisse, glucose, etc.

» IX. — 18 gr. de mélange d'amino-acides + graisse, glucose, etc.

» XI. — 45 gr. de viande de bœuf hydrolysée + graisse, etc.

Les connaissances approfondies qu'on possède à l'heure actuelle sur la nature des matières albuminoïdes permettent d'aborder la question de l'assimilation azotée à un point de vue tout à fait nouveau. Les diverses substances protéiques alimentaires ne se comportent pas toutes de même à l'hydrolyse. Il existe des différences qualitatives et quantitatives, quant aux acides mono-aminés formés, et celles-ci se laissent surtout saisir quand on détermine les proportions d'acide glutamique contenues dans les produits d'hydrolyse :

	Teneur en acide glutamique
Albumine d'œuf	8 à 9 %
Protéine de viande	10,5 »
Sérum albumine de cheval. .	7,7 »
Sérum globuline	8,5 »
Gliadine	36 à 37 »

De ces différences dans la composition des produits de digestion on pourra tirer des conclusions sur le mécanisme de l'assimilation des matières nutritives azotées. Notamment on pourra voir s'il y a une dépendance entre la structure de l'albumine entrée dans la circulation et celle de l'albumine nutritive. Si cette relation existe, on devra trouver dans le sang toutes les particularités de l'albumine absorbée, et dans le cas de la gliadine, une teneur en acide glutamique très élevée. Si, au contraire, on n'y constate aucun rapport, c'est que la synthèse se fait par voie de sélection et que tous les produits de l'hydrolyse ne sont pas nécessaires : après élimination de certains d'entre eux, la composition du plasma deviendrait alors sensiblement constante. Un grand nombre d'essais, entrepris en nourrissant des chevaux avec de la gliadine, ont amené les savants à cette idée, que les protéines du sérum restent avec une composition constante absolument indépendante de la nature particulière des protéines ingérées.

Pour l'essai de nutrition au moyen des acides aminés simples cités plus haut on a utilisé un mélange très complexe qui se rapprochait sensiblement des produits naturels de l'hydrolyse des peptones. La plupart des substances y entrant ont été étudiées séparément, notamment au point de vue de l'influence que chacune peut exercer sur l'assimilation du mélange complet. On a cherché à établir expérimentalement si tous les produits d'hydrolyse sont indispensables ou s'ils se laissent remplacer l'un par l'autre. Quoique fort délicats et difficiles, ces essais ont cependant donné quelques résultats définitifs. Le glycocolle semble jouer un rôle tout à fait secondaire et on peut lui substituer un autre acide. Au contraire, le tryptophane apparaît comme une substance absolument nécessaire. Voici d'ailleurs une expérience à ce sujet :

Une certaine quantité de caséine hydrolysée est partagée en 3 parties : A, B, C. La partie A contient tout l'ensemble des produits d'hydrolyse ; B est dépourvu de tryptophane, et dans C on ajoute le tryptophane après l'avoir enlevé. Les trois produits sont expérimentés au point de vue de leur valeur nutritive respective sur les animaux. Les résultats obtenus établissent que A et B ont une influence très différente : tandis que A maintient l'animal en équilibre azoté, le produit B se manifeste comme non assimilable et amène chez l'animal une perte de poids et une dénutrition rapides. Avec le produit C, l'animal se rétablit de nouveau et l'assimilation redevient normale.

La soustraction du tryptophane a donc pour effet d'empêcher la synthèse albuminoïde à l'aide d'un mélange d'acides aminés et rend ce mélange nul comme valeur nutritive.

Dans les essais avec les produits A et C, on ne trouve point dans l'urine des quantités sensibles d'acides aminés. Au contraire, dans l'essai B sans tryptophane, on y constate la présence de quantités appréciables de tyrosine, d'alanine, de glycocolle et d'autres acides aminés. Toutefois, la quantité des acides ainsi retrouvés ne représente qu'une très faible proportion de l'azote aminé absorbé ; la majeure partie de ce dernier s'est transformée en urée.

Cette formation d'urée au détriment des acides aminés non assimilés jette un jour particulier sur le mécanisme de l'assimilation azotée. L'albumine du plasma se constitue à l'aide des amino-acides provenant des protéines alimentaires, et cette assimilation se fait par voie de sélection. Seuls les groupements entrant dans l'albumine de sang sont absorbés, ainsi que nous l'avons vu dans l'expérience plus haut avec la gliadine : ce sont vraiment les substances azotées nutritives. Le reste, qui ne peut point contribuer à la constance de composition de l'albumine du plasma, est éliminé. Ces déchets sont brûlés et transformés en urée; ils se comportent en quelque sorte comme des hydrates de carbone. La formation d'azote résiduaire aux dépens de l'azote alimentaire se produira avec une intensité encore bien plus grande dans l'assimilation des cellules; celles-ci construisent leurs protéines très variées avec la substance albuminoïde du plasma.

De toutes les matières albuminoïdes alimentaires, la gélatine a été reconnue depuis longtemps comme la moins assimilable. Deux causes expliquent la non-digestibilité de ce corps : d'abord, il est plus difficilement attaquable par les enzymes digestifs que les autres albuminoïdes; ensuite, il est beaucoup trop pauvre en alanine, en leucine, en hystidine et en phénylalanine pour pouvoir fournir de l'albumine de plasma. Il était à prévoir que si à la gélatine hydrolysée on ajoutait les acides aminés manquants, ce corps se comporterait comme une substance alimentaire normale. Les recherches tentées dans cette voie ont donné des résultats positifs, quoique encore incomplets. Rona et Müller ont établi que la gélatine additionnée de tyrosine et de tryptophane peut remplacer, au maximum, 2/5 d'albumine. Abderhalden, en ajoutant les acides aminés manquants à la gélatine hydrolysée, arrive à une assimilabilité telle qu'elle permet de substituer ce mélange aux 2/3 des protéines nécessaires.

Pour terminer, il convient de dire que des expériences relatives à la valeur nutritive des produits d'hydrolyse ont été faites sur l'homme. Notamment un garçon de douze ans, qui s'était brûlé la gorge en absorbant de la soude caustique et qui était nourri par voie de fistule et de clysma, s'est prêté aux essais : ceux-ci, avec les produits d'hydrolyse seuls, ont duré 15 jours. Le malade recevait journellement : 1) par fistule : 90 gr. avoine + 150 gr. graisse + 50 gr. glucose + 25 gr. amidon ; 2) par clysma : 10 gr. avoine + 72,4 gr. viande digérée. Ce qui correspondait en tout à une quantité d'azote ingéré de 9,34 gr. par jour. D'autre part, l'élimination totale de l'azote a été en moyenne de 6,7 gr. par jour : on voit que la balance azotée est normale, puisque le poids du corps a augmenté de 26,9 gr. à 27,4 gr. La viande hydrolysée employée dans ces expériences a été obtenue par une digestion de 6 semaines avec du suc pancréatique, et de 5 semaines avec du suc intestinal. Le produit ne donnait plus la réaction du biuret.

Ces divers résultats laissent la conviction que l'assimilation des matières azotées dans l'organisme est précédée d'une hydrolyse extrêmement profonde. Il n'est toutefois pas impossible que certains polypeptides, provenant de la soudure des acides aminés et d'une structure relativement simple, soient capables aussi, au même titre que les mono-aminés, d'intervenir dans la synthèse des albuminoïdes. Abderhalden et ses élèves ont cherché, par l'analyse directe des voies digestives et sur des animaux pourvus de fistules, à suivre la marche de l'hydrolyse pendant la digestion. Si les résultats n'ont pas été tout à fait probants, cela tient vraisemblablement à des différences dans la rapidité de l'absorption des diverses substances. Cependant, des nombreuses analyses faites par ce savant, il résulte que si dans l'estomac on ne trouve point des quantités appréciables d'acides aminés, on rencontre du moins ceux-ci en quantités assez notables dans le duodénum.

En résumé, de l'ensemble des données que nous venons de mentionner il ressort une preuve évidente que l'organisme puise tous ses éléments azotés dans les produits d'hydrolyse profonde des protéines. Ceux-ci peuvent résulter soit du processus même de la digestion, soit de moyens artificiels, comme l'action *in vitro* des enzymes protéolytiques ou l'action des acides concentrés. Dans tous les cas, ce sont des substances directement assimilables qui doivent être considérées comme des matières alimentaires d'une grande valeur nutritive.

En effet, il a été établi qu'un mélange des acides aminés, contenant qualitativement et quantitativement tous les produits principaux de l'hydrolyse complète des protéines, peut remplacer les substances albuminoïdes alimentaires et qu'il permet de maintenir l'organisme animal en équilibre azoté. En outre, certains de ces acides aminés peuvent se substituer les uns aux autres; mais il en est d'autres, comme les groupements tryptophane, tyrosine, proline, etc., dont la présence est indispensable. Ces faits sont d'une grande importance pratique, car ils permettent d'envisager la récupération et l'utilisation des produits résiduaires azotés, en vue d'une alimentation rationnelle et économique. Dans les dépenses que l'homme consacre à sa nourriture, la part relative aux substances azotées reste la plus importante : l'économie qu'on peut réaliser dans cette direction est certainement beaucoup plus grande que celle provenant de l'introduction de la margarine, par exemple. La nourriture azotée artificielle amènera évidemment une grande réduction dans la consommation de la viande, mais elle ne supprimera pas celle-ci. Elle pourra être employée sous différentes formes dans la préparation des plats sans révolutionner ni le mode de nutrition, ni le goût, ni l'aspect des aliments.

BIBLIOGRAPHIE.

Otto Lœwi. Ueber Eiweisssynthese in Tierkörper, *Centralbl. f. Physiol.*, 1902, (15), p. 592.

Kutscher u. Leeman. Beitrage zur Kenntniss der Verdauung in Dunndarm, *Centralbl. f. Physiol.*, 1901, (15), p. 275.

Conheim. Die Umwendlung des Eiweisses durch die Darmwande, *Zeits. f. physiol. Chem.*, 1901, (33), p. 451.

Kutscher. Die Endprodukte der Trypsinverdauung, 1899, *Habilitationschr.*, Strasbourg.

Henderson Dean. *Americ. Journ. of Pharmacy*, (9), p. 386.

Henriques u. Hansen. *Zeits. f. physiol. Chem.*, 1905, (44), p. 17.

Wohlgemuth. Ueber das Verhalten Stereoisomerischer Substanzen im tierischen Organismus, *Ber. d. deuts. Chem. Ges.*, 1905, (38), p. 2064.

Alfred Schittenhelm. Verfutterungsversuche, *Zeits. f. exper. Path. u. Therap.* 1906, (2), p. 560.

Kaufman. Ueber den Ersatz von Eiweiss durch Leim im Stoffwechsel, *Pflüg. Arch.*, 1905, ch. IX, sect. i.

Rona u. Müller. Ueber den Ersatz von Eiweiss durch Leim, *Zeits. f. physiol. Chem.*, 1907, (50), p. 265.

Vort u. Zisterer. Die Wertigkeit des Caseins und seiner Spaltungsprodukte, *Zeits. f. Biol.*, 1900, (2), p. 457.

Kopp. Ueber den physiologischen Abbau der Säuren und Synthese einer Aminosäure im Körper, *Zeits. f. physiol. Chem.*, 1911, p. 489.

Effront. 1) Sur la valeur nutritive des produits d'hydrolyse des substances protéiques, *Mon. Scient.*, 1912, p. 425. — 2) Brevet belge, n° 170 510, déposé le 23 mai 1903 pour : « Procédé de fabrication d'un extrait alimentaire au moyen de substances protéiques. » — 3) Brevet de perfectionnement belge, n° 173 652, déposé le 13 novembre 1903.

Abderhalden. Les travaux sur ce sujet, faits par Abderhalden et son Ecole, sont exposés dans les nombreux mémoires insérés au *Zeits. f. physiol. Chem.*, de 1905 à 1912.

Table alphabétique des matières

Bruxelles. — Imp. Louis VOGELS, rue Verte, 48-50.